高等学校环境类教材

环境噪声控制工程

Environmental Noise Control Engineering

贺启环 主编
He Qihuan

清华大学出版社
北 京

内容简介

本书论述了噪声控制的基本概念、基本理论和系统思路，介绍了噪声控制的技术方法和工程应用。全书共10章，内容包括噪声及噪声控制概述、噪声控制的物理基础、吸声技术、隔声技术、消声技术、隔振与阻尼、噪声控制技术应用、噪声和振动测量、声环境影响预测、噪声控制实践等。

本书可作为高等学校环境科学与工程、劳动保护与安全工程专业的教材，也可供从事环境保护、城市规划、建筑设计等工作的科技人员参考。

图书在版编目(CIP)数据

环境噪声控制工程/贺启环主编. —北京：清华大学出版社，2011.2（2023.8重印）
ISBN 978-7-302-21576-9

Ⅰ.①环… Ⅱ.①贺… Ⅲ.①环境噪声—噪声控制 Ⅳ.①TB53

中国版本图书馆CIP数据核字(2009)第225119号

责任编辑：柳　萍　洪　英
责任校对：王淑云
责任印制：宋　林

出版发行：清华大学出版社
网　　址：http://www.tup.com.cn，http://www.wqbook.com
地　　址：北京清华大学学研大厦A座　　邮　　编：100084
社 总 机：010-83470000　　邮　　购：010-62786544
投稿与读者服务：010-62776969，c-service@tup.tsinghua.edu.cn
质量反馈：010-62772015，zhiliang@tup.tsinghua.edu.cn
印 装 者：三河市龙大印装有限公司
经　　销：全国新华书店
开　　本：185mm×260mm　　**印　　张**：26.75　　**字　　数**：643千字
版　　次：2011年2月第1版　　**印　　次**：2023年8月第9次印刷
定　　价：78.00元

产品编号：014531-03

前 言

FOREWORD

古人在《声类》一书中，对“噪”字的解释为“群呼烦扰也”，噪声就是一种使人“**烦扰**”的声音，两千年前古代对噪声的这种记载说明当时只是有人喧哗而成为烦扰人的噪声，传承中文“望字生义”的文字结构传统，“**噪**”字的构字主体就是由人形框架上的许多个“口”组成。在研究、学习噪声和噪声控制之前，了解以下问题是十分有益的。

1. 声音是什么

“如果森林里有一棵树倒下来，可是当时旁边一个人也没有，没有人听见这棵树倒下来的声音，这是否能说明声音的存在呢？”18 世纪时，这还是一个难题(同样的例子也有很多，例如闪电与雷鸣)。对这个问题的回答，肯定的和否定的同样都行。没有唯一答案的原因在于“声音”这个词具有双重的意义。因此，要解开 18 世纪的这个谜，就得事先说明，究竟该把**什么东西**看作是声音，是把**物理现象**(空气中振动的传播)还是把**听者的感觉**看作是声音。就实质而言，前者是**因**，后者是**果**。“声音”概念的第一个定义是**客观的**，第二个定义是**主观的**。

然而，不论从什么角度去研究声音，就是说，不论从客观的角度还是从主观的角度，不论是从物理的观点还是从生理的观点去研究，声音都具有能量。在前一种情况下，声音是像河流一样的能流。声音能够改变它所经过的介质，同时本身也为介质所改变。在后一种情况下，把声音理解为**由于声波的作用使听者产生的感觉**(经过听觉器官到大脑)。这种声音具有能的各种形式(因而也有从室内声能分布的规律来研究室内声场的可能)。人们依靠这种声音可以辨认出周围肉眼所不能觉察的许多崭新的性质。一个人听到声音之后，可以感到高兴或者感到恐惧，比如说，听见孩子的笑声会感到高兴，听见狼嗥则感到恐惧。我们所说的音乐是一种复杂声音的复合体，它能引起我们感情的千变万化。声音又是作为人类社会主要交际工具的言语基础，声音对人的生理、心理干预实在太强烈了，指出这一点是很重要的。此外，还有一种特殊形式的声音，即噪声。很多人聚集在一起时，噪声特别大(“群呼烦扰也”)；噪声能引起各种痛苦的感觉，在极端的情况下，甚至能对听觉造成不可挽回的损伤。从主观感觉的观点分析声音要比对声音作客观的评价来得复杂。

一般认为，人类认识声音自语言开始。大约公元前 200 年，秦朝李斯的《仓颉篇》中声字写作“**声言**”，意为声从言，声是与语言有关的；同时也有写作“**聲**”的，即声从耳，声是耳朵听到的，并逐渐通行了。这是古人对声音认识最直接的表述。到宋代关于声的知识和分类有了进一步的发展：声是一般声音的总名，有规律的叫作“**音**”(乐音)，音组织起来则成“**乐**”，扰人的声是“**噪**”，人耳听到的则叫“**响**”。温馨的环境离不开声音的柔谐和声调的香韵。在古代，我国另一个受到重视的问题是共振现象，在欧洲却讨论不多。原因可能是共振和我国古代“天人相应”的哲学思想符合，共振称为“应”声。

2. 声学理论的研究方法

声学是研究声波的产生、传播、接收和效应的科学。声学理论问题的来源主要是自然现象或实验结果。只有深入探讨其物理因素和机理，进行物理分析，寻求最佳措施，经过数学处理，才能完成理论。物理措施和理论本身越简单越容易掌握，也越容易运用和推广。不仅如此，只有这样的理论才真实反映事物的本质和核心。因此，中间物理分析步骤非常重要，最后结果决定于此，须特别注意。结果必须正确，但不可避免存在些许误差。一般声学计算和测量多准确到 1dB(10%)，所以理论有些小误差并不碍事，只是在特殊情况下，才要求更为严格。可容许的误差范围必须明确。声学是应用学科，理论要用以预计实验结果，所以必须定量，只说明其存在是不够的，这是与纯粹学科的不同之处。在只知道声波可传播到远方时，牛顿用物理分析方法于 1687 年推导出声波的传播速度，求出声波的传播速度等于压力与密度之比的二次方根，方法非常巧妙，当时的大科学家没有一人看得懂他的推导，但都认为结果是有误的，因为算出的声速 288m/s 与当时的测量值 332m/s(与现在的准确值差不多)有显著差别。到 1749 年欧拉看懂了牛顿的推导，并用更简单明了的推论导出牛顿公式，这时已经过了 60 年。又过了 60 年，拉普拉斯推论声波的变化应是绝热过程，压力应乘以比热比 γ，声速公式 $c=(\gamma p_0/\rho_0)^{1/2}$ 才完全符合实际。这说明物理分析与推论是理论发展所必需的，也说明数值正确的重要性。事实上，数值正确也需要物理分析。

3. 声学中的数学方法

在理论的推导和表达以及实验数据的处理中，数学是必需的。**但是声学研究是把数学作为工具，而不是研究数学本身**。声学理论要求其中数学简单、正确，数学不甚严格，无伤大雅。一般物理学家相信，自然规律都像引力、电磁力等那样是一次方、二次方等的幂数关系，而且幂数都是整数，有人说“上帝只创造了整数”，声学当然也不例外。但实际上，复杂关系不可避免，**即使理论结果是复杂函数，声学家也常设法将其近似为简单解析式**，虽然稍有误差(5%左右)，但便于理解、掌握和运用。穿孔板声阻抗理论的发展即是如此。在实验数据处理中，取得简单规律也需要物理分析。

赛宾混响时间公式是 20 世纪第一个应用声学公式，哈佛大学的赛宾(W. C. Sabine)经过物理分析得知混响时间与吸声材料的面积(吸声量)有关，为得到这个公式竟花了他 5 年的时间(白天教书，晚上实验、计算)！事实上，他工作 3 年后已获得非常丰富的实验数据，可是整理这些数据，总也得不到规律。直到后来，他发现要把房间原有的吸声量计算在内，这才得到混响时间与吸声量成反比的关系，欢喜得大叫“Eureka”(希腊文：我找到了)，和古希腊时代阿基米德发现王冠内的含金量一样高兴！现在国际声学界的最高奖“赛宾奖”就是以赛宾的姓氏命名的。

在这里，赛宾对室内声场运用了开创性的**统计声学**的分析方法。在一定条件(大空间或频率较高)下，统计声学以室内声能分布关系的统计性为基础，而可以不再考虑声的波动性，从而避免了去解复杂的由大量室内简正波组合的波动方程。室内声场的统计声学分析方法虽然不如基于波动理论的**物理声学**方法严格，也不如它能充分揭示室内声场的本质，但在解决室内声场的实际问题中既简单又有效，而这正符合声学研究方法的理念。

声学常数在定量和数学处理中是重要因素，在一般使用时，比较简单的近似值更为有用，哲学家言“**与其忘掉准确值，不如牢记近似值**”。许多论著中使用的是ICAO(International Civil Aviation Organization，国际民用航空组织）标准大气的近似值，基础是大气压 1atm=10^5Pa，重力加速度 g=9.8m/s^2，温度15℃；声速通常取340m/s，而空气中的特性阻抗常取400Pa·s/m等。这些值与标准值相差有限，但容易记、容易使用。

声波的各种量可用**复数表示法**。复数用于声学使其计算和测试大为简化，使声学网络分析成为可能，特别是对于以平面声波为基础的声学现象。

听觉特性和以听觉为基础的声学量表达方法和测量方法与其他物理领域有所不同。因为人对声音的感受有很大的主观性，使**主观感觉**可以用**客观方法**计算、测量，这是声学工作的一大创造，在与听觉有关的声学问题（语言、噪声、音乐等）中都很重要。

类比法是声学研究的一个便捷有效的方法，动态类比是声学系统和力学系统、电学系统统一的问题。三者本质不同，但其微分方程完全相同，因而比较成熟的电学网络中的概念、处理方法和理论完全可以移植于声学网络和力学网络，可以直接类比到微分方程的解。在某种意义下，动态类比是物理世界甚至是整个世界统一的表现。同时，电学中的阻抗概念和对电能传播的影响在声学中同样类比有效，为解释声传播控制提供了理论依据。

电声的关系不仅仅是类同，许多电声仪器是可逆的，声场是互易的，因而**电声系统也是互易的**。根据互易原理，电声仪器的校准是绝对校准，无须与一个“基准”去比较，这也是声学的一大特点，其他学科是没有的。所以电子学的进步也会带动声学的发展。

4. 学习本课程的建议

(1) 培养声学兴趣

本课程作为环境工程的一门专业课，与“三废”污染治理课程相比，往往容易被轻视，因此如何使师生都来重视这门课程是本课程教学的基础。

爱因斯坦有句名言：兴趣是最好的老师。环境中的声音几乎无处不在，它们包含了诸如音、乐、噪、响等丰富多彩的音质，声音的感觉器官——耳朵——天天挂靠在我们的脑袋（中央处理器）上，人耳对声音的感知频率和感受比其他感觉器官更为强烈，不同的声音可以引发人们喜、怒、哀、乐、惊、躁等不同的心理感觉。在各种各样的声音和声学现象的背后，声学原理的探究自然会引起人们的兴趣，这种兴趣正是学习本课程的强大动力。激发起学生对声音和声学现象探究的浓厚兴趣，可以说是学好本课程的关键一步。

(2) 明确学习要求

对于环境工程或劳动保护专业的学生，声学并不一定是必修的课程，他们仅在《大学物理》这类基础课中接触到有限的声学基础知识。要学生在本课程中全面深入地研究声学理论是不可能的，这在课时上根本不允许；要学生大量地运用物理分析的数学方法，也是不现实的，毕竟讲授的是噪声控制学而不是数学。数学推导和分析在本课程中要简洁明了，重在数学结论和物理意义解析及实际应用上，最终要求学生能正确地运用这些结论来分析、解决环境噪声污染的实际问题。

(3) 培养思维能力

本课程属于物理学范畴，所以也具有逻辑推理严密、推导思路清晰、理论与实际联系紧密等特点，它在分析、归纳和解决问题时的思维模式与途径具有普遍意义和类比性。在学习本课程的过程中，培养学生这种思维能力是本课程教学的根本目标，它是培养学生开拓、创新能力的基础，也是让学生终生受用的财富。

5. 关于本书

环境噪声控制工程是环境工程专业和劳动保护专业一门重要的专业课程，是物理声学的一个重要分支，也是一门涉及物理学、生理学、心理学、材料学、电子学、建筑学、机械及化工等多学科交叉的综合性、边缘性工程类学科。

本书在介绍声学物理基础知识的基础上，系统而又概括地阐述了噪声控制的原理、方法和有关工程设计计算问题。以常用的、成熟的控制技术为支撑，不拘泥于繁杂的数学过程，但注重物理分析、对物理数学结果的清晰解析与正确运用，尤其注重学习思维的完整性和对声学理论与结果的分析解读，重点在于培养学生分析问题、解决问题、工程设计以及思维与自我获取知识的能力，从而在有限的学时数内获得最大的教学效果。

本书的解题方法中，引入了关键参数的概念。所谓**关键参数**是指一些联系声学参数和几何参数的物理量，这些物理量在解题过程中处于关键性的环节，关键参数的把握有利于建立正确的解题思路。

考虑到噪声控制工程设计、声环境影响评价、环境监测与管理人员的需要，书中编列了噪声的标准和测量以及环境噪声影响预测评价等章节和一些常用的数据、图表曲线等资料。

本书中前后章节虽相互联系，但又具有相对独立性，可以根据教学层次和时数安排适当取舍。有条件的教学单位还可以开展一些声学实验和课程设计等实践活动。

本书每章编写时都首先有一个导读性质的**本章提要**(第 2 章每节还有**本节提要**)，主要介绍本章(节)的教学目标、讲授思路、重点难点等。本书正文中关于噪声控制技术章节内容的表达是**讲义式**的：根据讲授思路，对重要知识点进行排列，这种排列是按电影语言蒙太奇的方式进行链接的，以非文字式的语言来表达教学思路，不仅简洁明了，又是一种潜在的引导，也有利于教师制作多媒体课件。正文后视章(节)内容和需要有**本章小结**或**本节小结**，归纳总结该章(节)中重要的概念、结论与对它们的解读、分析及由此而延伸出的其他要点，是该章(节)的精华与浓缩及某种程度的延伸，也便于记忆与应用。每章(节)中的例题、思考题和实例围绕重点内容展开，具有一定的**实用性**和**示范性**。每章(节)之后的作业、习题，又可分为思考型、习题练习型及实践作业型，可以分层次帮助和考查学生对该章(节)内容的掌握程度。本书提供的习题数量较多，主要是对同类型问题给出了不同难度的习题，可根据教学需要适当选用，也可从中选择测验题、考试题，能够满足从大专到一本各层次教学的需要。一些思考题及课堂练习题直接附在相应的正文之后，以加深和检验对相关知识点的理解程度。

书中引用了许多作者与声学前辈的论著、手册等，详细的引用情况在参考文献中列出，在此，向他们表示敬意和感谢。

参与本书编写的人员有：贺启环(第 1～7 章)，赵仁兴和廉静(第 9 章)，乔维川(第 8、10 章)。全书由贺启环统稿。

由于编者水平和时间有限，书中难免存在错误和不足之处，切望专家、读者及广大师生批评指正。

编　者

2010 年 11 月

CONTENTS

目录

第1章

绪 论

本章提要

1. 声音与人类的关系
2. 噪声与噪声控制的概念与内涵
3. 噪声污染的特点和主要危害
4. 噪声污染源的分类与特征
5. 噪声的生理效应和心理效应
6. 噪声的物理学分类和心理学分类
7. 噪声控制的基本方法和程序

1.1 声音与噪声

声音是人类与许多其他生物感知外界环境的主要媒介,声音与水和空气一样也是人类生存和发展的一个环境要素。人类的生活、生产活动离不开声音,一个和谐的声环境是保障人类生存质量的一个基本条件。人类通过声音传达信息以交流思想与情感,进行生产研究和社会实践活动及文化娱乐活动。人类对声音的这种依赖性是在人类漫长的生存进化过程中逐步形成的,在这个过程中人类发育生长了完善的听觉系统和与之对应的发声系统,成为人类自身和外部环境交流信息的主要感知系统之一。不同声音对人的情感感染力也是无与伦比的,一首悲伤的歌曲会让人泪流满面,而一曲高昂的交响乐则可使人胸涌澎湃。有趣的是,当音量达到130dB时会让人耳感到疼痛并造成损伤,而目前世界上嗓门最大的人刚好能喊到129dB;这也是啊,人总不能用自己的嗓门来把自己的耳朵刺痛吧!正是由于人类这种适配良好的感知器官,天然地形成了人类这种对声音的依赖性。近代社会的发展和科技的进步开发出了无数以电声技术为基础的设备、产品和手段,现代文明的生活与生产方式使人类对声音的依赖程度愈加强烈。如果人类突然陷入一个无声世界里,人类的生活质量和生存能力将是难以想象的。人类婴儿进入世界的第一反应是发声,啼哭声宣告了一个新生命的诞生。从声科学的观点看,人类的一生就是在发声和受声中度过的,声音陪伴人们走过了他一生的生命历程。科学研究显示,凭借听觉也能判断一个人的健康状况,如果一个人的声音听上去性感而富有磁性,那么他的体质可能更好,也许身材也匀称。因为怀孕的头3个月,是胎儿声带和喉咙发育的关键时期,而此时营养充足的话,身体、大脑发育会更好,将来健康状况也更好。

但是并不是一切声音都是人们所需要的,由于人类听觉系统的天然无筛选性和对声音反应的生理与心理因素作用，在人类的生活环境中有时还存在一些干扰人们休息、学习和工作的声音，这些声音是人们所不需要的，甚至是厌恶的，这类声音统称为**噪声**，噪声属于感觉公害。从物理学的观点看，振幅和频率杂乱、断续或统计上无规的声振动，也称为噪声（反之为乐音）。从生理学和心理学的观点看，令人不愉快的、使人讨厌和烦躁的、过响的、干扰妨碍人们生活工作学习的以致对人们健康有影响或危害的声音都是噪声。由于个体差异，各人对声音的心理感受和主观愿望等会有所不同，各人各自的主观感觉（因环境、时间而异）也会有不同，因此人们对噪声的判别更多的是心理学上的，而不完全取决于它的物理特性（强度、频率、时间），对噪声强度和干扰程度的衡量是在相同环境、正常条件下对受声人群测试结果用统计学方法来确定。

噪声从心理学上大致可分为：

(1) **过响声**——超过一定强度标准的声音，可危及人体健康；

(2) **妨碍声**——妨碍人们工作、生活、学习、生产等活动；

(3) **不愉快声**——使人产生厌恶感。

另外，还有可忽视噪声，又称**无影响声**，人们可以容忍和习惯适应，甚至融合到人类生活中的噪声，一般在15～45dB。

一个噪声判别的典型例子是被困在塌方隧道或矿井中的工人并不愿意去听节奏和谐的音乐声（乐音），此时他们最想听到的是钻孔机或挖掘机工作发出的“噪声”，因为这种声音虽然杂乱无章，但给他们带来了获救生存的希望。在这里，人的心理意愿对声音的接受占了绝对的地位。

噪声也不全是有害的，令人厌烦的。噪声有时也能成为有用的声音或被有效利用。例如，工人常常根据机械噪声的大小和特征来判断设备是否运行正常；科学家还利用高能量噪声可使尘埃相聚的原理研制除尘器；利用声共振现象将其作用在压电晶体上，将机械能转换成电能。还有的研究人员设计了一套实验装置，利用波段为8～80kHz的水下自然噪声，在监控器屏幕上显示出水下实验物的图像、进行噪声海底透视来观察水下的大型动物、潜艇及沉船等。科学家们还用噪声刺激加快植物的光合作用，使农作物增产。实验表明，西红柿生长期中经过30次100dB的尖锐声音处理，产量提高了2倍。军事上，噪声弹（声炸弹）则是一种非杀伤性的防暴武器，它发出的强烈噪声虽然短暂，却足以使室内的暴徒震晕、失聪和暂时失去知觉或思维，为擒拿暴徒赢得宝贵的时间。在人类生活环境中也普遍存在一些人们习惯了的、又融洽于环境的可忽视噪声。又据报道，车迷们对一种新型环保混合动力车唯一不满之处竟是认为车内噪声太小。究其原因可能是不习惯，但可能更重要的是驾车者不能据此来正确判断车辆的运行状况，减少了驾车安全感。在目前盛行的开放式办公室中，正是利用这种噪声的掩蔽作用来保障谈话的私密性和减少相互干扰。但是当声音超过人们生活和生产活动所能容许的程度时就形成了噪声污染。噪声有自然现象引起的，也有人为活动造成的，通常所说的噪声污染是指人为活动造成的声音感觉公害。环境中所有远近不同、方向不同、自身或周围反射的噪声的组合，统称为**环境噪声**。2001年江苏省对全省13个省辖市区域环境噪声进行了调查统计，其中有7个城市平均等效声级超过55dB，属轻度污染，占53.8%。据统计，京、津、沪等47个城市白天的平均等效声级为60dB(A)左右，其中上海、天津、南京、成都、兰州、西安、福州、长沙等城市达到了60dB(A)以上，相当于市民都生活在一个混杂的工业和商业区中。城市声环境质量的改善依然有许多工作要做。

1.2 噪声污染的特点

噪声污染是一种物理性污染，这与水体和空气的化学污染不同，其基本特点是：

(1) 物理性

声源发出的声能以波动的形式传播，看不见、摸不着、闻不到，直接作用于人的听觉器官，一般不致命，是一种感觉、精神公害。

(2) 难避性

由于噪声以 340m/s 的速度传播，因而即使闻声而跑，也避之不及；突发的噪声更是难以逃避的，"迅雷不及掩耳"就是这个意思。很小的孔洞缝隙就能透过大量的噪声，低频声还具有很强的绕射能力，可以说噪声是无孔不入的。人耳这个器官，不会像眼睛那样迅速闭合来防止光污染，也不会像鼻子遇有异味屏气以待。即使在睡眠中，人耳也会受到噪声的污染。

(3) 局限性

噪声源分布面广，具有社会性，交通噪声又随污染源流动而转移，但一般的噪声源只能影响它周围的一定区域，它不会像大风中的颗粒物质，能飘散到很远的地方，其扩散和危害具有局限性。

(4) 能量性

噪声污染是能量的污染，只造成空气物理性质的暂时变化，它不具有物质的累积性；噪声源停止发声后声能很快转换成热能散失掉，污染立刻消失，没有后效和残留。噪声的能量转化系数很低，约为 10^{-6}，即百万分之一。换言之，1kW 的动力机械，大约只有 1mW 变为噪声能量辐射。可以作一个形象的比喻，1500 个人坐在一起谈话，谈了一个半小时，积累起来的能量只能把一杯水烧开。虽然声能量很小，但它引起空气介质的波动和由此产生的声污染却很大。

(5) 危害潜伏性

噪声污染在环境中不存在累积现象，但心理承受上有一定的延续效应，长期接触或短期高强度接触有损健康，具有危害潜伏性。

归纳起来噪声污染具有能量物理性、污染难避性、范围局限性、非致命性、实时感官性、社会普遍性及危害潜伏性。

噪声污染的这些特点以及声源和暴露人群的广泛存在和交错分布，使噪声污染一直被人们认为是最厌恶、最直接的环境污染之一，在我国城市中平均占到各种公害投诉案件的60%～70%。在北京，反映噪声污染问题的数目占所有反映污染事件总数的比例 1977 年为40%，1978 年为 41%，而 2005 年则上升到 46%。即使在日本，噪声干扰控告事件也占到了30%以上。

1.3 噪声污染源

按照产生噪声源头的类型，城市噪声污染源可分为工业(厂)噪声污染源、交通(运输)噪声污染源、建筑施工噪声污染源和社会生活噪声污染源。

1. 工业噪声污染源

包括工厂中各种辐射噪声的机械设备，如运转中的水泵、通风机、鼓风机、空气压缩机、汽轮机、织布机、电锯、电机、风铲、风铆、球磨机、振捣台、机床、冲床等，这类机械设备的噪声大都会在75～105dB(A)左右，有一些机械的噪声级甚至可达120dB(A)以上(表1-1)。工业噪声来源主要有机械噪声、气流噪声和电磁噪声。对于机器设备来说，其噪声级别也是衡量其技术水平和质量优劣的重要指标，尤其对像潜艇这样的军事装备来说，则直接关系到它的生存能力。

表1-1 一些机械噪声源强度

声级/dB	机械设备或厂房、车间
130	风铲、风铆、大型鼓风机、高炉和锅炉排气放空
125	轧材、热锯(峰值)、锻锤(峰值)
120	有齿锯锯钢材、大型球磨机、加压制砖机
115	振捣台、热风炉鼓风机、振动筛、抽风机
110	罗茨鼓风机、电锯、无齿锯
105	破碎机、大螺杆压缩机、织布机
100	电焊机、大型鼓风机站、柴油发动机
95	织带机、轮转印刷机
90	空气压缩机站、泵房、轧钢车间、冷冻机房
85	车床、铣床、刨床、造纸机
80	织袜机、漆包线机、针织机
75	上胶机、蒸发机
75以下	拷贝机、放大机、电子刻板真空镀膜机

2. 交通运输噪声污染源

包括启动和运行中的各种汽车、摩托车、拖拉机、火车、飞机、轮船等。交通噪声强度与行车速度有关，车速加倍，噪声级平均增加7～9dB；车流量增加1倍，噪声级平均增加2.7dB。不同交通运输工具的噪声差别也大，载重车的噪声级可达90dB(A)，而飞机起飞时在测点上的噪声达100dB(A)以上。交通噪声主要来源于发动机壳体的振动噪声、进排气声、喇叭声以及轮胎与路面之间形成的噪声。交通噪声是一种不稳定的噪声，而且声源具有流动性，影响面较广，约占城市噪声源的40%。2001年江苏省开展监测的道路中有36%的路段等效声级超过了70dB(A)的允许标准。

2006年全国398个市(镇)开展道路交通噪声监测，道路交通噪声平均等效声级如表1-2所示。

表1-2 2006年全国道路交通噪声监测情况

道路交通噪声平均等效声级/dB(A)	≤68	68～70	70～72	72～74	≥74
相应声级内的城市数/个	229	124	34	7	4
相应声级内的城市数占总数的比例/%	57.5	31.2	8.5	1.8	1.0

3. 建筑施工噪声污染源

包括运转中的打桩机、打夯机、挖掘机、混凝土搅拌机、推土机、吊车和卷扬机、空气压缩机、凿岩机、木工电锯、运输车辆以及敲打、撞击、爆破加工等，在距声源15m外，噪声级高达80～105dB(A)(表1-3)。建筑施工噪声具有多变性、突发性、冲击性、不连续性等特点，不仅对附近居民干扰大，而且对现场操作人员的危害也大(表1-4)。

表1-3 建筑施工机械噪声级 dB

机械名称	距离声源10m		距离声源30m	
	范围	平均	范围	平均
打桩机	93～112	105	84～103	91
地螺钻	68～82	75	57～70	63
铆枪	85～98	91	74～98	86
压缩机	82～98	88	78～80	78
破路机	80～92	85	74～80	76

表1-4 施工现场边界上的噪声级 dB

场地类型	居民建筑	办公楼等	道路工程等
场地清理	84	84	84
挖土方	88	89	89
地基	81	78	88
安装	82	85	79
修整	88	89	84

4. 社会生活噪声污染源

包括冷却塔、空调器、水泵、风机、排油烟机、高音喇叭、音响设备以及商业、交际和娱乐等社会活动和广泛使用的家用电器等，一些家电所产生的噪声可达65～90dB(A)(表1-5)，有些活动中室内造成的噪声甚至可达100dB(A)以上。虽然社会生活噪声户外平均声级不是很高(55～65dB)，但给居民造成的干扰却很大，是城市中影响环境质量的主要污染源，其所占比例近50％。

表1-5 家庭常用设备噪声 dB

家庭常用设备	噪声级
洗衣机、缝纫机	50～80
电视机、除尘器、抽水马桶	60～84
钢琴	62～96
通风机、吹风机	50～75
电冰箱	30～58
风扇	30～68
食物搅拌器	65～80

2006 年全国 378 个市(县)开展区域环境噪声监测的情况如表 1-6 所示。

表 1-6 2006 年全国 378 个市(县)开展区域环境噪声监测的情况

城市区域声环境质量等级	好	较好	轻度污染	中度污染	重度污染
相应等级内的城市数/个	19	241	111	6	1
相应等级内的城市数在总数中的比例/%	5.0	63.8	29.3	1.6	0.3

1.4 噪声污染的危害

虽然噪声对人们的影响可分为听觉的和非听觉的两条途径,但噪声的实际危害是多方面的,有的甚至还是相当严重的,尤其对儿童的健康和生长发育十分有害,必须引起人们的高度重视。噪声污染的危害归纳起来主要有 4 个方面:

(1) 损伤听力,影响人体健康;

(2) 影响人们的休息与工作,降低劳动生产率;

(3) 影响语言清晰度和通信联络;

(4) 噪声对动物、建筑物和仪器设备也会产生不利影响。

1.4.1 噪声对听力的损伤

大量的调查研究表明,如果人们长期在强噪声环境下工作,会使内耳听觉组织受到损伤,造成不同程度的耳聋,人们在强噪声环境中暴露一定时间后,听力会下降,离开噪声环境到安静的场所停留一段时间,听觉就会恢复。这种现象称为暂时性阈移,又称听觉疲劳。但如果长期在强噪声环境中工作,听觉疲劳就不能完全恢复,而且内耳感觉器官会发生器质性的病变,由暂时性阈移变成永久性阈移,即成为噪声性耳聋或噪声听力损失。

国际标准化组织(International Organization for Standards, ISO)规定用 500Hz、1000Hz、2000Hz 这 3 个频率上听力损伤量(dB)的算术平均值来衡量耳聋的程度。听力损失在 15dB 以下属正常,15~25dB 属接近正常,25~40dB 属轻度耳聋,40~60dB 属中度耳聋,60dB 以上属重度耳聋,80dB 以上则为全聋。考虑到器官老化而产生的自然听力损失,将平均听力损失 25dB 作为噪声性耳聋判断的标准。在这种情况下,人与人之间距离 1.5m 外的正常交谈会有困难,句子的可懂度下降 13%。当平均听力损失到 40~55dB 时,对一般响度的语言就会发生经常性困难,并且会造成永久性听力损失。

大量的统计资料表明,噪声级在 80dB 以下的环境,才能保证人们长期工作而不致耳聋;在 90dB 以下,只能保护 80%的人工作 40 年以后不会耳聋;即使 85dB,仍会有 10%的人可能产生噪声性耳聋。另外,噪声的频率越高,内耳听觉器官越容易发生病变。如低频噪声只有在 100dB 时才出现听力损伤,而高频噪声在 75dB 的情况下即可产生听力损伤。如果人们突然暴露在极其强烈的噪声环境中(如高达 150dB),会使人的听觉器官发生急性外伤,强烈的声振动引起鼓膜破裂、内耳出血、螺旋器(感觉细胞和支持结构)从基底膜急性剥离等症状,使人耳即刻失聪,这种急性噪声性耳聋,称为暴振性耳聋。

噪声引起的耳聋普遍而直接,噪声性耳聋与噪声的强度、频率及接触时间有关,也就成为工作场所听力保护、噪声卫生标准的基础。

1.4.2　噪声的生理效应

噪声暴露所导致的人体生理变化称为噪声的生理效应。噪声具有强烈的刺激作用，对人体的影响也是多方面的。噪声除了对听力的影响外，对神经系统、心血管系统、消化系统、内分泌系统等也有明显的影响。

1. 对神经系统的影响

噪声作用于人的中枢神经系统，使人体基本生理过程——大脑皮层的兴奋作用——抑制平衡失调，导致条件反射异常，使人的脑血管张力遭到损害，神经细胞边缘出现染色体的溶解，严重的可以引起渗出性出血灶、脑电图电势改变。这些生理变化在早期是可以复原的，时间长了，就会形成牢固的兴奋灶，波及植物神经系统，导致病理学变化，产生头痛、昏晕、耳鸣、多梦、失眠、心慌、记忆力衰退和全身疲乏无力等临床症状。这些症状医学上称为神经衰弱症，又称神经官能症。严重时全身虚弱，体质下降，容易并发和引起其他疾病。专家指出，城市中的交通噪声，对环境敏感的人群在其后半生发展成精神疾病的可能性更大。

有资料报道，强烈的噪声刺激会干扰人的神经系统，使休息中的人群产生恼怒感，一些对噪声敏感的人甚至会失去理智，产生异常举动，以自杀或蓄意伤人、杀人的方式来渲泄自己的恼怒情绪。一些关键岗位上的工作人员，会由于长时间接触高噪声而产生心理障碍、注意力分散、思维判断混乱，而导致失误引发重大事故。突发的高强度噪声波可麻痹人的中枢神经系统，使人短时间失去知觉昏迷过去，利用这一原理，国外已研制出声炸弹，用以对付暴徒、恐怖分子和海盗的袭击。

2. 对心血管和消化系统的影响

研究表明，噪声可以使交感神经紧张兴奋，从而导致心动过速、心律不齐、血管痉挛、血压升高。部分人群的心电图会出现缺血型改变，常见的有窦性心动过速或过缓、窦性心律不齐等。在90dB以上高噪声环境中长期工作，可以使心肌受损，高血压、动脉硬化和冠心病发病率明显增加，血中胆固醇增高。许多人认为，噪声是当前造成心脏病的重要原因之一。

噪声作用于人的中枢神经系统时，会影响人的消化系统，导致胃功能紊乱，引起肠胃机能阻滞、消化分泌异常、胃酸度降低、胃蠕动减退等，其结果引起消化不良、食欲不振、恶心呕吐、体质减弱等，并导致胃病、胃溃疡及十二指肠溃疡发病率增高。调查发现，在噪声行业工作的工人中，溃疡病的发病率比安静环境的高5倍。

3. 对其他系统的影响

最新的科学研究表明，噪声对人的眼睛和视觉功能也有一定的影响。当噪声作用于听觉器官时，也会通过神经系统的导入作用而波及视觉器官，使人的视力减弱。实验表明，当噪声强度在90dB时，视网膜中视杆细胞区别光度、亮度的敏感性开始下降；当噪声在95dB时，2/5的人瞳孔扩大、视物模糊；当噪声达到115dB时，几乎所有的人眼球对光亮度的适应都有不同程度的衰减。因此，长时间处于噪声环境中容易发生眼疲劳、眼痛、眼花和视物流泪等损伤现象。噪声还会使色觉、色视野发生异常。调查显示,在接受稳态噪声的 80 名工人中,出现红、蓝、白三色视野缩小的比例高达 80%,比对照组增加 85%。据研究,噪声对视力的不良影响还源于噪声破坏人体内某些维生素的平衡。在 90dB 环境中工作 4 小时,体内的 VB_1 和 VE 分别减少,其他 B 族维生素也显著减少,而这些维生素是维持眼睛正常功能的重要物质。因此在噪声环境中工作的人应补充适量的维生素,减少体内维生素的失衡,有益于视力保护。

噪声对血液成分的影响表现为血细胞数增多,嗜酸性白细胞亦有增高的趋势。

长期在高噪声环境中工作的妇女常有大量脱发的症状——斑秃,俗称"鬼剃头",一般西医认为是内分泌系统受到了干扰;而中医则认为自古我们的头发别称叫作"烦恼丝",就是说头发的病都跟烦恼有关,噪声引起斑秃正是烦恼的生理反应。观察发现高噪声环境使孕妇的激素分泌受到抑制,这将导致早产,影响胎儿的正常发育,特别对胎儿的听觉器官会造成先天性损伤。

4. 噪声对儿童健康的影响

由于儿童身体各组织器官尚未发育完善,神经系统、感觉器官十分娇嫩和脆弱。因此噪声对儿童的生长发育影响十分明显。研究发现,家庭噪声是导致儿童听力障碍、聋哑症的主要病理原因之一。一项调查显示,在吵闹环境中生活的幼儿,其智力发育要比在舒适安静环境中生活的幼儿低 15%~25%,而且体重普遍要轻。此外,长期处于噪声环境中的孩子有明显的情绪异常反应,如烦躁不安、神色紧张、心理恐惧、失眠多梦等。医学家指出,家庭噪声对儿童的危害不仅在于噪声的强度大小,更重要的在于现代家庭环境中持续存在的各种噪声对儿童身心进行长期"水滴石穿"般的侵害。由于长期受到噪声的恶性刺激,最终将损害儿童的中枢神经、心血管、消化道、视觉器官等系统,造成视力下降、头痛、乏力、记忆力下降、心悸、应激性溃疡、免疫功能降低、精神疾病及处在青春期的少女出现月经失调、闭经等。从而造成他们的阅读理解能力和远期记忆力减弱,学习效率不断下降。

过去科学家和医生认为,只有当噪声达到足够大时才会使听力受损。但最近的研究发现,持续不断的低噪声也会影响到人类的健康,特别是对儿童和噪声敏感的人群,例如使血压升高、儿童智力发展受损、扰乱睡眠和促使神经系统紊乱等。因此世界卫生组织最近修订了有关最低安全噪声标准值,要求夜间噪声值为以不影响睡眠为准的 30~35dB,最高也不得超过 45dB。

为了减轻和避免噪声对儿童健康的危害,应严格控制家庭及外界噪声,减少噪声对儿童的不良刺激,同时,平时应该让孩子多吃富含 VB_1、VB_2、VB_6、VA、VC 的食物,因为这些食物有助于保护人体听觉细胞,使得纤毛细胞受体的功能活性增强,对抗和消除外界噪声的不利影响。

1.4.3 噪声对人们生活和工作的影响

噪声妨碍人们休息、睡眠,干扰语言交谈和日常社交生活,使人烦躁、注意力下降,甚至精神失控、行为反常。睡眠使人的新陈代谢得到调节,大脑得到休息,从而消除体力和脑力疲劳,充足、良好的睡眠有助于提高免疫力。睡眠是保障人体健康的重要因素,但噪声会影响人们睡眠的有效性,降低睡眠质量。研究结果表明,连续噪声可以加快熟睡到轻睡的回转,使人多梦、熟睡时间缩短。据统计,40dB 的连续噪声可使 10%的人睡眠受到影响,睡着的人脑电波会出现觉醒反应,而 70dB 时可达 50%;突发的噪声在 40dB 时可使 10%的人惊醒,到 60dB 时可使 70%的人惊醒。实验表明,理想的入睡噪声是在 35dB(A)以内。

噪声影响和降低语言传递中的信噪比,从而降低人们语言交流时的清晰度,特别是对那些强度较弱的辅音影响更为显著。语言清晰度是指被听懂的语言单位百分数。通常情况下,人们相距 1m 交谈时平均语言声级约为 65dB,当噪声级与语言声级相当时,正常的交谈受到干扰,环境噪声会掩蔽语言声,使语言清晰度降低(表 1-7)。噪声级高于语言声级 10dB 时,谈话声就会被掩蔽。1993 年作者对本校(南京理工大学)校园环境噪声做过一次监测调查,当时由于学校离飞机场只有 4km,飞机起降时低空掠过学校上空,每架次教室内的噪声辐射在 63.6～88dB 之间的时间平均有 40s,全校每学期由此干扰课堂教学的时间达到了 3000 余学时,教学损失相当可观。在噪声环境下,发话人会不自觉地提高发话声级或缩短谈话者之间的距离。通常噪声每提高 10dB,发话声级约需增加 7dB。虽然清晰度的降低可由嗓音的提高而得到部分补偿,但发话人极易疲劳以至声嘶力竭。当噪声级大于 90dB 时,即使大声叫喊也难以进行正常交谈了。强烈的背景噪声会隐蔽一些警告性信号,从而造成工伤事故。在我国几个大型钢铁企业,曾发生过高炉排气放空的强大噪声遮蔽了火车鸣笛声,造成正在铁轨上工作的工人被轧伤亡的惨痛事件。

表 1-7 噪声对交谈和通信的干扰

噪声级/dB(A)	主观反映	保持正常谈话的距离/m	通信质量
45	安静	11	很好
55	稍吵	3.5	好
65	吵	1.2	较困难
75	很吵	0.3	困难
85	大吵	0.1	不可能

噪声引起烦恼,容易使人疲劳,同时往往会影响精力集中,工作效率低,这对于脑力劳动者尤为明显。在嘈杂的环境里人们心情烦躁,工作容易疲劳,反应迟钝,工作效率低,而且还易造成工伤事故。一些对噪声敏感的人还会导致其产生失常的举动。在连续高噪声环境里工作的人员,下至火车司机,上至空间舱内的宇航员还会出现精力分散、反应迟钝以及判断错误等误操作,造成严重的交通和飞行事故。

1.4.4 噪声对动物、建筑物和仪器设备的影响

1. 噪声对动物的影响

声音对生物的影响是客观存在的。在我国南方森林中生长着一种叫黑尾大叶蝉的昆虫,它边吮吸树叶内的液汁(水和营养物质),边排泄水珠,由于数量可观,以致形成"晴天下雨"的奇观。更有趣的是,如果人们在树下鼓掌发出响声,黑尾大叶蝉会加快水珠的排泄,于是小雨就变成了大雨,这是由于击掌声加快了它的新陈代谢之故。

实验证明,动物在噪声场中对其中枢神经系统造成损害,会失去行为控制能力,不但烦

躁不安而且失去常态。在165dB噪声场中,大白鼠会疯狂窜跳,互相撕咬和抽搐,然后就僵直地躺倒。强烈的噪声还可以引发动物的声致痉挛,是声刺激在动物体内诱发的一种生理—肌肉失调的现象,是声音引起的生理性癫痫。它与人类的癫痫和可能伴随发生的各种病症有类似之处。

噪声对动物的听觉和视觉也有损伤性的影响。在120～150dB的噪声中暴露的动物也造成永久性听力损伤和器质性损伤。暴露在150dB以上的低频噪声场中的动物,会引起眼部振动,造成视觉模糊。

150dB以上的噪声能造成动物内脏器官发生损伤,如淤血、出血、水肿甚至破裂导致死亡。噪声声压级越高,使动物死亡的时间就越短。例如170dB噪声大约6min就使半数受试的豚鼠致死。噪声声压级增加了3dB,半数致死时间相应减少一半。美军还据此开发出了反人员的非致命武器——超声炮、声炸弹,主要是针对人的听觉器官研制的,其实就是一个巨大的噪声干扰器,能发出高达150dB(A),频率为2000～3000Hz的强大脉冲。超声炮利用高分贝冲击波的冲击作用,可使附近的人失去自控和辨识方向的能力,使人感到恐慌和头晕目眩,甚至引起人的心理紊乱和导致内脏器官损伤。

噪声对动物、生态环境和人类的饲养业有着重要的影响。另一方面,由于强噪声对人体的影响不能直接进行实验观察,因此用动物实验来获取资料以推断噪声对人的影响,对于保护人类健康有重要意义。

随着社会经济的发展,强度越来越大的强噪声源出现的频率也不断上升。如火箭发射、飞机起降、工程爆破、建筑施工、燃放炮竹和各种自然现象与灾害引发的高噪声对饲养动物的生长发育、繁殖、产蛋、产奶等都产生不良影响,由此引发的诉讼赔偿事件屡有报道。

2. 噪声对建筑物的影响

一般的强噪声只损害人的听觉器官,对建筑物的影响尚无法察觉。随着火箭和宇宙飞船以及超声速飞机(如协和飞机)的发展,噪声对建筑物影响的问题开始引起人们的注意。20世纪50年代初,美国国家航空航天局(NASA)研究中心通过观察和测定分析及模拟实验得出结论:噪声强度在140dB时,能使窗玻璃破裂,尤其在低频范围内对建筑的危害作用较严重。当超声速飞机低空掠过时,在飞机头部和尾部产生压力跃变,形成N形冲击波,传到地面时产生轰声,听起来像爆炸声。在轰声作用下已经观察到对一些建筑物的破坏,如墙壁裂缝、抹灰开裂、门窗变形、玻璃破碎、屋顶掀起,甚至使烟囱倒塌。此外剧烈振动的振动筛、空气锤、冲床、打桩和爆破等,也会使振源周围的建筑物受到损害或激发出二次噪声扰民。

3. 噪声对仪器设备的影响

噪声对仪器设备的影响可分为3种受损程度:使仪器设备受到干扰,自身噪声增大,影响其正常工作;使仪器设备失效,使其失去工作能力,但在离开噪声场后又能继续工作;使仪器设备损坏,即噪声场激发的振动造成仪器设备的破坏而不能使用。

实验表明:当噪声级超过135dB后,电子仪器的连接部位会发生错动,引线产生抖动,微调元件发生偏移,使其发生故障而失效;当超过150dB后,会严重损坏电阻、电容等元件及电子器件,使器械发生故障或失效。在特强的噪声作用下,由于声频交变负载的反复作用,会使材料或结构产生疲劳现象而断裂,其影响与噪声的强度、频率以及设备自身的结构、安装方式等诸多因素有关。在高噪声情况下如何保护仪器、设备等免受噪声的影响是很重要的问题。

1.5 环境噪声控制

1.5.1 噪声控制

在环境声学中，噪声控制是一门研究如何获得能为人体容忍的适当而和谐的声学环境的技术科学。噪声控制要采取技术措施，需要投资，因此最终只能达到适当的声学环境，即经济上、技术上和要求上合理的声学环境和标准，而不是噪声降得越低越好。从控制污染保护人体健康的角度出发，在不同情况、不同场合下，噪声的标准也是不同的。在工作场所噪声控制的重点是保护听力；而在生活居住区，则是重点防止噪声扰民。

噪声控制并不等同于噪声降低。有时，增加一些合适的噪声可以减少干扰。例如，目前普遍采用的大面积开放式办公室，几十甚至上百人在里面工作，效率虽高，但相互干扰却是个严重问题。采用半截声屏障隔离虽然可以有所改善，但仍相互影响。为此最好的解决办法就是同时在室内各个分散点上发出白噪声(频谱连续而均匀的噪声)建立起比较均匀的A声级50dB左右的噪声场。这样，邻组谈话的声音就被白噪声所掩蔽而听不清了，但本组谈话声(60～70dB(A))因距离近，则交流不受影响，从而达到各组间的声隔离，而50dB(A)的本底声场并不会干扰人们的工作。

虽然我们碰到的大部分噪声污染控制问题需要降低噪声，但也不是要将噪声降得越低越好，这不仅是因为经济上会非常浪费和不合理，技术上也有难度，实际环境中也无此必要。

科学家的实验研究表明：一个完全没有声音的环境，对人的身心健康也会造成损害。无声环境会使人出现恐惧不安、情绪烦躁、心律失常、食欲减退等情况，特别是对精神系统造成损害，出现思维混乱等症状。静寂无声的环境不利于身心健康。例如，在新疆中巴边界上的红其拉甫海关工作人员，由于四周荒无人烟，夜晚过分寂静而难以忍受，他们只能听到自己的呼吸、心跳和血液的奔流声，并逐渐产生恐慌感。若长时间在这样的环境中，可能会使人丧失理智。

实验表明，人不能在一个毫无声息的环境中生活，只有创造一个和谐而又优美的声响环境，人类才能正常而健康地生活。

1.5.2 环境噪声控制的方法

环境噪声控制的方法有两大方面：一是行政措施。通过噪声控制立法，即国家或地方权力机关为了保护环境而制定的有关控制噪声污染的法规(法令、条例、标准、规范、规划等)来解决噪声污染的问题，它对噪声源的责任人具有强制性执行的要求。噪声控制立法对于噪声控制技术的研究、应用和推广也起着促进作用；第二是应用工程技术措施控制噪声源的声输出、声的传播和声的接收，以得到人们所要求的声学环境，这正是本教材的主要任务。

任何一个声学系统都是由**声源—传播途径—接收者**3个环节组成。但每一个噪声问题都具有其“个性”，与其他噪声问题不会完全相同，因此做好每个噪声问题的调查分析和研究评估是十分重要的，只有这样才能求得技术可行、经济合理、效果达标的控制方案。

控制噪声是从声源控制、传播途径控制和接收者保护3个方面进行的。

声源控制是噪声控制中最根本和最有效的手段，也是近年来最受重视的。判明发声体的发声部位，研究声源的发声机理，限制噪声的发生是根本性措施。

1. 声源控制

运转的机械设备和运输工具等是主要噪声源，控制它们的噪声有两条途径：一是改进结构，提高其中部件的加工精度和装配质量，采用合理的操作方法等，以降低声源的噪声发射功率；二是利用声的吸收、反射、干涉等特性，采用**吸声**、**隔声**、**减振**、**隔振**等技术，以及安装**消声器**等，以控制声源的噪声辐射。

采用各种噪声控制方法，可以收到不同的降噪效果。如将机械传动部分的普通齿轮改为有弹性轴套的齿轮，可降低噪声15～20dB；把铆接改为焊接，把锻打改为摩擦压力加工等，一般可降低噪声30～40dB。对几种常见的噪声源采取控制措施后，其降噪效果如表1-8所示。

表1-8 声源控制降噪效果

声　源	控制措施	降噪效果/dB
敲打、撞击	加弹性垫等	10～20
机械转动部件动态不平衡	进行平衡调整	10～20
整机振动	加隔振机座(弹性耦合)	10～25
机器部件振动	使用阻尼材料	3～10
机壳振动	包覆、安装隔声罩	3～30
管道振动	包覆、使用阻尼材料	3～20
电机	安装隔声罩	10～20
烧嘴	安装消声器	10～30
进气、排气	安装消声器	10～30
炉膛、风道共振	用隔板	10～20
摩擦	用润滑剂，提高光洁度，采用弹性耦合	5～10
齿轮啮合	隔声罩	10～20

2. 传播途径的控制

传播途径控制的主要措施有：

(1) 声在传播中的能量是随着距离的增加而衰减的，因此使噪声源远离需要安静的地方，可以达到降噪的目的。

(2) 声的辐射一般具有指向性，处在与声源距离相同而方向不同的地方，接收到的声强度也就不同。不过多数声源以低频辐射噪声时，指向性很差；随着频率的增加，指向性就增强。因此控制噪声的传播方向(包括改变声源的发射方向)是降低噪声尤其是高频噪声的有效措施。

(3) 建立**隔声屏障**，或利用天然屏障(土坡、山丘)，以及利用其他隔声材料和隔声结构来阻挡噪声的传播。

(4) 应用**吸声材料和吸声结构**，将传播中的噪声声能转变为热能等。

(5) 在城市建设中,采用合理的**城市防噪声规划**。

此外,对于固体振动产生的噪声采取**隔振**和**阻尼**措施,以减弱噪声的传播。

3. 接收者的防护

为了防止噪声对人的危害,可采取下述防护措施:

(1) 配带护耳器,如耳塞、耳罩、防声盔等。

(2) 减少在噪声环境中的暴露时间。

(3) 根据听力检测结果,适当调整在噪声环境中的工作人员。人的听觉灵敏度是有差别的。如在85dB的噪声环境中工作,有人会耳聋,有人则不会。可以每年或几年进行一次听力检测,把听力显著降低的人调离噪声环境。

最后应该指出,噪声控制方法除了行政和技术措施外,人们的道德观念和素质修养也十分重要。任何个人、法人及责任人必须充分考虑声污染对他人和公众的不良影响,必须规范自己或团体、单位的声响行为,遵守法规和公共道德,避免对他人或公众**声环境权**的侵犯。

1.5.3 噪声控制的程序与方案选择

1. 噪声控制的程序

解决噪声污染问题的一般程序是首先进行现场**噪声调查**,测量现场的噪声级和噪声频谱;然后根据有关的环境标准确定现场容许的噪声级,并根据现场实测的数值和容许的噪声级之差确定降噪量,进而制定技术上可行、经济上合理的控制方案。

2. 控制措施的选择

合理的控制噪声的措施是根据噪声控制费用、噪声容许标准、劳动生产效率等有关因素进行综合分析确定的。在一个车间,如果噪声源是一台或少数几台机器,而车间里工人较多,一般可采用**隔声罩**,降噪效果为10～30dB;如果车间工人少,经济有效的方法是用护耳器,降噪效果为20～40dB;如果车间里噪声源多而分散,工人又多,一般可采取**吸声**降噪措施,降噪效果为3～15dB;如果工人不多,可用护耳器,或者设置供工人操作用的隔声间。机器振动产生噪声辐射,一般采取**减振**或**隔振**措施,降噪效果为5～25dB。如果机械运转使厂房的地面或墙壁振动而产生噪声辐射,可采用**隔振**机座或**阻尼**措施。

应该注意的是,控制噪声不是一件简单的事情,每个问题都需要个别研究。把汽车噪声降低5dB的要求似乎不高,但这意味着要将噪声能量减少2/3,这往往不是轻而易举就可以做到的,更何况还有一个付出代价的问题。

1.6 噪声控制技术的进展

国际噪声控制协会曾经提出自20世纪80年代起是**"从声源控制噪声"**的年代。降低声源的噪声辐射是经济有效地控制噪声的根本途径。通过对声源发声机理和机器设备运行功能的深入研究,研制新型的低噪声设备;改进加工工艺;以及加强行政管理均能有效合理地降低环境噪声。

近年来，国内的大专院校、科研设计单位及工厂企业开展了产品低噪声化研究，研制出几十种低噪声产品，如低噪声轴流风机、低噪声离心机、低噪声罗茨风机等。

科学技术的发展，特别是数字信号处理技术的快速发展，为噪声控制提供许多新技术、新方法、新材料和新结构。噪声和振动的有源控制技术(**反声技术**)，经过20世纪70年代的原理研究，现在已进入工程应用阶段，并已向产品化方向发展。1980年，法国将配有微处理器的有源消声器装置应用于2.2kW的实验室柴油机，在20～250Hz范围内可降低噪声20dB。

有关声学测试设备和技术的声强技术开始于20世纪80年代，现在已有便携式测量系统产品面市。声强技术可以广泛应用于现场声功率测量、振动能流传递、振源定位、声源鉴别等方面，为噪声控制提供了有力的诊断手段，大大提高了噪声控制方案的针对性和有效性。

1.7 降噪技术在工业产品和军事工程中的应用

噪声控制除了在环境保护中具有重要的地位外，在机器制造业和军事工程中也起到重要作用。例如一台机床，虽然功能很多，但若噪声很大，不但影响工人操作时的注意力，也易使工人增加疲劳感，同时由于噪声源的振动，必然也影响到其加工精度，所以振动和噪声也是许多机器设备的重要质量指标。

在军事上，最普通的是枪炮的消声，特别有重要意义的是降噪在核潜艇上的应用。由于在水下电磁波的传播及雷达的应用受到很大限制，而利用声波来探测却具有很大的优越性(在20℃的水中，声速 $c=1480\text{m/s}$)，声纳(sound navigation and ranging，SONAR)就是一种利用声波来探测的仪器，意指水下声波导航与定位设备。声纳装置一般由基阵、电子机柜和辅助设备3部分组成，一般安装在潜艇的最前端。本艇主动发出探测水声信号而接收目标反射波以获取目标参数的声纳称为主动声纳，仅仅是依靠接收目标发出的噪声或声纳信号来探测的声纳称为被动声纳。先进的声纳仪器可以完成水下搜索、测向、通信、测距、目标识别、本艇噪声监测等功能。探测距离可达100n mile(1n mile=1852m)。被动声纳所测定的对象实际上就是一个噪声源。低噪声的潜艇不仅能最大限度地发挥本艇水声探测设备的能力，提高探测距离和精度，同时也使被敌方发现的概率减小。一艘攻击型核潜艇必须要有高的航速，以便进行攻击、对抗、护航等军事任务。例如，美国的洛杉矶级核潜艇，其水下最大航速达30～33节(1节=1n mile/h)，而一艘轮船的航速在11～15节，由于高航速需要大功率的动力系统，因此往往导致本艇噪声提高。为此而采取了许多先进的降噪措施，比如采用具有自然循环冷却能力的S6G反应堆，消除了核动力装置最大的噪声源——主循环泵；对减速齿轮箱和辅机采用减振隔振技术；对于柴油机动力潜艇，采用无空气推进技术，主机为一台柴油发动机和一台永磁推进电动机，其中永磁推进电动机噪声小，而辅助动力系统采用氢燃料电池，可避免柴油发动机发出的声响和产生的废气红外泄漏，具备更好的隐形能力；精心设计指挥台围壳和艇体线型以减少水动力噪声，并用橡胶外罩覆盖艇身，以吸收噪声，提高对敌方主动声纳探测的声隐身性等；其中改进螺旋桨的设计与加工也是极重要的降噪措施。由于主动声纳本身也是一个噪声信号源，不到万不得已一般不开启工作；而被动声纳对先进核潜艇的探测率很小，因此时有水下核潜艇互相碰撞或与水下礁石等物体相撞的事故发生。2009年2月初，英国和法国两艘载有核导弹的核潜艇在大西洋潜水航行时相撞，有报道认为这次事故是先进的降噪技术造成的。潜艇作业追求超静音(低于水下背景噪声)效果，噪声降到几乎"隐形"的程度，以利于其长期潜伏，而被动声纳在背景噪声干扰下又不易发现缓慢移动的潜艇，以致在水下两艘核潜艇两眼一抹黑，像玩"捉迷藏游戏"一样，近在咫尺却发现不了对方，最终导致概率只有几百万分之一的相撞事故发生，潜艇的降噪技术可谓发挥到了极致。无独有偶，事隔一个多月(3月中旬)，一艘美国核潜艇与一艘登陆船相撞。有专家认为，如果不改进声纳系统，这类事故还有可能发生。

核潜艇的降噪问题甚至引发大国间的经济纠纷。例如，日本东芝公司就因向苏联提供了高精度的仿形铣床，而使苏联可加工出低噪声的螺旋浆，从而在当时苏美两个超级大国的军事对抗中，美国方面必须为此付出多少千万美元的代价才能恢复原来所占的一点优势，因而导致美国方面对东芝公司采取了强烈的制裁措施。

本章小结

(1) 声音是人类生存和发展的一个环境要素。

(2) 环境噪声是指在一定场景下人们不需要的声音。它与物理学的噪声概念不同，它并不完全取决于其物理特性。其判别在统计学上不仅受人们生理因素的影响，而且受人们心理因素的影响也十分突出。

(3) 噪声污染是一种物理污染，有不同于废水、废气化学污染的特点。

(4) 按照噪声产生源头的类型，噪声源可分为工厂噪声、交通噪声、建筑施工噪声和社会生活噪声等人为活动造成的噪声辐射源。

(5) 噪声污染对人们的影响和危害是多方面的，尤其是长期接触的累积效应十分严重，应引起人们的高度重视。

(6) 噪声控制并非单纯地降低噪声或降得越低越好，而是在于获得一个为人们容忍的、适当的、和谐的声学环境。

(7) 噪声控制的方法有行政措施和技术措施两大方面。在声学系统中，声源控制是最根本和最有效的，常常也是最经济的。而在噪声传输途径中的控制是现实中最常用的办法。

(8) 环境声学是一门以声学知识为核心，涉及生理学、心理学、社会学、经济学、管理学、机械学、材料学等内容的综合性学科。

习 题

1. 举一些声音与人类生产和生活活动密切相关的例子或依赖声音进行生产活动的例子，说明声音对人类生存和发展的作用。

2. 你如何理解噪声定义的主观性和客观性?

3. 举例说明在你周围所遇到的噪声污染问题，你认为这些问题应如何解决?

4. 比较噪声污染与废水、废气化学污染的异同点。

5. 你是否有在高噪声和近于无声环境下的体验? 感觉如何? 对你的情绪有什么影响?

6. 对于一个噪声污染问题，你认为可以通过哪些途径来解决?

第2章

噪声控制的物理基础

本章提要

本章介绍关于噪声和噪声控制基础性的预备知识，包括基本概念、基本物理量、基本评价量、基本计算、基本方法、基本声学现象和特性及基本原理等，在全书中占有十分重要的地位。

2.1 振动和声波

本节提要

1. 声波与振动的关系
2. 振动的类型和特征
3. 声音传播的形式、实质及与媒质的关系
4. 声场的基本概念
5. 简谐波的特征

2.1.1 振动的概念

➢ **声音的产生**：声音源于**物体的振动**，并因而引起**媒质**（空气、水或固体）**的振动**，这种振动在媒质中**传播**并为振动**接收器**（人耳朵或传感器）所接收，从而感觉到声音。

➢ 发出声音的振动体称为**声源**，它可以是固体、液体或气体。

➢ **机械振动**：物体在一定位置的附近作来回往复的机械运动。

➢ **简谐振动**：最简单、最基本的周期性直线振动。其运动规律是用以时间为变量的正（余）弦曲线来描写的。

任何复杂的振动都可认为是由多个频率不同的简谐振动复合而成的。

➢ **振动的类型**

(1) **无阻尼自由振动**：一个振动的物体不受任何阻尼力的影响，在其回复力作用下所作的振动。

当回复力与物体的位移成正比而反向时，所作的无阻尼自由振动是简谐振动，这时其振动频率完全取决于谐振系统本身的各个参量，称为系统的**固有频率** f_0。

(2) **阻尼振动**：由于阻尼作用，振动系统所具有的能量在振动过程中不断减少，振幅也

随时间而减少的振动。常见的阻尼方式有：

① **摩擦阻尼**：由于摩擦力，使振动系统的能量逐渐转变为热运动的能量。

② **辐射阻尼**：由于振动系统引起邻近质点的振动，使系统的能量逐渐向四周辐射出去，转变为波动的能量。

③ **受迫振动**：振动系统在周期性外力(强迫力)的持续作用下发生的振动。当外力的频率和振动物体的固有频率相同时，外力方向在整个周期内和物体运动方向一致，使外力在整个周期内对物体做正功，这时的受迫振动的振幅将达到最大值，这种振动状况称为**共振**。

2.1.2 声波与声场

➢ 声源发出的声音必须通过中间弹性**媒(介)质**才能传播出去。

➢ **媒质**可以是气体、液体或固体，它们分别被称为空气声、水声和固体(结构)声。

➢ 声音在媒质中的传播仅仅是**振动状态的传播**，而物质并未发生迁移，媒质只是在原来的位置附近来回振动而已。

➢ 声音是媒质质点振动动量的传递，是一种**声能量的传播**，称为**声辐射**。

➢ 声音以波动的形式传播，这种形式称为**声波**。按振动方向，又可分为：

纵波(疏密波)：在气体、液体和固体介质中，质点的振动方向和波的传播方向相互平行(图 2-1)。

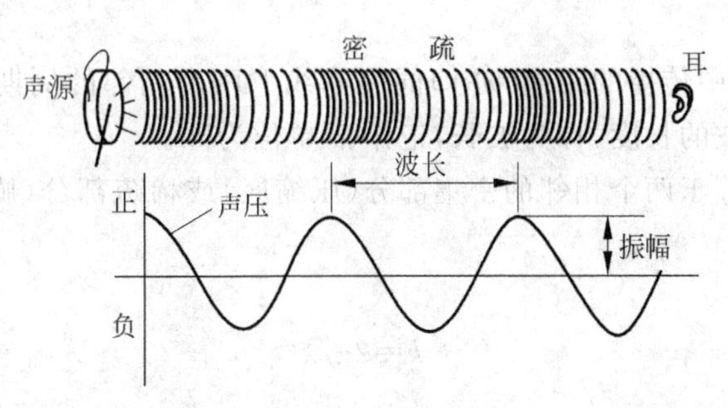

图 2-1 声波与振动

横波：质点的振动方向和波的传播方向相互垂直，仅在固体介质中发生。

➢ 声音的传播特性还取决于媒(介)质的**特性**，如弹性、密度、温度等。

➢ 声音的传播空间称为**声场**，声场可以无限大，也可特指某局部空间。

➢ **自由声场**：在均匀、各向同性的介质中，边界影响可以不计的声波传播场所。例如宽阔的空间或在**消声室**中，在自由声场中声音的传播不受阻碍、不受干扰、辐射特性不变。自由声场是一种理想的声场。

➢ **扩散声场**：空间内各点的声能密度相等，从各个方向到达某点的声强相等，到达某点的各波束之间的相位是无规的，具有这样特性的声场称为扩散声场。扩散声场也是一种理想声场。

➢ **简谐波**：简谐振动的传播所形成的一种波，是最简单、最基本的周期波。其波动规律用以时间为变量的**正(余)弦**曲线来描写。任何复杂的周期波都可认为是由多个频率不同的简谐波复合而成的。

2.2 描述声波的基本物理量

本节提要

1. 周期与波长的概念
2. 频率及特征频率的概念与内涵
3. 声速、风速与瞬时质点速度的概念
4. 相位角的概念与作用
5. 声压与大气压力的关系
6. 瞬时声压、有效声压与声压幅值的概念与关系

2.2.1 声波的物理参数

1. 周期 T

声波(周期波)运动一周所需的时间,亦即声波传过一个波长的时间,或一个完整的周期波通过波线上某点所需的时间,称为**周期**,记作 T,单位为 s。

2. 波长 λ

声波在一个周期中传播的距离,亦即同一波线上两个相邻的周期差为 2π 的质点之间的距离,即一个完整波的长度,称为**波长**,记作 λ,单位为 m。

对于纵波,波长等于两个相邻的密集部分(压缩区)或稀疏部分(膨胀区)中心之间的距离(图 2-1)。

➢ **角(圆)波数 k**

$$k=2\pi/\lambda \tag{2-1}$$

3. 频率 f

单位时间(1s)内,波动推进的距离中所包含的完整波长的数目,或单位时间内通过波线上某点的完整波的数目,称为**频率**,记作 f;故有 $f=1/T$,单位为 Hz,$1\text{Hz}=1\text{s}^{-1}$。

➢ **角(圆)频率 ω**

$$\omega=2\pi f=2\pi/T \tag{2-2}$$

在 2πs 内,周期波的重复次数或振动的振动次数称为**角频率**,记作 ω,单位为 Hz。

➢ **基频**——周期波中的最低频率分量,亦称基音。

➢ **谐频**——周期波中频率为基频频率整数倍的频率分量,亦称谐音。

➢ **乐音**——基音和各次谐音组成的复合声音(和谐悦耳)。

➢ **音频声**——人耳能听到的频率范围:$f=20\sim20\,000$Hz 内的声音(波长 $\lambda=17\sim0.017$m)(图 2-2)。

➢ **次声**——频率小于 20Hz 的声音。

➢ **超声**——频率大于 20 000Hz 的声音。

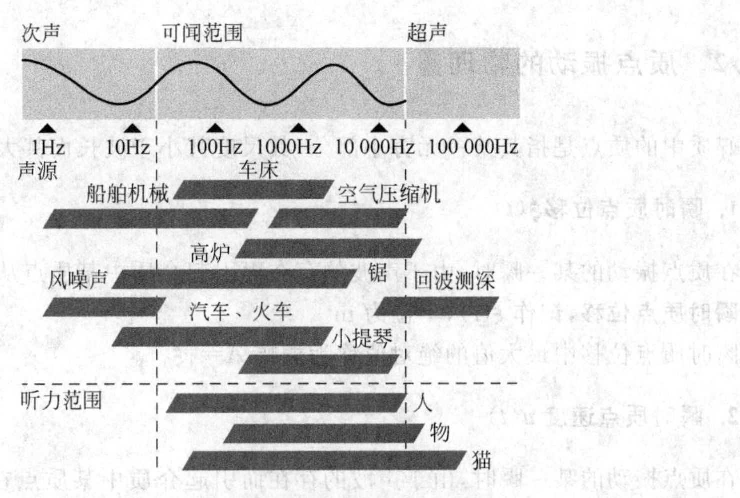

图 2-2　各种声音的频率范围

➢ **纯音**——单一频率声音，是最简单的声音。实际声源发出的声波一般都包含多个频率合成的声振动。另外，在声场中，经常接收到的是几个声源发出的声波，这就涉及到声波的叠加原理，此时各质点的声振动是各个波在该点激起的更复杂的复合振动；反之，一个复合振动也可分解成若干个单一频率的声振动来加以分析研究。因此，在声学中纯音就成为基本的研究对象。

➢ 声音频率**高**则音**尖**、音调**高**；频率**低**则音**沉**、音调**低**。

通常可将噪声分为高、中、低频声 3 类：小于 300Hz 为低频声，300～1000Hz 为中频声，大于 1000Hz 为高频声。

4. 声速 c

声振动在弹性介质中的**传播**速度（波速度），或等位相面（波阵面）传播的速度（相速度），称为**声速**，记作 c，单位为 m/s。

➢ 声速取决于介质的弹性和密度，例如，20℃时：

空气中，$c=344\text{m/s}$；

水中，$c=1483\text{m/s}$；

混凝土中，$c=3100\text{m/s}$；

钢材中，$c=5000\text{m/s}$。

➢ 在空气中声速随温度 t(℃)的上升而增加：

$$c = 331.45 + 0.61t \tag{2-3}$$

➢ 常温下，工程上实际计算时常取 $c=340\text{m/s}$。

➢ 物理量之间的关系：

$$\lambda = c/f = cT \quad 或 \quad c = \lambda f = \omega/k \tag{2-4}$$

讨论

(1) 温度 t 相同、声速 c 一定时，频率 f 高的声波其波长 λ 短；

(2) 对于相同频率 f 的声波，在不同的介质中，因声速 c 不同而有不同的波长 λ。

2.2.2 质点振动的物理量

媒质中的质点是指其某一无穷小部分，其尺度甚小于波长而甚大于分子尺度。

1. 瞬时质点位移 $\boldsymbol{\xi}(t)$

在质点振动的某一瞬时，由于声波的存在而引起介质中某质点从平衡位置移动的距离，称为**瞬时质点位移**，记作 $\xi(t)$，单位为 m。

瞬时质点位移中最大值的绝对值称为**振幅** $A=|\xi_A|$。

2. 瞬时质点速度 $\boldsymbol{u}(t)$

在质点振动的某一瞬时，由于声波的存在而引起介质中某质点在单位时间内运动的距离，它是质点相对于整个媒质的振动速度，称为**瞬时质点速度**或**质点振动速度**，记作 $u(t)$，单位为 m/s；即 $u(t)=\partial\xi(t)/\partial t$，其最大值 U_A 称为**幅值**，对于简谐平面波，质点速度的**有效值** $u_e=U_A/\sqrt{2}$。

➢ 注意质点振动速度 $u(t)$ 和声速 c 之间的差别。

3. 相位角 $\boldsymbol{\varphi}$

在不同的时刻，质点的运动处于不同的状态，用**相位角** φ（或称**相位**）来描述该状态时运动函数的角度，以此来确定各质点所处的运动（振动）状态。相位角 φ 的单位为(°)或 rad。

➢ 振动状态包括振动的位移、速度、方向或压强的变化。

➢ 随质点与声源之间距离的增大，质点间在相位上依次落后，前后质点之间就存在着**相位差** $\Delta\varphi$。正是由于各个质点振动在时间上有超前和滞后，才在媒质中形成向前传播的行波，故相位是描述声波的一个重要物理量，在声波的叠加（各质点振动状态的叠加）中起着重要的作用。

➢ 在一般的噪声问题中，经常遇到的多个声波，或者是频率互不相同；或者是相互之间不存在固定的相位差，而是随机变化的；或者两者兼有。这些声波互为**不相干波**，亦即，它们叠加后不会形成驻波。

4. 声压 p

声波是一种纵波，也称疏密波（图 2-1）。声波传播时使各空气层质点逐次振动，引起空气层交替压缩或膨胀，在压缩层压强增加，而膨胀层压力减小，这样就在原来的大气压 p_0（平衡状态）上又叠加了一个压力变化，这个叠加上去的**压力变化** Δp 是由于声波引起的，称为**声压**，记作 p，单位为 Pa 或 N/m^2。

讨论：

(1) 声压与大气压相比是极微弱的，声压的大小与振幅成正比，声压越大，听起来就越响，因此声压的大小表示了声波的**强弱**。所以，常用声压 p 来描述声波。

(2) 声波通过媒质中某一点时，其声压是随时间而变化的，该点上某一瞬间的声压称为**瞬时声压** $p(t)$。瞬时声压是空间 (x,y,z) 和时间 t 的函数：$p(x,y,z,t)$。

(3) 在一定的时间间隔(0～T)内，某点的瞬时声压 $p(t)$的**方均根值**，称为该点的**有效声压** p_e，对于**简谐平面波**有

$$p_e = \sqrt{\frac{1}{T}\int_0^T p^2(t)\,\mathrm{d}t} = P_A/\sqrt{2} \quad 或 \quad P_A^2 = 2p_e^2 \tag{2-5}$$

式中：P_A 为**声压幅值**。

讨论：

(1) 有效声压 p_e 是一个大于零的正数。

(2) 因为声音变化的频率很高，人耳不易分辨出这种快速的声压变化，听起来好像是一个**稳定**的声音，这正是**有效声压**的作用。

(3) 若没有特别说明，一般所说的**声压** p 即指**有效声压**。**人感觉到的、仪器测得的声压**就是**有效声压**，所以有效声压也简称**声压**，也常用 p 表示。

➢ **听阈**声压 $=2\times10^{-5}$Pa；

➢ **痛阈**声压 $=20$Pa；

➢ 注意声压三种意义的数值：瞬时值 $p(x,t)$、幅值 P_A、有效值 p_e 或 p。由于声压瞬时值和有效值在《声学的量和单位》(GB3102.7—93)中都可用 p 表示，因此应注意区分。

(4) 声学中，一些常用数值和特征数值都比较简单，这有助于**记忆和应用**。

2.3　声波的基本类型

本节提要

1. 声波几何表达和函数表达的要素及相互关系
2. 平面波和简谐平面波的表达与特性
3. 阻抗率和特性阻抗的定义与关系
4. 球面波和简谐球面波的表达与特性
5. 柱面波的表达与特性

2.3.1　声波的几何表达和函数表达

1. 声波的几何表达

➢ 声波在三维空间中传播，为了形象地描述声波的传播情况，常用声射线(声线)和声的波阵面这类几何要素来表达声波的传播。

➢ **声线**：自声源出发表示声波传播方向和传播途径的带有箭头的线，而不计声的波动性质。

➢ **波阵面**：声波在传播过程中，所有相位相同的媒质质点形成的面叫声波的波阵面。

➢ 波阵面总是与传播方向垂直，即声线与波阵面处处垂直(图 2-3)。

2. 声波的函数表达

➢ 为了定量并且又本质地来研究声场中的声波，需建立声学物理量(如声压 p、质点振

动速度 u 等)与时间和坐标之间关系的函数式,即**声波方程**或**波动方程**。

➢ 声波及其传播是一个极其复杂的物理过程,为了简化问题,首先要对声波过程和媒质作出一些合理而又大致上符合实际情况的假设,如媒质为理想流体;没有声扰动时,媒质在宏观上是静止的、均匀的;声波的传播过程是一个绝热过程;媒质中传播的各声学参量都是一级微量等。

➢ 声波及其传播乃属于物理过程,因此它必然遵守牛顿第二定律、质量守恒定律和描述媒质状态参数的物态方程三个基本的物理定律。

将出自牛顿第二定律的运动方程(声压对于距离的梯度等于媒质密度和质点振动加速度乘积的负值):

$$\nabla p = -\rho_0 \frac{\partial u}{\partial t}$$

式中:ρ_0 为没有声扰动时媒质的静态密度。

源自质量守恒定律的连续性方程(进入一个体积元边界的物质量等于体积元内所增加的量):

$$\frac{\partial \rho}{\partial t} = -\rho_0 \nabla u$$

及介质的物态方程(满足绝热定律 $p\nabla\gamma$ = 常数):

$$\frac{\partial p}{\partial t} = c^2 \frac{\partial \rho}{\partial t}$$

联合运用到声场媒质的体积元上,结合假设条件,略去二级以上微量,经过数学推导最终可以获得一个均匀的理想流体媒质中三维小振幅波的线性声波方程:

$$\nabla^2 p = \frac{1}{c^2} \frac{\partial^2 p}{\partial t^2}$$

式中:∇^2 为拉普拉斯算子。

在不同的坐标系里 ∇^2 具有不同的形式:

◇ **直角坐标系**(x,y,z):

$$\nabla^2 \equiv \frac{\partial^2}{\partial x^2} + \frac{\partial^2}{\partial y^2} + \frac{\partial^2}{\partial z^2}$$

◇ **球坐标系**(r,θ,φ):

$$\nabla^2 \equiv \frac{1}{r^2} \frac{\partial}{\partial r}\left(r^2 \frac{\partial}{\partial r}\right) + \frac{1}{r^2 \sin\theta} \frac{\partial}{\partial \theta}\left(\sin\theta \frac{\partial}{\partial \theta}\right) + \frac{1}{r^2 \sin^2\theta} \frac{\partial^2}{\partial \varphi^2}$$

式中:r 为矢径;θ 为 r 与 z 轴间的角度;φ 为 r 在 xy 平面上的投影与 z 轴间的角度。

◇ **柱坐标系**(r,φ,z):

$$\nabla^2 \equiv \frac{1}{r} \frac{\partial}{\partial r}\left(r \frac{\partial}{\partial r}\right) + \frac{1}{r^2} \frac{\partial^2}{\partial \varphi^2} + \frac{\partial^2}{\partial z^2}$$

式中:r 为距圆柱轴的距离;φ 为 r 与 xz 平面所形成的角度;z 为 r 在圆柱轴上的距离。

➢ 原型的声波方程只能反映声波在媒质中传播过程的一般物理特性,根据声源和声场的具体情况,例如对于一些基本类型的理想声波,如平面声波、球面声波和柱面声波,结合这些声波的特征,可将上述的三维小振幅声波方程简化成相应的平面声波波动方程、球面声波波动方程和柱面声波波动方程。

➤ 这些波动方程都是原始形态的微分方程，通过设定的初始条件和边界条件，求出它们的解就可以获得声波传播过程中声压随时空变化的定量关系。

➤ 对于**平面声波**，它只在一个方向传播，因此它的波动方程可简化为

$$\frac{\partial^2 p}{\partial x^2} = \frac{1}{c^2}\frac{\partial^2 p}{\partial t^2}$$

上式通过分离变量法求解，其解的一般形式为

$$p(x,t) = [A\mathrm{e}^{-\mathrm{j}kx} + B\mathrm{e}^{\mathrm{j}kx}]\mathrm{e}^{\mathrm{j}\omega t} \tag{2-6}$$

式中：等号右边第一项代表沿 x 轴正方向传播的波；第二项则代表沿 x 轴负方向传播的波；A、B 为与声源强度(振动幅值与其面积)有关的常数。

如果声波在无限介质中传播，声场中没有反射波，声波仅限 x 向传播，则上式中 $B=0$，上式可改写成

$$p(x,t) = P_{\mathrm{A}}\mathrm{e}^{\mathrm{j}(\omega t - kx)} \tag{2-7}$$

式(2-7)中的实部就是

$$p(x,t) = P_{\mathrm{A}}\cos(\omega t - kx) \tag{2-8}$$

根据运动方程，可以进一步得到平面声波的质点振速为

$$u(x,t) = -\frac{1}{p_0}\int\frac{\partial p}{\partial x}\mathrm{d}t = \frac{P_{\mathrm{A}}}{\rho_0 c}\mathrm{e}^{\mathrm{j}(\omega t - kx)} = U_{\mathrm{A}}\mathrm{e}^{\mathrm{j}(\omega t - kx)} \tag{2-9}$$

值得注意的是，在平面声波传播中，p 与 u 是同相位的；并且在理想流体媒质中，它们的幅值不变。

将上述结果运用到简谐平面波中，并通过欧拉公式将复数解转变成三角函数形式，则可分别得到简谐平面波的 $p(x,t)$ 和 $u(x,t)$ 的表达式。

◇ 同样可以获得**球面波**的解，其一般形式为

$$p(r,t) = \left[\frac{A}{r}\mathrm{e}^{-\mathrm{j}kr} + \frac{B}{r}\mathrm{e}^{\mathrm{j}kr}\right]\mathrm{e}^{\mathrm{j}\omega t} \tag{2-10}$$

式中：等号右边第一项代表向外辐射的波；第二项代表向内辐射的波。

在无限介质空间中，没有向内辐射的会聚波，如果声源振动是简谐方式的，则上式变为

$$p(r,t) = \frac{A}{r}\mathrm{e}^{\mathrm{j}(\omega t - kr)} \tag{2-11}$$

其径向质点振速为

$$u(r,t) = -\frac{1}{\rho_0}\int\frac{\partial p}{\partial r}\mathrm{d}t = \frac{A}{r\rho_0 c}\left(1 + \frac{1}{\mathrm{j}kr}\right)\mathrm{e}^{\mathrm{j}(\omega t - kr)} = \frac{p}{\rho_0 c}\left(\frac{1}{\mathrm{j}kr} + 1\right) \tag{2-12}$$

◇ 同样可以获得**柱面波**的解，当 kr 较大时，其一般形式为

$$p(r,t) \approx \frac{A}{\sqrt{\pi kr/2}}\mathrm{e}^{\mathrm{j}\left(\omega t - kr + \frac{\pi}{4}\right)} \tag{2-13}$$

$$u(r,t) = \frac{p}{\rho_0 c}\left(\frac{1}{\mathrm{j}2kr} + 1\right) \tag{2-14}$$

2.3.2 平面声波

1. 平面声波

➢ **平面声波**：波阵面为平面的声波。

➢ 声波传播时处于最前沿的波阵面称为**波前**。

➢ 可以将各种远离声源的声波近似地看成平面波。

➢ 平面声波的几何表达图见图 2-3。

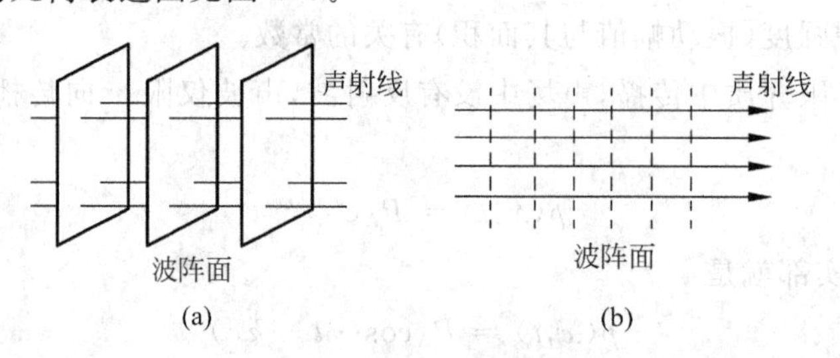

图 2-3 平面声波的声射线和波阵面

(a) 立体图；(b) 截面图

2. 波动方程

➢ **波动方程**：平面波的坐标系统如下：

$$-x \longleftarrow \text{声 0 源} \longrightarrow +x$$

➢ 沿 x 正方向传播的**简谐平面波**的波动方程：

$$p(x,t) = P_A\cos(\omega t - kx + \varphi) \tag{2-15}$$

➢ 如适当选取 x 轴的坐标原点，可使**初相位** $\varphi=0$，则有

$$p(x,t) = P_A\cos(\omega t - kx) \tag{2-16}$$

式中：P_A 为声压振幅（幅值）；t 为时间；ω 为角频率，$\omega=2\pi f$，$\omega t-kx$ 表示时刻 t 时在 x 点上的相位；k 称为**角波数**，$k=\omega/c=2\pi/\lambda$。

角波数的物理意义为在 2πm 的距离上所含的波长 λ 的数目；在声场中沿传播方向相距一个波长，两点的振动相位差为 2π，故角波数也表示声波传播一个单位距离所落后的相位角。

➢ 沿 x 正方向传播的简谐平面波，质点的振动速度 $u(x,t)$ 为

$$u(x,t) = U_A\cos(\omega t - kx) \tag{2-17}$$

式中：U_A 为质点振动的速度振幅，$U_A=P_A/\rho_0 c$，其中 ρ_0 为平衡态时空气的密度，kg/m^3。

➢ 对于沿 x 反向传播的平面谐波，只要将式(2-16)、式(2-17)中的角波数 k 换成 $-k$ 即可：

$$p(x,t) = P_A\cos(\omega t + kx) \tag{2-18}$$

$$u(x,t) = U_A\cos(\omega t + kx) \tag{2-19}$$

此时 $U_A=-P_A/\rho_0 c$。

➢ 注意质点振动速度也有 3 种意义的数值：瞬时值 $u(x,t)$、幅值 U_A、有效值 u_e。

➢ 由声波方程可以看出决定质点所处振动状况的相位 $\varphi=\omega t-kx$；在 t 时刻，x 点上的

平面谐波相位取决于角频率 $\omega=2\pi f$ 和角波数 $k=\omega/c$，即与频率和声速有关。

➢ **波动方程**将声波的各个物理量按其特性定量地组合起来成为一个函数式，既表明了各物理量在声波中的关系，也为对声波的数学处理奠定了基础。

3. 平面声波和简谐平面波（平面谐波）波动方程及传播特征

➢ 平面声波的波阵面是平面：坐标是一维 x 向。

➢ 平面声波的 p 与 u 相位相同。

➢ 波动方程都是对纯音的，即式中的 f 是单一频率。

➢ 在理想媒质中声压不随距离变化，媒质的质点振速也不随距离变化。

➢ 平面声波的声强：

$$I = p_e u_e = P_A^2/(2\rho_0 c) \tag{2-20}$$

➢ 平面声波的声功率：

$$W = IS = P_A^2 S/(2\rho_0 c) \tag{2-21}$$

式中：S 为平面波的波阵面面积，m^2。

➢ 作简谐振动的平面波称为简谐平面波或平面谐波，其波动周期性符合正（余）弦函数规律。

➢ 简谐平面波是最简单、最基本的一维单频行波，研究平面谐波可以帮助我们了解声波的许多基本性质。从简到繁、从易到难也是声学研究的一般方法。

4. 声阻抗率 Z_s 和特性阻抗 $\rho_0 c$

➢ **声阻抗率**定义为媒质里某一点的声压与质点振速的比值：

$$Z_s = p/u \quad (\text{Pa} \cdot \text{s/m}) \tag{2-22}$$

➢ 声阻抗率是有方向性的。由于 p 和 u 不一定同相位，Z_s 一般情况下为复数，其实部为声阻率 R_s，其虚部为声抗率 X_s；有

$$Z_s = R_s + jX_s \tag{2-23}$$

➢ 声阻抗率表示媒质在声波作用下，这一点上的策动力与所获得振速之比值，其实数部分反映了能量的传播损耗。

➢ 对于平面波有

$$Z_s = p/u = \rho_0 c = Z_c \tag{2-24}$$

亦即此时声阻抗率 Z_s 只与媒质的密度 ρ_0 和媒质中的声速 c 有关，而与声波的频率、传播距离无关，故又称 $Z_c=\rho_0 c$ 为**媒质的特性阻抗**，单位为 Pa・s/m。

讨论：

(1) 媒质的**特性阻抗** $Z_c=\rho_0 c$ 是表示**媒质声学特性**的物理量，其定义为媒质平衡时的密度 ρ_0（kg/m^3）和声速 c（m/s）的乘积。声波在媒质中的传播特性均与 $\rho_0 c$ 有关。因此凡影响到 ρ_0 和 c 的因素，也会改变声波在其中的传播特性。

(2) 在平面波这种特殊情况下（其 p 与 u 是同相位的），其声阻抗率刚好等于媒质的特性阻抗 $\rho_0 c$，这是因为平面波是最简单、最基本的波形。

(3) 常见媒质中的特性阻抗值：

在空气中，20℃时空气的密度 $\rho_0=1.21 kg/m^3$，$\rho_0 c=415$ Pa・s/m；在空气中特性阻抗

常用值取 400Pa·s/m。

在水中，20℃时水的密度 $\rho_0=998\text{kg/m}^3$，$\rho_0 c=1.5\times10^6\text{Pa}\cdot\text{s/m}$。

2.3.3 球面声波

1. 球面声波

- **点声源**：声源的几何尺寸比声波波长小得多时，或者测量点离声源相当远时（离声源的距离比声源的尺寸大 5～10 倍以上），则可将该声源看成一个点，称为点声源。
- **球面声波**：在各向同性的均匀媒质中，从一个表面同步胀缩的点声源发出的声波，其波阵面为一个以点源点为球心的球面。
- 球面声波几何表达图见图 2-4。

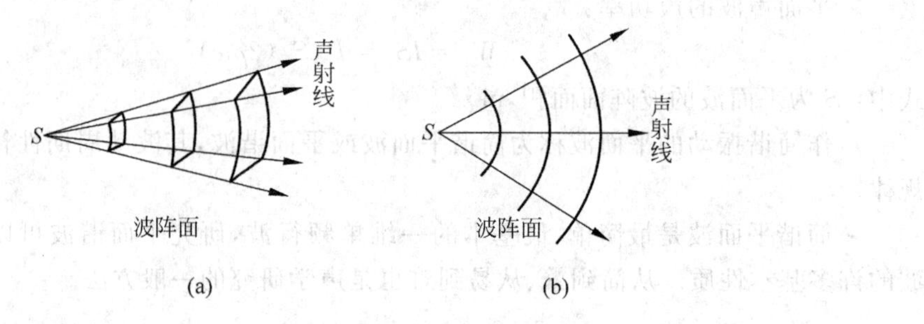

图 2-4 球面声波声射线立体图

(a) 立体图；(b) 截面图

2. 波动方程

在此我们仅讨论单极点声源辐射出的球对称声波，即声压的大小仅与离球心的距离 r 有关。

- 从球心向外传播的**简谐球面波的波动方程**：

$$p(r,t)=\frac{A}{r}\cos(\omega t-kr)=P_{\mathrm{A}}\cos(\omega t-kr) \tag{2-25}$$

$$u(r,t)=\frac{p}{\rho_0 c}\left(\frac{1}{\mathrm{j}kr}+1\right) \tag{2-26}$$

式中：r 为球形波阵面的半径；A 为 $r=0$ 处（即点声源表面）振动的幅值，点声源的 $A=\omega\rho_0 Q/4\pi$，其中 Q 为点声源体积速度的幅值，称为声源强度。

- $P_{\mathrm{A}}=\dfrac{A}{r}$，表示球面声波的幅值随传播距离 r 的增加而减少，称为**距离衰减**（图 2-5）。
- 球面声波传播距离 **r 增加 1 倍，声压级 L_p 下降 6dB**（波阵面随 r 的延长而不断扩大，面上能量分布分散，点上的声能则下降）。
- 球面波的声阻抗率为

$$Z_s=\frac{p}{u}=\rho_0 c\,\frac{\mathrm{j}kr}{1+\mathrm{j}kr} \tag{2-27}$$

由于球面波的 p 与 u 不同相，存在相位差，其声阻抗率为复数，当球面波半径 r 很大时，其抗性部分可以忽略，此时 $Z_s=\rho_0 c$。

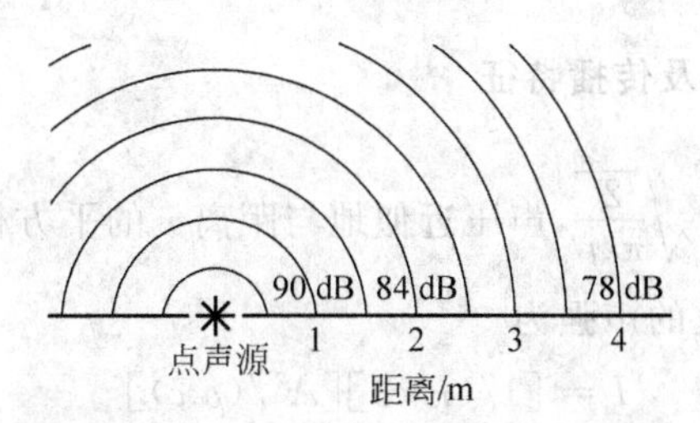

一个点声源，它向自由空间无阻碍地发声，在1m远处为90dB，在2m远处将是84dB，而在4m远处则降到78dB。

图 2-5　球面声波的距离衰减

3. 球面声波的波动方程及传播特征

➢ 在理想媒质中，声压与球面波的半径 r 成反比。

➢ 声压和质点振动速度之间的相位差与 r/λ（或 kr）成反比。

➢ 辐射的声功率

$$W = IS = [P_A^2/(2\rho_0 c)]4\pi r^2 = 2\pi A^2/(\rho_0 c) = \pi\rho_0 f^2 Q^2/(2c) \tag{2-28}$$

式中：半径为 r 的球面波波阵面面积 $S=4\pi r^2$。

➢ 当距离声源很远时（$kr\gg1$ 即 $2\pi r/\lambda\gg1$），球面波的特性都接近于平面声波。

思考题

在离点声源距离很远时，此时的球面波可视作平面波，为什么？（提示：从波阵面形状、声线方向、幅值的变化率、声波方程、声阻抗率等方面考虑）

2.3.4　柱面声波

1. 柱面声波

➢ **柱面声波**：波阵面是同轴圆柱面的声波，其轴线 z 可视为**线声源**。

➢ 柱面声波几何表达图见图 2-6。

2. 波动方程

在此我们仅讨论最简单的柱面波，即四周对称（声场与角度无关），柱面为无穷长（测量点距两端很远，其影响可以忽略）的情况。设轴线到波阵面的距离为 r，线声源表面振幅为 A。

➢ 波动方程：对于远场（kr 较大时）简谐柱面声波有

$$p(r,t) \approx A\sqrt{\frac{2}{\pi kr}}\cos(\omega t - kr) \tag{2-29}$$

$$u(r,t) = \frac{p}{\rho_0 c}\left(\frac{1}{\mathrm{j}2kr}+1\right) \tag{2-30}$$

➢ 柱面波的声阻抗率为复数；当 kr 很大（$kr\gg1$）时，声抗分量可以忽略不计，此时柱面波的声阻抗率为 $Z_s\approx\rho_0 c$。

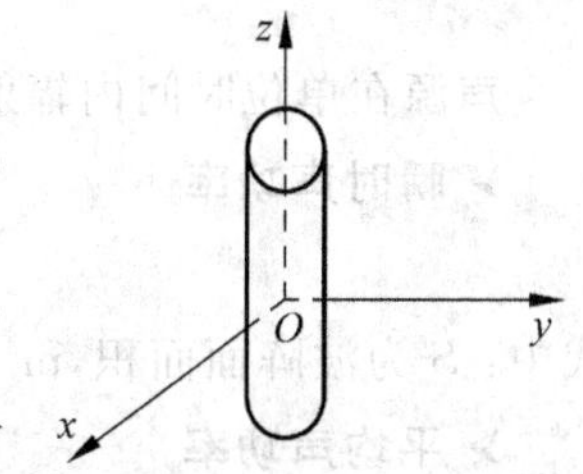

图 2-6　柱面波传播示意图

3. 柱面声波的波动方程及传播特征

➢ 在理想媒质中 $P_A = A\sqrt{\frac{2}{\pi kr}}$，声压近似地与距离 r 的平方根成反比；

➢ 在距离较远时，柱面波的声强为

$$I = [1/(\pi kr)][A^2/(\rho_0 c)] \tag{2-31}$$

此时，声强与到轴线的距离成反比；

➢ 柱面声波的波阵面面积 $S = 2\pi rl$，其中 l 为声源圆柱体长度。

每单位长度线声源辐射的功率是

$$W_1 = IS/l = 2\pi rI = 2A^2/(k\rho_0 c) \tag{2-32}$$

讨论：平面波、球面波和柱面波都是理想型的声波传播基本模式，实际情况可能与其有一定误差，**在具体应用时可对实际条件进行合理的近似**，特殊情况下通过修正和考虑平均情况使其在数学处理或实际应用中变得大为简便。例如一列火车，常可被近似于线声源，当声波传播距离在比该线声源的长度为小的范围内，可以认为它遵循柱面波的传播规律；当声波传播距离远大于该线声源的长度时，则在某个方向上的传播，又可当作球面波的一部分来考虑；如果考虑在远小于传播距离的某个小区域内的传播问题，则又可简化为平面波的传播，正如在一个很大球面上截取一小块面元，可被视为一小块平面一样。

2.4 噪声的物理量度和声级的计算

本节提要

1. 噪声的强度特性——声能量的表达：声功率、声强、声能密度的定义和关系
2. “级”的概念
3. 声压级、声强级、声功率级的定义和关系
4. 不相干波和能量叠加
5. 声级的加、减计算

2.4.1 能量系统的物理量

1. 声功率 W

声源在单位时间内辐射的总能量，称为**声功率**，记作 W，单位为 W。

➢ **瞬时声功率**

$$W(t) = Spu \quad (\mathrm{W}) \tag{2-33}$$

式中：S 为波阵面面积，m^2。

➢ **平均声功率**

$$\overline{W} = \frac{1}{T}\int_0^T W(t)\,\mathrm{d}t \quad (\mathrm{W}) \tag{2-34}$$

➢ 对平面波和球面波有

$$\overline{W}=Sp_e u_e \quad (\mathrm{W}) \tag{2-35}$$

式中：p_e 和 u_e 分别为声压和质点振动速度的有效值。

➢ 一般声源的声功率都非常小，例如一个人平时交谈时所发出的声功率仅为 10^{-6}～10^{-5} W，演讲时才达到 10^{-4} W。

2. 声强（能流密度）I

声场中某处在单位时间内通过单位波阵面上的声能，称为**声强**或**能流密度**，记作 I，单位为 $\mathrm{W/m^2}$。

➢ **对平面声波有**

$$I=\overline{W}/S=p_e u_e=p_e^2/\rho_0 c=u_e^2\rho_0 c \quad (\mathrm{W/m^2}) \tag{2-36}$$

式(2-36)也适用于半径 r 很大时的**球面波**。

在 $kr\gg 1$ 时的**柱面波**有

$$I=[1/(\pi kr)][A^2/(\rho_0 c)] \quad (\mathrm{W/m^2}) \tag{2-37}$$

➢ **声强是一个具有方向性的量（矢量）**，其值有正有负；它的指向就是声波的传播方向。因此，在有反射波存在的声场中，声强这一量往往不能反映其能量关系，其测量值与环境有关，此时常用声功率来对声测量的结果进行评价。

➢ $I=u_e^2\rho_0 c$ 表明在特性阻抗较大的介质中，声源只需用较小的振动速度就可发射出较大的能量。

3. 声能密度 D

声场中由于声扰动使单位体积媒质中所获得的**声能量**（往复动能＋形变势能），称为**声能密度**，记作 D，单位为 $\mathrm{J/m^3}$。

$$D=\overline{W}/V=\overline{W}/(Sc)=I/c \quad (\mathrm{J/m^3}) \tag{2-38}$$

➢ 对于平面声波和球面声波的平均声能密度：

$$\overline{D}=p_e u_e/c=p_e^2/\rho_0 c^2 \quad (\mathrm{J/m^3}) \tag{2-39}$$

➢ **注意**：声能量正比于 p^2，所以声压的平方代表着某种声能量值。

➢ 从能量角度来研究声传播的平均效果有时更为便捷，从而可以避开繁杂的数学计算，而又能保证一定的准确性。

2.4.2 声压级 L_p

定义：

$$L_p=10\lg(p^2/p_0^2)=20\lg(p/p_0) \quad (\mathrm{dB}) \tag{2-40}$$

式中：基准声压 $p_0=2\times10^{-5}$ Pa（**听阈值**）。

➢ 听力测试表明：**人耳的听觉响应正比于声能量的对数值**。

➢ 物理量相对比值的对数值称为"**级**"，它突出**数量级**的变化（无量纲）。

➢ 式中：$p^2/p_0^2=10^{L_p/10}=(10^{0.1L_p})$ 可以看作是一种**相对声能量**。

➢ **注意**：此处及以后的 $p=p_e$，即一般情况下所说的声压均指有效声压。声压级 L_p 的

下标 p 可略去,特别是当需用其他下标时。

➢ 人耳对声压级的平均**分辨率**为 0.5dB,因此在声压级的数值计算中,只需精确到小数点后一位即可。

➢ 1dB=0.1B。

➢ 几个有用的数字：lg1=0,lg2=0.3,20lg2=6,10lg2=3。

➢ 声压和声压级数值比较如表 2-1 所示,可见声压级在听阈范围内的度量数值较为合理、清晰。

表 2-1　声压和声压级数值比较表

1kHz 纯音	声压 p/Pa	声压级 L_p/dB
听阈	2×10^{-5}	0
谈话	2×10^{-2}	60
公共汽车内	2×10^{-1}	80
痛阈(或不适阈)	20	120
痛阈：听阈	10^6	120～0 范围内变化

➢ 各种声源的声压级举例如图 2-7 所示,超过 130dB(A)可能直接引起听力损伤。

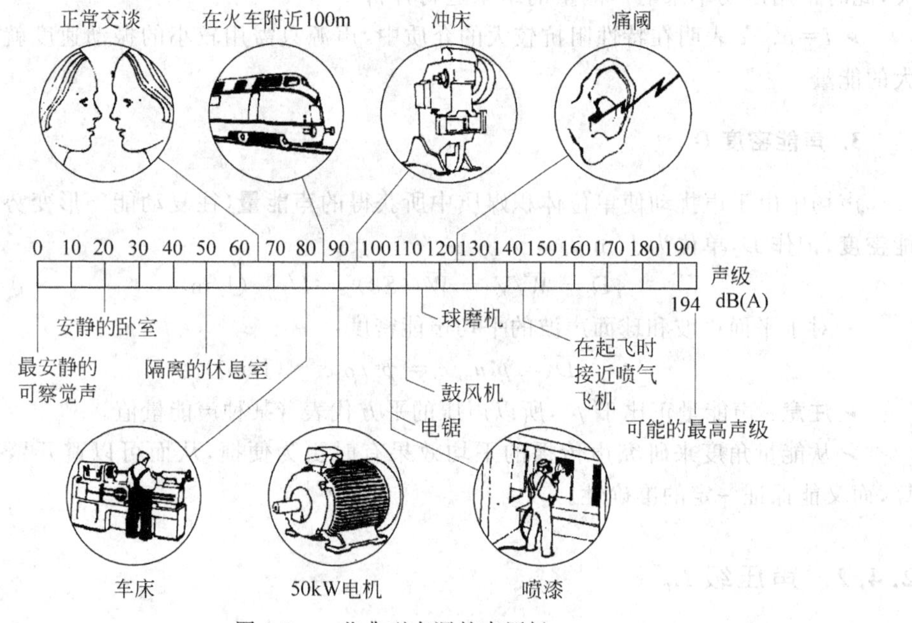

图 2-7　一些典型声源的声压级

思考题

1. 当声强增加一倍时,声压级增加多少分贝?
2. 当声强减少一半时,声压级增加多少分贝?
3. 当声压增加一倍时,声压级增加多少分贝?
4. 当声压减少一半时,声压级增加多少分贝?

2.4.3　声强级 L_I

定义：

$$L_I = 10\lg(I/I_0) \quad (\text{dB}) \tag{2-41}$$

式中：基准声强 $I_0 = p_0^2/(\rho_0 c) = p_0^2/400 = 10^{-12}(\text{W/m}^2)$。

➢ 对于空气中的平面声波：

$$\begin{aligned} L_I &= 10\lg(I/I_0) = 10\lg[(p^2/\rho_0 c)/I_0] \\ &= 10\lg(p^2/p_0^2) + 10\lg[p_0^2/(\rho_0 c I_0)] \\ &= L_p + 10\lg[400/(\rho_0 c)] \\ &= L_p + \Delta L_p \end{aligned}$$

式中：修正值 $\Delta L_p = 10\lg[400/(\rho_0 c)]$。

➢ 故 $\Delta L_p = 10\lg[400/(\rho_0 c)] \approx 10\lg1 = 0$，因此 $L_p \approx L_I$，即通常情况下声强级在数值上与声压级基本相等。

2.4.4　声功率级 L_W

定义：

$$L_W = 10\lg(W/W_0) \quad (\text{dB}) \tag{2-42}$$

式中：基准声功率 $W_0 = 10^{-12}\text{W}$。

➢ 因为 $I = W/S$（S 为波阵面面积），所以

$$\begin{aligned} L_I &= 10\lg(I/I_0) = 10\lg[W/(SI_0)] \\ &= 10\lg\{(W/W_0)[W_0/(SI_0)]\} \\ &= L_W - 10\lg S \end{aligned} \tag{2-43}$$

➢ $L_W = L_I + 10\lg S$，此式常用来测定声功率 W。

➢ 对于离点声源距离为 r 的自由空间中的球面波，$S = 4\pi r^2$，则有

$$L_p = L_I = L_W - 10\lg(4\pi r^2) = L_W - 20\lg r - 11 \tag{2-44}$$

在半自由空间中：

$$L_p = L_I = L_W - 10\lg(2\pi r^2) = L_W - 20\lg r - 8 \tag{2-45}$$

其发散衰减为：传播距离 r 增加1倍，声强级（或声压级）降低6dB。

➢ 对于离简单无限长线声源距离为 r 的自由空间中的柱面波有：

$$L_p = L_I = L_{W_l} - 10\lg(2\pi r) = L_{W_l} - 10\lg r - 8 \tag{2-46}$$

式中：L_{W_l} 为每单位长度线声源上辐射的声功率级。

对于离不相干无限长线声源距离为 r 的半自由空间中的柱面波，或者虽为有限长（长度为 l），但测点靠近线声源中部且距离 $r \leqslant l/\pi$ 时有

$$L_p = L_I = L_{W_l} - 10\lg r - 3 \tag{2-47}$$

其发散衰减为：传播距离 r 增加1倍，声强级（或声压级）降低3dB。

对于离有限长线声源(长度为 l)很远处($r>l/\pi$),此时该线声源可视作点声源考虑:传播距离 r 增加 1 倍,声强级(或声压级)降低 6dB。

➢ **注意**:对于一定的声源,其声功率级是不变的,表达了声源的声辐射强度;而声压级和声强级都随着测点的不同而变化。

2.4.5 声级的计算

声压级、声强级和声功率级统称为**声级**,它表达了噪声的**强度特性**。声级的计算不同于普通的算术加、减法,它们遵循的是**能量叠加**法则。

一般噪声都是不相干声波,它们叠加后不会形成驻波,因此叠加后总声能量等于各个声波能量的直接叠加。

1. 级的相加

级是一种相对值的对数量度,在求几个声源对某接收点的共同效果(p_T 或 L_{pT})时,采用的基本原理是**能量叠加**:

对于不相干波,$p_T^2=p_1^2+p_2^2+\cdots+p_n^2$,则该点上总声压级 $L_{pT}=10\lg(p_T^2/p_0^2)$。

设两个声源在某测点产生的声压级分别为 $L_{p1}=10\lg(p_1^2/p_0^2)$,则 $p_1^2/p_0^2=10^{0.1L_{p1}}$;$L_{p2}=10\lg(p_2^2/p_0^2)$,则 $p_2^2/p_0^2=10^{0.1L_{p2}}$,所以,$p_T^2/p_0^2=(p_1^2+p_2^2)/p_0^2=10^{0.1L_{p1}}+10^{0.1L_{p2}}$

有两种计算该点上总声压级 L_{pT} 的途径:

(1) 公式计算

$$L_{pT}=10\lg(p_T^2/p_0^2)=10\lg[(p_1^2+p_2^2)/p_0^2]$$

即

$$L_{pT}=10\lg(10^{0.1L_{p1}}+10^{0.1L_{p2}}) \tag{2-48}$$

(2) 图表计算

$$\begin{aligned}L_{pT}&=10\lg(p_T^2/p_0^2)=10\lg[(p_1^2+p_2^2)/p_0^2]\\&=10\lg\{(p_1^2/p_0^2)(p_1^2+p_2^2)/[p_0^2(p_1^2/p_0^2)]\}\\&=10\lg(p_1^2/p_0^2)+10\lg[(p_1^2+p_2^2)/p_1^2]\\&=10\lg(p_1^2/p_0^2)+10\lg(1+p_2^2/p_1^2)\\&=L_{p1}+10\lg[1+(p_2^2/p_0^2)/(p_1^2/p_0^2)]\\&=L_{p1}+10\lg[1+10^{-(L_{p1}-L_{p2})/10}]\\&=L_{p1}+10\lg[1+10^{-0.1\Delta L_p}]\end{aligned}$$

或

$$L_{pT}=L_{p1}+\Delta L' \tag{2-49}$$

式中:增值 $\Delta L'=10\lg(1+10^{-0.1\Delta L_p})$。式(2-49)可作成图 2-8 或表 2-2。

➢ **计算步骤**:

① 先计算出**声级差** $\Delta L_p=L_{p1}$(大值)$-L_{p2}$(小值);

② 然后由 ΔL_p 在图 2-8 或表 2-2 中查(或内插)得**增值** $\Delta L'$;

③ 再由 $\Delta L'$按式(2-49)求得**总声压级** L_{pT}。

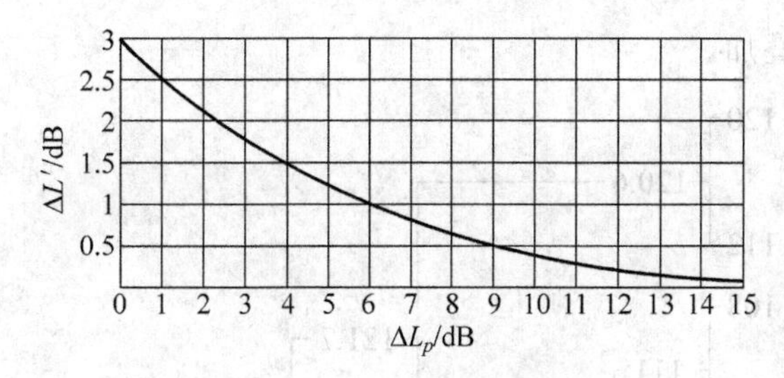

图 2-8　分贝相加曲线

表 2-2　分贝增值表

级差 ΔL_p/dB	0	1	2	3	4	5	6	7	8	9	**10**	11	12	13	14	15
增值 $\Delta L'$/dB	**3.0**	2.5	2.1	1.8	1.5	1.2	1.0	0.8	0.6	0.5	**0.4**	0.3	0.3	0.2	0.2	0.1

讨论：

(1) 因为人耳分辨率为 0.5dB，如果 $\Delta L_p > 10$dB，得 $\Delta L' < 0.5$dB，则可认为 $\Delta L' = 0$dB；即两个声压级的级差超过 10dB，则附加的增值 $\Delta L'$ 可以略去不计。

(2) 如果 $\Delta L_p = 0$dB，则 $\Delta L' = 3$dB；即两个声压级相同的噪声叠加，总声压级比原来单独一个时高 3dB。

(3) n 个声压级相等，同为 L_I 的声音叠加，它的总声压级为

$$L_{\mathrm{T}} = L_I + 10\lg n \tag{2-50}$$

(4) 总声压级很大程度上取决于其中最大的分声压级，因此应优先治理 L_p 大的噪声！

(5) 注意：每一个声源的声音是由各种频率的声波叠加而成的，每一个频率(带)上都具有自己的能量，声音的总能量即由它们叠加而成，所以对一个声音的各个频带声压级的叠加也遵循上述法则。

(6) 应该注意到：虽然总声级很大程度上取决于其中最大的分声级，但如果有一系列的较低声级参与叠加，则它们叠加后的声级可能接近大的分声级值或与最大的分声级差值 $\Delta L_p < 10$dB，在这种情况下应该从最小声级值开始叠加起，以提高计算的准确度。

例 2-1　有 4 台机器，它们各自在接收点产生的声压级分别为

$$L_{p1} = 100\text{dB},\quad L_{p2} = 95\text{dB},\quad L_{p3} = 98\text{dB},\quad L_{p4} = 80\text{dB}$$

问：4 台机器同时开动时，在接收点产生的声压级是多少？

解：方法为**从大到小，两两叠加**。

$$\Delta L_{p1+3} = 2\text{dB} \rightarrow \Delta L' = 2.1\text{dB} \rightarrow L_{p1+3} = 100 + 2.1 = 102.1(\text{dB})$$

$$\Delta L_{p1+3+2} = 7.1\text{dB} \rightarrow \Delta L' = 0.8\text{dB} \rightarrow L_{p1+3+2} = 102.1 + 0.8 = 102.9(\text{dB})$$

$$\Delta L_{p1+3+2+4} = 22.9\text{dB} \rightarrow \Delta L' = 0\text{dB} \rightarrow L_{p1+3+2+4} = 102.9\text{dB}$$

答：$L_{p\mathrm{T}} = 102.9$dB。

例 2-2　一风量为 120m^3/min 的罗茨鼓风机，在进风口轴向 1m 处噪声倍频程声压级如下表所示。试求下表所述 8 个倍频程的总声压级。

中心频率/Hz	63	125	250	500	1000	2000	4000	8000
声压级/dB	120	111	110	112	108	108	108	95

解：方法为两两叠加。

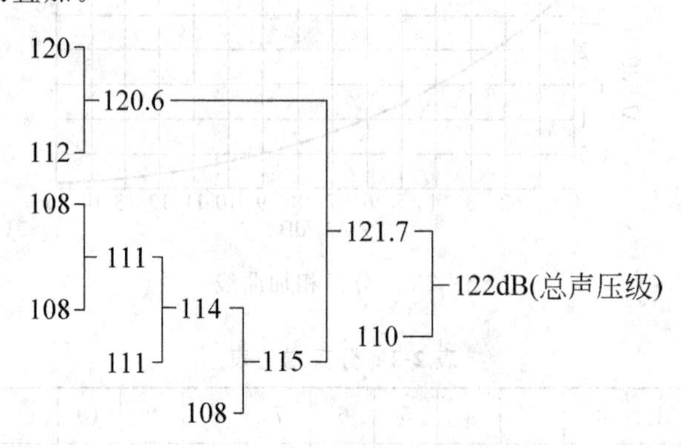

2. 级的相减

在测试环境存在背景(本底)噪声(与测量内容无关的声源产生的噪声)时,用仪器测得某机器运行时的声级是包括背景噪声在内的总声压级 L_{pT},要得到机器自身产生的真实噪声级 L_{pS},就需要从总声压级中扣除机器停止运行时的背景噪声声压级 L_{pB},这就是**级的相减**,其本质上是**声能量相减**。

同样可以推导得到

$$L_{pS} = L_{pT} - [-10\lg(1-10^{-0.1\Delta L_p})]$$
$$= L_{pT} - \Delta L_{pS} \qquad (2\text{-}51)$$

式中:声级减值 $\Delta L_{pS} = [-10\lg(1-10^{-0.1\Delta L_p})]$;级差 $\Delta L_p = L_{pT} - L_{pB}$。

➤ **计算步骤**:级差 $\Delta L_p = L_{pT} - L_{pB}$ → 查图 2-9 或表 2-3 得减值 ΔL_{pS} → 按式(2-51)求得 L_{pS}。

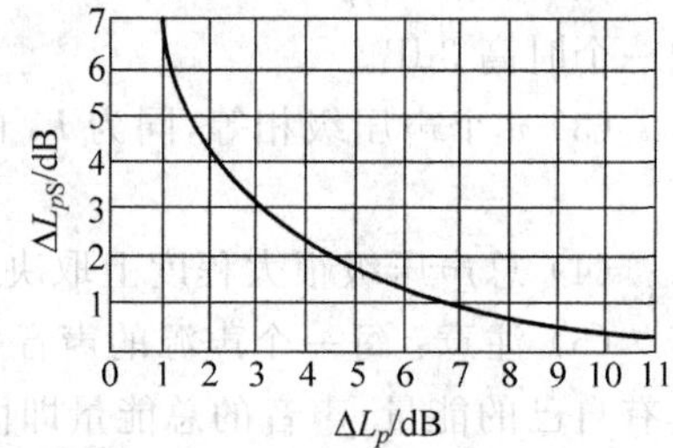

图 2-9 分贝相减曲线

表 2-3 分贝减值表 dB

级差 ΔL_p	<3	3	4	5	6	7	8	9	**10**	11	12	13	14	15
减值 ΔL_{pS}	不准	3.0	2.3	1.6	1.3	1.0	0.8	0.6	**0.5**	0.4	0.3	0.2	0.2	0.1

讨论:

(1) 当 $\Delta L_p = L_{pT} - L_{pB} < 3$dB 时,所测得的 L_{pT} 是不准确的,不能由此来计算 L_{pS}。此时,测量应设法降低背景噪声或安排在较安静的环境中重做。

(2) 级的"相加"和"相减"运算也适用于声强级 L_I 和声功率级 L_W。

例 2-3 甲、乙两台机器都停开时,测得测点的声压级为 73dB(背噪);单开乙机器时,测得测点的声压级为 80dB(乙+背);甲、乙两台机器同时都开动时,测得测点的声压级为 87dB(甲+乙+背)。求甲、乙两台机器各自在测点产生的实际声压级 $L_甲$ 和 $L_乙$。

解:乙机器 $\Delta L_{pB} = 80-73 = 7$(dB) → $\Delta L_{pS} = 1.0$dB → $L_乙 = 80-1 = 79$(dB)

甲机器 $\Delta L_{pB} = 87-80 = 7$(dB) → $\Delta L_{pS} = 1.0$dB → $L_甲 = 87-1 = 86$(dB)

又问:甲、乙两台机器同时都开动时,由机器自身发出的噪声在测点的声压级有多大?

解法 1——相加法：

$$\Delta L_{甲乙}=86-79=7\text{dB}\rightarrow\Delta L'=0.8\text{dB}\rightarrow L_{甲乙}=86+0.8=86.8(\text{dB})$$

解法 2——相减法：

$$\Delta L_{pB}=87-73=14\text{dB}\rightarrow\Delta L_{pS}=0.2\text{dB}\rightarrow L_{甲乙}=87-0.2=86.8(\text{dB})$$

2.5 噪声的频谱与频程

本节提要

1. 噪声的频率特性——频谱、频谱图和频谱分析与应用
2. 频程的划分及特征参数
3. 倍频程和 1/3 倍频程的特点与应用
4. 噪声的时间特性与随机(无规)噪声
5. 标准噪声

2.5.1 频谱和频谱分析

1. 频谱和频谱图

频谱是指声音的频率成分与能量分布的关系，体现了声音的**频率特性**。**频谱图**是以(中心)频率为横坐标(以**对数标度**，因为人们对不同频率声音的主观感受为音调，不与频率成线性关系)，以各频率成分对应的强度(声压级或声强级等)为纵坐标，作出的**声强度-频率**曲线图。

2. 频谱分析

频谱分析是指分析噪声能量在各个频率上的分布特性和各个谐频的组成。

➢ 几种典型的噪声频谱图如图 2-10 所示。人的谈话声频谱如图 2-11 所示，由图 2-11 可以看出，人的语言主要集中在 500、1000 和 2000Hz 这 3 个倍频带上。

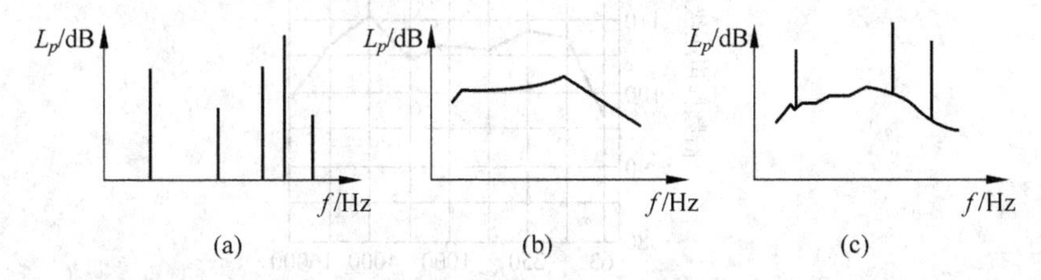

图 2-10 典型的噪声频谱图

(a) **线状谱**(纯音)：由一些离散频率的声音组成，如一些乐器声；(b) **连续谱**：一定频率范围内含有连续频率成分的谱，是一条连续的曲线，大部分噪声都是连续谱，也称为无调噪声；(c)**复合谱**：连续频率成分和离散频率成分组成的谱，又称为有调噪声。

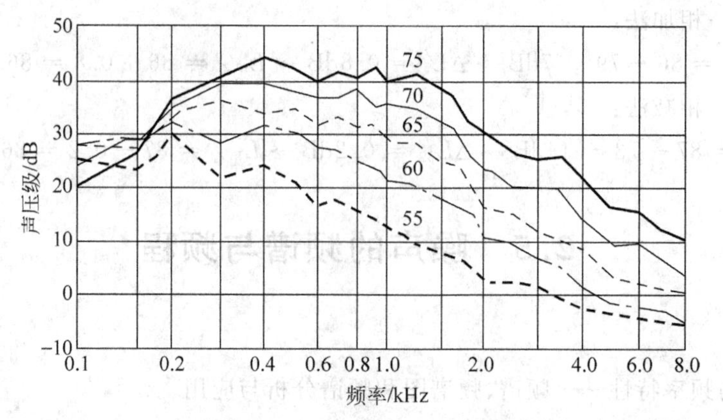

图 2-11 谈话声的频谱

3. 频谱分析的意义

(1) 了解声源的频率特性，明确治理方向，计算总声压级和降噪量(图 2-12、图 2-13)；

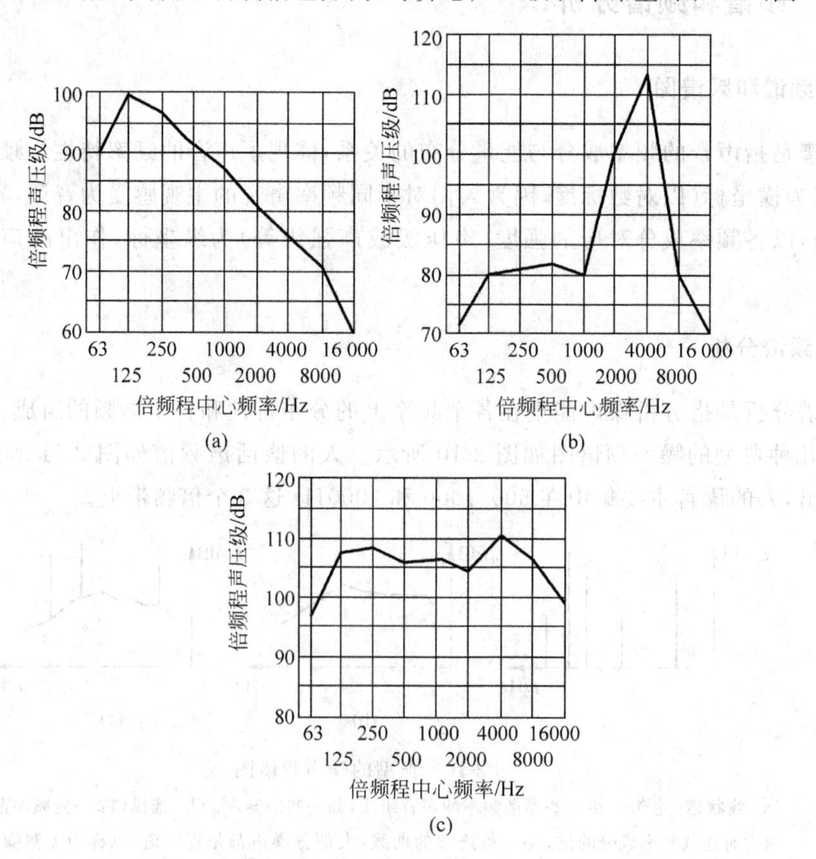

图 2-12 噪声源频谱

(a) 空压机；(b) 木工厂电锯；(c) 柴油机进气口

(2) 核查和分析噪声治理的效果(图 2-13)；

(3) 标明噪声控制元件和设备的特性与指标。

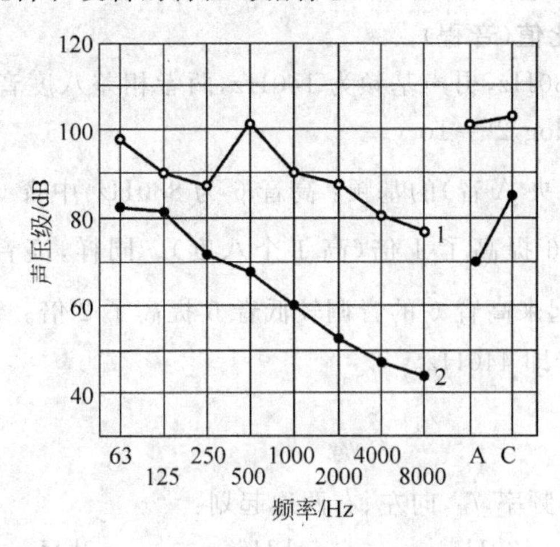

图 2-13　风机隔声罩安装前后的噪声频谱

1—隔声前；2—隔声后

4. 频谱的测量

频谱的测量采用**频谱分析仪**，频谱分析仪一般由声级计或测量放大器与频程滤波器结合或集成在一起组成。滤波器是一种对频率有选择性的电路，它可将噪声的频率成分按需要分成若干个带宽，测量时只允许某个或某段特定频率的声音无衰减地通过，而使通带以外的频率成分全部衰减掉。

2.5.2　频程(oct)

1. 频率测量中的问题

人耳听阈范围为 20～20 000Hz，频率相差 1000 倍，若按间隔 1Hz 来测定频谱，则在整个听阈范围内需设置并测定 19 981 个整数频率和与其对应的声级，这在实际操作中是难以实现的。

2. 解决办法

解决办法是在听阈范围内将频率分为若干有代表性的段带(称为频带)，每一频带的带宽为

$$\Delta f = f_2 - f_1$$

式中：f_2 为该频带的上限频率；f_1 为下限频率。

3. 分段法则

分段法则应该符合人耳的听觉特性，通常有两种法则：

(1) **等宽**(恒定带宽)：即带宽 Δf＝常数。这种分法虽然较细，但数量却很多，一般常用于振动测量。

(2) **等比**(恒定相对带宽)：即相邻两个带宽之比 $\Delta f_2/\Delta f_1=$常数，这种分段法有点繁琐，但带数少，更重要的是它符合人的听觉特性。人对不同频率声音的感觉是**音调不同**，而音调高低取决于频率的**比值**(音程)。

例如，女声基频为 280Hz，男声基频为 140Hz，两者相差八度音(同音，高一阶)，则它们的频率比值$=2^1$，音程$=\log_2 2^1=1$oct。

又例如，C 大调 6(中央 A 音)的基频：高音 $\dot{6}$ 为 880Hz，中音 6 为 440Hz，频率比$=2^1$；听起来高音 $\dot{6}$ 的音调较 6 提高了 1 倍(高 1 个八度)。同样，高音 $\dot{6}$ 为 880Hz，低音 $\underset{\cdot}{6}$ 为 220Hz，频率比$=2^2$；听起来高音 $\dot{6}$ 的音调较低音 $\underset{\cdot}{6}$ 提高了 2 倍。音乐上，现代标准调音频率是第 4 个八度的 A4 音即 440Hz。

4. 划分规则

(1) 以 1kHz 为中心频率 f_0，向左、右两边起划：

←—— 500Hz ←—— 1kHz ——→ 2kHz ——→

(2) 频带划分：按等比法则划分，即 $f_2/f_1=2^n$，则有 (2-52)

$n=1$ 称为 1/1 倍频程或倍频程(1oct)：$f_2/f_1=2^1$

$n=1/2$ 称为 1/2 倍频程(1/2oct)：$f_2/f_1=2^{1/2}=1.414$

$n=1/3$ 称为 1/3 倍频程(1/3oct)：$f_2/f_1=2^{1/3}=1.260$

(3) 频带命名：以该频带的中心频率命名该频带。中心频率为上下限频率的几何平均值，即

$$f_0=\sqrt{f_2 f_1} \tag{2-53}$$

(4) 绝对带宽为

$$\Delta f=f_2-f_1 \tag{2-54}$$

由式(2-51)和式(2-52)可导出：

$$f_2=\sqrt{2^n}f_0 \tag{2-55}$$

$$f_1=(1/\sqrt{2^n})f_0 \tag{2-56}$$

$$\Delta f=f_2-f_1=(\sqrt{2^n}-1/\sqrt{2^n})f_0 \tag{2-57}$$

当 $n=1$ 时，$\Delta f=0.707f_0$；

当 $n=1/2$ 时，$\Delta f=0.348f_0$；

当 $n=1/3$ 时，$\Delta f=0.231f_0$。

(5) 相邻两个频带上的参数有

$$f_{02}/f_{01}=\Delta f_2/\Delta f_1=2^n \tag{2-58}$$

例如，$f_0=1$kHz，则有

当 $n=1$ 时，$f_2=1414$Hz，$f_1=707$Hz，$\Delta f=707$Hz；

当 $n=1/3$ 时，$f_2=1122$Hz，$f_1=891$Hz，$\Delta f=231$Hz。

(6) 可听声范围内的频带数：

当 $n=1$ 时，倍频程，频带数$=10$，常用 6～8 个。

在人耳听觉集中区中有 8 个 f_0：63、125、250、500、1000、2000、4000、8000。

当 $n=1/3$ 时，1/3 倍频程，频带数$=30$，常用于细分频带时。

在人耳听觉集中区中有 24 个 f_0：63、80、100、125、160、200、…、1000、1250、1600、…、4000、5000、6300、8000、10 000、12 600。

(7) 倍频程和 1/3 倍频程频率范围如表 2-4 所示。

表 2-4　倍频程和 1/3 倍频程频率范围表　　Hz

倍频程频率范围			1/3 倍频程频率范围		
下限频率 f_1	中心频率 f_0	上限频率 f_2	下限频率 f_1	中心频率 f_0	上限频率 f_2
11	16	22	14.1	16	17.8
			17.8	20	22.4
			22.4	25	28.2
22	31.5	44	28.2	31.5	35.5
			35.5	40	44.7
			44.7	50	56.2
44	63	88	56.2	63	70.8
			70.8	80	89.1
			89.1	100	112
88	125	177	112	125	141
			141	160	178
			178	200	224
177	250	354	224	250	282
			282	315	355
			355	400	447
354	500	707	447	500	562
			562	630	708
			708	800	891
707	1000	1414	891	1000	1122
			1122	1250	1413
			1413	1600	1778
1414	2000	2828	1778	2000	2239
			2239	2500	2818
			2818	3150	3548
2828	4000	5656	3548	4000	4467
			4467	5000	5623
			5623	6300	7079
5656	8000	11 312	7079	8000	8913
			8913	10 000	11 220
			11 220	12 500	14 130
11 312	16 000	22 624	14 130	16 000	17 780
			17 780	20 000	22 390

➢ 注意每个 f_0 中心频率频带所包含的频率范围，例如 $f_0=250\text{Hz}$ 的倍频程频带，其频率范围是 177～354Hz，所以这个频带属于低频范围。

➢ 应该认识到，凡是与频率有关的参数或物理量，都有各频带上的分量，如频带声级、频带评价量等；而总的量则是由各频带上的分量合成。

➢ 注意：A 声级、频带声级、总声级的内涵、区别与联系。

5. 频带声压级 L_{pf} 的换算

一般,测量时用的频程不同,频带宽度也不同,所测得的声压级就不同。为了对不同噪声进行比较,有时需要进行频带声压级的换算。

例 2-4 将 1/3 倍频带声压级 $L_{pf1/3}$ 换算成倍频带声压级 $L_{pf1/1}$。

解: $L_{pf1/1}=L_{pf1/3}-10\lg(\Delta f_{1/3}/\Delta f_{1/1})=L_{pf1/3}-10\lg(1/3)$

即

$$L_{pf1/1}=L_{pf1/3}+4.8 \tag{2-59}$$

式中:$\Delta f_{1/3}$ 和 $\Delta f_{1/1}$ 分别为 1/3 倍频带宽和 1/1 倍频带宽。

图 2-14 是小型压缩机两种频程频谱的比较。

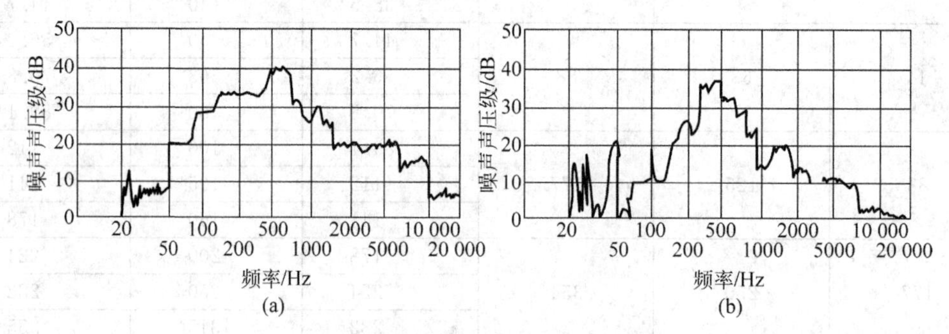

图 2-14 小型压缩机两种频程的频谱

(a) 倍频程;(b) 1/3 倍频程

2.5.3 噪声的时间特性

➢ **对同强度而时间特性不同的噪声,人们的感觉是不同的。**

➢ 噪声信号的**时间波形**和**频谱特性**之间具有一定的内在联系,这是所谓傅里叶变换的基础。

➢ 稳态噪声与非稳态噪声:在测量时间内,声级起伏变化不大于 3dB(A)的噪声称为稳态噪声;否则称为非稳态噪声。

➢ 周期性噪声:在测量时间内,声级变化有明显周期性的噪声。

➢ **噪声时间特性的基本类型:**

连续的非平稳噪声:如人们的说话声。

瞬时的非平稳噪声:如单个撞击声、爆竹声。

连续的撞击(脉冲)声:如冲床的工作声。

平稳随机噪声(频谱连续,瞬时振幅值随机分布,如符合高斯分布则称为**高斯型随机噪声**):这是人们遇到最多的一类噪声,如交通噪声、社会生活噪声等。

➢ **标准噪声**(用于噪声测量时作为人工声源的标准噪声):

白噪声:等带宽内能量相同,频谱连续并且均匀的噪声。

粉红噪声:等比带宽内能量相等,频谱连续并且均匀的噪声。

可以看出它们的取名借用了光波的概念。

➢ 由频谱数据计算总声压级和总声功率级,遵循分贝相加和相减法则。

例 2-5 测量某机器发出的噪声，各频带的声压级数据如下表所列，测量时采取包络面测量方法，包络面面积为 $S=60\text{m}^2$，求声源的总声功率级。

频带中心频率 f_0/Hz	63	125	250	500	1000	2000	4000	8000
测量声压级 L_p/dB	83.2	88.6	85.5	85.0	81.9	78.0	73	72.4

解：(1) 利用前面学过的分贝相加，对各频率成分的声压级进行叠加，求得总声压级为

$$L_{p\text{T}} = 10\lg\left(\sum 10^{0.1L_{pi}}\right)$$

$$= 10\lg(10^{8.32}+10^{8.86}+10^{8.55}+10^{8.5}+10^{8.19}+10^{7.8}+10^{7.3}+10^{7.24}) = 92.7(\text{dB})$$

可以看出，$L_{p\text{T}}$ 比最高一个频率分量的声压级 88.6dB(125Hz)高出 4.1dB。由声压级和声功率级的关系可求出：

$$L_W = L_{p\text{T}} + 10\lg S = 92.7 + 10\lg 60 \approx 110.5(\text{dB})$$

(2) 另外，还可用查分贝相加曲线的方法求得其总声压级。先将声压级从大到小依次排列，然后利用分贝相加曲线图 2-8 分别进行两个声压级的叠加，也可由大、小两端向中间依次两两叠加，最后得到总声压级为 92.7dB。

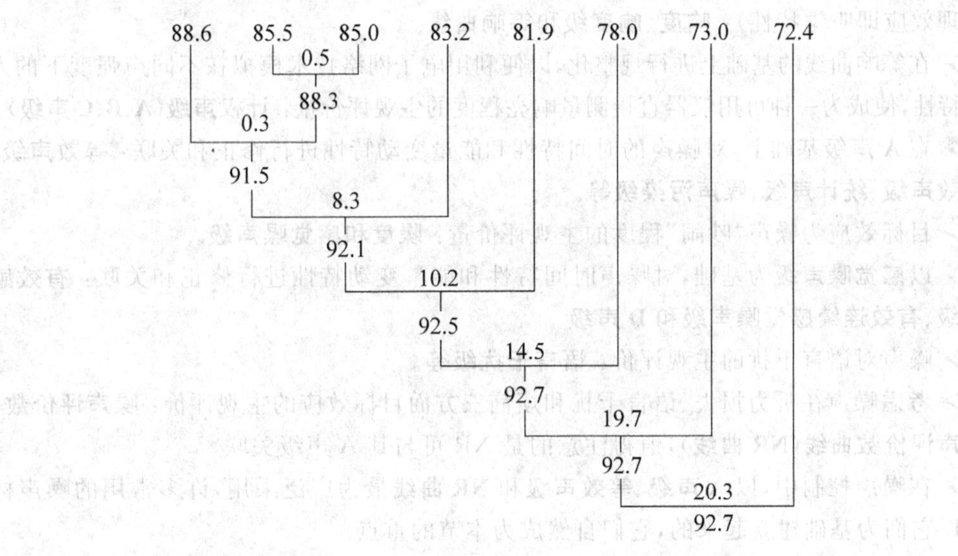

从本例中可以看出，由前面 5 个较大的声压级进行叠加已有 92.5dB，略去后面 3 个较小的误差并不太大，因为前 5 个叠加的结果 92.5dB 比后面这几个值已超过 14.5dB 了。

2.6 噪声的主观评价量

本节提要

1. 建立噪声的主观评价量的目的意义

➤ 噪声是人们不需要的声音，“需要与否”的评定取决于人的生理、心理因素和主观愿望，不需要的程度取决于对噪声主观上的定量评价。

➢ 噪声控制的目的是使声环境符合人的主观感觉标准值。

➢ 噪声对人们的影响、噪声污染的程度、噪声治理效果的评定、声环境质量标准等都需要建立人对噪声的主观评价量。

2. 建立的方法

➢ 人接收声音的个体差异由代表性人群受测结果的统计学方法加以解决。

➢ 在客观量或其他主观评价量的基础上，对受试人群进行大量的针对目标效应（如响亮程度、吵闹烦恼、语言干扰等）的心理感受声学测试和听力损失调查，再根据客观因素对测试结果进行计权或关联**修正**。

➢ 评价噪声在各种情况下，对人的不同目标效应的影响程度是一个十分复杂的问题，迄今为止，噪声评价量（参数）和评价方法已有百余种。本节仅介绍几种在我国公认的、基本的常用评价量。

3. 常用的主观评价量

➢ 目标效应为各种频率噪声"响亮"程度的主观感觉评价（反映声音的物理效应和人耳的生理效应即听觉特性）：**响度、响度级和等响曲线**。

➢ 在等响曲线的基础上进行规整化，以便利用电子网络技术模拟在不同声强度下的人耳频率特性，使成为一种可用仪器直接测量响亮程度的主观评价量：**计权声级（A、B、C 声级）**。

➢ 在 **A 声级**基础上，对噪声的时间特性和能量变动特性进行修正和关联：**等效声级、日夜等效声级、统计声级、噪声污染级等**。

➢ 目标效应为噪声"吵闹"程度的主观评价量：**噪度和感觉噪声级**。

➢ 以**感觉噪声级**为基础，对噪声时间特性和能量变动特性进行修正和关联：**有效感觉噪声级、有效连续感觉噪声级和 D 声级**。

➢ 噪声对语言干扰的主观评价：**语言干扰级等**。

➢ 考虑噪声在听力损失、语言干扰和烦恼三方面目标效应的主观评价：**噪声评价数 NR** 或**噪声评价数曲线（NR 曲线）**，值得注意的是 NR 可与其 A 声级关联。

➢ 在噪声控制中，以 **A 声级、等效声级**和 **NR 曲线**最为广泛采用，许多常用的噪声标准也是以它们为基础建立起来的，它们自然成为本节的重点。

➢ 在国际上，一种称为**评价声级**的参量正在成为被广泛采用的主要评价量，其来源于修正的 A 计权等效连续声压级。

2.6.1 等响曲线、响度及响度级

1. 等响曲线及其测定

➢ 人对声音的第一感觉是**响亮程度**，它与人的**听觉器官**和**听觉神经**对**声音强度**和**频率响应**有关。

➢ **等响曲线**：不同频率具有同等响亮程度声音的能量水平曲线，它反映了**人耳的听力特性**（这由人的听觉系统生理结构决定）。

➢ 等响曲线的**测定条件和方法**：

受测人群：听力正常的年龄在18～25岁的120名青年男女，双耳侧听。

测试环境：自由声场（消声室，图2-15），平面波，声源在头顶上方。

目标效应：不同频率、不同能量水平连续纯音的响亮程度。

基准声音：1kHz连续纯音，0～140dB，10dB/挡。

测试方法：在测点，受测人对来声与基准声音交替比较响亮程度，然后受测人离开现场，再用客观仪器测量该点的声压。

➢ 国际标准化组织（ISO）推荐的等响曲线如图2-16所示。

图2-15　消声室

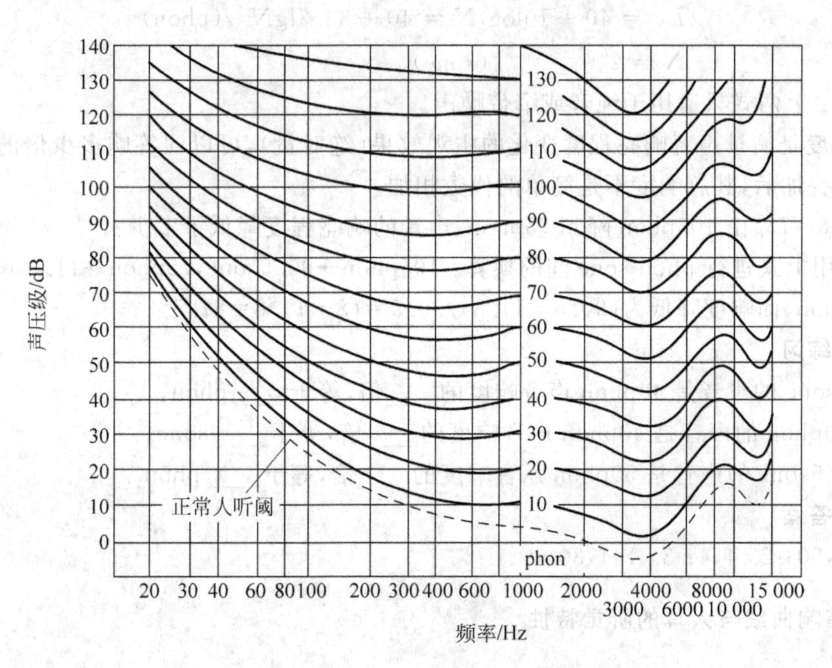

图2-16　等响曲线

2. 等响曲线的响度 N 和响度级 L_N

(1) **响度级**：当某一频率的纯音和某声压级的 1kHz 纯音听起来同样响时，这时该 1kHz 纯音的声压级就定义为该待定声音的**响度级**，记作 L_N，单位为**方**(phon)。

(2) **响度**：以 40phon 响度级的响度 N 为 1 **宋**(sone)，听者判断为其 2 倍响的为 2sone，为其 10 倍响的是 10sone。

例如：

(1) 在与 1kHz-40dB 同等响度的等响曲线上有

纯音 f/Hz	63	125	250	500	1000	2000	4000	8000
声压级/dB	57	46	39	37	40	37	32	48

则该条等响曲线的响度 N=1sone，响度级 L_N=40phon。

虽然该条曲线上频率不同的纯音它们的声压级有高、有低，但是它们听起来与 1kHz-40dB 的纯音一样响。

一般认为响度级在 40phon 以下时是安静的环境，因此将其响度定为 1sone。

(2) 在与 1kHz-70dB 同等响度的等响曲线上有

纯音 f/Hz	63	125	250	500	1000	2000	4000	8000
声压级/dB	82	72	66	67	70	66	61	77

则该条等响曲线的响度 N=8sone，响度级 L_N=70phon。

➢ 实验表明：响度级 L_N 每增加 10phon，响度 N 增加 1 倍。响度和响度级的关系为

$$L_N = 40 + 10\log_2 N = 40 + 33.3\lg N \quad \text{(phon)} \tag{2-60}$$

$$N = 2^{0.1(L_N - 40)} \quad \text{(sone)} \tag{2-61}$$

注意：上两式只适用于纯音或窄带噪声。

➢ **响度**是衡量声音响亮程度变化的主观效果(绝对量)，可以回答响多少倍的问题。但注意声音叠加后，其总响度不是简单的代数相加。

例 2-6 L_N 由 105phon 降到 75phon，声音的响亮程度降低了多少？

解：用上式进行 phon-sone 间的换算：105phon→90.5sone，75phon→11.3sone；L_N 下降了 30phon，而响度降低为(90.5−11.3)/90.5=(8−1)/8=87.5%。

课堂练习

1. 2sone 的声音是 40phon 声音响度的____倍，等于____ phon。
2. 60phon 的声音是 40phon 声音响度的____倍，等于____ sone。
3. 0.5sone 的声音是 50phon 声音响度的____倍，等于____ phon。

练习答案

1. 2,50；2. 4,4；3. 1/4,30。

3. 等响曲线与人耳的听觉特性

➢ 听阈——0phon 等响曲线；实际精确测定的最小可听声场 MAF 为 4.2phon 线，一

般低于此曲线的声音,人耳无法听到。

➤ 痛阈——120phon 等响曲线:超过此曲线的声音,人耳感到痛觉(也有人把 130phon 定为痛阈)。

➤ 在听阈和痛阈之间,是人耳正常的可听声范围。

➤ 由等响曲线分析**人耳的听觉特性**:

(1) $f_0=2\sim6\text{kHz}$ 段等响曲线下凹,表明人耳对高频声比较敏感,特别是对 3~5kHz 的高频声十分敏感。

(2) $f_0=500\text{Hz}\sim1\text{kHz}$ 段等响曲线平坦,说明人耳对中频声的反应比较平稳,这是人们音乐语言交流区的主要频段。例如,对 1kHz 的声音可以辨别出 3~4Hz 的差值;在 50dB 时,可察觉到 0.5dB 的声压级变化。

(3) $f_0\leqslant250\text{Hz}$ 段等响曲线上翘,人耳对低频声明显迟钝;尤其在 $f<100\text{Hz}$ 后等响曲线十分陡峭,人耳的听觉特别迟钝,已接近听力边界频率。

(4) 在低频段,等响曲线不仅陡峭而且密集。

◇ 同一个声压级水平上,响度级差别甚大。例如 $L_p=60\text{dB}$ 时,$L_N=10\sim70\text{phon}$。

◇ 同一个频率上,较小的 ΔL_p 变化,就可引起较大的响度级改变。

(5) 不同响度级水平的等响曲线也不平行:低响度级时,曲线弯曲大;高响度级时,曲线趋于平坦;至 $L_N>100\text{phon}$ 后,曲线几乎拉平,说明人耳对声音的频率响应已大大下降,人耳的痛感开始占上风。

(6) $f_0>6\text{kHz}$ 后,由于接近听力上边界频率,曲线有一个上坡段,人耳的敏感度有所下降。

➤ 在噪声控制中应尽量把**共振效应**调整到人耳反应迟钝的范围内或可听频率外。

4. 斯蒂文斯响度 S

对于宽频带的连续谱噪声的响度计算方法,国际标准化组织推荐史蒂文斯(Stevens)和茨维克(Zwicker)方法(ISO 532—1975)。两种方法的计算结果比较接近,一般后者比前者高 5dB,茨维克法的精确度高一些,但计算方法复杂得多,在欧洲使用较多,而在我国通常采用史蒂文斯法。

➤ 史蒂文斯法考虑到不同频率噪声之间会产生掩蔽效应,得出了一组等响度指数曲线(图 2-17),并认为响度指数最大的频带贡献最大,而其他频带由于前者的掩蔽而贡献减小。故在计算总响度时,它们应乘上一个小于 1 的修正系数 F(带宽因子)。

➤ 该方法假定是扩散声场,计算步骤如下:

(1) 测量频带声压级(倍频带或 1/3 倍频带)。

(2) 根据各频带中心频率的声压级,利用图 2-17 确定各频带响度指数。

(3) 用下式计算总响度 S_t:

$$S_t=S_m+F\left(\sum_{i=1}^{n}S_i-S_m\right)\quad(\text{sone})\tag{2-62}$$

式中:S_m 为响度指数中的最大值;S_i 为第 i 个频带的响度指数;F 为带宽因子。对倍频程,$F=0.30$;对 1/2 倍频程,$F=0.2$;对 1/3 倍频程,$F=0.15$。

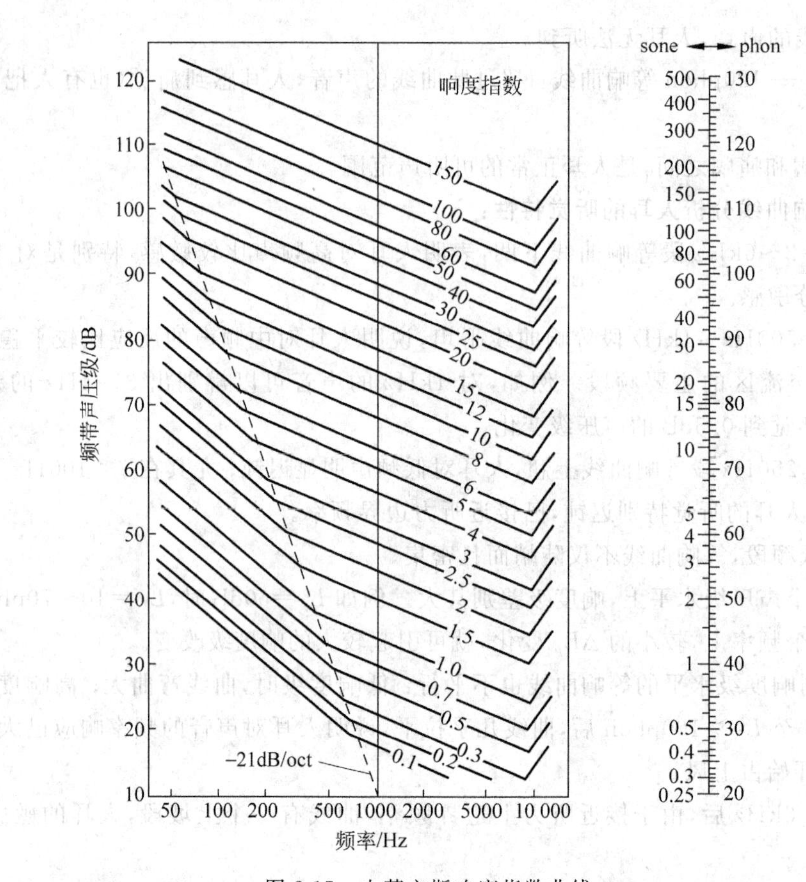

图 2-17 史蒂文斯响度指数曲线

(4) 求出总响度后，可按图 2-17 右侧的列线图求出该复合噪声的响度级值，也可按下式计算出响度级：

$$L_N = 40 + 10\log_2 S_t \quad (\text{phon})$$

或

$$L_N = 40 + 33.3\lg S_t \quad (\text{phon}) \tag{2-63}$$

例 2-7 根据所测得的倍频带声压级(如下表所示)，求响度及响度级。

中心频率/Hz	63	125	250	500	1000	2000	4000	8000	说明
声压级/dB	76	81	78	71	75	76	81	59	测量
响度指数/sone	5	10	10	8	12	15	25	8	查图 2-17

解：(1) 根据上表所给出的倍频带声压级值，由图 2-17 中查出相应的响度指数 S_i；

(2) 其中最大值为 $S_m=25$，倍频带的修正因子 $F=0.3$；

(3) 由式(2-62)可求得总响度为 $S_t=25+0.3\times(93-25)=45.4(\text{sone})$；

(4) 根据图 2-17 右侧的列线图或式(2-63)，可求得响度为 45.4sone(S)的噪声所对应的响度级为 95phon(S)。

注：响度和响度级单位后标注(S)，表示为 Stevens 法，以与 Zwicker 法(Z)相区别。

2.6.2　计权声级和计权网络

1. 主客观量比较

➢ **问题**：60Hz-60dB 的纯音和 4kHz-52dB 的纯音，哪个响？

解：60Hz-60dB 的纯音其响度级等于 40phon，响度为 1sone。4kHz-52dB 的纯音其响度级等于 60phon，响度为 4sone。

虽然 4kHz 的纯音声压级只有 52dB，比 60Hz 的纯音小 8dB，但它却比 60Hz 的纯音还要响 4 倍。明显的**主客观量不一致**！

➢ **解决办法**：为了仍能用 dB 来统一度量，就需要对客观量进行修正：按等响曲线**计权**修正，使它们数值上与主观感觉一致。具体方法：

60Hz-60dB 按 40phon 曲线计权，则 60Hz 纯音计权修正值为－20dB，计权后为 40dB（计权）。

4kHz-52dB 按 60phon 曲线计权，则 4kHz 纯音计权修正值为＋8dB，计权后为 60dB（计权）。

➢ **电子计权网络**：为了可用仪器直接测定，并且统一计权声级频率特性，国际上都采用国际电工委员会(IEC)规定的**电子计权网络**：A、B、C、D 这 4 种按**频程计权**的网络(图 2-18)。

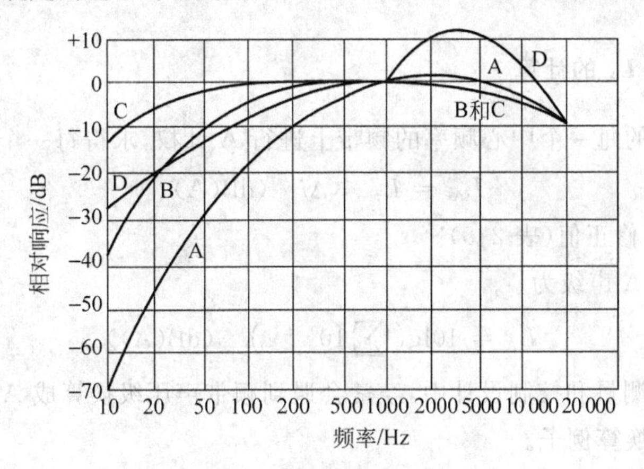

图 2-18　计权网络频率响应特性曲线

2. 等响曲线与计权网络

➢ A 计权网络：计权后的声级叫 A 声级，记作 L_A 或 L_{pA}，单位为 dB(A)或 dBA。其频率响应曲线为 40phon 等响曲线经规整化后倒置。特点是低声级响应，低频时衰减量大(表 2-5)。

➢ B 计权网络：计权后的声级叫 B 声级，记作 L_B 或 L_{pB}，单位为 dB(B)。其频率响应曲线为 70phon 等响曲线经规整化后倒置。特点是中声级响应，低频时有一定程度衰减量。

➢ C 计权网络：计权后的声级叫 C 声级，记作 L_C 或 L_{pC}，单位为 dB(C)。其频率响应曲线为 100phon 等响曲线经规整化后倒置。特点是高声级响应，除 $f<50$Hz 外衰减量少。

➢ D 计权网络：计权后的声级叫 D 声级，记作 L_D 或 L_{pD}，单位为 dB(D)。其频率响应曲线为 40dB 等噪曲线经规整化后倒置(2.6.6 节)，主要用于航空噪声的测量与评价。

➢ L 计权网络：即为未计权的声压级 L_p，单位为 dB；呈平直线性响应，用作客观量度。

表 2-5 A 计权响应与中心频率的关系(按 1/3 倍频程)

中心频率/Hz	A 计权修正值/dB	中心频率/Hz	A 计权修正值/dB
20	−50.5	630	−1.9
25	−44.7	800	−0.8
31.5	−39.4	1000	0
40	−34.6	1250	+0.6
50	−30.2	1600	+1.0
63	−26.2	2000	+1.2
80	−22.5	2500	+1.3
100	−19.1	3150	+1.2
125	−16.1	4000	+1.0
160	−13.4	5000	+0.5
200	−10.9	6300	−0.1
250	−8.6	8000	−1.1
315	−6.6	10 000	−2.5
400	−4.8	12 500	−4.3
500	−3.2	16 000	−6.6

3. A 计权声级 L_A 的计算

在该声音频谱的每一个中心频率的频带上进行 A 计权，求得每一个频带 A 声级 L_{Ai}：

$$L_{Ai} = L_{pi} + \Delta i \quad (\text{dB(A)}) \tag{2-64}$$

式中：Δi 为 A 计权修正值(表 2-5)。

而该声音总的 A 声级为

$$L_A = 10\lg\left(\sum 10^{0.1L_{Ai}}\right) \quad (\text{dB(A)}) \tag{2-65}$$

➢ 在工业噪声测量和控制设计中，经常会遇到频带声压级换算成 A 声级的问题，例 2-8 给出了一个具体的换算例子。

例 2-8 从倍频带声级计算 A 计权声级。

解：

中心频率/Hz	31.5	63	125	250	500	1000	2000	4000	8000
频带声压级/dB	60	65	73	76	85	80	78	62	60
A 计权修正值/dB	−39.4	−2.6	−16.1	−8.6	−3.2	0	+1.2	+1.0	−1.1
修正后频带 A 声级/dB(A)	20.6	38.8	56.9	67.4	81.8	80	79.2	63.0	58.9
各 A 声级两两叠加/dB(A)	略	略	略	略	84.0		79.2	略	略
总的 A 计权声级/dB(A)	85.2								

注：虽然 1/3 倍频程和倍频程频带宽度不同，但在相同中心频率上的频带计权修正量是一样的。

思考题

计算例 2-5 中的 A 计权声级(87dB(A))。

4. 计权声级的评估

(1) **A 声级 L_A**：国内外应用最广泛的一个噪声评价量。

➢ A 声级与主观反应之间的关系相当吻合，最接近人耳对噪声总的评价，尤其是宽频带噪声。

➢ 虽然 A 计权网络对应于 40phon 等响曲线，A 声级只在 55phon 以下时才近似表示响度级；但实践经验表明，即使对于较高的声级，用 A 声级评价与其他指标进行评价所取得的结果基本上是互相协调的，这表明 A 声级与其他评价量之间的相关性良好。

➢ A 声级表达单一，可用仪器直接测得，简明实用。

(2) **B 声级 L_B 和 C 声级 L_C**：目前已很少被直接采用。但通常 C 声级可以近似用于总声压级的测量，在声级计没有配备测频谱的滤波器时，可以用 A、B、C 声级近似地估计所测噪声源的频谱特性。例如，由于 A 声级和 C 声级在中、低频段上的衰减修正值差异明显，因此可以用 A、C 声级的差值 $L_{pC}-L_{pA}$ 近似地估算噪声源的频谱特性(表 2-6)。

(3) **D 声级 L_D**：属于噪度系列的计权评价量，主要用于对航空噪声的评价。

(4) **L 计权网络**：平直线性响应，用作客观量度，测得的分贝数为声压级。

表 2-6　$L_{pC}-L_{pA}$ 与频谱分类的关系

$L_{pC}-L_{pA}$	频谱性质	频谱特点
−2	特高频	最高值在 4000、8000Hz 两个倍频带内
−1	高频	最高值在 2000Hz 的倍频带内
0	高频	最高值在 1000、2000Hz 两个倍频带内
1	高频	最高值在 500、1000、2000Hz 这 3 个倍频带内
2	宽带	最高值在 125、250、500、1000、2000Hz 这 5 个倍频带内
3～4	中频	最高值在 125、250、500、1000Hz 这 4 个倍频带内，以 500Hz 为最高
5～6	低中频	最高值在 125、250、500Hz 这 3 个倍频带内
7～9	低频	最高值在 63、125、250Hz 这 3 个倍频带内
10～19	低频	从低频向高频几乎呈直线下降
>20	低频	从低频向高频呈直线下降

思考题

1. 有两个噪声，其 $f_0=250$Hz 的倍频程频带声压级分别为：$L_{A1}=60$dB(A) 和 $L_{C2}=60$dB(C)。试比较这两个噪声在此频带上的声强 I_1 和 I_2 的大小。

2. 用声级计测得某噪声源的 $L_C-L_A=3.5$dB，则该噪声源的频谱性质是属于高频、**中频**、低频还是宽频？

3. 选择：

如果 $L_A \approx L_B \approx L_C$，这时噪声的主要成分在(**高**、中、低)频段；

如果 $L_C \approx L_B > L_A$，这时噪声的主要成分在(高、**中**、低)频段；

如果 $L_C > L_B > L_A$，这时噪声的主要成分在(高、中、**低**)频段。

2.6.3 等效连续A声级和昼夜等效声级

1. 等效连续A声级 L_{eq}

(1) A声级的局限

A声级仅适合于时间上连续、频谱较均匀、无显著纯音成分的稳态宽频带噪声；对于非稳态的、随时间起伏变化较大的或不连续的噪声，A计权声级就难以正确地反映噪声的影响。

(2) 解决方案

寻求一个等效的声级来表达，它等效于同一时间段内的非稳态噪声，等效量为声能；采用声能在同一时间段(T)内平均的方法来求得该等效声级，称为**等效连续A声级**，又称**等能量A计权声级**，简称**等效声级**；记作 L_{eq} 或 L_{Aeq}，单位为dB(A)；若注明评价量是 L_{eq} 或 L_{Aeq}，则其单位也有用dB来表示的。

(3) 等效连续A声级的计算

➢ 对连续变化噪声：

$$L_{eq} = 10\lg\left[\frac{1}{T}\int_0^T 10^{0.1L_A(t)}\mathrm{d}t\right] \quad (\mathrm{dB(A)}) \tag{2-66}$$

式中：T 为测量的时间段；$L_A(t)$ 为瞬时A声级。

➢ **对非连续的离散值：**

$$L_{eq} = 10\lg\left[\sum_{i=1}^{n}(P_i)(10^{0.1L_{Ai}})\right] \quad (\mathrm{dB(A)}) \tag{2-67}$$

式中：P_i 为第 i 个声级区间内持续的时间在总时间间隔中所占的比例；L_{Ai} 为第 i 个区间的中心A声级值。

➢ **对等时间间隔采样**(采样数 n)：

$$L_{eq} = 10\lg\left[\frac{1}{n}\sum_{i=1}^{n}10^{0.1L_{Ai}}\right] \quad (\mathrm{dB(A)}) \tag{2-68}$$

式中：n 为采样数，ISO建议 $n=100$；L_{Ai} 为 n 个A声级中第 i 个测定值。

➢ **注意**：A计权声能量的表达：线性声级时，$I/I_0 = p^2/p_0^2 = 10^{L_p/10} = 10^{0.1L_p}$，则A计权声级的能量表达为 $10^{0.1L_A}$。

例 2-9 甲、乙两工人一个班工作8h，噪声暴露情况如下表所示。

L_A/dB(A)	90	95	100	80以下
甲暴露时间/h	8	0	0	0
乙暴露时间/h	2	3	1	2

问：哪个工人接受的有害噪声(≥80dB(A))能量多？

解：$T=8$h，则 L_{eq}(甲)$=90$dB(A)(稳态噪声时)，即

$$L_{eq} = L_A$$

$$L_{eq}(\text{乙}) = 10\lg\left[\frac{1}{8}(2\times10^9 + 3\times10^{9.5} + 10^{10})\right] = 94.3(\mathrm{dB(A)})$$

答：乙比甲接受的有害噪声能量多。

例 2-10　车间内等间隔采样，间隔时间 $\Delta t=5\text{min}$，每班工作时间 8h，采样数为 96 个/班。采样结果如下：12 次 85dB(A)、12 次 90dB(A)、48 次 95dB(A)、24 次 100dB(A)。试求车间内等效连续声级。

解：12 次，85dB(A)，则

$$\Delta t = 5 \times 12 = 60(\text{min}) = 1(\text{h})$$

12 次，90dB(A)，则

$$\Delta t = 5 \times 12 = 60(\text{min}) = 1(\text{h})$$

48 次，95dB(A)，则

$$\Delta t = 5 \times 48 = 240(\text{min}) = 4(\text{h})$$

24 次，100dB(A)，则

$$\Delta t = 5 \times 24 = 120(\text{min}) = 2(\text{h})$$

车间内的等效连续声级为

$$\begin{aligned} L_{\text{eq}} &= 10\lg\left[\frac{1}{8}(1 \times 10^{0.1\times 85} + 1 \times 10^{0.1\times 90} + 4 \times 10^{0.1\times 95} + 2 \times 10^{0.1\times 100})\right] \\ &= 96.2(\text{dB(A)}) \end{aligned}$$

(4) 测量与应用

➤ 现代的**积分式声级计**可以直接自动测量出某一段时间内的 L_{eq} 值来衡量人的噪声暴露量，无需人工统计与计算。它考虑了噪声能量的累积效应，表征了不稳定噪声对人体的作用。

➤ 在对不稳定噪声的大规模调查中，已证实 L_{eq} 与人的主观反应有很好的相关性。国际标准化组织自 1971 年以来发布的噪声容许标准均规定用等效声级的评价方法。

➤ 由于等效连续 A 声级 L_{eq} 或 L_{Aeq} 应用十分广泛，以至于人们常常将其单位 dB(A)或 dBA 写成 dB，尤其是在噪声标准中，阅读时应注意到这一点。

2. 昼夜等效声级 L_{dn}

考虑到噪声在夜间对人们的烦恼感比白天大，规定在夜间测得的所有声级均加上 10dB(A 计权)作为修正值，再计算昼夜噪声能量的加权平均值，即**昼夜等效声级**，用符号 L_{dn} 表示：

$$L_{\text{dn}} = 10\lg\left(\frac{15 \times 10^{0.1L_{\text{d}}} + 9 \times 10^{0.1(L_{\text{n}}+10)}}{24}\right) \quad (\text{dB(A)}) \tag{2-69}$$

式中：L_{d} 为昼间(7:00—22:00)测得的噪声能量平均 A 声级 $L_{\text{eq,d}}$，dB(A)；L_{n} 为夜间(22:00—7:00)测得的噪声能量平均 A 声级 $L_{\text{eq,n}}$，dB(A)。

昼间和夜间的时段可以根据当地情况或根据当地政府的规定作适当调整。

➤ 昼夜等效声级可用来作为几乎包含各种噪声的城市噪声全天候的单值评价量，以预计人们昼夜长期暴露在噪声环境中所受的影响，因而为各国所普遍采用。

2.6.4　累积百分声级 L_{N}

在现实生活中，许多环境噪声属于非稳态噪声，如区域环境噪声和交通噪声，对这类噪声虽可用等效声级 L_{eq} 表达，但其随机的起伏程度却没有表达出来。这种起伏可用 A 声级

出现的时间概率或累积概率来表示。目前，主要采用累积概率的统计方法，也就是用**累积百分声级 L_N 或 L_{AN}** 来表示，单位为 dB(A)；累积百分声级也称为**统计声级**。

➢ 累积百分声级表示在测量时间内高于声级 L_N 的噪声所占的时间为 $n\%$。通常认为：

L_{10} 表示在取样时间内只有占 10%时间的噪声超过该声级，相当于噪声平均峰值；

L_{50} 表示在取样时间内有占 50%时间的噪声超过该声级，相当于噪声的平均值(中值)；

L_{90} 表示在取样时间内有占 90%时间的噪声超过该声级，相当于噪声背景(本底)值。

➢ 其计算方法是：将在一段时间 T 内进行随机采样测得的 100 个或 200 个数据按从小到大顺序排列：

总数为 100 个的第 10 个数据或总数为 200 个的第 20 个数据即为 L_{10}；

总数为 100 个的第 50 个数据或总数为 200 个的第 100 个数据即为 L_{50}；

同理，第 90 个数据或第 180 个数据即为 L_{90}。

➢ 累积百分声级一般只用于有较好正态分布的噪声评价，此时它与同一时间段内的等效连续 A 声级之间有近似关系：

$$L_{eq} \approx L_{50} + \frac{(L_{10} - L_{90})^2}{60} \quad (\text{dB(A)}) \tag{2-70}$$

等效声级的标准偏差为

$$\sigma = (L_{16} - L_{84})/2 \tag{2-71}$$

➢ 车流量较大情况下的道路交通噪声，接近于正态分布。

➢ 统计声级可以由**统计声级计**(噪声统计分析仪)测量并直接显示。

思考题

1. 有一个交通噪声其 L_{10} =70dB(A)，说明它的含义。
2. 有一个交通噪声其 L_{90} =70dB(A)，说明它的含义。
3. 比较上述两个交通噪声对环境影响的大小。

2.6.5 噪声评价曲线(NR 曲线)和噪声评价数 NR

1. A 声级的不足

A 声级是一个单值评价量，是噪声所有频率成分影响的综合反映，但缺乏详细的频率信息。例如它反映不出高频噪声和低频噪声的差别，特别是它反映不出它与标准允许值之间的分频差距情况。

由于 A 声级不能全面反映噪声源的频谱特性，相同的 A 声级其频谱特性可能有很大的差异。例如，A 声级同为 100dB(A)，电锯声(高频特性)听起来刺耳，而鼓风机声(中、低频特性)听起来沉闷，人的感觉完全不同。

2. 噪声评价曲线(NR 曲线)

➢ NR 曲线考虑噪声的频率信息对**听力损失、语言干扰和烦恼程度**这 3 种目标效应的影响，又能用一个数字(NR 数)来表示噪声水平的主观评价量。

➢ ISO 公布的一组 **NR 曲线**

NR 曲线是 1961 年国际标准化组织提出和推荐使用的，它的声压级范围是 0～130dB，适用于中心频率 63Hz～8kHz 的 8 个倍频程，1971 年又增加了中心频率为 31.5Hz 的倍频程(图 2-19)。

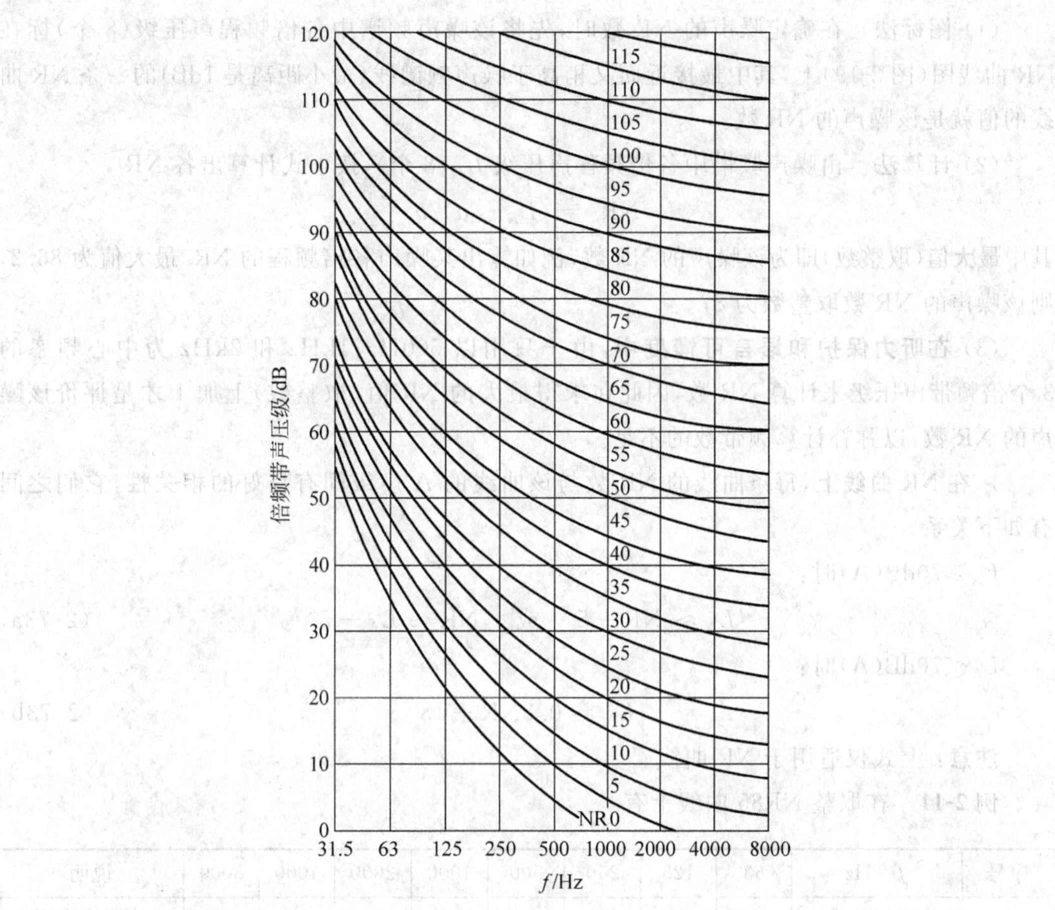

图 2-19 噪声评价曲线(NR 曲线)

3. NR 曲线分析

➢ 在同一 NR 曲线上的各倍频程噪声可以认为具有相同程度的干扰，故又称为**等干扰度曲线**。

➢ 每条曲线上所标定的数字称为**噪声评价数** NR 或 N，它与这条曲线上 1kHz 的声压级相同。

➢ NR 曲线上 L_p 和 NR 的关系也可由下式计算：

$$L_{pi} = a + b\mathrm{NR}_i, \quad L_{pi} \text{ 取整数} \tag{2-72}$$

式中：a、b 为不同倍频程中心频率所对应的系数，见表 2-7。

表 2-7 不同中心频率的系数 a 和 b

频率/Hz	31.5	63	125	250	500	1000	2000	4000	8000
a	55.4	35.5	22.0	12.0	4.8	0	−3.5	−6.1	−8.0
b	0.681	0.790	0.870	0.930	0.974	1.000	1.015	1.025	1.030

4. 求噪声 NR 数的 3 种方法

(1) 图标法。在确定噪声的 NR 数时，先将该噪声频谱中各倍频程声压级(8 个)标在 NR 曲线图(图 2-19)上，其中最接近而又稍高于噪声频谱线(最小距离是 1dB)的一条 NR 曲线的值就是该噪声的 NR 数。

(2) 计算法。由噪声频谱中各倍频程声压级 L_{pi}(8 个)，按下式计算出各 NR_i，

$$NR_i = (L_{pi} - a)/b$$

其中**最大值**(取整数)即为该噪声的 NR 数，例如算出某噪声各倍频程的 NR_i 最大值为 86.2，则该噪声的 NR 数取整数为 87。

(3) **在听力保护和语言可懂度中**，由于只用以 500Hz、1kHz 和 2kHz 为中心频率的 3 个倍频带声压级来计算 NR 数，因此在求得最大的 NR 值(取整数)上加 1 才是评价该噪声的 NR 数，以弥补计算频带数的不足。

➢ **在 NR 曲线上**，每条曲线的 NR 数与该曲线的 A 声级间有良好的**相关性**，它们之间有如下关系。

$L_A \geqslant 70$dB(A)时：

$$L_A \approx NR + 5 \quad 或 \quad NR \approx L_A - 5 \tag{2-73a}$$

$L_A < 70$dB(A)时：

$$L_A = 0.8NR + 18 \tag{2-73b}$$

注意：上式**仅**适用于 NR 曲线。

例 2-11 在取整 NR85 曲线上有：

序号	f_0/Hz	63	125	250	500	1000	2000	4000	8000	说明
1	NR85/dB	103	96	91	88	85	83	81	80	计算或查图
2	A 计权值/dB	−26.2	−16.1	−8.6	−3.2	0	+1.2	+1.0	−1.1	查表 2-5
3	计权后/dB(A)	76.8	79.9	82.4	84.8	85	84.2	82	78.9	计权计算
4	叠加后/dB(A)	总的 L_A=90.1dB(A)=85(NR 数)+5								验证

上例表明：

◇ 如果把 NR 曲线上各倍频带声压级(dB)读数，经 A 计权来计算它的总 A 声级 L_A，则近似有 $L_A \approx NR+5$($L_A \geqslant 70$dB(A)时)；

◇ 应注意的是对于一个实际噪声，虽然也可以求出其 NR 值，但其总 A 声级与这个 NR 数之间并不一定符合式(2-73)。这是因为这个实际噪声的频谱并不一定与 NR 曲线重合，也即不一定符合式(2-72)。但如已知一个噪声的 NR 数，则其 A 声级可以粗略估算为不超过(NR+5)dB(A)，即一般情况下是高估了；但反之则不可行，因为其得到的 NR 评价值很可能低估了。其原因也是实际噪声的频谱不会刚好与 NR 曲线一致，而普遍是在该 NR 曲线之下。

➢ A 声级 L_A 与对应的 NR 曲线上的各频带声压级值也可查表 2-8。

表 2-8　A 声级与 NR 曲线倍频带声压级换算表　dB

L_A/dB(A)	各倍频程中心频率的声压级						L_A 对应的NR 数
	125Hz	250Hz	500Hz	1000Hz	2000Hz	4000Hz	
50	57	49	44	40	37	35	40
55	62	57	50	46	43	41	46
60	68	61	56	53	50	48	53
65	73	67	62	59	56	54	59
70	79	72	68	65	62	61	65
75	84	78	74	71	69	67	71
80	87	82	78	75	73	71	75
85	92	87	83	80	78	76	80
90	96	91	88	85	83	81	85

5. NR 曲线的应用

(1) 评价室内环境噪声

表 2-9　室内环境建议的噪声 NR 数　dB

卧室	办公室	教室	工厂
20～30	30～40	40～50	60～70

(2) 在噪声控制中计算各倍频程的降噪量

◇ 确定噪声控制标准(例如，车间内每个工作日为 8h，允许噪声级≤90dB(A))。

◇ 由 NR$=L_A-5$→可选用 NR85 曲线作为分频控制标准：

f_0/Hz	63	125	250	500	1000	2000	4000	8000	说明
NR85/dB	103	96	91	88	85	83	81	80	L_{pi} 取整数

➤ 噪声频谱中各 L_{pi} 与 NR85 曲线上对应 dB 数的**差值**即为控制该噪声达标所需的各中心频率上的**降噪量** ΔL_{pi}；也就是说，当噪声频谱中各 L_{pi} 降到 NR85 曲线以下时，各频段叠加后的总声级必定小于 90dB(A)。

例 2-12　测得一台机器的倍频程声压级列于下表，求该噪声的 NR 数；若噪声治理后要求达到 NR80，计算各中心频率的降噪量。

中心频率/Hz	63	125	250	500	1000	2000	4000	8000
声压级/dB	109	112	104	115	116	108	104	94

解：

序号	中心频率/Hz	63	125	250	500	1000	2000	4000	8000	说明
1	声压级/dB	109	112	104	115	116	108	104	94	实测
2	噪声 NR_i 数	93.0	103.5	98.9	113.1	116	109.9	107.4	99.0	$NR_i=(L_{pi}-a)/b$
3	噪声 NR 数	$NR=NR_m=116$								取最大 NR_i
4	NR80/dB	99	92	86	83	80	78	76	74	$L_{pi}=a+bNR_i$
5	降噪量/dB	10	20	18	32	36	30	28	20	声压级－NR80

➢ 也可将噪声频谱中各 L_{pi} 值标在 NR 曲线图上，超过噪声标准的 NR 曲线以上部分即为所需的降噪量。

➢ 用 NR 曲线计算的降噪量使我们明确了在每个倍频程上所要求的降噪量，使噪声控制措施更有效、更具针对性，经济上也更合理。这是噪声控制工程中必备的技术。

2.6.6 噪度 N_a 和感觉噪声级 L_{PN}

1. 噪度

与人们主观判断噪声的"吵闹"程度成比例的数值量，也称为**感觉噪度**，用 N_a 表示，单位为**呐**(noy)。感觉噪度的定义为：中心频率为 1000Hz 的倍频带上，声压级为 40dB 的噪声其感觉噪度定为 1noy。类似于响度的单位为 sone，噪度为 3noy 的噪声听起来的"吵闹"程度是噪度为 1noy 的噪声的 3 倍。

2. 等感觉噪度曲线

建立思路类似于等响曲线，只是它以复合音为基础，并且以"吵闹程度"为目标效应；在同一呐值曲线上的感觉噪度相同。等感觉噪度曲线(图 2-20)中高频段下凹比等响曲线更突出。这表明，高频噪声比同样响的低频噪声更"吵闹"。所以与响度比较，噪度更多地反映了 1000Hz 以上的高频声对人的干扰，因此更适用于喷气飞机噪声的评价。

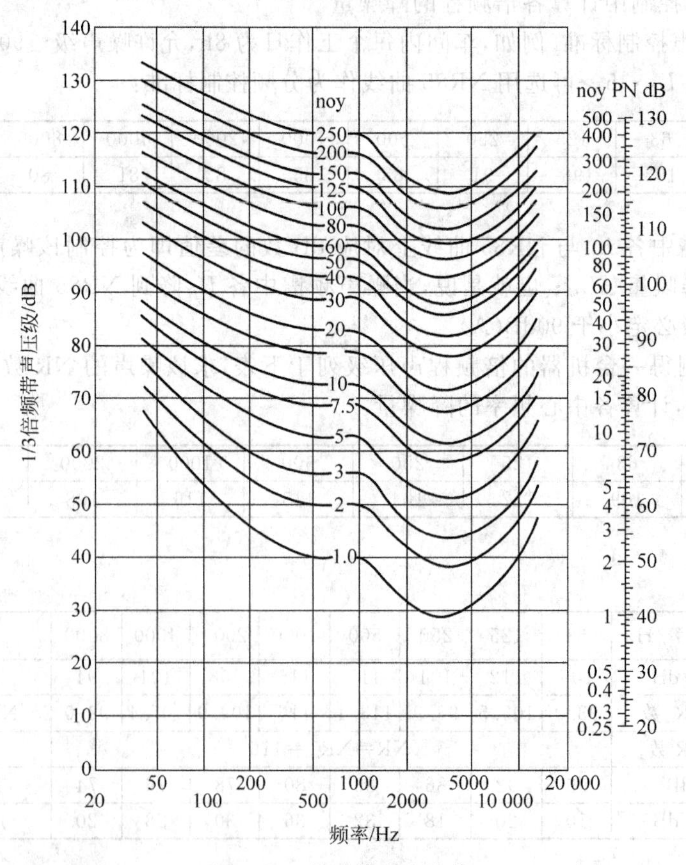

图 2-20 等感觉噪度曲线

3. 复合噪声总的感觉噪度计算方法

该计算方法与史蒂文斯响度计算方法类似：

(1) 根据噪声各频带声压级(倍频带或 1/3 倍频带)，从图 2-20 中查出各频带对应的感觉噪度值 N_i；

(2) 找出感觉噪度值 N_i 中的最大值 N_m，用下式计算复合噪声总的感觉噪度 N_t：

$$N_t = N_m + F\left(\sum_{i=1}^{n} N_i - N_m\right) \quad (\text{noy}) \tag{2-74}$$

式中：N_m 为最大感觉噪度，noy；F 为频带计权因子，倍频程时 $F=0.3$，1/3 倍频程时 $F=0.15$；N_i 为第 i 个频带的噪度，noy。

4. 感觉噪声级 L_{PN}

总感觉噪度可以转换成用 dB 表示的评价值，称为感觉噪声级，用 L_{PN} 表示，单位为 dB。它们之间可由图 2-20 右侧的列线图转换。也可通过以下关系式换算：

$$L_{PN} = 40 + 33.3\lg N_t \quad (\text{dB}) \tag{2-75}$$

➢ 当感觉噪度呐值每增加 1 倍，感觉噪声级增加 10dB。

➢ 感觉噪声级的应用比较普遍，但从感觉噪度来计算感觉噪声级比较复杂，实际测量中常近似地由 A 计权声级加 13dB 求得，用公式表示为

$$L_{PN} = L_A + 13 \quad (\text{dB}) \tag{2-76}$$

5. 有效感觉噪声级 L_{EPN} 和计权等效连续感觉噪声级 L_{WECPN}

➢ 有效感觉噪声级是在感觉噪声级 L_{PN} 的基础上，加上对持续时间和噪声中存在的可闻纯音或离散频率修正后的声级，用 L_{EPN} 表示，单位为 dB。适用于带有明显纯音峰值的喷气飞机噪声评价。

➢ 在航空噪声评价中，对在一段监测时间内飞行事件噪声的评价采用计权等效连续感觉噪声级 L_{WECPN}。它考虑了一段监测时间内通过一固定点的飞行引起的总噪声级，同时也考虑了不同时间内飞行所造成的不同社会影响。它适用于机场的噪声评价。计权等效连续感觉噪声级 L_{WECPN} 是通过有效感觉噪声级来计算得到的。

➢ 有效感觉噪声级 L_{EPN} 和计权等效连续感觉噪声级 L_{WECPN} 的计算比较复杂，可参阅有关参考文献。

6. D 声级

➢ 由于感觉噪声级的计算比较麻烦，克瑞特提出了 D 计权网络。其响应特性对应于倒置的 40noy 等噪度曲线(图 2-18、图 2-20)，由 D 计权网络读出的声级称为 D 声级，记作 L_D，单位为 dB(D)。

➢ 感觉噪声级与 D 声级有如下关系：

$$L_{PN} = L_D + 7 \tag{2-77}$$

2.6.7 噪声掩蔽

1. 噪声掩蔽

当某种噪声很响时，会影响和干扰人们对其他声音的清晰接收。这是由于噪声（掩蔽音）的存在，降低了人耳对另外一种声音（被掩蔽音）听觉的灵敏度，使清晰度听阈发生迁移，造成噪声掩盖或屏蔽了另外一种声音，这种现象叫作噪声掩蔽。听阈提高的分贝数称为掩蔽值。

例如，由等响曲线知，1000Hz 纯音的听阈为 3dB。当有一个声压级为 70dB 的噪声时，要想听到 1000Hz 的纯音，必须将其声压级提高到 84dB 才行，因此就认为此噪声对 1000Hz 纯音的掩蔽值为 81dB（即 84－3）。

2. 噪声掩蔽的特点

（1）通常，被掩蔽纯音的频率接近掩蔽音时，掩蔽值就大，即频率相近的纯音掩蔽效果显著。

（2）掩蔽音的声压级越高，掩蔽量就越大，掩蔽的频率范围也越宽。

（3）掩蔽音对比其频率低的纯音掩蔽作用小，而对比其频率高的纯音掩蔽作用强。

（4）由于语言交谈的频率范围主要集中在 500、1000、2000Hz 为中心频率的 3 个倍频程中，因此，频率在 200Hz 以下、7000Hz 以上的噪声对语言交谈不会引起很大的干扰。

2.6.8 语言清晰度指数和语言干扰级

1. 语言清晰度指数 AI

语言清晰度指数 AI 是一个正常的语言信号（音节、单词、句子等）能为听者听懂的百分数。经过实验测得听者对音节所作出的正确响应与发送的音节总数之比的百分数，称为音节清晰度 S；而清晰度百分率 SI 是指正确听清所讲单词的百分数。若为有意义的语言单位（句子），则称为语言可懂度，即语言清晰度指数 AI。

2. 语言清晰度指数的特点

➢ 语言清晰度指数与声音的频率 f 有关，高频声比低频声的语言清晰度指数要高。

➢ 其次，语音清晰度指数与背景噪声以及对话音之间的距离有关（图 2-21）。一般 95% 的清晰度对语言通话是允许的，这是因为有些听不惯的单字或音节可以从句子中推测出。在一对一的交谈中，距离通常为 1.5m。背景噪声的 A 计权声级在 60dB 以下即可保证正常的语言对话；若是在公共会议室或室外庭院环境中，交谈者之间的距离一般是 3.8～9m，背景噪声的 A 计权声级必须保持在 45～55dB 以下，方可保证正常的语言对话。

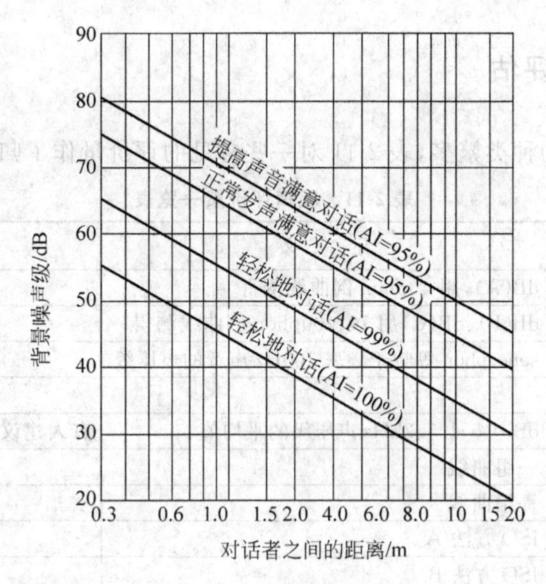

图 2-21　清晰度受干扰程度

3. 语言干扰级 SIL 和更佳语言干扰级 PSIL

➢ Beranck 提出语言干扰级 SIL 作为对语言清晰度指数 AI 的简化代用量，它是中心频率 600～4800Hz 的 6 个倍频带声压级的算术平均值。后来的研究发现，低于 600Hz 的低频噪声的影响不能忽略，于是对原有的语言干扰级 SIL 作了修改，提出以 500、1000、2000Hz 为中心频率的 3 个倍频带声压级的算术平均值来表示，称为更佳语言干扰级 PSIL。更佳语言干扰级 PSIL 与语言干扰级 SIL 之间的关系为

$$PSIL = SIL + 3 \quad (dB) \tag{2-78}$$

➢ 更佳语言干扰级 PSIL 与讲话声音的大小、背景噪声级之间的关系如表 2-10 所示。表中分贝值表示以稳态连续噪声作为背景噪声的 PSIL 值，列出的数据只能勉强保持有效的语言通信，干扰级是男性声音的平均值，女性减 5dB。测试条件是讲话者与听者面对面，用意想不到的字，并假定附近没有反射面加强语言声级。

表 2-10　更佳语言干扰级 PSIL

讲话者与听者间的距离/m	PSIL/dB				说明
	声音正常	声音提高	声音很响	声音非常响	对话声大小
0.15	74	80	86	92	背景噪声干扰级 PSIL
0.30	68	74	80	86	
0.60	62	68	74	80	
1.20	56	62	68	74	
1.80	52	58	64	70	
3.70	46	52	58	64	

从表中可以看出，两人相距 0.15m 以正常声音对话，能保证听懂话的干扰级只允许 74dB。如果背景噪声再提高，例如干扰级达到 80dB，就必须提高讲话的声音才能听懂讲话。

2.6.9 评价量的评估

(1) 噪声评价量的种类繁多,表 2-11 对一些常见的评价量作了归纳,以供参考。

表 2-11 噪声评价量一览表

名称	定义	附注
A 声级,L_A	dB(A),用 40phon 倒曲线测得	
B、C 声级	dB(B)、dB(C)用 70、100phon 倒曲线测得	
响度、响度级	sone、phon 等响于频率 100Hz 声音的声压级	
清晰度指数 AI		
语言干扰级 SIL	dB,0.5、1.5、2kHz 声压级的平均值	有人建议用 1、2、4kHz
噪声评价 NR	一组曲线	
NC	一组曲线	
Stevens(phon)	ISO 方法 A	
Zwicker(phon)	ISO 方法 B	
L_{10}、L_{50}、L_{90}	出现规定百分数以上的 A 声级	
噪声污染级	$NPL=L_{eq}+2.56\sigma$,dB(NP)	σ 为标准偏差
等效连续声级 L_{eq}	L_A 按能量平均值	
交通噪声指数	$TNI=4(L_{10}-L_{90})+L_{90}-30$	
日夜等效声级 L_{dn}	夜间(20:00—6:00)加 10dB 后的 24h A 声级按能量平均值,或 $L_{dn}\approx CNEL\approx NEF\approx CNR-35\approx NNI+25$	
感觉噪声级	噪度,noy,感觉噪声级,PN dB,一组曲线	
等(有)效感觉噪声级	EPNL,加时间、纯音修正,EPN dB	以下只用于航空噪声
总噪声暴露级	$TNEL=10\lg\sum_{1}^{n}\lg^{-1}\frac{EPNL_n}{10}+10\lg\frac{T}{t_0}$	n 为飞机飞过次数; $T=10s$; $t_0=1s$
等效连续感觉噪声级	$ECPNL=TNEL-10\lg\frac{t}{t_0}$	t 为总暴露时间; $t_0=1s$
综合噪声评价	$CNR=EPNL+10\lg(N_d+10N_n)-12$	N_d、N_n 为白天、夜里飞机飞过次数
噪声暴露预报	$NEF=EPNL+10\lg\left(N_d+\frac{50}{3}N_n\right)-88$	
噪声次数指数	$NNI=APNL+15\lg N-67$	APNL 为能量平均值
D 声级	dB(D),用 40noy 倒曲线测得值	
E 声级	dB(E),用 E 计权网络,企图代替 L_A 和 PNL 以及各种响度级等	
统一噪声指数	$UNI=\frac{\overline{L}_R}{5}+\frac{\overline{L}_p-\overline{L}_m}{15}\lg(N+1)L_p$	L_m 为极大和极小声压级; 试图统一 NPL、NNI、NEF 等

(2) 各种评价量都有其适用的对象、时间及场合;评价量中考虑的因素越多,就能更好地反映人们在实际条件下对噪声的主观感觉,但计算也更复杂,又往往需要大量统计数据的支撑,以致有时还需要依靠计算机来计算。

(3) 各种噪声评价量(参数)的比较。

➢ 噪声评价量的种类繁多,但近年来经分析研究,发现有些参数基本一致,具有等效性。例如A声级(dB)与Zwicker响度、B声级(dB)与Stevens响度、D声级与感觉噪声级等,对各种噪声差值的标准偏差都在1dB左右,所有评价量相差也不大。表2-12给出了用各种评价参数衡量各种不同噪声时,与A声级相差数的平均值,即它们是各评价参数比A声级多的分贝数。

表2-12　各种评价值的比较

dB(A)	dB(B)	dB(C)	SIL	PSIL	dB(D)	PN dB	NC	NR	phon (S)	phon (Z)
0	5.4	4	−9.8	−6.4	6	12.4	−3.2	−5.6	11	16

➢ 当然各差值的标准偏差有所不同。

➢ 由表中数值可知,各种评价参数虽有出入,但由任何一个参数的值基本可求出所有其他参数的值。在一般估计中(噪声频谱在上述典型频谱范围内没有特殊情况),只用一种评价参数就够了。近年的趋向是用A声级,原因是:

① 它对噪声的代表性和其他参数差不多,有时更好;

② 它容易测量,声级计、A计权网络都是标准设备。

➢ 国际标准化组织近几年发表的标准都是用A声级表示。过去用噪声评价数NR都加上5变为A声级(如NR85=90dB)。对于起伏性噪声,如交通噪声,则以A声级为基础,按能量平均求得等效连续声及L_{eq},以此为评价参数。对于飞机噪声PNL≈L_A+13;有纯音时(涡轮风扇飞机降落时),EPNL≈L_A+15。经验证明,A声级的峰值较好地反映了对人干扰的程度。对于脉冲声(如枪声、敲打声等),一般用峰值声压级表示,但更确切的方法是应用峰值声压级和持续时间。

➢ A声级并非是唯一的最好表示方法,但用它和其他较好的表示方法相比较评价度也相差不多,相关性较好,基本上可以互相换算,而用起来则简便得多,这正是推荐使用A等效声级的根本原因。

(4) 鉴于等效连续A声级良好的主观感觉相符性、与其他评价量之间良好的相关性及仪器测量的简便性而在对频谱较均匀、无显著纯音成分的宽频带噪声评价中广泛应用。目前国际上趋向于一种修正的A计权等效连续声压级(称为**评价声级**)来作为评价长期噪声烦恼的最佳评价参量。其修正的因子包括:评价的时间段、声源数量、声音特征、受保护的活动和一些具体情况;虽然计算上繁琐了一些,但与人的主观反应更为贴近而成为目前国际上的主导评价量。我国也已将"评价声级"列入在国家标准《声学　环境噪声描述、测量与评价　第1部分:基本参量与评价方法》(GB/T 3222.1—2006/ISO 1996—1:2003)中。

(5)"噪声剂量-烦恼度反应"的关系是当前国际上相当重视的一个噪声研究课题,它不仅仅是一个物理学问题,也是一个心理学、生理学甚至社会学的问题,它的研究动向一直是人们关注的焦点。在世界范围内采用较为统一的评价量,是今后全球化与国际交流的必然趋势。

小结

在噪声控制工程中,我国以**A声级**、**等效连续A声级**和**NR曲线**的应用最为广泛,必须熟练掌握。

2.7 噪声控制标准

本节提要

1. 噪声标准制定的准则

(1) 满足环境保护(听力保护、健康保护及语言和脑力劳动)要求的最高限值;

(2) 完全符合要求的理想值。

2. 我国的噪声标准体系

以国际标准化组织(ISO)推荐发布的标准为基础,针对不同的对象、不同的时间和场合、不同的保护要求,并根据噪声的特性,在科学实验和数据统计分析及参考国际、国外标准并结合我国的国情而制定的噪声评价量限值及其测量方法。其大致分类如下:

◇ 环境质量标准:用于保障与评价室内和功能区域内声环境的质量。

◇ 噪声排放标准:用于控制噪声源周边场界的噪声污染。

◇ 产品噪声标准:主要用于控制噪声源的辐射水平和特征及其测量规范与方法,其实质是一种产品噪声排放标准。

3. 标准的组成与编号

(1) 组成:名称、标准号(GB 国标编号—颁布时间)、颁发机关、标准值和分类、适用范围及相应的测量方法(可另立,新修订的标准则趋于合并)和一些规定。若无特别说明,其评价量均指 L_A 或 L_{Aeq},而单位通常用 dB(A)表示,对倍频带声压级则用 dB 表示。

(2) 标准号表示如下:

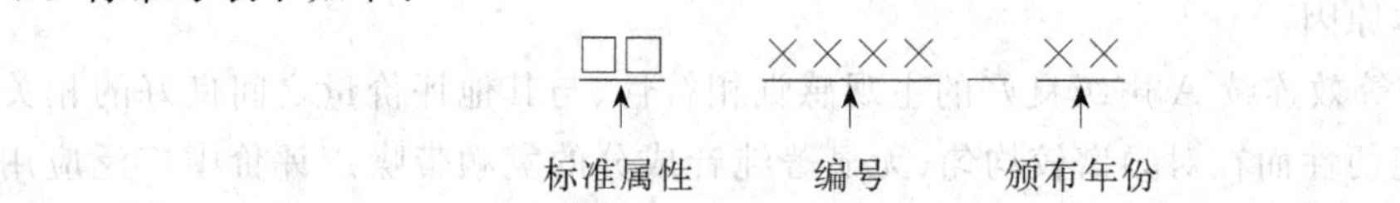

(3) 标准属性符号:GB——国家标准,GBJ——国家工程建设标准,GBN——国家内部标准,GB/T——国家推荐标准,LD——劳动部标准,JB——机械工业部标准。

2.7.1 噪声标准制定的准则

➢ 噪声控制标准是在各种条件下为各种目的规定的容许噪声级的标准,要根据需要和可能、技术和经济条件来制定。

➢ 国际标准化组织声学委员会(ISO/TC43)推荐的噪声控制标准和国外一些噪声标准看起来虽然比较复杂,但其原则还是比较简单的。由于各国、各地经济、技术和人的要求与个体情况不同,不可能取一个全球、全国、全区统一的标准。所以 ISO 对噪声标准的制定提出了一些建议值:①满足环境保护(听力保护、健康保护、语言和脑力劳动)要求的最高限值;②完全符合要求的理想值。建议的环境噪声评价标准如表 2-13 所示。

表 2-13　建议的环境噪声评价标准　　dB

要　求			L_{eq}理想值	L_{eq}极大值
防止听力损失			70	90
防止干扰*	户外	6:00—20:00	50	70
		20:00—6:00	40	60
	室内	6:00—20:00	40	60
		20:00—6:00	30	50

* 表示交通干道旁可比一般户外再高 10dB,但建筑物内应有相当措施,户外和室内要求一般可同时满足。

说明：

➢ 在听力保护和健康保护方面,最高 A 声级是 90dB,这个值对听力已开始有危害,长年在 90dB 下工作,要有 20%左右的人形成耳聋；70dB 则完全不影响听力,故可作为理想值。

➢ 在语言和脑力劳动方面,室内的最高值是 60dB(交谈距离平均只有 2m,对语言和思考已开始有干扰)；理想值则为 40dB,毫无干扰。晚间(20:00—6:00)应比这些值低 10dB,以保证睡眠休息(最高值干扰 23%的人睡眠)；而在户外则可允许比这些值高 10dB。

➢ 在交通干道旁还可以再高 10dB,沿街房屋应特别处理。基本数值只有两种,即 70～90dB 和 40～60dB。

➢ 根据 ISO 的建议值,中国科学院声学研究所提出的我国环境噪声标准建议值见表 2-14。

➢ 噪声控制标准可以是人对振动的容忍程度、暴露于强噪声下对听力损伤的危险、噪声下语言通信的可靠性、各类建筑物中的容许噪声级、居民对噪声的反应等。所有各类评价标准都是统计性的。

表 2-14　我国环境噪声标准(建议值)　　dB

使用范围	噪声标准	
	L_{eq}理想值	L_{eq}最大值
听力保护	75	90
语言交流	45	60
睡眠	35	50

➢ ISO 也对各种环境噪声评价标准颁布了一系列允许噪声级,如《工业噪声标准》(ISO/R 1999—1971E)、《听力保护标准》(ISO 1996—1971E)以及 1971 年提出的《室内环境噪声允许标准》和《城市区域环境噪声标准》等,推荐给各国参考。

➢ 我国的噪声控制标准体系正是在上述准则和基础上建立起来的,标准目录参见附录 1。

2.7.2　声环境质量标准

声环境质量标准通常是指区域或人们生活、学习、工作场所空间声环境的噪声限值标准。

1.《声环境质量标准》(GB 3096—2008)

本标准规定了5类声环境功能区的环境噪声限值及测量方法，是对《城市区域环境噪声标准》(GB 3096—93)和《城市区域环境噪声测量方法》(GB/T 14623—93)的修订。

➢ 按区域的使用功能特点和环境质量要求，声环境功能区分为以下5种类型：

0类声环境功能区：指康复疗养区等特别需要安静的区域。

1类声环境功能区：指以居民住宅、医疗卫生、文化教育、科研设计、行政办公为主要功能，需要保持安静的区域。

2类声环境功能区：指以商业金融、集市贸易为主要功能，或者居住、商业、工业混杂，需要维护住宅安静的区域。

3类声环境功能区：指以工业生产、仓储物流为主要功能，需要防止工业噪声对周围环境产生严重影响的区域。

4类声环境功能区：指交通干线两侧一定距离之内，需要防止交通噪声对周围环境产生严重影响的区域，包括4a类和4b类两种类型。**4a类**为高速公路、一级公路、二级公路、城市快速路、城市主干路、城市次干路、城市轨道交通(地面段)、内河航道两侧区域；**4b类**为铁路干线两侧区域。

➢ 乡村声环境功能区的确定：

乡村区域一般不划分声环境功能区，根据环境管理的需要，县级以上人民政府环境保护行政主管部门可按以下要求确定乡村区域适用的声环境质量要求：

(1) 位于乡村的康复疗养区执行0类声环境功能区要求；

(2) 村庄原则上执行1类声环境功能区要求，工业活动较多的村庄以及交通干线经过的村庄(指执行4类声环境功能区要求以外的地区)可局部或全部执行2类声环境功能区要求；

(3) 集镇执行2类声环境功能区要求；

(4) 独立于村庄、集镇之外的工业、仓储集中区执行3类声环境功能区要求；

(5) 位于交通线两侧一定距离内的噪声敏感建筑物执行4类声环境功能区要求。

➢ 各类功能区的环境噪声等效声级限值见表2-15。推荐的各种工作场所背景噪声级见表2-16。

表2-15 环境噪声限值 dB(A)

声环境功能区类别 \ 时段		昼间	夜间
0类		50	40
1类		55	45
2类		60	50
3类		65	55
4类	4a类	70	55
	4b类	70	60

注：① 本标准适用于声环境质量评价与管理。

② 各类声环境功能区夜间突发噪声，其最大声级超过环境噪声限值的幅度不得高于15dB(A)。

③ 本标准"昼间"是指6：00—22：00时段；"夜间"是指22：00—6：00时段。县级以上人民政府对时段的划分可以另有规定。

表 2-16　推荐的各种工作场所背景噪声级　稳态 A 声级 L_A

房间类型	L_A/dB	备　注
会议室	30～35	背景噪声是指室内技术设备(如通风系统)引起的噪声或者是由室外传进来的噪声，此时对工业性工作场所而言生产用机器设备没有开动
教室	30～40	
个人办公室	30～40	
多人办公室	35～45	
工业实验室	35～50	
工业控制室	35～55	
工业性工作场所	65～70	

注：① 本标准适用于新建或已有工作场所噪声问题的规划，适用于装设有机器的各种工作场所。

② 本表及表 2-17 中所推荐的各种工作场所噪声控制指标，应按现实情况确定，使噪声达到标准和规范允许的限值所需取得的降噪量，需综合考虑技术发展、生产工艺过程、工作间性质和噪声控制措施等情况。

2.《声学　低噪声工作场所设计指南　噪声控制规划》(GB/T 17249.1—1998)

表 2-17　推荐的各种工作场所房间声学特性

房间容积/m^3	混响时间/s	距离每增加 1 倍的声衰减率 DL_2/dB	备　注
<200	0.5～0.8	—	1. 如果房间的平均吸声系数大于 0.3 或等效吸声面积大于 0.6～0.9 倍的占地面积，一般就能满足上述要求； 2. 若房间是扁平状的(即房间不具有扩散声场条件)，优先采用等效吸声面积及空间衰减率。
200～1000	0.8～1.3		
>1000	—	3～4	

3.《工业企业噪声控制设计规范》(GBJ 87—1985)(表 2-18)

表 2-18　工业企业厂区内各类地点噪声标准

序号	地 点 类 别		噪声限值/dB	备　注
1	生产车间及作业场所(工人每天连续接触噪声 8h)		90	1. 本表所列噪声限值，均应按现行国家标准测量确定； 2. 对于工人每天接触噪声不足 8h 的场合，可根据实际接触噪声的时间，按接触时间减半噪声限值增加 3dB 的原则，确定其噪声限制值； 3. 本表所列的室内背景噪声级，指在室内无声源发声的条件下，从室外经由墙、门、窗(门窗启闭状况为常规状况)传入室内的室内平均噪声级
2	高噪声车间设置的值班室、观察室、休息室(室内背景噪声级)	无电话通信要求时	75	
		有电话通信要求时	70	
3	精密装配线、精密加工车间的工作地点、计算机房(正常工作状态)		70	
4	车间所属办公室、实验室、设计室(室内背景噪声级)		70	
5	主控制室、集中控制室、通信室、电话总机室、消防值班室(室内背景噪声级)		60	
6	厂部所属办公室、会议室、设计室、中心实验室(包括实验、化验、计量室)(室内背景噪声级)		60	
7	医务室、教室、哺乳室、托儿所、工人值班室(室内背景噪声级)		55	

注：① 本标准适用于工业企业中的新建、改建、扩建与技术改造工程的噪声(脉冲噪声除外)控制设计。

② 新建、改建、扩建工程的噪声控制设计必须与主体工程设计同时进行。

4.《噪声作业分级》(LD 80—1995)

我国工业企业的生产车间和作业场所的工作地点的噪声标准为 85dB(A)。现有工业企业经过努力暂时达不到标准时,可适当放宽,但不得超过 90dB(A)。

对每天接触噪声不到 8h 的工种,根据企业种类和条件,噪声标准可按表 2-19 相应放宽;按接触时间减半噪声限值增加 3dB 的原则,确定其噪声限制值,但最高不得超过 115dB(A)。

表 2-19 新建、扩建、改建企业/老企业噪声标准参照

每个工作日接触噪声时间/h	允许噪声/dB(A)	
	新企业	老企业
8	85	90
4	88	93
2	91	96
1	94	99

➢ 我国劳动安全卫生行业标准《噪声作业分级》(LD 80—1995)将噪声作业危害分为五级(表 2-20)。在《噪声作业分级》中规定,根据噪声作业实测的工作日等效连续 A 声级和接触噪声时间对应的卫生标准,计算噪声危害指数,进行综合评价。计算公式为

$$I=(L_A-L_s)/6 \tag{2-79}$$

式中:I 为噪声危害指数;L_A 为噪声作业实测工作日等效连续 A 声级,dB(A);L_s 为接触时间对应的卫生标准(表 2-19),dB(A)。

表 2-20 噪声作业分级

级　别	0	Ⅰ	Ⅱ	Ⅲ	Ⅳ
作业危害	安全作业	轻度危害	中度危害	重度危害	极度危害
危害指数 I	$I<0$	$0<I<1$	$1<I<2$	$2<I<3$	$I>3$

注:任何情况下接触噪声超过 115dB 的作业,无论时间长短,均为Ⅳ级。

5.《民用建筑隔声设计规范》(GBJ 118—1988)(表 2-21)

表 2-21 标准限值 稳态声级 L_A dB

建筑物名称	一级	二级	三级
1. 住宅			
卧室、书房	≤40	≤45	≤50
起居室	≤45	≤50	
2. 学校建筑			
有特殊安静要求的房间	≤40	—	—
一般教室	—	≤50	—
无特殊安静要求的房间	—	—	≤55
3. 医院建筑			
病房、医务人员休息室	≤40	≤45	≤50
门诊室	≤55	≤60	

续表

建筑物名称	一级	二级	三级
手术室	≤45	≤50	
听力测听室	≤25	≤30	
4. 旅馆建筑			
客房	≤40	≤45	≤55
会议室	≤45	≤50	
多用途大厅	≤45	≤50	—
办公室	≤50	≤55	
餐厅、宴会厅	≤55	≤60	—

注：① 本标准适用于全国城镇新建、扩建和改建的住宅、学校、医院及旅馆这 4 类建筑中主要用房的隔声减噪设计。

② 各类建筑的噪声限值为昼间开窗条件下的标准值。

6.《地下铁道车站站台噪声限值》(GB 14227—1993)(表 2-22)

表 2-22　标准限值

站台等级	等效声级 L_{Aeq}/dB	f=500Hz 时的混响时间 T/s
一级	80	1.5
二级	85	2.0

注：本标准适用于各种形式、结构的地下铁道车站站台噪声和混响时间的评价。

7.《机场周围飞机噪声环境标准》(GB 9660—1988)(表 2-23)

表 2-23　标准限值 L_{WECPN}　dB

适用区域	标准值
一类区域	≤70
二类区域	≤75

注：① 本标准适用于机场周围受飞机通过所产生噪声影响的区域。

② 一类区域：特殊住宅区，居民、文教区；二类区域：除一类区域外的生活区。

2.7.3　噪声排放标准

噪声排放标准通常是指排放噪声污染的单位，在其边界上允许的噪声限值或需要控制的范围。

1.《工业企业厂界环境噪声排放标准》(GB 12348—2008)

本标准规定了工业企业和固定设备厂界环境噪声排放限值及其测量方法。

本标准是对《工业企业厂界噪声标准》(GB 12348—90)和《工业企业厂界噪声测量方法》(GB 12349—90)的第一次修订。

➢ 工业企业厂界环境噪声不得超过表 2-24 规定的排放限值。

表 2-24 工业企业厂界环境噪声排放限值 dB(A)

时段 厂界外声环境功能区类别	昼 间	夜 间
0	50	40
1	55	45
2	60	50
3	65	55
4	70	55

注：① 本标准适用于工业企业噪声排放的管理、评价及控制。机关、事业单位、团体等对外环境排放噪声的单位也按本标准执行。

② 夜间频发噪声的最大声级超过限值的幅度不得高于 10dB(A)。

③ 夜间偶发噪声的最大声级超过限值的幅度不得高于 15dB(A)。

④ 当厂界与噪声敏感建筑物距离小于 1m 时，厂界环境噪声应在噪声敏感建筑物的室内测量，并将表中相应的限值减 10dB(A)作为评价依据。

⑤ 一般情况下，测点选在工业企业厂界外 1m、高度 1.2m 以上(有围墙时，高于围墙 0.5m 以上)、距任一反射面距离不小于 1m 的位置。

➢ 该标准中，还对结构传播固定设备室内噪声排放限值的等效声级和倍频带声压级作出了规定。

2.《以噪声污染为主的工业企业卫生防护距离标准》(GB 18083—2000)

该标准规定了以噪声污染为主的工业企业与居住区之间所需的卫生防护距离，目的是保证国家重点工业企业项目投产后，产生的噪声污染不致影响居住区人群的身体健康。以噪声污染为主的工业企业卫生防护距离标准见表 2-25。

表 2-25 以噪声污染为主的工业企业卫生防护距离标准

企业名称	规模	噪声强度/dB(A)	卫生防护距离/m
棉纺织厂	5 万锭	100～105	100
棉纺织厂①	5 万锭	90～95	50
织布厂②		96～105	100
毛巾厂③		95～105	100
制钉厂		100～105	100
标准件厂		95～105	100
专用汽车改装厂	中型	95～110	200
拖拉机厂	中型	100～112	200
汽轮机厂	中型	100～118	300
机床制造厂④		95～105	100
钢丝绳厂	中型	95～100	100
铁路机车车辆厂	大型	100～120	300
风机厂		100～118	300
锻造厂	中型	95～110	200
锻造厂⑤	小型	90～100	100

续表

企业名称	规模	噪声强度/dB(A)	卫生防护距离/m
轧钢厂[⑥]	中型	95～110	300
大、中型面粉厂[⑦]		90～105	200
小型面粉厂		85～100	100
木器厂	中型	90～100	100
型煤加工厂[⑧]		80～90	50
型煤加工厂[⑨]		80～100	200

注：① 含5万锭以下的中、小型工厂，以及车间、空调机房的外墙与外门、窗具有20dB(A)以上隔声量的大、中型棉纺厂，不设织布车间的棉纺厂。

② 车间及空调机房外墙与外门、窗具有20dB(A)以上隔声量时，可缩小50m。

③ 车间及空调机房外墙与外门、窗具有20dB(A)以上隔声量时，可缩小50m。

④ 小机床生产企业。

⑤ 不装汽锤或只用0.5t以下汽锤。

⑥ 不设炼钢车间的轧钢厂。

⑦ 当设计为全密封空调厂房、围护结构及门、窗具有20dB(A)以上隔声效果时，可降为100m。

⑧ 不设原煤及粘土粉碎作业的型煤加工厂。

⑨ 设有原煤和粘土等添加剂的综合型煤加工厂。

3.《建筑施工场界噪声限值》(GB 12523—1990)(表2-26)

表2-26 标准限值等效声级 L_{eq}

施工阶段	主要噪声源	昼间/dB	夜间/dB
土石方	推土机、挖掘机、装载机等	75	55
打桩	各种打桩机等	85	禁止施工
结构	混凝土搅拌机、振捣棒、电锯等	70	55
装修	吊车、升降机等	65	55

注：本标准适用于城市建筑施工期间施工场地产生的噪声评价。

4.《铁路边界噪声限值及其测量方法》(GB 12525—1990)(表2-27)

本标准适用于城市铁路边界距铁路外侧轨道中心线30m处的噪声的评价。

表2-27(a) 既有铁路边界铁路噪声限值(等效声级 L_{eq}) dB(A)

时段	噪声限值
昼间	70
夜间	70

注：既有铁路是指2010年12月31日前已建成运行的铁路或环境影响评价文件已通过审批的铁路建设项目，包括改、扩建既有铁路。

表2-27(b) 新建铁路边界铁路噪声限值(等效声级 L_{eq}) dB(A)

时段	噪声限值
昼间	70
夜间	60

注：新建铁路指2011年1月1日起环境影响评价文件通过审批的铁路建设项目(不包括改、扩建既有铁路建设项目)。

5.《城市港口及江河两岸区域环境噪声标准》(GB 11339—1989)(表 2-28)

表 2-28 标准限值 等效声级 L_{eq} dB

区域类别	昼间	夜间
一类	60	50
二类	70	55

注：本标准适用于城市海港、内河港港区范围内、江河两岸邻近地带受港口设施或交通工具辐射噪声影响的住宅、办公室、文教、医院等室外环境噪声评价。

6.《社会生活环境噪声排放标准》(GB 22337—2008)

本标准规定了营业性文化娱乐场所和商业经营活动中可能产生环境噪声污染的设备、设施边界噪声排放限值和测量方法，本标准是首次发布。

社会生活噪声排放源边界不得超过表 2-29 规定的排放限值。

表 2-29 社会生活噪声排放源边界噪声排放限值 dB(A)

边界外声环境功能区类别 \ 时段	昼 间	夜 间
0	50	40
1	55	45
2	60	50
3	65	55
4	70	55

注：① 本标准适用于对营业性文化娱乐场所、商业经营活动中使用的向环境排放噪声的设备、设施的管理、评价与控制。

② 在社会生活噪声排放源边界处无法进行噪声测量或测量的结果不能如实反映其对噪声敏感建筑物的影响程度的情况下，噪声测量应在可能受影响的敏感建筑物窗外 1m 处进行。

③ 当社会生活噪声排放源边界与噪声敏感建筑物距离小于 1m 时，应在噪声敏感建筑物的室内测量，并将表中相应的限值减 10dB(A)作为评价依据。

➢ 该标准中，还对结构传播固定设备室内噪声排放限值的等效声级和倍频带声压级作出了规定。

2.7.4 产品噪声标准

性质：声源噪声辐射控制标准。

范围：所有机电产品及主要部件，包括交通工具、动力设备、家用电器等。

类别：外辐射噪声、操作岗位及客室噪声。

环境噪声控制的基本要求是在声源处将噪声控制在一定范围内。从这个意义上来讲，应对所有机电产品制定噪声允许标准，超过标准的产品不允许进入市场。这些产品噪声标准包括从火车到船舶，从地铁车辆到汽车，从摩托车到拖拉机，从组合式空气处理机到柴油机，从家用电器到办公设备；甚至这些产品的各个部件的噪声都有相应的噪声标准。

由于产品种类繁多，因而噪声标准也很多，在此主要介绍汽车和地铁车辆及部分家用电器的噪声标准。

1.《汽车定置噪声限值》(GB 16170—1996)

《汽车定置噪声限值》(GB 16170—1996)对城市道路允许行驶的在用汽车规定了定置噪声的限值。汽车定置是指车辆不行驶、发动机处于空载运转状态，定置噪声反映了车辆主要噪声源——排气噪声和发动机噪声的状况。标准中规定的对各类汽车的噪声限值如表 2-30 所示。

表 2-30　标准限值

车辆类型	燃料种类		标准限值/dB(A)	
			1998 年 1 月 1 日前出厂	1998 年 1 月 1 日起出厂
轿车	汽油		87	85
微型客车、货车	汽油		90	88
轻型客车、货车、越野车	汽油	$n_r \leqslant 4300$r/min	94	92
		$n_r > 4300$r/min	97	95
	柴油		100	98
中型客车、货车、大型客车	汽油		97	95
	柴油		103	101
重型货车	额定功率 $N \leqslant 147$kW		101	99
	额定功率 $N > 147$kW		105	103

注：① 本标准适用于城市道路允许行驶的在用汽车噪声限值。

② n_r 为汽车轴转速；N 为汽车牵引功率。

2.《汽车加速行驶车外噪声限值及测量方法》(GB 1495—2002)

(1) 范围

本标准规定了新生产汽车加速行驶车外噪声的限值。

本标准规定了新生产汽车加速行驶车外噪声的测量方法。

本标准适用于 M 类和 N 类汽车(汽车分类按《机动车辆分类》(GB/T 15089—1994)的规定)。

(2) 噪声限值

汽车加速行驶时，其车外最大噪声级不应超过表 2-31 规定的限值。

表 2-31 中，GVM 为最大总质量，t；P 为发动机额定功率，kW。

表 2-31　汽车加速行驶车外噪声限值

汽车分类		噪声限值/dB(A)	
		第一阶段	第二阶段
		2002 年 10 月 1 日—2004 年 12 月 30 日期间生产的汽车	2005 年 1 月 1 日以后生产的汽车
M1		77	74
M2(GVM≤3.5t)或 N1(GVM≤3.5t)	GVM≤2t	78	76
	$2t < GVM \leqslant 3.5t$	79	77
M2($3.5t < GVM \leqslant 5t$)或 M3($GVM > 5t$)	$P < 150$kW	82	80
	$P \geqslant 150$kW	85	83

续表

汽车分类		噪声限值/dB(A)	
		第一阶段	第二阶段
		2002年10月1日—2004年12月30日期间生产的汽车	2005年1月1日以后生产的汽车
N2(3.5t<GVM≤12t)或N3(GVM>12t)	P<75kW	83	81
	75kW≤P<150kW	86	83
	P≥150kW	88	84

注：①M1、M2(GVM≤3.5t)和N1类汽车装用直喷式柴油机时，其限值增加1dB(A)。

② 对于越野汽车，其GVM>2t时：如果P<150kW，其限值增加1dB(A)；如果P≥150kW，其限值增加2dB(A)。

③ M1类汽车，若其变速器前进挡多于4个，P>140kW，(P/GVM)>75kW/t，并且用第3挡测试时其尾端出线速度大于61km/h，则其限值增加1dB(A)。

3.《地下铁道电动车组司机室、客室噪声限值》(GB 14892—1994)(表2-32)

表2-32 标准限值 dB(A)

地点	等级	地面线路测量	地下线路测量	地点	等级	地面线路测量	地下线路测量
司机室	一级	74	84	客室	一级	76	86
	二级	77	87		二级	79	89
	三级	80	90		三级	82	92

注：本标准适用于评价地下铁道电动车组司机室、客室内的稳态噪声检验。

4.《家用和类似用途电器噪声限值》(GB 19606—2004)

(1) 范围：本标准适用于家用和类似用途电器。

(2) 具体产品的噪声限值见表2-33～表2-35。

表2-33 电冰箱噪声限值(声功率级) dB(A)

容积/L	直冷式电冰箱噪声限值	风冷式电冰箱噪声限值	冷柜噪声限值
≤250	45	47	47
>250	48	52	55

表2-34 空调器噪声限值(声压级) dB(A)

额定制冷量/kW	室内噪声限值		室外噪声限值	
	整体式	分体式	整体式	分体式
<2.5	52	40	57	52
2.5～4.5	55	45	60	55
>4.5～7.1	60	52	65	60
>7.1～14	—	55	—	65
>14～28	—	63	—	68

注：① 在全消声室测量的噪声值应注明。

② T1型和T2型空调器在半消声室测量的噪声限值应符合本表的规定，T3型空调器的噪声值可增加2dB(A)。

表 2-35 洗衣机噪声限值(声功率级) dB(A)

洗涤噪声限值	62
脱水噪声限值	72

➢ 另外,还有一些涉及交通运输工具的噪声标准,由于交通运输工具既是人们生活、工作中的一个空间场所,又是一个复合产品,因此其噪声控制标准的属性往往是交叉的。例如,《铁路机车司机室允许噪声值》(GB/T 3450—1994)、《铁道客车噪声的评定》(GB/T 12816—1991)、《海洋船舶噪声级规定》(GB 5979—1986)、《内河船舶噪声级规定》(GB 5980—1986)等。详细的噪声标准目录可参见附录1。

2.8 声电类比与阻抗

本节提要

本节内容主要涉及噪声控制的研究方法、处理问题的思路和解决方法,并且是从高端来审视整个噪声控制过程的理论和方法。对这些方法论的理解有助于改进我们的学习思维,保持认知思路的连续性,从跟随型学习走向研究型学习,从中可以获得成就感和培养学习的兴趣,从而进入到"快乐学习—学习快乐"的良性循环中去。本节内容虽然并不是研究噪声控制的结果,而只是一种思路、一种方法、一种工具,但从本质上说,它们会使你的受益更大、更广泛、更长久。

本节要点

1. 什么叫类比法和声电类比
2. 声电类比的基础和意义何在
3. 波动方程的由来与波动方程的解
4. 声电阻抗型类比量和类比元件及微分方程
5. 振动的微分方程和波动方程的差异性
6. 在声学中运用复数的方法及其好处
7. 阻抗、阻抗率的定义及其物理意义
8. 阻抗匹配对声电传输的作用及在噪声控制中的应用

2.8.1 类比法和声电类比

1. 类比法

➢ 类比是根据现象的相似性而作出推论来扩展人类对自然界认识的一种方法,可以称为同类比较研究学习法。通常是把一种不熟悉的系统去和另一种相似的但又熟悉的系统相比较,因为在相似的熟悉系统中,数学工具比较成熟,分析方法比较容易掌握,又具有相似的规律性,因此研究、解决问题的思路也比较一致。运用类比方法,可以将理解的知识推广到未曾探索过的领域,甚至可以直接采用对应的结论。

➢ 振动过程是自然界中很普遍的一种现象，机械振动、电振动、分子原子内部的振动等都是不同本质的振动现象。例如，电振动的机理是交变电场对电粒子的作用，机械振动的机理是一些机械力对物体的作用，而声振动是由物体振动在媒质中的传播引起的。电振动、力学振动和声振动作为不同的物理现象，都有它们各自的研究对象，形成它们各自的特殊性质。在研究振动过程如何随时间变化的问题时，发现它们都具有周期性、波动性这一共同点，虽然它们振动的本质和机理各不相同，但都服从相同的规律，这些规律之间都存在着类似性，在数学形式上以及由此反映的物理本质上也都存在某些甚至惊人的相似性，有关的物理量和元件之间也存在着对应性，具备了类比的条件，因而可以进行类比分析。

2. 声电类比

在物理学的术语中，振动的定义如下：一个物理量的值在观察时间内不停地经过极大值和极小值而变化，这种变化状态称为**振动**。在此定义中，作振动的物理量常称为**振动量**。如果振动量是一个电学量，例如电量、电流强度或电压等，所作的振动就称为**电振动**；如果振动量是一个声学量(或力学量)，例如位移或角位移、声强或声压等，所作的振动就称为**声振动**(或机械振动)。

➢ 声振动的本质仍是一类机械振动，其振动规律以及用于描述的波动方程与在电工技术中阐明的交流电路规律完全类似，这不仅在描述它们的运动规律的微分方程式时有惊人的相似性，而且它们在物理意义上也有共同的特点。在不同现象的领域内，把具有相似的物理量或物理规律进行比较，是认识新事物的一条捷径，可以达到触类旁通、举一反三的目的，这种分析方法叫作**类比**。把声振动和电振动(交流振荡电路)进行分析比较，叫作**声电类比**或机电类比。以此可以运用交变电路的知识来了解和掌握声振动或机械振动的规律；也可以把声振动问题转化成交变电路问题来解决，其等效电路的解就可以应用到对应的声振动系统中去。

➢ 值得强调的是，当声音在媒质中传播到四面八方时，媒质本身并不随声音一起传播出去，它只是在平衡位置附近来回振动。所谓声音的传播实质上指的是物体振动的传播过程，即传播出去的是物质的运动而不是物质本身，这种运动形式叫作**波动**。

➢ 振动和波动是互相密切联系的。振动是波动产生的根源，而波动是振动的传播过程；振动只在平衡位置附近进行，而波动则将这种振动扩散出去。声音在本质上是机械振动的传播过程，是一种机械波动，因此声振动的传播叫作**声波**。这类似于交流电路中交流电的传输过程——电荷粒子在导体(媒质)中振动的传播，所以声电类比也是一种机电类比。

3. 阻抗型类比

在电学与声学中许多物理量和相应的元件都是类比对应的。与阻抗相对应的类比称为**阻抗型类比**，此时电压与声压是自变量，而电流与速度是结果。表 2-36 为阻抗类比表，表明了声电系统中各物理量的对应关系。而图 2-22 为声电(力)元件类比图，表明了声电及振动类比中各基本元件的对应关系。

表 2-36 阻抗类比表

电系统			力学系统			声系统		
参量	符号	单位	参量	符号	单位	参量	符号	单位
电动势	e	V	力	f_m	N	压力	P	Pa
电荷	q	C	位移	X	m	体积位移	X	m^3
电流	i	A	速度	V	m/s	体积速度	V	m^3/s
电阻	R_e	Ω	力阻	R_m	Ω_m	声阻	R_a	Ω_a
电抗	X_e	Ω	力抗	X_m	Ω_m	声抗	X_a	Ω_a
电阻抗	Z_e	Ω	力阻抗	Z_m	Ω_m	声阻抗	Z_a	Ω_a
电感	L	H	质量	m	kg	声质量	M_a	kg/m^4
电容	C_e	F	力顺	C_m	m/N	声顺	C_a	m^5/N
电功率	P_e	W	功率	P_m	W	声功率	P_a	W
	W	W		W_m	W		W_a	W

注：Ω_m 单位为 kg/s；Ω_a 单位为 $kg/(m^4 \cdot s)$。

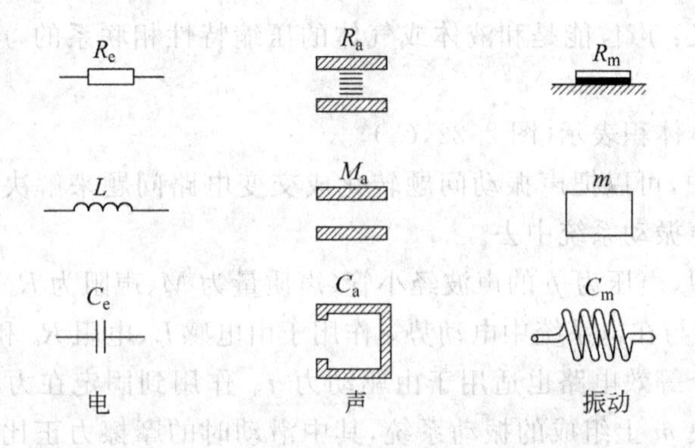

图 2-22 声电及振动(力)类比三种基本元件图

➢ 在电和声系统的阻抗型类比中，以下的元件和物理量是相对应的。

(1) 阻力元件

电阻：

$$R = e/i$$

式中：e 为施加在电阻两端的电压；i 为通过电阻的电流。

声阻：

$$R = p/v$$

式中：p 为压力；v 为体积速度。

声阻的物理意义：当流体的流动受到流体阻力或辐射阻力作用时，声能转变为热能或辐射到空间，流体阻力是由于粘滞性引起的。声阻表示了声能在传播过程中的消耗。

声阻元件用狭缝表示(图 2-22，R_a)。

(2) 惯性元件

电感：

$$e = L(\mathrm{d}i/\mathrm{d}t)$$

式中：L 为电感；e 为电压；$\mathrm{d}i/\mathrm{d}t$ 为电流的变化率。

声质量：

$$p = M_a(\mathrm{d}v/\mathrm{d}t)$$

式中：M_a 为声质量；p 为驱动压力；$\mathrm{d}v/\mathrm{d}t$ 为体积速度变化率。

声质量的物理意义：在声学系统中，声的惯性能是和声质量相联系的，声质量是抵抗体积速度变化的声元件。

声质量元件用盛有流体的管子表示(图 2-22，M_a)。

(3) 弹性元件

电容：

$$e = q/c$$

式中：c 为电容；e 为电压；q 为电容上的电荷。

声顺：

$$p = x/C_a$$

式中：C_a 为声顺；p 为声压；x 为体积位移。

声顺的物理意义：声位能是和液体或气体的压缩特性相联系的，声顺是抵抗外加压力变化的声元件。

声顺元件用流体体积表示(图 2-22，C_a)。

➢ 在声电类比中，可以把声振动问题转化成交变电路问题来解决，其等效电路的解就可以应用到对应的声振动系统中去。

例如，图 2-23 中，声压为 p 的声波经小管(声质量为 M、声阻为 R_a)作用到一定气腔(声顺为 C_a)的声系统。与在电系统中电动势 e 作用于由电感 L、电阻 R_e 和电容 C_e 串联组成的电路等效。同时这个等效电路也适用于由驱动力 f_m 作用到固定在力顺为 C_m 的弹簧和沿一块板滑动的质量块 m 上组成的振动系统，其中滑动时的摩擦力正比于速度并用力阻 R_m 表示。这 3 个系统的等效称为电声力类比。

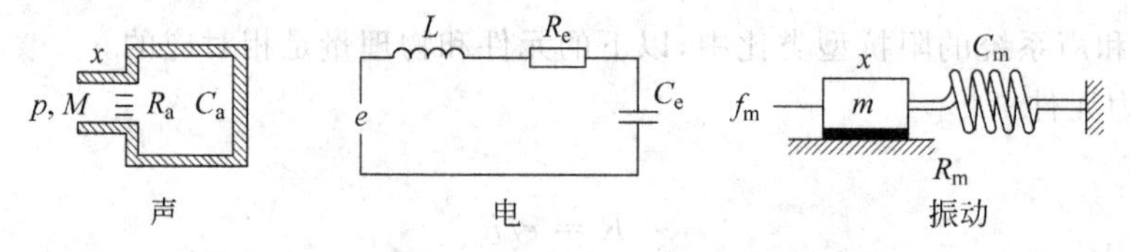

图 2-23 一维系统的声电类比电路

➢ 在各种类比中，虽然机械振动比较直观，但由于 19 世纪以来电学的迅速发展，目前人们对交变电路规律的熟悉程度已经超过了机械振动，电路理论已经发展得比较完善了，何况电学和电子学仪器的发展使得机械振动、声振动的测量和计算也往往要利用电子测量设备和电子计算设备，例如声级计等，因此在电—声—力类比中大多把电振动作为熟悉的参比一方。

2.8.2 波动方程和微分方程

1. 波动方程

声波的波动方程以数学函数的形式反映了声压随时空变化的关系，是求解声波传播特性进而进行噪声控制的基础。

➢ 波动方程是基于以下 3 个针对自由空间介质中微振动单元的基本方程而来的：

(1) 由质量守恒定律得到的连续性方程：

$$\nabla(\rho u)+\frac{\partial p}{\partial t}=0 \tag{2-80}$$

(2) 由热力学定律得到的状态方程：

$$p=c^2\mathrm{d}\rho \tag{2-81}$$

(3) 由牛顿运动定律得到的运动方程

$$\rho_0\frac{\partial u}{\partial t}=-\nabla p \tag{2-82}$$

上述 3 个基本方程在微振动单元上的组合构成了波动方程的原始状态——微分方程。

➢ 根据声波的特性和类型以及相应的坐标系等对微分方程求解，所得结果即为该声波的波动方程表达式。例如，理想流体介质中小振幅波传播的波动方程为

$$\nabla^2 p=\frac{1}{c^2}\frac{\partial^2 p}{\partial t^2} \tag{2-83}$$

式中：∇^2 为拉普拉斯算子，对于不同的坐标系有不同的形式。

◇ 对于平面声波，式(2-83)可简化为

$$\frac{\partial^2 p}{\partial x^2}=\frac{1}{c^2}\frac{\partial^2 p}{\partial t^2} \tag{2-84}$$

其解的一般形式为

$$p(x,t)=(p_+\mathrm{e}^{-\mathrm{j}kx}+p_-\mathrm{e}^{\mathrm{j}kx})\mathrm{e}^{\mathrm{j}\omega t} \tag{2-85}$$

式中：角波数 $k=\omega/c$；等号右边第一项代表沿 x 轴正向传播的平面波；等号右边第二项代表沿 x 轴负向传播的平面波。

➢ 对于球面声波，式(2-83)可简化为

$$\frac{\partial^2 p}{\partial r^2}+\frac{2}{r}\frac{\partial p}{\partial r}=\frac{1}{c^2}\frac{\partial^2 p}{\partial t^2} \tag{2-86}$$

其解的一般形式为

$$p(r,t)=\left(\frac{p_+}{r}\mathrm{e}^{-\mathrm{j}kr}+\frac{p_-}{r}\mathrm{e}^{\mathrm{j}kr}\right)\mathrm{e}^{\mathrm{j}kr} \tag{2-87}$$

式中：等号右边第一项代表向外辐射的波；等号右边第二项代表向内辐射的波。

➢ 由运动方程还可以求得它们的质点振速方程。

◇ 对沿 x 正方向传播的平面波有

$$u(x,t)=-\frac{1}{\rho_0}\int\frac{\partial p}{\partial x}\mathrm{d}t=\frac{p_0}{\rho_0 c}\mathrm{e}^{\mathrm{j}(\omega t-kx)}=u_0\mathrm{e}^{\mathrm{j}(\omega t-kx)} \tag{2-88}$$

◇ 对向外辐射的球面波有

$$u_r(r,t)=-\frac{1}{\rho_0}\int\frac{\partial p}{\partial r}\mathrm{d}t=\frac{p_0}{r\rho_0 c}\left(1+\frac{1}{\mathrm{j}kr}\right)\mathrm{e}^{\mathrm{j}(\omega t-kr)} \tag{2-89}$$

此时 p 与 u(振动线速度)的比值被定义为**声阻抗率** $Z_s=p/u$。

2. 振动的微分方程

在声电系统的受迫振动中，策动(扰动)力分别为声压 p 和电压 e，作用的结果是形成了质点体积速度 v 和电路中的电流 i，它们受迫振动的微分方程在形式上完全一致，分别表示

了通道内声振动的特性和电路中电振动的特性。振动的微分方程是描述媒质中某一质点在不同时刻的振动状态，这与波动方程不同。

➢ 电声系统中受迫振动的微分方程如下：

电系统：

$$e = L\frac{\mathrm{d}^2 q}{\mathrm{d}t^2} + R_e\frac{\mathrm{d}q}{\mathrm{d}t} + \frac{q}{C_e} = E\mathrm{e}^{\mathrm{j}\omega t} \quad (\mathrm{V}) \tag{2-90}$$

声系统：

$$p = M_a\frac{\mathrm{d}^2 x}{\mathrm{d}t^2} + R_a\frac{\mathrm{d}x}{\mathrm{d}t} + \frac{x}{C_a} = P\mathrm{e}^{\mathrm{j}\omega t} \quad (\mathrm{Pa}) \tag{2-91}$$

式中：E、P 为系统中策动(扰动)力的幅值。

➢ 上述微分方程的稳态解分别为

电系统：

$$\frac{\mathrm{d}q}{\mathrm{d}t} = i = \frac{E\mathrm{e}^{\mathrm{j}\omega t}}{R_e + \mathrm{j}\omega L - \mathrm{j}\dfrac{1}{\omega C_e}} = \frac{e}{Z_e} \quad (\mathrm{A}) \tag{2-92}$$

式中：Z_e 为电阻抗，Ω，且

$$Z_e = R_e + \mathrm{j}\omega L - \mathrm{j}\frac{1}{\omega C_e} = R_e + \mathrm{j}X_e \quad (\Omega) \tag{2-93}$$

声系统：

$$\frac{\mathrm{d}x}{\mathrm{d}t} = v = \frac{P\mathrm{e}^{\mathrm{j}\omega t}}{R_a + \mathrm{j}\omega M_a - \mathrm{j}\dfrac{1}{\omega C_a}} = \frac{p}{Z_a} \quad (\mathrm{m^3/s}) \tag{2-94}$$

式中：Z_a 为声阻抗，Ω_a，且

$$Z_a = R_a + \mathrm{j}\omega M_a - \mathrm{j}\frac{1}{\omega C_a} = R_a + \mathrm{j}X_a \quad (\mathrm{kg/(m^4 \cdot s)} = \Omega_a) \tag{2-95}$$

➢ **讨论：**

(1) 声系统和电系统的微分方程是完全对应的，以阻抗相对应的声电类比叫阻抗型类比。由于电路理论发展得比较完善，因此可以用类比方法把电学中的理论、方法、现象与结果推广到声学系统或振动系统中去，这对解决声学问题是一条捷径。

(2) 阻抗 Z_a 中的实部 R_a 为阻性部分，而虚部 X_a 为抗性部分。阻抗的阻性部分是将声能或电能转化成热能损耗掉，从而削弱了传播的能量；阻抗的抗性部分并不消耗能量，而是以不断地与策动源交换能量的方式来对抗能量(声能或电能)的传播。

(3) 应该注意的是，声阻抗与电阻抗相对应，所以声阻抗也只适用于声音在通道内介质中的传播，因在通道内，声波的传播受到空间上的约束，界面上的连续条件除了声压连续外，就是质点体积速度连续。而在一般声场中，声波的传播不受空间上的限制，则采用声阻抗率 $Z_s = p/u$，它为声压 p 与质点线速度 u 的比值。质点体积速度 v 与线速度 u 的关系为 $v = uS$，S 为通道截面积。

(4) 声阻抗率和特性阻抗的比值称为相对声阻抗率，相对声阻抗率 $Z = Z_s/Z_c = Z_s/\rho_0 c$。

(5) 同时特别要注意，对于不同频率的声波，其声阻抗是不同的，声阻抗与角频率 ω 相对应，所以声阻抗也是频率的函数。

2.8.3 复数的应用

电、声系统中描述振动的一些物理量是随时间而变化的，它们的变化规律一般可用三角函数(正弦或余弦)来表示。但三角函数的计算比较复杂，借助复数指数函数与三角函数的关系(欧拉公式)，我们可以用复数指数函数来代替正弦或余弦函数。

➢ 在数学中，已知复数可以表示成：

$$e^{j\omega t} = \cos\omega t + j\sin\omega t \tag{2-96}$$

式中：j 为虚数的单位，$j=\sqrt{-1}$；$e^{j\omega t}$ 为时间因子。

如果设 A 为谐振动的振幅(实数)，ω 为圆频率，φ 为初相位，则有：

$$Ae^{j(\omega t+\varphi)} = A\cos(\omega t + \varphi) + jA\sin(\omega t + \varphi) \tag{2-97}$$

若约定取上式的实部表示简谐振动时，其振幅的瞬时值 a 为

$$a = \mathrm{Re}[Ae^{j(\omega t+\varphi)}] = A\cos(\omega t + \varphi) \tag{2-98}$$

若约定取该式的虚部表示简谐振动时，其瞬时值 a 为

$$a = \mathrm{Im}[Ae^{j(\omega t+\varphi)}] = A\sin(\omega t + \varphi) \tag{2-99}$$

如果事先有了明确的约定，则 Re 或 Im 可以不标注。例如约定取实数部分表示简谐振动时，可写成

$$a = Ae^{j(\omega t+\varphi)} = Ae^{j\varphi}e^{j\omega t} = Ce^{j\omega t} \tag{2-100}$$

式中：$C=Ae^{j\varphi}$称为简谐振动的复数振幅；而实数振幅 $A=|C|$。

式(2-100)表示：对于某一瞬时量 a，该式为 a 的余弦函数，其幅值等于右式的绝对值，其相位角为右式的指数，瞬时值是右式的实数部分；而以复数 C 表示 a 的幅值时，其绝对值为幅值，其指数为初相位角。

➢ 复数指数函数的数学处理(例如比值、微分、积分等)都比三角函数容易。例如设 a 代表速度(注意到 $C=Ae^{j\varphi}$ 和 $j=e^{j\pi/2}$)，则加速度为

$$\begin{aligned}\frac{da}{dt} &= \frac{d(Ce^{j\omega t})}{dt} = j\omega Ce^{j\omega t} = j\omega Ae^{j\varphi}e^{j\omega t} = jA\omega e^{j(\omega t+\varphi)} = A\omega e^{j(\omega t+\varphi+\pi/2)} \\ &= A\omega\cos(\omega t + \varphi + \pi/2) = -A\omega\sin(\omega t + \varphi)\end{aligned} \tag{2-101}$$

而位移 y 则为

$$\begin{aligned}y &= \int a\,dt = \int(Ce^{j\omega t})\,dt = \frac{C}{j\omega}e^{j\omega t} = \frac{A}{\omega}e^{j(\omega t+\varphi-\pi/2)} \\ &= \frac{A}{\omega}\cos(\omega t + \varphi - \pi/2) = \frac{A}{\omega}\sin(\omega t + \varphi)\end{aligned} \tag{2-102}$$

可见微分和积分运算变成了乘、除计算，可以直接写出，十分方便；而比值变成减法运算。

如有两个谐振动：

$$p = P_A e^{j(\omega t+\theta)}$$

$$u = U_A e^{j(\omega t+\varphi)}$$

其复数之比为

$$Z = \frac{p}{u} = \frac{P_A e^{j(\omega t+\theta)}}{U_A e^{j(\omega t+\varphi)}} = \frac{P_A}{U_A}e^{j(\theta-\varphi)} \tag{2-103}$$

➢ 应注意的是，这个比值实际上是两个谐振动的复数振幅的商(幅值比和相位差)，此

时其实数部分和虚数部分都有意义。其中：

$$[Z]e^{j(\theta-\varphi)} = \left|\frac{P_A}{U_A}\right|\cos(\theta-\varphi) + j\left|\frac{P_A}{U_A}\right|\sin(\theta-\varphi) = R + jX \tag{2-104}$$

实数部分 R 为阻，虚数部分 X 为抗，其实数阻抗：

$$|Z| = \sqrt{R^2 + X^2} \tag{2-105}$$

R 代表 p 与 u 相位相同的部分与 u 的比值。

X 代表 p 与 u 相位正交（相差 90°）的部分与 u 的比值。

若 p 代表声压，u 代表质点速度，则

$$Z = Z_s = p/u$$

Z 称为（复数）声阻抗率。

若 p 代表声压，u 代表体积速度 v，则

$$Z = Z_a = p/u = p/v$$

Z 称为（复数）声阻抗。

对于平面谐波 p 与 u 同相，即 $\theta=\varphi$，故有

$$Z_s = p/u = P_A/U_A = P_A/(P_A/\rho_0 c) = \rho_0 c = Z_c$$

$\rho_0 c$ 为媒质的特性阻抗 Z_c。

➢ 对于球面谐波：

$$p = \frac{P_A}{r}e^{j(\omega t - kr)} \tag{2-106}$$

$$u_r = \frac{U_A}{r}\left(1+\frac{1}{jkr}\right)e^{j(\omega t-kr)} = \frac{P_A}{r\rho_0 c}\left(1+\frac{1}{jkr}\right)e^{j(\omega t-kr)} \tag{2-107}$$

则

$$Z_s = \frac{p}{u_r} = \rho_0 c\,\frac{jkr}{1+jkr} \tag{2-108}$$

当 $kr \gg 1$ 时，$Z_s = \rho_0 c$，即此时相当于平面波。

➢ 此外，用复数指数函数来表示结果也较为简单，因为只要求出一个正弦量，并且知道它与其他量的复数关系，则其他量就不必一一列出了。

➢ 但要注意的是，由于复数指数函数只与三角函数的正（余）弦函数关联，因此这种表示方法只适用于谐振动；如果运算的结果已不再是谐振动，一般就不能用复数的形式计算。

2.8.4 阻抗和阻抗匹配

1. 阻抗及其物理意义

➢ 阻抗是涉及波动能量传播的重要物理量，无论在声振动还是电振动中，阻抗的广义定义可以看作是**周期性策动力和它所产生振动效果的比值**。例如在交变电压(e)的作用下在导体中产生了电流(i)，其电阻抗为 $Z_e = e/i$；在声压(p)的作用下媒质中的质点产生了振动，获得了体积速度(v)，其声阻抗为 $Z_a = p/v$。如果获得同样的效果，而所需的策动力大，就意味着阻抗大。任何介质对通过它的波都会呈现出阻抗。

同时，阻抗还与周期性的策动力和它所产生振动效果的同步性有很大关系，也就是说跟它们之间的相位差有关，抗性正是由于策动力和它所产生的效果不同步（即有相位差）而造

成的。只有它们同相位的部分，策动力才做正功，这体现在阻抗中的阻性部分(R)，其大小与介质的耗损机制(电阻、粘滞、摩擦、扩散等)有关。它使策动能转化成焦耳热而耗散掉，并且是热力学上不可逆的；耗损越大，做单位正功所需的策动力就越大，阻性值就越大，声能的传播就受到削弱。而相位不同(正交)的部分是由振动单元的惯性(L、M_a)和弹性(C_e、C_a)所产生的，这就是无功部分，它们之间是以能量交换的方式来**对抗**能量的传播，这就构成了阻抗中的抗性部分。

➢ 阻抗中的阻性和抗性影响声波能量传播的机制是不同的，所以阻抗在一般情况下是一个复数量，用实部表示阻性，用虚部表示抗性。只有在一些特殊情况下，例如对一维传播的平面自由波，其声压(p)与振速(u 或 v)始终是同相位的，此时其声阻抗 Z_A 或声阻抗率 Z_s 是一个实数，并且后者正好等于介质的特性阻抗 $\rho_0 c$。

2. 阻抗匹配

➢ 阻抗匹配在波动能量传输中十分重要。在电系统中，传输电能用的长途电缆(输电介质)一定要在所有连接点上作很精确的匹配，才可避免因能量反射所引起的耗损。在电路中，当负载和电源的阻抗匹配时，电源输出的功率最大。为了使放大器功率输出阻抗和扬声器的阻抗匹配，要在它们之间插入一个耦合元件(如耦合变压器)，使它们的阻抗匹配后才能实现最佳的输出，获得最佳的扬声效果。总之，声电类比表明，在两个同类系统中能量(电能或声能)的传播，仅在这两个系统中的阻抗匹配时，能量才能畅通无耗损的传播；或者说此时在系统的界面上，入射的能量等于透射的能量，而反射的能量为零。这一观念对理解声音的传播规律十分重要，声音的传播也遵循**阻抗匹配**法则。本教材正是基于这一理念来对噪声控制的一些原理作出形象的解释，使之易于理解，从而避免了许多枯燥无味的数学过程，或漫无边际的文字释解。

➢ 在两个特性阻抗 $\rho_0 c$ 不同的介质(Z_1 和 Z_3)的交界面上，因阻抗不同而使频率为 ω 的声波发生反射，若在这两个阻抗失配的介质中间，接上另一个耦合介质(阻抗为 Z_2)，就可以消除能量反射而使阻抗得到匹配。可以证明，耦合介质的耦合条件是其阻抗 $Z_2=\sqrt{Z_2 Z_3}$ (几何平均值)，其厚度为波长的 1/4。在此条件下，可使频率为 ω 的声能全部透射过去而无反射。应当注意，**精确的匹配通常只发生在某一个频率上**。例如，为了使空气中的光线尽可能多地透过相机的透镜，可在光学透镜上涂膜，使空气和透镜玻璃之间的阻抗得到匹配，膜的厚度就为透过波长的 1/4，这是因为光的传播也是一种波动过程。同样，当我们在吸声板后面留出空腔以提高吸声效果时，也往往将空腔厚度设定为设计吸收波长的 1/4。

➢ 阻抗耦合匹配和阻抗突变失配从而改变声传播规律的原理在噪声控制中得到广泛的应用。例如，为了使声波能充分进入吸声材料中被吸收掉，就要求吸声材料的表面声阻抗与入射介质中的声阻抗相匹配；而对于隔声，则要求隔声元件的表面声阻抗与入射介质中的声阻抗尽可能失配，以将入射声波反射回去，达到阻挡声波传播的目的；而抗性消声器正是根据阻抗失配的原理来工作的。

3. 材料的法向声阻抗率(驻波法)

吸声材料表面的声阻抗特性对吸声性能有重要影响，通常采用驻波管法测定，因为是用平面简谐声波 p_i 正入射到材料表面，所以测得的声阻抗率称为**法向声阻抗率 Z_{sn}**，单位为

Pa·s/m。

➢ 在材料表面的声阻抗率：

$$\begin{aligned} Z_s &= p/u = \rho c(p_i + p_r)/(p_i - p_r) \\ &= \rho c[p_i + p_r(\cos\theta + j\sin\theta)]/[p_i - p_r(\cos\theta + j\sin\theta)] \\ &= \rho c[1 + \gamma_p(\cos\theta + j\sin\theta)]/[1 - \gamma_p(\cos\theta + j\sin\theta)] \\ &= R + jX \end{aligned} \tag{2-109}$$

式中：p 和 u 为在材料表面声压和质点的振动速度；γ_p 为声压反射系数；θ 是因材料对声波的作用而使反射声波 p_r 额外增加 θ 相位。

➢ 如以入射声波 p_i 方向为 x 轴，则反射声波 p_r 可分解为 x 轴和 y 轴上的两个分量；在阻抗表示中常以直角坐标的 x 轴为实数轴（R 轴），y 轴为虚数轴（X 轴），R-X 坐标是一种**复数平面**表示方法，则 p_r 可分解为 p_R 和 p_X 两个分量，如图 2-24 所示。式(2-109)中 R 为声阻率，X 为声抗率。在表征材料的声学性能方面，声阻抗率 Z_s 比吸声系数具有更重要的物理意义，能提供更多的材料信息。

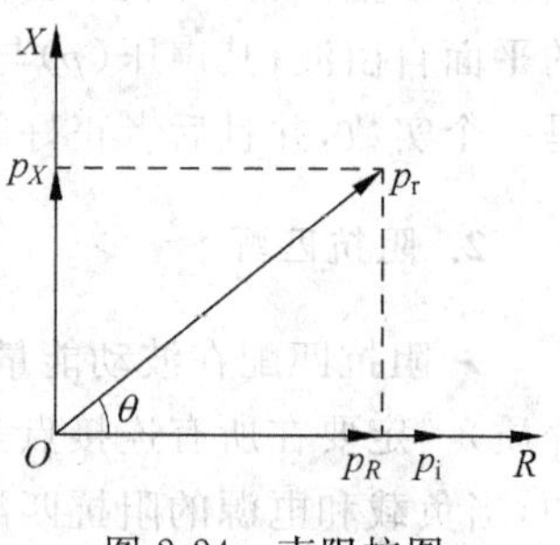

图 2-24 声阻抗图

小结

(1) **声阻抗 Z_a**：某个面积上的声压与通过该面积的体积速度的复数比值：

$$Z_a = p/v = p/Su \quad (\text{kg}/(\text{m}^4 \cdot \text{s}))$$

声阻抗用于通道内介质中的声传播。

(2) **声阻抗率 Z_s**：介质中某点的声压和质点振速的复数比值：

$$Z_s = p/u \quad (\text{kg}/(\text{m}^2 \cdot \text{s}))$$

声阻抗率用于空间声场中的声传播。

(3) **特性阻抗 Z_c**：平面自由行波在介质中某点的有效声压与通过该点的有效质点速度的比值，在空气中：

$$Z_c = \rho_0 c \quad (\text{kg}/(\text{m}^2 \cdot \text{s}))$$

特性阻抗表示介质的声学特性。

(4) **法向声阻抗率 Z_{sn}**：表面上复声压与法向质点复速度之比值：

$$Z_{sn} = p/u_n \quad (\text{kg}/(\text{m}^2 \cdot \text{s}))$$

法向的声阻抗率用于平面声波正入射时的情况，也用来表征材料的声学特性。

(5) **相对声阻抗**：声阻抗 Z_a 与特性阻抗 Z_c 的比值：

$$Z = Z_a/Z_c = Z_a/\rho_0 c$$

2.9 声波的传播特性

本节提要

在声波传播途径中削减噪声是噪声控制的重要措施。因此，了解声波传播过程中的现象，掌握其规律，摸清其原理，是噪声控制十分重要的基础知识。

本节要点

1. 理想声场的概念和实际声场的组成
2. 声源辐射的指向性及其利用
3. 噪声发散衰减及计算方法
4. 空气吸收和地面吸收的估算
5. 声波的反射、透射和折射现象与原理及在噪声控制中的应用
6. 气象条件对声传播的影响
7. 声波的干涉现象和在噪声控制中的应用
8. 声波的衍射和散射现象与原理及在噪声控制中的应用
9. 声波在变截面管道中的传播特性

2.9.1 声场

传播声波的空间称为**声场**,声场分自由声场、扩散声场和半自由声场。

1. 自由声场

➢ 声波在介质中传播时,在各个方向上都没有反射,介质中任何一点接收的声音,都只是来自声源的直达声;这种可以忽略边界影响,由各向同性均匀介质形成的声场称为自由声场。

➢ 自由声场是一种理想化的声场,严格地说在自然界中不存在这种声场,但是可以近似地将空旷的野外看成是自由声场。

➢ 在声学研究中为了克服反射声和防止外来环境噪声的干扰,专门创造一种自由声场的环境,即消声室。它可以用于做听力实验、检验各种机器产品的噪声指标、测量声源的声功率、校准一些电声设备等。

2. 扩散声场

➢ 扩散声场与自由声场完全相反。在扩散声场中,声波接近全反射的状态。例如,在室内,人听到的声音除来自声源的直达声外,还有来自室内各表面的反射声。如果室内各表面非常光滑,声波传到壁面上会完全反射回来。如果室内各处的声压几乎相等,声能密度也处处均匀相等,这样的声场就叫作扩散声场(混响声场),也是一种理想声场。

➢ 在声学研究中,可以专门创建具有扩散声场性能的房间,即混响室。它可用来作各种材料的吸声系数测量、测试声源的声功率、做不同混响时间下语言清晰度实验等。

3. 半自由声场

在实际工程中,遇到最多的情况,既不是完全的自由声场,也不是完全的混响声场,而是介于两者之间,这就是半自由声场。在工厂的车间厂房里,壁面和吊顶是用普通砖石土木结构建造的,有部分吸声能力,但不是完全吸收,这就是半自由声场的情况。半自由声场可看作由上面两种声场组合而成,根据环境吸声能力的不同,有些半自由声场接近自由声场一些,有的更接近扩散声场。

4. 半自由空间声场

半自由空间声场指一半辐射空间受到限制的自由声场(图 2-25(b)),如声源放置在刚性地面上时的情况。

声源放在一个宽阔平坦的反射面上,如图 2-26 所示。通常声源中心与反射面之间有一定距离 h,但 h 比研究的声波波长小得多;或者相对于接收点 R 来说,反射波的声路径 r_1+r_2 与直达声的声路径 r 之差比所研究的声波波长小得多。此时,则也可以把它们作为点声源在一个反射平面上的辐射,也就是向半自由空间的辐射。

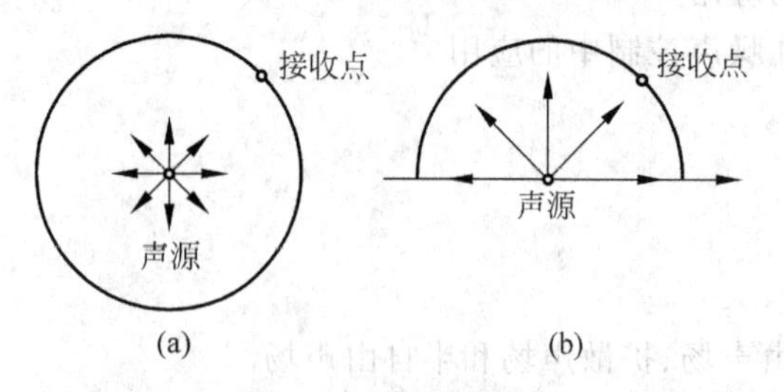

图 2-25 球面对称辐射声源
(a) 全空间;(b) 半空间

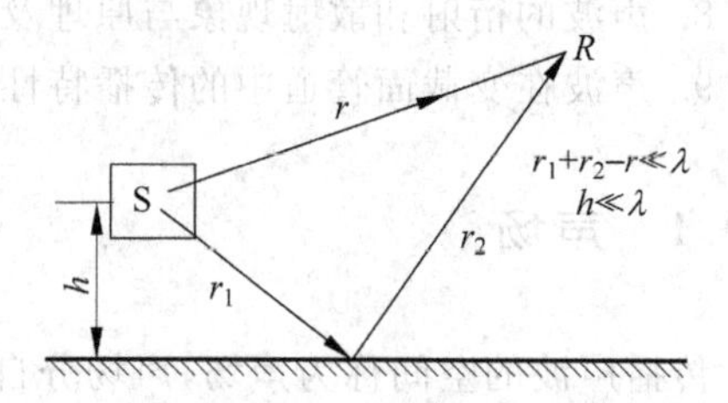

图 2-26 半自由空间辐射的直达声与反射声

2.9.2 声源辐射的指向性

声源在自由空间中辐射声波时,其强度分布的一个主要特性是指向性。例如飞机在空中飞行时,在它前后左右上下各方向等距离上测得的声压级是不相同的。

考虑到声源辐射的指向性,当声源以稳定的功率 W 辐射时,则在某一 θ 角方向上到距离声源中心为 r 的球面上任一点的声强 I_θ 为

$$I_\theta = \frac{WR_\theta}{4\pi r^2} \tag{2-110}$$

式中:R_θ 为**指向性因数**。

R_θ 用来表征声源的指向性。它的定义是:在离声源中心相同距离处,测量球面上各点的声强,求得所有方向(即球形波阵面)上的平均声强 $\bar{I}$,将在同一距离上某一方向上的声强 I_θ 与其相比就是该方向的指向性因数,即

$$R_\theta = \frac{I_\theta}{\bar{I}} = \frac{p_\theta^2}{\bar{p}^2} \tag{2-111}$$

而 $D_\mathrm{I}=10\lg R_\theta$,称为**指向性指数**;对于无指向性声源:$R_\theta=1, D_\mathrm{I}=0$。

➢ D_I 可看作由于声源的指向性,而在某一方向传播声波时声压级比平均值(即无指向性声源时)增减的分贝数。

➢ 考虑到声源辐射的指向性,需要对声压级的计算公式进行适当修正,例如,对于自由场空间的点声源,其在某一 θ 方向上距离 r 处的声压级为

$$L_{p\theta} = L_W - 20\lg r + D_\mathrm{I} - 11 \quad (\mathrm{dB}) \tag{2-112}$$

➢ 指向性因数或指向性指数通常是与频谱相关的,一般频率越高,指向性越强。因此,计算 $L_{p\theta}$ 时要分频段加以计算,然后再将各频段的声压级相加求出总的声压级。只有当声功率频谱中某个频段的能量占显著优势时,才可以用该频段的指向性来代表声源在整个频带

中的指向性。

➢ 有时候虽然声源本身辐射无指向性，但由于其放置在各刚性反射面的不同位置上，形成一定方向的定向辐射(图 2-27)，也可用指向性因素来描述。

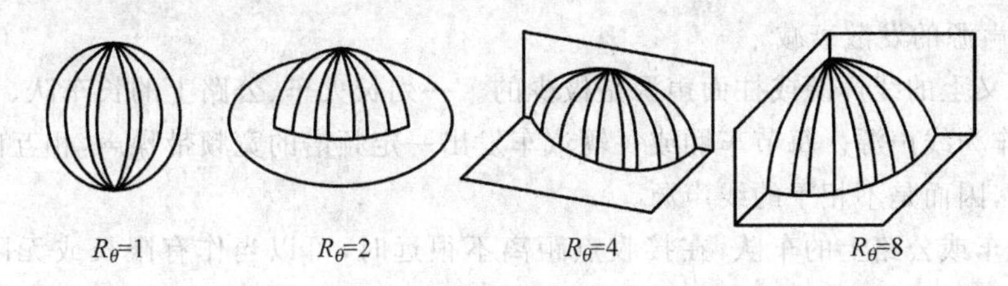

图 2-27　点声源在不同空间位置的指向性因素

图 2-27 中，对于无指向性点声源，$R_\theta=1$；点声源放置在刚性反射面上，$R_\theta=2$；点声源放置在两个刚性反射面相交的边上，$R_\theta=4$；点声源放置在 3 个刚性反射面组成的角上，$R_\theta=8$。

➢ 声源的指向性除与频率有关外，还与声源的尺寸和形状、发声机理等有关，需要通过实际测试才能掌握。

➢ 利用声源的指向性来控制噪声。对于环境污染面大的高声强声源，如果在传播方向上布置得当，也会有显著的降噪效果。电厂、化工厂的高压锅炉、受压容器的排气放空，经常要辐射出强大的高频噪声，如果把它的出口朝向上空或朝向野外就比朝向生活区排放能减噪 10dB。有些车间内的小口径高速排气管道，如果把出口引出室外让高速气流向上排放，一般都可改善室内的噪声环境，工厂中使用的各类风机的进排气噪声大都有明显的指向性，如果把排气口与烟道或地沟连接起来，噪声从烟囱或通过一段地沟再排到大气，也可以减少噪声对环境的污染。

➢ 在厂房内布置有噪声辐射指向性的设备时，应避免朝向人员操作区。

2.9.3　噪声在传播中的衰减

1. 发散衰减

声源辐射的声波在传播过程中，波阵面随距离的增加而增大，声能扩散，因而声强或声压随距离的增加而衰减，即所谓**发散性衰减**，亦称**距离衰减**。

(1) 点声源的发散衰减

对于孤立的声源，如一台机器、一辆汽车或一架飞机，在比声源尺寸大得多的传播距离上，沿某一方向的传播，服从球面的发散规律。

➢ 对于离点声源距离为 r 的自由空间中的球面波，$S=4\pi r^2$，则有

$$L_p = L_I = L_W - 10\lg(4\pi r^2) + D_1 = L_W - 20\lg r + D_1 - 11 \tag{2-113}$$

式中：D_1 是全空间范围内的指向性指数。

➢ 在半自由空间中：

$$L_p = L_I = L_W - 10\lg(2\pi r^2) + D_1 = L_W - 20\lg r + D_1 - 8 \tag{2-114}$$

式中：D_1 是半空间范围内的指向性指数。

如果计算从距离 r_1 传播到距离 r_2 时，声强级或声压级衰减量 ΔL，有

$$\Delta L = L_1 - L_2 = 20\lg\frac{r_2}{r_1} \tag{2-115}$$

其发散衰减为：传播距离 r 增加 1 倍，声强级(或声压级)降低 6dB。

具有指向性的声源，向各个方向的辐射强度不同，但在声源辐射的远场区，沿某一方向上的传播衰减，仍符合球面波的衰减规律，即计算从 r_1 传播到 r_2 时声强级或声压级的衰减量仍用式(2-115)计算。

(2) 线声源的发散衰减

严格意义上的线声源或柱面声源是极少的。一列长火车、公路上的长车队、长输气管道等，可近似作为线声源。每节车厢或每辆汽车发出一定频谱的宽频带噪声，相互间没有恒定的相位关系，因而是不相干的线声源。

一列火车或公路上的车队，在接收点距离不很远时，可以当作有限长或无限长的线声源，它服从柱面波的发散规律。

➢ 对于离简单无限长线声源(无指向性)距离为 r 的自由空间中的柱面波有：

$$L_p = L_I = L_{W_l} - 10\lg(2\pi r) = L_{W_l} - 10\lg r - 8 \tag{2-116}$$

式中：L_{W_l} 为每单位长度线声源上辐射的声功率级。

➢ 对于离不相干无限长连续分布的线声源距离为 r 的半自由空间中的柱面波，或者虽为有限长(长度为 l)，但测点靠近线声源中部且距离 $r \leqslant l/\pi$ 时有

$$L_p = L_I = L_{W_l} - 10\lg r - 3 \tag{2-117}$$

式中：L_{W_l} 为每单位长度线声源上辐射的声功率级。

当测点距有限长线声源的距离 $r \gg l$ 时，可将此时的有限长线声源视作点声源处理，其声压级计算同式(2-114)。传播距离 r 增加1倍，声强级(或声压级)降低6dB。

➢ 对于离散分布无限长线声源，设每个声源的功率相同为 W，相邻两声源间距离为 d。在距离测点为 r 处：

当 $r \ll d/\pi$ 时，只有最靠近的一个声源起主导作用，其余声源的叠加量可以忽略不计，这时在有限的近距离内，如同单个点声源以球面波形式传播。

当 $r \gg d/\pi$ 时，则其声压级计算同式(2-117)，只是式中计算 L_{W_l} 时其 $W_l = W/d$。

在以上两种情况之间的过渡段，可以近似按最近一个声源的点声源辐射规律来估算声压级。

➢ 由式(2-117)可以看出，对于线声源，当传播距离从 r_1 至 r_2 时，声压级或声强级的衰减量为

$$\Delta L = 10\lg \frac{r_2}{r_1} \tag{2-118}$$

上式适用于连续分布线声源以及离散分布线声源(当 $r \gg d$ 时)的声压级或声强级的距离衰减，其发散衰减为：传播距离 r 增加1倍，声强级(或声压级)降低3dB。

2. 空气吸收衰减

声波在空气中传播时，空气对声能量的吸收由两部分组成。

(1) 经典吸收

因空气的粘滞性和热传导，在压缩和膨胀过程中，使一部分声能转化为热能而损耗。这种吸收称经典吸收。理论计算经典吸收的大小与声波频率的平方成正比。但实验结果表明，频率的实际影响要大很多。如果声波的主频率不高，其影响一般可以忽略不计。

(2) 分子弛豫吸收

所谓弛豫吸收是指空气分子转动或振动时，各有它的固有频率，声波的频率接近这

些频率时要发生能量转换，即声能转换为转动能或振动能，分子转动能或振动能转换为声能。能量交换过程都有滞后现象(与磁滞现象相似)，称弛豫现象，它使声速改变，声能被吸收。

➢ 无论是经典吸收还是分子弛豫吸收，都与气压、温度、湿度密切有关，其中湿度的影响最大。

对于噪声控制工程，可以采用下面的简化公式来估算空气吸收衰减。

在温度 20℃时：

$$A_a = 7.4\,\frac{f^2 r}{\Phi}10^{-8} \tag{2-119}$$

式中：A_a 为每 100m 的空气吸收衰减量，dB/100m；f 为频率，Hz；r 为传播距离，m；Φ 为相对湿度。

➢ 比较准确的衰减值列于表 2-37 中，空气衰减受湿度的影响较大，而对温度的变化不太敏感，尤其在低频时。由于参数(温度、湿度)的各档次水平相差较大，中间值用插入法不是很准确，最好绘成曲线后取值。

表 2-37　标准大气压下空气中的声衰减

温度/℃	相对湿度/%	各倍频程中心频率的声衰减/(dB/100m)					
		125Hz	250Hz	500Hz	1000Hz	2000Hz	4000Hz
30	10	0.09	0.19	0.35	0.82	2.60	8.80
	20	0.06	0.18	0.37	0.64	1.39	4.40
	30	0.04	0.15	0.38	0.68	1.20	3.30
	50	0.03	0.10	0.33	0.75	1.30	2.53
	70	0.02	0.08	0.27	0.74	1.41	2.55
	90	0.02	0.06	0.24	0.70	1.50	2.60
20	10	0.08	0.15	0.38	1.21	4.09	10.92
	20	0.07	0.15	0.27	0.62	1.86	6.70
	30	0.05	0.14	0.27	0.51	1.29	4.40
	50	0.04	0.12	0.28	0.50	1.04	2.80
	70	0.03	0.10	0.27	0.54	0.96	2.31
	90	0.02	0.08	0.26	0.56	0.99	2.14
10	10	0.07	0.19	0.61	1.90	4.50	7.01
	20	0.06	0.11	0.29	0.94	3.20	9.09
	30	0.05	0.11	0.22	0.61	2.10	7.02
	50	0.04	0.11	0.20	0.41	1.17	4.20
	70	0.04	0.10	0.20	0.38	0.92	3.00
	90	0.03	0.10	0.21	0.38	0.81	2.50
0	10	0.10	0.30	0.89	1.81	2.30	2.61
	20	0.05	0.15	0.50	1.48	3.78	5.79
	30	0.04	0.10	0.31	1.08	3.23	7.48
	50	0.04	0.08	0.19	0.60	2.11	6.70
	70	0.04	0.08	0.16	0.42	1.40	5.12
	90	0.03	0.08	0.15	0.36	1.10	4.10

➢ 由于空气吸收与频率的关系很大，频率越高，衰减越快。所以发出强烈低频噪声的噪声源，往往会在很大范围内对周围环境产生严重的噪声污染。

思考题

1. 由表2-34，分析影响空气吸声的因素。
2. 离闪电距离的远处和近处听到的雷声有什么不同？
3. 如何从所听到的雷声特征来判别闪电或打雷处的远近？

3. 地面吸收衰减

当声波沿地面传播较长距离时，地面的声阻抗对传播将有较大影响。一方面各种地面条件，如宽阔的公路路面、大片草原、森林、起伏的丘陵、河谷等有不同的影响；另一方面，声源和接收的高度不同，也有不同的影响。

➢ 当地面为非刚性面时，会对声波传播有附加的衰减，但一般在较近的距离内，如30～50m以内，这个衰减可以忽略。在70m以上，可以考虑以单位距离衰减的dB数来表示。

➢ 声波在厚的草原上面或穿过灌木丛的传播，在1000Hz衰减较大，可高达25dB/100m，并且频率每增加1倍，有每100m衰减大约增多5dB的规律。附加衰减量可由下式近似计算：

$$A_{g1} = (0.18\lg f - 0.31)r \tag{2-120}$$

式中：f为频率，Hz；r为距离，m。

➢ 声波穿过树林或森林的传播实验表明，不同树林的衰减相差很大。从浓密的常绿树1000Hz时有23dB/100m的衰减，到地面上稀疏树干只有3dB/100m甚至还小的衰减。若对各种树木求一个平均的附加衰减，大致为

$$A_{g2} = 0.01 f^{1/3} r \tag{2-121}$$

这里不包含声波进入和穿出树林的边缘效应（由阻抗失配引起）。

➢ 总地说来，若绿化带不很宽，如一二排树木，对噪声的衰减是不明显的。但对人的心理有重要作用，它能给人以宁静的感觉。

4. 气象条件对声传播的影响

➢ 雨、雪、雾等对声波的散射会引起声能的衰减。但这种因素引起的衰减量很小，大约每100m衰减不到0.5dB，因此可以忽略不计。

➢ 大气中风速和温度梯度的存在，对声音传播的影响很大，具体分析见2.9.5节。

2.9.4 声波的干涉

两列或数列声波同时在同一媒质中传播并在某处相遇，在相遇区内任一点上的振动将是两个或数个波所引起振动的合成。一般地说，振幅、频率和相位都不同的波在某点叠加时比较复杂。但如果两个波的频率相同、振动方向相同、相位相同或相位差固定，那么这两列波叠加时在空间某些点上振动始终加强，而在另一些点上振动相互抵消而始终减弱，这种现象称为波的**干涉现象**。例如在管中的平面行波和其反射波在管中会形成**驻波**，即有固定的波节和波腹，波节处的声压为极小值，波腹处的声压为极大值。能产生干涉现象的声源称为**相干声源**。噪声一般都属于不相干波，所以可以进行能量叠加。

➢ 由于电声技术的发展进步，声波的这种干涉现象在噪声控制技术中已被用来抑制噪声，如无源干涉式、有源干涉式消声器等。**有源减噪**则是利用电声组合设备产生与噪声的相位相反的声音——**反声**，来抵消原有的噪声而达到减噪目的的技术。

➢ 声波干涉中的驻波现象和原理，常被用来进行吸声测量，用以测量吸声材料或结构的吸声系数。

2.9.5　声波的反射、透射和折射

声波在空间传播时会遇到各种障碍物，或者遇到两种媒质的界面。这时，依据障碍物的形状和大小，声波会类似光波一样产生反射、透射、折射和衍射。

1. 正入射时声波的反射和透射

当声波入射到两种媒质的界面时，一部分会经界面反射返回到原来的媒质中称为反射声波，一部分将进入另一种媒质中称为透射声波。

以平面声波为例，入射声波 p_i 垂直(正)入射到媒质Ⅰ和媒质Ⅱ的分界面($x=0$)，媒质Ⅰ的特性阻抗为 $\rho_1 c_1$，媒质Ⅱ的特性阻抗为 $\rho_2 c_2$，分界面位于 $x=0$ 处(图 2-28)。

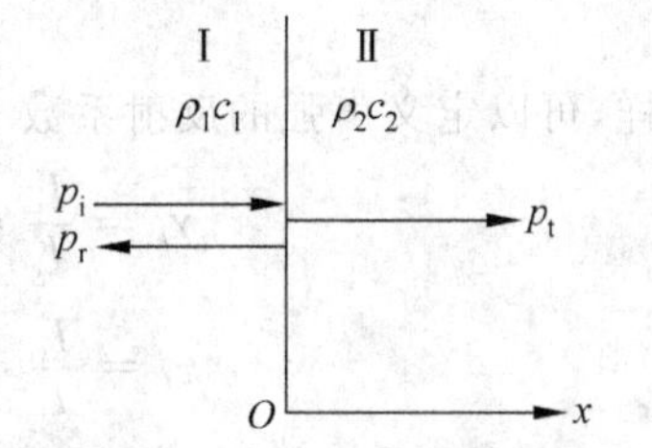

图 2-28　正入射时声波的反射与透射

1) 界面条件

(1) 所谓的分界面是相当薄的一层，因此在分界面两边的声压是连续相等的：

$$p_1 = p_2 \tag{2-122a}$$

(2) 因为两种媒质在界面密切接触，界面两边媒质质点的法向振动速度也应该连续相等，即

$$u_1 = u_2 \tag{2-122b}$$

2) 声波方程和质点振动速度方程

将在媒质Ⅰ中沿正 x 方向传播的入射平面声波表示为

$$p_i = P_i \cos(\omega t - k_1 x) \tag{2-123a}$$

$$u_i = p_i / (\rho_1 c_1) \tag{2-123b}$$

当 p_i 入射到分界面时，在媒质Ⅰ中产生沿负 x 方向传播的反射波为

$$p_r = P_r \cos(\omega t + k_1 x) \tag{2-124a}$$

$$u_r = p_r / (\rho_1 c_1) \tag{2-124b}$$

在媒质Ⅱ中产生沿正 x 方向传播的透射声波为

$$p_t = P_t \cos(\omega t - k_2 x) \tag{2-125a}$$

$$u_t = p_t / (\rho_2 c_2) \tag{2-125b}$$

3) 界面条件的应用

在媒质Ⅰ中的声压：

$$p_1 = p_i + p_r = P_i \cos(\omega t - k_1 x) + P_r \cos(\omega t + k_1 x) \tag{2-126a}$$

在媒质Ⅱ中仅有透射声波，故

$$p_2 = p_t = P_t\cos(\omega t - k_2 x) \tag{2-126b}$$

相应的质点振动速度：

$$u_1 = u_i + u_r = \frac{P_i}{\rho_1 c_1}\cos(\omega t - k_1 x) - \frac{P_r}{\rho_1 c_1}\cos(\omega t + k_1 x) \tag{2-126c}$$

$$u_2 = u_t = \frac{P_t}{\rho_2 c_2}\cos(\omega t - k_2 x) \tag{2-126d}$$

在 $x=0$ 界面处，声压连续和质点振动速度连续，故有

$$P_i + P_r = P_t \tag{2-127a}$$

$$(P_i - P_r)/(\rho_1 c_1) = P_t/(\rho_2 c_2) \tag{2-127b}$$

4) 反射系数和透射系数

通常，用声压的反射系数 γ_p 和透射系数 τ_p 来表述界面处的声波反射、透射特性。由式(2-127)可解得

$$\gamma_p = \frac{P_r}{P_i} = \frac{\rho_2 c_2 - \rho_1 c_1}{\rho_2 c_2 + \rho_1 c_1} \tag{2-128a}$$

$$\tau_p = \frac{P_t}{P_i} = \frac{2\rho_2 c_2}{\rho_2 c_2 + \rho_1 c_1} \tag{2-128b}$$

同样，可以定义声强的反射系数 γ_I 和声强透射系数 τ_I：

$$\gamma_I = \frac{I_r}{I_i} = \left(\frac{P_r}{P_i}\right)^2 = \gamma_p^2 = \left(\frac{\rho_2 c_2 - \rho_1 c_1}{\rho_2 c_2 + \rho_1 c_1}\right)^2 \tag{2-129a}$$

$$\tau_I = \frac{I_t}{I_i} = \left(\frac{P_t}{P_i}\right)^2 = \frac{\rho_1 c_1}{\rho_2 c_2}\tau_p^2 = \frac{4\rho_2 c_2 \rho_1 c_1}{(\rho_2 c_2 + \rho_1 c_1)^2} \tag{2-129b}$$

由式(2-129)可得

$$\gamma_I + \tau_I = 1 \tag{2-130}$$

式(2-130)表明是符合能量守恒定律的。

5) 讨论

(1) 当 $\rho_1 c_1 \approx \rho_2 c_2$ 时：$\gamma_I = 0, \tau_I = 1$。声能全部透射过去，即为全透射。

(2) 当 $\rho_1 c_1 < \rho_2 c_2$ 时，媒质Ⅱ比媒质Ⅰ“硬”些，称为硬边界。若 $\rho_1 c_1 \ll \rho_2 c_2$，则有 $\gamma_p \approx 1$，$\tau_p \approx 2$ 和 $\gamma_I \approx 1, \tau_I \approx 0$。声能全部反射回去，即为全反射。

空气中的声波入射到空气与水的界面上或空气与坚实墙面的界面上时，就相当于这种情况。媒质Ⅱ相当于刚性反射体。在界面上入射声压与反射声压大小相等，且相位相同，总的声压达到极大，近等于 $2p_i$，而质点速度为零。这样在媒质Ⅰ中形成声驻波，在媒质Ⅱ中只有压强的静态传递，并不产生疏密交替的透射声波。

(3) 反之，当 $\rho_1 c_1 > \rho_2 c_2$ 时，称为软边界。若 $\rho_1 c_1 \gg \rho_2 c_2$，则有 $\gamma_p = -1, \tau_p \approx 0$ 和 $\gamma_I \approx 1$，$\tau_I \approx 0$；声能全部反射回去，即为全反射。

这样在媒质Ⅰ中，入射声压与反射声压在界面处，大小相等、相位相反，总声压达到极小，近似等于零，而质点速度达到极大，在媒质Ⅰ中也产生驻波声场。这时在媒质Ⅱ中也没有透射声波。

6) 小结

(1) 反射系数和透射系数把入射声压、反射声压、透射声压与媒质的特性阻抗联系起来，其基本的导出思路是从以上各参数的结点——界面出发，通过物理分析建立方程而求解。

(2) 反射系数和透射系数与声压大小无关，仅取决于两媒质的特性阻抗，这表明媒质的

特征阻抗对声波的传播有着决定性的影响，这也是噪声控制的基本原理之一。

(3) 即使是同样类型的媒质，只要它们的阻抗不同，在界面上也会形成反射与透射。

(4) 在硬质界面上，声波的反射相当大。室内硬质界面的反射可使室内的声压级比室外露天高 10～15dB。

(5) 常把反射系数 γ 值小的材料称为吸声材料。减少硬质面上反射的措施是在其面上作吸声处理。

(6) 常把透射系数 τ 值小的材料称为隔声材料。在硬质界面上的透射很小，有利于隔声。

2. 声波在 3 种不同相邻媒质中的透射与反射

图 2-29 表示声波在 3 种不同相邻媒质中的透射与反射情况。中间媒质 2 的两个界面上也产生透射和反射，它们具有以下特性。

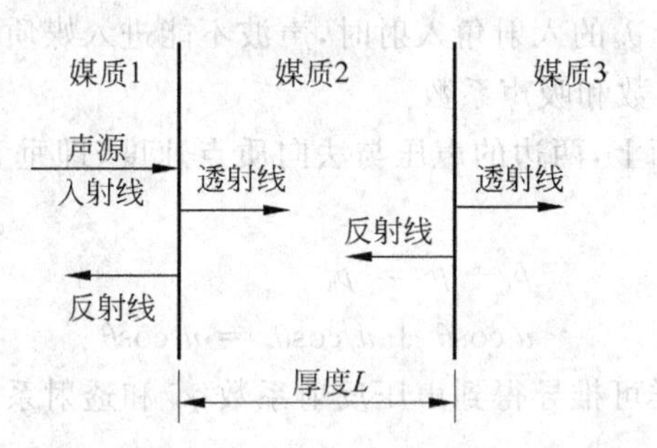

图 2-29 声波在 3 种不同相邻媒质中的透射与反射

➢ 在 3 层媒质中，部分声能在中间层的两个界面之间来回反射和透射，因此，第 1 媒质入射声波透射到第 3 媒质的总声能，不仅决定于 3 个媒质的特性阻抗，而且还与声波频率和中间层媒质的厚度 L 有关。

➢ 如果中间层在前后两个媒质中起到耦合作用，由界面连续条件可以推导出对频率为 $\omega=2\pi f$ 的声波其阻抗匹配耦合的条件为：中间介质阻抗 $Z_2^2=Z_1Z_3$，其厚度为 $L=\lambda/4$。此时该频率在媒质 3 中的透射声能等于在媒质 1 中的入射声能，即声能可全部透射过去。因此隔声材料的中间层设置要注意到这一点。

➢ 阻抗失配是阻挡噪声传播的一个主要原理。

3. 斜入射时声波的反射和折射

当平面声波斜入射于两媒质的界面时，情况较为复杂。如图 2-30 所示，入射声波 p_i 与界面法向成 θ_i 角入射到界面上，这时反射波 p_r 与法向(垂直于界面的方向)成 θ_r 角；在媒质Ⅱ中，透射声波 p_t 与法向成 θ_t 角，透射声波与入射声波不再保持同一传播方向，形成声波的折射。此时声波的反射和折射遵循斯涅耳(Snell)定律。

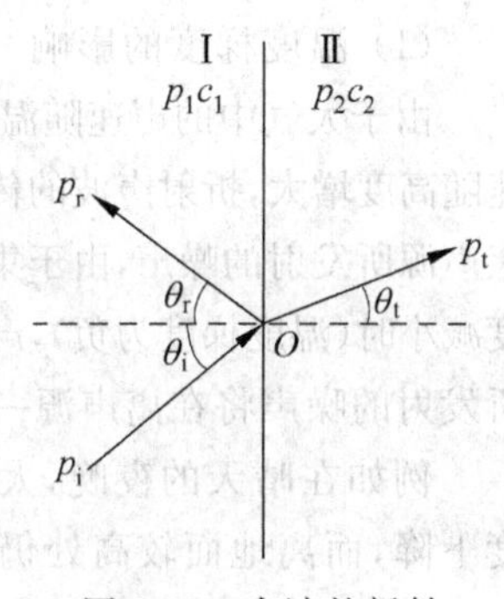

图 2-30 声波的折射

1) 斜入射时的斯涅耳反射和折射定律

$$\frac{\sin\theta_i}{c_1}=\frac{\sin\theta_r}{c_1}=\frac{\sin\theta_\tau}{c_2} \tag{2-131}$$

定律解析：

➢ 反射定律：入射角 θ_i＝反射角 θ_r。

➢ 折射定律：

$$\sin\theta_i/\sin\theta_t = c_1/c_2 = n_{21} \tag{2-132}$$

n_{21} 称为媒质Ⅱ对媒质Ⅰ的折射率。

➢ 全反射临界角 θ_{ic}：$c_2>c_1$，当 $\theta_t=90°$时的 θ_i 称为全反射临界角 θ_{ic}，且有

$$\theta_{ic} = \arcsin(c_1/c_2) \tag{2-133}$$

2）讨论

（1）若两种媒质的声速不同，声波从一种媒质进入另一种媒质时方向就要改变。

（2）当 $c_1>c_2$ 时，$c_1/c_2>1$，$\theta_i>\theta_t$，此时折射线偏向法线。

（3）当 $c_1<c_2$ 时，$c_1/c_2<1$，$\theta_i<\theta_t$，此时折射线偏离法线。

（4）即当声波以大于 θ_{ic} 的入射角入射时，声波不能进入媒质Ⅱ中而形成全反射。

3）反射系数、透射系数和吸声系数

在两个媒质的边界面上，两边的声压与法向质点速度（即垂直于界面的质点速度分量）连续，即

$$p_i + p_r = p_t$$

$$u_i\cos\theta_i + u_r\cos\theta_r = u_t\cos\theta_t$$

在此边界条件下同样可推导得到声压反射系数 γ_p 和透射系数 τ_p：

➢ 声压反射系数：

$$\gamma_p = \frac{p_r}{p_i} = \frac{\rho_2 c_2\cos\theta_i - \rho_1 c_1\cos\theta_t}{\rho_2 c_2\cos\theta_i - \rho_1 c_1\cos\theta_t} \tag{2-134}$$

➢ 声压透射系数：

$$\tau_p = \frac{p_t}{p_i} = \frac{2\rho_2 c_2\cos\theta_i}{\rho_2 c_2\cos\theta_i - \rho_1 c_1\cos\theta_t} \tag{2-135}$$

➢ 吸声系数：通常，将入射声波在界面上失去的声能（包括透射到媒质Ⅱ中去的声能）与入射声能之比称为吸声系数 α。由于能量与声压平方成正比，故有

$$\alpha = 1 - |\gamma_p|^2 \tag{2-136}$$

由于 γ_p 的数值与入射方向有关，因此 α 也与入射方向有关。所以在给出界面的吸声系数时，需要注明是垂直入射吸声系数 α_0，还是无规入射吸声系数 α_S。

4）声波在大气中的折射

（1）温度梯度的影响

由于大气中的声速随温度的升高而增大，因此当大气温度随高度增大时（温度梯度为正），声速随高度增大，折射声波的传播方向将背离法线方向，从而使声传播方向向下弯曲。这时，地面上声源所发射的噪声，由于集中在地面附近区域，可以传播到较远的地方。反之，大气温度随高度减小时（温度梯度为负），声速随高度降低，从而使声传播方向向上弯曲。这时，地面附近声源所发射的噪声将在离声源一定距离的地面上掠过，并在较远处形成声影区域（图2-31）。

例如在晴天的夜晚，太阳落下后地面由于热辐射和热传导迅速冷却，靠近地面的空气温度下降，而离地面较高处仍保持较高的温度。反之，在晴朗的白天，大气温度则随高度下降，因此，地面上声源所发射的噪声在夜晚传播较远，而在白天传播较近。

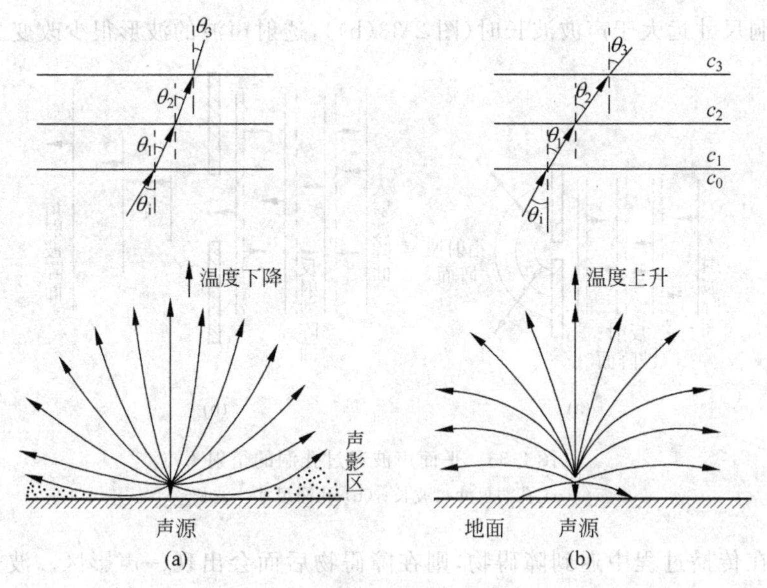

图 2-31　温度梯度对声波的折射

(a) 昼间；(b) 夜间

(2) 风速梯度的影响

当声波顺风传播时，相对于地面的声速应叠加上风速，由于地面对空气运动的摩擦阻力，风速随着离开地面的高度而增大，也就是说声速随高度增大，从而将使声传播方向向下弯曲；反之，声波逆风传播时，相对于地面的声速应扣除风速。因此风速随高度减小，从而将使声传播方向向上弯曲(图 2-32)。

这种现象说明了为什么声波顺风往往比逆风传播的距离更远。

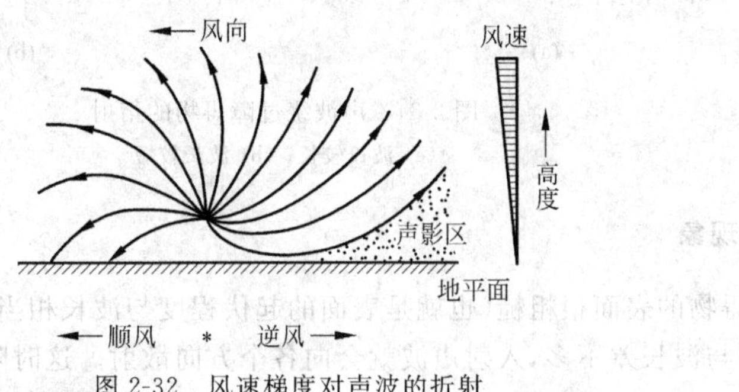

图 2-32　风速梯度对声波的折射

2.9.6　声波的衍射(绕射)和散射

声波在传播过程中遇到障碍物或孔洞时，若波长大于障碍物尺寸，则声波可以绕过障碍物边缘传播，这种现象称为声波的**衍射(绕射)**。

1. 衍射现象

➢ 当孔洞尺寸远小于波长时(图 2-33(a))，通过孔洞的声波呈以空洞为点声源所发射的半球面波。

➤ 当孔洞尺寸远大于声波波长时(图 2-33(b)),透射声波的波形很少改变。

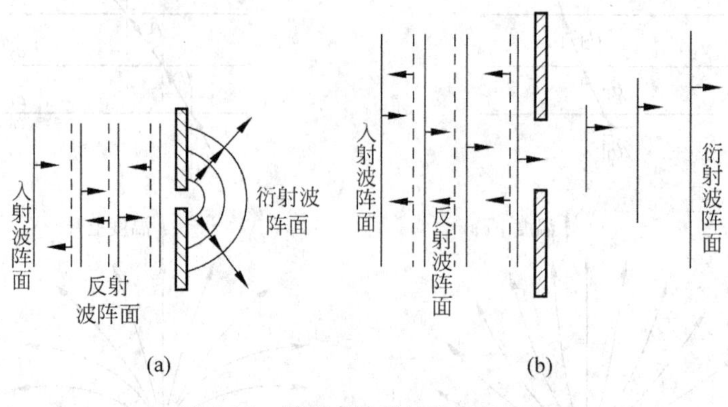

图 2-33 平面声波通过孔洞的衍射

(a) 孔洞尺寸<波长;(b) 孔洞尺寸>波长

➤ 声波在传播过程中遇到障碍物,则在障碍物后面会出现一声影区。波长越长,则声影区越小,反之则越大(图 2-34)。

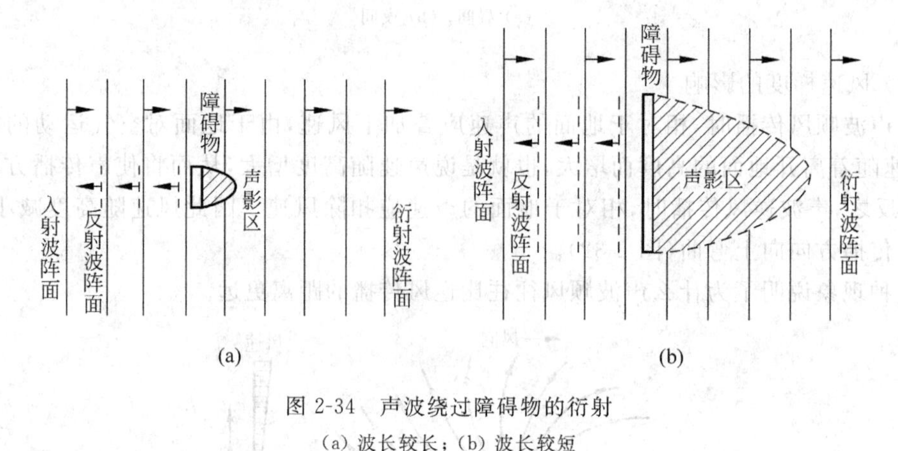

图 2-34 声波绕过障碍物的衍射

(a) 波长较长;(b) 波长较短

2. 散射现象

如果障碍物的表面很粗糙(也就是表面的起伏程度与波长相当)或者障碍物(如粒子、圆球等)的大小与波长差不多,入射声波就会向各个方向散射。这时障碍物周围的声场是由入射声波和散射声波叠加而成的。

散射波的图形十分复杂,既与障碍物的形状有关,又与入射声波的频率(即波长与障碍物大小之比)密切相关。一般来说,低频声波散射弱,高频声波散射强。并且,散射波的能量比较集中于入射波前进的方向。

由于,总声场是由入射声波与散射声波叠加而成的,因此对于低频情况,在障碍物背面散射波很弱,总声场基本上等于入射声波,即入射声波能够绕过障碍物传到其背面形成声波的衍射。声波的衍射现象不仅在障碍物比波长小时存在,即使障碍物很大,在障碍物边缘也会出现声波衍射。波长越长,这种现象就越明显。

3. 讨论

(1) 在声学中,障碍物(或声学元件)的尺寸都是相对于波长而言的,因此同一尺寸障碍物对于不同波长的声波而言,有不同的相对大小。障碍物上有孔洞、缝隙,相当于减小了障碍物的声学尺寸。

(2) 绕射的程度取决于波长 λ(或频率 f)和障碍物的尺寸与形状。

(3) 低频噪声的波长长,绕射现象显著,发散性好,穿越性好,障碍物后声影区小;高频噪声的波长短,反射现象显著,集束性强,方向性好,障碍物后声影区大(图 2-35)。

(4) 合适的隔声屏障可挡住大量的高频噪声(5～15dB);而孔洞缝隙可透过大量的低频噪声,从而大大降低隔声构件的隔声效果。

(5) 孔洞缝隙可以透过大量噪声的现象,对于设计吸声材料的护面板带来便利。只要护面板上开孔率达到一定值,声波就几乎可以全部穿过护面板进入到吸声材料中去。

(6) 低频噪声散射弱,高频噪声散射强。

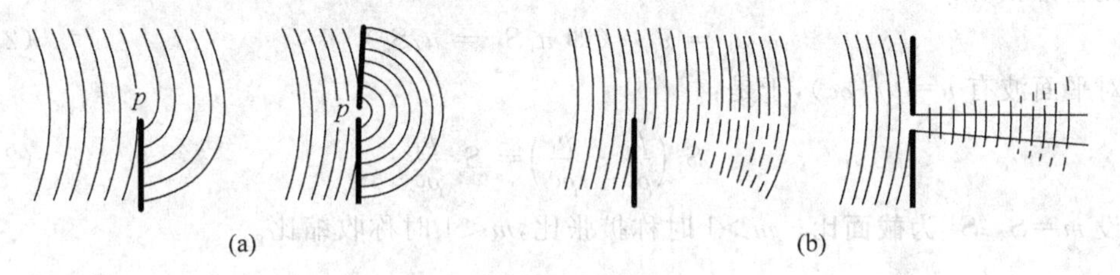

图 2-35 高频与低频噪声的绕射

(a) 低频绕射;(b) 高频绕射

思考题

路边的声屏障不能将声音(特别是低频声)完全隔绝是什么原因?

2.9.7 声波在变截面管道中的传播

声波在管道中传播时,截面积的突变会引起声波的反射,使透射声能降低。如图 2-36,当声波沿着截面积为 S_1 和 S_2 相接的管道传播时,S_2 管对 S_1 管来说是附加了一个声负载,在接口平面两侧阻抗由此造成差别,因而界面上将产生声波的反射和透射。

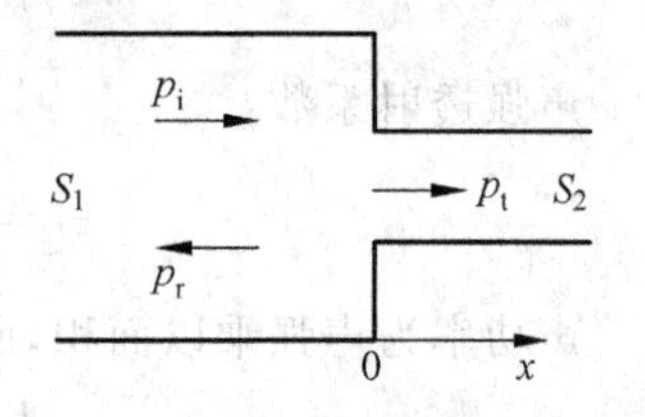

图 2-36 突变截面管道中声的传播

1. 声波方程和质点速度方程

设 S_1 管中的入射声波声压为 p_i,沿 x 正向传播,反射声压为 p_t,沿 x 负向传播,并设 S_2 管无限长,末端无反射,则在 S_2 管中仅有沿 x 方向传播的声压为 p_t 的透射波。于是它们的声压表达式分别为

$$\left.\begin{aligned} p_i &= P_i\cos(\omega t - kx) \\ p_r &= P_r\cos(\omega t + kx) \\ p_t &= P_t\cos(\omega t - kx) \end{aligned}\right\} \tag{2-137}$$

而质点的速度方程分别为

$$\left.\begin{aligned} u_i &= \frac{P_i}{\rho c}\cos(\omega t - kx) \\ u_r &= \frac{P_r}{\rho c}\cos(\omega t + kx) \\ u_t &= \frac{P_t}{\rho c}\cos(\omega t - kx) \end{aligned}\right\} \tag{2-138}$$

2. 界面条件

(1) 在 $x=0$ 处,即在两管连接的分界面上,声波必须符合连续条件,根据声压连续条件有:

$$p_t = p_i + p_r \tag{2-139}$$

(2) 在 $x=0$ 处,体积速度应该连续,即流入的流量率(截面积乘以质点速度)必须与流出的流量率相等:

$$v_1 = v_2 \quad (\text{即 } u_1 S_1 = u_2 S_2) \tag{2-140}$$

又因对平面波有 $u=p/(\rho c)$,于是:

$$S_1\left(\frac{p_i}{\rho c} - \frac{p_r}{\rho c}\right) = S_2\frac{p_t}{\rho c} \tag{2-141}$$

设 $m=S_2/S_1$ 为**截面比**。$m>1$ 时称扩张比,$m<1$ 时称收缩比。

3. 反射系数和透射系数

由式(2-139)和式(2-141),可解得

声压反射系数:

$$\gamma_p = \frac{p_r}{p_i} = \frac{S_1 - S_2}{S_1 + S_2} = \frac{1-m}{1+m} \tag{2-142}$$

声强反射系数:

$$\gamma_I = \gamma_p^2 = \left(\frac{S_1 - S_2}{S_1 + S_2}\right)^2 = \left(\frac{1-m}{1+m}\right)^2 \tag{2-143}$$

声强透射系数:

$$\tau_I = 1 - \gamma_I = \frac{4S_1S_2}{(S_1+S_2)^2} = \frac{4m}{(1+m)^2} \tag{2-144}$$

声功率为声强乘以面积,所以声功率透射系数为

$$\tau_W = \frac{I_2S_2}{I_1S_1} = \tau_I\frac{S_2}{S_1} = \frac{4S_2^2}{(S_1+S_2)^2} = \frac{4}{(m+1)^2} \tag{2-145}$$

4. 讨论

(1) 当 $m=1$ 时,$\gamma_p=0$,$\gamma_I=0$,$\tau_I=1$,在界面上产生全透射;m 越接近于1,透射就越大。

(2) 式(2-142)与声波在空气中传播时的声压反射系数式(2-146)对比,可以看出两者是相似的:

$$\gamma_p = \frac{p_r}{p_i} = \frac{\rho_2c_2 - \rho_1c_1}{\rho_2c_2 + \rho_1c_1} = \frac{1-(\rho_1c_1/\rho_2c_2)}{1+(\rho_1c_1/\rho_2c_2)} = \frac{1-m_{\rho c}}{1+m_{\rho c}} \tag{2-146}$$

式中：$m_{\rho c}$ 为两个媒质的特性阻抗比，$m_{\rho c}=\frac{\rho_1 c_1}{\rho_2 c_2}$，与截面比 m 相当。

5. 小结

(1) 在管道中，由于声波传播截面大小的变化也能造成声阻抗失配而引起反射。这是由于变截面两侧的声阻抗产生了差异，此处声阻抗 $Z_a=p/v$，其中振动的体积速度 $v=uS$。

(2) 无论是扩张管还是收缩管，只要大管对小管的面积比 m 相同，声强反射系数 γ_I 和透射系数 τ_I 便相同；但 τ_W 则截然不相同，在收缩管中要比扩张管中大 m^2 倍。

(3) 声波在突变截面管道中的传播特性是扩张式消声器工作原理的基础。

思考题

1. 声波在突变截面管道中传播时，如何会引起界面两侧的声阻抗产生差异？

2. 设截面比 $S_{大}/S_{小}=4$，将下列通道(A、B、C、D)按反射系数 γ_I 自大到小排列。

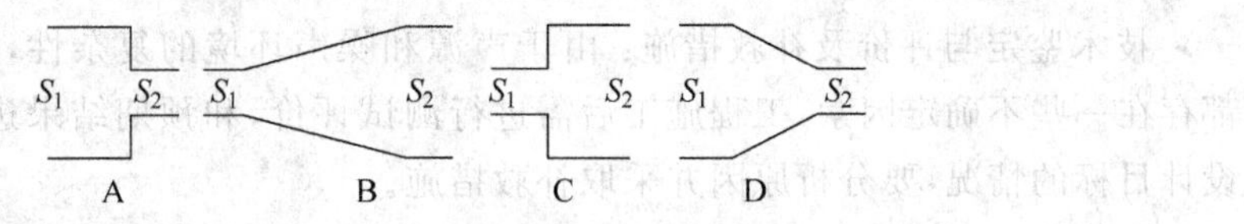

3. 人与许多动物的耳朵(道)都呈喇叭型，为什么？

2.10　噪声控制工作程序

本节提要

1. 了解噪声控制的一般原则
2. 了解噪声控制的基本工作程序和基本要求

2.10.1　噪声控制的一般原则

(1) 科学性：声源类型、特性、频谱明确，技术措施搭配得当、有针对性；

(2) 先进性：技术措施可靠、有效、经济，可实施性和无妨碍性好；

(3) 经济性：价格便宜、耐久实用、美观大方，易于安装维护。

2.10.2　噪声控制的基本工作程序

对现有噪声污染问题的控制工作基本程序如图 2-37 所示。

➢ 工作基本原则：先声源控制，再途径控制，后个人防护。

➢ 确定合适的降噪目标：根据区域和场所环境要求，选用适宜的噪声标准。

➢ 控制措施设计要满足设备运用条件和生产工艺操作要求：不影响设备的技术性能和工艺要求，不妨碍生产操作和维修保养，保证水、电、气管线穿越与供应，保证人流、物流的通畅，保障正常的通风、散热、采光，防尘、防腐、防止二次污染。

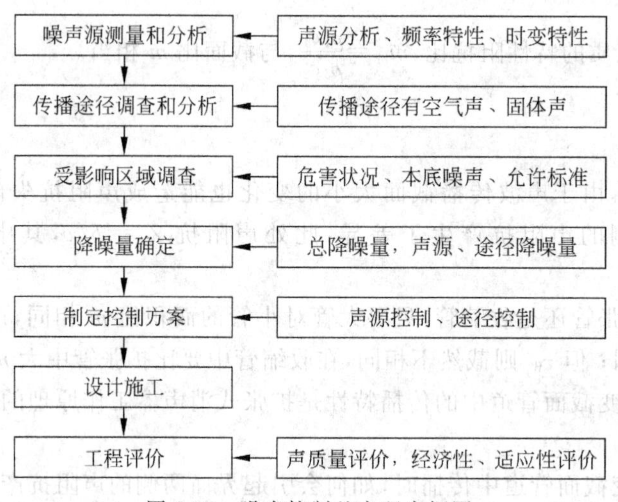

图 2-37 噪声控制基本程序框图

➢ 技术鉴定与评价及补救措施：由于声源和噪声环境的复杂性，声源的诊断和降噪方案都存在一些不确定因素，工程施工后需进行测试评价，和预期结果进行比较，如果出现偏离设计目标的情况，要分析原因并采取补救措施。

本章作业

∵对本章内容和要点作一个小结

◇ 一些重要的概念

◇ 一些重要的物理量和评价量

◇ 一些重要的现象和定律

◇ 一些重要的计算

◇ 一些重要的结论

对以上各节的要点，明确它们的定义和内涵，寻求它们的联系，建立自己的思路。把整章内容和知识点串联起来，达到融会贯通。

例如：

(1) **声速 c**：概念—物理意义—影响因素：媒质的弹性、密度、温度、风速—计算式—常用值与单位—媒质的声学特性之一—特性阻抗 $\rho_0 c$—平面声波阻抗率—对声波传播影响（反射、透射、折射）。

(2) **声阻抗 Z_a**：声阻抗率—特性阻抗—概念—物理意义—表达方法—复数的意义—影响因素—对声波传播的影响—在声学分析中的作用。

(3) **频率 f**：角（圆）频率/波数—频率与相位—特征频率—高、中、低频—频率与音调—频带频程—频谱与频谱分析—频率与等响曲线—计权网络频率特性—NR 曲线—A 计权声级与降噪量计算—频率与声波传播特性—频率与降噪技术。

习　题

1. 真空中能否传播声波？为什么？

2. 可听声的频率范围为 20～20 000Hz，试求出 20、500、1000、20 000Hz 的声波波长。

3. 波长为10cm的声波，在空气、水及钢中的频率和周期分别为多少？（已知空气中的声速为340m/s，水中为1483m/s，钢中为6100m/s。）

4. 频率为500Hz的声波，在空气、水和钢中的波长分别为多少？（已知空气中的声速为340m/s，水中为1483m/s，钢中为6100m/s。）

5. 试问在夏天40℃时空气中的声速比冬天0℃时快多少？在这两种温度情况下1000Hz声波的波长分别是多少？

6. 要判断闪电距离我们有多远，有一个粗略的估算法：将看到闪电到听见雷声这段时间（以s为单位）除以3，此结果就是闪电到我们之间的距离（以km为单位）。试证明之。

7. 空气温度25℃时，某人在看到闪电30s后听到雷声，问此人到雷电发生处的距离是多少？

8. 已知两列声脉冲到达人耳的时间间隔大于50ms，人耳听觉上才可区别开这两个声脉冲。试问人离开高墙至少多远才能分辨出自己讲话的回声？

9. 设平面声波沿x方向传播，x处的质点位移$\xi=e^{j(\omega t-kx)}$。试求质点速度、声压与位移间的相位关系。

10. 假定简谐平面声波沿x正方向传播，证明质点速度比质点位移超前90°相位。当声波沿x负方向传播时，证明声压比质点位移滞后90°相位。

11. 设在媒质中有一无限大平面沿法向作简谐振动，振动速度为$u=U_0\cos\omega t$。试求当速度幅值为$U_0=1.0\times10^{-4}$ m/s时，其在空气中和水中产生的声压。（已知，空气的$\rho=$1.21kg/m^3，$c=$340m/s；水的$\rho=$998kg/m^3，$c=$1483m/s。）

12. 在空气中离点声源2m距离处测得声压$P=0.6$Pa，试求此处的声强I、质点振速U、声能密度D和声源的声功率W。

13. 若平面声波在水中和空气中具有相同的质点振动速度幅值，试求水中声强与空气声强的关系。

14. 试问夏天(40℃)空气中声速比冬天(0℃)时快多少？在两种情况下1000Hz声波波长分别为多少？如果平面声波声压保持不变，媒质密度也近似地保持不变。求两种温度下声强变化的百分率。

15. 已知某声源为均匀辐射球面波，在距离声源10m处测得有效声压2Pa，空气密度1.21kg/m^3。试计算测点处的声强、质点振动速度有效值和声源的声功率。

16. 噪声的声压分别为2.97、0.332、0.07、0.106、2.7×10^{-5}Pa，问它们的声压级各为多少分贝？

17. 已知噪声的声压级分别是30、70、90、130dB，试求它们的声压有效值。

18. 距声源3m处的声压级为95dB，求该点的声强、质点振动速度和声能密度。

19. 两声波的强度分别为10μW/m^{2}和5000μW/m^2，求它们的声强级之差。

20. 一点声源在气温为30℃、相对湿度为70%的自由声场中辐射噪声。已知距声源20m处的500Hz和4000Hz的声压级均为95dB，求100m和800m处两频率的声压级。

21. 一个小型声源均匀地向各方向发出声波，在2.0m处声强级为100dB。求声源的发射功率和50m处的声强级。

22. 一段交响乐的声强级为70dB，人正常说话时声强级为40dB。试求每平方米面积内交响乐的功率是人说话时的多少倍？

23. 已知下列各种声源的功率：200W（锅炉房）、12W（交响乐队）、0.25W（响的扬声器）、0.000 05W（响的噪音）、2mW（钢琴声）。求各声源的声功率级。

24. 试求声功率为 3W 和 5W 的声源，其声功率级分别为多少？声强级为 100dB 和 120dB 的噪声，其声强分别为多少？

25. 距声源 2m 处噪声的平均声压级为 88dB，假设声源为点声源，所在空间无反射声。试求其声功率和声功率级，并求出距声源 10m 处的噪声声压级。

26. 飞机发动机的声功率级可达 165dB，为保护人耳不受损伤，人耳处声压级应小于 120dB。假设飞机为点声源，试求飞机起飞时人应站在至少离跑道多远处？

27. 在半自由声场空间中，离点声源 2m 处测得声压级的平均值为 85dB。试求：(1)其声功率级和声功率；(2)距声源 10m 远处的声压级。

28. 某声源均匀辐射球面声波，在距离声源 2m 处测得噪声的声压为 1.5Pa。求该点的声强级和声功率级，并求距声源 6m 处的声压级、声强级和声功率级。

29. 有 3 个噪声源，在测点上其声压级分别为 100、95、98dB。求测点上的总声压级。

30. 在某点测得 4 个噪声源单独存在时的声压级分别是 80、83、91、84dB，问这几个噪声源同时存在时该点的总声压级是多少？

31. 假设一个人在房间内讲话时平均声强级为 40dB，若房间内有 20 个人在讲话。假设每个人的声强级都相同，则此时声强级为何值？

32. 某车间内装有 8 台同样的风机。当只有一台风机开启时，室内平均声压级为 62dB。试求当有 2 台、4 台及 8 台同时开启时，室内平均声压级各为多少？

33. (1)两个声音各自对某点的声压级分别都是 70dB，问两声音同时存在时该点总声压级是多少？(2)如果对该点声压级分别为 70dB 和 65dB，总声压级为多少？(3)如果对该点声压级分别是 70dB 和 50dB，则总声压级又为多少？

34. 已知一台风扇的倍频程声压级如下表所示，求总声压级。

倍频带中心频率/Hz	31.5	63	125	250	500	1000	2000	4000	8000
声压级/dB	85	88	92	87	83	78	70	63	50

35. 计算 NR46、53、65、71、85 曲线所对应的总 A 声级。

36. 求 4 个声功率级分别为 88、90、95、97dB 的声源的总声功率级。

37. 某车间内有 3 台机床，其声功率级分别为 80、85、95dB。试求它们的总声功率级。

38. 某测点处测得一台机器的声功率级如下表所示，测点取在包络面面积 $S=110\text{m}^2$ 上。求总声压级和总声功率级。

频带中心频率/Hz	63	125	250	500	1000	2000	4000	8000
声压级平均值/dB	90	98	102	96	91	84	75	62

39. 测量置于刚性地面上的某机器的声功率级时，测点取在半球面上，球面半径为 4m，测得各倍频带的声压级平均值如下表所示。试求总声压级及机器的总声功率级。

f_0/Hz	63	125	250	500	1000	2000	4000	8000
声压级/dB	90	98	100	95	82	75	60	50

40. 某居住小区与工厂相邻,该工厂 10 台同样的机器运转时的噪声级为 50dB。如果夜间的噪声级容许值为 45dB,问夜间只能允许几台机器同时运转?

41. 在车间内测量某台机器的噪声,同时还有其他机器在运转,当被测机器运转时测得声压级为 87dB,该台机器停止运转时背景噪声为 79dB。求被测机器声压级。

42. 在厂房内测得某机器的声压级为 94dB,厂房内背景噪声声压级是 88dB。求这一机器的实际声压级。

43. 某台车床运转时,在相距 1m 处测得的声压级为 85dB;该车床停车时,在同一距离测得的背景噪声为 75dB。求该车床单独在测点产生的声压级。

44. 两台机器同时运行时的总声压级为 95dB,其中一台设备运行时在该测点产生噪声的声压级为 86dB。求另一台机器在该测点产生噪声的声压级。

45. 验证中心频率为 250、500、1000、2000Hz 的倍频程和 1/3 倍频程的上、下截止频率。

46. 在频带内声能均匀分布的噪声源的倍频带声压级是 L_pdB,

(1) 试求每一个 1 倍频带包括几个 1/3 倍频带;

(2) 计算在 1 倍频带内的每一个 1/3 倍频带的平均频带声压级;

(3) 如果每一个 1/3 倍频带有相同声能,则每一个倍频带的声压级是多少?

47. 70phon 的声音是 50phon 声音响度的________倍,等于________sone; 4sone 的声音是 50phon 声音响度的________倍,等于________phon; 某纯音是 50dB 1kHz 纯音响度的 2 倍,则该纯音的响度 $N=$________,响度级 $L_N=$________。

48. 一台辐射中频(1~1.25kHz)噪声的机器,在房间内产生的声压级为 100dB,经噪声治理后,声压级降到 80dB。试估计其响度降低了多少(%)?

49. 某噪声源治理前和治理后测点的声压级测量结果如下表所示,求响度下降的百分率。

中心频率/Hz	500	1000	2000	4000	8000
治理前声压级/dB	89	91	88	84	81
治理后声压级/dB	82	84	80	79	73

50. 测得各倍频程的声压级如下表所示,试求总响度和总响度级。

f_0/Hz	63	125	250	500	1000	2000	4000	8000
声压级/dB	55	57	59	65	67	73	65	41

51. 某一噪声频谱如下表所示,根据斯蒂文斯响度计算法,求其响度级。

中心频率/Hz	63	125	250	500	1000	2000	4000	8000
声压级/dB	80	75	95	70	65	60	52	45

52. 测量某声音的倍频程声压级如下表所示,试计算总的A计权声级。

中心频率/Hz	31.5	63	125	250	500	1000	2000	4000	8000
倍频程声压级/dB	60.0	65.0	73.0	76.0	85.0	80.0	78.0	62.0	60.0

53. 距某机器设备1m处测得下列一组倍频程的声压级,试求该点总的声压级和A声级。

f_0/Hz	250	500	1000	2000	4000	8000
声压级/dB	70	61	60	75	82	87

54. 某纺织厂操作工,每天工作8h。6h在织机前巡回检查,声级为92dB;1h在休息室休息,声级为75dB;另1h在55dB以下的环境下就餐等。求该工人每天接触噪声的等效声级。

55. 某车间在上班的8h内对某一操作岗位进行A声级测量,测量结果如下表所示,计算其等效连续A声级。

时间	8:00—8:40	8:40—9:30	9:30—10:30	10:30—12:00	中午	14:00—15:25	15:25—16:00	16:00—17:30	17:30—18:00
L_A/(dB(A))	85	92	94	99	休息	87	103	96	84

56. 某小区的时间平均A声级L_A随时间变化的实测结果如下表所示,计算其24h内的等效声级。

时间	0:00—5:00	5:00—7:00	7:00—11:00	11:00—13:00	13:00—18:00	18:00—21:00	21:00—23:00	23:00—24:00
L_A/dB(A)	44	55	70	65	68	62	55	48

57. 某卡拉OK厅,女声演唱时平均声级为100dB,占总时长30%;男声演唱时的平均声级为96dB,占总时长20%;其余时间在85dB左右。一场共计6h。求该场卡拉OK厅的等效连续声级。

58. 为考核某车间内8h的等效A声级。8h中按等时间间隔(5min)测量车间内噪声的A计权声级。共测试得到96个数据。经统计,A声级在85dB段(包括83~87dB)的共12次,在90dB段(包括88~92dB)的共12次,在95dB段(包括93~97dB)的共48次,在100dB段(包括98~102dB)的共24次。试求该车间的等效连续A声级。

59. 某地区铁路旁一测点测得:当蒸汽货车经过时,在2.5min内的平均声压级为75dB;当内燃机客车通过时,在1.5min内的平均声级为70dB;没有车辆通过时的环境噪声约为50dB。该测点白天12h内共有62列车通过,其中货车37列,客车25列。计算该测点白天的等效连续声级。

60. 工人甲每天在80dB的噪声环境下工作8h;工人乙每天在73dB的噪声环境下工作4h,在80dB的噪声环境下工作2h,在90dB的噪声环境下工作2h。问甲乙二人谁受到噪声的危害比较大？

61. 某小区白天的等效连续声级为 66dB(A)，夜间的等效连续声级为 47dB(A)。求该小区的昼夜等效声级。

62. 某甲地区白天的等效声级为 64dB，夜间为 45dB；另乙地区白天为 60dB，夜间为 50dB。试问哪一地区的环境噪声对人的影响大？

63. 对某区域的噪声普查，测得的结果见下表，计算该区域的昼夜等效声级。

昼夜	白天(6:00—22:00)				夜间(22:00—6:00)		
时间/h	4	5	3	4	1	3	4
A 声级/dB(A)	55	58	53	59	45	47	49

64. 求下列倍频程声压级的 NR 数。

f_0/Hz	63	125	250	500	1000	2000	4000	8000
声压级/dB	60	70	80	82	80	83	78	76

65. 某噪声的倍频程声压级如下表所示，试求该噪声的 A 计权声级及其 NR 数。

中心频率/Hz	63	125	250	500	1000	2000	4000	8000
声压级/dB	60	70	80	82	80	83	78	76

66. 某风机房内测得的噪声频谱如下表所示，计算风机房内总的 A 声级 L_A 和各频带上的降噪量 ΔL_p，设风机房内的噪声标准为 90dB(A)。

中心频率 f_0/Hz	63	125	250	500	1000	2000	4000	8000
声压级 L_p/dB	83	86	89	110	112	108	105	100

67. 某教室环境，如教师用正常声音讲课，要使离讲台 6m 距离能听清楚，则环境噪声不能高于多少分贝？

68. 阅读《工业企业噪声卫生标准》，如果某车间设备发出稳态连续噪声，噪声控制前后的声压级如下表所示，根据该标准判断，治理前后操作人员分别能在其环境中工作多长时间？

中心频率/Hz	125	250	500	1000	2000	4000	8000
治理前声压级/dB	102	99	97	94	85	83	74
治理后声压级/dB	92	89	91	85	81	79	71

69. 某工人操作一台机器，8h 生产部件 160 个，每个部件的加工噪声为 95dB(A)，均持续 2min。试计算该工人的噪声剂量，并评价是否超过安全标准。

70. 某工人所处的噪声条件是每小时之内 4 次暴露于噪声 102dB(A)的环境中，每次持续 6min；4 次暴露于噪声 106dB(A)的环境中，每次持续 0.75min。试考核该工人每天的噪声安全情况。

71. 某一工作人员暴露于噪声环境 93dB 计 3h，90dB 计 4h，85dB 计 1h。试求其噪声暴露率是否符合现有工厂企业噪声卫生标准。

72. 评价噪声功能区的达标方法是按昼夜等效声级分别达到相应功能区昼间标准，即为该功能区噪声达标。现测得某类标准适用区的24h的测量值如下表所示。试计算该点位的昼夜等效声级，并评价该点位是否达标。

序号	时间	L_{Aeq}/dB	序号	时间	L_{Aeq}/dB
1	14:00—15:00	44.3	13	2:00—3:00	58.1
2	13:00—14:00	42.6	14	1:00—2:00	40.5
3	12:00—13:00	45.4	15	24:00—1:00	38.3
4	11:00—12:00	42.8	16	23:00—24:00	40.1
5	10:00—11:00	47.2	17	22:00—23:00	37.8
6	9:00—10:00	51.3	18	21:00—22:00	46.6
7	8:00—9:00	45.8	19	20:00—21:00	43.9
8	7:00—8:00	47.8	20	19:00—20:00	50.4
9	6:00—7:00	44.3	21	18:00—19:00	41.6
10	5:00—6:00	42.5	22	17:00—18:00	43.1
11	4:00—5:00	47.1	23	16:00—17:00	49.2
12	3:00—4:00	42.4	24	15:00—16:00	46.9

73. 用什么参量表示机器声辐射的指向特性？

74. 某一声源向空间辐射半球面波，计算该声源的指向性指数和指向性因数。

75. 一点声源在自由声场中辐射球面声波，气温25℃，相对湿度40%。在距离声源3m处，测得频率为1000Hz的声音的声压级为90dB。求距声源30m处该声波的声压级。

76. 在半自由声场中，一点声源辐射半球面波。在距声源1m处，测点声压级为90dB。若空气吸收衰减忽略不计，试求10m和20m处的声压级。

77. 一点声源在半自由声场中辐射声波，气温20℃，相对湿度20%，在距声源10m处，测得1000Hz的声压级为100dB。求100m处该频率的声压级。

78. 一点声源在气温30℃、相对湿度70%的自由声场中辐射噪声。已知距声源20m处的500Hz和4000Hz的声压级均为100dB。求120m和800m处两频率的声压级。

79. 分别计算在点声源、无限长线声源的声场中，距离增加一倍时的声压级降低值。

80. 某工厂有甲、乙两相同的风机（点声源），相距40m。在甲、乙的中点测得的噪声级为67dB。厂界两测点A、B分别位于两声源的中垂线连线上，距甲均为40m，如下图所示。厂界噪声标准限值为60dB，问厂界噪声是否超标？

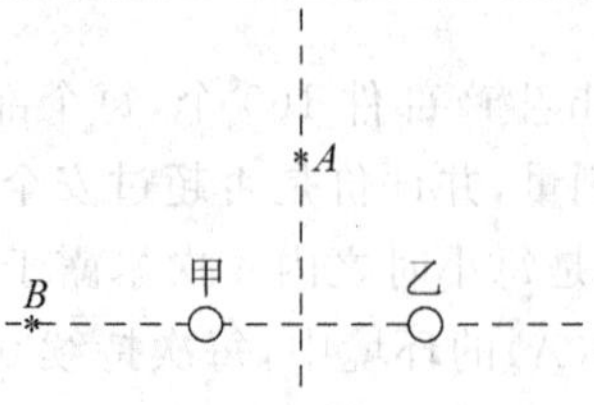

A

B 甲 乙

81. 一测点距公路边界线 20m，测点噪声级 58dB。试求距边界线 200m 处的噪声级。若在路旁建一座医院(要求噪声级不超过 45dB)，试问至少应离公路边界多远？

82. 已知空气的密度为 1.21kg/m^3，在空气中的声速为 340m/s，水的密度为 998kg/m^3，在水中的声速为 1483m/s。

(1) 当平面声波由空气垂直入射到水面上时，试计算反射声波的声压及透射系数分别为多少？如果声波入射角为 30°，求折射角为多少？

(2) 当声波由水进入空气时，情况又如何？

(3) 上述两种情况哪种存在全反射临界角 θ_c？并求出 θ_c 的值。

第3章

吸声技术

本章提要

1. 吸声材料和吸声结构是吸声降噪处理的主要手段，了解它们的类型、组成、吸声机理及使用性能，对吸声降噪的选材有重要指导意义。

2. 吸声系数、吸声量和声阻抗是吸声技术中的3个基本参数，它们原则上是等价的，但又有各自的特性和应用场合；合理的使用有利于声学分析和便捷地解决吸声降噪设计问题。

3. 吸声材料有优良的高频吸声性能，了解它们的吸声原理和影响因素可以帮助我们作出合理的吸声设计。

4. 吸声结构的特点是低频段吸声性能良好，但吸声频带较窄、选择性强。了解它们的吸声原理和影响因素对科学设计和使用吸声结构有重要指导意义。

5. 空间吸声体因其效率高而在吸声处理中得到广泛的应用，了解它们的类型、性能和使用、布置方式对于提高吸声处理的性价比有重要意义。

6. 室内声场的特点、组成和理论是吸声处理的设计基础，掌握室内声场的分析和降噪计算是本章的核心。

一般厂房内的声场由直达声和混响声两部分组成。混响声能的密度在室内是均匀分布的，由统计声学方法推导而得；而直达声的能量分布与到声源的距离有关。吸声处理只有在混响声占主导地位的区域才有效。

7. 吸声设计工作程序和设计计算是通过几个例子来介绍的，但仍然有代表性、普适性，而且也比较具体、形象，具有很好的参照性。

需要指出的是，吸声处理是有一定前置条件的，一般经济的降噪量在5～7dB，过高的期望不切合实际；吸声处理与其他处理技术联合运用更为经济而且切实可行。

3.1 吸声材料和吸声结构

在降噪措施中，吸声是一种最有效的方法，因而在工程中被广泛应用。人们在室内所接受到的噪声包括由声源直接传来的直达声和室内各壁面反射回来的混响声(图3-1)。吸声材料主要用来降低由于反射产生的混响声。许多工程实践证明，吸声材料使用得当，可以降低混响声级5～10dB(A)，甚至更大些。

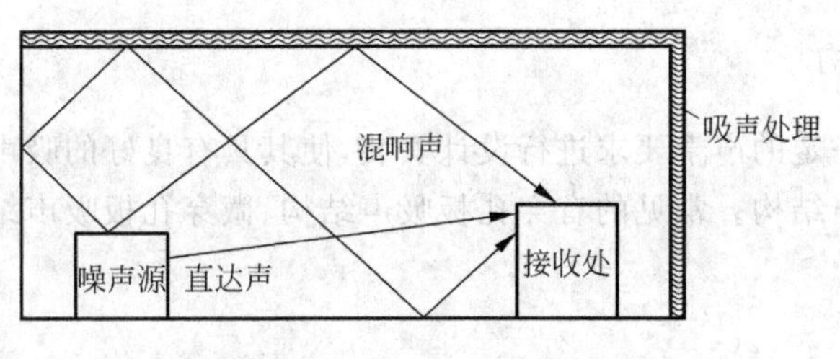

图 3-1 室内声场与吸声处理

3.1.1 吸声材料和结构的声学分类

➢ 任何材料或结构或多或少都具有一定的吸声能力，通常平均吸声系数超过 0.2 的材料或结构称为吸声材料或吸声结构。

➢ 在噪声控制工程中，常用吸声材料和吸声结构来降低室内噪声，尤其是在空间较大、混响时间较长的室内，应用相当普遍。按吸声机理的差异，吸声体可以分为多孔吸声材料和共振吸声结构两大类。

1. 多孔吸声材料

多孔吸声材料的内部有许多微小细孔直通材料表面，或其内部有许多相互连通的气泡，具有一定的通气性能。凡在结构上具有以上特征的材料都可以作为吸声材料。吸声材料的种类很多，在工程中应用最为广泛，目前，国内生产的这类材料大体可分 4 大类。

(1) 无机纤维材料

无机纤维材料主要有玻璃丝、玻璃棉、岩棉和矿渣棉及其制品。

玻璃棉分短棉（直径$(10\sim13)\times10^{-12}$m）、超细棉（直径$(0.1\sim4)\times10^{-18}$m）以及中级纤维棉（直径$(15\sim25)\times10^{-21}$m）3 种。其中，超细玻璃棉是最常用的吸声材料，它具有不燃密度小、防蛀、耐蚀、耐热、抗冻、隔热等优点。经过硅油处理的超细玻璃棉，还具有防火、防水和防潮的特点。

矿渣棉具有导热系数小、防火、耐蚀、价廉等特点；岩棉能隔热、耐高温（700℃）且易于成型。

(2) 有机纤维材料

有机纤维材料是使用棉、麻等植物纤维及木质纤维制品来吸声的。如软质纤维板、木丝板、纺织厂的飞花及棉麻下脚料、棉絮、稻草等制品。其特点是成本低，防火、防蛀和防潮性能差。

(3) 泡沫材料

泡沫材料主要有泡沫塑料和泡沫玻璃。用作吸声材料的泡沫塑料有米波罗、氨基甲酸脂泡沫塑料等，这类材料的特点是密度小、导热系数小、材质柔软等，其缺点是易老化、耐火性差。

(4) 吸声建筑材料

吸声建筑材料为各种具有微孔的泡沫吸声砖、膨胀珍珠岩（颗粒类）、泡沫混凝土等材料，它们具有保温、防潮、耐蚀、耐冻、耐高温等优点。

2. 共振吸声结构

用建筑材料按一定的声学要求进行设计安装，使其具有良好的吸声性能的建筑构件，叫共振吸声结构或吸声结构。常见的有穿孔板吸声结构、微穿孔板吸声结构、薄板和薄膜吸声结构等。

3.1.2 吸声机理

1. 多孔吸声材料的吸声机理

➢ 主导机制：声能入射到多孔材料上，进入通气性的孔中引起空气与材料振动，由于材料内摩擦与粘滞力的作用使声振动能转化成热能而散耗掉。

➢ 次要机制：声能入射到多孔材料上，进入通气性的孔中引起空气与材料振动，由于媒质振动时各处质点疏密不同，这种压缩与膨胀引起它们的温度不同，从而产生温度梯度，通过热传导作用将热能散失掉。

2. 共振吸声结构的吸声机理

➢ 共振吸声结构则是利用共振吸声原理设计的吸声体，在声波激励下，振动着的结构由于自身的内摩擦和空气的摩擦，把一部分振动能量转变成热能而消耗掉，根据能量守恒定律，这些损耗的能量必定来自激励它们振动的声能量。

➢ 当入射声波的频率与结构的固有频率相吻合时，结构产生共振，此时引起的能量损耗使构件的吸声系数最大。可见其吸声性能有很大的选择性。

3.1.3 吸声材料(结构)的作用及其性能要求

1. 吸声材料(结构)的作用

吸声材料或吸声结构被广泛应用于噪声控制和厅堂音质设计中，它的主要作用有：

(1) 缩短和调整室内混响时间，消除回声以改善室内的听闻条件；

(2) 降低室内的噪声级；

(3) 作为管道衬垫或消声器件的原材料，以降低通风系统或沿管道传播的噪声；

(4) 在轻质隔声结构内和隔声罩内表面作为辅助材料，以提高构件的隔声量。

2. 吸声材料(结构)的综合性能要求

在噪声控制工程中，在选择吸声材料(结构)时，除考虑它的声学特性外，还必须从其他一些方面进行综合评价。不同类型吸声材料，其吸声特性不同；同种吸声材料由于使用方法不同，其吸声性能也有所不同。因此，必须根据不同的使用要求，满足以下条件或侧重一部分条件进行选用：

(1) 所需吸声频带范围内吸声系数要高，吸声性能应长期稳定可靠。

(2) 具有一定的力学强度，在运输、安装和使用过程中，不易破损，经久耐用，不易老化。

(3) 表面易于装饰,容易清洗,易于保养。

(4) 质轻,容重小,易于安装、更换、维修。

(5) 防潮、防火、耐腐蚀、防蛀、不易发霉、不易燃烧、不腐蚀构架。

(6) 无特殊气味,不危害人体健康,符合环境保护要求。

(7) 构件填料要均匀,对于松散材料,不因自重而下沉。对洁净度要求较高的场合,材料不会发脆而掉渣,也无纤维飞絮等飘散。

(8) 就地取材,价格便宜。

3.2 吸声系数、吸声量及声阻抗

表征吸声材料或吸声结构吸声特性的物理量主要有吸声系数、吸声量及声阻抗。

吸声是采用吸声材料或吸声结构将入射声能转化为其他形式的能量(如热能)来消耗声能,达到降噪的目的。图 3-2 为吸声示意图。

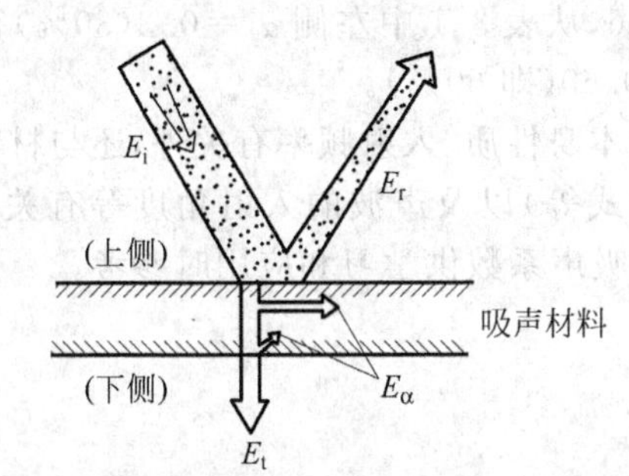

E_i—入射总声能;
E_r—被材料或结构反射的声能;
E_α—被材料或结构吸收的声能;
E_t—透过材料或结构的声能,若透过声不再返回所控制的声场,可视作被吸收,并一起归入到E_α中。

图 3-2 吸声示意图

1. 吸声系数 α

吸声系数是表征吸声材料或结构吸声能力的参数,用 α 表示,$\alpha=0\sim1$。

$$\alpha = E_\alpha/E_i = (E_i - E_r)/E_i = 1 - r \tag{3-1}$$

式中:r 为反射系数,$r=E_r/E_i$。

同样,室内吸声系数 α 则反映房间壁面上单位面积的吸声能力。

➢ **α 的影响因素:**

(1) α 与频率有关,因此通常应给出吸声材料或结构的吸声频谱;一般工程中把中心频率为 $f_0=125\sim4\text{kHz}$ 这 6 个倍频程的 α_f 平均值称为**平均吸声系数** $\bar{\alpha}$(精确度计算到 0.05)。

(2) α 与入射角度有关:

正(垂直)入射吸声系数 α_0:驻波管法测定(参见《驻波管法吸声系数与声阻抗率测量规范》(GBJ 88—1985)),又称驻波法吸声系数;

无规入射(混响)吸声系数 α_S(α_T):混响室法测定(参见《混响室法吸声系数测量规范》(GBJ 47—1983)),又称混响法吸声系数。

➢ 由于无规入射吸声系数 α_S 更接近于室内声场实际状况和材料的实际使用条件,因此在工程计算中普遍采用 α_S;而正入射吸声系数 α_0 的测定简单方便,常用来作为吸声材料或结构的吸声能力指标。α_0 与 α_S 的换算见表 3-1（精确到小数点后第二位即可）。

表 3-1　正入射吸声系数 α_0 与无规入射吸声系数 α_S 换算表　%

α_0	0	1	2	3	4	5	6	7	8	9
	α_S									
0	0	2	4	6	8	10	12	14	16	18
10	20	22	24	26	27	29	31	33	34	36
20	38	39	41	42	44	45	47	48	50	51
30	52	54	55	56	58	59	60	61	63	64
40	65	66	67	68	70	71	72	73	74	75
50	76	77	78	78	79	80	81	82	83	84
60	84	85	86	87	88	88	89	90	90	91
70	92	92	93	94	94	95	95	96	97	97
80	98	98	99	99	100	100	100	100	100	100
90	100	100	100	100	100	100	100	100	100	100

例如，某材料的正入射吸声系数 $\alpha_0=0.36$，从表 3-1 中左侧 $\alpha_0=0.3(30\%)$行与表中最上行中 $\alpha_0=0.06(6\%)$列的交叉点得到 $\alpha_S=0.60$(即 60%)。

➢ 吸声材料吸声系数的大小，除了与材料本身性质、入射频率有关外，还与材料的安装方式(背后有无空气层、空气层的厚度及固定方式等)以及声波的入射角度等有关。表 3-2～表 3-4 中列出的一些吸声材料和建筑材料的吸声系数供学习和应用时参考。

2. 吸声量 A

材料或结构的吸声量为

$$A=\alpha S\quad (\mathrm{m}^2) \tag{3-2}$$

式中：S 为吸声材料或结构的吸声面积，m^2。

➢ 某一面积的吸声量等于它的面积乘以吸声系数。例如 $10\mathrm{m}^2$ 的墙壁铺上吸声系数为 0.4 的吸声材料，它的吸声量为 $4\mathrm{m}^2$。

➢ 房间的**等效吸声面积**：房间中如有开着的窗，并设它的周长远大于波长，那么射到窗口上的所有声能，近似地都传输到房间外面去了，不再有声能反射回来，也就是说，此时它不受声传播截面变化的影响。因此，开窗面积相当于吸声系数为 1 的吸声面积。这样，某一面积的吸声能力就可用相当的开窗面积来表示，叫作该面积的吸声量，或等效吸声面积。**等效吸声面积**可定义为：吸声量等效于室内向自由空间敞开部分($\alpha=1$)的面积。

➢ **房间总的吸声量**：房间中除了 6 个壁面外，其他物体(包括人员)等也会吸收声能，因此房间总的吸声量 A 可表示为

$$A=\sum_i \bar{\alpha}_i S_i+\sum_i A_i \tag{3-3a}$$

式中：等号右边第一项为所有壁面吸声量的总和；第二项是室内各个物体吸声量的总和。

表 3-5 列出了室内人和家具的吸声量。在工矿企业中，由于一般情况下物体的吸声面积和吸声系数难以计算，而机器设备的吸声量又很小，工程上通常将其吸声量归并到内表壁面中一并计算。房间内的平均吸声系数为

$$\bar{\alpha}=A/\sum S_i \tag{3-3b}$$

式中：$\sum S_i$ 为房间内各吸声壁面之和，m^2。

3. 声阻抗 Z_a

材料的声阻抗 Z_a 是在材料一定面积上的声压 p 和通过该面积上的体积速度 v 的复数比,$Z_a=p/v$,单位为 Pa・s/m³。

➢ **材料表面的声阻抗** Z_0 为平面声波正入射到材料表面时的声阻抗,根据材料声阻抗与所吸收声能量的关系,可以计算得到材料的吸声系数:

$$\alpha = 1-|r|^2 = 1-\left|\frac{Z_0-\rho_0 c}{Z_0+\rho_0 c}\right|^2 \tag{3-4}$$

上式表明,只有材料表面的 Z_0 和媒质的特性阻抗一致时,入射声才能完全透过材料表面而被材料所吸收。

➢ Z_a 比 α 更能本质地说明材料的吸声特性,可以同时反映入射声与反射声之间相位上的关系;Z_a 是一个不变的常量,它不取决于外界的条件。而 α 只反映入射声与反射声间数量上的关系。

➢ 可以利用声阻抗来分析材料的阻性、惯性、弹性及其与频率的关系,从而进一步了解材料的特性,为设计和改进材料吸声特性提供依据。

小结

吸声系数、吸声量和声阻抗 3 个参数原则上是等价的,但又有各自的特性和应用场合。

表 3-2 纤维类多孔吸声材料的吸声系数

序号	材料名称	厚度/cm	密度/(kg・m³)	腔厚/cm	各倍频程中心频率的吸声系数 α_0					
					125Hz	250Hz	500Hz	1000Hz	2000Hz	4000Hz
1	超细玻棉	2	20	—	0.04	0.08	0.29	0.66	0.66	0.66
		4	20	—	0.05	0.12	0.48	0.88	0.72	0.66
		2.5	15	—	0.02	0.07	0.22	0.59	0.94	0.94
		5	15	—	0.05	0.24	0.72	0.97	0.90	0.98
		10	15	—	0.11	0.85	0.88	0.83	0.93	0.97
2	沥青玻棉	3	80	—	—	0.10	0.27	0.61	0.94	0.99
3	酚醛玻棉	3	80	—	—	0.12	0.26	0.57	0.85	0.94
4	防水玻棉	10	20	—	0.25	0.94	0.93	0.90	0.96	—
5	矿棉	5	175	—	0.25	0.35	0.70	0.76	0.89	0.91
6	甘蔗纤维板	1.5	220	—	0.06	0.19	0.42	0.42	0.47	0.58
		2	220	—	0.09	0.19	0.26	0.37	0.23	0.21
		2	220	5	0.30	0.47	0.20	0.18	0.22	0.31
		2	220	10	0.25	0.42	0.53	0.21	0.26	0.29
7	海草	1	100	—	0.10	0.10	0.14	0.25	0.77	0.86
		3	100	—	0.10	0.14	0.17	0.65	0.80	0.98
		5	100	—	0.10	0.19	0.50	0.94	0.85	0.86
8	工业毛毡	1	370	—	0.04	0.07	0.21	0.50	0.52	0.57
		3	370	—	0.10	0.28	0.55	0.60	0.60	0.59
		5	370	—	0.11	0.30	0.50	0.50	0.50	0.52
9	水泥木丝板	1.5	470	—	0.05	0.17	0.31	0.49	0.37	0.68
		1.5	470	3	0.08	0.11	0.19	0.56	0.59	0.74
		2.5	470	—	0.06	0.13	0.28	0.49	0.72	0.85

表 3-3 泡沫和颗粒类吸声材料的吸声系数

序号	材料名称	厚度/cm	密度/(kg·m^3)	腔厚/cm	各倍频程中心频率的吸声系数 α_0					
					125Hz	250Hz	500Hz	1000Hz	2000Hz	4000Hz
1	聚氨酯泡沫塑料	3	45	—	0.07	0.14	0.47	0.88	0.70	0.77
		5	45	—	0.15	0.33	0.84	0.68	0.82	0.82
		8	45	—	0.20	0.40	0.95	0.90	0.98	0.85
2	氨基甲酸泡沫塑料	2.5	25	—	0.05	0.07	0.26	0.87	0.69	0.87
		5	36	—	0.21	0.31	0.86	0.71	0.86	0.82
3	泡沫玻璃	6.5	150	—	0.10	0.33	0.29	0.41	0.39	0.48
4	泡沫水泥	5	—	—	0.32	0.39	0.48	0.49	0.47	0.54
		5	—	5	0.42	0.40	0.43	0.48	0.47	0.55
5	加气微孔砖	3.5	370	—	0.08	0.22	0.38	0.45	0.65	0.66
		3.3	620	—	0.20	0.40	0.60	0.52	0.65	0.62
6	膨胀珍珠岩	4	106	—	0.12	0.13	0.67	0.68	0.82	0.92
7	水玻璃膨胀珍珠岩制品	10	250	—	0.44	0.73	0.50	0.56	0.53	—
		10	350～450	—	0.45	0.65	0.59	0.62	0.68	—
8	水泥膨胀珍珠岩制品	6	300	—	0.18	0.43	0.48	0.53	0.33	0.51
9	石英砂吸声砖	6.5	1500	—	0.08	0.24	0.78	0.43	0.40	0.40
10	水泥-蛭石粉制块	3	—	—	0.07	0.07	0.16	0.47	0.43	—
11	石棉石蛭石板	3.4	420	—	0.22	0.30	0.39	0.41	0.50	0.50
		3.8	240	—	0.12	0.14	0.35	0.39	0.55	0.54

表 3-4 常用建筑材料的吸声系数

序号	材料名称		厚度/cm	腔厚/cm	各倍频程中心频率的吸声系数 α_S					
					125Hz	250Hz	500Hz	1000Hz	2000Hz	4000Hz
1	砖墙	清水面	—	—	0.02	0.03	0.04	0.04	0.05	0.07
		普通抹灰面	—	—	0.02	0.02	0.02	0.03	0.04	0.04
		拉毛水泥面	—	—	0.04	0.04	0.05	0.06	0.07	0.05
2	混凝土	未油漆毛面	—	—	0.01	0.01	0.02	0.02	0.02	0.03
		油漆面	—	—	0.01	0.01	0.01	0.02	0.02	0.02
3	水磨石		—	—	0.01	0.01	0.01	0.02	0.02	0.02
4	石棉水泥板		0.4	10	0.19	0.04	0.07	0.05	0.04	0.04
			0.6	10	0.08	0.02	0.03	0.05	0.03	0.03
5	板条抹灰、钢板条抹灰		—	—	0.15	0.10	0.06	0.06	0.04	0.04
6	木搁栅		—	—	0.15	0.10	0.10	0.07	0.06	0.07
7	铺实木地板、沥青粘性混凝土		—	—	0.04	0.04	0.07	0.06	0.06	0.07
8	玻璃		—	—	0.35	0.25	0.18	0.12	0.07	0.04

续表

序号	材料名称	厚度/cm	腔厚/cm	各倍频程中心频率的吸声系数 α_S					
				125Hz	250Hz	500Hz	1000Hz	2000Hz	4000Hz
9	木板	1.3	2.5	0.30	0.30	0.15	0.10	0.10	0.10
10	硬质纤维板	0.4	10	0.25	0.20	0.14	0.08	0.06	0.04
11	胶合板	0.3	5	0.20	0.70	0.15	0.09	0.04	0.04
		0.3	10	0.29	0.43	0.17	0.10	0.15	0.05
		0.5	5	0.11	0.26	0.15	0.14	0.04	0.04
		0.5	10	0.36	0.24	0.10	0.05	0.04	0.04

表 3-5 室内人员和家具的吸声量

名称	各倍频程中心频率的倍频带吸声量 A/m^2					
	125Hz	250Hz	500Hz	1000Hz	2000Hz	4000Hz
单个的人	0.30	0.39	0.44	0.51	0.56	0.53
胶合板制椅子	0.01	0.02	0.02	0.03	0.05	0.05
坐有人员的木椅	0.14	0.28	0.44	0.51	0.55	0.46
软椅(包钉布料)	0.15	0.20	0.20	0.25	0.30	0.30
半软椅	0.08	0.10	0.15	0.15	0.20	0.20
沙发	0.23	0.37	0.42	0.44	0.42	0.37
办公桌	0.09	—	0.10	—	0.11	—

3.3 多孔吸声材料

3.3.1 多孔吸声材料的结构特征和吸声特性

1. 结构特征

多孔材料内部具有无数的微孔和间隙，孔隙间彼此贯通，且通过表面与外界相通。只有材料的孔隙对表面开口、孔孔相连且孔隙深入材料内部，才能有效地吸收声能(图 3-3(b))。有些材料内部虽然也有许多微小气孔，但气孔密闭，彼此不相通，当声波入射到材料表面时，很难进入到材料内部，只是使材料作整体振动。其吸声机理和吸声特性与多孔材料不同，不应作为多孔吸声材料来考虑，只能作为保温隔热材料(图 3-3(a))。

2. 吸声特性

典型多孔吸声材料的频谱特性曲线见图 3-4。

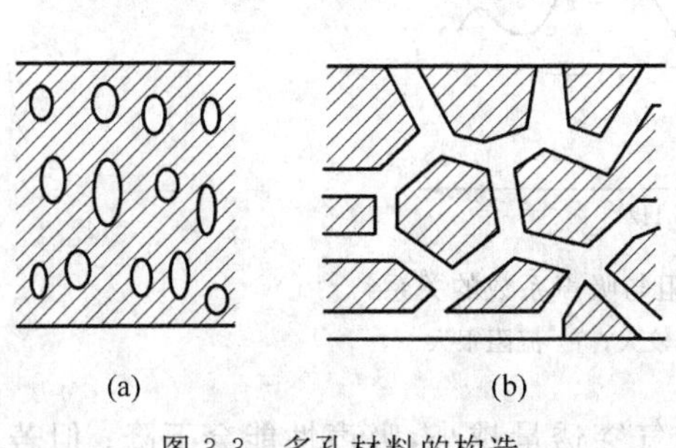

图 3-3 多孔材料的构造
(a) 闭孔；(b) 开孔

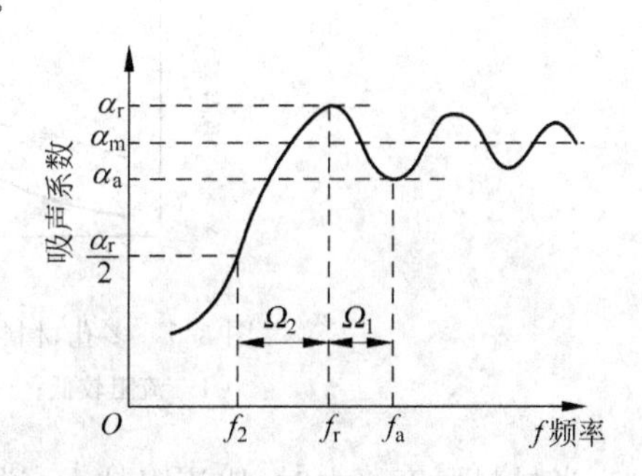

图 3-4 典型多孔吸声材料的频谱特性曲线

由图可知：

➢ 多孔吸声材料在**低频段吸声系数较小**，当频率提高时，吸声系数将增大，并在第一共振频率 f_r 上出现第一个共振吸收峰，α_r 称为峰值吸声系数。

➢ 在 f_r 以上时，吸声系数在峰值和谷值间的范围内起伏变化，即 $\alpha_r \geqslant \alpha \geqslant \alpha_a$。随着频率的升高，起伏变化的幅值逐渐减小，趋向于一个随频率变化不明显的数值 α_m，称为高频吸声系数。这表明，多孔吸声材料并不存在吸声上限频率，因而比共振吸声结构具有更好的**高频吸声性能**。

➢ f_a 为第一反共振频率，α_a 为第一谷值吸声系数。取吸声系数降低至 $\alpha_r/2$ 时的频率 f_2 作为吸声下限频率，f_2 和 f_r 之间的倍频程数 Ω_2 称为下半频带宽度。

➢ 从实用角度，通常用第一共振频率 f_r 及其相应的共振吸声系数 α_r、高频吸声系数 α_m、下半频带宽 Ω_2 这 4 个量来描述多孔材料的吸声特性。

3.3.2 影响多孔吸声材料吸声性能的因素

多孔材料一般对中高频声波具有良好的吸声效果，低频吸声系数一般都较低。影响多孔材料的吸声特性的主要因素是材料的空气流阻和材料层厚度、容重等，其中以空气流阻最为重要。

1. 空气流阻的影响

当稳定气流通过多孔材料时，材料两面的静压差和气流线速度之比，定义为材料的流阻 R_f，单位为 Pa·s/m。

$$R_f = \Delta p/v \quad (\text{Pa}\cdot\text{s/m}) \tag{3-5}$$

式中：Δp 为材料两面的静压差，Pa；v 为材料中通过气流的线速度，m/s；

单位材料厚度的流阻称为流阻率(或比流阻)R_s，单位为 Pa·s/m^2。

$$R_s = R_f/d \quad (\text{Pa}\cdot\text{s/m}^2) \tag{3-6}$$

式中：d 为材料的厚度，m。

空气流阻反映了空气通过多孔材料时阻力的大小，反映了材料的透气性。

➢ 流阻对材料吸声特性的影响如图 3-5 所示。

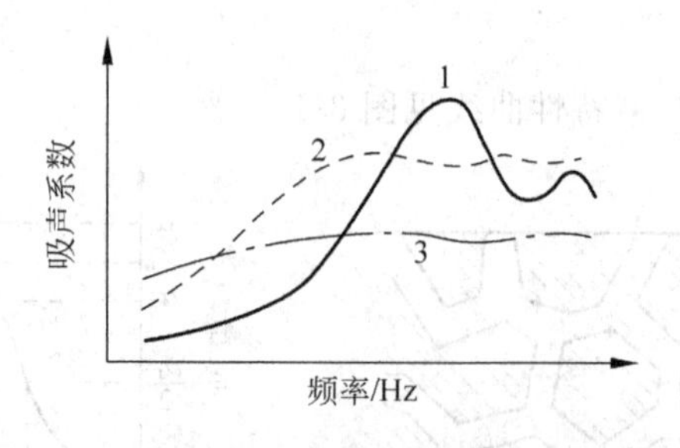

图 3-5 多孔材料的流阻与吸声系数的关系

1—流阻较低；2—流阻较大；3—流阻很大

➢ 当材料厚度不大时，比流阻越大，说明空气穿透量越小，吸声性能会下降；但若比流阻太大，声能因摩擦力、粘滞力而损耗的效率也将降低，吸声性能也会下降。

➢ 当材料厚度充分大时,比流阻越小,吸声越大。所以,**多孔材料存在一个最佳的流阻值**,过高和过低的流阻值都无法使材料具有良好的吸声性能。一般 $R_f = 100 \sim 1000(\text{Pa}\cdot\text{s/m})$ 时吸声性能较好,此时也比较接近空气的特性阻抗。通过控制材料的流阻可以调整材料的吸声特性。

➢ 多孔材料的孔隙率和结构(用结构因子表征)对吸声材料的吸声特性也有影响,但一般与流阻有很大的关联,它们的影响也综合反映在流阻上。

2. 材料层厚度的影响

➢ 多孔吸声材料的低频吸声性能一般都较差。当材料层厚度增加时,吸声频谱峰值 f_r 向低频方向移动,低频吸声系数将有所增加,但对高频吸收的影响很小。

➢ 图 3-6(a)为不同厚度超细玻璃棉(密度为 27kg/m^3)的典型吸声频谱曲线。从图中可以看出,当玻璃棉层厚度加倍时,中频吸声系数显著增加;而高频则保持原来较大的吸收,变化不大;厚度增加 1 倍,f_r 约降低一个倍频程。

➢ 通常情况下,多孔材料的第一共振频率 f_r(此时 $\delta \approx \lambda/4$)与吸声材料的厚度 δ 满足如下关系,即

$$f_r\delta = 常数, \quad 约为\ c/4 \tag{3-7}$$

式中:f_r 为多孔材料的第一共振频率,Hz;δ 为材料的厚度,cm。

➢ 厚度增加,低频吸声系数增大,峰值吸声系数 α_r 向低频移动;对于不同厚度的材料,如果以频率和厚度的乘积 $f_r\delta$ 为参数,即波长与厚度相对比值不变,则它们的 $\alpha \sim f_r\delta$ 吸声频谱特性是很接近的。继续增加材料的厚度,吸声系数增加值逐步减小。当材料厚度相当大时,就看不到由于材料厚度的变化而引起的吸声系数的变化了,故材料厚度的选择应考虑性价比。

➢ 吸声材料的 $f_r\delta$ 值是一个重要的参数:当 δ 给定时,可由 $f_r\delta$ 值求出 f_r;如果 Ω_2 已知,就可估计出 f_2;反之,当 f_r 值给定时,由 $f_r\delta$ 值可估计出所需的 D 值。表 3-6 列出了一些国产吸声材料的上述参数。

➢ 实用中考虑制作成本及工艺方便,对于中高频噪声,一般可采用 2～5cm 厚的成型吸声板;对于低频吸声要求较高时,则采用 5～10cm 厚的吸声板。

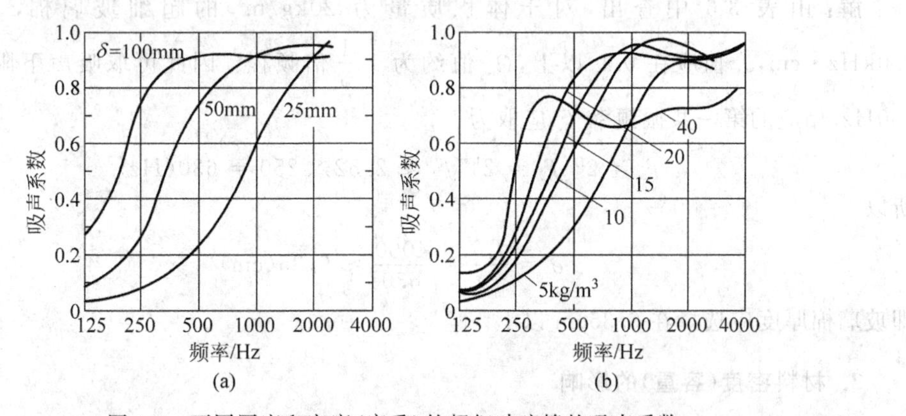

图 3-6 不同厚度和密度(容重)的超细玻璃棉的吸声系数

(a) 容重为 27kg/m^3 的超细玻璃棉的厚度变化对吸声系数的影响;(b) 5cm 厚超细玻璃棉的容重变化对吸声系数的影响

表 3-6　国产吸声材料的吸声参数

吸声材料	密度 ρ_m/(kg/m³)	共振频率×厚度 $f_r\delta$/(kHz·cm)	共振吸声系数 α_r	高频吸声系数 α_m	下半频带宽度 Ω_2/oct	说　明
超细玻璃棉	15	5.0	0.90～0.99	0.90	$1\frac{1}{3}$	纤维直径约 4μm
	20	4.0	0.90～0.99	0.90	$1\frac{1}{3}$	
	25～30	2.5～3.0	0.80～0.90	0.80	1	
	35～40	2.0	0.70～0.80	0.70	2/3	
高硅氧玻璃棉	45～65	5.0	0.90～0.99	0.90	$1\frac{1}{3}$	纤维直径约38μm
粗玻璃纤维	～100	5.0	0.90～0.95	0.90	$1\sim1\frac{1}{3}$	纤维直径约 15～25μm
酚醛玻纤毡	80	8.0	0.85～0.95	0.85	$1\frac{1}{3}$	纤维直径约20μm
沥青玻纤毡	110	8.0	0.90～0.95	0.90	$1\frac{1}{3}$	纤维直径约12μm
毛毡	100～400	2.5～3.5	0.85～0.90	0.85	1	
聚氨脂泡沫塑料	20～50	5.0～6.0	0.90～0.99	0.90	$1\frac{1}{3}$	流阻较低
		3.0～4.0	0.85～0.95	0.85	1	流阻较高
		2.0～2.5	0.75～0.85	0.75	1	流阻很高
微孔吸声砖	340～450	3.0	0.80	0.75	$1\frac{1}{3}$	流阻较低
	620～830	2.0	0.60	0.55	$1\frac{1}{3}$	流阻较高
木丝板	230～600	5.0	0.80～0.90	—	1	

例 3-1　一吸声材料，要求频率在 250Hz 以上时，吸声系数达 0.45 以上。如果采用体积质量为 20kg/m³ 的超细玻璃棉，求材料层所需的厚度 δ?

解：由表 3-6 中查出，对于体积质量为 20kg/m³ 的超细玻璃棉，$f_r\delta$ 值约为 4.0kHz·cm，α_r 值应在 0.9 以上，Ω_2 值约为 $1\frac{1}{3}$ 倍频程。因此可取吸声下限频率 f_2 为 250Hz，相应的第一共振频率 f_r 应取为

$$f_r = 2^{\Omega_2} f_2 = 2^{1\frac{1}{3}} f_2 \approx 2.52 \times 250 = 630(\text{Hz})$$

所以

$$\delta = \frac{f_r\delta}{f_r} = \frac{4000}{630} \approx 6.35(\text{cm})$$

即玻璃棉厚度应选择在 6.35cm 以上。

3. 材料密度(容重)的影响

➢ 在实际工程中，测定材料的流阻及空隙率通常比较困难，可以通过材料密度粗略估算其比流阻。多孔材料的密度与纤维、筋络直径以及固体密度有密切的关系，同一种纤维材料，密度越大，空隙率越小，比流阻越大。

➤ 图 3-6(b)为不同密度(厚 5cm)的超细玻璃棉的吸声系数。当厚度一定而增加密度时,一方面也可以提高中低频吸声系数,但比材料厚度所引起的吸声系数变化要小;另一方面密度增加,则材料就密实,引起流阻增大,减少空气透过量,造成吸声系数下降。所以,**材料密度也有一个最佳值**。常用的超细玻璃棉的最佳密度范围为 15～25kg/m^3,但同样密度,增加厚度并不改变比流阻。所以,吸声系数一般总是增大,但增至一定厚度时,吸声性能的改变就不明显了。

4. 吸声材料背后空腔的影响

➤ 多孔吸声材料置于刚性墙面前一定距离,即材料背后具有一定深度的空腔或空气层,**其作用相当于加大材料的有效厚度**,即与该空气层用同样的材料填满的吸声效果近似。与将多孔材料直接实贴在硬底面上相比,**中低频吸声性能都会有所提高**,其吸声系数随空气层厚度的增加而增加,但增加到一定厚度之后,效果不再明显增加,如图 3-7 所示。

➤ 一般当空气层深度 ***D* 为入射声波 1/4 波长时**,具有共振吸声结构的作用,吸声系数最大;空气层深度为 1/2 波长时,吸声系数最小。对于中频噪声一般推荐空气层厚约 70～100mm,对于低频噪声则可增大到 200～300mm。空气层对常用吸声材料结构吸声性能的影响见表 3-7。

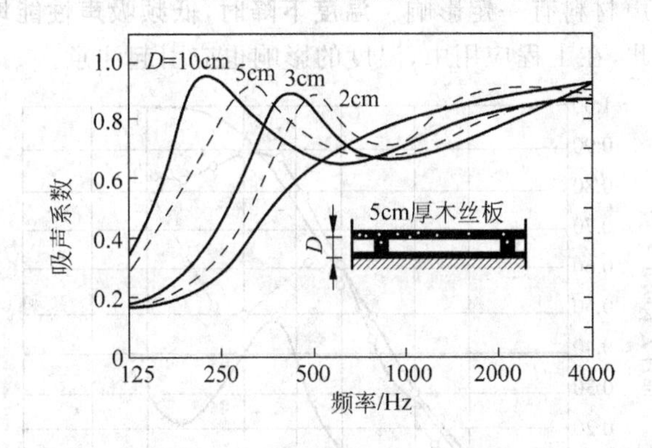

图 3-7　背后空气层厚度对吸声性能的影响

表 3-7　空气层对常用吸声材料结构吸声性能的影响

种　　类	穿孔板孔径/mm	板厚/mm	空气层厚度/mm	各倍频程中心频率的吸声系数 α_0					
				125Hz	250Hz	500Hz	1000Hz	2000Hz	4000Hz
玻璃棉厚25mm			300	0.75	0.80	0.75	0.75	0.80	0.90
穿孔板+25mm玻璃棉	ϕ6～15	4～6	300	0.50	0.70	0.50	0.65	0.70	0.60
			500	0.85	0.70	0.75	0.80	0.70	0.50
	ϕ8～16	4～6	300	0.75	0.85	0.75	0.70	0.65	0.65
	ϕ9～16	5～6	300	0.55	0.85	0.65	0.80	0.85	0.75
			500	0.85	0.70	0.80	0.90	0.80	0.70
	ϕ0.8～1.5	0.5～1	300	0.65	0.65	0.75	0.70	0.75	0.90
			500	0.65	0.65	0.75	0.70	0.75	0.90
	ϕ5～11	0.5～1	300～500	0.55	0.75	0.70	0.75	0.75	0.75
	ϕ5～14	0.5～1	300～500	0.50	0.55	0.60	0.65	0.70	0.45

5. 护面层的影响

大多数多孔吸声材料的整体强度性能差，表面疏松易受外界侵蚀，因此，在实际的使用过程中往往需要在材料表面上覆盖一层护面材料，以提高其使用寿命。

➢ 从声学角度来看，由于**护面层本身也具有声学作用**，因此，对材料层的吸声性能也会有一定程度的影响。为尽可能保持材料原有的吸声特性，饰面应具有**良好的透气性**。要求材料饰面(护面层)的**穿孔率＞20%**，穿孔率越大，穿孔护面层对吸声性能的影响就越小。

常用的护面层有各种网罩、纤维布、塑料薄膜和穿孔板等。

6. 湿度和温度的影响

高温高湿会引起材料变质，其中湿度的影响较大(图 3-8)，温度的影响较小(图 3-9)。

➢ 随着空隙内**含水量增大**，空隙被堵塞，吸声材料中空气不再连通，空隙率下降，首先使**高频吸声系数降低**；随着含水量的增加，受影响的频率范围将进一步扩大，吸声频率特性也将改变。因此，在一些湿度较大的区域，应合理选用具有防潮作用的超细玻璃棉毡等，以满足潮湿气候和地下工程等使用的需要。

➢ 温度对多孔吸声材料有一定影响。**温度下降时，低频吸声性能增加；温度上升时，低频吸声性能下降**。因此，在工程应用中，温度的影响也应引起注意。

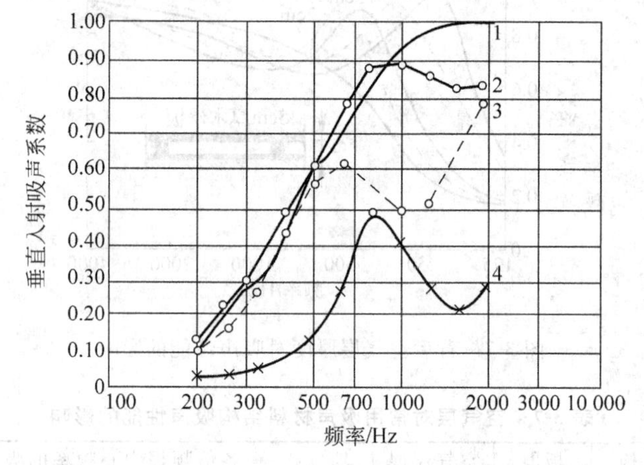

图 3-8 湿度变化对多孔材料吸声特性的影响

玻璃棉板，厚 50mm，密度 24kg/m³

1—含水率 0%；2—含水率 5%；3—含水率 20%；4—含水率 50%

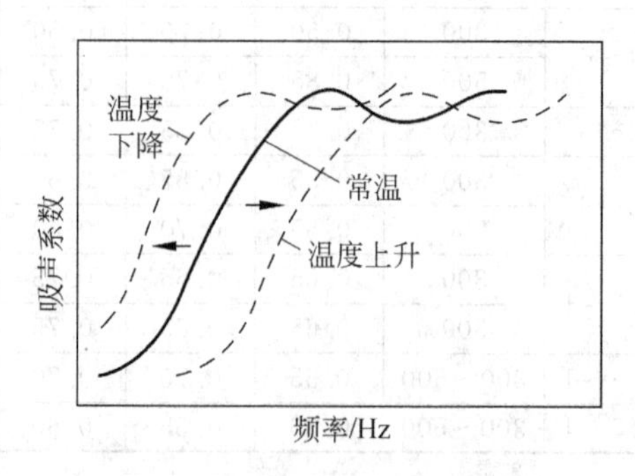

图 3-9 温度变化对多孔材料吸声特性的影响

➢ 多孔吸声材料吸声性能影响因素归纳在表 3-8 中。

表 3-8 多孔吸声材料吸声性能影响因素小结

序号	影响因素	图 形	说 明
1	流阻	1 0	流阻过高或过低使材料吸声性能不良，通过控制材料的流阻，可以调整材料的吸声特性
2	孔隙率	1 0	一般多孔材料孔隙率多数达 90%；密实材料孔隙率低，吸声性能低劣，高频段多峰现象不明显
3	结构因数	1 0	对低频影响很小；当材料流阻很小时，增大结构因数，在高、中频范围内可以看到材料吸声系数的周期性变化
4	厚度	1 0	增加材料厚度，低频吸收很快增加，对高频影响很小
5	体积密度	1 0	在一定条件下改变体积密度，首先使高、中频吸声系数改变
6	面层或涂刷层	1 0	使多孔材料从高频段扩展至中频段的吸声系数大大下降
7	背后条件	1 0	增加材料背后空气层厚度可以增加低频吸声系数
8	温度	1 0	在常温条件下，温度对多孔材料吸声系数几乎没有影响；在高温或低温条件下，由于波长变化，吸声系数频率特性作相对移动
9	吸水、吸湿	1 0	一般趋势是首先使高频吸声系数降低，随吸水量增加，其影响范围进一步扩大

0 200 2000
频率/Hz

3.4 多孔吸声材料的使用方式和空间吸声体

3.4.1 使用方式

➢ 为了施工方便起见，一般将松散的各种多孔吸声材料加工成板、毡或砖等形状，如工业毛毡、木丝板、玻璃棉毡、膨胀珍珠岩吸声板、陶土吸声砖等。使用时，可以将整块预制为成型板直接吊装在天花板下或附贴在四周墙壁上。

➢ 多孔吸声材料在使用时一般需要护面层保护，防止失散。护面层材料可以是玻璃丝布、金属丝网、纤维板等透声材料，内填以松散的厚度为 5～10cm 的多孔吸声材料。为防止松散的多孔材料下沉，常选用透声织物缝制成袋，再内填吸声材料。

➢ 为保持固定几何形状并防止机械损伤，在材料间要用木筋条(木龙骨)加固，材料外表面加穿孔罩面板保护(图 3-10)。常用的护面板材为木质纤维板或薄塑料板，特殊情况下用石棉水泥板或薄金属板等。护面板上开有圆形或狭缝形的孔，以圆

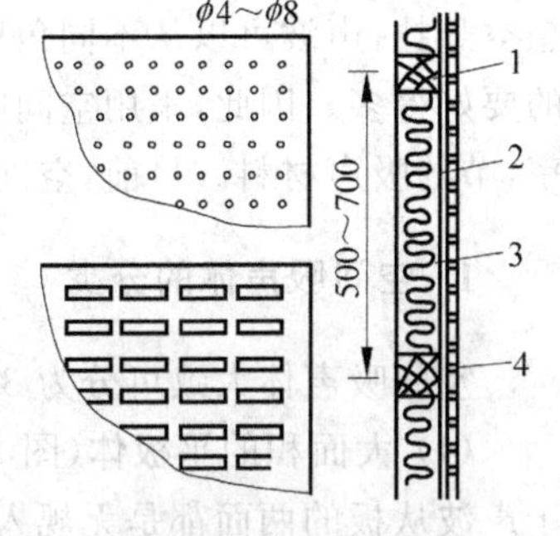

图 3-10 吸声板结构
1—木龙骨；2—轻织物；3—多孔材料；4—穿孔护面板

形居多(图 3-11)。穿孔率在不影响板材强度的条件下尽可能加大,一般要求穿孔率不小于 20%。考虑到使用过程中,小孔有可能堵塞,所以穿孔率最好在 25%以上,甚至达到 30%。开圆孔时,孔径 d 宜取 4~8mm,孔心距 B 为 11、18、20cm。

➢ 护面板穿孔率即穿孔面积与板总面积之比,穿孔率 P 的计算如下:

圆孔正方形排列:

$$P=\frac{\pi}{4}\left(\frac{d}{B}\right)^2 \tag{3-8}$$

圆孔等比三角形排列:

$$P=\frac{\pi}{2\sqrt{3}}\left(\frac{d}{B}\right)^2 \tag{3-9}$$

平行狭缝排列:

$$P=\frac{d}{B} \tag{3-10}$$

式中:d 为孔径或缝宽;B 为孔或缝间中心距(图 3-11)。

➢ 护面板也叫饰面板,用来保护吸声体及改善其外观,饰面板宜薄,板越厚,穿孔率应越大;一般说来同样的穿孔率,大量小孔比少量大孔更好。

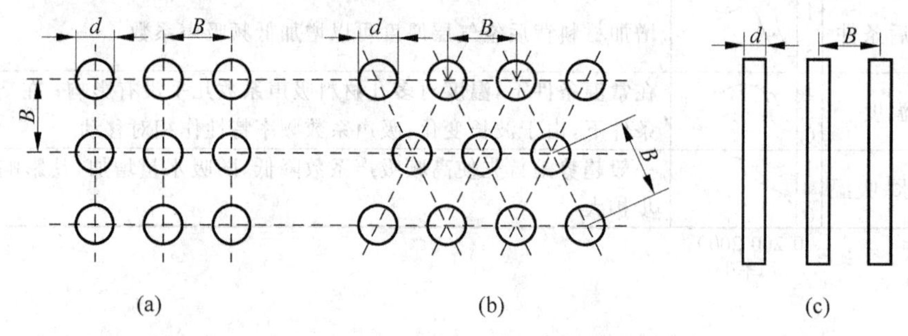

图 3-11 常用穿孔排列方式

(a) 正方排列;(b) 三角排列;(c) 平行条缝

3.4.2 空间吸声体

把吸声材料或吸声结构悬挂在室内离壁面一定距离的空间中,称为**空间吸声体**。由于悬空悬挂,声波可以从不同角度入射到吸声体,其吸声效果比相同的吸声体实贴在刚性壁面的要好得多。因此,采用空间吸声体,可以充分发挥多孔吸声材料的吸声性能,提高吸声效率,节约吸声材料。目前,空间吸声体在噪声控制工程中应用非常广泛。

1. 空间吸声体的分类

空间吸声体大致可分为 3 类:

(1) 大面积的**平板体**(图 3-12(a)),如果板的尺寸比波长大,则其吸声情况大致上相当于声波从板的两面都是无规入射的,实验结果表明,板状空间吸声体的吸声量大约为将相同吸声板实贴壁面的 2 倍,设计时可按 1.7~1.8 倍考虑,因此,它具有较大的总吸声量。

(2) 离散的**单元吸声体**(图 3-12(b)~(k)),可以设计成各种几何形状,如立方体、圆锥体、圆柱体、菱柱体或球体及瓦棱板等，其吸声机理比较复杂，因为每个单元吸声体的表面积与体积之比很大，所以，单元吸声体的吸声效率很高。

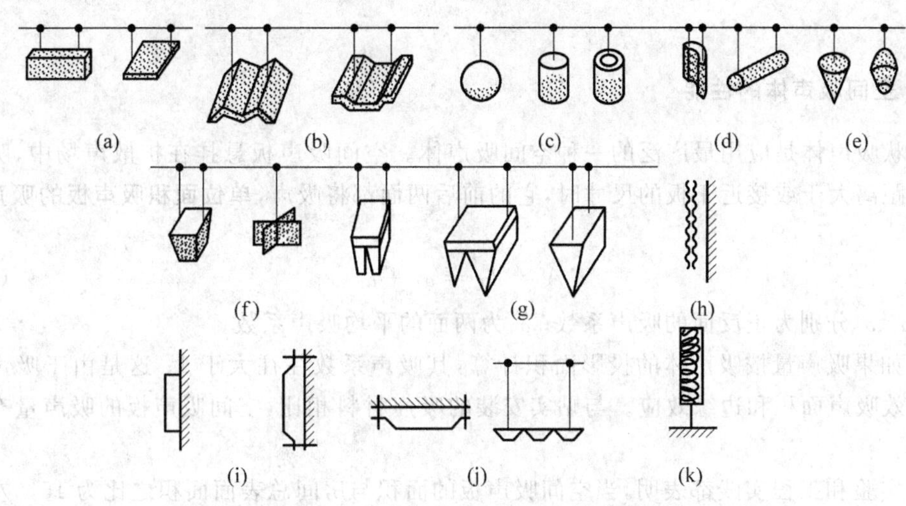

图 3-12 几种产品化空间吸声体示意图

(a) 板状；(b) 折板状；(c) 球、柱状；(d) 筒状；(e) 锥状；(f) 多边形；(g) 尖劈状；(h) 帷幕状；(i) 薄膜状；(j) 薄盒状；(k) 屏风状

(3) **吸声尖劈**(图 3-13)，它是一种特殊的高效楔状吸声体，由基部 L_1、尖部 L_2 及尖劈底与刚性面间的空腔 h 组成，尖部表面是它的主要吸声面。图 3-13 的吸声尖劈示意图中，左图为基部横剖面，右图为尖劈纵向剖面。当尖劈的长度等于入射波长的 1/4 时，吸声系数可以达到 0.99；尖劈垂直入射吸声系数在 0.99 以上的频率下限称为尖劈的截止频率，优化的吸声尖劈其截止频率可达 50Hz 左右。吸声尖劈的吸声性能与吸声尖劈的总长度 $L(L=L_1+L_2)$、L_1/L_2 以及空腔深度 h、填充的吸声材料的密度与吸声特性等都有关系；L 越长，其低频吸声性能越好；调节空腔深度 h，使共振频率位置恰当，有利于共振吸声，可有效地提高低频吸声性能。应该注意的是，上述参数之间有一个最佳协调关系，一般有如下的比例关系：

$$h = 5\% \sim 15\%(L_1 + L_2) \tag{3-11}$$

$$L_2 : (L_1 + h) = 4 : 1 \tag{3-12}$$

这些参数需要在使用时根据吸声的要求进行调整优化，必要时还需要通过实验加以修正，以期获得最佳吸声性能。尖劈常用于有特殊用途的场合，如消声室。

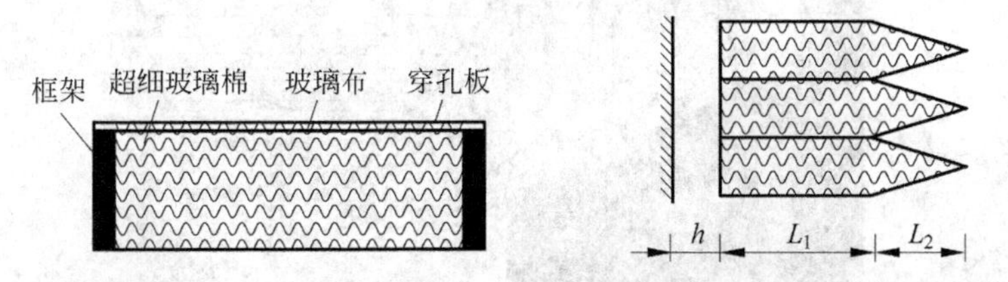

图 3-13 吸声尖劈结构示意图

2. 空间吸声体的应用

空间吸声体彼此按一定间距排列悬吊在天花板下某处，吸声体朝向声源的一面，可直接吸收入射声能，其余部分声波通过空隙绕射或反射到吸声体的侧面、背面，使得各个方向的

声能都能被吸收。而且空间吸声体装拆灵活，工程上常把它制成产品，用户只要购买成品，按需要悬挂起来即可。空间吸声体适用于大面积、多声源、高噪声车间，如织布、冲压钣金车间等。

3. 空间吸声体的性能

板状吸声体是应用最广泛的一种空间吸声体。空间吸声板悬挂在扩散声场中，吸声板之间的距离大于或接近于板的尺寸时，它的前后两面都将吸声，**单位面积吸声板的吸声量 A** 可取为

$$A = 2\bar{\alpha} = \alpha_1 + \alpha_2 \tag{3-13}$$

式中：α_1、α_2分别为正反面的吸声系数；$\bar{\alpha}$ 为两面的平均吸声系数。

➢ 如果吸声量按吸声体的投影面积计算，其吸声系数往往大于 1；这是由于吸声体增大了有效吸声面积和边缘效应。与贴实安装的吸声材料相比，空间吸声板的吸声量有明显的增加。

➢ 实验和工程实践都表明，当空间吸声板的面积与房间总表面面积之比为 15%左右或为房间平顶面积的 40%(面积比)左右时，吸声效率最高；考虑到吸声降噪量取决于吸声系数及吸声材料的面积这两个因素，因此实际工程中，一般取 40%～60%；与全平顶式相比，材料节省一半左右，而吸声降噪效果则基本相同。

➢ 一些吸声结构也可以制成空间吸声体，如薄塑盒式吸声体、微穿孔板吸声体等。

➢ 设计空间吸声体时，除了考虑其功能外，它们的形状、尺寸及饰面形式和色彩等也要具有美学效果。

➢ 优点：吸声面利用率高，不占地面面积，安装灵活方便，吸声效率高。

4. 空间吸声体的布置

(1) 空间吸声板的悬挂方式有水平悬挂、垂直悬挂和水平垂直组合悬挂等(图 3-14)，效果相差不大。吸声板的悬挂位置应该尽量靠近声源及声波反射线密集的地方，如声聚焦的位置。

(2) 吸声体尺度减小，有利于高频吸收；反之，则有利于低频吸收。通常吸声体单块，大厂房选 5～11m²，小厂房可选 2～4m²。

图 3-14　吸声板垂直和水平悬挂示意图

(3) 吊挂时，空间吸声体之间有一最佳间距，此时才能最大程度发挥吸声体的吸声效果，一般通过实验求得。大、中型厂房通常取 0.8～1.8m^2 左右，小型厂房可取 0.4～0.8m^2。

(4) 离顶高度为车间净高的 1/7～1/5 或者 0.5～0.8m 左右。

(5) 排列方式为集中式、棋格式、队列式(长条式)，以长条式效果最好。

(6) 吸声体悬挂后，应不妨碍采光、照明、起重运输、设备检修、清洁等。

思考题

1. 吸声材料或吸声体是紧贴在墙上好，还是空开一定距离好？
2. 铺设吸声材料时，是否需要满铺？
3. 哪种吸声体吸声效果最好？为什么(至少提出两个理由：声波进得去，吸得掉)？
4. 在吸声尖劈中，如果 L_2 增加，则其吸声性能(　　)。

   A. 变差　　B. 不变　　C. 变好
5. 上题中其吸声性能具体有什么变化？

3.5 吸声结构

多孔吸声材料的低频吸声性能很差，若用加厚材料或增加空气层等措施则既不经济又多占空间。利用共振吸声原理设计成薄板共振吸声结构、穿孔板共振吸声结构等共振吸声构造，可改善低频吸声性能。

3.5.1 薄板(膜)共振吸声结构

在薄板或薄膜后通过龙骨和垫衬预留一定的空间，形成共振声学空腔，有时为了改进系统的吸声性能，还在空腔中填充纤维状多孔吸声材料。这类结构统称为薄板(膜)共振吸声结构(图 3-15)。

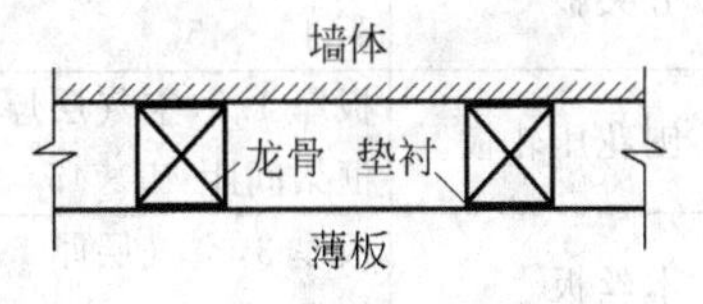

图 3-15　薄板(膜)共振吸声结构

1. 吸声原理

薄板和其后的空气层如同质量块和弹簧一样组成一个单自由度振动系统，该系统具有固有频率 f_0，由于薄板(膜)的劲度较小，因此 f_0 都处在低、中频范围内；当入射声波频率 f 等于系统的固有频率 f_0 时，系统产生共振，导致薄板(膜)产生最大弯曲变形，由于板的阻尼和板与固定点间的摩擦而将振动能转化成热能耗散掉，起到吸收声波能量的作用。

2. 吸声性能

1) 共振吸声频率

薄板(膜)共振吸声结构固有频率为

$$f_0 = \frac{1}{2\pi}\sqrt{\frac{\rho_0 c^2}{M_0 D}} \approx \frac{600}{\sqrt{M_0 D}} \tag{3-14}$$

式中：M_0 为薄板(膜)的面密度，M_0＝板厚 δ×板密度，kg/m²；D 为薄板(膜)与刚性壁之间空气层厚度，cm。

2）吸声系数

吸声系数主要由实验测定，表3-9和表3-10列出了一些它们的常用吸声系数。

表3-9　薄膜共振吸声结构的吸声系数

吸声结构	背衬材料厚度/mm	各倍频程中心频率的吸声系数 α_0					
		125Hz	250Hz	500Hz	1000Hz	2000Hz	4000Hz
帆布	空气层45	0.05	0.10	0.40	0.25	0.25	0.20
	空气层20＋矿棉25	0.20	0.50	0.65	0.50	0.32	0.20
人造革	玻璃棉25	0.20	0.70	0.90	0.55	0.33	0.20
聚乙烯薄膜	玻璃棉50	0.25	0.70	0.90	0.90	0.60	0.50

表3-10　薄板共振吸声结构的吸声系数

材料	构造/cm	各倍频程中心频率的吸声系数 α_S					
		125Hz	250Hz	500Hz	1000Hz	2000Hz	4000Hz
三夹板	空气层厚5，框架间距45×45	0.21	0.73	0.21	0.19	0.08	0.12
三夹板	空气层厚10，框架间距45×45	0.59	0.38	0.18	0.05	0.04	0.08
五夹板	空气层厚5，框架间距45×45	0.08	0.52	0.17	0.06	0.10	0.12
五夹板	空气层厚10，框架间距45×45	0.41	0.30	0.14	0.05	0.10	0.16
刨花压轧板	板厚1.5，空气层厚5，框架间距45×45	0.35	0.27	0.20	0.15	0.25	0.39
木丝板	板厚3，空气层厚5，框架间距45×45	0.05	0.30	0.81	0.63	0.70	0.91
木丝板	板厚3，空气层厚10，框架间距45×45	0.09	0.36	0.62	0.53	0.71	0.89
草纸板	板厚2，空气层厚5，框架间距45×45	0.15	0.49	0.41	0.38	0.51	0.64
草纸板	板厚3，空气层厚10，框架间距45×45	0.50	0.48	0.34	0.32	0.49	0.60
胶合板	空气层厚5	0.28	0.22	0.17	0.09	0.10	0.11
胶合板	空气层厚10	0.34	0.19	0.10	0.09	0.12	0.11

3）讨论

(1) 薄板厚 δ 一般取3～6mm；空气层厚 D 一般为3～10cm；则 f_0＝80～300Hz，属于低频吸声，最大吸声系数 α_m＝0.2～0.5。

(2) 对薄膜：f_0＝200～1000Hz，属于中频吸声，最大吸声系数 α_m＝0.3～0.4。

(3) 增加 M_0 或 D,可使 f_0 下降。

(4) 龙骨与薄板之间垫上柔性软衬垫(柔性连接)和空气层中衬贴吸声材料,均有利于提高吸声系数 α 和吸声频带宽度 Δf(图 3-16)。

(5) 可选用的板材有胶合板、硬质纤维板、石膏板、石棉水泥板、金属板等,可选用的薄膜有塑料膜、帆布、皮革、人造革、金属膜等。

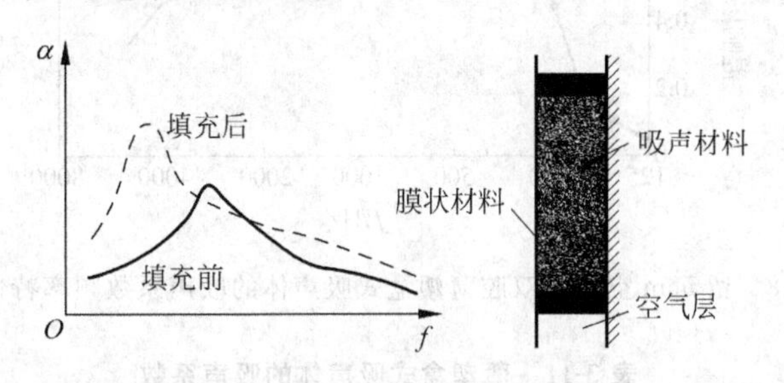

图 3-16 填充纤维状吸声材料的薄板(膜)吸声结构及其吸声特性

3. 薄塑盒式吸声体

薄塑盒式吸声体是一种新颖吸声元件制式定型产品。

(1) 结构和吸声原理

薄塑盒式吸声体也称无规共振吸声结构,是由改性的聚氯乙烯塑料薄片成型制成,外形像个塑料盒扣在塑料基片上,每个小盒均形成一个封闭腔体,其形状如图 3-17 所示。当声波入射于盒面时,薄片产生弯曲振动,腔内密闭的空气体积随之发生变化,引起盒体的其他各个表面受迫作弯曲振动,由于盒体各壁面尺寸不同,薄片将产生许多振动模式,这些模式取决于空腔的边界条件和薄片的劲度等。在振动过程中,塑料薄片自身的阻尼作用将部分声能转换为热能,从而起到了吸声的作用。

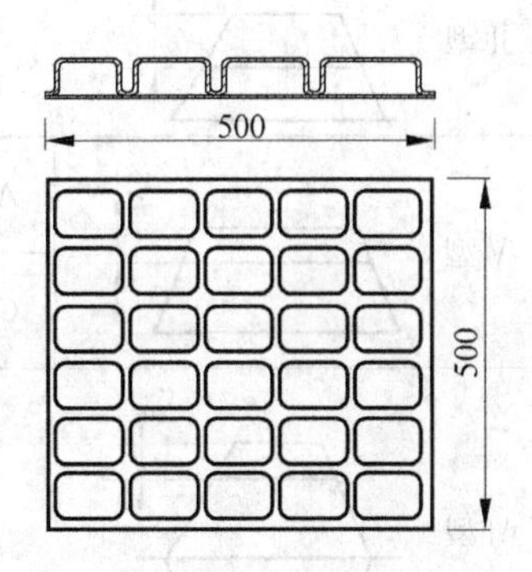

图 3-17 薄塑盒式吸声体截面图与正视图

(2) 吸声性能影响因素

薄塑盒式吸声体的吸声特性和薄片厚度、内腔变化、断面形状及结构后面的空气层厚度等因素有关。塑料薄片的厚度直接影响结构吸声性能的变化。在保证强度的条件下,面层薄片以薄为宜,有利于高频吸收,而适当增加基片厚度,可以改善低频吸声效果。

(3) 应用和特点

➢ 薄塑盒式吸声体结构的断面形式可采用单腔、双腔和多腔结构。为适应不同的吸声频率特性,恰当地组合内腔可以有效地拓宽结构的吸声频率范围,增大结构内腔的容积,从而可以稳定结构在高频范围内的吸声特性。在结构背后留有空气层,可有利于提高低频段的声吸收。一般地说,空气层越厚低频吸收频带越宽。在一块基片上进行多个单元结构的组合,使各单元的共振频率无规地分散开,这种结构可以在相当范围内有较高的吸声系数(图 3-18 和表 3-11)。

➢ 薄塑盒式吸声体还具有结构轻、耐腐蚀、易冲洗、安装方便等优点,因此是一种很有发展前途的吸声结构。

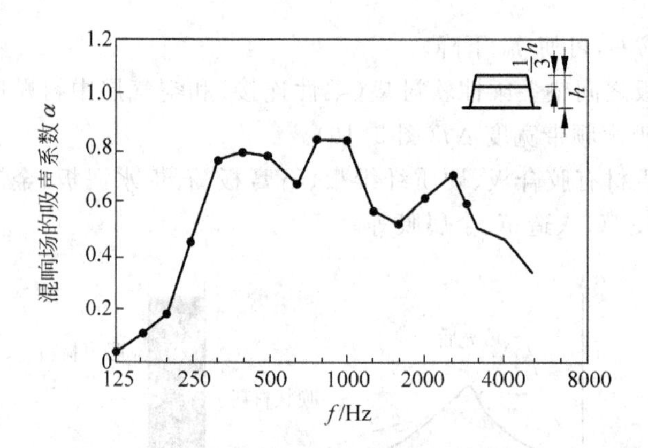

图 3-18　留 5cm 空腔的双腔薄塑盒式吸声体的吸声系数频率特性曲线

表 3-11　薄塑盒式吸声体的吸声系数

型式		$\alpha \geqslant 0.4$ 频率范围/Hz	250～3150Hz 吸声系数 α
Ⅰ型（h）		250～2500	0.61
Ⅱ型（h/2）		250～2500	0.65
Ⅴ型（h/3）	A25S	250～3150	0.61
	C40S	250～4000	0.69
Ⅵ型（h/3）		250～3150	0.77

3.5.2　穿孔板共振吸声结构

1. 吸声原理

(1) 单腔共振吸声结构

单腔共振吸声结构是一个中间封闭有一定体积的空腔，并通过有一定深度的小孔和声场空间相连（图 3-19）。当孔的深度 t 和孔径 d 比声波波长小得多时，它可类比于一个弹簧振子系统，称为亥姆霍兹共振器。

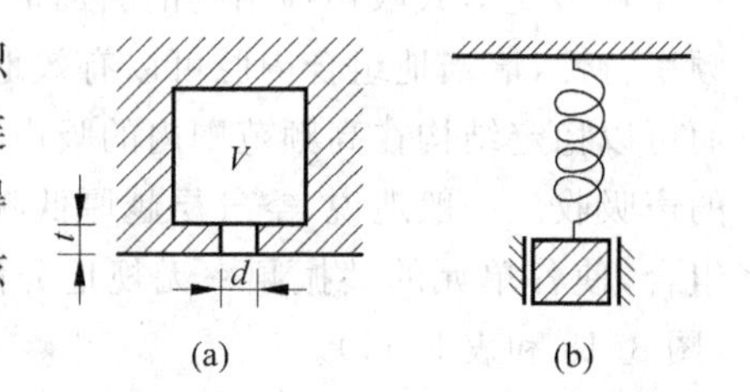

图 3-19　单腔共振吸声结构

(2) 吸声原理

小孔空气柱连接空腔 V 如同质量块-弹簧组成的

一个单自由度振动系统，其固有频率为 f_0。当入射声波频率 f 等于系统固有频率 f_0 时，引发孔颈中空气柱共振，空气柱与孔颈壁之间产生摩擦，将声能转化成热能耗散掉。

共振吸声频率（$\lambda \gg$ 孔径 d 和腔深 D 时）：

$$f_0 = \frac{c}{2\pi}\sqrt{\frac{S}{V(t+\delta)}} \tag{3-15}$$

式中：S 为孔颈面积，m^2；V 为空腔容积，m^3；t 为孔颈长度，m；δ 为孔口末端修正量，m；

对于直径为 d 的圆孔：

$$\delta = \pi d/4 \approx 0.8d \tag{3-16}$$

式中：$t+\delta$ 为小孔有效颈长，m。

(3) 吸声特性

➢ 只有在共振频率 f_r 处才有最大吸声系数 α_r（图 3-20）。

➢ 上半频带宽 Ω_1 和下半频带宽 Ω_2 之和称为共振吸声结构的吸声频带宽度 Ω，它反映吸声结构有效的吸声频率范围：

$$\Omega = \Omega_1 + \Omega_2 = \lg(f_1/f_2) \tag{3-17}$$

式中：f_1 为吸声上限频率，为高频端共振吸声系数降低一半时的频率；f_2 为吸声下限频率，为低频端共振吸声系数降低一半时的频率。

由图 3-20 可以看出共振吸声结构的吸声频率选择性强，适用于有明显音调的低频噪声治理。

➢ 在颈内填一些多孔吸声材料或在颈口上蒙贴透声织物，增加声阻，可以增大吸声频带宽度。

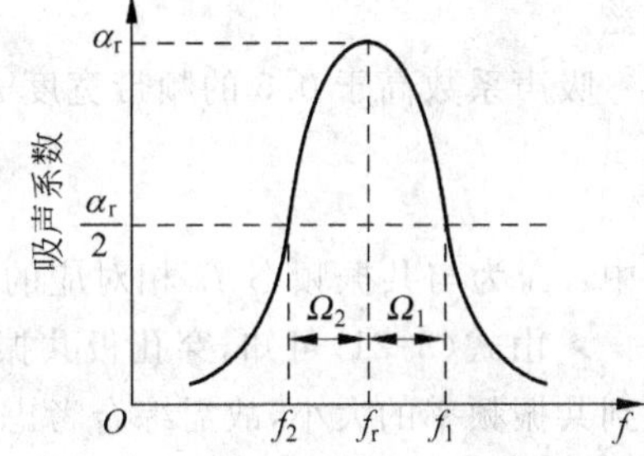

图 3-20 单腔共振吸声结构吸声特性

2. 穿孔板共振吸声结构

在板材上，以一定的孔径和穿孔率打上孔，背后留有一定厚度的空气层，就成为穿孔板共振吸声结构，见图 3-21。这种吸声结构实际上可以看作是由单腔共振吸声结构的**并联**而成，而腔内无需进行分隔，效果相同，因此更具实用性。

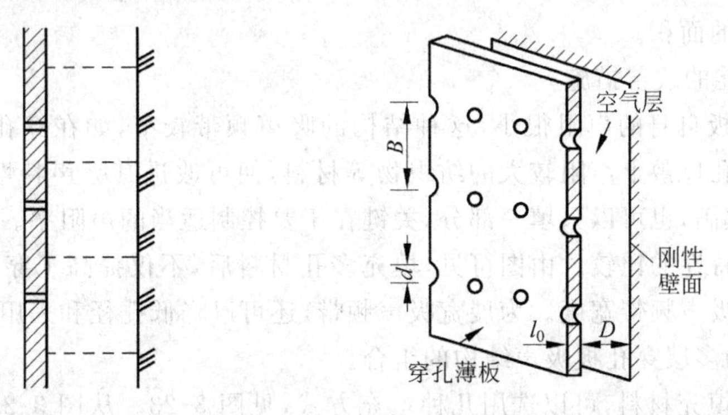

图 3-21 穿孔薄板吸声结构

(1) 穿孔板吸声结构的共振频率 f_0

$$f_0 = \frac{c}{2\pi}\sqrt{\frac{S}{AD(l_0+\delta)}} = \frac{c}{2\pi}\sqrt{\frac{P}{D(l_0+\delta)}} = \frac{c}{2\pi}\sqrt{\frac{P}{Dl_e}} \tag{3-18}$$

式中：c 为声速，cm/s；A 为每个共振单元所分占的薄板面积，cm^2；S 为孔颈面积，cm^2；D 为板后空气层厚度，cm；l_0 为板厚，cm；δ 为孔口末端修正量，cm，对于直径为 d 的圆孔 $\delta=\pi d/4\approx 0.8d$；$l_e$ 为有效颈长，cm，$l_e=l_0+\delta$；P 为穿孔率，即穿孔面积与总面积之比，$P=S/A$。

圆孔正方形排列时：

$$P = \pi d^2/4B^2 \tag{3-19}$$

圆孔等边三角形排列时：

$$P = \pi d^2/2\sqrt{3}B^2 \tag{3-20}$$

式中：d 为孔径；B 为孔中心距。

➢ 由式(3-18)可知：板的穿孔面积越大，吸声的频率越高；空腔越深或板越厚，吸声的频率越低。

一般穿孔板吸声结构主要用于吸收低中频噪声的峰值。吸声系数约为 0.4～0.7。

(2) 吸声带宽

设在 f_0 处的最大吸声系数为 α_r，则在 f_0 附近能保持吸声系数为 $\alpha_r/2$ 的频带宽度 $\Delta f_r=f_1-f_2$ 为吸声带宽。穿孔板吸声结构的吸声频带较窄，通常仅为几十赫兹到二三百赫兹。

吸声系数高于 0.5 的频带宽度 Δf 可由下式计算：

$$\Delta f = 4\pi \frac{f_0}{\lambda_0}D \tag{3-21}$$

式中：λ_0 为与共振频率 f_0 相对应的波长，m；D 为空腔深(板后的空气层厚度)，m。

➢ 由式(3-21)可知，穿孔板共振吸声结构的 Δf 与腔深 D 有很大的关系，而腔深又影响到共振频率的大小，故需综合考虑，合理选择腔深。工程上一般取板厚 2～5mm，孔径 2～4mm，穿孔率 $P=1\%\sim10\%$，空腔深以 10～25cm 为宜。尺寸超以上范围，多有不良影响，例如穿孔率在 20%以上时，几乎没有共振吸声作用，而仅仅成为护面板了。

➢ 在确定穿孔板共振吸声结构的主要尺寸后，可制作模型在实验室测定其吸声系数，或根据主要尺寸查阅手册，选择近似或相近结构的吸声系数，再按实际需要的减噪量，计算应铺设吸声结构的面积。

(3) 吸声性能的改善措施

➢ 由于穿孔板自身的声阻很小，这种结构的吸声频带较窄，如在穿孔板背后填充一些多孔的材料或在孔口敷上声阻较大的纺织物等材料，便可改进其吸声特性。填充吸声材料时，可以把空腔填满，也可以只填一部分，关键在于要控制适当的声阻率。图 3-22 是填充多孔材料前后吸声特性的比较。由图可见，填充多孔材料后，不仅提高了穿孔板的吸声系数，而且展宽了有效吸声频带宽度。为展宽吸声频带，还可以降低孔径和采用不同参数、不同穿孔率、不同腔深的多层穿孔板吸声结构的组合。

➢ 为了节约填充材料，可以选用几种填充方式，见图 3-23。从图 3-23(a)可见，背衬位置紧贴穿孔板的性价比最好，穿孔板又起到护面板的作用，加工安装也较方便。

➢ 为了提高吸声系数和展宽有效吸声频带，也可以采取不同穿孔率、不同腔深的多层穿孔板串联的形式。表 3-12 列出了一些穿孔板共振吸声结构的结构参数和吸声系数(α_S)。

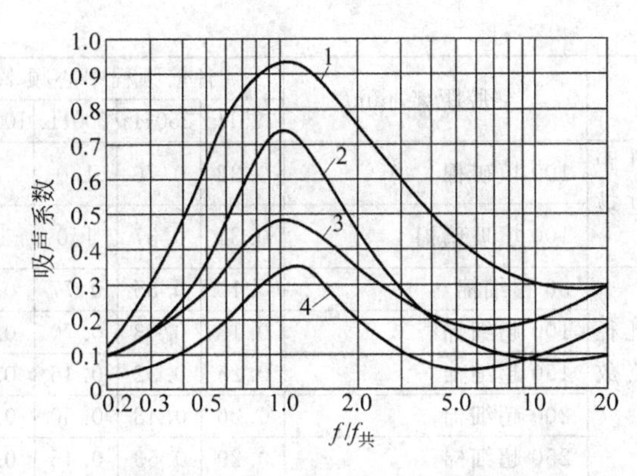

图 3-22　穿孔板共振结构的吸声特性

1—背后空气层内填 50mm 厚玻璃棉吸声材料；2—背后空气层内填 25mm 厚玻璃棉吸声材料；3—背后空气层厚 50mm，不填吸声材料；4—背后空气层厚 25mm，不填吸声材料

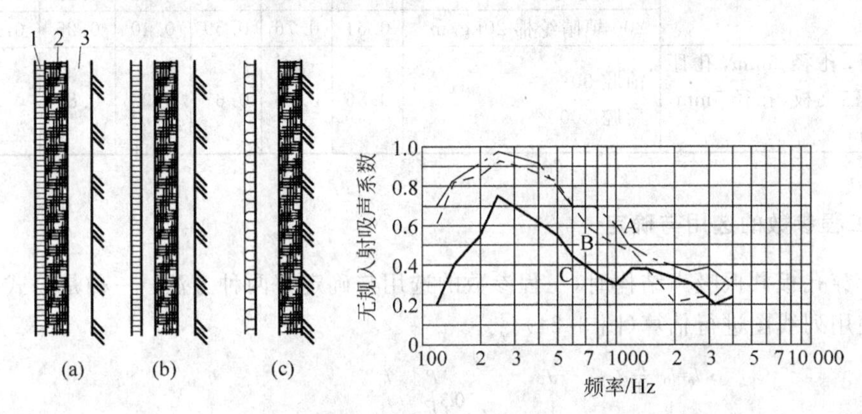

图 3-23　穿孔板衬材料的位置与吸声特性变化

1—穿孔板；2—背衬材料；3—空气层

表 3-12　穿孔板共振吸声结构的吸声系数

穿孔板结构	空腔距离/mm	各倍频程中心频率的吸声系数 α_S						备注
		125Hz	250Hz	500Hz	1000Hz	2000Hz	4000Hz	
穿孔三夹板，孔径 5mm，孔距 40mm	100 不填材料	0.04	0.54	0.29	0.09	0.11	0.19	混响室法
	100 板后贴布	0.28	0.69	0.51	0.21	0.16	0.23	
	100 填矿棉	0.69	0.73	0.51	0.28	0.19	0.17	
狭缝三夹板，$l=50$mm；狭缝：水平 10mm，垂直 20mm	500 板后贴布	0.18	0.33	0.36	0.36	0.35	0.33	
	500 填矿棉	0.21	0.35	0.40	0.43	0.42	0.39	
穿孔五夹板，孔径 5mm，孔距 25mm	50	0.01	0.25	0.55	0.30	0.16	0.19	
	50 填矿棉	0.23	0.69	0.66	0.47	0.26	0.27	
	100	0.10	0.45	0.48	0.18	0.19	0.25	
	100 填矿棉	0.20	0.95	0.61	0.32	0.23	0.55	
穿孔五夹板，孔径 8mm，孔距 50mm，0.5kg/m^3 玻璃棉，外包玻璃布	50 玻璃棉	0.20	0.67	0.61	0.37	0.27	0.27	
	100 玻璃棉	0.33	0.55	0.55	0.42	0.26	0.27	
	150 玻璃棉	0.34	0.61	0.52	0.35	0.27	0.19	

续表

穿孔板结构	空腔距离/mm	各倍频程中心频率的吸声系数 α_S						备注
		125Hz	250Hz	500Hz	1000Hz	2000Hz	4000Hz	
穿孔金属板，孔径 6mm，孔距 55mm，空腔放棉毡外包玻璃布	100 填矿棉	0.32	0.76	1.0	0.95	0.90	0.98	混响室法
	100 填玻璃棉	0.31	0.37	1.0	1.0	1.0	1.0	
石棉穿孔板，板厚 4mm，孔径 9mm，穿孔率 14%，空腔放 0.5kg/m³ 超细棉	50 超细棉	0.10	0.35	0.77	0.70	0.59	0.39	
	100 超细棉	0.18	0.63	0.70	0.66	0.55	0.33	
	150 超细棉	0.25	0.52	0.46	0.55	0.55	0.45	
	200 超细棉	0.26	0.48	0.50	0.53	0.55	0.45	
	250 超细棉	0.29	0.53	0.45	0.43	0.53	0.46	
穿孔石膏板，穿孔率 6%，板厚 7mm，板后贴一层薄纸	100(空气层)	0.18	0.61	0.78	0.37	0.22	0.16	
	100 填晴纶棉 20kg/m³	0.39	0.99	0.83	0.41	0.26	0.19	
	200(空气层)	0.46	0.64	0.54	0.32	0.22	0.15	
	200 填晴纶棉 20kg/m³	0.61	0.76	0.59	0.40	0.25	0.20	
前三夹板，孔径 5mm，孔距 13mm；后三夹板，孔径 5mm，孔距 40mm	前腔 30 后腔 200	0.86	0.40	0.63	0.93	0.83	0.57	

3. 工程参数的选用与确定

设计穿孔板共振吸声结构时，工程参数的选用与确定有两种方法：一种是公式计算，另一种是使用列线图进行估算(图 3-24)。

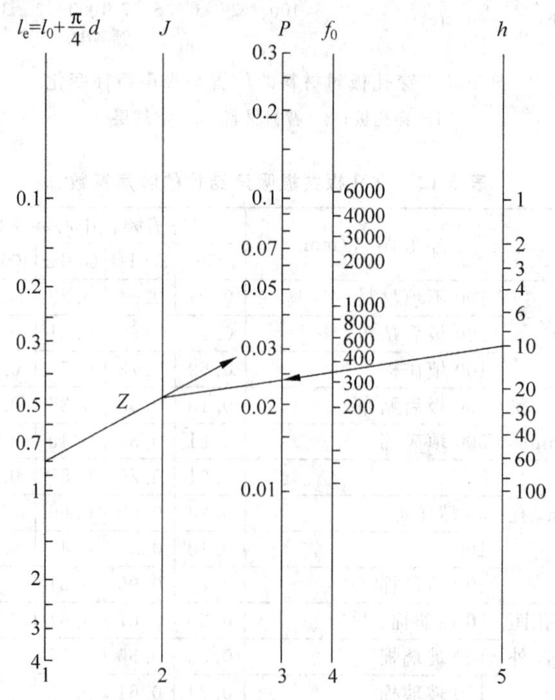

图 3-24 估算穿孔板吸声结构共振频率的列线图

f_0—共振频率，Hz；l_e—有效板厚，cm；h—板后空气层厚度，cm；P—穿孔率，%；d—孔径，cm；J—参考轴

➢ 列线图估算：在有效颈深 l_e、穿孔率 P、共振频率 f_0 与腔深 h(或 D)4 个参数轴与一个参考轴 J 之中，已知其中 3 个参数时，可以通过参考轴求得第 4 个参数。

运用列线图进行估算时，一般应先对噪声的频谱进行分析，确定出需要的共振频率，并根据可供选用的材料、现场空间条件等，再参考经验数值选定孔径、腔深，最后求取穿孔率、孔距，有时要经过多次的选择才能得到合适的参数。

➢ 工程上一般取板厚为 2～5mm，孔径为 2～10mm，穿孔率为 1%～10%，腔深以 100～250mm 为宜。

例 3-2 某车间内，设备噪声频率为 360Hz，为降低该频率噪声，现拟选用 4mm 厚的三合板作穿孔板共振吸声结构，空腔厚度 10cm。请设计该结构的其他参数。

解：(1) 在图 3-24 列线图上，在 h 线上寻找 $h=10\text{cm}$ 的点，在 f_0 线上找 $f_0=360\text{Hz}$ 的点，两点连线交 J 轴于 Z 点。

(2) 由于 $l_0=0.4\text{cm}$，根据经验选取 $d=0.5\text{cm}$，则

$$l_e = l_0 + \pi d/4 \approx l_0 + 0.8d = 0.4 + 0.8 \times 0.5 = 0.8(\text{cm})$$

(3) 在线上找 $l_e=0.8\text{cm}$ 的点，过 Z 点交 P 轴于 0.035 处，即**穿孔率为 3.5%**。将该值与经验值进行比较，结果可行。

(4) 计算孔间距：

① 如选定作正三角形排列，孔间距的计算公式为

$$B = \sqrt{\frac{\pi d^2}{2\sqrt{3}P}}$$

式中：B 为孔心间距；d 为孔径；P 为穿孔率。则有

$$B = \sqrt{\frac{\pi d^2}{2\sqrt{3}P}} = \sqrt{\frac{\pi \times 5^2}{2\sqrt{3} \times 0.035}} = 25.45(\text{cm})$$

验算穿孔率：

$$P = \frac{\pi}{2\sqrt{3}}\left(\frac{d}{B}\right)^2 = \frac{\pi \times 5^2}{2\sqrt{3} \times 25^2} = 3.63\%$$

② 如选定作正方形排列，孔间距的计算公式为

$$B = \frac{d}{2}\sqrt{\frac{\pi}{P}}$$

式中：B 为孔心间距；d 为孔径；P 为穿孔率。则有

$$B = \frac{d}{2}\sqrt{\frac{\pi}{P}} = \frac{5}{2}\sqrt{\frac{\pi}{0.035}} = 23.6(\text{cm})$$

验算穿孔率：

$$P = \frac{\pi}{4}\left(\frac{d}{B}\right)^2 = \frac{\pi}{4}\left(\frac{5}{23.6}\right)^2 = 3.52\%$$

➢ 穿孔率也可由表 3-13 来计算。

➢ 对于平行狭缝，$P=d/B$(d 为缝宽，B 为缝中心间距)。

➢ 确定穿孔板共振吸声结构的主要尺寸后，可制作模型在实验室测定其吸声系数；或根据主要尺寸查阅手册，近似选择相同或相近结构的吸声系数。再按照需要的减噪量计算应设的吸声结构面积。为保险起见，可以根据实际情况，对所得面积再乘以一定的安全系

数。穿孔板共振吸声结构比单个空腔式的结构简单，而且能在比较宽的频率范围内得到令人满意的吸声效果。

表 3-13 穿孔率 *P*、孔心距 *B* 与孔径 *d* 的对应值

P/%	B/d		P/%	B/d	
	三角排列	正方排列		三角排列	正方排列
0.5	13.5	12.5	4.5	4.5	4.2
0.8	10.6	9.9	5.0	4.3	4.0
1.0	9.6	8.9	6.0	3.9	3.6
1.2	8.7	8.1	7.0	3.6	3.4
1.4	8.0	7.5	8.0	3.4	3.1
1.6	7.5	7.0	9.0	3.2	3.0
1.8	7.1	6.6	10.0	3.0	2.8
2.0	6.7	6.3	12.0	2.7	2.6
2.5	6.0	5.6	20.0	2.1	2.0
3.0	5.5	5.1	25.0	1.9	1.8
3.5	5.1	4.7	30.0	1.7	1.6
4.0	4.8	4.4			

4. 穿孔板吸声性能和影响因素

穿孔板吸声性能的影响因素归纳在表 3-14 中。

表 3-14 穿孔板吸声性能的影响因素

影响因素	构　造	吸声特性示意	备　注
穿孔板	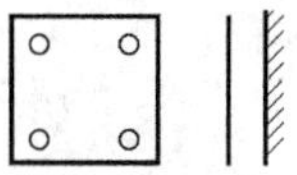	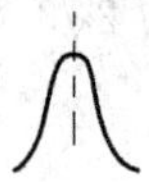	当入射声波的频率与系统的共振频率一致时，出现吸收峰
加大穿孔率	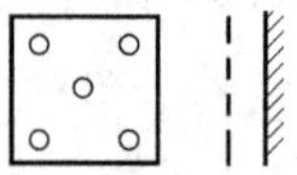	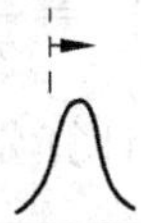	吸收峰向高频移动(如减少穿孔率，则吸收峰移向低频)
缩小孔径	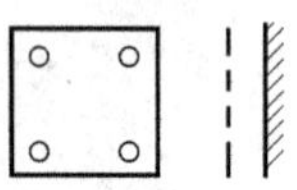		相当于减少穿孔率，吸收峰向低频移动(如加大孔径，则吸收峰移向高频)
加大后空	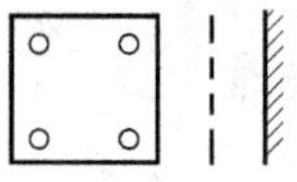		吸收峰向低频移动(如减小后空，则吸收峰移向高频)
板后加衬多孔材料	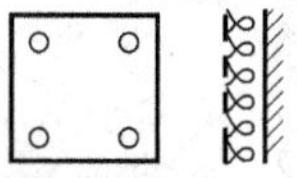	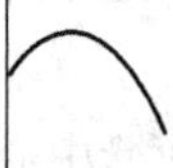	吸收峰变宽，主要影响吸声系数值，共振频率稍向低频移动
加大面板厚度	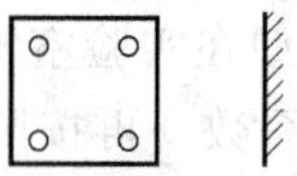	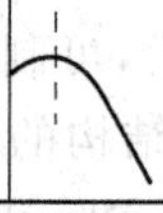	稍向低频移动

3.5.3 微穿孔板共振吸声结构

由于穿孔板的声阻很小,因此吸声频带很窄。为使穿孔板结构在较宽的范围内有效地吸声,必须在穿孔板背后填充大量的多孔材料或敷上声阻较高的纺织物。但是,如果把穿孔直径减小到1mm以下,则不需另加多孔材料也可以使它的声阻增大,这就是微穿孔板。微穿孔板吸声结构的理论是我国著名声学专家、中科院院士马大猷教授于20世纪70年代提出来的。

1. 微穿孔板共振吸声结构主要参数

在板厚度**小于1.0mm(0.2~1mm)的薄板**上穿以孔径**小于1.0mm(0.2~1mm)**的微孔,穿孔率在**1%~5%**之间,后部留有**一定厚度(如5~20cm)的空气层**。空气层内不填任何吸声材料。这样即构成了**微穿孔板吸声结构**,常用的多是单层或双层微穿孔板结构形式(图3-25)。**外腔厚度为3~8cm,内腔厚度为5~12cm**。

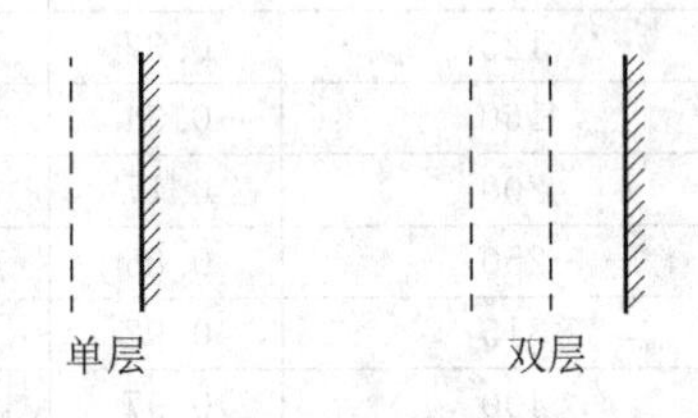

图3-25 微穿孔板吸声结构示意图

2. 微穿孔板吸声结构吸声特性

微穿孔板吸声结构是一种低声质量、高声阻的共振吸声结构,其性能介于多孔吸声材料和共振吸声结构之间,可以看作是它们的**一体化组合**。其吸声频率宽度可优于常规的穿孔板共振吸声结构(图3-26)。

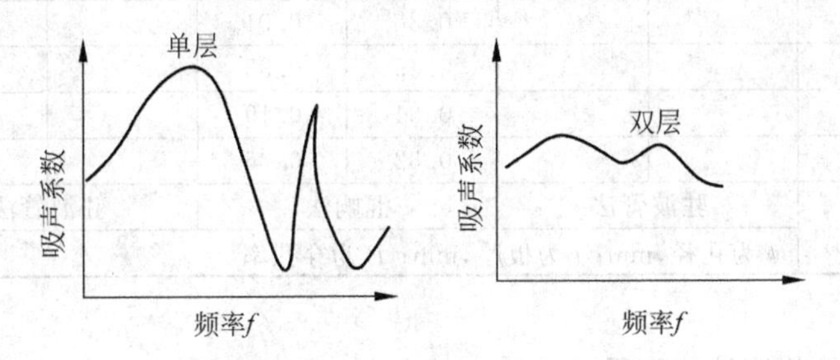

图3-26 单层和双层微穿孔板吸声结构的吸声性能曲线

➢ 微穿孔板共振时的垂直入射吸声系数为

$$\alpha_0 = \frac{4\gamma}{(1+\gamma)^2} \tag{3-22}$$

式中:γ为相对声阻率,即声阻率r与空气特性阻抗$\rho_0 c$的比值。

可见,要提高共振吸声系数α_0,应使微穿孔板结构的声阻与空气的特性阻抗相匹配,即相对声阻率γ应控制在1附近,这一结论对普通穿孔板和微穿孔板结构都是适用的。

➢ 研究表明,表征微穿孔板吸声特性的吸声系数和频带宽度,主要由微穿孔板结构的声质量m和声阻率r来决定。而这两个因素又与微孔直径d及穿孔率P有关,由于微穿孔板的孔径很小,孔数很多,其r值比普通穿孔板大得多,而m又很小,故吸声频带比普通穿孔板共振吸声结构宽得多,这是微穿孔板吸声结构的最大特点。一般性能较好的单层或双层微穿孔板吸声结构的吸声频带宽度可以达到**6～10个1/3倍频程以上**(表3-15)。

表3-15 微穿孔板吸声系数实测数据

类别	单层微穿孔板				双层微穿孔板		
规格	ϕ0.8 t0.8 P1%	ϕ0.8 t0.8 P1%	ϕ0.8 t0.8 P2%		ϕ0.8 t0.8 P2% P1%	ϕ0.8 t0.8 P3% P1%	ϕ0.8 t0.8 P2% P1%
腔深/cm 频率/Hz	15	20	15	20	前腔8 后腔12	前腔8 后腔12	前腔8 后腔12
100	0.35	0.40	0.12	0.12	0.44	0.37	0.41
125	0.37	0.40	0.18	0.19	0.48	0.40	0.41
160	0.34	0.50	0.19	0.26	0.25	0.62	0.46
200	0.77	0.72	0.30	0.30	0.86	0.81	0.83
250	0.85	0.83	0.43	0.50	0.97	0.92	0.91
315	0.92	0.95	0.96	0.55	0.99	0.99	0.69
400	0.97	0.80	0.81	0.54	0.97	0.99	0.58
500	0.87	0.54	0.57	0.45	0.93	0.95	0.61
630	0.65	0.27	0.52	0.41	0.93	0.90	0.54
800	0.30	0.07	0.36	0.27	0.96	0.88	0.60
1000	0.20	0.77	0.32	0.35	0.64	0.66	0.61
1250	0.26	0.40	0.29	0.39	0.41	0.50	0.60
1600	0.32	0.13	0.40	0.36	0.13	0.25	0.45
2000	0.15	0.28	0.33	0.36	0.15	0.13	0.31
2500			0.38	0.01			0.47
3150			0.35	0.33			0.32
4000			0.34	0.19			0.30
5000			0.32	0.36			0.32
说明	驻波管法		混响法		驻波管法		混响法
	ϕ为孔径,mm;t为板厚,mm;P为穿孔率						

3. 微穿孔板结构设计与应用

➢ 具体设计微穿孔板结构时,可通过计算,也可查图表(表3-15)。根据有关图表进行设计,不必进行复杂的计算,较为便捷,而且计算结果与实测结果比较一致。在实际工程中为了扩大吸声频带宽度,往往采用不同孔径、不同穿孔率的双层或多层微穿孔板复合结构。

➢ 微穿孔板可用铝板、钢板、镀锌板、不锈钢板、塑料板等材料制作。由于微穿孔板后的空气层内无需填装多孔吸声材料,因此不怕水和潮气,不霉、不蛀、防火、耐高温、耐腐蚀、清洁无污染,能承受高速气流的冲击。因此,微穿孔板吸声结构在吸声降噪和改善室内音质方面有着十分广泛的应用。微穿孔板的缺点是加工费用高,孔小易于堵塞,适宜在清洁环境中使用。

小结

图3-27对各种吸声结构和吸声特性进行了比较,可以从中看出各种结构的使用特点。

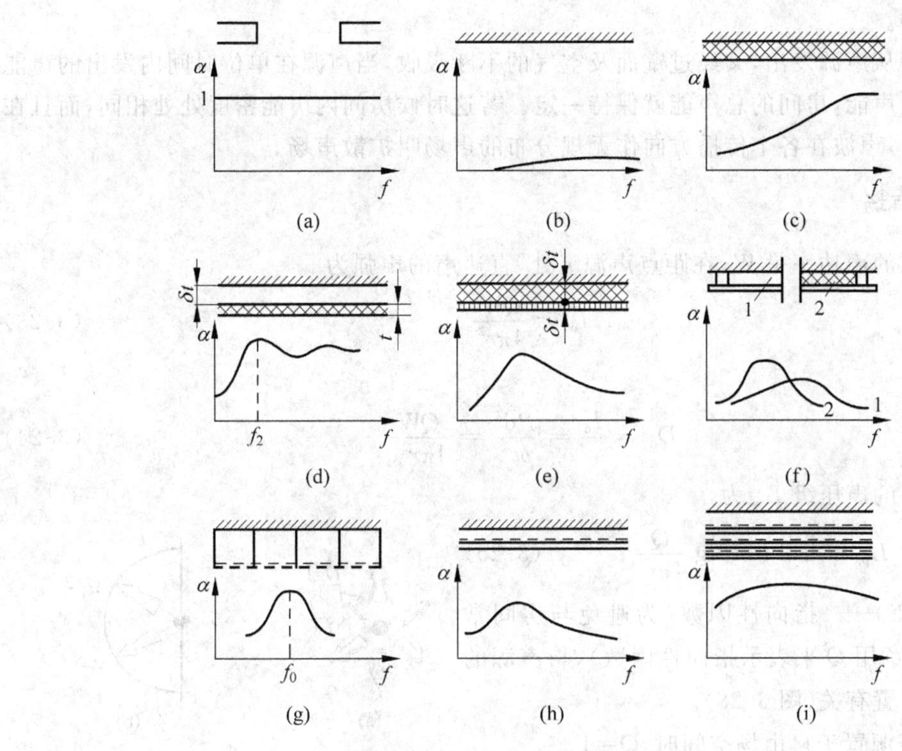

图 3-27　各种吸声结构和吸声特性

对图 3-27(a)～(i)的情况分析如下：

(a) 开阔的空间，是个自由声场，声波被空气全部吸收，吸声系数为 1；

(b) 坚硬、光滑的刚性表面，声波吸收很少；

(c) 多孔吸声材料，主要吸收中、高频噪声，吸收频带集中在中、高频区；

(d) 多孔材料背衬空腔，最大吸声频率向低频移动，吸收频带提高较大；

(e) 穿孔板背衬多孔吸声材料，不仅能较好吸收低频噪声，且吸声频带增宽；

(f) 板状吸声结构(1 线)，若在板后充填多孔吸声材料，可使吸声系数提高，最大吸声频率向低频移动(2 线)；

(g) 穿孔板吸声结构吸声频带很窄；

(h) 穿孔板背衬纤维布，吸声频带有一定提高；

(i) 多层穿孔板吸声效果较好，频带较宽。

➢ 值得注意的是，这些吸声材料和结构也常常用于消声器上。

3.6　吸 声 设 计

3.6.1　室内声场

为便于分析研究，通常把房间内的声场分解成两部分：从声源直接到达受声点的直达声形成的声场叫**直达声场**，经过房间壁面一次或多次反射后到达受声点的反射声形成的声场叫**混响声场**。

声音不断从声源发出,又经过壁面及空气的不断吸收,当声源在单位时间内发出的声能等于被吸收的声能,房间的总声能就保持一定。若这时候房间内声能密度处处相同,而且在任一受声点上,声波在各个传播方向作无规分布的声场叫**扩散声场**。

1. 直达声场

设点声源的声功率是 W,在距点声源 r 处,直达声的声强为

$$I_{\mathrm{d}} = \frac{QW}{4\pi r^2} \tag{3-23}$$

声能密度为

$$D_{\mathrm{d}} = \frac{I_{\mathrm{d}}}{c} = \frac{p_{\mathrm{d}}^2}{\rho c^2} = \frac{QW}{4\pi r^2 c} \tag{3-24}$$

相应的直达声的声压级 $L_{p\mathrm{d}}$ 为

$$L_{p\mathrm{d}} = L_W + 10\lg \frac{Q}{4\pi r^2} \tag{3-25}$$

式中:Q(或 R_θ)——指向性因数(为避免与房间常数 R 重复,本章用 Q 来表示指向性因数),与声源的指向特性和位置有关(图 3-28)。

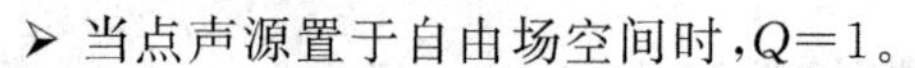

➢ 当点声源置于自由场空间时,$Q=1$。

➢ 置于无穷大刚性平面上,则点声源发出的全部能量只向半自由场空间辐射,因此同样距离处的声强将为无限空间情况的两倍,$Q=2$。

➢ 声源放置在两个刚性平面的交线上,全部声能只能向 1/4 空间辐射,$Q=4$。

➢ 点声源放置于 3 个刚性反射面的交角上,$Q=8$。

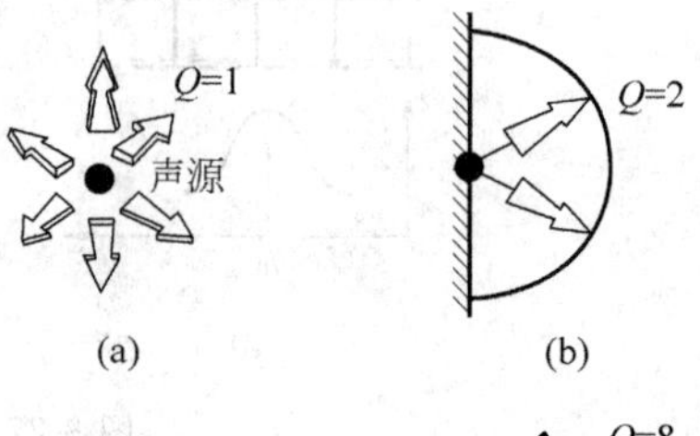

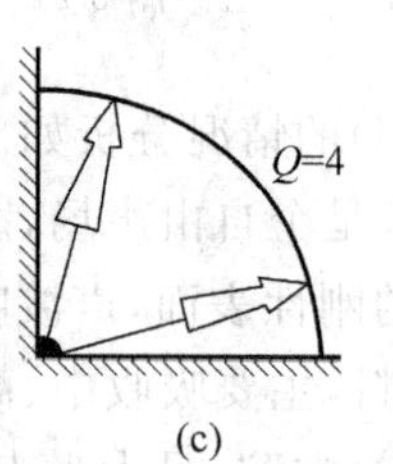

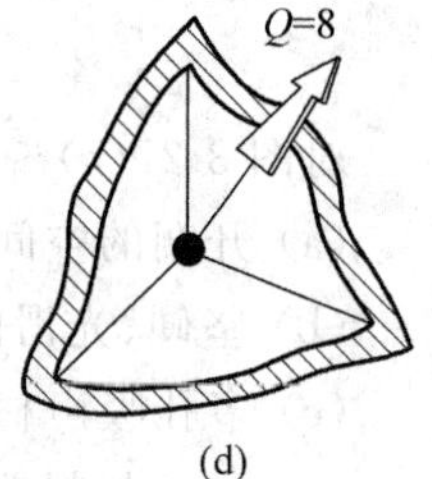

图 3-28 指向性因数示意图

2. 混响声场

设混响声场是理想的扩散声场。由**统计声学**方法可推导得到室内的混响声能密度为

$$D_{\mathrm{r}} = \frac{4W}{cR} \tag{3-26}$$

相应的声压级 $L_{p\mathrm{r}}$ 为

$$L_{p\mathrm{r}} = L_W + 10\lg \frac{4}{R} \tag{3-27}$$

其中:

$$R = \frac{S\bar{\alpha}}{1-\bar{\alpha}} \tag{3-28}$$

$$\bar{\alpha} = \frac{\sum_i S_i \alpha_i}{\sum_i S_i} \tag{3-29}$$

式中：R 为房间常数（量），m^2；S 为房间内表面面积，m^2；$\bar{\alpha}$ 为房间内各壁面的平均吸声系数。

房间常数 R 可以看作室内平均吸声系数和反射系数之比与室内表面积的乘积，它和吸声系数及吸声量有等价性；R 越大表明室内吸收大、反射小，混响程度低；R 值大小表征了室内混响声场的强弱程度。例如：

➢ 混响声场（全反射）：$\bar{\alpha}\to 0, 1-\bar{\alpha}\to 1, R\to 0$。

➢ 自由声场（全吸收）：$\bar{\alpha}\to 1, 1-\bar{\alpha}\to 0, R\to\infty$。

➢ 实际声场：R 为几十到几千 m^2。

3. 总声场

把直达声场和混响声场叠加，就得到总声场。

总声场的声能密度 D 为

$$D = D_{\mathrm{d}} + D_{\mathrm{r}} = \frac{W}{c}\left(\frac{Q}{4\pi r^2} + \frac{4}{R}\right) \tag{3-30}$$

总声场的声压平方值 p^2 为

$$p^2 = p_{\mathrm{d}}^2 + p_{\mathrm{r}}^2 = \rho c W\left(\frac{Q}{4\pi r^2} + \frac{4}{R}\right) \tag{3-31}$$

总声场的声压级 L_p 为

$$L_p = L_W + 10\lg\left(\frac{Q}{4\pi r^2} + \frac{4}{R}\right) \tag{3-32}$$

➢ 式中：$Q/(4\pi r^2)$ 项表示了直达声的贡献，而 $4/R$ 项表示了混响声的贡献。

式(3-32)可作成图 3-29，它表示了房间中受声点的相对声压级差值与声源距离 r、指向性因数 Q 及房间常数 R 的关系。

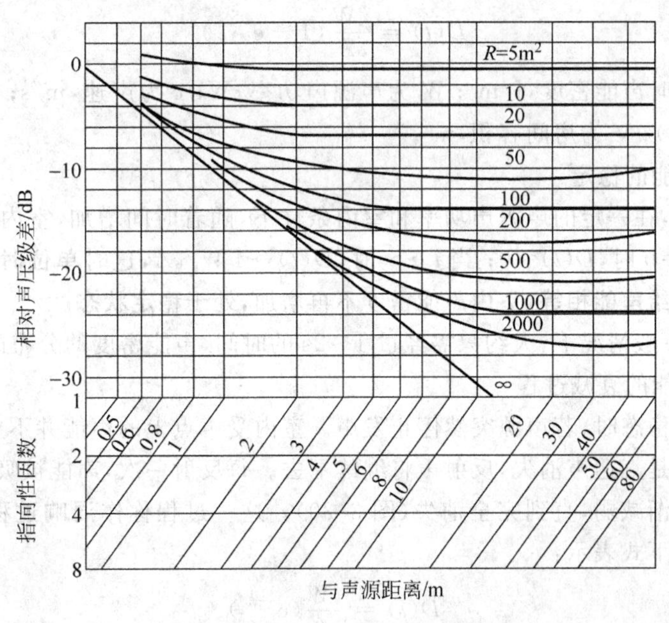

图 3-29 室内声压级计算图表

4. 混响半径

由式(3-32)可知，在声源的声功率级为定值时，房间内的声压级由受声点到声源距离 r 和房间常数 R 决定。

➢ 当受声点离声源很近，即 $Q/4\pi r^2 \gg 4/R$ 时，室内声场以直达声为主，混响声可以忽略。

➢ 当受声点离声源很远，即 $Q/4\pi r^2 \ll 4/R$ 时，室内声场以混响声为主，直达声可以忽略，这时声压级 L_p 与距离无关。

➢ 当 $Q/4\pi r^2 = 4/R$ 时，直达声与混响声的声能相等，这时候的距离 r 称为**临界半径** r_c：

$$r_c = 0.14\sqrt{QR} \tag{3-33}$$

当 $Q=1$ 时的临界半径又称**混响半径**。

➢ 因为**吸声降噪只对混响声起作用**，当受声点与声源的距离小于临界半径时，吸声处理对该点的降噪效果不大；反之，当受声点离声源的距离大大超过临界半径时，吸声处理才有明显的效果。

思考题

在大房间中有一台机器运转，如何从测量中判别哪一区域基本上是混响声场？

5. 室内声能的增长和衰减过程

(1) 室内声能的增长过程

当声源开始向室内辐射声能时，声波在室内空间传播，当遇到壁面时，部分声能被吸收，部分被反射；在声波的继续传播中多次被吸收和反射，在空间就形成了一定的声能密度分布。随着声源不断供给能量，室内声能密度将随时间而增加，这就是室内声能的增长过程。可用下式表示：

$$D(t) = \frac{4W}{cA}\left(1 - e^{-\frac{SA}{4V}t}\right) \tag{3-34}$$

式中：$D(t)$为瞬时声能密度，J/m^3；W 为声源声功率，W；c 为声速，m/s；A 为室内表面总吸声量，m^2(赛宾)；V 为房间容积，m^3。

(2) 室内声能的稳定

由上式看出，在一定的声源声功率和室内条件下，随着时间增加，室内瞬时声能密度将逐渐增长。当 $t=0$ 时，$D(t)=0$；当 $t\to\infty$ 时，$D(t)\to 4W/cA$，这时**单位时间内被室内吸收的声能与声源供给声能相等**，室内声能密度不再增加，处于**稳定状态**。

事实上，在一般情况下，大约只需经过 1～2s 的时间，声能密度的分布即接近于稳态。

(3) 室内声能的衰减过程

当声场处于稳态时，若声源突然停止发声。室内受声点上的声能并不立即消失，而要有一个过程。首先是直达声消失，反射声将继续下去。每反射一次，声能被吸收一部分，因此，室内声能密度逐渐减弱，直到完全消失(图 3-30)。这一过程称作**混响过程**或**交混回响**，声能密度的衰减用下式表示：

$$D(t) = \frac{4W}{cA}\left(e^{-\frac{SA}{4V}t}\right) \tag{3-35}$$

➢ 由上式可见，在衰减过程中，$D(t)$随 t 的增加而减小。

➢ 室内总吸声量 A 越大，衰减越快。

➢ 房间容积 V 越大，衰减越慢。

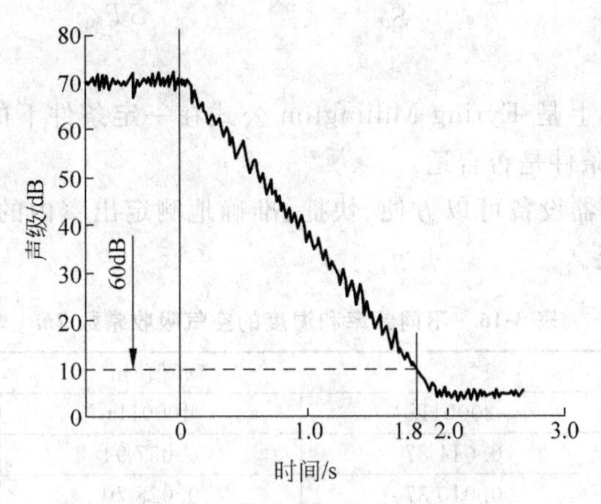

图 3-30 室内声能的衰减过程

6. 混响时间

在混响衰减过程中，把声能密度衰减到原来的百万分之一，即衰减 60dB 所需的时间，定义为**混响时间**，用 T_{60} 表示，单位为 s。

1) 混响时间公式

19 世纪，有几位声学专家用统计声学的方法，分别独立地导出了混响时间的理论公式。

(1) W. C. Sabine(赛宾)混响时间公式

W. C. Sabine(赛宾)混响时间公式为

$$T_{60}=\frac{0.161V}{A}=\frac{0.161V}{S\bar{\alpha}} \tag{3-36}$$

式中：V 为房间容积，m^3；$\bar{\alpha}$ 为室内平均吸声系数；A 为室内总吸声量，m^2(赛宾)，$A=S\bar{\alpha}$。

➢ 当室内平均吸声系数 $\bar{\alpha}<0.2$ 时，赛宾公式计算结果才与实际情况比较接近。

(2) C. F. Eyring 混响时间公式

C. F. Eyring 考虑了房间壁面的吸收作用，并取 $c=344\text{m/s}$，提出的混响时间公式为

$$T_{60}=\frac{0.161V}{-S\ln(1-\bar{\alpha})} \tag{3-37}$$

(3) Eyring-Millington 公式

当房间较大时，在传播过程中，空气也将对声波有吸收作用，对于频率较高的声音(一般为 2kHz 以上)，空气的吸收相当大。这种吸收与频率、湿度、温度有关。

在声波传播过程中，同时考虑空气吸收引起的衰减有 Eyring-Millington 公式：

$$T_{60}=\frac{55.2V}{-cS\ln(1-\bar{\alpha})+4mVc} \tag{3-38}$$

式中：m 为空气中衰减系数，1/m；$4m$ 称为空气吸收常数(表 3-16)。

➢ 当 $\bar{\alpha}<0.2$ 时，$\ln(1-\bar{\alpha})\approx\bar{\alpha}$，上式简化为

$$T_{60}=\frac{0.161V}{S\bar{\alpha}+4mV} \tag{3-39}$$

➢ 当 $f<2\text{kHz}$ 时，$4m<0.01$，V 又较小时，$4mV$ 可以忽略，即

$$T_{60}=\frac{0.161V}{S\bar{\alpha}} \quad 或 \quad \bar{\alpha}=\frac{0.161V}{ST_{60}} \tag{3-40}$$

讨论

(1) 赛宾公式实际上是 Eyring-Millington 公式在一定条件下的简化式。采用混响时间公式时，应注意前置条件是否合适。

(2) 现代的电声仪器设备可以方便、快捷、准确地测定出室内的混响时间，使其在吸声处理中的应用十分广泛。

表 3-16 不同频率和湿度的空气吸收常数 4*m*

相对湿度/%	$4m$ 值/m^{-1}		
	2000Hz	4000Hz	6300Hz
30	0.011 87	0.037 94	0.083 98
40	0.010 37	0.028 70	0.062 38
50	0.009 60	0.024 44	0.050 33
60	0.009 01	0.022 43	0.043 40
70	0.008 51	0.021 31	0.039 98
80	0.008 07	0.020 42	0.037 57

2) 混响时间公式的应用

(1) 用于控制厅堂设计的最佳混响时间 $T_{60}=1.5\sim3\text{s}$。

(2) 用于测定吸声材料或结构的混响法吸声系数 α_S。

方法：在容积 $V>200\text{m}^3$ 的混响室中，S 为混响室内表面总面积，m^2。吸声处理前室内平均吸声系数为

$$\bar{\alpha}_1=\frac{0.161V}{ST_1} \tag{3-41}$$

用吸声系数为 α_S 的待测吸声材料实贴在壁面上，其面积为 S_m，并占据了原来部分的壁面，即总内表面积 S 不变。此时室内平均吸声系数为

$$\bar{\alpha}_2=\frac{S_m\alpha_3+(S-S_m)\bar{\alpha}_2}{S} \tag{3-42}$$

吸声处理后的室内平均吸声系数又等于：

$$\bar{\alpha}_2=\frac{0.161V}{ST_2} \tag{3-43}$$

由式(3-41)和式(3-43)得

$$\frac{\bar{\alpha}_2}{\bar{\alpha}_1}=\frac{T_1}{T_2} \tag{3-44}$$

$$\bar{\alpha}_2-\bar{\alpha}_1=\frac{0.161V}{S}\left(\frac{1}{T_2}-\frac{1}{T_1}\right) \tag{3-45}$$

由式(3-42)和式(3-45)可解得材料混响法吸声系数 α_S 为

$$\alpha_S=\frac{0.161V}{S_m}\left(\frac{1}{T_2}-\frac{1}{T_1}\right)+\bar{\alpha}_1 \tag{3-46}$$

测得 T_1、T_2 即可由式(3-41)和式(3-46)计算出吸声材料的 α_S。

(3) 计算为了使室内平均吸声系数由 $\bar{\alpha}_1$ 上升到 $\bar{\alpha}_2$ 而需要铺设的吸声系数为 α_S 的吸声材料或结构的面积 S_m。

➢ 由式(3-42)可解出：

$$\frac{S_m}{S}=\frac{\bar{\alpha}_2-\bar{\alpha}_1}{\alpha_S-\bar{\alpha}_1}\quad 或 \quad S_m=S\frac{\bar{\alpha}_2-\bar{\alpha}_1}{\alpha_S-\bar{\alpha}_1} \tag{3-47}$$

式(3-47)可用于计算总 S 不变时，为达到 $\bar{\alpha}_2$ 所需吸声系数为 α_S 的吸声材料面积 S_m，其中，$\bar{\alpha}_1$ 严格讲应为未铺设吸声材料壁面的平均吸声系数。

➢ 如果吸声材料作为空间吸声体悬吊于空中，不占据原有壁面面积，则室内总吸声面积变为 $S+S_m$，从总吸声量计算可得

$$\bar{\alpha}_2=\frac{S_m\alpha_S+S\bar{\alpha}_2}{S+S_m} \tag{3-48}$$

所需吸声材料面积为

$$S_m=S\frac{\bar{\alpha}_2-\bar{\alpha}_1}{\alpha_S-\bar{\alpha}_2} \tag{3-49}$$

➢ 式(3-47)和式(3-49)是吸声降噪设计的重要计算式，并应根据吸声材料或结构的安装布置与铺设方式而分别选用。

3) 混响时间的测定

在室内墙角上放置一个或两个功率较大的扬声器，使其发出宽频带噪声，例如用白噪声发生器或电噪声等通过功率放大器策动扬声器发出噪声。接收系统是传声器连同前置放大器通过长电缆，将接收信号输入到放大器，经滤波器滤波后送到电平记录仪的一种装置。测量时，使扬声器(声源)发出白噪声(最好在前面接一个滤波器，使之发出频带噪声能量较集中，可以提高声功率)，待室内声场稳定后(只需发出数秒钟)，使声源突然停止发声，同时开启记录仪，这时室内声压级随时间衰减的曲线便可绘制出来(图 3-30)。取曲线平均值为一斜直线，由记录仪纸带走速和曲线斜率很容易推数出衰减 60dB 的混响时间 T_{60}，现代测量仪可以直接显示混响时间数值。

在测量时，传声器应在离开声源一定距离的空间，即使之处于混响声场内，并多测几点，每一测点又因各次测得的衰变曲线有些差异，特别是低频往往差别较大，因而必须多测几条曲线，取各曲线的 T_{60} 平均值；然后将各测点平均值再平均，每一频程均需如此进行。这样即可得到室内混响时间的平均值。

3.6.2　吸声降噪量的计算

人们总是感到，同一个发声设备放在室内要比放在室外听起来响得多，这正是室内反射声作用的结果。当离开声源的距离大于混响半径时，混响声的贡献相当大。对于体积较大、以刚性壁面为主的房间内，受声点上的声压级要比室外同一距离处高出 10～15dB。

如果在房间的内壁饰以吸声材料或安装吸声结构，或在房间中悬挂一些空间吸声体，吸收掉一部分混响声，则室内的噪声就会降低。这种利用吸声降低噪声的方法称为**吸声降噪**。

设 R_1、R_2 分别为室内设置吸声装置**前**、**后**的房间常数，则距声源中心 r 处相应的声压级 L_{p1}、L_{p2} 分别为

$$L_{p1}=L_W+10\lg\left(\frac{Q}{4\pi r^2}+\frac{4}{R_1}\right) \tag{3-50}$$

$$L_{p2} = L_W + 10\lg\left(\frac{Q}{4\pi r^2} + \frac{4}{R_2}\right) \tag{3-51}$$

吸声前后的声压级之差，即**吸声降噪量**为

$$\Delta L_p = L_{p1} - L_{p2} = 10\lg\left[\frac{\dfrac{Q}{4\pi r^2} + \dfrac{4}{R_1}}{\dfrac{Q}{4\pi r^2} + \dfrac{4}{R_2}}\right] \tag{3-52}$$

讨论

(1) 当受声点离声源很近，即在混响半径以内的位置上，$Q/4\pi r^2 \gg 4/R$ 时，ΔL_p 值很小，也就是说在靠近噪声源的地方，声压级的贡献以直达声为主，吸声装置只能降低混响声的声压级，所以吸声降噪的方法对靠近声源的位置，其降噪量是不大的。

(2) 对于离声源较远的受声点，即处于混响半径以外的区域，如果 $Q/4\pi r^2 \ll 4/R$，且吸声处理前后的吸声面积不变的条件下，则式(3-52)可简化为

$$\Delta L_p = 10\lg\frac{R_2}{R_1} = 10\lg\frac{(1-\bar{\alpha}_1)\bar{\alpha}_2}{(1-\bar{\alpha}_2)\bar{\alpha}_1} \tag{3-53}$$

可以解出：

$$\bar{\alpha}_2 = \frac{\bar{\alpha}_1 \times 10^{0.1\Delta L_p}}{(1-\bar{\alpha}_1) + \bar{\alpha}_1 \times 10^{0.1\Delta L_p}} \tag{3-54}$$

(3) 对于一般室内稳态声场，如工厂厂房，都是砖及混凝土砌墙、水泥地面与天花板，吸声系数都很小($\bar{\alpha}_1 < 0.1$)，因此有 $\bar{\alpha}_1\bar{\alpha}_2$ 远小于 $\bar{\alpha}_1$ 或 $\bar{\alpha}_2$，则 $\bar{\alpha}_1\bar{\alpha}_2$ 可以忽略不计，式(3-53)可简化为

$$\Delta L_p = 10\lg\frac{\bar{\alpha}_2}{\bar{\alpha}_1} \quad 或 \quad \frac{\bar{\alpha}_2}{\bar{\alpha}_1} = 10^{0.1\Delta L_p} \tag{3-55}$$

➢ 一般的室内吸声降噪处理可用此式计算。以上是通过理论推导得出的计算方法，而且经过简化，因此与实际存在一定差距。但在设计室内吸声降噪或定量估算其效果时，对计算结果作适当的修正，上式仍有很大的实用价值。

➢ 因 $\bar{\alpha}_2 > \bar{\alpha}_1$，故式(3-53)计算出的降噪量要比式(3-55)算出的大一些，后者反映整个房间范围内噪声降低的平均情况，而前者则是反映远离噪声源处噪声级降低能够达到的最大值。

(4) 利用此式的困难在于求取平均吸声系数较麻烦，如果现场条件比较复杂，$\bar{\alpha}$ 的计算也难以准确。利用吸声系数和混响时间的关系，将式(3-55)简化为

$$\Delta L_p = 10\lg\frac{T_1}{T_2} \tag{3-56}$$

这样直接在现场测量混响时间要简单而且准确得多，并且由表 3-17 可以直接判断降噪效果。

表 3-17 室内吸声状况与相应降噪量

$\bar{\alpha}_2/\bar{\alpha}_1$ 或 T_1/T_2	1	2	3	4	5	6	8	10	20	40
ΔL_p/dB	0	3	5	6	7	8	9	10	13	16

注：本表适用于式(3-56)。

(5) 从表中可以看出，如果室内平均吸声系数增加1倍，混响声级降低3dB；增加10倍，降低10dB。这说明，只有在原来房间的平均吸声系数不大时，采用吸声处理才有明显效果。例如，一般墙面及天花板抹灰的房间，各壁面和地面的平均吸声系数约为 $\bar{\alpha}_1=0.03$，采用吸声处理后使 $\bar{\alpha}_2=0.3$，则 $\Delta L_p=10\text{dB}$。

(6) 通常，使平均吸声系数增大到0.5以上是很不容易的，且成本太高，因此，用一般吸声处理法降低室内噪声不会超过10～12dB。对于未经处理的车间，采用吸声处理后，平均降噪量达5dB是较为切实可行的。

3.6.3 吸声降噪设计

1. 设计原则

(1) 尽可能先作声源处理(改进设备、消声等)，降低声源噪声辐射；

(2) 只有 $\bar{\alpha}_1$ 较小时(≤0.05)，才能收到预期的降噪效果；

(3) 不能降低在直达声占支配地位场所的噪声，除非与隔声技术联用；

(4) 预定降噪的目标为4～12dB(一般为5～7dB)，期望过高是不现实的；

(5) 选择吸声材料时要考虑工艺要求和环境要求，如防火、防潮、防尘、防腐蚀、洁净等；

(6) 选择吸声处理方式和吸声材料布置时要兼顾采光、通风、照明、施工、装饰、维修和设备操作等要求。

2. 设计程序

例 3-3

工程名称：空压机房降噪；

房间尺寸：10m×5m×4m；

内表面：地面和顶面为混凝土毛面，侧墙为普通抹灰；

噪声源：两台空压机位于地面中央；

控制要求：车间内噪声达到《工业企业噪声控制设计规范》(GBJ 87—85)的要求。

设计步骤：

(1) 调查分析：

① 声源名称、种类、数量、尺寸和位置及声学特性、指向性等。对于点声源，$Q=2$。

② 根据房间的几何性质、几何尺寸、厂房形状计算房间的容积和壁面的总面积。房间内可移动物体(例如车间内的机电设备)所占的体积不必在房间总容积内扣除，其表面积也不必计算在壁面总面积内。

本例中，房间总容积 $V=200\text{m}^3$，壁面总面积 $S=220\text{m}^2$。

③ 房间当前的声学特性：壁面性质、室内声场判别，应注意房间的几何形状，特别应注意房间内是否存在凹反射面，房间长度、宽度和高度是否大致可相比拟，扁平空间往往是一种不完全的扩散声场(散射声场)。即应注意房间的几何形状是否能保证房间内的声场近似为完全扩散的声场，降噪点上是否混响声占主要地位。

(2) 确定控制标准的噪声限值：90dB(A)，可选用NR85曲线。

(3) 现场测定噪声源倍频程频谱和混响时间 T_1 或查表选壁面吸声系数。

(4) 计算步骤见表 3-18,说明如下:

① 在表中第一行记录吸声处理前测得的倍频程声压级 L_{p1}。

② 在表中第二行记录 NR85 的各个倍频程声压级 L_{p2}。

③ 由 $L_{p1}-L_{p2}$ 计算所需降噪量 ΔL_p,并填入表中第三行,可见在 500Hz 中心频率上有最大需降噪量。

④ 由表 3-4 查得地面、顶面和壁面的倍频程吸声系数 α_i。

⑤ 由表 3-18 中平均吸声系数计算公式计算吸声处理前的室内平均吸声系数 $\bar{\alpha}_1$ 或处理前的吸声量 $A_1=S_1\bar{\alpha}_1$,没有需降噪量的频带可以不用计算;如果有条件,可通过测定混响时间 T_{60} 来换算 $\bar{\alpha}_1$。

⑥ 根据表 3-18 中公式计算吸声处理后应达到的平均吸声系数 $\bar{\alpha}_2$ 或处理后应有的吸声量 $A_2=S_2\bar{\alpha}_2$。

⑦ 在第七行中填上吸声处理前后平均吸声系数的差值 $\bar{\alpha}_2-\bar{\alpha}_1$,或计算需增加的吸声量 $\Delta A=A_2-A_1$,由表中数值可见在 500Hz 中心频率上降噪要求是最高的。

⑧ 根据上述降噪频带和降噪量要求、现场情况及性价比等因素,根据表 3-3 选择吸声材料。本例拟选用水泥膨胀珍珠岩板,厚 6cm,密度 300kg/m³,并将其倍频程吸声系数填在表中第八行。

⑨ 按表 3-1 将所选材料的正入射吸声系数 α_0 转换成混响法吸声系数 α_S。

⑩ 计算 $\alpha_S-\bar{\alpha}_2$,并填入表中。

⑪ 根据表中公式或由需增加的吸声量 $\Delta A=\alpha_S S_m$,计算吸声材料需要的总吸声面积 S_m(选各频带中最大的)。

⑫ 计算当吸声板作为空间吸声体吊挂时,所需要的吸声板商品面积。

⑬ 如果采用吸声板实贴在壁面上的布置方式,则计算 $\alpha_S-\bar{\alpha}_1$,并填入表中,由表中公式计算实贴时吸声材料需要的吸声面积(选各频带中最大的)。取整后确定吸声材料的设计计算面积。实际施工时,可乘以一个修正系数(1.2~1.4)来确定吸声材料的商品面积。

表 3-18 吸声降噪工程设计计算步骤

步骤	事项	各倍频程中心频率的计算量						说明	公式与方法
		125Hz	250Hz	500Hz	1000Hz	2000Hz	4000Hz		
1	处理前 L_{p1}/dB	95.0	92.0	92.6	84.5	83.0	79.5	实测	空间平均声级
2	允许标准 L_{p2}/dB	96.0	91.1	87.6	85.0	82.8	81.0	NR85	$L_{pi}=a+b\mathrm{NR}_i$
3	需降噪量 ΔL_{pi}/dB	—	0.9	5.0	—	0.2	—	计算	$\Delta L_{pi}=L_{p1}-L_{p2}$,空间平均减噪量
4	地/顶面 α_1	0.01	0.01	0.02	0.02	0.02	0.03	查表	表 3-4,$S_1=100\text{m}^2$
	侧墙 α_2	0.02	0.02	0.02	0.03	0.04	0.04	查表	表 3-4,$S_2=120\text{m}^2$
5	处理前 $\bar{\alpha}_1$	—	0.015	0.02	—	0.03	—	计算	$\bar{\alpha}_1=\dfrac{\sum_i S_i\alpha_i}{\sum_i S_i}$
6	处理后 $\bar{\alpha}_2$	—	0.018	0.063	—	0.03	—	计算	$\bar{\alpha}_2=\bar{\alpha}_1 10^{0.1\Delta L_p}$
7	$\bar{\alpha}_2-\bar{\alpha}_1$	—	0.003	0.043	—	0	—	计算	$\bar{\alpha}_2-\bar{\alpha}_1$

续表

步骤	事项	各倍频程中心频率的计算量						说明	公式与方法
		125Hz	250Hz	500Hz	1000Hz	2000Hz	4000Hz		
8	α_0	0.18	0.43	0.48	0.53	0.33	0.51	查表	表 3-3,水泥膨胀珍珠岩板,密度 300kg/m³,厚度 6cm
9	α_S	—	0.68	0.74			—	查表	表 3-1,$\alpha_0 \rightarrow \alpha_S$
当吸声板作为空间吸声体吊挂时:									
10	$\alpha_S - \bar{\alpha}_2$	—	0.662	0.677	—	—	—	计算	$\alpha_S - \bar{\alpha}_2$
11	所需材料总吸声面积 S_m/m^2	—	1.0	14	—	—	—	计算	$S_m = S\dfrac{\bar{\alpha}_2 - \bar{\alpha}_1}{\bar{\alpha}_S - \bar{\alpha}_2}$
12	吊挂板面积 S 板/m²	—	—	**7.7**	—	—	—	—	空间吸声板吊挂计算见"讨论"
如果采用吸声板实贴铺设在壁面上的方式:									
13	$\alpha_S - \bar{\alpha}_1$	—	0.665	0.72	—	—	—	计算	$\alpha_S - \bar{\alpha}_1$
14	所需材料总吸声面积 S_m/m^2	—	1.0	13.2	—	—	—	计算	$S_m = S\dfrac{\bar{\alpha}_2 - \bar{\alpha}_1}{\bar{\alpha}_S - \alpha_1}$
15	在墙面上铺设所需吸声面积 S_m/m^2	—	—	**14**	—	—	—	—	λ(500Hz) = 68cm,后空腔,$D=\lambda/4$ = **17cm**

讨论:

(1) 若考虑吊挂板两面吸声,一般反面吸声效果差一些,与声波接触的机会也少些。所以其吸声系数可按正面吸声系数的 70%~80%考虑:若 $\alpha_正=0.74$,则 $\alpha_反 \approx 0.74 \times 75\% \approx 0.56$,其两合一的平均 $\alpha_S=0.74+0.56=1.30$ 左右。这样,计算所需吊挂的板面积有 7.7~8.0m² 就可以了。

(2) 施工安装完后,应进行现场测试,如果还没有完全达到预定标准,则需分析原因,并采取进一步措施来保证达标。

(3) 本例 $f_0=500$Hz 上的所需降噪量仅 5.0dB,处理前的平均吸声系数为0.02,是在吸声降噪措施经济有效范围内的;所用吸声材料的面积还不到室内总表面积的 6.4%,面积比(吸声体面积与厂房顶棚面积之比)为 28%。

(4) 也可以从"现有吸声量—应有吸声量—需增加的吸声量"的计算来进行设计,计算中要考虑原有吸声壁面被安装的吸声材料遮挡的情况。

思考题

1. 吸声板两种不同的铺设方法,在设计计算上有什么不同?
2. 试推导由吸声处理前后吸声量变化来计算所需吸声材料的公式。

例 3-4

工程名称:某厂控制室降噪;

房间尺寸:14m×10m×3m;

噪声源:空调机;

噪声源位置:位于 10m×3m 侧墙底边中部;

控制要求:距声源 7m 处(即房间内另半边空间)达到控制室标准(55dB(A))。

设计步骤：

(1) 调查分析：$V=420\mathrm{m}^3$，$S=424\mathrm{m}^2$，$Q=4$。

吸声降噪的可行性分析：$Q/4\pi r^2=0.0065$，该值较小，有吸声降噪的可行性。

(2) 现场测定噪声源倍频程频谱和混响时间 T_1。

(3) 设计计算见表 3-19。

表 3-19 吸声降噪工程设计计算步骤

步骤	事项	各倍频程中心频率的计算量						方法	计算公式
		125Hz	250Hz	500Hz	1000Hz	2000Hz	4000Hz		
1	$r=7\mathrm{m}$ 处 L_{p1}/dB	60	62	63	59	57	54	实测	仪器
2	允许标准 L_{p2}/dB	66	59	54	50	47	45	NR50	$\mathrm{NR}=L_A-5$
3	降噪量 $\Delta L_p/\mathrm{dB}$	—	3	9	9	10	9	计算	$\Delta L_p=L_{p1}-L_{p2}$
4	处理前 T_1/s	2.6	2.4	2.0	1.8	1.6	1.2	实测	仪器
5	处理前 $\bar{\alpha}_1$	0.06	0.07	0.08	0.09	0.10	0.13	计算	$\bar{\alpha}_1=\dfrac{0.161V}{ST_1}$
6	处理前 R_1/m^2	27.1	31.9	36.9	41.9	47.1	63.4	计算	$R_1=\dfrac{S\bar{\alpha}_1}{1-\bar{\alpha}_1}$
7	核算 r_c/m	—	—	—	—	1.9	2.2	计算	$r>r_c=0.14\sqrt{QR}$，吸声处理可行
8	所需的 $\bar{\alpha}_2$	—	0.13	0.41	0.44	0.53	0.54	计算	$\bar{\alpha}_2=\dfrac{\bar{\alpha}_1\times10^{0.1\Delta L_p}}{(1-\bar{\alpha}_1)-\bar{\alpha}_1\times10^{0.1\Delta L_p}}$
9	α_0	0.11	0.85	0.88	0.83	0.93	0.97	选用	表 3-2，超细玻棉，密度 $15\mathrm{kg/m}^3$，厚度 10cm
10	α_S	0.22	1.00	1.00	0.99	1.00	1.00	换算	表 3-1，$\alpha_0\rightarrow\alpha_S$
11	$\bar{\alpha}_2-\bar{\alpha}_1$	—	0.06	0.33	0.35	0.43	0.41	计算	$\bar{\alpha}_2-\bar{\alpha}_1$
12	$\alpha_S-\bar{\alpha}_2$	0.20	0.87	0.59	0.55	0.47	0.46	计算	$\alpha_S-\bar{\alpha}_2$
13	所需材料总吸声面积 S_m/m^2	—	29	237	270	388	378	计算	$S_m=S\dfrac{\bar{\alpha}_2-\bar{\alpha}_1}{\alpha_S-\bar{\alpha}_2}$
14	所需吸声总面积占室内总表面积的比例/%					91.5			$(S_m/S)\times100$

(4) 讨论

① 需吸声材料总吸声面积为 $388\mathrm{m}^2$，占室内总表面积的 91.5%，必需采用吊挂空间吸声体方式才可行。

② 本例所需吸声材料面积相当大，可以说，技术经济上都不甚合理，原因是降噪量要求过高，达到 10dB，并且在 $f_0=2\mathrm{kHz}$ 上 $\bar{\alpha}_1\geqslant0.1$；要求的 $\bar{\alpha}_2>0.5$，超出了吸声前置条件的合理范围，所以吸声处理是有条件的。与例 3-3 相比，降噪量仅增加 1 倍，而所需总吸声面积却增加到了 $91.5/6.4=14.3$ 倍。

③ 若需进一步降低 $r=7\mathrm{m}$ 处的噪声水平或减少吸声材料用量，可在声源处设置隔声屏障，即采用隔声和吸声联用技术(图 3-31)。与其他降噪技术配合运用，进行综合治理，才能发挥吸声处理的最佳效果。

(5) 施工设计

施工前需进行护面层($P>25\%$)、吸声块尺寸、固定支架及预埋件设计等。

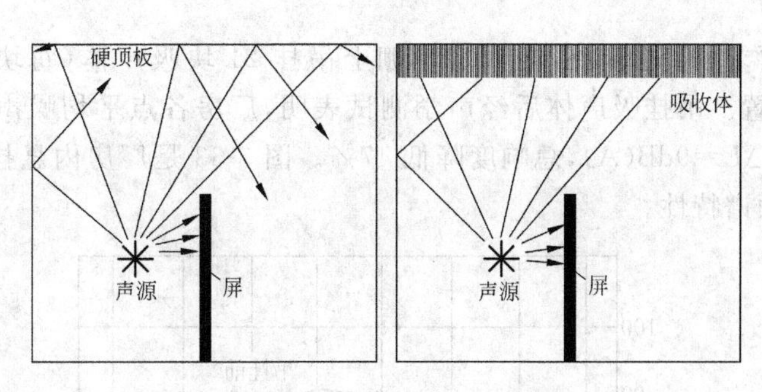

图 3-31 隔声与吸声的联用

施工过程中吸声体的安装位置应遵循以下原则：

① 吸声板应布置在最容易接触声波和反射次数最多的表面上，如顶棚、顶棚与墙面交叉处、墙面与墙面交叉处；

② 对于尖顶、圆弧形的顶棚，吸声体应布置在中间聚焦点的位置上；

③ 顶棚上空间吸声体占平顶面积的 35%～40%或总面积的 15%左右；

④ 吸声板排列方式为队列式（按队列方式纵向或横向排列）和棋格式（按井字形网状棋格交叉排列）；

⑤ 安装高度（离顶）：厂房净高度的 1/7～1/5 左右，小型厂房则离顶 0.5～0.8m；

⑥ 两相对墙面上布置的面积要接近，离墙距离 $D=\lambda/4$，以留出空腔，λ 为需降噪量最大的声波波长。

例 3-5

某机加工车间平面尺寸为 $18\times12=216(m^2)$，屋架下弦高度为 6m。车间内布置有车床、铣床、刨床、砂轮机、风机等 11 台，其平面布置如图 3-32 所示。当各台机械设备开动时，室内噪声平均为 92dB(A)。

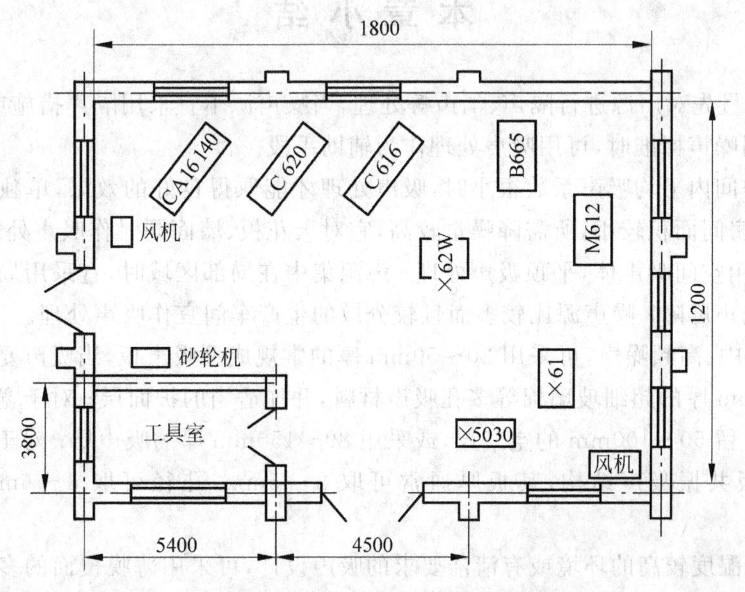

图 3-32 机加工车间设备布置平面图

根据降噪声要求，通过计算，在厂房顶棚上吊挂 21 块吸声体（每块 $3m^2$），面积比约 30%，成棋盘式布置。吊挂吸声体后经声学测试表明，厂房各点平均噪声由 92dB(A)降至 83dB(A)，减噪量 $\Delta L=9$dB(A)，总响度降低 47%。图 3-33 是厂房内悬挂吸声体后在代表性测点上的降噪频谱特性。

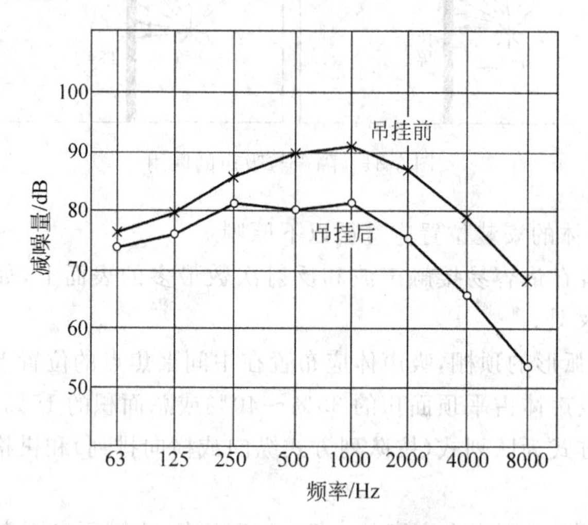

图 3-33　吸声体降噪的频率特性

由上图可以看出，空间吸声体具有宽频带的降噪效果。其中在中高频减噪效果更佳。主观感觉上，当空间吸声体悬挂后，车间里噪声变得低沉了，原来厂房里刺耳的尖声没有了，也消除了被噪声的包围感，使人可辨别出噪声源的方位，改善了人的舒适安全感，工人正常交谈也清晰可闻。

本章小结

(1) 应尽量先对声源进行隔声、消声等处理，当噪声源不宜采用隔声措施或采用隔声措施后仍达不到噪声标准时，可用吸声处理作为辅助手段。

只有当房间内平均吸声系数很小时，吸声处理才能取得良好的效果，单独的风机房、泵房、控制室等房间面积较小，所需降噪量较高，宜对天花板、墙面同时作吸声处理；车间面积较大时，宜采用空间吸声体，平顶吸声处理；声源集中在局部区域时，宜采用局部吸声处理，并同时设置隔声屏障；噪声源比较多而且较分散的生产车间宜作吸声处理。

(2) 对于中、高频噪声，可采用 20～50mm 厚的常规成型吸声板，当吸声要求较高时，可采用 50～80mm 厚的超细玻璃棉等多孔吸声材料，并加适当的护面层；对于宽频带噪声，可在多孔材料后留 50～100mm 的空气层，或采用 80～150mm 厚的吸声层；对于低频带噪声，可采用穿孔板共振吸声结构，其板厚通常可取 2～5mm，孔径可取 3～6mm，穿孔率小于 5%。

(3) 对于湿度较高的环境或有清洁要求的吸声设计，可采用薄膜覆面的多孔材料或单、双层微穿孔板共振吸声结构，穿孔板的板厚及孔径均不大于 1mm，穿孔率可取 0.5%～3%，空腔深度可取 50～200mm。

(4) 进行吸声处理时,应满足防火、防潮、防腐、防尘等工艺与安全卫生要求,还应兼顾通风、采光、照明及装修要求,也要注意埋设件的布置。

习 题

1. 常用的吸声材料和吸声结构有哪些类型?各有什么特点?选择原则如何?

2. 什么是吸声系数?简述多孔吸声材料、穿孔板共振吸声结构、薄板共振吸声结构的吸声原理。

3. 有一个房间大小为 4m×5m×3m,500Hz 时地面吸声系数为 0.02,墙面吸声系数为 0.05,顶棚吸声系数为 0.25。求总吸声量和平均吸声系数。

4. 某房间长 7m、宽 5m、高 3m,现在房间四壁实贴 1.5cm 厚甘蔗纤维板,顶部实贴 5cm 厚氨基甲酸泡沫。试求该房间的总吸声量和平均吸声系数。(注:水泥地面、1.5cm 甘蔗纤维板和 5cm 氨基甲酸泡沫的平均吸声系数分别为 0.02、0.42 和 0.71)

5. 设玻璃棉的密度为 $35kg/m^3$,玻璃的密度为 $2.5\times10^3kg/m^3$。求该玻璃棉的孔隙率。

6. 空间吸声体选择、计算和安装时应注意什么问题?

7. 试求 0.5mm 厚的钢板和 5cm 的空腔组成的薄板共振吸声结构的共振频率。设钢板的密度为 $7800kg/m^3$。

8. 某房间内,要求吸声系数最大的中心频率出现在 500Hz 附近,选用 4mm 厚($\rho=1000kg/m^3$)共振吸声薄板。试问板后的空气层取多大距离较为合适?

9. 已知穿孔板共振吸声结构的板厚 1mm,孔径 5mm,穿孔率为 10%,板与墙间空腔深度为 20cm,取声速为 340m/s。求该结构的共振吸声频率。

10. 某一房间内,要求吸声系数最大的中心频率出现在 400Hz 附近,选用 5mm 厚($\rho=1000kg/m^3$)共振吸声薄板。试问板后的空气层取多大距离为合适?

11. 一组穿孔薄板的厚度为 4mm,板后空气层厚为 10cm,若穿孔的孔径 $d=8mm$,孔中心距为 20cm 作方形排列。(1)试求上述构造穿孔板的共振频率为多少?(2)将空气层增大至 30cm,则共振频率有何变化?

12. 某一穿孔板吸声结构,已知板厚为 4mm,孔径为 8mm,孔心距为 25mm,孔按正方形排列,穿孔板后空腔厚 120mm。试求其穿孔率及共振频率。

13. 某车间内,设备噪声的特性在 500Hz 附近出现一峰值,现使用 4mm 厚的三夹板作穿孔板共振吸声结构,空腔厚度允许有 10cm。试设计吸声结构的其他参数(穿孔按正三角形排列)。

14. 穿孔板厚 4mm,孔径 8mm,穿孔按正方形排列,孔心距 20mm,穿孔板后留有 10cm 厚的空气层。试求穿孔率和共振频率。

15. 某车间地面中心处有一声源,已知 500Hz 的声功率级为 90dB,同频带下的房间常数为 $50m^2$,求距声源 10m 处之声压级。

16. 某观众厅体积为 $2\times10^4m^3$,室内总表面积为 $6.27\times10^3m^2$,已知 500Hz 平均吸声系数为 0.232,演员声功率为 340μW,在舞台口处发声。求距声源 39m 处(观众席最后一排座位)的声压级。

17. 设一点声源的声功率级 $L_W=100\text{dB}$，放置在房间常数 $R=200\text{m}^2$ 的房间中心。试求：

(1) 离声源中心距离 $r=1\text{m}$ 处，$r=5\text{m}$ 处，对应的直达声场、混响声场以及总声场的声压级；

(2) 混响半径 r_c。

18. 已知房间的尺寸为 60m(长)×45m(宽)×12m(高)，对 500Hz 声音平顶的吸声系数为 $\alpha_1=0.3$，地面 $\alpha_2=0.2$，墙面 $\alpha_3=0.4$，在房间中央有一声功率为 1W 的点声源发声。试求：

(1) 房间内对 500Hz 声音的平均吸声系数；

(2) 房间常数 R；

(3) 房间混响时间 T_{60}(不计入空气吸收)；

(4) 离点源 6m 处直达声能密度和混响声能密度；

(5) 该点的噪声级；

(6) 混响半径 r_c；

(7) 若 α_1、α_2 和 α_3 分别调整为 0.4、0.5、0.6，其他条件不变，则 6m 远处的噪声级有何变化？

19. 某房间的尺寸为 45m×60m×12m，对 500Hz 声音平顶的吸声系数为0.4，地面为 0.2，墙面为 0.5，在房间中央有一声功率为 2W 的点声源。求房间对 500Hz 声音的总吸声量和平均吸声系数、房间常数和混响时间(忽略空气的吸收)各为多少？

20. 一般壁面抹灰的房间，平均吸声系数约为 0.04，如果作了吸声处理后，使平均吸声系数提高为 0.3，试估算相应的减噪效果。如果进一步把平均吸声系数提高为 0.5，减噪情况又如何？

21. 某车间在吸声处理前房间的平均吸声系数为 0.1，处理后为 0.5，房间内表面积为 450m^2。试求在距离无指向性声源 6m 处的减噪量。

22. 某房间大小为 6m×7m×3m，墙壁、天花板和地板在 1kHz 时的吸声系数分别为 0.06、0.07、0.07，若安装一个在 1kHz 倍频程内吸声系数为 0.8 的吸声贴面天花板。求该频带在吸声处理前后的混响时间及处理后的吸声降噪量。

23. 某车间几何尺寸为 25m×10m×4m，车间内中央有一无指向性声源，测得 1kHz 时室内混响时间 2s，距声源 10m 的接收点处该频率的声压级为 87dB。现拟采用吸声处理，使该噪声降为 81dB。试问该车间 1kHz 的混响时间降为多少？并估算室内应达到的平均吸声系数。

24. 某房间尺寸为 8m×4m×3.5m，该房间采用混凝土砌块墙，外涂油漆；现室内顶部采用吸声吊顶，平均吸声系数为 0.75；地面采用实木地板，平均吸声系数为 0.35。试求倍频程各中心频率的吸声降噪量。

25. 某房间尺寸为 6m×8m×4m，墙壁、天花板和地板在 1kHz 时的吸声系数分别为 0.06、0.07 和 0.07。若安装一个在 1kHz 倍频带内，吸声系数为 0.78 的吸声贴面天花板。求在吸声处理前后的混响时间及处理后的吸声减噪量。

26. 某仓库尺寸为 21m×12m×7.5m，在 1000Hz 倍频带内，围墙、地板和天花板的吸声系数分别为 0.1、0.1 和 0.4，一台在声辐射上各向同性的机器安置于地面中央，在离机器

7m 处产生 95dB(A)的声压级(1kHz)。问距机器 3m 处，在 1kHz 频带内的声压级是多少？

27. 某车间长 16m、宽 8m、高 3m，在 8m×3m 侧墙边有两台机床，其噪声波及整个车间。现欲采用 50mm 厚、容重为 15kg/m³ 的超细玻璃棉作为吸声材料对车间进行吸声降噪处理，试作出离机器 8m 以外处使噪声降至 NR55 的吸声降噪设计(有关数据见下表)。

序号	项　目	各倍频程中心频率的相关参数						说明
		125Hz	250Hz	500Hz	1000Hz	2000Hz	4000Hz	
1	距机床 8m 处噪声声压级 L_p/dB	70	62	65	60	56	53	实测
2	NR55 标准/dB	70	63	58	55	52	50	
3	吸声处理前的平均吸声系数 $\bar{\alpha}_1$	0.06	0.08	0.08	0.09	0.11	0.11	
4	50mm 厚超细玻璃棉的吸声系数 α_0	0.05	0.24	0.72	0.97	0.90	0.98	表 3-2

28. 某厂控制室长×宽×高尺寸为 10m×8m×3m，噪声源是一台空调机，位于 8m×3m 侧墙底边中部，要求离声源 5m 处不超过 55dB(A)的标准。在离声源 5m 处测得的倍频程声压级如下表中所列。吸声材料采用超细玻璃棉，厚 10cm，密度 15kg/m³(表 3-2)，采用贴近墙面的方式布置。计算所需吸声材料的面积，并设计一个吸声材料在室内的布置方案。

序号	事　项	各倍频程中心频率的相关参数						说明
		125Hz	250Hz	500Hz	1000Hz	2000Hz	4000Hz	
1	r=5m 处倍频程声压级 L_p/dB	54	56	60	55	52	49	实测
2	处理前混响时间 T_1/s	2.6	2.0	1.8	1.6	1.7	1.0	实测

29. 成品车间尺寸长 126m、宽 24m、高 9.5m，地面为混凝土毛面，顶和墙面为普通抹灰，玻璃窗面积为 1868m²。车间内均匀配置 24 台机器。经测量平均噪声高达 94.6dB(A)，现设计用吊挂吸声板的方法来降低车间内的噪声，以便达到噪声的允许标准(90dB(A))，吸声处理前的声压级如下表中所列，吸声材料用厚 2.5cm 的木丝板(表 3-2)，其反面吸声效果按正面的 70%考虑。计算所需的木丝板面积。

序号	事　项	各倍频程中心频率的相关参数						说明
		125Hz	250Hz	500Hz	1000Hz	2000Hz	4000Hz	
1	吸声处理前的声压级 L_p/dB	83.5	90.5	93.4	92.1	83.9	77.1	实测

30. 某厂制绳车间有 24 台制绳机，车间长为 126m、宽为 24m、高为 9.5m，内表面均为混凝土毛面。经实际测量，平均噪声级高达 94.6dB(A)。现拟采用悬挂吸声体的方法来降低车间的噪声，使噪声控制在国家允许的卫生标准 90dB(A)以内。吸声处理前的声压级如下表所示。试作出合理的设计。

序号	项　目	各倍频程中心频率的相关参数						A 声级/dB(A)	说明
		125Hz	250Hz	500Hz	1000Hz	2000Hz	4000Hz		
1	吸声处理前的声压级 L_p/dB	83.5	90.5	93.4	92.1	83.9	77.1	94.6	实测

第4章

隔声技术

本章提要

1. 隔声评价量包括隔声构件性能评价和隔声效果评价两组评价量，它们的含义和应用目标不同，但也有所联系，正确地理解和区分这些评价量、掌握等透声量设计原则是基本要求。

2. 隔声构件和由此组成的组合构件是隔声技术应用中最基本的材料和构件，由它们组装而成的隔声装置是隔声降噪的主要技术手段，它们的隔声性能分析和计算自然十分重要。

3. 隔声构件中的墙、板是最基本的隔声构件之一，应用广泛；了解分析它们的隔声性能和原理有普遍意义和实用指导价值。

4. 单层匀质墙的隔声量和频率的关系是掌握隔声墙板隔声性能的重要基本内容，其中涉及到共振与阻尼、质量定律和吻合效应等重点概念。

5. 使入射声波从壁面上反射回去，即使透过的声音也在多层阻抗失配的界面上反射，并且在来回反射的过程中被大量吸收损耗，真正透过去的声音因而大大衰减；双层墙、复合墙和多层轻质复合结构正是利用这类原理起到隔声作用的。

6. 隔声屏由于具有开放的性质，其隔声原理和效果计算相比封闭式结构要复杂一些；衍射理论是声屏障的作用基础，屏障尺寸和声源类型都对隔声效果产生重要影响。

7. 隔声罩和隔声间都属于封闭型壳体隔声结构，是由各种组合构件拼装而成；罩与间的不同之处在于声源和受声点的位置彼此作了交换，其隔声原理和计算方法是一样的；墙与门、窗等的组合设计遵循等透声量原则，而孔洞、缝隙则会造成隔声量大幅下降。

8. 合理的隔声设计计算步骤源于正确清晰的设计思路和对课程内容的深刻理解，这无论对于解题或是工程设计都是十分重要的。

4.1 隔声的评价量

隔声技术——用隔声构件将噪声源和接收者隔开，阻挡声音的传播，使透过的声能大大减小，从而在隔声构件后面形成一个相对安静的声环境的技术措施(图4-1)。

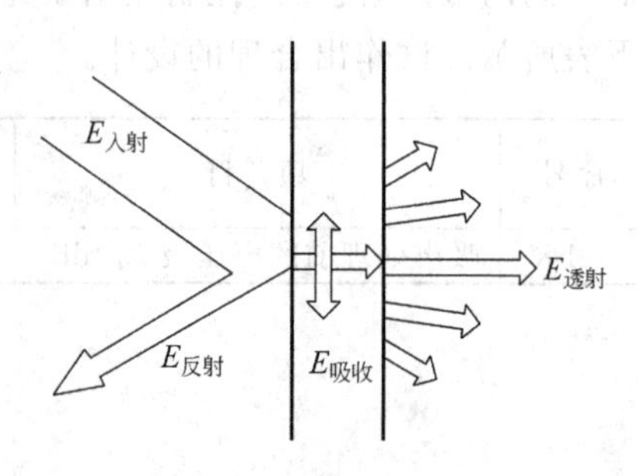

图4-1　隔声原理示意图

4.1.1 隔声构件的传声损失

隔声构件是由隔声材料按一定构造组成的具有隔声功效的隔声元件产品，如隔声墙、板，隔声门、窗等；

隔声构件按一定结构组合而成为**隔声装置**，也称为隔声结构，如隔声罩、隔声间、隔声屏等，隔声构件和装置是隔声技术应用的主要手段。

描述隔声构件的评价量主要有：

(1) 声强透射系数 τ 定义为在无规入射时，透射声强 I_t 与入射声强 I_i 之比：

$$\tau = \frac{I_t}{I_i} \tag{4-1}$$

➢ τ 反映了构件的透声本领或隔声能力，其值小于 1，一般在 $10^{-1} \sim 10^{-5}$ 之间，τ 越小，隔声能力越好。

(2) 隔声构件的声强透射系数 τ 和其透声面积 S_t 的乘积称为构件的透声量，单位为 m^2。

(3) 传声损失(或称为构件隔声量)，用 R (或 TL，或 L_{TL})表示，单位为 dB，其定义为

$$R = 10\lg\frac{1}{\tau} \quad (\text{dB}) \tag{4-2}$$

或

$$R = 10\lg\frac{I_i}{I_t} = 20\lg\frac{P_i}{P_t} \quad (\text{dB}) \tag{4-3}$$

则

$$\tau = 10^{-0.1R} \tag{4-4}$$

讨论：

(1) R 表示隔声构件本身的隔声性能，与其所处的环境无关，也不表示实际的隔声效果。

(2) R 取决于隔声材料与结构尺寸，其值越大，隔声性能越好。

(3) R 与入射波的频率有关；将 $f_0 = 125 \sim 4\text{kHz}$ 的六个倍频程或 $100 \sim 3150\text{Hz}$ 的 16 个 1/3 倍频程的隔声量 R_i(频带隔声量)求取的算术平均值称为**平均隔声量**，用 $\bar{R}$ 表示；它是一个单值评价量，可以作隔声构件性能平均意义上的比较，但并未考虑人耳听觉和隔声构件的频率特性，因此尚不能作为实际隔声效果的比较分析。

(4) 国际标准化组织推荐隔声指数(I_a)，来对隔声构件的隔声性能进行单值评价，它是将已测得的隔声频率特性曲线与规定的参考曲线进行比较而得到的一种计权隔声量，也有用 R_w 表示的。由于一定程度上考虑了频率信息，因此其评价结果比平均隔声量更为符合实际情况。

(5) 隔声量和房间常数都用 R 表示，注意区别。

4.1.2 组合构件的隔声量

组合构件是指一些隔声性能不同的构件组合而成的隔声构件，如墙、门、窗及孔洞等的组合。

➢ 组合构件的平均透声系数：

$$\bar{\tau} = \frac{\sum \tau_1 S_1}{\sum S_1} = \frac{\text{透声量之和}}{\text{总透声面积}} = \text{单位面积上的透声量} \tag{4-5}$$

➤ 组合构件的平均传声损失：

$$\bar{R} = 10\lg \frac{1}{\bar{\tau}} \quad (\mathrm{dB}) \tag{4-6}$$

例 4-1 有一组合墙共 $22\mathrm{m}^2$，其中墙面：$S_1 = 20\mathrm{m}^2, R_1 = 50\mathrm{dB}$；门：$S_2 = 2\mathrm{m}^2, R_2 = 20\mathrm{dB}$。求该组合构件的传声损失。

解：该组合构件的传声损失为

$$\bar{R} = 10\lg \frac{1}{\bar{\tau}} = 10\lg \frac{\sum S_i}{\sum S_i \tau_i} = R_1 - 10\lg \left[\frac{1 + \frac{S_2}{S_1} 10^{0.1(R_1 - R_2)}}{1 + \frac{S_2}{S_1}} \right] \tag{4-7}$$

$$= R_1 - 10\lg\left[\frac{S_1 + S_2 10^{0.1(R_1-R_2)}}{S_1 + S_2}\right]$$

$$= R_1 - \Delta R(\text{损失量}) = 50 - 19.6 = 30.4 \quad (\mathrm{dB})$$

式中损失量 $\Delta R = 10\lg\left[\frac{S_1 + S_2 10^{0.1(R_1-R_2)}}{S_1 + S_2}\right]$ 与面积比 $\frac{S_2}{S_1}$ 的关系可以绘制成图 4-2。

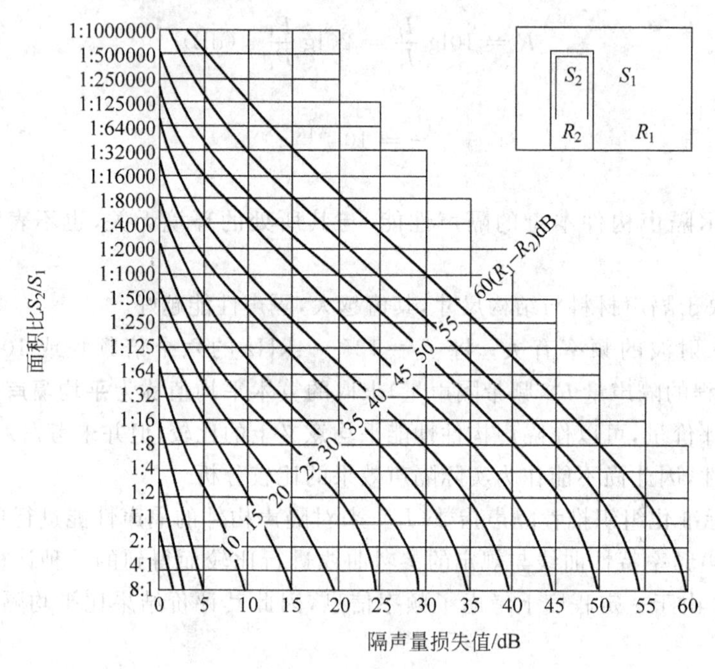

图 4-2 组合构件隔声量计算图

➤ 本题也可利用图 4-2 计算：$S_2/S_1 = 2/20 = 1/10$，则

$(R_1 - R_2) = (L_{\mathrm{TL1}} - L_{\mathrm{TL2}}) = 50 - 20 = 30$ → 查图 4-2 → $\Delta R = 19.6$ →

→ $\bar{R} = R_1 - \Delta R = 50 - 19.6 = 30.4(\mathrm{dB})$

➤ 如果组合构件中还包含有窗，则可把一次组合构件与窗再进行一次组合，计算出二次组合构件的隔声量。

讨论：

(1) 由上例可以看出，组合构件中 R 小的元件(如门、窗)，即使其面积很小，仍会使组合构件总的 $\bar{R}$ 大大下降。

(2) 为了提高总 $\bar{R}$,应设法着重提高性能较差元件的 R 值,如用隔声门、"声闸"(图 4-3)、"双层窗"(图 4-4)等。

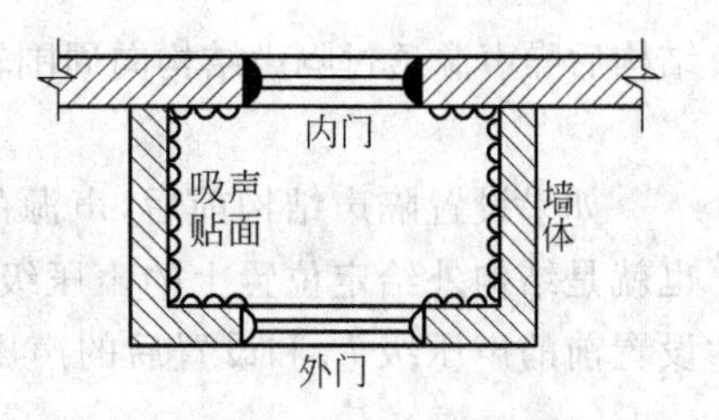

图 4-3 "声闸"构造示意图

(3) 隔声门、隔声窗都有标准设计或样板设计与标准化生产产品,具体详细资料可参阅相关手册、图纸及产品样本。

(4) 孔、洞、缝隙也是组合构件的一部分,但它们的 $\tau\approx 1, R=0$。

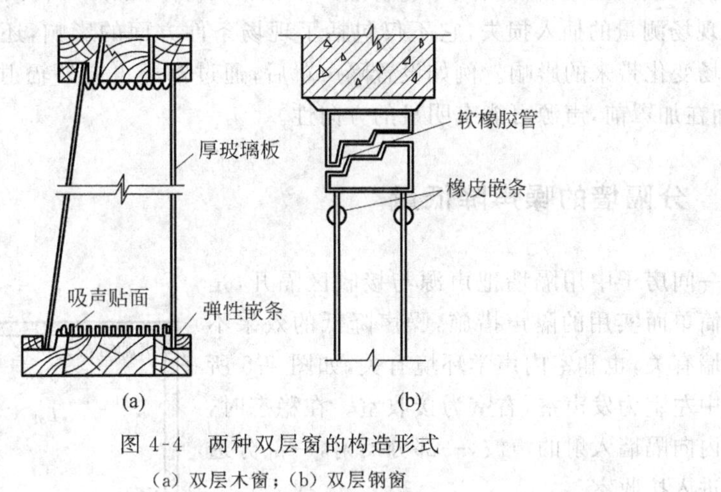

图 4-4 两种双层窗的构造形式

(a) 双层木窗;(b) 双层钢窗

例 4-2 设孔隙面积/构件面积=1/4000,则组合构件的 $\bar{R}$ 计算如下表:

R_1/dB	ΔR/dB	$\bar{R}$/dB
40	5.5	34.5
50	14	36.0
60	23.5	36.5

可见孔、洞、缝隙会使构件 $\bar{R}$ 大大降低,而且原构件的 R 值越大,损失量 ΔR 也越大;因此各个隔声元件和组合构件上的密封措施十分重要。

由以上讨论,我们可以得出一个隔声组合构件设计中经济有效的原则,即等透声量设计原则。

(5) **等透声量设计原则**——尽可能使组合构件各部分(元件)透过的声能相等,即设计时使:

$$\tau_{墙}S_{墙} = \tau_{门}S_{门} = \tau_{窗}S_{窗} \tag{4-8}$$

$$\tau_{墙} = \tau_{门}S_{门}/S_{墙} = \tau_{窗}S_{窗}/S_{墙}$$

$$R_{墙} = R_{门} + 10\lg(S_{墙}/S_{门}) \tag{4-9}$$

例 4-3 假设 $S_{墙}/S_{门}=10$,则 $R_{墙}=R_{门}+10\lg(S_{墙}/S_{门})=R_{门}+10\text{dB}$,即 $R_{墙}-R_{门}=10\text{dB}$ 即可,$R_{墙}$ 再大并无实际意义。

4.1.3 插入损失

插入损失定义:未设置隔声结构时噪声源向周围辐射噪声的声功率级为 L_{W1},设置隔声

结构后噪声源透过隔声结构向周围辐射噪声的声功率级为 L_{W2}，那么隔声结构的插入损失为

$$\mathrm{IL} = L_{W1} - L_{W2} \tag{4-10a}$$

如果设置隔声结构前后，声源的方向性和室内声场分布的情况大致不变，插入损失 IL 也就是结构外给定位置上的声压级之差，即在离声源一定距离外某测点处测得的隔声结构设置前的声压级 L_1 和设置后的声压级 L_2 之差值，记作 IL(单位为 dB)，即有

$$\mathrm{IL} = L_1 - L_2 \quad (\mathrm{dB}) \tag{4-10b}$$

➢ 插入损失通常在现场用来评价隔声罩、隔声屏障等隔声结构的隔声效果。

➢ 现场测量的插入损失，它不仅包括了现场条件方面的影响，还包括了设置隔声结构前后声场变化带来的影响。例如设置隔声罩后，通过罩子再向外辐射的噪声则大体上是均匀的，而在加罩前，声源可能有明显的方向性。

4.1.4 分隔墙的噪声降低量

在一间房子中用隔墙把声源与接收区隔开，是一个最简单而实用的隔声措施，噪声降低的效果不仅与隔墙有关，也和室内声学环境有关，如图 4-5 所示。图中左室为发声室，右室为接收室。在稳态时，声源室内向隔墙入射的声波，一部分反射，一部分透过隔墙进入接收室。

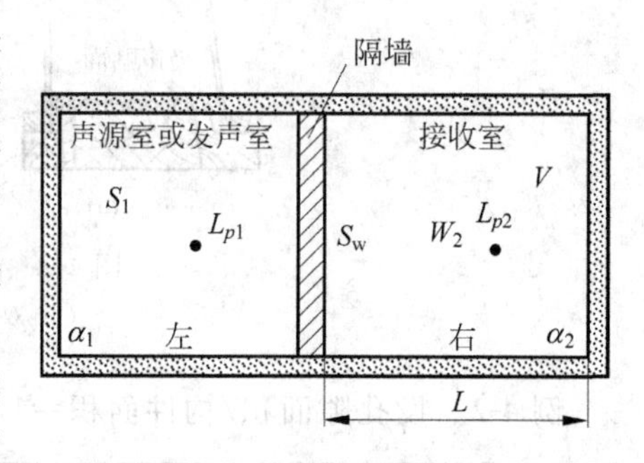

图 4-5　声源室和接收室

由于声源向隔墙入射(或透射)的声强不易直接测量，所以通常是分别测定两室中间区域的平均声压级来加以间接推算。因为除了靠近声源及墙面的区域外，可设两室内的声场为近似完全扩散声场。设声源室和接收室内的空间平均声压级为 L_{p1} 和 L_{p2}，则可定义分隔墙的**噪声降低量**(平均声压级差)为

$$\mathrm{NR} = L_{p1} - L_{p2} \quad (\mathrm{dB}) \tag{4-11}$$

➢ 由室内声学理论可知，右室内的声场由两部分组成，一部分是从隔墙透射过来的直接声(看作是右室的平面声源)，另一部分是由于右室内壁反射形成的混响声。现假设从分隔墙透射到右室的声功率为 W_2，V 为右室体积，L 为右室的长度，S_w 为隔墙的面积。那么我们可以得到右室内直接声场的平均声能密度为

$$D_d = \frac{I_d}{c} = \frac{W_2}{S_w c} \tag{4-12}$$

由室内声学理论，右室内混响声场的平均声能密度为

$$D_r = \frac{4W_2}{cR_2} \tag{4-13}$$

式中：R_2 为右室的房间常数。

由此我们可以得到右室内总的声能密度为

$$D_2 = D_d + D_r = \frac{W_2}{c}\left(\frac{1}{S_w} + \frac{4}{R_2}\right) \tag{4-14}$$

➢ 声源室中单位时间内被隔墙吸收的混响声能与隔墙吸声量占总吸声量的比例成正比，有

$$W_w = W_r\left(\frac{S_w\alpha_w}{S_1\bar{\alpha}_1}\right) \tag{4-15}$$

式中，W_r 为左室内的混响声功率；α_w 为分隔墙的吸声系数；S_1 为左室总内表面积；$\bar{\alpha}_1$ 为左室内表面的平均吸声系数。假定隔墙是主要透声构件，并且投射在隔墙上的声能全部被吸收，即 $\alpha_w=1$。又因左室内混响声功率为

$$W_r = W(1-\bar{\alpha}_1) \quad (W\ 为声源辐射的声功率)$$

代入式(4-15)，得到投射在隔墙上的声功率为

$$W_w = W(1-\bar{\alpha}_1)\frac{S_w}{S_1\bar{\alpha}_1} = \frac{WS_w}{R_1} \tag{4-16}$$

式中：R_1 为左室的房间常数。由此可以得到右室的透射声功率为

$$W_2 = W_w\tau = \frac{WS_w}{R_1}\tau \tag{4-17}$$

式中：τ 为隔墙的透射系数。将上式代入式(4-14)，右室总声能密度为

$$D_2 = \frac{W}{c}\frac{4}{R_1}\tau\left(\frac{1}{4}+\frac{S_w}{R_2}\right) \tag{4-18}$$

右室内平均声压的方均值为

$$p_2^2 = \rho c^2 D_2 = W\rho c\frac{4}{R_1}\tau\left(\frac{1}{4}+\frac{S_w}{R_2}\right) \tag{4-19}$$

所以，右室内平均声压级为

$$L_{p2} = L_W + 10\lg\frac{4}{R_1} - 10\lg\frac{1}{\tau} + 10\lg\left(\frac{1}{4}+\frac{S_w}{R_2}\right) \tag{4-20}$$

左室混响声的平均声压级为(略去直达声部分)

$$L_{p1} = L_W + 10\lg\frac{4}{R_1} \tag{4-21}$$

➢ 两室的噪声降低量亦即平均声压级差为

$$\mathrm{NR} = L_{p1} - L_{p2} = 10\lg\frac{1}{\tau} - 10\lg\left(\frac{1}{4}+\frac{S_w}{R_2}\right) = R - 10\lg\left(\frac{1}{4}+\frac{S_w}{R_2}\right) \tag{4-22}$$

接收室内的平均声压级为

$$L_{p2} = (L_{p1}-R) + 10\lg\left(\frac{1}{4}+\frac{S_w}{R_2}\right) \tag{4-23}$$

式中：R 为隔墙的隔声量。

讨论：

(1) 当接收室以混响声为主时：R_2 很小，则 $S_w/R_2 \gg 1/4$，式(4-23)简化为

$$L_{p2} = (L_{p1}-R) + 10\lg\left(\frac{S_w}{R_2}\right) \tag{4-24}$$

(2) 当接收室为自由声场或室外时：$R_2\to\infty$，则 $S_w/R_2 \ll 1/4$，式(4-23)简化为

$$L_{p2} = (L_{p1}-R) - 6 \tag{4-25}$$

(3) 在接收室的分隔墙面相当于一个面声源，在接收室作吸声处理，增加 R_2，可以提高隔声效果。

(4) 根据要求达到的 L_{p2}，由下式可以求出所需的分隔墙的隔声量：

$$R = L_{p1} - L_{p2} + 10\lg\left(\frac{1}{4}+\frac{S_w}{R_2}\right) \tag{4-26}$$

(5) 由于假设两室内的声场为近似完全扩散声场和 $\alpha_w=1$，一般情况下与实际情况不完全符合，因此式(4-22)也只是一个近似平均估算式。

(6) 噪声降低量 NR 与传声损失(隔声量)R 是两个不同概念的物理量。后者是由构件本身性质所决定的一个评价量，仅评价构件的隔声性能；而前者不仅与构件性能有关，而且还与接收房间的吸声性能有关，用来评价隔声的实际效果。

(7) 噪声降低量 NR 与插入损失 IL 都用来衡量隔声的实际效果，它们的区别是前者是同时在两个不同声学区域中测点上的比较，较适用于扩散声场的情况；而后者则是在同一测点上，在降噪措施实施前后的比较，常用于现场测量。

例 4-4 某车间一鼓风机是强噪声源，为了操作工人得到一个安静环境，用隔墙把鼓风机房分成两个部分。隔墙面积 5m×8m，隔墙上开设 1 个观察窗，面积为 2m×2m，计算得到组合墙的平均隔声量为 30dB，通过对声源测试和估算，得到隔墙处声源造成的声压级为 112dB。如果受声室经过吸声处理，房间常数为 140m²，试求隔墙分割出来的观察室中大致噪声级。

解：由式(4-23)，有

$$L_{p2}=L_{p1}-R+10\lg\left(\frac{1}{4}+\frac{S_w}{R_2}\right)=112-30+10\lg\left(\frac{1}{4}+\frac{5\times8}{140}\right)=79.3(\text{dB})$$

答：受声室靠近隔墙处声压级为 79.3dB。

4.2 隔声构件的隔声性能

隔声技术中，常把板状或墙状的隔声构件称为隔板或隔墙，简称墙。仅有一层隔板的称单层墙(图 4-6)；有两层或多层，层间有空气或其他材料的，称为双层墙或多层墙；墙上内外又铺贴其他材料的，称为复合墙。

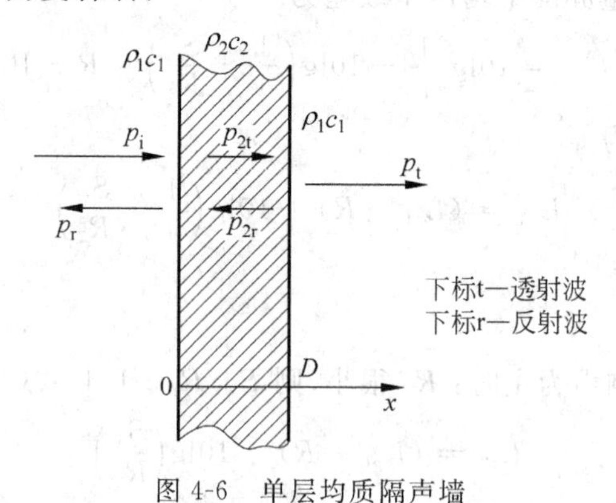

图 4-6 单层均质隔声墙

4.2.1 单层均质隔声墙

1. 正入射时墙板隔声的质量定律

假设空气中有一无限大单层匀质墙板，将空间分成两部分，平面声波垂直入射于墙板界面上，见图 4-6 所示；声波透过墙体介质，首先从空气至墙板界面，再从墙板界面透入到另一侧空气中。因空气和墙板介质的特性阻抗不同，声波在两分层界面上将产生两次反射和透射。根据入射、反射和透射声波的声压和质点振动速度方程及两个界面上的边界连续条件，以及一般情况下，墙板的特性阻抗 $\rho_2 c_2$ 远比空气的特性阻抗 $\rho_1 c_1$ 大得多，墙板的厚度 D 远小于墙板中声波的波长 $\lambda_{墙}$，由此可以推导得到正入射时构件(固有)的(理论)隔声量，即传声损失为

$$R = 20\lg M + 20\lg f - 42.5 \tag{4-27}$$

式中：M 为构件的面密度(单位面积墙板质量)，kg/m^2。

$$M = m/S = \rho_2 DS/S = \rho_2 D \tag{4-28}$$

其中：m 为墙板的质量，kg；S 为墙板面积，m^2；ρ_2 为墙板密度，kg/m^3；D 为墙板厚度，m。

讨论：

(1) 式(4-27)称为墙板隔声的**质量(控制)定律**：

即面密度 M 增加 1 倍，墙板的隔声量提高 6dB；

而声波频率 f 增加 1 倍，墙板的隔声量也提高 6dB。

(2) 此时构件(墙板)是作整体运动(振动)传声。

2. 无规入射时的墙板隔声量

当声波无规入射时，情况十分复杂，实用中主要依靠通过大量实验获得的经验公式：

$$R = 18.5\lg(Mf) - 47.5 \tag{4-29}$$

由于实际上无规入射时声波的入射角主要分布在 0°～80°范围内，故把在入射角＝0°～80°范围内的隔声量称为场入射隔声量，其经验公式为

$$R = 20\lg(Mf) - 47.5 \tag{4-30}$$

讨论：

(1) 隔声量还与声波的频率有关，也有一些经验公式可供选用。

在 100～3.15kHz 范围内平均隔声量：

$$\bar{R} = 13.5\lg M + 14, \quad M < 200\text{kg/m}^2 \tag{4-31a}$$

$$\bar{R} = 16\lg M + 8, \quad M \geqslant 200\text{kg/m}^2 \tag{4-31b}$$

(2) 对大多数构件来说，实测值与计算值比较接近(表 4-1)。

(3) 在一些资料中还有其他许多隔声量的经验公式，它们的可靠性还有待于正式评价，可以根据情况比较、选用。

表 4-1 几种常用构件的实测倍频程隔声量

构件名称	面密度 /(kg/m^2)	各倍频程中心频率的隔声量/dB						测定 $\bar{R}$/dB	计算 $\bar{R}$/dB
		125Hz	250Hz	500Hz	1000Hz	2000Hz	4000Hz		
1/4 砖墙，双面粉刷	118	41	41	45	40	46	47	43	40
1/2 砖墙，双面粉刷	225	33	37	38	46	52	53	45	44
1/2 砖墙，双面木筋板条加粉刷	280	—	52	47	57	54	—	50	46
1 砖墙，双面粉刷	457	44	44	45	53	57	56	49	49
1 砖墙，双面粉刷	530	42	45	49	57	64	62	53	50
100 厚木筋板条墙双面粉刷	70	17	22	35	44	49	48	35	37
150 厚加气混凝土砌块墙，双面粉刷	175	28	36	39	46	54	55	43	42
4 厚双层密封玻璃窗 120 空气层	20	20	17	22	35	41	38	29	29

注：1 砖墙厚度约 24cm。

3. 隔声频率特性

隔声构件都具有弹性，声波入射这些构件表面会激发振动，明显降低构件的隔声量。入射声波频率不同，隔声构件和声波的相互作用不同，对隔声性能的影响不同。控制匀质板振动的因素有3个：板的面密度、板的劲度和材料的内阻尼。实验研究表明，匀质隔声墙板的隔声量和入射声波频率的关系如图4-7所示。

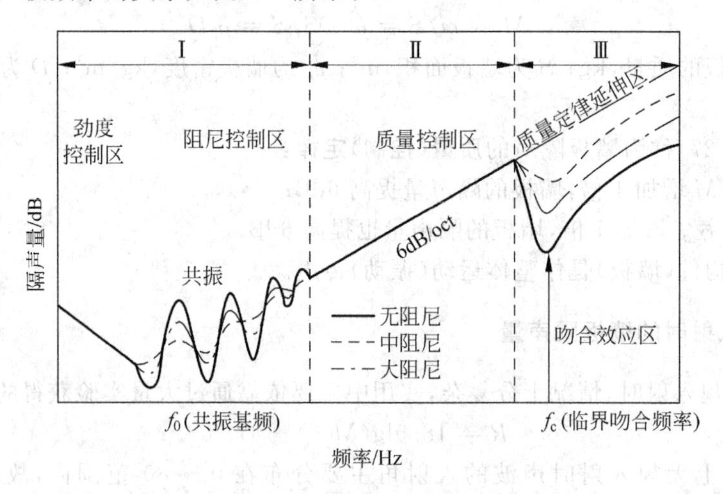

图4-7 典型单层匀质墙板的隔声频率特性曲线

(1) 单层匀质墙的隔声量-频率关系曲线分析与讨论

从图4-7中可以看出，曲线总的趋势是单层匀质墙的隔声量随入射声波频率升高而增加，但在可听声频率范围内明显分成三个阶段四个区：

① 劲度控制区

入射声波频率 f 从0到 f_0（共振基频：5～10Hz）前，隔声量和频率关系正好和一般规律相反，频率增加隔声量降低，频率增加1个倍频程(oct)而隔声量大约降低6dB。墙板对声压的反应类似于弹簧，墙板的振动受其劲度 K 控制；墙板的振动速度反比于墙体的劲度和声波频率的比值，因而墙板的隔声量与劲度成正比，称为劲度控制区。

➢ K 增大，隔声量 R 提高。

➢ K 一定时：f 上升，隔声量 R 反而下降(−6dB/oct)。

➢ 当 $f=f_0$ 时，墙板发生共振，隔声量 R 降至低谷。

② 阻尼控制区

当入射声波频率超过 f_0 之后进入墙板的共振区，这是因为该区域内分布了数个墙板的多阶共振频率 f_n（100Hz左右），其值与墙板两个边长有关。入射声波频率和墙板的多阶共振频率 f_n 接近时，引起板的激烈共振，隔声量大幅度降低，是隔声构件隔声量最小的频率范围。共振区的频率范围取决于墙板的几何尺寸、弯曲劲度、结构阻尼大小和边界条件等。在这一区域内，对共振的控制主要靠阻尼，所以又称阻尼控制区。

➢ 当入射声波 $f\in f_n$ 时，发生谐振，隔声量 R 大幅下降。

➢ 控制措施是增大墙板的阻尼，抑制墙板共振，缓解共振效应。

➢ 但总体上，该区域内随入射声波频率 f 上升，墙板的质量效应逐渐增强，隔声量总体还是呈上升的趋势。

➤ 在设计和选用墙体材料时，应使其 f_0 和 f_n 尽可能低，亦即使第Ⅰ阶段最好落在听阈以外。

③ 质量控制区

第三个区域是质量控制区，只有在这个区域内隔声量和频率关系才符合质量定律，隔声量和频率存在直线关系，直线斜率为 6dB/oct。隔声板面密度越大，隔声量越大。此时声波对板的作用类似于牛顿定律的力对质量块的作用，质量越大，惯性越大，隔声板受声波激发而发生的振动速度越小，因而隔声量越大。需要指出，在建筑中一般隔声构件都是比较厚重的墙体，共振频率常常处于人耳不敏感的低频区，人耳敏感区域一般在质量控制区，这些墙体的隔声量大致符合质量定律，这是隔声构件的主要工作区。

➤ 面密度 M 增加，墙板振动加速度减小，隔声量 R 增加；

➤ M 一定时，隔声量 R 随声波频率 f 上升而增加（+6dB/oct）；

➤ 在隔声设计中，希望质量控制区尽可能大。

④ 吻合效应区

第四个区域是吻合效应区。随着入射声波频率增加，隔声量反而降低，并出现一个隔声低谷（吻合谷）；频率越过低谷后，隔声量又以 10dB/oct 斜率上升，并逐渐趋于接近质量作用规律预测的隔声量（+6dB/oct），因此这一段也称为质量定律的延伸。增加板的厚度和阻尼，可以使吻合效应形成的低谷较浅。吻合效应的范围约占三个倍频程，是隔声构件高频段必须着重考虑的现象。

(2) 吻合效应

固体介质振动时既有纵向压缩拉伸，又有横向弹性切变，从而可以产生弯曲波。

在隔声理论中，墙板的运动主要表现为整体运动和弯曲运动。前面介绍的除吻合效应区以外的区域，主要是整体运动，由墙板中的涨缩波（纵波）所控制；而吻合效应区则主要受切变波（横波）控制，墙板主要作弯曲运动。

固体墙板具有一定的弹性，当一定频率的声波以某一角度投射到墙板上，如果正好和声波激发的墙板的弯曲波发生吻合，墙板弯曲波振幅就最大，因而向墙板的另一面发射较强的声波，这时墙板隔声量降至很小，对于薄板可以认为几乎失去隔声能力，这种墙板的运动和空气中声波的运动高度耦合的现象称为**吻合效应**。

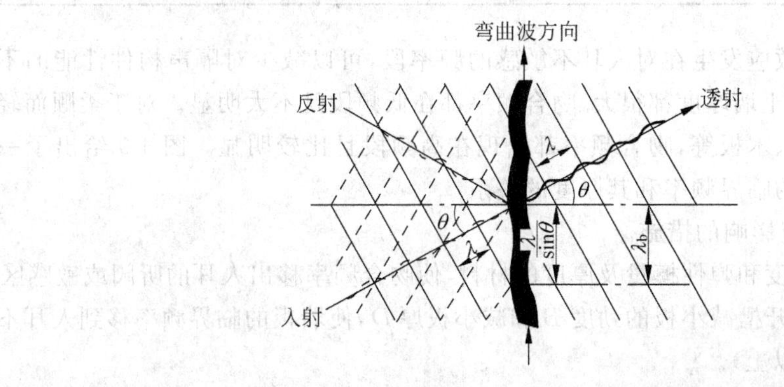

图 4-8　弯曲波和吻合效应

由图 4-8 可知，墙板弯曲波的波长 λ_b 和声波入射角 θ、声波波长 λ 之间存在如下关系：

$$\lambda_b = \lambda/\sin\theta \tag{4-32}$$

对于单入射角的声波来说，上式就是发生吻合效应的条件。对于无规入射的声波，由于包含各种入射角度，发生吻合效应的声波频率（吻合频率）就不止一个，而是一系列频率，这些频率都大于隔声板弯曲波的频率，因为入射角的正弦值 $\sin\theta$ 小于 1，入射声波波长 λ 必须小于墙板弯曲波波长 λ_b，即 $\lambda \leqslant \lambda_b$ 时才可能发生吻合效应，此时弯曲波的最低频率就称为吻合效应的临界（吻合）频率 f_c。对于一定厚度、一定结构和一定材质的隔声板，临界吻合频率是一个确定的值，可以用下式进行估算：

$$f_c = \frac{c^2}{2\pi}\sqrt{\frac{M}{B}} = \frac{c^2}{2\pi D}\sqrt{\frac{12\rho_m}{E}} = 0.551\frac{c^2}{D}\sqrt{\frac{\rho_m}{E}} \tag{4-33}$$

式中：M 为墙板的面密度，kg/m^3，$M=\rho_m D$；B 为墙板的弯曲劲度，$N \cdot m$，对平面板来说，$B=ED^3/12$；E 为墙板的杨氏弹性模量，N/m^2；D 为墙板的厚度，m；ρ_m 为墙板材料的体积密度，kg/m^3；c 为声速，m/s。

表 4-2 列出了一些常用隔声材料的密度和弹性模量值。

表 4-2 一些常用隔声材料的密度和弹性模量

材料名称	密度 ρ /(kg/m³)	弹性模量 E /(N/m²)	材料名称	密度 ρ /(kg/m³)	弹性模量 E /(N/m²)
钢铁	7900	2.1×10^{11}	花岗岩	2700	5.2×10^{10}
铸铁	7900	1.5×10^{11}	大理石	2600	7.7×10^{10}
铜	9000	1.3×10^{11}	橡木	850	1.3×10^{10}
铝	2700	7.0×10^{10}	胶合板	600	$(4.3\sim6.3)\times10^{9}$
铅	11 200	1.6×10^{10}	石膏板	800	1.9×10^{9}
玻璃	2500	7.1×10^{10}	石棉板	1900	2.4×10^{10}
普通钢筋混凝土	2300	2.4×10^{10}	石棉水泥板	1800	1.8×10^{10}
轻质混凝土	1300	4.5×10^{9}	石棉珍珠岩板	1500	4.0×10^{9}
泡沫混凝土	600	1.5×10^{9}	弹性橡胶	950	$(1.5\sim5.0)\times10^{6}$
砖	1900	1.6×10^{10}			

隔声构件的吻合效应发生在对人耳不敏感的频率段，可以减少对隔声构件性能的不利影响。一般砖墙、混凝土墙厚度都很大，吻合频率都在低频段且不太明显。对于柔顺而轻薄的隔声构件，如金属板、木板等，吻合频率都出现在高频段且比较明显。图 4-9 给出了一些墙体材料做成的墙板的临界频率和其厚度的关系。

（3）减轻吻合效应影响的措施

① 选用合适的密度和弹性模量及厚度的材料，使吻合频率移出人耳的听阈或敏感区。

② 通过在墙板上开槽减小板的劲度 B 和减小板厚 D，使墙板的临界频率移到人耳不敏感的甚高频上（4kHz 以上）。

③ 增加墙板的阻尼，抑制弯曲波的振幅。

④ 采用多层结构，使各层的临界频率 f_c 互相错开，性能互补。

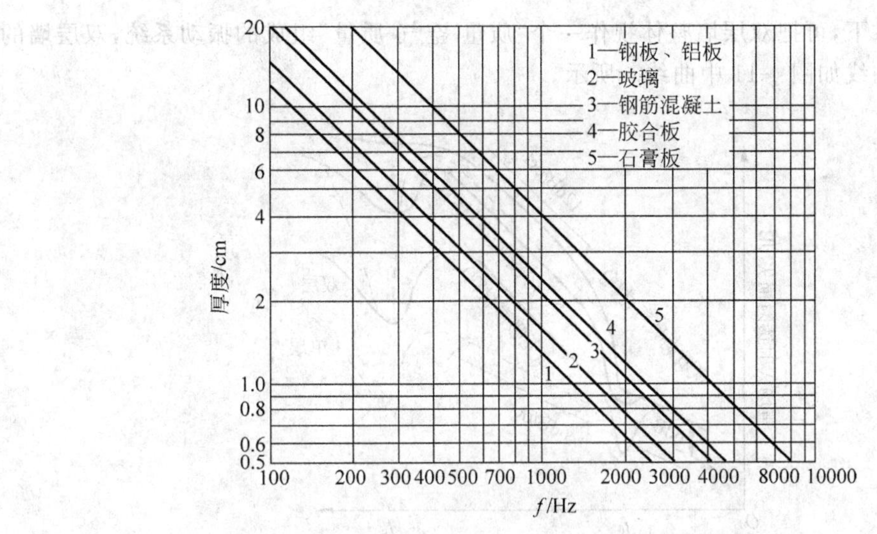

图 4-9 几种常用墙板材料临界频率与其厚度关系

4.2.2 双层隔声墙

1. 双层隔声墙的隔声原理

由二层均质墙(a、b)与中间所夹一定厚度空气层(Ⅱ)所组成的结构称为双层隔声墙或双层隔声结构(图 4-10)。

为提高墙板的隔声量,用增加单层墙体的面密度或增加厚度或增加自重的方法,虽然能起到一定的隔声作用,但作用不明显,而且耗材大。例如面密度增加1倍,隔声量仅增加 5dB。如果在两层墙体之间夹以一定厚度的空气层,其隔声效果大大优于单层实心结构。双层隔声结构的隔声机理是,当声波依次透过特性阻抗完全不同的墙体与空气介质时,在四个阻抗失配的界面上造成声波的多次反射,发生声波的衰减,并且由于空气层的弹性和附加吸收作用,使振动能量大大耗减。比较以上两种隔声结构的使用情况,如果要达到相同的隔声效果,双层隔声墙体比单层实心墙体重量减少 2/3~3/4 或隔声量增加 5~10dB(表 4-3)。

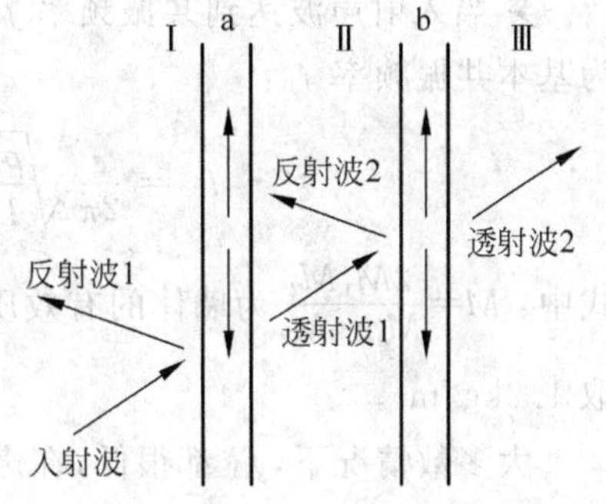

图 4-10 双层隔声墙示意图

表 4-3 单层均质密实墙和双层隔声墙的隔声性能比较例

隔声墙	1砖墙	2砖墙	1砖墙—空气层—1砖墙	8砖墙
$M/(\mathrm{kg/m^2})$	450	900	900	3600
$\bar{R}$/dB	50	55	65	65

2. 双层隔声墙的频率特性

双层墙的隔声计算更为复杂。要有九个声压方程,由四个边界条件得到八个方程组。

在一些假设条件下，可把双层墙整体视作一个“质量-空气-质量”组成的振动系统，双层墙的隔声频率特性曲线如图4-11中曲线a所示。

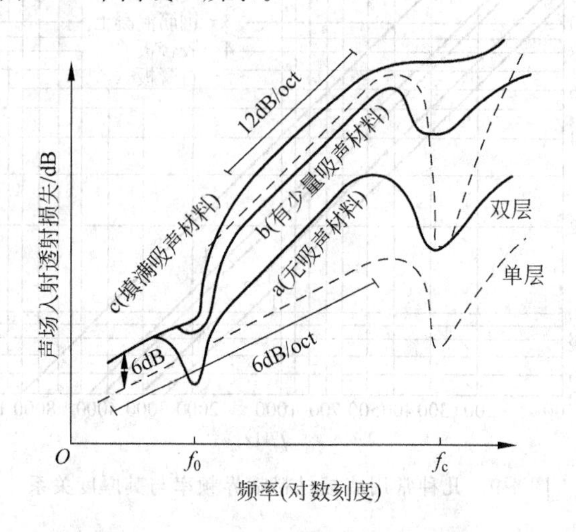

图4-11 双层墙的隔声频率特性曲线

(1) 双层墙隔声频率特性分析

➢ 当入射声波频率比双层墙共振频率低时，双层墙将作整体振动，隔声能力与同样重量的单层墙差不多，即此时空气层不起作用。

➢ 当入射声波达到共振频率 f_0 时，隔声量出现低谷，声波以法向入射时的共振频率称为基本共振频率 f_0：

$$f_0=\frac{c}{2\pi}\sqrt{\frac{\rho_0}{D}\left(\frac{1}{M_1}+\frac{1}{M_2}\right)}=\frac{c}{2\pi}\sqrt{\frac{2\rho_0}{MD}}\quad(\mathrm{Hz})\tag{4-34}$$

式中：$M=\dfrac{2M_1M_2}{M_1-M_2}$为墙体的有效质量(面密度)；$D$ 为空气层厚度；ρ_0 为空气的密度，一般取1.2kg/m^3。

大多数情况下，f_0 都很低，在声音主要频率范围之外(一般控制 f_0 在30～50Hz以下)，但对于轻结构隔声设计，则须考虑 f_0 的影响。

➢ 入射波频率超过$\sqrt{2}f_0$后，隔声曲线以每倍频程18dB的斜率急剧上升，充分显示出双层墙隔声结构的优越性。

➢ 斜率再升高，两墙将产生一系列驻波共振和 f_0 的谐波共振，使隔声频率特性曲线上升趋势转为平缓，大致上以每倍频程12dB的斜率上升。

➢ 入射波频率再上升，曲线上出现若干频率低谷，这是由于双层墙也会产生吻合效应，其吻合频率 f_c 取决于两层墙各自的临界频率。当两层板由相同材料构成，且 $M_1=M_2$ 时，两个临界频率相同，使得吻合谷凹陷较深，当两墙的材料不同或 $M_1\neq M_2$ 时，隔声特性曲线将出现两个频率低谷，但凹陷的深度相对较浅。由于声波入射角度不同，吻合频率也不同，实际声波是以不同角度入射到墙面上的，这样实际隔声特性曲线上就会出现若干频率低谷。

(2) 声桥对隔声性能的影响

在上面的讨论中，我们假定两层墙隔板间没有固定连接，这对于土建工程中诸如直立的双层砖墙或混凝土墙，或大房间内的套间等结构，可认为近似适用。在一般情况下，由于结构强度或安装上的需要，两层墙板间往往存在一定的刚性连接。特别是轻薄结构中，两层薄板间必须有框架，龙骨等构件加以连接，使它成为具有一定刚度的整体。因此，当一层墙板振动时，通过连接物会把振动传递给另一层墙板，这种传声的连接物叫作声桥。由于声桥的耦合作用，使两层墙板的振动趋向于合并成为一个整体的振动，因此总的隔声量将趋向下降。

典型的声桥结构如图 4-12 所示，图(a)为实心矩形断面，例如土建中的木龙骨。在振动传递过程中，可设断面形状保持不变，即设声桥两端的振动速度可看成近似相同，这种结构叫作刚性声桥。图(b)为 ⊓ 形断面，例如常用的薄壁钢龙骨。在振动传递过程中，声桥两端存在相对运动，而声桥本身作弹性弯曲振动。这种结构叫作弹性声桥。

考虑声桥耦合作用的影响时，双层墙的隔声量 R，将比理想双层墙只考虑空气层耦合作用时的隔声量 R 有所下降，如图 4-13 所示(图中 f_0 为共振频率，f_B 为有声桥时双层墙的驻波共振与谐波共振临界频率，f_L 为无声桥理想双层墙的驻波共振与谐波共振临界频率)。

当 $f<f_B$ 时，声能主要通过空气层耦合作用而传递，隔声降低量近似为零，即这时声桥的作用可以忽略不计。

当 $f>f_B$ 时，声能主要通过声桥的耦合作用而传递，使传声“短路”，双层墙的隔声量降低，隔声曲线上的转折点，也由 f_L 降低为 f_B。

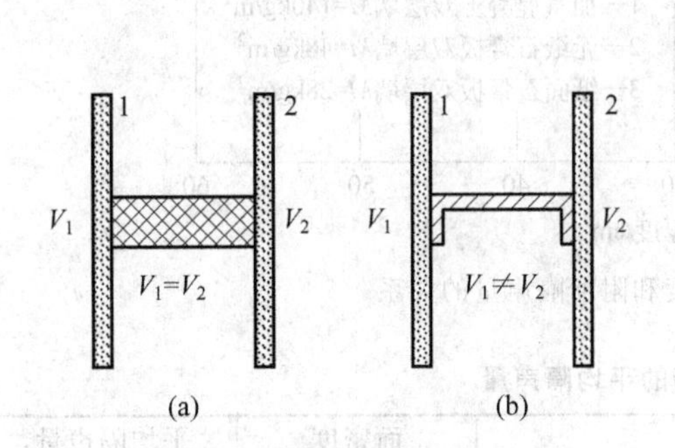

图 4-12 典型声桥结构示意图

(a) 刚性声桥；(b) 弹性声桥

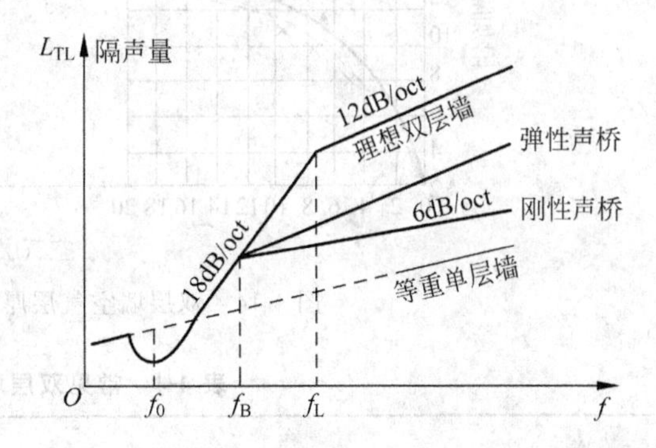

图 4-13 声桥对双层墙隔声性能影响示意图

(3) 改善双层墙隔声性能的措施

① 在两层中间的空气层中填加吸声材料，减弱空气层的耦合作用，可以显著地改善共振时的低谷，并且增大主要频段的隔声量，如图 4-11 中曲线 b、c 所示，一般 $\Delta\bar{R}$ (D)可再增加 5～10dB。

② 尽可能不要使空气层中的两个墙面互相平行，减少驻波共振的影响。

③ 设计和施工时，在保证构件机械性能要求的前提下，应避免形成不必要的声桥。

④ 在结构设计上要防止“墙—墙”、“墙—基础或顶棚”之间的刚性连接，如墙板间的连接框架，宜采用弹性结构来代替刚性结构；在声桥与墙板接触处，宜插入适当的弹性或阻尼垫层等。

3. 隔声量的经验公式

严格地按理论计算双层墙的隔声量比较困难，而且与实际往往有一定差距。在工程应用中多采用经验公式进行近似计算：

$$R = 16\lg(M_1 + M_2) + 16\lg f - 30 + \Delta R \quad (\text{dB}) \tag{4-35}$$

在主要声频范围 100Hz～3.15kHz 内平均隔声量 $\bar{R}$ 的经验公式为

$$\bar{R} = 13.5\lg(M_1 + M_2) + 14 + \Delta\bar{R}(D), \quad (M_1 + M_2) < 200\text{kg/m}^2 \tag{4-36a}$$

$$\bar{R} = 16\lg(M_1 + M_2) + 8 + \Delta\bar{R}(D), \quad (M_1 + M_2) \geqslant 200\text{kg/m}^2 \tag{4-36b}$$

式中：M_1、M_2 为各层墙的面密度，kg/m^2；$\Delta\bar{R}(D)$为空气层的附加隔声量，dB。

➢ 附加隔声量 $\Delta\bar{R}(D)$与空气层厚度 D 的关系，可由图 4-14 中的实验曲线查得。一般重的双层结构的 $\Delta\bar{R}(D)$值可选用曲线 1，轻的双层结构的 $\Delta\bar{R}(D)$值可选取曲线 3。常见双层墙的平均隔声量列于表 4-4 中，可供选用。

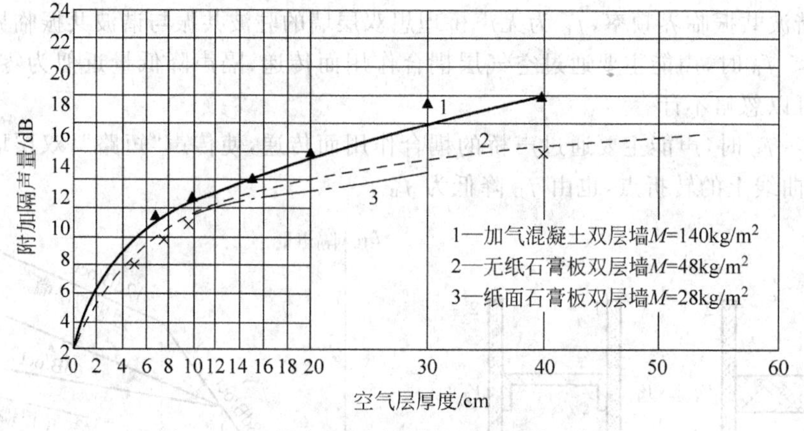

图 4-14　双层墙空气层厚度和附加隔声量的关系

表 4-4　常见双层墙的平均隔声量

材料及结构的厚度/mm	面密度 /(kg/m²)	平均隔声量 /dB
12～15 厚铅丝网抹灰双层中填 50 厚矿棉毡	94.6	44.4
双层 1 厚铝板(中空 70)	5.2	30
双层 1 厚铝板涂 3 厚石漆(中空 70)	6.8	34.9
双层 1 厚铝板+0.35 厚镀锌铁皮(中空 70)	10.0	38.5
双层 1 厚钢板(中空 70)	15.6	41.6
双层 2 厚铝板(中空 70)	10.4	31.2
双层 2 厚铝板填 70 厚超细棉	12.0	37.3
双层 1.5 厚钢板(中空 70)	23.4	45.7
18 厚塑料贴面压榨板双层墙，钢木龙骨(12+80 填矿棉+12)	29.0	45.3
18 厚塑料贴面压榨板双层墙，钢木龙骨(12×12+80 填中空+12)	35.0	41.3
炭化石灰板双层墙(90+60 中空+90)	130	48.3
炭化石灰板双层墙(120+30 中空+90)	145	47.7
90 炭化石灰板+80 中空+12 厚纸面石膏板	80	43.8
90 炭化石灰板+80 填矿棉+12 厚纸面石膏板	84	48.3
加气混凝土双层墙(15+75 中空+75)	140	54.0

续表

材料及结构的厚度/mm	面密度/(kg/m²)	平均隔声量/dB
100厚加气混凝土+50中空+18厚草纸板	84	47.6
100厚加气混凝土+80中空+三合板	82.6	43.7
50厚五合板蜂窝板+56中空+30厚五合板蜂窝板	19.5	35.5
240厚砖墙+80中空内填矿棉50+6厚塑料板	500	64.0
240厚砖墙+200中空+240厚砖墙	960	70.7
60厚砖墙(表面粉刷)+60中空+60厚砖墙(表面粉刷)	258	38.0
双层80厚穿孔石膏板条	100	40.0
240厚砖墙+150中空+240厚砖墙	800	64.0
双层75厚加气混凝土(中空75,表面粉刷)	140	54.0
双层40厚钢筋混凝土(中空40)	200	52.0

思考题1. 双层隔声结构用不同材料、不同厚度、不同刚度的组合,可提高隔声性能,为什么?

4.2.3 复合墙与多层轻质复合隔声结构

按照质量定律,把墙的厚度或面密度增加1倍,隔声量只能提高6dB,通常在实用上很不经济。采用多层墙结构,一般可以明显地提高隔声量,但它往往受到机械结构性能和占用空间方面的限制。利用多种不同材料把多层结构组成一个整体,成为一种复合墙或多层轻质复合隔声结构,是切合实用要求的有效措施。

1. 复合墙隔声性能主要影响因素

在介绍单层匀质墙和双层墙时,已经看到隔声性能影响因素的复杂性。对复合墙隔声性能的分析将更困难,而且分析结果很难符合实际情况。所以,一般对复合隔声墙的隔声性能只做定性或半定量的分析,阐明这类隔声构件性能的大致规律,实际设计时需要依靠实测数据。

(1) 附加弹性面层

如果在厚重的隔声墙上附加一薄层弹性面层,可以得到一种隔声性能远优于单纯增加厚度单层匀质墙的复合墙隔声结构。弹性面层通常由一块较柔软的薄板材料制作,它对隔声性能的提高取决于面层和墙间的耦合程度。为了获得最佳的隔声效果,面板应密实不透气,以免声波通过气孔直接作用于墙体。面层和墙体之间最好有空隙,内部应充满吸声材料,这样可以减轻面层、墙体和空隙空气层组成的共振系统对复合墙隔声性能的不利影响。面层应该尽量避免和墙板的刚性连接,以减弱声桥的传声作用。

附加弹性面层后,墙板的隔声量增加值可以用以下公式估计:

$$\Delta R = 40\lg(f/f_m), \quad f \gg f_m \tag{4-37}$$

式中:f_m 为弹性面层、墙体与空隙组成的共振系统共振频率。

(2) 多层复合板

用双层或多层不同材质的板材胶合在一起,就成为多层复合板隔声材料。复合板的面密度为各层材料面密度之和,复合板的弯曲劲度和阻尼等影响隔声性能的参数则比较复杂,和板与板的连接情况有关。为了提高复合板的隔声性能,设计时一般遵循以下原则:

① 相临两层材料的声阻抗之比要尽可能大一些,使界面上的声反射系数提高,从而可以提高隔声效果。例如在复合板中加一层铅板可以明显增加隔声量。

② 对于双层复合板,最好其中一层用比较柔顺并具有较大损耗因子的材料制作,可以明显衰减板的弯曲振动,使得临界频率以上的隔声量明显提高;另一层材料要具有足够的刚度和强度,以满足结构对板材的强度要求。

③ 对于多层复合板宜采用夹心结构,即在外层采用刚性较大、强度较大的材料,而两层之间采用柔软的厚层吸声材料或阻尼材料。这种夹心结构整体机械性能良好,在临界频率以上,由于中间阻尼层或弹性吸声层的作用,可以减轻吻合效应对隔声板的不利影响。三层复合板隔声量的典型实验见表4-5。由表可以看出,外层用刚性材料可明显提高隔声量。

表 4-5 三层复合板的平均隔声量

心层结构	外层结构	平均隔声量 $\bar{R}$/dB
6.5mm 玻璃纤维毡,容重 120kg/m³	1.5mm 和 2.5mm 厚钢板	41.7
	1mm 厚钢板和 5mm 五合板	38.8
	两块五夹板	34.7

(3) 加肋板

在隔声板材上加肋板或用波纹板的目的往往不是为了改善板的隔声性能,而是为了增加薄板的刚度和承受负载的能力,加强薄板结构,但需要考虑加肋板后隔声性能的变化。由于加了肋板后面密度增加不多,对质量控制区板的隔声量影响不是很大。对于一块平面板材,加了肋板后等于把平板划分成许多小平板,增加了板的劲度,结果是改变了板的共振频率,改变了阻尼控制区的频率范围。这类复合板存在多个共振频率,包括板整体决定的共振频率 f_0 和小板决定的共振频率 f_1。由于劲度增加,使得共振区向中频方向移动,板在多个共振频率附近隔声量下降,随后隔声量按质量作用定律揭示的规律变化(图 4-15),这类复合板也存在由于吻合效应引起的隔声量下降现象。

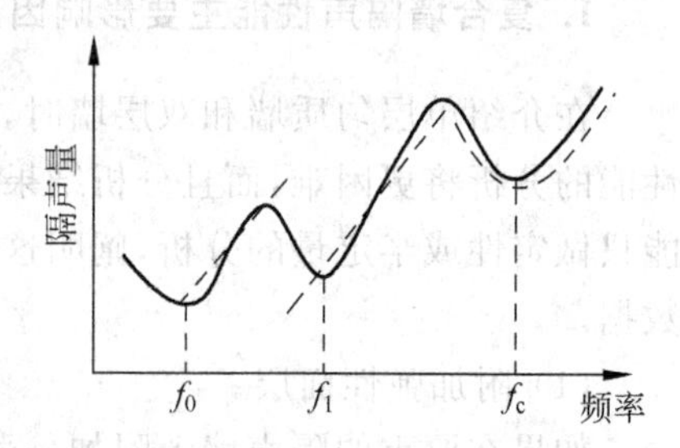

图 4-15 有肋板时的典型隔声曲线

(4) 隔声软帘(软质隔声结构)

这是一种比较特殊的隔声构件,是由多层软性材料缝制而成,包括一些密实不透风的材料和多孔纤维吸声材料,所以也可以归入多层复合隔声材料。由于使用方便,易于制作、运输和安装,常用于需要隔声而又要求方便出入,需要对噪声源进行临时隔声的地方,以及用作室内隔声屏上的隔声材料。

这种隔声复合材料和隔声板性质上有不少差别,由于材料的柔软性,在低频段不出现共振频率,在高频段不出现吻合效应,隔声特性曲线接近直线,基本符合质量作用定律。但是,由于面密度有限,隔声量不大,而且对声源的围挡往往很难完全彻底,常出现漏声现象,对它的隔声效果易产生不利影响。

2. 多层轻质复合隔声结构

多层轻质复合隔声结构是由不同材质分层（硬层和软层、阻尼层、多孔材料层等轻型材料）交错排列组成的隔声结构。

隔声原理：由阻抗差别大的吸声层、阻尼层、高面密度层等复合组成，阻抗失配界面多，反射强，透射小；阻尼层和吸声层又可显著使声能衰减，并减弱共振与吻合效应的影响；各层 f_0 及 f_c 互相错开，改善共振区和吻合区的隔声低谷效应；因而可在总重量大为减少的情况下，使总的隔声性能大大提高（表4-6）。

特点：质轻而隔声性能好，易于装卸、运输，可以拼装成各种隔声装置，使用方便灵活，可以批量标准化生产，应用十分广泛。

表4-6　轻质复合隔声结构与匀质密实砖墙隔声性能的对比例

隔声构件	轻质复合隔声结构	匀质密实砖墙
组成	沥青阻尼层 $8kg/m^2$ 1mm钢板 80mm空心层填充玻棉 $35kg/m^3$ 1mm钢板	1砖墙
$M/(kg/m^2)$	39.4	450
$\overline{R}/dB$	52.9	50

由表可见，在隔声量相当的情况下，轻质复合隔声结构的面密度仅为1砖墙的9%不到，重量大大减轻。作为一个小结，表4-7列出了各类轻质复合结构的隔声特性。有关详细的轻质复合结构的隔声性能数据，可查阅相关的声学手册或产品样本。

表4-7　各类轻质复合结构的隔声特性

序号	名称和构造	隔声特性曲线	说　明
1	单层板	面密度；频率；5dB/oct；质量定律；f_c	轻质单层板墙，隔声性能差，$\overline{R}\approx25\sim35dB$，$f_c$ 一般在高频。若板拼缝未处理，则 $\overline{R}<20dB$（图中虚线为按面密度的计算值）
2	叠合板	f_c	隔声性能与单层板相似，增加一叠合层，$\overline{R}$ 约增加4dB。f_c 取决于各单层板，若两板胶合成一体，相应于增加板厚，f_c 下移
3	阻尼约束板	f_c	约束阻尼结构使用高阻尼因数材料层，墙板将减少所有共振的负作用，并在所有频率范围提高隔声曲线，一般用于金属板隔声构件

续表

序号	名称和构造	隔声特性曲线	说　明
4	空心板		空心部分减轻墙板重量，但对隔声不利，$\bar{R}$ 与同面密度的墙板相近。厚度增加，提高了抗弯劲度，但 f_c 下移，出现了宽钝的吻合谷
5	刚性夹心板	f_c	用轻质刚性材料粘合两面层板以提高抗弯劲度和稳定性，但由于墙体变厚，f_c 下移并出现宽钝的吻合谷，隔声性能无优越性
6	蜂窝夹心板		用轻质蜂窝芯材粘合两面层板，以提高结构强度，隔声性能和第5类相似
7	弹性夹心板	f_c	用柔性不通气发泡材料，粘合两面层板，以提高结构的强度、稳定性和保温性能。共振频率 $f_0=\frac{1}{2\pi}\sqrt{\left(\frac{1}{M_1}+\frac{1}{M_2}\right)\frac{E}{b}}$，$E$ 为材料的弹性模量，因而在中频范围出现较大隔声低谷
8	中空板	f_c f_0	轻质薄板固定在支撑龙骨上，有较好的结构强度，隔声性能一般较好。采用不同的龙骨，不同的安装方法，有不同的隔声效果。在尽量减少声桥影响后，可以得到相当高的隔声量
9	中空填棉板	f_c f_0	在中空板填充一定厚度的吸声材料，以消除空腔中的驻波共振以及降低空腔的声压。性能比上一种更好，填充较厚的吸声材料时，隔声量在全频带范围内有显著提高

思考题 2.　复合墙与组合墙有什么区别？

4.3 隔声装置

4.3.1 隔声屏

用来阻挡噪声源与受声点之间直达声的障板或帘幕称为**隔声屏（帘）或声屏障**，在屏障后形成低声级的“声影区”，使噪声明显减小；声音频率越高，声影区范围越大。

一般对于人员多、强噪声源比较分散的大车间，在某些情况下，由于操作、维护、散热或厂房内有吊车作业等原因，不宜采用全封闭性的隔声措施，或者对隔声要求不高的情况下，可根据需要设置隔声屏。此外，采用隔声屏障减少交通车辆噪声干扰，已是常用的降噪措施。一般沿道路设置 5～6m 高的隔声屏，可达 10～20dB(A)的减噪效果。

设置隔声屏的方法简单、经济、便于拆装移动，在噪声控制工程中广泛应用。

隔声屏障的种类一般用各种板材制成并在一面或两面衬有吸声材料的隔声屏，有用砖石砌成的隔声墙，有用 1～3 层密实幕布围成的隔声幕，还有利用建筑物作屏障的。

1. 隔声屏降噪效果的评价量

隔声屏对声影区的降噪效果以插入损失(声级衰减量)来评价。

受声点处的插入损失：

$$IL = L_{p1} - L_{p2} \tag{4-38}$$

式中：L_{p1} 为受声点上未安装屏障时的声压级；L_{p2} 为受声点上安装屏障后的声压级。

总体上讲，隔声屏的插入损失是声波绕射衰减、屏障透声损失和反射损失及地面或室内声学特性产生的综合效果评价，绕射衰减只是其中的一个因素，因此又把单纯由绕射衰减引起的插入损失称为声屏障的噪声(绕射声或附加)衰减量。

2. 隔声屏的衍射理论

在空气中传播的声波遇到障碍物产生绕射现象，这与光波产生的绕射现象在原理上是一样的，均可用惠更斯-菲涅耳衍射原理说明。隔声屏在自由声场中声衰减的实验和计算方法也是建立在光学衍射理论的基础之上。

假设：

① 声源为点声源，或虽为有限长的线声源，但其长度远远小于声源至受声点的距离时，该线声源也可视作点声源。

② 屏障的面密度或隔声量 $\boldsymbol{R}$ 足够大，与绕射声相比透射声很小，例如低 10dB 以上，则透射声可以忽略不计，屏障后主要是衍射声；对于室内声屏障，则屏障后还有混响声的影响。

③ 隔声屏的几何尺寸较小，屏障边缘与房间壁面间的开敞部分面积足够大，在计算声屏障对直达声的附加衰减时可以忽略壁面反射声的影响。

④ 隔声屏的尺寸远大于声波波长 λ，且屏障的长度 L_B 远大于高度 H_B(5 倍以上)，对于点声源而言，此隔声屏可认为是无限长声屏障；

⑤ 屏障下边无缝竖立在地面上，没有漏声现象。

思考题 3. 假设是为了简化问题，明确其边界条件，以利于简单清晰地分析问题、解决问题，但同时所得的结论又是建立在这些假设的基础之上，是结论正确应用的前提。如何在实际工程设计中来满足或接近上述这些假设要求？

从几何学上说，声波传播经屏障阻挡绕射后，由于屏高引起声源到受声点的传播距离增大，而且传播方向也发生了改变，产生了声衰减，从而形成声影区。这种改变，几何学上用声程差来表示，而声学上由菲涅耳数来衡量。

➤ **声程差 $\boldsymbol{\delta}$** 是声源和接收点之间衍射声路程和直达声路程之间的差值，用 δ(或 Δ)表示，单位为 m。声程差又称行程差，也指有屏和无屏时从声源到受声点之间声波最短行程的差值。图 4-16 表示从上、左和右面计算得到三边的声程差：

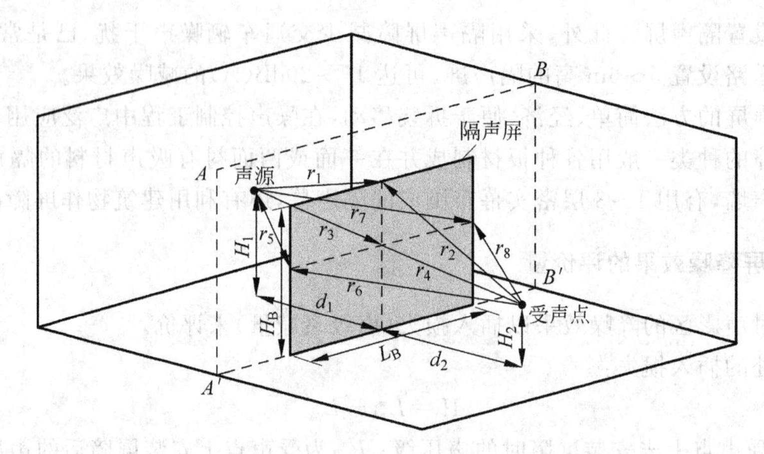

图 4-16 隔声屏与声源、受声点相对位置及参量

$$\delta_1 = (r_1 + r_2) - (r_3 + r_4) \tag{4-39}$$

$$\delta_2 = (r_5 + r_6) - (r_3 + r_4) \tag{4-40}$$

$$\delta_3 = (r_7 + r_8) - (r_3 + r_4) \tag{4-41}$$

式中：$(r_3 + r_4)$为无屏时直达声的行程。

➢ **非涅耳数 N**：声程差与半波长 $\lambda/2$ 的比值，衡量声程差声学上的大小。

$$N_i = 2\delta_i/\lambda \quad (i\text{ 代表屏障的每个边：上边、左边、右边}) \tag{4-42}$$

如果声源与受声点连线与声屏障法线之间有一个 β 角度，则非涅耳数为

$$N(\beta) = N\cos\beta \tag{4-43}$$

➢ **衍射系数 D**：受声点上，有屏时的衍射声声压平方值 P_b^2 与无屏时的直达声声压平方值 P_d^2 之比，即 $D = P_b^2/P_d^2$。

➢ **非涅耳公式**：

$$D = P_b^2/P_d^2 = 1/(3 + 20N_1) + 1/(3 + 20N_2) + 1/(3 + 20N_3) \tag{4-44}$$

如果屏长远大于屏高(5 倍以上)，可以不计侧向绕射，只要考虑上边的衍射即可，上式可简化为

$$D = P_b^2/P_d^2 = 1/(3 + 20N_1) = 1/(3 + 20N) \tag{4-45}$$

故插入屏障后声波衍射声场的有效声压方值为

$$P_b^2 = D\,P_d^2 = W\rho_0 c\,\frac{DQ}{4\pi r^2} \tag{4-46}$$

由室内声场理论，屏障后混响声场的有效声压方值为

$$P_r^2 = 4W\rho_0 c/R_2 \tag{4-47}$$

受声点上的有效声压方值为二者叠加：

$$P_2^2 = P_b^2 + P_r^2 = W\rho_0 c\left(\frac{DQ}{4\pi r^2} + \frac{4}{R_2}\right) \tag{4-48}$$

插入屏障后受声点上的声压级为

$$L_{p2} = L_W + 10\lg\left(\frac{DQ}{4\pi r^2} + \frac{4}{R_2}\right) \tag{4-49}$$

而未插入屏障时，受声点上的声压级为

$$L_{p1}=L_W+10\lg\left(\frac{Q}{4\pi r^2}+\frac{4}{R_1}\right) \tag{4-50}$$

由此可推导得，在室内(相当于半混响声场)受声点处的插入损失：

$$\mathrm{IL}=L_{p1}-L_{p2}=10\lg\left[\frac{\dfrac{Q}{4\pi(r_3+r_4)^2}+\dfrac{4}{R_1}}{\dfrac{DQ}{4\pi(r_3+r_4)^2}+\dfrac{4}{R_2}}\right] \tag{4-51a}$$

若设 $r=r_3+r_4$，为声源直达受声点的直线距离，则上式变为

$$\mathrm{IL}=L_{p1}-L_{p2}=10\lg\left[\frac{\dfrac{Q}{4\pi r^2}+\dfrac{4}{R_1}}{\dfrac{DQ}{4\pi r^2}+\dfrac{4}{R_2}}\right] \tag{4-51b}$$

式中：R_1、R_2分别为处理前和处理后的房间常数。在假设③的条件下，插入声屏障后对房间常数影响不大，可视作 $R_1=R_2=R$。

讨论：

(1) 在自由声场或室外开阔地(相当于半自由声场)中，相当于 $\alpha=1$，$R_1=R_2\to\infty$，$4/R_1=4/R_2\to 0$，此时式(4-51)可简化为

$$\mathrm{IL}=10\lg(1/D)=10\lg(3+20N) \tag{4-52}$$

① 在 δ_i 很小时(屏障的高度接近声源和受声点的高度)或 λ 很大时(低 f)，$N\to 0$，此时由式(4-52)计算尚有 5dB 的插入损失：

$$\mathrm{IL}=10\lg 3=5(\mathrm{dB}) \tag{4-53}$$

② 菲涅耳数 N 增大，插入损失 IL 亦增大；但实验表明，它有一个实际上限值为 24dB(相当于 $N=12$)。表 4-8 表示了半自由声场中 IL 与 N 的关系。

表 4-8　IL 与 N 的关系

N	−0.1	−0.01	0	0.1	0.5	1	2	3	5	10	≥12
IL/dB	2	4	5	7	11	13	16	17	21	23	24

③ $N\geqslant 1$ 时，$20N\gg 3$，此时式(4-52)可简化为

$$\mathrm{IL}=10\lg(20N)=10\lg N+13 \tag{4-54}$$

上式的适用范围为 $12\geqslant N\geqslant 1$。

(2) 在混响声场中：$4/R\gg Q/4\pi(r_3+r_4)^2$ 或 $DQ/4\pi(r_3+r_4)^2$，此时插入损失为

$$\mathrm{IL}=\lg(1)=0(\mathrm{dB}) \tag{4-55}$$

上式表明：在高度混响环境中，声屏障无多大效果，必须先作吸声处理。

(3) 如果 r_4 相当大，则 $Q/4\pi(r_3+r_4)^2$ 或 $DQ/4\pi(r_3+r_4)^2\to 0$，此时插入损失为

$$\mathrm{IL}=\lg(1)=0(\mathrm{dB}) \tag{4-56}$$

上式表明：对离声源距离很大的远场范围，声屏障的保护作用不大，声影区只位于接近屏障后的小范围内。

(4) 对于有限长线声源不能视作点声源时，无限长声屏障后声影区的衰减一般要比点声源小 0～5dB。

3. 点声源 S 和受声点 R 位于同一高度水平上，自由声场，半无限大屏障（$L_B>5h, h>\lambda$）时的插入损失计算式

在实际应用中，一般在屏障后留出较大的工作区，即 $d \gg r > h$（有效屏高）或 $h/d \ll h/r < 1$，如图 4-17 所示。声程差为

$$\delta = (a+b)-(r+d)$$
$$=(\sqrt{r^2+h^2}+\sqrt{d^2+h^2})-(r+d)$$
$$=r\sqrt{1+\left(\frac{h}{r}\right)^2}+d\sqrt{1+\left(\frac{h}{d}\right)^2}-(r+d) \quad (4\text{-}57)$$

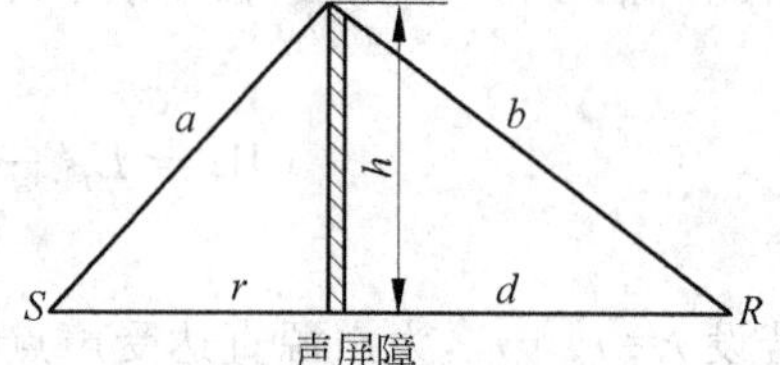

图 4-17 声源和受声点在同一水平上时的隔声屏

当 $|x|<1$ 时，有近似公式：

$$\sqrt{1+x} \approx 1+\frac{x}{2} \quad (4\text{-}58)$$

因 $h/d \ll h/r < 1$，运用上述的近似公式有

$$\delta = r\left[1+\frac{1}{2}\left(\frac{h}{r}\right)^2\right]+d-(r+d)=\frac{h^2}{2r} \quad (4\text{-}59)$$

菲涅耳数 $N=2\delta/\lambda=h^2/(r\lambda)$，所以

$$\mathrm{IL}=10\lg(3+20N)=10\lg[3+20h^2/(r\lambda)] \quad (4\text{-}60)$$

一般情况下，$20h^2/(r\lambda) \gg 3$，所以

$$\mathrm{IL}=10\lg[3+20h^2/(r\lambda)] \approx 10\lg[20h^2/(r\lambda)]$$

即

$$\mathrm{IL}=10\lg(h^2/r)+10\lg f-12 \quad (4\text{-}61)$$

讨论：

① 有效屏高（造成声程差的高度）h 增加，插入损失 IL 亦增大。

② 声屏障靠近声源，距离 r 减小，声程差 δ 变大，菲涅耳数上升 N，插入损失 IL 就增大。

③ 声波频率 f 大，波长 λ 小，其插入损失 IL 就大。

④ 应用式(4-61)时，务必注意其使用条件和前提及各个参数的含义。

思考题 4. 如果距离 d 减小，并且 $d \ll r$，那么 IL 会如何变化？由此可得出什么结论（屏障的相对位置对隔声效果的影响）？

例 4-5 在自由声场中，在噪声源与受声点之间设置一个 3m 高的隔声屏，如图 4-18 所示，求该隔声屏在各倍频带上的插入损失。

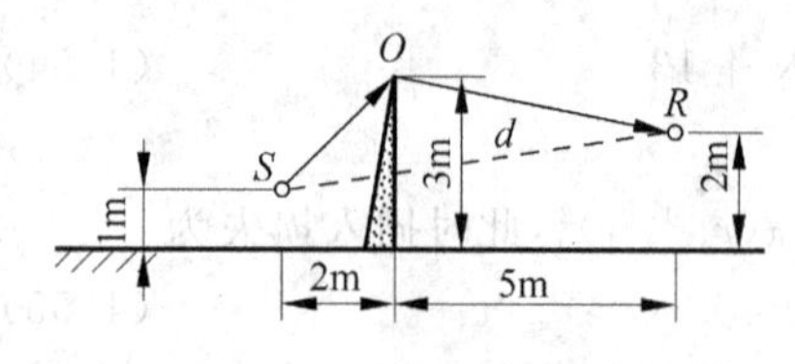

图 4-18 隔声屏计算例

解： 由勾股定理求出

$$\delta = SO+OR-SR=0.86(\mathrm{m})$$

各频率下的菲涅耳数为

$$N_i=2\delta/\lambda_i=2f_i\delta/C=\delta f_i/170$$

则各频带插入损失的计算式为

$$\mathrm{IL}_i=10\lg(1/D_i)=10\lg(3+20N_i)$$

按上式计算出各倍频带上的插入损失 IL 列于下表中：

f_0/Hz	63	125	250	500	1000	2000	4000	8000
N	0.32	0.63	1.26	2.53	5.06	10.12	20.24	40.48
IL/dB	9.5	11.5	15	17	20	23.5	26	29

讨论：

① 计算结果表明，声波频率对插入损失有重大影响。在 $N>1$ 以后，大致上频率增加 1 倍，IL 值增加 3dB；声屏障对高频声的衰减效果更为显著。

② 同样也可以由给定的各倍频带 IL 值，计算出各倍频带所需的屏障高度，取其中最大值为所需的设计屏高。

③ 本例中，声源和受声点不在同一水平上，声源和受声点连线以上的屏高称为声屏障的有效高度，它是决定隔声效果的关键因素，而并不取决于它的实际高度。

4. 室内声学特性变化时，隔声屏的插入损失

对于尺寸不大的车间（室内总表面积为 S，平均吸声系数为 α），增加隔声屏不可能不影响室内声学特性，实际上隔声屏把车间分成两个空间：点声源所在空间 1 和受声者所在空间 2。设隔声屏与房间横断面之间的开敞部分面积为 S_0（两个空间在声学上通过开敞部分发生混响声能的联系，可理解为敞开面积的吸声系数 $\alpha_0=1$），声源空间 1 的总内表面积为 S_1，吸声系数为 α_1，受声空间内表面积为 S_2，吸声系数为 α_2，则安装隔声屏后其**插入损失**为

$$\mathrm{IL}=10\lg\left[\frac{\dfrac{Q}{4\pi r^2}+\dfrac{4}{S\alpha}}{\dfrac{QD}{4\pi r^2}+\dfrac{4K_1K_2}{S_0(1-K_1K_2)}}\right] \tag{4-62}$$

式中：$K_1=\dfrac{S_0}{S_0+S_1\alpha_1}$，$K_2=\dfrac{S_0}{S_0+S_2\alpha_2}$，可理解为通过敞开面积 S_0 的混响声占各空间各自总吸声量的比例，衡量敞开面积和两个空间的声学特性对插入损失的影响。

讨论：

① 当室内吸声量为零时（即 $K_1=K_2=1$）：

$$\mathrm{IL}=10\lg 1=0 \tag{4-63}$$

② 当室内为全吸收时（即 $K_1=K_2\ll 1$）：

$$\mathrm{IL}=10\lg D \tag{4-64}$$

③ 对声源空间进行吸声处理，而受声空间没有吸声时：

$$\mathrm{IL}=10\lg\left[\frac{\dfrac{Q}{4\pi r^2}+\dfrac{4}{S\alpha}}{\dfrac{QD}{4\pi r^2}+\dfrac{4}{S_1\alpha_1+S_0}}\right] \tag{4-65}$$

④ 对受声空间进行吸声处理，而声源空间没有吸声时：

$$\mathrm{IL}=10\lg\left[\frac{\dfrac{Q}{4\pi r^2}+\dfrac{4}{S\alpha}}{\dfrac{QD}{4\pi r^2}+\dfrac{4}{S_2\alpha_2+S_0}}\right] \tag{4-66}$$

⑤ 上述计算式对点声源有效。对多个点声源或一个较大的点声源可以分解成数个点声源，先分别计算每一个点声源的衰减量，再计算总的噪声衰减量。

5. 露天设置的交通隔声屏的绕射声衰减量

露天设置（自由声场）的交通隔声屏，在前述假设条件下，由惠更斯-菲涅耳衍射原理和边缘的近场效应，可得其绕射声衰减量 ΔL 为下列一组公式：

$$\Delta L = 20\lg \frac{\sqrt{2\pi N}}{\tanh \sqrt{2\pi N}} + 5, \quad N > 0$$

$$\Delta L = 5, \quad N = 0$$

$$\Delta L = 20\lg \frac{\sqrt{2\pi \mid N \mid}}{\tan \sqrt{2\pi \mid N \mid}} + 5, \quad -0.2 < N < 0 \tag{4-67}$$

$$\Delta L = 0, \quad N < -0.2$$

式中：tanh 为双曲正切函数；tan 为正切函数；N 为菲涅耳数。

➢ 同样，当 $N \geqslant 1$ 时，$\tanh\sqrt{2\pi N} \to 1$，上式可简化为

$$\Delta L = 10\lg N + 13, \quad 12 \geqslant N \geqslant 1 \tag{4-68}$$

➢ 式(4-67)可绘成图 4-19，以便于进行图算。图中表明，即使在 $-0.2<N<0$ 的情况下，ΔL 仍有 0～5dB 的绕射衰减量。

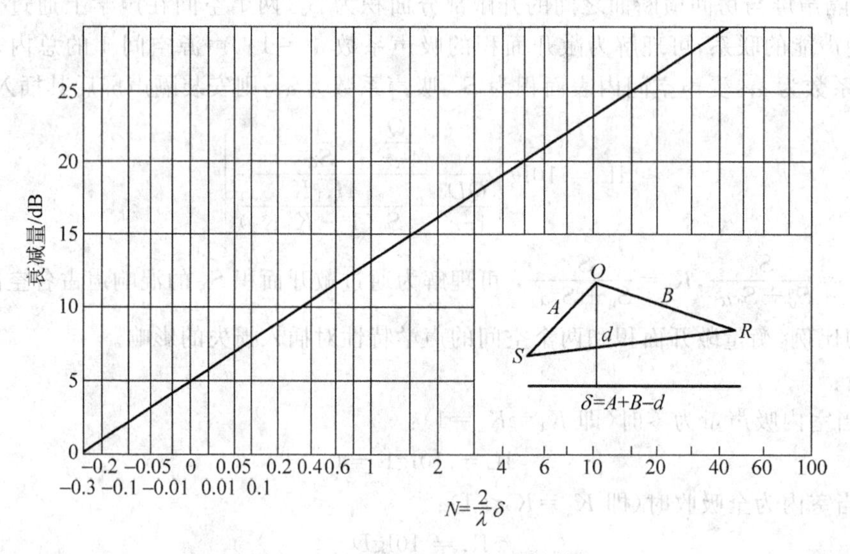

图 4-19 隔声屏的插入损失计算图

6. 隔声屏设计的注意事项

(1) 隔声屏主要用来阻挡直达声，尤其是阻断高频声。为了有效地防止噪声的发散，应根据现场情况，采用合适形式的声屏障，如 Γ 型、Π 型、Y 型等，如图 4-20 所示。其中 Γ 型和 Y 型(带遮檐)的效果尤为明显，这是因为它们的等效高度要比实际尺寸大。重点声源也可采用围挡式布置，形成开启式隔声罩形式。

思考题 5. 图 4-20 中哪几种形式的声屏障既经济而效果又好还不妨碍人员活动？为什么？

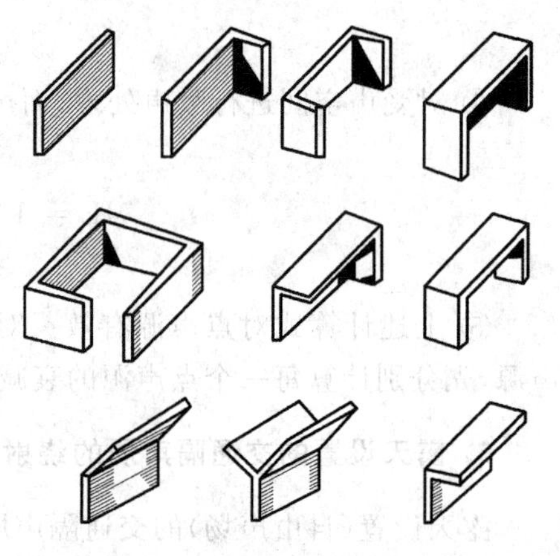

图 4-20 声屏障的基本形式

(2) 声屏障应有足够的长高比，自身必须具有足够的隔声量，一般构件隔声量要求比插入损失大

10dB以上。在保留必要的伸缩缝情况下，应做好声屏障构件之间接缝的密封措施，填缝材料与构件之间的热胀冷缩系数应基本一致。

(3) 使用声屏障时，一般应配合吸声处理，尤其是在混响声明显和屏障上方顶棚或其他反射体声反射强烈的场合。实用中，也应尽可能采用吸声型屏障，其平均 $\alpha \geqslant 0.5$，特别是面对声源一侧，这可以增加额外的吸声面积，对绕射角 θ 在 45°以上的声影区，减噪效果尤其明显。声屏障宜用轻便结构，其结构如图 4-21 所示，目前已有批量生产商品化的隔声屏可供选用。

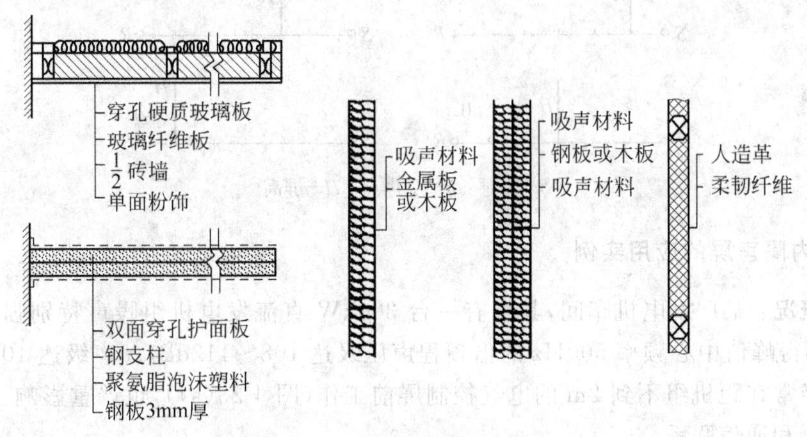

图 4-21 声屏障结构示意图

(4) 声屏障造型和色彩应与周围环境协调，作为交通道路的声屏障，尤其要注意景观，一般可选用透明的Γ型板材。

(5) 声屏障上开设观察窗要有足够的隔声量；如果操作上需要，也可做成移动式的声屏障；为便于人或设备的通行，在隔声要求不太高的车间内，可用人造革等密实的软材料护面，中间填充多孔吸声材料制成隔声窗帘悬挂起来。

(6) 在室外考虑到抗风等各种因素，实际声屏障不可能太高。在声屏障顶端增加吸声圆柱体可明显提高声屏障的插入损失，且随吸声圆柱体直径的增加插入损失逐渐增大，其中当顶端吸声圆柱体的直径大于 0.3m 时声屏障的插入损失增加较快，因此顶端吸声柱体的直径宜大于 0.3m。

(7) 声屏障的结构和力学性能应符合国家有关标准，在安全牢固前提下，根据使用场合的不同，使其具有防腐、防眩、防风、防老化、防雨、防尘等性能。

(8) 声屏障的高度和长度应根据现场实际情况，采用相应合适的公式计算，要注意公式的适用条件。除了绕射衰减的因素外，还要考虑其他因素对实际插入损失的影响。一般情况下，屏高应高于声源，而且最好要高于人耳。

(9) 室外隔声屏的降噪目标一般在10～15dB之内，如果降噪要求超过15dB，要完全靠声屏障是十分困难的，必须有其他措施配合。

(10) 应该认识到，前述所有公式，因假设条件、近似简化及现场声学特征等因素，它们的计算结果都是一个近似的估算值；隔声屏不是一个封闭结构，其隔声效果受外界的影响是十分复杂的，因此实际设计时应根据情况留有适当的减噪余量，通常为1～5dB左右。

思考题 6. 比较哪个声屏障(A 或 B)效果更好,并用衍射理论和公式进行分析。

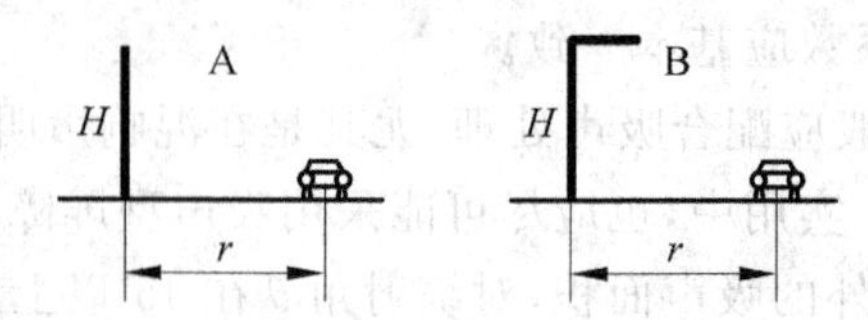

思考题 7. 比较并列出下列情况下 IL 的大小次序,并用衍射理论和公式进行分析。

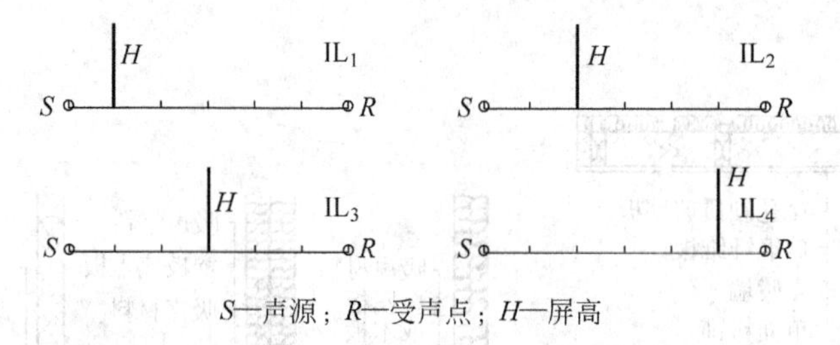

S—声源;R—受声点;H—屏高

7. 室内隔声屏的应用实例

项目概况:某厂发电机车间,其中有一台 300kW 直流发电机组噪声特别强烈,在距机组 1m 处测得峰值中心频率 500Hz 的倍频程声压级达 108~112dB,A 声级达 107~108dB。而工人就经常在距机组不到 2m 的电气控制屏前工作(图 4-23(a)),也严重影响了整个车间工人的健康和通信联系。

治理措施:

➢ **吸声**:先采取吸声处理措施,即在顶面上机组旁悬挂吸声体,在侧墙上安装了部分带后腔的吸声板(图 4-22),共占室内总面积的 1/7 左右;在吸声材料的厚度和吸声结构的设计上都加强了对 500Hz 声波的吸收,吸声材料在 500Hz 倍频带上的垂直入射吸声系数为 0.6~0.8。但仅靠吸声措施,噪声只能降低 7~9dB(A),在机组旁 1m 处只降低 1~2dB(A),这说明机组旁 1m 处是以直达声为主,所以单靠吸声措施,难以有效地降低噪声。因此,决定再加设隔声屏来降低操作岗位上的噪声。

➢ **隔声**:在距机组 0.6m 处,设置一道平行于机组的隔声屏(图 4-22、图 4-23)。隔声屏的选材和结构是隔声屏高度为 2m,宽度为 2m,顶部加遮檐 0.8m,向机组一侧倾斜 45°,制做成单元拼装式,每单元宽为 1m,竖直拼缝用"工"字形橡胶条密封。中间夹层用 0.8mm 薄钢板为支架,两面各铺贴 5cm 厚的超细玻璃棉吸声材料,容重为 20kg/m³,为防止吸声材料散落,衬玻璃布外加钢丝网护面。为提高隔声屏的刚度,四周边缘用 3mm 型钢加强,隔声屏用螺栓固定在地面的浅槽内。隔声屏建成后,离机组 1m 处,完全处于声影区内,对于离地面高为 1.2m 的接收点处,噪声衰减量很大,A 声级的降噪声达 18~24dB。室内离机组较远的其他位置的 A 声级也基本降到了 90dB 以下,已基本符合《工业企业噪声卫生标准》。图 4-23 表示了车间平面布置、测点位置和治理效果。

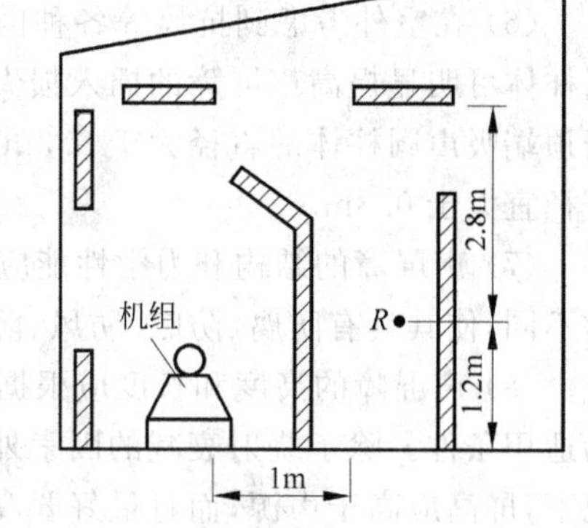

图 4-22 发电机组吸声屏障安装示意图

➢ 上述的降噪措施使噪声衰减量特别大的情况,仅发生在隔声屏后的声影区内;对于车间的空间平均降噪量还只仅达 10dB 左右,仍近似等于远离机组的降噪量。可见隔声屏对于局部空间的声学保护还是非常有效的。

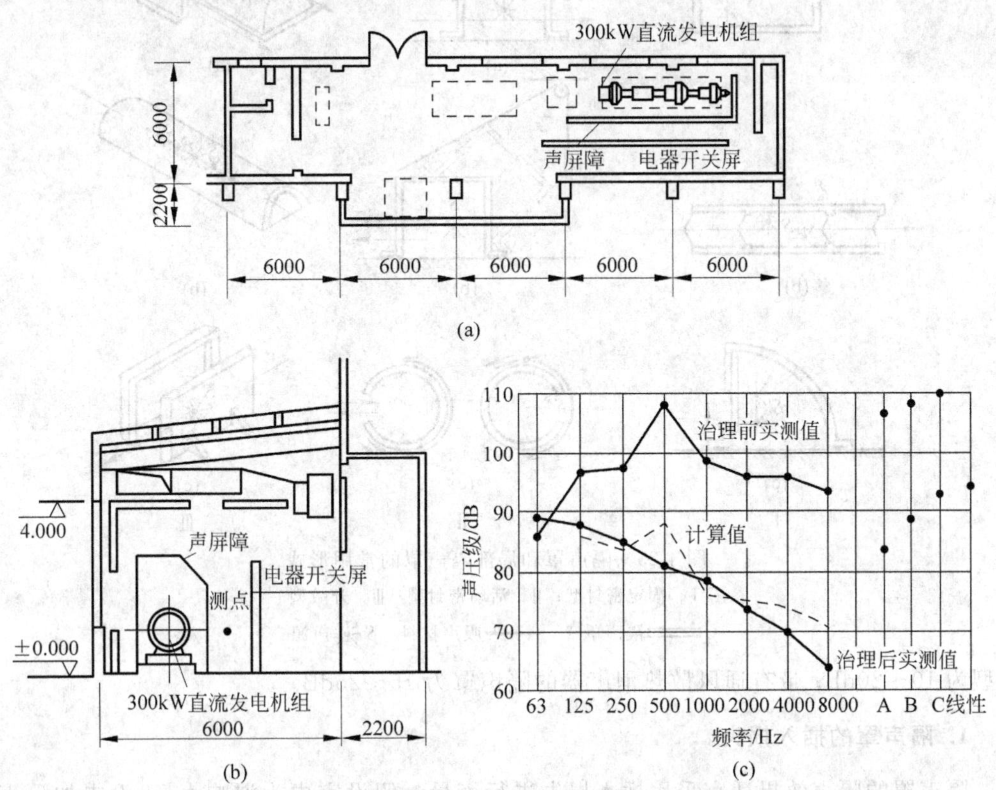

图 4-23 发电机车间隔声屏布置与隔声效果

(a) 发电机车间室内平面布置;(b) 车间内吸声装置及声屏障位置;(c) 测点频谱分析

4.3.2 隔声罩

隔声罩是一种将噪声源封闭(声封闭)隔离起来的罩形壳体结构,以减小向周围环境的声辐射,而同时又不妨碍声源设备的正常功能性工作。

隔声罩将噪声源封闭在一个相对小的空间内,其基本结构如图 4-24 所示。罩壁由罩板、阻尼涂层和吸声层及穿孔护面板组成。根据噪声源设备的操作、安装、维修、冷却、通风等具体要求,可采用适当的隔声罩型式。常用的隔声罩有固定密封型、活动密封型、局部开敞型等结构型式(图 4-25)。

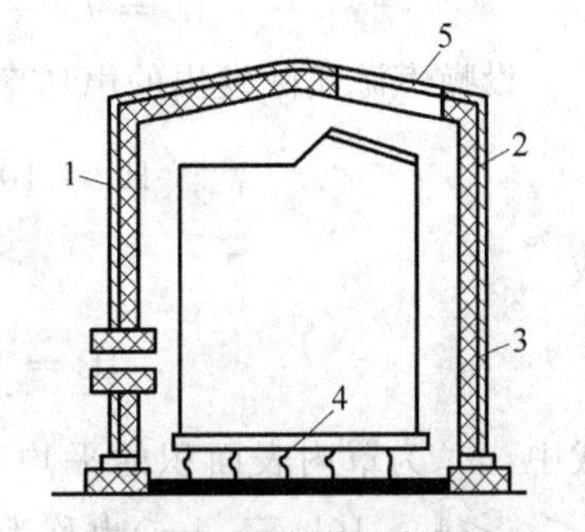

图 4-24 隔声罩基本构造

1—钢板;2—吸声材料;3—穿孔护面板;4—减振器;5—观察窗

隔声罩常用于车间内如风机、空压机、柴油机、鼓风机、球磨机等强噪声机械设备的降噪。其降噪量一般在 10~40dB 之间。各种形式隔声罩 A 声级降噪量是:固定密封型为 30~40dB;活动密封型为 15~30dB;局部开

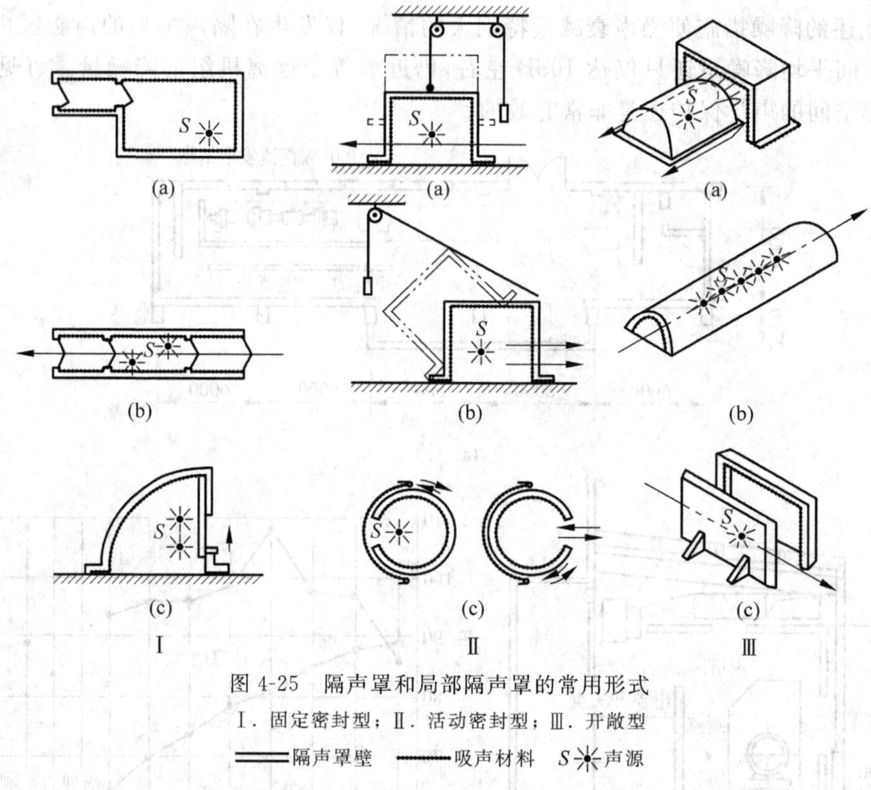

图 4-25 隔声罩和局部隔声罩的常用形式

Ⅰ. 固定密封型；Ⅱ. 活动密封型；Ⅲ. 开敞型

隔声罩壁 吸声材料 S 声源

敞型为 10～20dB；带有通风散热消声器的隔声罩为 15～25dB。

1. 隔声罩的插入损失

隔声罩的隔声效果适宜采用插入损失进行衡量。假设室内为混响声场，设未加隔声罩的噪声源向周围辐射噪声的声功率级为 L_{W1}，加罩后透过隔声罩向周围辐射噪声的声功率级为 L_{W2}，加罩后隔声罩本身实际上就成为一个改良的声源(图 4-26)，那么隔声罩的插入损失 IL 为

$$\mathrm{IL} = L_{W1} - L_{W2} \tag{4-69}$$

如果加罩前后，罩外室内声场分布的情况大致不变，插入损失 IL 也就是罩外给定位置上声压级之差：

$$\mathrm{IL} = L_1 - L_2 \tag{4-70}$$

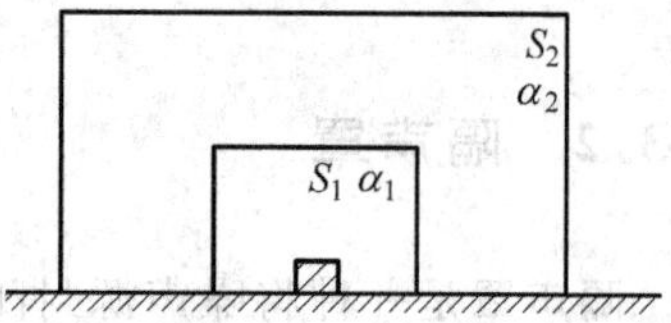

图 4-26 隔声罩内表面吸声示意图

设噪声源实际发出的声功率保持不变，由能量关系可导出隔声罩的插入损失计算式为

$$\mathrm{IL} = 10\lg\left(1 + \frac{\bar{\alpha}_1}{\bar{\tau}}\right) = 10\lg(1 + \bar{\alpha}_1 \cdot 10^{0.1R}) \tag{4-71a}$$

或

$$\mathrm{IL} = 10\lg\left(\frac{\bar{\alpha}_1 + \bar{\tau}}{\bar{\tau}}\right) = R + 10\lg(\bar{\alpha}_1 + \bar{\tau}) \tag{4-71b}$$

式中：$\bar{\alpha}_1$ 为罩内表面积的平均吸声系数(包括地面)；$\bar{\tau}$ 为隔声罩的平均透射系数(一般 $\bar{\tau} < \bar{\alpha}_1 < 1$)；$10\lg(\bar{\alpha}_1 + \bar{\tau})$ 也称为修正项；R 为隔声罩的隔声量(传声损失)，dB。

讨论：

(1) 若 $\bar{\alpha}_1 \approx 0$，则 IL=0，表示声能在罩内积累，没有损耗，根据能量守恒定律，最终声能

还是全部透射出去了，所以罩内必须作吸声处理隔声罩才有隔声效果。

若 $\bar{\alpha}_1$ 很小，并且 $\bar{\alpha}_1 \approx \bar{\tau}$，则 $IL=10\lg(1+1)=3(dB)$，即此时还有 3dB 的插入损失。

(2) 在某些前提条件下的插入损失简化计算式。

① 若罩内作吸声处理，$\bar{\alpha}_1$ 增大；并选用隔声量大的板材，$\bar{\tau}$ 较小，有 $\bar{\alpha}_1 \gg \bar{\tau}$，此时式(4-71)简化为

$$IL = 10\lg(\bar{\alpha}_1/\bar{\tau}) \tag{4-72}$$

② 由于一般情况下，$\bar{\alpha}_1$ 和 $\bar{\tau}$ 所考虑的隔声罩内表面的总面积 $\sum S_i$ 是相同的，此时式(4-72)可表示为

$$IL = 10\lg\left(\sum S_i\alpha_i / \sum S_i\tau_i\right) = 10\lg(\text{吸声量} / \text{透声量}) \tag{4-73}$$

③ 如果组成隔声罩的每一块罩板构件的 τ_i 均相等(等于 $\bar{\tau}$)，又地面的 $\tau_i=0$，此时式(4-73)也可表示为

$$IL = 10\lg\left(\sum S_i\alpha_i / \sum S_i\tau_i\right) = 10\lg\left(\sum S_i\alpha_i / \bar{\tau}\sum S_i\right)$$

$$= 10\lg(1/\bar{\tau}) + 10\lg\left(\sum S_i\alpha_i / S_{\text{透}}\right)$$

$$= R + 10\lg(\text{吸声量 } A / \text{透声面积 } S_{\text{透}}) \tag{4-74}$$

④ 如果罩内各表面的 α_i 也相等(等于 $\bar{\alpha}_1$)，并且吸声面积 $S_{\text{吸}} \approx$ 透声面积 $S_{\text{透}}$(即地面吸声系数 $\alpha_{\text{地}}$ 很小)时，式(4-74)可表示为

$$IL = R + 10\lg\bar{\alpha}_1 = 10\lg(\bar{\alpha}_1/\bar{\tau}) \tag{4-75}$$

(3) 当罩内是强吸收时，$\bar{\alpha} \approx 1$，$IL=R$，即一般情况下 $IL \leqslant R$。

思考题 8. 试阐述式(4-72)～式(4-75)各式的物理意义。

2. 隔声罩插入损失的经验估算式：

罩内无吸收时 ($\bar{\alpha}_1 \approx 0.01$)：

$$IL = R - 20 \tag{4-76}$$

罩内略有吸收时($\bar{\alpha}_1 \approx 0.03$)：

$$IL = R - 15 \tag{4-77}$$

罩内有强吸收时($\bar{\alpha}_1 \approx 0.1$)：

$$IL = R - 10 \tag{4-78}$$

当罩内吸声很小、透射系数较大，罩壁又没有阻尼处理时，在某些低频范围内，可能激起隔声罩的共振，以至将噪声反而放大，隔声罩由此成为噪声放大器，这是必须避免的。

例 4-6 一个高为 1.1m，长、宽均为 1.2m 的隔声罩由 5 个罩面组成(向下开口)，扣在水泥地面上。已知罩板的隔声量为 30dB，内表面镶饰 10cm 厚、平均吸声系数为 0.8 的吸声材料，水泥地面的平均吸声系数为 0.02，求隔声罩的插入损失 IL。

解：$S_{\text{侧}}=(1.1-0.1)\times(1.2-0.1\times2)\times4=4(m^2)$

$S_{\text{顶}}=(1.2-0.1\times2)\times(1.2-0.1\times2)=1(m^2)$

$R=30dB$，$\alpha_{\text{罩}}=0.8$，$\alpha_{\text{地}}=0.02$

所以，

$A_{\text{吸}}/S_{\text{透}}=[0.8\times(4+1)+0.02\times1]/(4+1)=0.804$

$10\lg(A_{\text{吸}}/S_{\text{透}})=-1$

$IL=R+10\lg(A_{\text{吸}}/S_{\text{透}})=30-1=29(dB)$(因罩内有强吸声，故 IL 很大)

3. 局部隔声罩的插入损失

隔声罩一般是封闭设置的，但也有些机器设备在工艺上很难做到完全封闭，因而只能进行局部隔声封闭，这种隔声罩称为局部(开敞型)隔声罩(图 4-25Ⅲ)。在混室内为混响声场时，其插入损失为

$$\mathrm{IL} = 10\lg\frac{W}{W_t} = 10\lg\frac{\dfrac{S_0}{S_1}+\bar{\alpha}_1+\bar{\tau}}{\dfrac{S_0}{S_1}+\bar{\tau}} \tag{4-79}$$

式中：W 为声源的声功率，W；W_t 为传出隔声罩的声功率，W；S_0 为局部隔声罩开口面积，m^2；S_1 为局部隔声罩罩板(构件)内表面积，m^2；$\bar{\alpha}_1$ 为局部隔声罩罩板(构件)内表面平均吸声系数；$\bar{\tau}$ 为局部隔声罩罩板(构件)的平均透射系数。

例 4-7 某隔声罩是用厚度为 1mm，隔声量为 30dB 的钢板制作的。全部内表面镶饰吸声系数为 0.5 的吸声层，容积的长、宽、高分别为 2m、1m、1m，在一个壁面上有一面积为 $1m^2$ 的隔声门(门的结构与罩壁相同)。问这个隔声罩在关门时的隔声效果如何？如果打开隔声门情况又如何？

解：(1) 关门情况：

罩壁的透射系数 $\bar{\tau}=10^{-0.1R}=10^{-3}$。

利用式(4-71)计算隔声罩的插入损失为

$$\mathrm{IL} = 10\lg\left(\frac{\bar{\alpha}_1+\bar{\tau}}{\bar{\tau}}\right) = 10\lg\frac{0.5+10^{-3}}{10^{-3}} = 27(\mathrm{dB})$$

经计算，罩壁的总面积为 $10m^2$(其中门的面积为 $1m^2$)。

利用式(4-73)计算隔声罩的插入损失为

$$\mathrm{IL} = 10\lg\frac{\sum S_i\alpha_i}{\sum S_i\tau_i} = 10\lg\frac{10\times 0.5}{10\times 10^{-3}} = 27(\mathrm{dB})$$

(2) 开门情况：

利用式(4-79)计算局部隔声罩的插入损失为

$$\mathrm{IL} = 10\lg\frac{\dfrac{S_0}{S_1}+\bar{\alpha}_1+\bar{\tau}}{\dfrac{S_0}{S_1}+\bar{\tau}} = 10\lg\frac{\dfrac{1}{9}+0.5+10^{-3}}{\dfrac{1}{9}+10^{-3}} = 7.4(\mathrm{dB})$$

➢ 可见开门情况下，隔声罩的隔声效果大为下降。因此，为了保持隔声罩的隔声效果，应对开口进行消声处理；对于孔洞、缝隙也要严格密封。图 4-27 是带有进排风消声通道的隔声罩，图 4-28 为一局部隔声罩应用的实例。

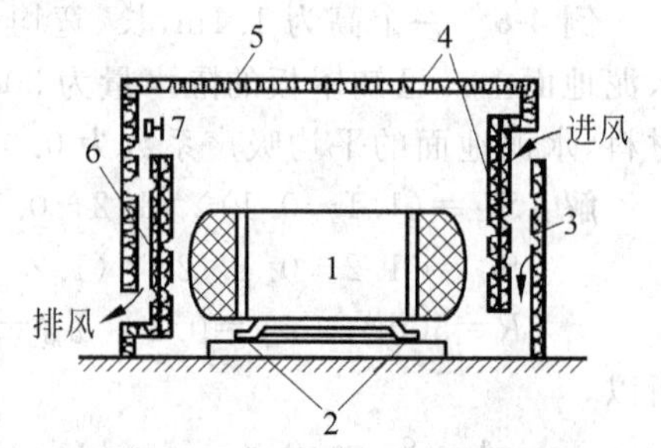

图 4-27 带有进排风消声通道的隔声罩构造

1—机器；2—减振器；3、6—消声通道；4—吸声材料；5—隔声板；7—排风机

➢ 在隔声罩上开口，开口与罩腔也会形成一个亥姆霍兹共振器，在其共振频率上会出现放大作用。所以，要使得共振频率 f_0 尽可能低于工作频率范围以下。开口的长度和面积以及罩腔的空气

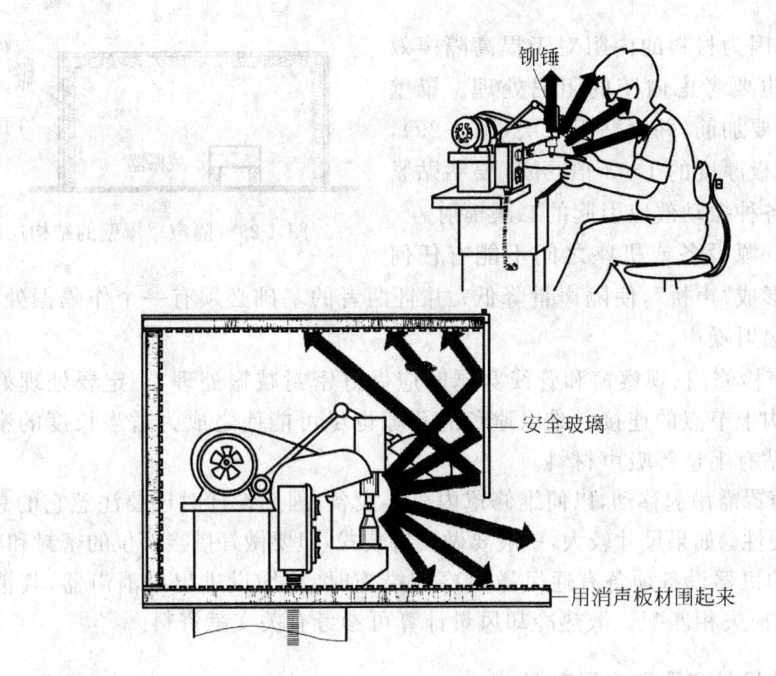

图 4-28 局部隔声罩应用的实例

体积与共振频率有如下关系：

$$f_0 = \frac{c}{2\pi}\sqrt{\frac{A}{VL}}$$

因此，如果要使共振频率 f_0 很低，那么必须减小开口的截面积 A，增加开口的长度 L，或者增加罩腔的体积 V。

➢ 应当指出，半封闭的局部隔声罩仅对于高频噪声有良好降噪效果，对于中频噪声的效果就相当差，对低频噪声几乎无效。

➢ 如果开口很大，比如开口的面积接近隔声罩的面积，则隔声罩就只能看作是一个隔声屏障了。

思考题 9. 如何利用式(4-73)计算隔声罩在开门情况下的的插入损失？（提示：把开门的罩壁看作一个组合构件，门口处的吸声系数和透射系数均可认为近似等于 1）

4. 隔声罩的结构设计和注意事项

① 隔声罩应选择适当的材料和形状，罩壁须有足够的隔声量，并且要质轻和易于安装、维修；隔声罩通常采用 0.5～2.0mm 厚薄金属板，罩面形状宜选择曲面形体，其刚度较大，利于隔声，尽量避免方形平行罩壁，以防止罩内空气声的驻波效应。

② 隔声罩与设备要保持一定距离，罩内壁与设备之间应留有设备所占空间 1/3 以上的空间，各壁面与设备的空间距离不小于 10cm，以免引起耦合共振，使隔声量下降。

③ 对于小型隔声罩，罩壁很难作到完全不和机器壁平行，有时甚至无法保证机器壁和罩壁之间保持较大距离，因此可能在罩内出现主要噪声半波长相应频率整数倍的驻波谐振，这时隔声罩效果很差。为了避免这种情况的发生，也为了保证隔声性能，需要对隔声罩进行吸声和阻尼处理。隔声罩设计中，吸声材料层的厚度一般要大于主要声波的 1/4 波长，并有

牢固的护面层。因为材料的内阻对于提高隔声效果有明显好处，也要考虑内壁的阻尼处理。罩壁用薄板时壁面上要加筋，并涂贴阻尼层(图 4-29)，厚度不低于金属板厚度的 1～3 倍，并且要粘贴紧密牢固，以削减各种振动效应引起的二次辐射。

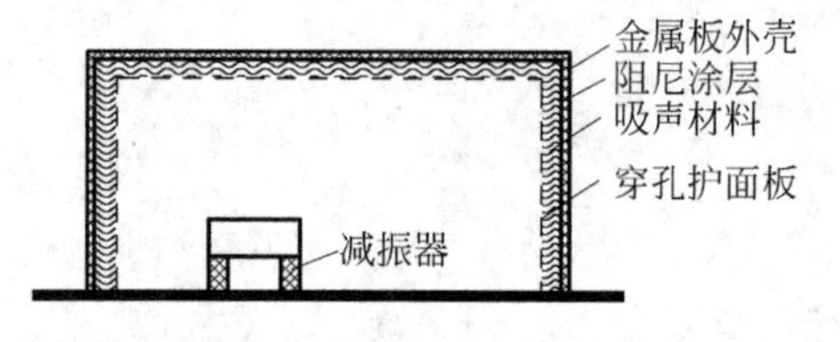

图 4-29 隔声罩罩壁的结构层次

④ 罩体与声源设备或机座之间不能有任何刚性接触，以免形成"声桥"，使隔声量降低；并且两者的基础必须有一个作隔振处理，以免引起罩体振动，辐射噪声。

⑤ 开有隔声检修门、观察窗和管线穿越时应做好密封减振处理，一定要处理好孔洞和缝隙，并作好结构上节点的连接。难以避免的孔隙也尽可能使之成为适当长度的窄的狭缝状，其内侧面应贴有毛毡等吸声材料。

⑥ 有些隔声罩需吊起移动，以便维修罩内机器设备，因此设计时还要注意它的总重量和吊装、移动的方便性；如果尺寸较大，一般要做成拼装式，但要做好搭接部位的密封和减振。

⑦ 当被罩的机器设备须备有通风散热冷却措施时，应增设进出口消声器，其消声量要与隔声罩的插入损失相匹配。散热冷却风量计算可参考有关文献资料。

5. 隔声罩的设计步骤和应用实例

(1) 设计步骤

① 测量和确定噪声源的各倍频程声功率级 L_{W1} 或声压级 L_{p1} 及其指向特性。

② 参照噪声容许标准，确定隔声罩所需的各倍频程插入损失 IL。即应保证隔声处理后的声功率级 $L_{W2}=L_{W1}-\text{IL}$ 满足实际要求。考虑计算公式的近似性、现场声学环境的变化和加工、安装过程中的各种因素，设计隔声量应稍大于所要求的隔声量，一般大 3～5dB 为宜。噪声源的指向特性不明显时，实测时可以较方便地用声压级差 ΔL_p 来代替声功率级之差 ΔL_W。

③ 选择适当的隔声罩结构，要求隔声罩壁面各倍频程隔声量 R 比所需的插入损失 IL 高 5～10dB。一般地说，当插入损失 IL 在中频段要求达到 15～20dB 时，隔声罩壁面采用单层金属结构是可行的。插入损失 IL 达到 25～30dB 时，隔声罩壁面应采用高隔声量的多层结构，并应特别加强罩上隔声能力较薄弱的部位(如观察窗、小门、孔口等)。插入损失 IL 超过 30dB 时，实际上很难实现，这时应考虑采用双重隔声罩结构。

④ 隔声罩内壁面作适当的吸声设计，宜保证壁面平均吸声系数在 0.1～0.3 以上。选择吸声材料时还应注意防火、防潮、防碎落等特殊要求。

⑤ 为了达到设计要求，并做到经济合理，可以作几个方案加以比选，并一一估算预期的插入损失，选出其中效果可靠、性价比好的方案作为实施方案。

⑥ 注意隔声罩施工及安装上的技术细节问题。完成后应对各倍频程插入损失 IL 进行实测。

(2) 应用实例

2105 型-20kW 柴油发电机，在大部分频率范围内，机房的 1/2 倍频程声压级达 84～88dB(表 4-9)，属于宽带噪声。试对该机设计适当的隔声罩。

步骤与措施：

➢ 按 $L_A \leqslant 70$dB(A)标准设计，即相当于 NR65，在 $f_0=2$kHz 上有最大需降噪量 24dB。

➢ 考虑到该机有通风、散热、排烟、便于检查等特殊要求，并且机组的体积并不很小，因

此隔声罩上开有 $\phi250$ 通风散热、$\phi100$ 排烟等管道，并设置 600mm×400mm 安全检查门。

表 4-9 20kW 柴油发电机隔声罩隔声性能与效果

项　目	各倍频程中心频率的相关参数								说　明
	63Hz	125Hz	250Hz	500Hz	1000Hz	2000Hz	4000Hz	8000Hz	
L_{p1}/dB	75	88	86	86	88	87	82	76	实测
NR65/dB	87	79	72	68	65	62	61	59	查图或计算
ΔL_p/dB	—	9	14	18	23	25	21	17	需降噪量 $\Delta L_p = L_{p1} - L_{p2}$
L_{p2}/dB	55	64	66	62	65	55	51	45	实测
IL/dB	20	24	20	24	23	32	31	31	实测

➢ 隔声罩结构有良好的刚度，壁面选用"夹心"结构，以 50mm×50mm 方木为骨架，外侧与内侧分别蒙上 2mm 与 1.5mm 的薄铁皮，中间填充安装厚 50mm、面密度为 47kg/m^2 的玻璃纤维板。在隔声罩内表面覆盖容重为 25kg/m^3，厚度为 50mm 的超细玻璃棉层，用钢板网作护面层，实验室测定罩壁 $R=40\text{dB}$。机罩由 4 个单元拼装，以弹簧搭扣连接。基座上也采取了隔振措施。整个隔声罩成一个锥台形，外表涂漆，具体构造如图 4-30 所示。

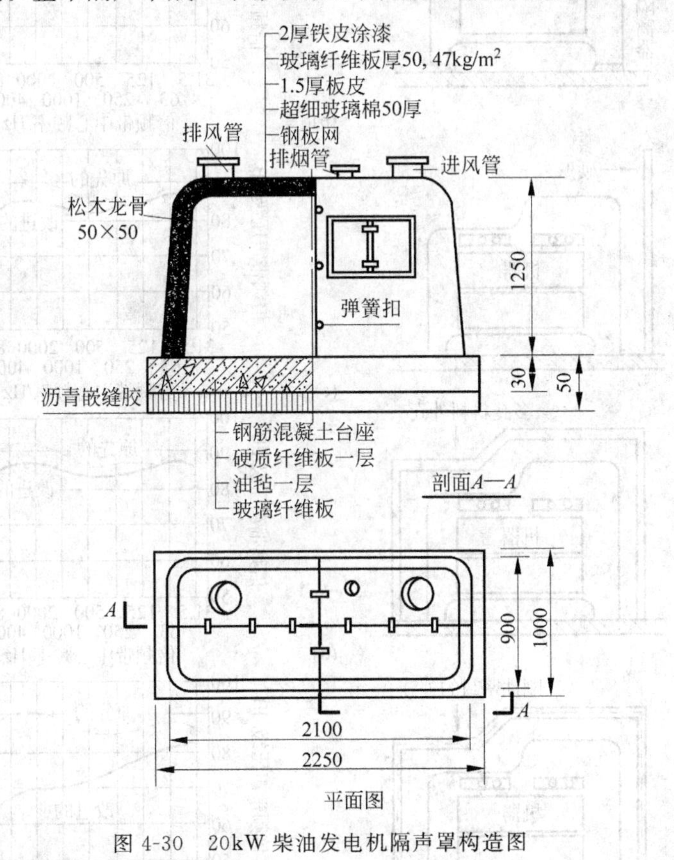

图 4-30 20kW 柴油发电机隔声罩构造图

➢ 装置了隔声罩后，机旁的噪声级明显下降，操作人员已能在机旁正常交谈。隔声罩的平均插入损失约为 24dB(表 4-9)。

➢ 检测结论：实测的 IL≥需降噪量 ΔL_p，达到预期的降噪目标。

➢ 由本例可见，如何设计与配置隔声罩结构是最关键的。

本节小结

作为本节的一个归纳总结，图 4-31 说明隔声罩的不同设计所获得的隔声效果。

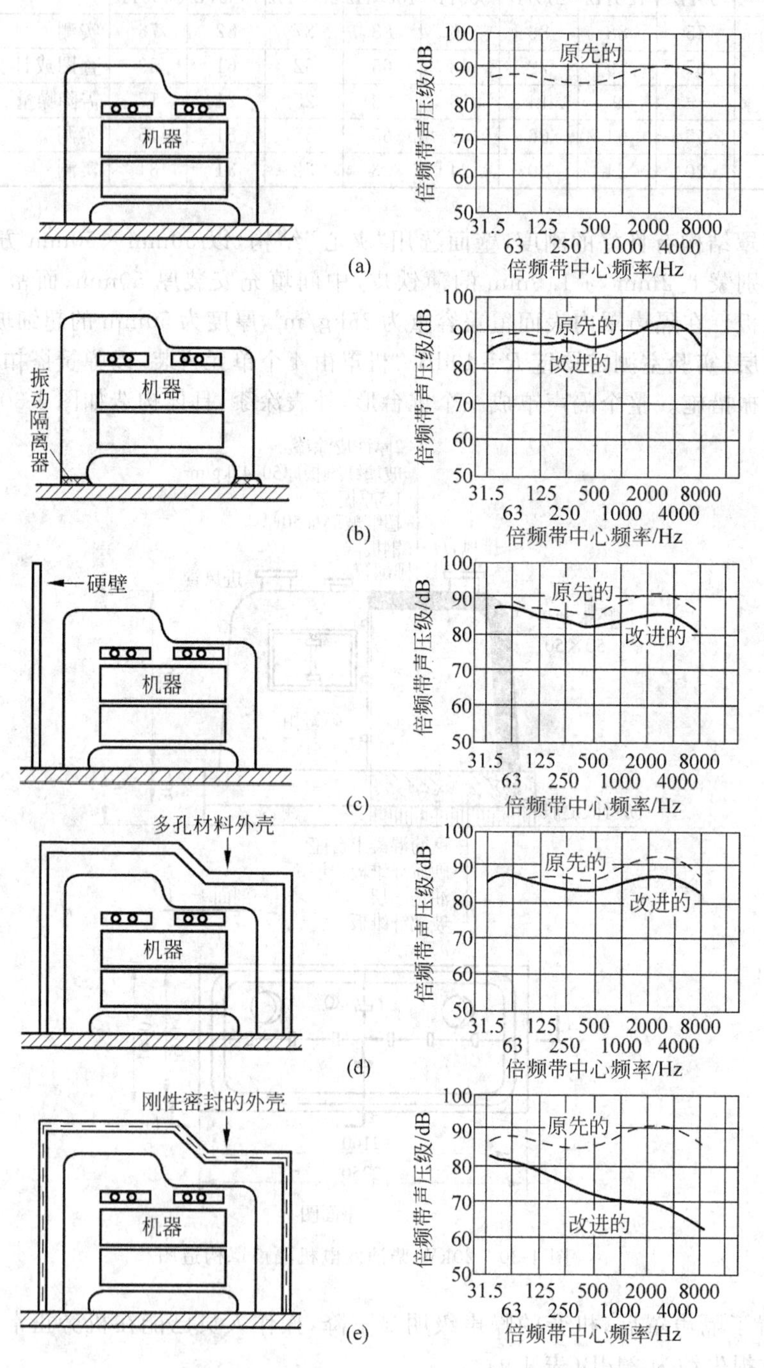

图 4-31　对机器采用一系列不同类型隔声罩处理的图解实例

注：曲线所示为罩外一受声点 P 在加罩前后的倍频带声压级。

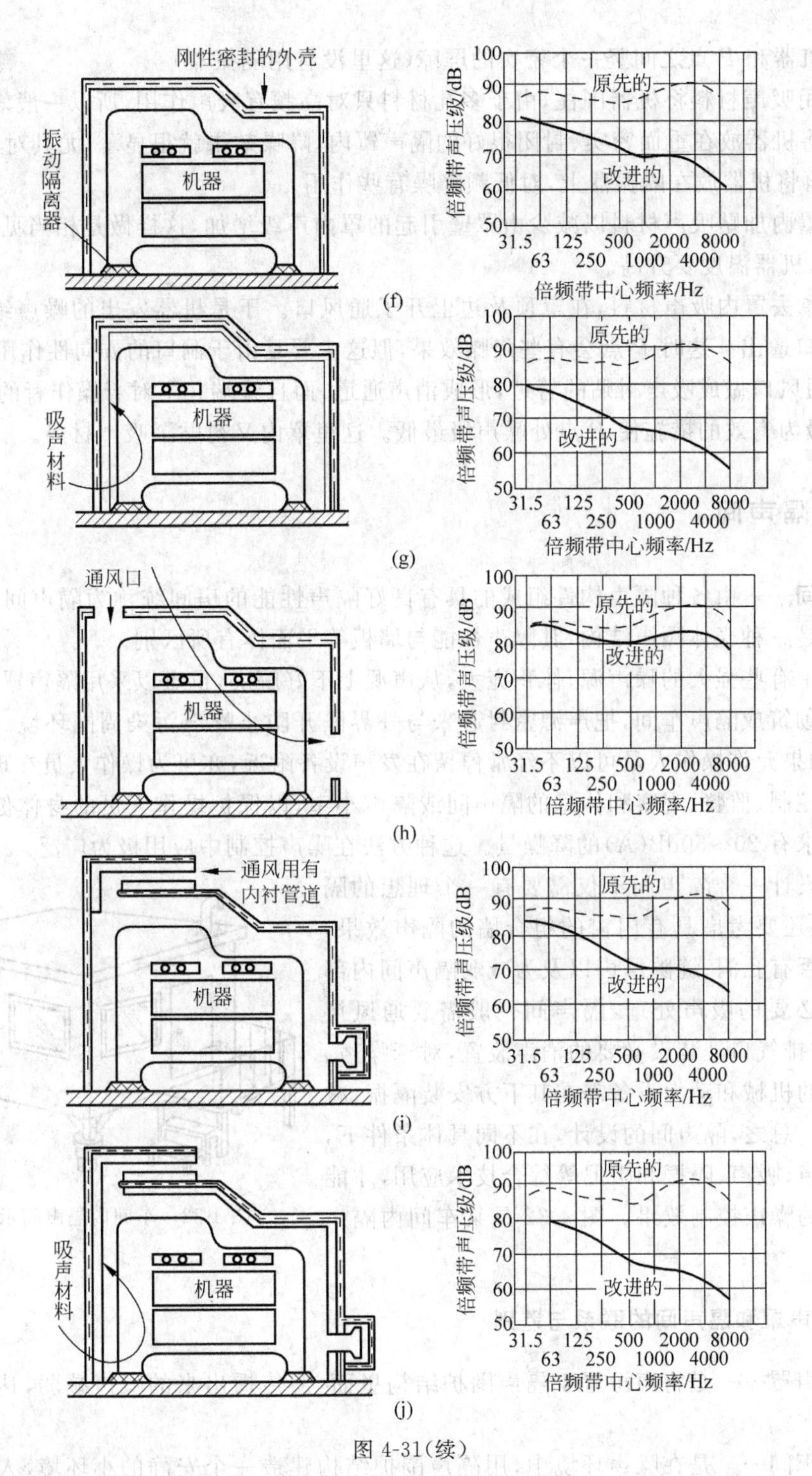

图 4-31(续)

说明：

(a) 敞开空间中的一台机器噪声源。

(b) 机器座下安装隔振器(对降低低频噪声有少许用处，若机器振动传播较小，这一步骤就没有必要)。

(c) 机器和 P 点之间竖一个密实的屏障(这里没有用隔振器)。

(d) 用吸声材料将机器围住,由于多孔材料只对高频有吸声作用,所以一般效果很差。

(e) 将机器放在重而密实、封闭很好的隔声罩内,降噪效果就很显著,尤其对高频噪声。

(f) 再将机器放在隔振器上,对低频降噪有些作用。

(g) 罩内加贴吸声材料以减少由罩壁引起的罩内声级增加,这样做是相当见效的,但罩内无通风,机器温度要升高。

(h) 拿去罩内吸声材料,在罩顶及边上开了通风口。于是机器发出的噪声绝大部分通过这些开口逸出。这时 P 点会有些降噪效果,但这主要是由于洞口的方向性作用引起的。

(i) 通风口做成吸声衬贴的管道,形成消声通道,而且管端并不对着操作者的位置。

(j) 最为有效的措施使 P 点处噪声级最低。这里罩内又衬贴了吸声材料。

4.3.3 隔声间

隔声间——由各种隔声构件组成的具有良好隔声性能的房间统称为隔声间或隔声室。隔声间也是一种壳体隔声结构,其隔声性能与墙板等平面体有所区别。

工厂中有些强大的噪声源,体积庞大,从声源上不好解决,也难以采用隔声罩,一般是用建筑材料砌筑成隔声车间,把声源密封起来与外界隔开防止噪声污染周围环境。在高噪声车间中,如果允许操作人员可以不经常停留在发声设备附近,亦可为操作人员在现场设置一个或几个控制、监督、观察和休息的隔声间或隔声小室,以保护操作人员的身体健康。隔声间一般要求有 20~50dB(A)的降噪量。这种方法在噪声控制中应用极为广泛。

具体设计一个隔声间不仅需要有一个理想的隔声墙,而且还要考虑具有门窗的组合墙的隔声效果,隔墙上是否有孔洞、缝隙漏声以及为减弱隔声间内部混响声作必要的吸声处理,隔声间一般需要通风换气,则在进排气口处装设必要的消声装置,对于噪声、振动强烈的机械和动力设备需在其下方安装隔振、减振装置等。总之,隔声间的设计,在不同具体条件下,要配合消声、吸声、隔振和阻尼等综合技术应用,才能得到最佳的噪声控制效果。图 4-32 是某车间内隔声间示意图。

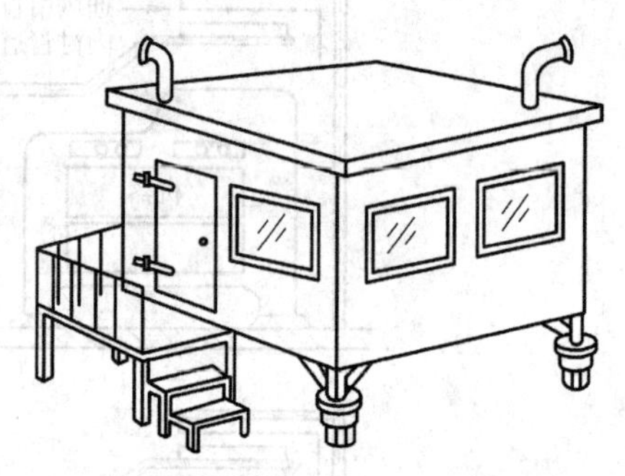

图 4-32 车间内隔声间示意图

1. 隔声罩和隔声间的联系与差别

➢ 隔声罩——是将声源置于隔声围护结构里面,使传播出来的噪声减弱,达到降噪的目的。

➢ 隔声间——是在噪声环境中,用隔声围护结构建造一个安静的小环境,人在里面活动,防止外面的噪声传进来。

➢ 可见,罩与间的主要区别在于声源和受声者交换了位置,但受声点的声压级不变,在隔声原理与设计上,这一可逆定理成立。即隔声间的设计计算原则上同隔声罩是一样的,只是除了内部应有良好的吸声性能外,还要有一个良好的人居和工作环境(如温度、通风、采光、照明、色彩、进出口和观察窗等),而这些对隔声罩来讲,并不是必须的。所以隔声门、窗对隔声间的隔声性能特别重要。

2. 隔声间的插入损失

隔声间的插入损失可以套用式(4-74):

$$IL = R + 10\lg(A/S_t) \tag{4-80}$$

式中:R 为隔声间(隔声构件)的平均隔声量,dB;A 为隔声间内表面的总吸声量,m^2;S_t 为隔声间的总透声面积,m^2。A/S_t 与 $10\lg(A/S_t)$的关系见表 4-10。

表 4-10 A/S_t 与 $10\lg(A/S_t)$的关系

A/S_t	0.1	0.2	0.3	0.5	1	2	3	5	10	16
$10\lg(A/S_t)$	−10	−7	−5	−3	0	3	5	7	10	12

例 4-8 混凝土墙表面的吸声系数 $\alpha=0.02$,总表面积 $S=100m^2$,与噪声源相隔的隔墙的面积 $S_t=20m^2$,假定墙厚 24cm,由表 4-1 查得其隔声量 $R=50dB$,此房间的插入损失由式(4-80)得

$$IL = R + 10\lg(A/S_t) = 50 + 10\lg(0.02 \times 100/20) = 50 - 10 = 40(dB)$$

或查表 4-10,$A/S_t=0.1$ 时,$10\lg(A/S_t)=-10dB$,所以

$$IL = 50 + (-10) = 40(dB)$$

这就是说虽然墙本身能隔声 50dB,但这个房间由于没有吸声处理最后只能隔绝 40dB,所以隔声间内部是否加吸声处理直接影响隔声结构的隔声效果。

3. 隔声门和隔声窗

(1) 隔声门

➢ 为了保证门有足够的隔声量,通常将隔声门制成双层结构,并在两层间填实吸声材料,即采用多层复合结构。

➢ 门板应采用临界频率在 3150Hz 以上的薄板。当采用双层或多层金属薄板时,层间和框架四周应作吸声处理。为了减少共振和吻合效应的影响,各层薄板宜采用不同厚度并宜做不平行放置,还应设置阻尼层。

➢ 对特殊要求的,可采用双扇轻质门,在两层门之间留出一定距离,在过渡区的壁面上需衬贴吸声材料,形成所谓的"声闸"(图 4-3)。

➢ 在保证隔声量的前提下,隔声门应尽可能做得轻便,开启机构灵活。常见隔声门的隔声量见表 4-11。

➢ 为了防止缝隙传声,与墙连接的边架应严加密闭,缝隙用柔软的嵌条压紧。隔声门的隔声效果在很大程度上取决于门缝的密封,应根据隔声要求和使用条件来确定密封方法,图 4-33 给出了隔声门常用的密封方法。

➢ 隔声门已有国家标准 GBJ 649,主要用于工业厂房及其辅助建筑或条件相当的民用建筑。对要求隔声的内外门,可以从 GBJ 649 隔声门图集中选用或作为设计参考。

表 4-11 常见隔声门的隔声量

隔声门的构造	各倍频程中心频率的隔声量/dB						
	125Hz	250Hz	500Hz	1000Hz	2000Hz	4000Hz	平均值
三合板门,扇厚 45mm	13.4	15.0	15.2	19.7	20.6	24.5	16.8
三合板门,扇厚 45mm,上开一小观察孔,玻璃厚 3mm	13.6	17.0	17.7	21.7	22.2	27.7	18.8
重塑木门,四周用橡皮和毛毡密封	30.0	30.0	29.0	25.0	26.0	—	27.0
分层木门,密封	20.0	28.7	32.7	35.0	32.8	31..0	31.0
分层木门,不密封	25.0	25.0	29.0	29.5	27.0	26.5	27.0
双层木板实拼门,板厚共 100mm	15.4	20.8	27.1	29.4	28.9	—	29.0
钢板门,厚 6mm	25.1	26.7	31.1	36.4	31.5	—	35.0

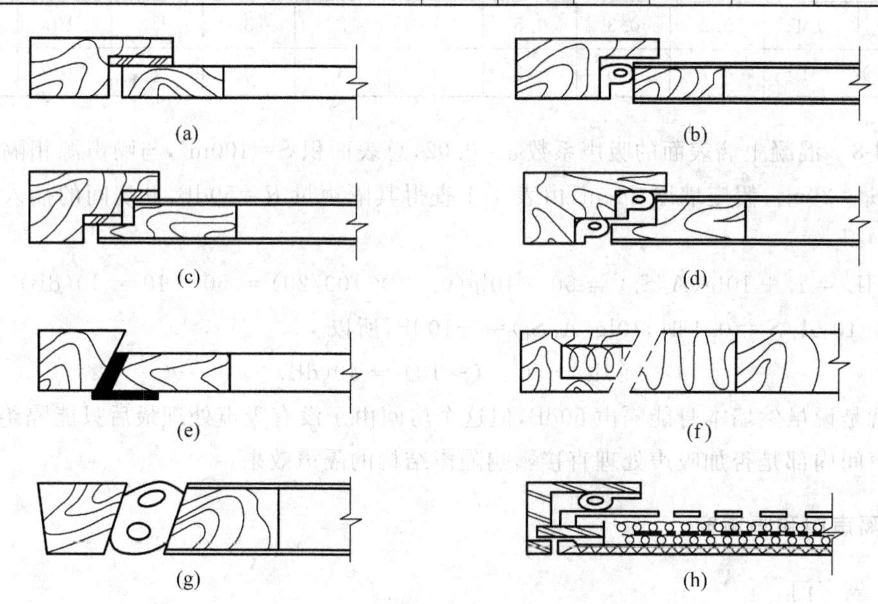

图 4-33 隔声门的密封方法

隔声门的密封方法说明：

(a) 单企口,压紧橡皮条、乳胶条等材料,达到密封门缝的目的；

(b) 单企口,9 字形橡胶条在侧面,不需要加压和卡锁；

(c) 双企口,密封方法同(a)；

(d) 双企口,密封方法同(b)；

(e) 斜企口,用橡皮或人造革或羊皮包泡沫塑料；

(f) 斜企口,门缝处做狭缝消声器,因允许有缝,故开关方便；

(g) 斜企日,在充气带内充气密封门缝；

(h) 卡锁钢门,9 字形橡胶条在正面,适用于隔声要求较高的重门扇。

(2) 隔声窗

隔声窗一般采用双层和多层玻璃做成,其隔声量主要取决于玻璃的厚度(或单位面积玻璃的质量)；其次是窗的结构、窗与窗框之间、窗框与墙之间的密封程度。根据实际测量 3mm 厚玻璃的隔声量为 27dB,6mm 厚的玻璃的隔声量为 30dB,因此,采用两层以上的玻璃，中间夹空气层的结构，隔声效果是相当好的。几种常用隔声窗的结构示意图见图 4-34 所示，对应的隔声特性列于表 4-12 中。

➢ 隔声窗的设计应注意以下几个方面。

① 多层窗应选用厚度不同的玻璃以消除吻合效应。例如，3mm 厚的玻璃的吻合谷出现在 4000Hz，而 6mm 厚的玻璃的吻合谷出现在 2000Hz，两种玻璃组成的双层窗，吻合谷相互抵消。

② 多层窗的玻璃之间要有较大的空气层。实践证明，空气层厚仅为 5cm 时效果不大，一般取 7～15cm，并应在窗框周边内表面作吸声处理。

③ 玻璃窗要严格密封，在边缘用橡胶条或毛毡条压紧，这样处理不仅可以起到密封作用，还能起到有效的阻尼作用，以减少玻璃板受声波激发引起振动透声。

④ 两层玻璃间不能有刚性连接，以防止“声桥”。例如将真空玻璃直接用作隔声窗，隔声效果非常好。目前市场上已有商品真空玻璃供应。

⑤ 多层窗玻璃之间要有一定的倾斜度，朝声源一侧的玻璃应做成倾斜，以消除驻波。

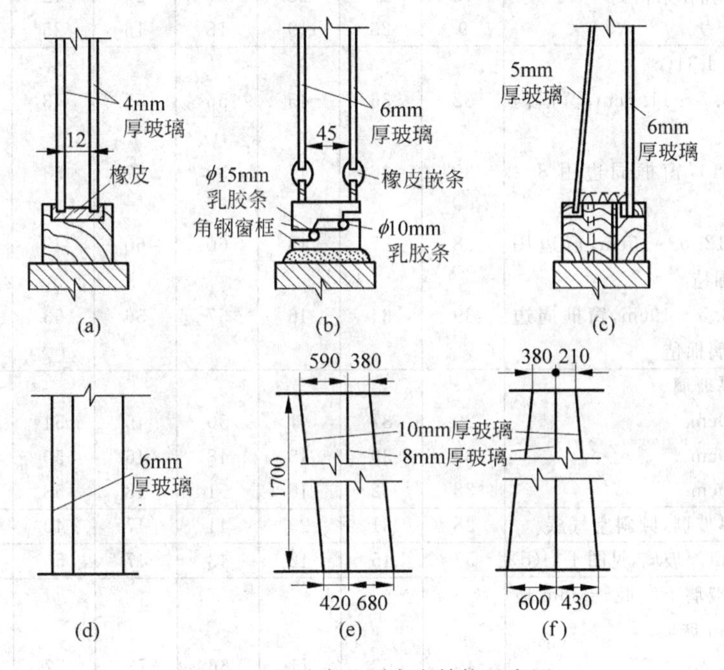

图 4-34 几种常见隔声窗结构示意图

表 4-12 几种常见隔声窗的隔声特性

结构	各倍频程中心频率的隔声量/dB							隔声指数
	125Hz	250Hz	500Hz	1000Hz	2000Hz	4000Hz	平均值	
单层 6mm 厚玻璃固定窗，橡皮长条封边	20	22	26	30	28	22	25.1	26
双层窗：3mm 厚玻璃，170mm 厚空腔								
(1) 无橡皮密封条	21	26	28	30	28	27	—	
(2) 有橡皮密封条	33	33	36	38	38	38	—	

续表

结构	各倍频程中心频率的隔声量/dB							隔声指数
	125Hz	250Hz	500Hz	1000Hz	2000Hz	4000Hz	平均值	
双层窗：4mm厚玻璃，见图4-34(a)								
(1) 空腔12mm	20	17	22	35	41	38	—	
(2) 空腔16mm	16	26	28	37	41	41	—	
(3) 空腔100mm	21	33	39	47	50	51	28.8	
(4) 空腔200mm	28	36	41	48	54	53	—	
(5) 空腔400mm	34	40	44	50	52	54	—	
双层钢窗：5mm厚玻璃，45mm空腔，见图4-34(b)								
(1) 全密封(橡皮泥填缝)	14	35	37	43	47	53	37.5	40
(2) 用$\phi15$、$\phi10$双乳胶条密封	18	31	29	31	35	47	30.3	32
(3) 用$\phi15$单乳胶条密封	14	30	27	26	32	40	27.1	30
(4) 用$\phi10$单乳胶条密封	13	29	28	27	26	42	26.5	27
(5) 无乳胶条	9	23	19	18	16	25	18.2	19
双层木窗：见图4-34(c)								
(1) 空腔厚8.5～11.5cm，窗框内周边用穿孔板	32	36	45	56	55	43	44	46
(2) 空腔同(1)，窗框周边用8～10mm玻璃棉毡	30	36	47	59	57	53	46.1	49
(3) 空腔厚12.5～15cm，窗边用8～10mm玻璃棉毡	28	37	48	60	60	49	46.7	49
(4) 空腔厚8.5～19cm，窗框周边用8～10mm玻璃棉毡	39	34	46	57	56	53	45.7	48
双层窗：7mm厚玻璃								
(1) 空腔厚10cm	29	37	41	50	45	54	42.7	
(2) 空腔厚20cm	32	39	43	48	46	50	—	
(3) 空腔厚40cm	38	42	46	51	48	58	—	
双层窗：6mm厚玻璃，倾斜空气层	28	31	29	41	47	40	35.3	
三层固定窗：6mm厚玻璃，见图4-34(d)	37	45	42	43	47	56	45	
三层窗：10mm玻璃＋空腔＋8mm玻璃＋空腔＋10mm玻璃								
(1) 图4-34(e)	49	63	71	66	73	77	—	
(2) 图4-34(f)	46	67	72	75	69	71	—	

4. 隔声间设计注意事项

① 隔声间通常是封闭式的，它除需要有足够隔声量的墙体外，还需设置具有相应隔声性能的门、窗等，因此是一个组合构件，要同时十分注重隔声门窗的设计以及缝隙的密封。

② 隔声间的组合构件设计，应遵循等透声量原则。

③ 隔声间由于人居的需要，除有隔声、吸声措施外，通常还需配备消声、阻尼甚至减振措施。

④ 其他注意事项参见4.3.2节。

例 4-9　有许多噪声源的一个车间尺寸为 18m×12m×8m，拟在车间内适当位置兴建一个尺寸为 4m×3m×3m 的隔声值班室，值班室安装电话，试求该值班室隔墙需要的隔声量 R。

假设车间内为扩散声场，实测 A 声级为 102dB(A)，从 63Hz 到 4kHz 各倍频程声压级为 83、86、90、96、97、98、90dB。值班室内墙面用混凝土未油漆毛面。

解：隔声间总内表面积为

$$S=2\times3\times3+2\times4\times3+2\times4\times3=66(\mathrm{m}^2)$$

隔声间透声墙面积为

$$S_t=2\times3\times3+2\times4\times3+1\times4\times3=54(\mathrm{m}^2)$$

隔声间允许标准（有电话通话要求，查表 2-16）≤70dB(A)，即可用 NR65 来评价。隔声间内没进行吸声处理，房间常数较小，S 较大，可采用简化公式：

$$\mathrm{IL}=L_{p1}-L_{p2}=R+10\lg(A/S_t)$$

$$R=\mathrm{IL}-10\lg(A/S_t)=\mathrm{IL}+10\lg(S_t/A)$$

➢ 计算步骤列于表 4-13 中。

表 4-13　隔声间设计计算表

步骤	事　　项	各倍频程中心频率的计算量							方　　法
		63Hz	125Hz	250Hz	500Hz	1000Hz	2000Hz	4000Hz	
①	声源室声压级 L_{p1}/dB	83	86	90	96	97	98	90	实测
②	隔声间允许标准 L_{p2}/dB	87	79	72	68	65	62	61	NR65
③	$\mathrm{IL}=L_{p1}-L_{p2}$/dB	—	7	18	28	32	36	29	①－②
④	隔声间 α_i	—	0.01	0.01	0.02	0.02	0.02	0.03	查表 3-4
⑤	吸声量 A_i/m²	—	0.66	0.66	1.32	1.32	1.32	1.98	$A_i=\alpha_i S$
⑥	$10\lg(S_t/A)$	—	19.1	19.1	16.1	16.1	16.1	14.4	计算
⑦	需要的 R_i/dB	—	26.1	37.1	44.1	48.1	52.1	43.4	$R=\mathrm{IL}+10\lg(S_t/A)$
⑧	选用一砖墙面密度=530kg/m²	—	42	45	49	57	64	62	查表 4-1，平均 $\bar{R}$=53dB
⑨	验算		可	可	可	可	可	可	⑦≤⑧时：可 ⑦>⑧时：否

注：若要开设门窗，则该墙不能满足要求，应选用隔声量更高的墙体，室内要作吸声处理，门窗和墙组合后的隔声量应满足 R 要求。

4.4　隔声设计步骤和实例

4.4.1　隔声设计计算步骤

工厂内的隔声间、隔声罩和隔声屏的设计计算基本步骤是：

(1) 首先通过实测或厂家提供资料掌握声源的声功率，由声源特性和受声点的声学环境，利用室内声学公式估算或用声级计实测受声点的各倍频带声压级（主要是 125kHz～4kHz 之间的倍频带）。如果是多声源，则要求分别计算各声源产生的声压级，然后进行叠加。

(2) 根据被隔离或半隔离区域的用途，就可以根据表 2-18 查到该隔声区域内允许的 A 声级 L_A，然后通过查表 2-8 确定相应的 NR 曲线上各倍频程的声压级。

(3) 计算各倍频带上需要的噪声降低量 NR 或插入损失 IL。

(4) 详细研究声源特性和噪声暴露人群分布特性，声源设备操作、维修和其他工艺要求，选择适用的隔声设施类型(隔声间、隔声罩、局部隔声罩或隔声屏)。

(5) 选择适当的市场上有售的隔声结构与设施，或设计满足要求的隔声构件和设施。

(6) 进行隔声设施的详细尺寸与结构设计。

4.4.2 设计实例

某锅炉房底层有1台5-36-11No. 7. 6D型高压离心式鼓风机，额定风量12 000m^3/h，电机功率 N=45kW，转速2970r/min。风机设备基准尺寸为2.4m×1.4m×1.74m=5.85m^3，房间尺寸为11m×9m×3.5m=346.5m^3。现场实测鼓风机的声压级如表4-14所示。

表4-14 现场实测鼓风机声压级

f_0/Hz	63	125	250	500	1000	2000	4000	8000	A计权
L_p/dB	107.2	98.1	97.4	104.5	106.7	104.5	98.8	92.5	110.4

(1) 试设计鼓风机隔声罩，使得房间内的噪声降低到70dB以下(满足通电话的要求)。

(2) 判断满足该降噪要求的设计是否合理。

解：(1)要达到房间内通电话的要求，A声级必须低于70dB(A)，要求降低40.4dB(A)。用表4-15计算隔声罩隔声构件需要的隔声量。

表4-15 隔声罩设计计算表

项　目	各倍频程中心频率的计算量							说　明
	63Hz	125Hz	250Hz	500Hz	1000Hz	2000Hz	4000Hz	
声源声压级 L_{p1}/dB	107.2	98.1	97.4	104.5	106.7	104.5	98.8	实测
机器旁允许声压级 L_{p2}/dB	87	79	72	68	65	62	61	查表2-8,NR65
隔声罩需要噪声降低量IL/dB	20.2	19.1	25.4	36.5	41.7	42.5	37.8	$IL=L_{p1}-L_{p2}$
罩内吸声材料吸声系数 α	0.10	0.15	0.35	0.85	0.85	0.86	0.86	选材后查表
修正项 $10\lg\alpha$	−10	−8.2	−4.6	−0.70	−0.70	−0.66	−0.66	计算
罩壁板应有的隔声量 R/dB	30.2	27.3	30.0	37.2	42.4	43.2	38.5	$R=IL-10\lg\alpha$
2.5mm厚钢板的隔声量 R_1/dB	23	29	31	32	35	41	43	选构件1
(0.7+50+0.7)mm复合隔声板 R_2/dB	13	16	23	24	29	39	37	选构件2
(1+80+1)mm复合隔声板 R_3/dB	22	28.4	42	50	57	58	60	选构件3
(1.5+80+1)mm复合隔声板 R_4/dB	25	30	38	49	55	63	66	选构件4

➢ 由于要求隔声量比较大，用单层钢板(构件1)不能满足要求，必须要用复合隔声板。用贴塑薄钢板(0.7mm)两层加吸声棉(50mm)结构(构件2)也还不能满足要求。钢板厚度至少应该为1mm厚，内部超细玻璃棉厚度为80mm。由计算结果看，在主要语言频率范围

内($f_0=500\text{Hz}\sim2\text{kHz}$),构件 3 和构件 4 基本符合要求,同时罩内须作吸声处理。

➤ 电动机散热通风计算。电动机的总效率 η 为 85%,则单位时间散发出来的热量为

$$Q=860\times N\times\frac{1-\eta}{\eta}=860\times45\times\frac{1-0.85}{0.85}=6830(\text{kcal/h})$$

设室内最高温度为 40℃,电动机的绝缘等级为 B 级,其允许温升为 80℃,则需控制隔声罩内的温度低于 70℃,通风量为

$$L_t=\frac{Q\times1.2}{c\gamma(t_{max}-t_0)}=\frac{8200}{0.24\times1.127(70-40)}=1011(\text{m}^3/\text{h})$$

式中:c 为空气质量热容,0.24kcal/(kg·℃)(1cal=4.18J);γ 为空气比重,1.127kg/m^3(30℃时);1.2 为安全系数。

根据风速和再生噪声的关系,应将通风道内风速控制在 5m/s 以内,可采用机械强制通风,则隔声罩的通风消声器断面积为 1011/(5×3600)=0.056m^2,约为 $\phi270$。该消声器设计消声量要和隔声罩的隔声量相当。

(2) 设计时考虑到可拆卸隔声罩很难保证缝隙全部得到严密密封,同时隔声罩内壁吸声材料也不是满铺的,加上轻型隔声结构低频声振动无法完全避免,实际能够达到的隔声效果一般都不太高,所以工厂降低了设计降噪要求。表 4-16 是通过详细优化隔声罩结构计算得到的比体积隔声量成本。

表 4-16 隔声罩在不同设计要求隔声量(插入损失)下优化计算结果

设计隔声量/dB(A)	$S_{吸声}/S_{透声}$	罩体重量/kg	罩体材料费/元	单位降噪成本/(元/(m^3·dB))
25	0.282	1285	5785	39.58
30	0.290	1338	6024	34.35
35	0.383	1705	7675	37.51
40	0.578	2482	11 171	47.77
45	0.890	4575	20 588	78.26

➤ 从表中数字可以看出,设计要求降噪量达到 35dB 以上,单位体积单位降噪量(dB)的成本大幅度增加。显然,降噪量控制在 35dB 比较合适,即合理的设计目标应该是室内 A 声级从 110.4dB 降低到 80dB(考虑 5 个 dB 的富裕量)为宜。

隔声罩的结构优化设计内容比较多,目标函数就取单位降噪成本最小,需要优化的设计参数包括隔声罩的几何尺寸(长×宽×高),选择的隔声板结构(双层板厚度和空隙吸声棉种类厚度),隔声罩上通风道合理的面积比例和设计消声量,内部铺吸声材料面积比例等。优化计算时要满足要求隔声量、避开共振频率和吻合频率、散热需要通风量等约束条件,计算比较复杂,也许这时经验就起很大作用了。

习 题

1. 简述隔声量(传声损失)与噪声降低量的区别以及噪声降低量和插入损失之间的区别。

2. 对隔声措施效果的评价采用哪些指标？影响这些指标的因素有哪些？

3. 已知墙的隔声量为50dB，如果在墙上开一隔声量为30dB的观察窗，面积占墙面积5%，试计算该墙开窗后的隔声量。

4. 某隔声间有一面积为$20m^2$的墙与噪声源相隔，该墙透声系数为10^{-5}，在该墙上开一面积为$2m^2$的门，其透声系数为10^{-3}，并开一面积为$3m^2$的窗，透声系数也为10^{-3}，求该组合墙的平均隔声量。

5. 某砖墙原有面积为$23m^2$，$R_{墙}=50dB$，在该墙上开设$R_{门}=20dB$的门$2m^2$和$R_{窗}=40dB$的窗$1m^2$，求该 墙-门-窗组合构件的传声损失R。

6. 某车间内有一道墙将空间分成两个部分，为了便于监视车间内的工作情况，该墙上有一半面积为玻璃，设墙体部分的$R_1=40dB$，玻璃窗的$R_2=20dB$，问该组合墙的平均隔声量$R_{组合}$为多少？若将窗的面积减少为总面积的10%，则$R_{组合}$增大多少？

7. 用某材料建成一个密闭房间，其理论隔声量可达到55dB，实际建成的房间上留有孔缝，孔缝面积占整个房间外表面积的1%，求实际房间的平均隔声量。

8. 在一面墙上开有面积为$2m^2$、$R_{门}=20dB$的门一个，已知墙本身的面积为$65m^2$，问墙本身的隔声量以多少分贝为宜。

9. 为了隔离强噪声源，某车间用一道隔墙将车间空间分为两个部分，隔墙上安装面积占墙面积1/4的3mm厚固定玻璃窗。设墙体本身隔声量为45dB，玻璃窗隔声量为22dB，试计算组合墙的隔声量。

10. 习题9中强声源在隔墙处形成均匀声压级，实测106dB，若墙的尺寸为7m×5m，另一侧受声室房间常数为$125m^2$，试计算受声室临近隔墙和远离隔墙处的声压级。

11. 两个房间有一道分隔墙分开，该墙的尺寸为7.6m×4.8m，传声损失$R=30dB$。设发声室的房间常数$R_1=200m^2$，且有一声功率级为100dB的点源发声。若接收室内的房间常数R_2为$150m^2$，试求在接收室内的平均声压级。若接收室内因增强吸声措施，使房间常数增大至$2000m^2$，则声压级又降低多少分贝？

12. 试述单层匀质密实墙典型隔声频率特性。

13. 推导声波垂直入射时单层重隔墙的隔声量。

14. 试说明双层墙(板)隔声性能的影响因素。如何建造双层墙或复合板才能够充分发挥材料的隔声性能？

15. 计算下列单层匀质构件的平均隔声量与临界吻合频率：(1)240mm厚的砖；(2)6mm厚的玻璃。

16. 试计算下列构件的平均隔声量和临界吻合频率：

(1) 20cm厚混凝土墙。

(2) 1cm厚钢板。

(3) 将(1)中的墙分成两道各厚10cm、墙间空气层厚20cm的双层墙，求其共振频率f_0及平均隔声量。

17. 有一噪声源，其1000Hz的声压级为95dB，声源与接收点之间的距离为50m，如声源高出地面2m，接收点高出地面3m，隔声屏障高6m，则屏障的降噪量为多少？

18. 如下图所示为无限长声屏障安置在开阔空间，有一点声源S发出的声功率为0.2W、中心频率为1kHz的频带噪声。(1)试求接收点R处的声压级。(2)若要求接收点R处的声压级小于 65dB，问最小屏高 H 应为多少？

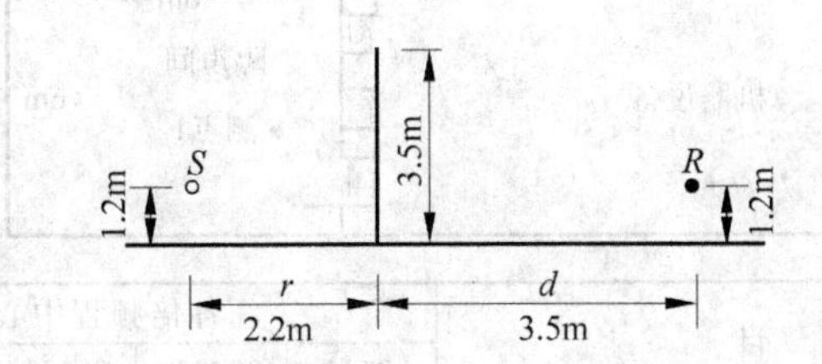

19. 在某车间内设置隔声屏，设声源在屏中心后 1m，受声点在屏中心前1.5m，两者均距地面 1m。已知隔声屏长 3m，高 2m，声源是点声源，位置在室中心，1kHz 声功率级为 106dB，车间的房间常数是 $400m^2$，求设置隔声屏前后受声点上的声压级和屏障的插入损失。

20. 某尺寸为 4.4m×4.5m×4.6m 的隔声罩，在 2000Hz 倍频程的插入损失为 30dB，罩顶、底部和壁面的吸声系数分别为 0.9、0.1 和 0.5，试求罩壳的平均隔声量。

21. 有一台高噪声机器，安装在混凝土地面上（$\alpha=0.02$），噪声达 100dB(A)，机器自身长×宽×高为 0.5m×0.3m×0.8m，试设计一隔声罩，其罩壁内饰面距机器为 0.5m，内壁全饰 $\alpha=0.3$ 的吸声材料，为保证该罩的插入损失不小于 20dB，则罩壁本身的隔声量 R 应为多少分贝？

22. 要求某一隔声罩在 2kHz 处有 36dB 的插入损失，而选用的隔声罩罩体材料在该频带的透声系数为 0.0002，求隔声罩内需要通过吸声处理要达到的平均吸声系数。

如隔声罩为满足设备检查需要，开了占全罩面积 3%的孔，此时隔声罩的插入损失降低多少？要基本保持原隔声效果，应采取什么措施？

23. 由 1mm 厚钢板制成的隔声罩内尺寸长 2.2m、宽 1.2m、高 1.1m，$R=30$dB，开口向下，内衬吸声材料厚 10cm，罩内平均 $\alpha=0.5$（包括地面在内），在 2.2m×1.1m 罩壁上开有一个 $1m^2$，$R=30$dB 的隔声门。问：

(1) 关门时，隔声罩的 IL 是多少分贝？

(2) 开门时，隔声罩的 IL 又是多少分贝？

24. 某厂水泵房有 6 台大型水泵，车间内操作台处噪声为 95dB，考虑到声场比较复杂，且需保护的人员不多，拟在操作台设置一组合式轻质隔声操作间，隔声室为水泥地面，面积 $12.5m^2$，吸声系数为 0.02，5 个壁面的总面积 $36.2m^2$，壁内表面吸声系数为 0.5，设计倍频程平均隔声量为 36dB，顶部设进排风消声器各一个，它的截面积 $0.13m^2$，吸声系数为 0.9，设计倍频程平均降噪量为 34dB，固定式双层玻璃隔声窗面积为 $13.7m^2$，吸声系数为 0.09，设计倍频程平均隔声量为 35.3dB，两扇隔声门隔声量与隔声壁相同，不另计算隔声参数。试估算该隔声间的倍频程平均隔声量。

25. 某高噪声车间需建造一个隔声间，厂房内机器设备与隔声间的平面布置如下图所示，隔声间长 6m、宽 6m、高 3m；未设置隔声间时测点 1 上噪声实测结果如下表①所列。隔声间的设计要求为：在面对机器设备的 $18m^2$ 墙上开设两个窗和一个门，每个窗的面积为 $1m^2$，门的面积为 $2.2m^2$，隔声间主要供操作人员休息，要求隔声间内测点 1 上达到 NR60 标准，并假定隔声间吸声处理后平均吸声系数、墙体、窗的隔声量如下表③、④、⑤所列，试确定组合墙各倍频程上所需的平均隔声量及门所需的隔声量。

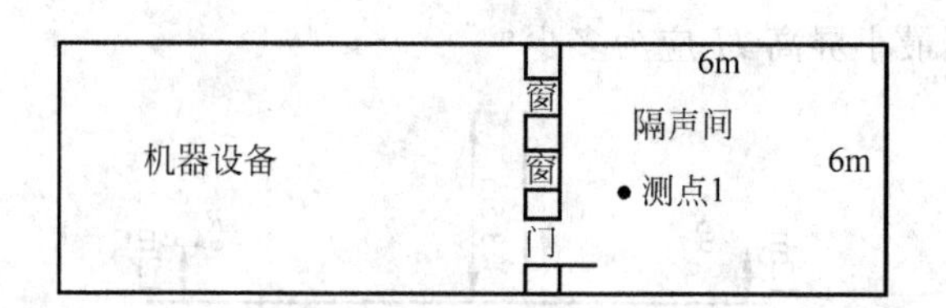

序号	项　　目	各倍频程中心频率的实测值					
		125Hz	250Hz	500Hz	1000Hz	2000Hz	4000Hz
①	未设置隔声间时测点 1 处噪声级/dB	96	90	93	98	101	100
②	NR60 标准/dB	74	68	64	60	58	56
③	隔声间内吸声处理后的平均吸声系数 α	0.32	0.63	0.76	0.83	0.90	0.92
④	墙体隔声量/dB	44	44	45	53	57	56
⑤	窗的隔声量/dB	28	36	41	48	54	53

[illegible]

第 5 章

消声技术

本章提要

1. 不同的消声原理、消声频率特性和消声量，使得消声器的种类、型式多种多样。

2. 消声器的综合性能除了消声性能外，其空气动力性能和机械结构性能也十分重要。

3. 消声器的消声性能评价量可分为自身消声性能评价量和实际消声效果评价量两大类。

4. 阻性消声器是一种吸收型消声器，因而有良好的中高频消声性能；由于声波在管道中传播，故需要注意高频失效频率和气流对其吸声性能的影响。

5. 掌握阻性消声器的设计计算方法和步骤。由于计算公式的近似性和影响因素的多样性，设计方案通常要进行理论验算和实验验证。

6. 抗性消声器是应用声波传播通道扩张或旁接共振器共振，从而改变声阻抗而起到消声作用，故分为扩张式和共振式两大类。

7. 扩张式消声器的消声特点是既有选择性又有周期性；而共振式消声器的选择性十分突出，消声频带很窄。设计和选用抗性消声器时，一定要注意到这些特性。

8. 阻抗复合式消声器综合了阻性和抗性两种消声器的特点，大大改善了消声频谱特性。而微穿孔板消声器可以说是一种阻抗高度融合的复合式消声器。

9. 喷注耗散型消声器是将扩散降压减温的原理用于高压、高温气体的排放，又称为扩散型消声器或排气放空消声器。

10. 除了一些在特殊场合使用或有特殊要求的消声器外，一般气动设备上配用的消声器可在市场产品中选用，以节约成本，提高设备效率。消声器的正确安装对设备和消声器的功效都有重要影响。

5.1 消声器和分类

消声器是一种可以阻碍或减弱声音向外传播，而允许气流顺利通过的噪声控制设备。根据消声器的原理和结构不同，大致上可分为四类，每一类中又有多种型式，详见表 5-1。

表 5-1 常见消声器分类表

类型与原理	型　式	消声性能	主要用途
阻性消声器（吸声）	片式、直管式、蜂窝式、列管式、折板式、声流式、弯头式、百叶式、迷宫式、盘式、圆环式、室式、弯头式	中高频	通风空调系统管道、机房进排风口，空气动力设备进排风口

续表

类型与原理	型　　式	消声性能	主要用途
抗性消声器（阻抗失配）	扩张式 共振腔式 微穿孔板式 无源干涉式 有源干涉式	低中频 低频 宽频带 低中频 低中频	空压机、柴油机、汽车或摩托车发动机等以低中频噪声为主的设备排气噪声
阻抗复合型消声器	阻性及共振复合式、阻性及扩张复合式、抗性及微穿孔板复合式、喷雾式、引射掺冷式等	宽频带	各类宽频带噪声源
喷注耗散型消声器（减压扩散）	小孔喷注式、多孔扩散式、节流减压式	宽频带	各类排气放空噪声

5.2 消声器性能评价

5.2.1 消声器综合性能评价

由于消声器安装在设备上，在消声的同时，还要让气流畅通，因此有一个综合性能要求。基本要求如下：

(1) 消声性能

在正常工况下（一定的流速、温度、湿度、压力等），在所要求的频率范围内，有足够大的消声量。消声量又分为动态频谱消声量（有气流通过时）和静态频谱消声量（无气流通过时）。

(2) 空气动力性能

消声器对气流的阻力要小，阻力系数要低，即安装消声器后增加的压力损失或功率损耗要控制在实际允许的范围内。气流通过消声器时所产生的气流再生噪声要低，又不应影响空气动力设备的正常运行。消声器的空气动力性能通常用阻力（压力）损失 Δp 来表示，它由管壁的摩擦阻力损失和结构上的局部阻力损失两部分组成：

$$\Delta p = \sum_{i=1}^{m} H_{ei} + \sum_{j=1}^{n} H_{fj} \quad (\mathrm{Pa}) \tag{5-1}$$

式中：$\sum_{i=1}^{m} H_{ei}$ 为消声器各局部阻力损失之和，Pa；$\sum_{j=1}^{n} H_{fj}$ 为消声器各摩擦阻力损失之和，Pa。

➢ 局部阻力损失为

$$H_{ei} = \xi \frac{\rho v^2}{2g} \quad (\mathrm{Pa}) \tag{5-2}$$

式中：ξ 为局部阻力系数；v 为通道中气流平均速度，m/s；ρ 为气流密度，kg/m^3；g 为重力加速度，m/s^2。

➢ 摩擦阻力损失为

$$H_{fj} = \lambda \frac{L}{D} \cdot \frac{\rho v^2}{2} \quad (\mathrm{Pa}) \tag{5-3}$$

式中：λ 为管道摩擦阻力系数；v 为通道中气流平均速度，m/s；L 为管道长度，m；D 为管道直径,m。

有关局部阻力系数 ξ 和摩擦阻力系数 λ 的数值和计算方法可参考流体力学方面的文献和相关的机械设计或声学手册。

(3) 结构强度性能

消声器的材料和结构应坚固耐用,耐高温、耐腐蚀、耐潮湿、耐粉尘;对于耐高压的消声器(如高压排汽消声器),应由取得压力容器生产许可证的单位生产制作。另外,消声器要体积小,重量轻,结构简单,便于加工、安装和维修。

此外,消声器外形应美观大方,表面装饰与环境协调,使用寿命长,性价比高。

5.2.2 消声器的声学性能评价量

1. 传声损失 TL(或 L_{TL})

消声器元件两端声功率级之差(不计末端反射影响)称为传声损失,又称为透射损失,通常又简称为消声器的消声量。因为,

$$L_p \approx L_I = L_W - 10\lg S$$

所以,

$$L_{Wi} = L_{pi} + 10\lg S_i$$

$$L_{Wt} = L_{pt} + 10\lg S_t$$

$$\mathrm{TL} = L_{Wi} - L_{Wt} = L_{pi} - L_{pt} + 10\lg(S_i/S_t) \quad (\mathrm{dB}) \tag{5-4}$$

式中:L_{Wi}为入射声声功率级,dB;L_{pi}为入射声声压级,dB;L_{Wt}为透射声声功率级,dB;L_{pt}为透射声声压级,dB;S_i 为消声器入射端通道截面积,m^2;S_t 为消声器透射端通道截面积,m^2。

讨论:

(1) TL 表示元件本身的声学特性。

(2) TL 在实验室内间接测量求得,受声学环境影响较大,用于理论分析。

(3) 当 $S_i = S_t$ 时:

$$L_{pi} - L_{pt} = \mathrm{NR} \tag{5-5}$$

(4) TL 称为两端声压级差(或末端减噪量)。

2. 插入损失 IL(或 L_{IL})

系统中插入消声器(元件)前后,系统外某定点(同一空间、同一方位、距管口同样距离、同样条件的测点)测得的声压级之差称为插入损失。

$$\mathrm{IL} = L_{p1} - L_{p2} \quad (\mathrm{dB(A)}) \tag{5-6}$$

式中:L_{p1}为安装消声器前测点上的 A 声级;L_{p2}为安装消声器后测点上的 A 声级。

讨论:

(1) IL 是在系统外测试声压级,反映了声源、消声器及消声器末端三者声学特性的综合效果,一般 IL<TL。

(2) IL 可以现场测量(末端法或管口法),简便实用,但测量受环境影响,一般管口法测量数据相对可靠些(图 5-1)。

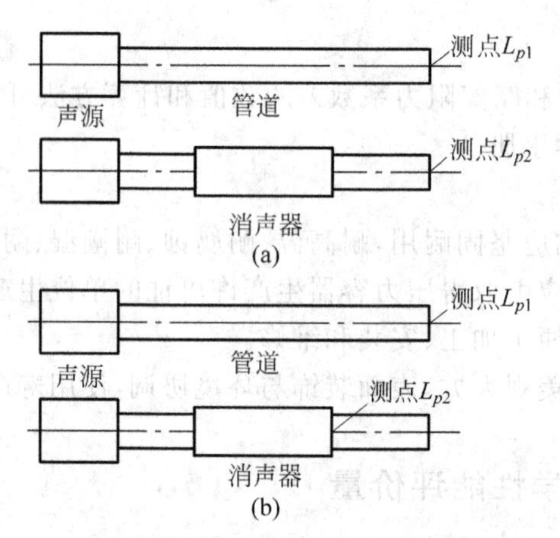

图 5-1 测量消声器插入损失示意图

(a) 末端法；(b) 管口法

(3)（轴向）衰减量 L_A 为消声器内部轴线上两点间单位长度的声压级差值（dB/m），反映消声器自身的声学特性，主要用于描述消声器内部的声传播特性（图 5-2）。

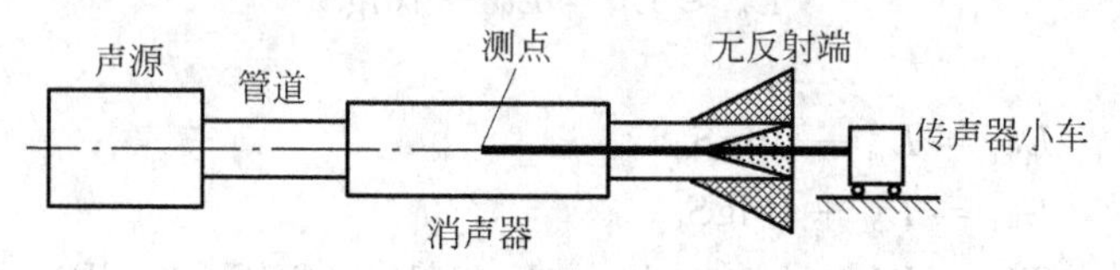

图 5-2 轴向贯穿法测量消声器声衰减示意图

5.3 阻性消声器

阻性消声器是一种利用多孔吸声材料来降低噪声的消声器，其消声原理类似于电路中电功率的电阻耗损，从而得名。

单通道直管式消声器是最基本的阻性消声器，其构造如图 5-3 所示。它的特点是结构简单、气流直通、阻力损失小，适用于流量小的管道消声。声波在消声器通道中传播时情况比较复杂，根据不同的分析模型可以获得不同的消声量估算公式，但都不是十分精确，有待于实验修正。

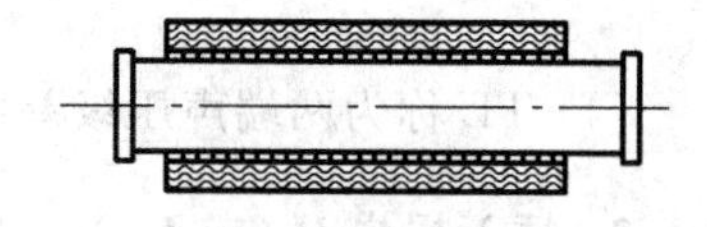

图 5-3 直管式阻性消声器示意图

5.3.1 一维理论的消声量计算式

一维理论基于一维平面波的假设，即认为管道中传播的声波是以平面波形式沿着管道长度方向传播的，常用的计算公式有很多，但就其起源而言只有两个：一是别洛夫公式，二是赛宾公式，其他公式大都是从这两个公式派生出来的。

1. 别洛夫公式

别洛夫公式的假定条件是：吸声材料的声阻远大于声抗，由一维理论推导出阻性直管

消声器的轴向衰减量为

$$L_A = \varphi(\alpha_0)\frac{L}{S}l \quad (\text{dB}) \tag{5-7}$$

式中：L 为消声器气流通道截面周边长度，m；S 为消声器气流通道有效截面积，m^2；l 为消声器有效部分长度(实用范围 1～3m)，m；$\varphi(\alpha_0)$为与材料垂直入射吸声系数 α_0 有关的消声系数。

当 $\alpha_0<0.6$ 时，$\varphi(\alpha_0)$与 α_0 的换算关系近似为

$$\varphi(\alpha_0) = 4.34 \times \frac{1-\sqrt{1-\alpha_0}}{1+\sqrt{1-\alpha_0}} \tag{5-8}$$

表 5-2 列出不同形状截面的 L/S 值。表 5-3 列出了 $\varphi(\alpha_0)$与 α_0 的换算数值。

表 5-2 不同形状截面的 L/S 值

序号	截面形状	特征长度	L/S
1	圆筒形	直径 D	$4/D$
2	正方形	边长 D	$4/D$
3	矩形	边长 D_1、D_2	$2(D_1+D_2)/D_1D_2$
4	片式	片间距 $2h$	$1/h$

注：S 为气流通道的截面积；L 为该通道的周边长度。

表 5-3 $\varphi(\alpha_0)$与 α_0 的换算关系

α_0		0.05	0.10	0.15	0.20	0.25	0.30	0.35	0.40	0.45	0.50
$\varphi(\alpha_0)$		0.05	0.11	0.17	0.24	0.31	0.39	0.47	0.55	0.64	0.75
α_0		0.55	0.60	0.65	0.70	0.75	0.80	0.85	0.90	0.95	1.00
$\varphi(\alpha_0)$	理论值	0.86	0.98	1.11	1.27	1.45	1.66	1.92	2.25	2.75	4.43
	经验值	0.82	0.90	1.0	1.05	1.12	1.2	1.3	1.35	1.42	1.5

讨论：

(1) 式(5-7)是经我国声学工作者简化后的别洛夫公式，并对 $\alpha_0\geqslant0.6$ 后的消声系数 $\varphi(\alpha_0)$进行了实验修正(表 5-3)。

(2) 当 $\alpha_0\geqslant0.6$ 时，如果消声器的总消声量较小(如低于 20dB)则 $\varphi(\alpha_0)$值可取得偏高些(1.3～1.5)；当消声器的总消声量较大时(如高于 40dB)，则应取偏低一些的数值(1～1.2)。

(3) 一维近似理论有很大的局限性，一般用于初步粗略估算；虽然用二维理论更接近实际情况，但求解比较困难，需要用数值分析方法。

(4) 由于一维理论作了多种假设，这与实际情况有偏差，因此用别洛夫公式计算的消声量往往比实际值偏高，实际应用时要留有一定余量。

(5) 别洛夫公式虽有不足之处，但还是具有适用范围较广、参数的选取基于实验研究又简单易得、对于较高频率仍具有较好的分析精度等特点，因而应用广泛。

2. 赛宾公式

赛宾计算阻性消声器声衰减量的经验公式为

$$L_A = 1.05\bar{\alpha}^{1.4}\frac{L}{S}l \tag{5-9}$$

式中：$\bar{\alpha}$ 为吸声材料无规入射时的平均吸声系数，表 5-4 中列出了 $\bar{\alpha}$ 与 $\bar{\alpha}^{1.4}$ 的关系。

表 5-4　$\bar{\alpha}$ 与 $\bar{\alpha}^{1.4}$ 的换算关系

$\bar{\alpha}$	0.05	0.10	0.15	0.20	0.25	0.30	0.35	0.40
$\bar{\alpha}^{1.4}$	0.015	0.040	0.070	0.105	0.144	0.185	0.230	0.277
$\bar{\alpha}$	0.45	0.50	0.60	0.70	0.80	0.90	1.00	
$\bar{\alpha}^{1.4}$	0.327	0.329	0.489	0.607	0.732	0.863	1.00	

讨论：

➢ 赛宾公式的适用条件为：吸声系数 $0.2 \leqslant \bar{\alpha} \leqslant 0.8$，频率范围 $200\text{Hz} \leqslant f \leqslant 2\text{kHz}$，通道截面直径为 22.5～45cm，比例为 1∶1～1∶2 的矩形通道。可见赛宾公式比别洛夫公式有更为严格的限制条件。

5.3.2　高频失效

1. 上限失效频率

从吸声原理上讲，阻性消声器对中、高频噪声的消除效果较好；但随着频率升高，高频声波的方向性越来越好，集束性越来越强，声波以窄束状通过消声器，而与吸声材料的接触率大大减少，导致消声量明显下降。消声量明显下降的频率称为上限失效频率 $f_{上}$。

$$f_{上} \approx 1.85c/D \quad (\text{Hz}) \tag{5-10}$$

式中：c 为声速，m/s（统一取 340m/s）；D 为消声器通道的当量直径，m；对于圆形，D＝管径 ϕ，对于矩形，$D=1.13\sqrt{D_1D_2}$，其他，$D=\sqrt{S}$。

当 $f>f_{上}$ 以后，f 每增加一个倍频程，消声量 ΔL 下降 1/3：

$$\Delta L_n = \frac{3-n}{3}\Delta L \quad (\text{dB}) \tag{5-11}$$

式中：ΔL_n 为高于 $f_{上}$ 的频带消声量；ΔL 为 $f_{上}$ 处的频带消声量；n 为高于 $f_{上}$ 的倍频程频带数。

2. 高频时改善消声量的方法

改善高频时消声器消声量的原则：增加高频声波与吸声面的接触机会和接触面积，但不能使消声器的空气动力性能变坏。方法如下：

(1) 对于单通道直管式消声器，一般控制管径≤ϕ300；

(2) 通道尺寸在 ϕ300～ϕ500 时，中间设一片吸声层或一个吸声芯柱（图 5-4）；

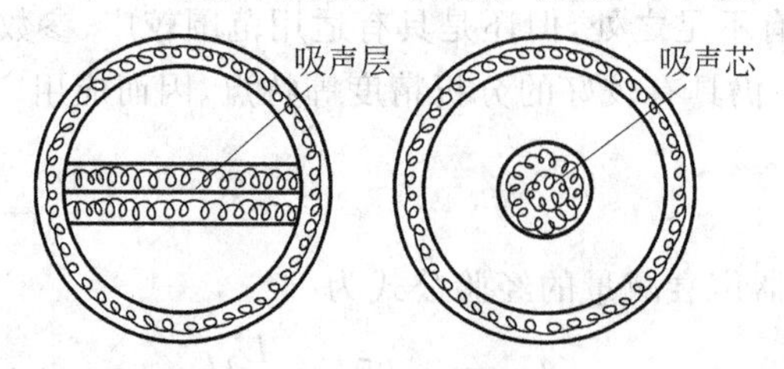

图 5-4　单管通道消声器性能改善措施

(3) 通道尺寸≥ϕ500 时，采用片式/百叶式消声器、蜂窝式消声器、折板式消声器、声流式消声器、迷宫式消声器、盘式消声器等(图 5-5)。

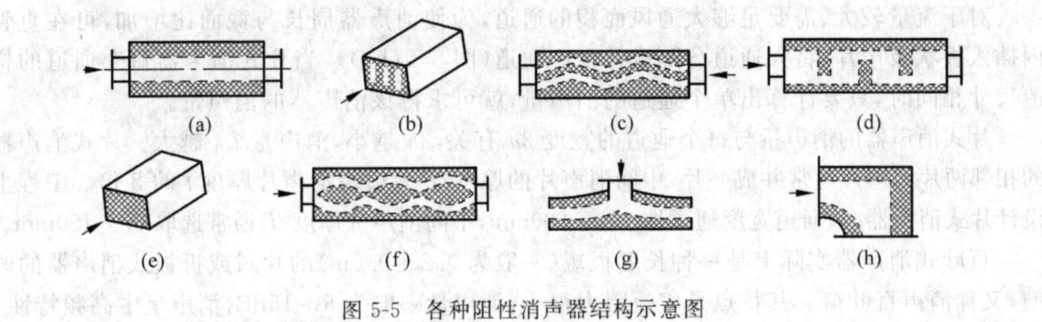

图 5-5 各种阻性消声器结构示意图

5.3.3 气流对阻性消声器性能的影响

消声器中通过的气流对消声器性能的影响主要有两方面：

(1) 气流方向与声波传播方向相同或相反时，都会引起通道中声传播规律的变化。分析表明，阻性消声器安装在进气或排气管道各有利弊。由于工业输气管道中的气流速度一般为 30～40m/s，远小于声速。因此在一般情况下，气流对传声损失的影响不很严重，只有当流速>100m/s 时，才导致传声损失显著下降。

(2) 气流再生噪声，即气体在流动过程中由于形成涡流、湍流和气流冲击而产生的二次噪声。其大小理论上近似与气流速度 v 的 6 次方成正比。

对玻纤棉式阻性消声器的消声量有如下经验公式：

$$L_A = 102 - 54\lg v \tag{5-12}$$

例如，v=30m/s 时，L_A=22dB；v=78m/s 时，L_A=0dB，消声器失效；v=100m/s 时，L_A=−6dB，即此时消声器反而成为噪声放大器了。

➢ 因此，在消声器设计时，应注意限制通道中的气流速度，并以此来设计或选择消声通道截面积。通常一些设备的气流限速为：

空调消声器	v≤5～10m/s
压缩机、鼓风机消声器	v≤20～30m/s
内燃机、凿岩机消声器	v≤30～50m/s
大流量排气放空消声器	v≤50～89m/s

5.3.4 阻性消声器的种类

阻性消声器的种类很多，以适应不同场合的需要，但基本上是按通道几何形状来分类的(图 5-5)。

1. 直管式消声器

直管式消声器是阻性消声器中形式最简单的一种(图 5-5(a))，吸声材料衬贴在管道侧壁穿孔板内，适用于管道截面尺寸不大的低风速管道。

2. 片式/百叶式消声器

对于流量较大、需要足够大通风面积的通道，为使消声器周长与截面比增加，可在直管内插入板状吸声片，将大通道分隔成几个小通道(图 5-5(b))。当片式消声器每个通道的构造尺寸相同时，只要计算出单个通道的消声量，就可求得该消声器的消声量。

片式消声器的消声量与每个通道的宽度 $2h$ 有关，$2h$ 越小，消声量 L_A 越大。片式消声器的相邻两片消声片通常并成一片，中间消声片的厚度 T 为边缘消声片厚度 t 的 2 倍。工程上设计片式消声器时，通道宽度通常取 100～200mm，中间消声片厚度 T 通常选取 60～150mm。

百叶式消声器实际上是一种长度很短(一般为 0.2～0.6m)的片式或折板式消声器的改型，又称消声百叶窗。其特点是气流阻力很小，消声量一般为 5～15dB，消声呈中高频特性。

3. 折板式消声器

折板式消声器是片式消声器的变型(图 5-5(c))。在给定直线长度情形下，该种消声器可以增加声波在管道内的传播路程，使材料更多地接触声波，特别是对中高频声波，能增加传播途径中的反射次数，从而使中高频的消声特性有明显的改善。为了不过大地增加阻力损失，片间距通常控制在 150～250mm，曲折度以不透光为佳。对风速过高的管道则不宜使用该种消声器。

4. 迷宫式消声器

迷宫式消声器也称室式消声器(图 5-5(d))。在输气管道中途，例如，在空调系统的风机出口、管道分支处或排气口，设置容积较大的箱(室)，在里面加衬吸声材料或吸声障板，就组成迷宫式消声器。这种消声器除具有阻性作用外，通过小室断面的扩大与缩小，还具有抗性作用，因此，消声频率范围较宽。

迷宫式消声器的消声性能与宫室的尺寸、通道截面、吸声材料及其面积等因素有关，其消声量可用下式计算，即

$$L_A = 10\lg \frac{\alpha S_1}{(1-\alpha)S_2} \tag{5-13}$$

式中：α 为内衬吸声材料的吸声系数；S_1 为内衬吸声材料的表面积，m^2；S_2 为进(出)口的截面积，m^2。

迷宫式消声器的优点是消声频带宽，消声量较高；缺点是空间体积大，阻损较大，只适用于低风速条件。

5. 蜂窝式消声器

由若干个小型直管消声器并联而成，形似蜂窝，故得其名(图 5-5(e))。因管道的周长 L 与截面 S 比值比直管和片式大，故消声量较大，且由于小管的尺寸很小，使消声失效频率大大提高，从而改善了高频消声特性。但由于构造复杂，且阻损也较大，通常适用于流速低、风量较大的情况。对每个单元通道最好控制在 300mm×300mm 以下。如果按原通道截面设计消声器，为了减小阻力损失，蜂窝式消声器的通流截面可选为原管道通流截面的 1.5～2 倍。

6. 声流式消声器

声流式消声器是由折板式消声器改进的(图 5-5(f))。为了减小阻力损失，并使消声器

在较宽频带范围内均有良好的消声性能，因而将消声片制作成流线型。由于消声片的截面宽度有较大的起伏，从而不仅具有折板式消声器的优点，还能附加低频吸收。但该种消声器结构较复杂，制作造价较高。

7. 盘式消声器

在装置消声器的纵向尺寸受到限制的情况下使用盘式消声器(图 5-5(g))。其外形呈盘形，使消声器的轴向长度和体积比大为缩减。因消声通道截面是渐变的，气流速度也随之变化，阻损比较小。另外，因进气和出气方向互相垂直，使声波发生弯折，故提高了中高频的消声效果。一般轴向长度不到 50cm，插入损失约 10～15dB，适用风速不大于 16m/s 的情况。

8. 消声弯头

当管道内气流需要改变方向时，必须使用消声弯道，在弯道的壁面上衬贴 2～4 倍截面线度尺寸的吸声材料时，就成为一个有明显消声效果的消声弯头(图 5-5(h))。没有衬贴吸声材料的弯管，管壁基本上是近似刚性的，声波在管道中虽有多次反射，最后仍可通过弯头传播出去。因此，无衬里弯头的消声作用是有限的。有吸声衬里弯头的插入损失大致与弯折角度成正比。如 30°的弯头，其衰减量大约是插入 90°弯头的 1/3；而 90°弯头又为 180°弯头的 1/2；连续两个 90°弯头(即 180°的折回管道)，其衰减量约为单个直角弯头的 1.5 倍。图 5-6 为 180°消声弯头声压级差随衬贴材料吸声系数 α 和 N 的变化关系，其中 L 为弯头中轴线长度，W 为吸声贴面材料表面之间的距离，N 为 L 与 W 之比。

表 5-5 列出了几种阻性消声器的阻力损失值。

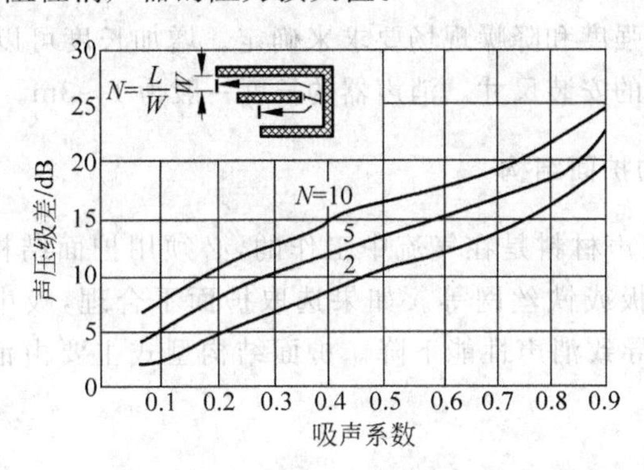

图 5-6　180°消声弯头声压级差与衬贴材料吸声系数 α 的关系

表 5-5　几种阻性消声器的阻力损失比较

消声器类型	消声器长度/mm	风速/(m/s)	阻力损失/Pa
片式消声器	2400	5.1	12
蜂窝式消声器	2400	5.0	18
声流式消声器	2400	5.0	20
折板式消声器	2400	5.0	24
迷宫式消声器	1800	5.1	110

5.3.5 阻性消声器的设计

阻性消声器的设计一般可按如下程序和要求进行。

1. 确定消声量

应根据有关的环境保护和劳动保护标准，适当考虑设备的具体条件，合理确定实际所需的消声量。对于各频带所需的消声量，可参照相应的 NR 曲线来确定。

2. 选定消声器的结构型式

首先要根据气流流量和消声器所控制的流速（平均流速）计算所需的通流截面，并由此来选定消声器的型式。片式、蜂窝式等其他型式的消声器其各通道截面积总和应相当于原管道截面积的 1.5～2 倍。

3. 正确选用吸声材料

这是决定阻性消声器消声性能的重要因素。除首先考虑材料的声学性能外，还要考虑消声器的实际使用条件，在高温、潮湿、有腐蚀性气体等特殊环境中，应考虑吸声材料的耐热、防潮、抗腐蚀性能。另外要注意防止由于振动而造成吸声材料下沉、分布不均匀而影响消声效果。

4. 确定消声器的长度

这应根据噪声源的强度和降噪现场要求来确定。增加长度可以提高消声量，但还应注意现场有限空间所允许的安装尺寸。消声器的长度一般为 1～3m。

5. 选择吸声材料的护面结构

阻性消声器中的吸声材料是在气流中工作的，必须用护面结构固定起来。常用的护面结构有玻璃布、穿孔板或铁丝网等。如果选取护面不合理，吸声材料会被气流吹跑或使护面结构激起振动，导致消声性能下降。护面结构型式主要由消声器通道内的流速来决定。

6. 验算消声效果

根据高频失效和气流再生噪声的影响来验算消声效果。若设备对消声器的压力损失有一定要求，应计算压力损失是否在允许的范围之内。如果消声器的初步设计方案经过验算不能满足消声要求，就应重新设计，直至得到满意的设计方案为止。

7. 设计方案的实验验证

通过理论计算得出消声器的设计方案后，还要在专门的消声器实验台上通过实验，定量验证后才可得到具有实用价值的消声器的设计方案。实验一般采用末端声压级差法测量。

➢ 目前许多动力设备如风机、空压机、柴油机、电机等都有定型的消声器配套，所以可以直接选用，既方便又实用。

例 5-1 某台风机风量 $Q=2100\text{m}^3/\text{h}$，输送含有一定湿度的气体，进气口直径 $D=200\text{mm}$，在距进气口 3m 处测得噪声频谱如下表所示。试设计一阻性消声器，消除进气噪声，以达到现有企业允许标准(90dB(A))。

解：由已知条件计算基本参数：$L/S=4/D=20\text{m}^{-1}$，$S=0.0314\text{m}^2$，$v=Q/S=18.5\text{m/s}$。

根据消声频谱和使用条件选择吸声材料：防水玻棉，厚 10cm，$\rho=20\text{kg/m}^3$，因 $D<300\text{mm}$，故采用单通道直管式结构。

阻性消声器设计计算步骤见下表。

序号	项 目	倍频程中心频率 f_0/Hz						说 明
		125	250	500	1000	2000	4000	
①	进气口 L_{p1}/dB	105	102	96	93	88	85	实测
②	标准 NR85/dB	96	91	88	85	82	81	$\text{NR}=L_A-5$
③	所需消声量 ΔL/dB	9	11	8	8	6	4	①－②
④	吸声系数 α_0	0.25	0.94	0.93	0.90	0.96	—	表 3-2
⑤	消声系数 $\varphi(\alpha_0)$	0.31	1.41	1.39	1.35	1.44	—	表 5-3
⑥	消声器长度 l/m	1.46	0.40	0.29	0.30	0.21	—	$l=\dfrac{\Delta L}{\varphi(\alpha_0)}\cdot\dfrac{S}{L}$
⑦	$l=1.46\text{m}$ 的消声量 L_A/dB	9.1	41.1	40.5	39.4	42.0	—	$L_A=\varphi(\alpha_0)\dfrac{L}{S}l$
⑧	验算 $f_上$/Hz						3150	$f_上\approx1.85c/D$
⑨	消声后 L_{p2}/dB	95.9	60.9	55.5	53.6	46	—	$L_{p2}=L_{p1}-L_A$
⑩	护面层设计	穿孔板						穿孔率＞25%
⑪	消声器结构设计	内径 $\phi200$，外径 $\phi400$，工作段长度可取 1.5m						单通道直管式

➢ 设计评价：阻性消声器适合于消除中、高频噪声，对低频噪声的消声效果较差，致使所需消声器长度较长(1.46m)，即便这样，在 $f_0=125\text{Hz}$ 上也仅降了9.1dB。本例中，合理的设计是应配合使用抗性消声器。

5.4 抗性消声器

➢ 抗性消声器不是以吸声材料直接吸收声能为主来消声的，而是应用阻抗失配的原理来阻挡声音通过。

➢ 抗性消声器在结构上依靠管道截面的突变或旁接共振腔等来改变声传播的阻抗，从而产生声能的反射、干涉及共振吸声来降低消声器向外辐射的声能，达到消声的目的。

➢ 从能量角度看，阻性消声器的原理是能量转换，而抗性消声器则主要是声能的转移。这种不同，也造成了它们消声性能上的各自特点和差别。

➢ 常用的抗性消声器有扩张室式、共振腔式、无源干涉式、有源干涉式等。

➢ 这类消声器中除微穿孔板消声器具有宽频带消声特性外，其余消声器频率的选择性均较强，适用于窄带噪声和中低频噪声的控制，比较适合于在高温、潮湿、气流速度较大、洁净度要求高的场所使用。

5.4.1 扩张式消声器

1. 扩张式消声器消声原理

扩张式消声器消声原理是基于声音在突变截面管道中传播(图 5-7)时，由于管道截面的突然扩张(或收缩)造成通道内声阻抗突变，使沿管道传播的某些频率的声波被反射回声源，并产生传递损失。

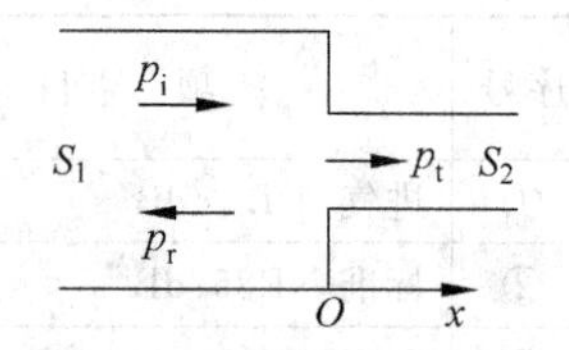

图 5-7 突变截面管道中声的传播

扩张式消声器也称膨胀式消声器，是由管和室两种基本元件组成的(因此也称为扩张室消声器或扩张室式消声器)，其最基本的型式是单节扩张式消声器(图 5-8)。

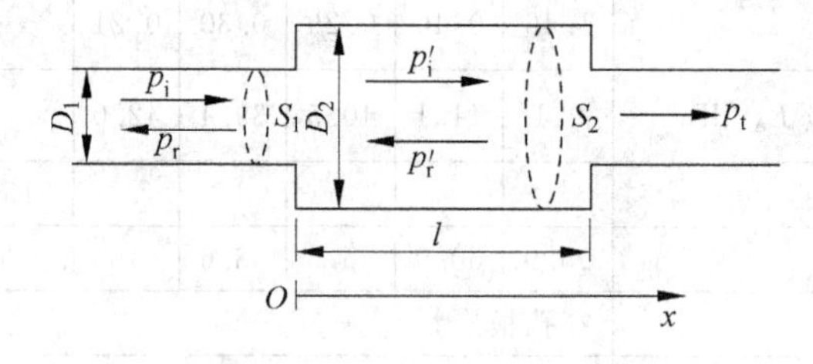

图 5-8 单节扩张式消声器

在 2.9.7 节中，我们已经获得了如下的结果：

➢ 截面比(扩张比或收缩比)：$m=S_1/S_2$ 或 $m=S_2/S_1$。

➢ 声压反射系数：$\gamma_p=\dfrac{p_r}{p_i}=\dfrac{S_1-S_2}{S_1+S_2}=\dfrac{1-m}{1+m}$。

➢ 声强反射系数：$\gamma_I=\gamma_p^2=\left(\dfrac{S_1-S_2}{S_1+S_2}\right)^2=\left(\dfrac{1-m}{1+m}\right)^2$。

➢ 声强透射系数：$\tau_I=1-\gamma_I=\dfrac{4S_1S_2}{(S_1+S_2)^2}=\dfrac{4m}{(1+m)^2}$。

结论：

(1) 在管道中，由于声波传播截面大小的变化也能造成声阻抗失配而引起反射。

(2) 无论是扩张管还是收缩管，只要截面比相同，反射系数与透射系数便相同。工程中常用扩张管，以减小对气流的阻力。

2. 扩张式消声器的消声特性

1）单节扩张式消声器的消声量——传声损失 TL

单节扩张式消声器中有两个截面突变分界面(图 5-8)，由声压连续和体积速度连续条件，可建立 4 组方程，经推导计算可得其传声损失 TL 为

$$TL = 10\lg\frac{1}{\tau_I} = 10\lg\left[1+\frac{1}{4}\left(m-\frac{1}{m}\right)^2\sin^2 kl\right] \tag{5-14}$$

式中：m 为扩张比，$m=S_2/S_1=(D_2/D_1)^2$；k 为(圆)波数，$k=\omega/c=2\pi f/c$；l 为扩张室长度，m。

2）消声频率特性

式(5-14)可绘制成图 5-9，反映了扩张式消声器的消声频率特性。

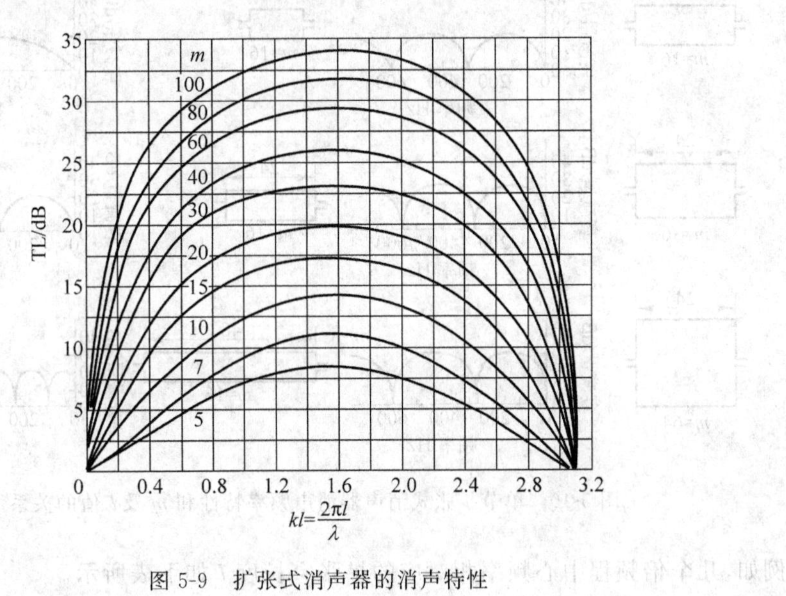

图 5-9　扩张式消声器的消声特性

(1) TL 有周期性：TL 随着 $\sin^2 kl=\sin^2\frac{2\pi}{c}fl$ 而周期性变化。

设 N 为正整数，则$(2N-1)$为奇数，而 $2N$ 为偶数。

➢ 当 $kl=(2N-1)\pi/2$ 或 $l=(2N-1)\lambda/4$ 或 $f_M=(2N-1)c/(4l)$时，$\sin^2 kl=1$。f_M 称为峰值频率，此时，峰值消声量为

$$TL_M = 10\lg\left[1+\frac{1}{4}\left(m-\frac{1}{m}\right)^2\right] = 20\lg(m+1/m)-6 \tag{5-15}$$

若 $m\geqslant 5$，

$$TL_M \approx 20\lg m - 6 \tag{5-16}$$

可见，TL_M 随 m 的增大而上升。

➢ 当 $kl=(2N)\pi/2$ 或 $l=(2N)\lambda/4$ 或 $f_0=(2N)c/(4l)$时，$\sin^2 kl=0$ 及$TL_0=10\lg l=0$，f_0 称为通过频率。

(2) 消声频带宽度为

$$\Delta f_{0M} = f_0 - f_M = c/(4l) \tag{5-17}$$

可见，扩张室长度 l 增加，消声频带宽度 Δf_{0M} 变窄。

小结：

(1) 扩张比 m 决定了峰值消声量 TL_M 的大小(图 5-10)；

(2) 由扩张室长度 l 来计算峰值频率 f_M、通过频率 f_0 和消声频带宽度 Δf_{0M}(图 5-10)。

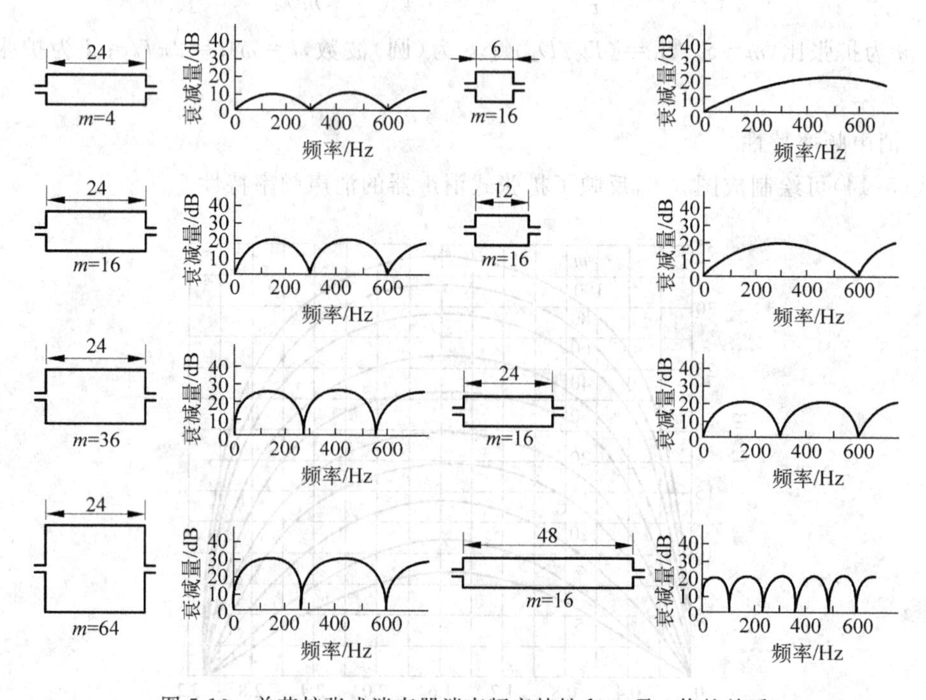

图 5-10 单节扩张式消声器消声频率特性和 m 及 l 值的关系

例如，几个倍频程中心频率相对应的扩张室长度 l 如下表所示。

f/Hz	125	250	500	1000	2000
$\lambda=\frac{c}{f}$/m	2.72	1.36	0.68	0.34	0.17
$l=\frac{\lambda}{4}$/m	0.68	0.34	0.17	0.085	0.0425

3) 改善扩张式消声器消声频率特性的方法

(1) 多节(一般为 2～4 节)扩张室串联法，也称为外联法，以便错开通过频率 f_0，使各节消声量在通过频率上有互补作用。例如两节扩张式消声器，一般两节长度取 $l_2=\frac{2}{3}l_1$；由于各节之间有耦合现象，所以总的消声量要小于各节消声量之和。

(2) 内联接管法，又称内插管法，一端插入深度为 $l/2$，另一端插入深度为 $l/4$，其效果是在通过频率 f_0 处由于内插管的作用而使其消声量得到补偿。

(3) 联合法，即外联内插相结合(图 5-11)，由图可见消声特性有了很大改善。

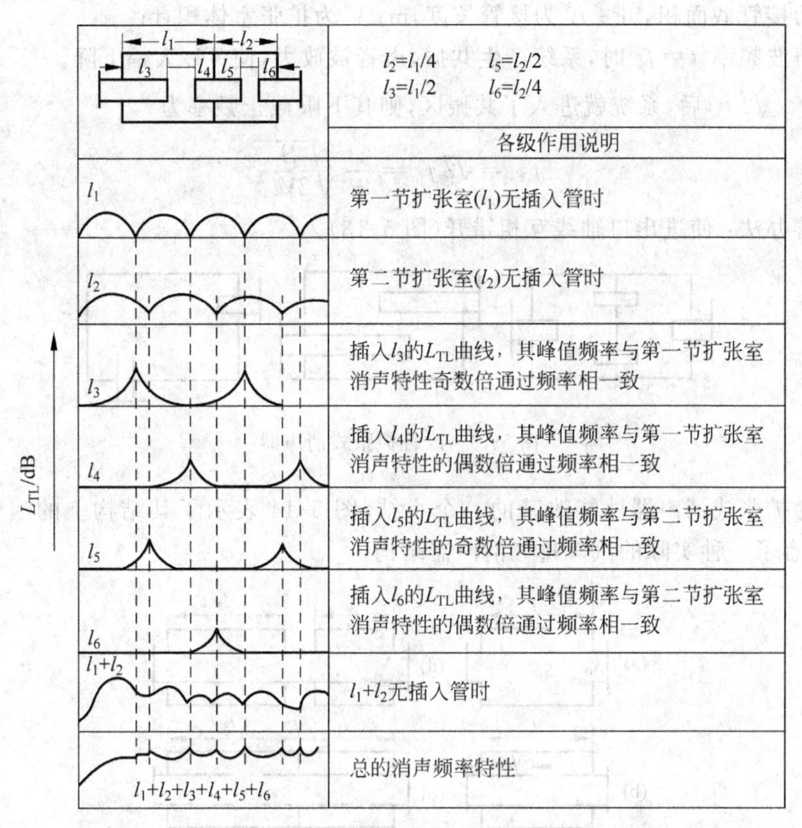

图 5-11 带插入管的两级串联抗性消声器的消声频率特性分析图

(4) 由于通道截面的突变，使气流阻力增大，为了减少阻损、改善空气动力性能，可用穿孔管$\left(孔径\ 3\sim10\text{mm}，穿孔率\ P>30\%，管长=\frac{1}{4}l\right)$连接内插管，如图 5-12 所示。它使得气流可以顺畅流动，而声波仍可穿孔扩散，保持声波通道截面的突变性，各得其所，可谓是一个兼顾二者的平衡措施。

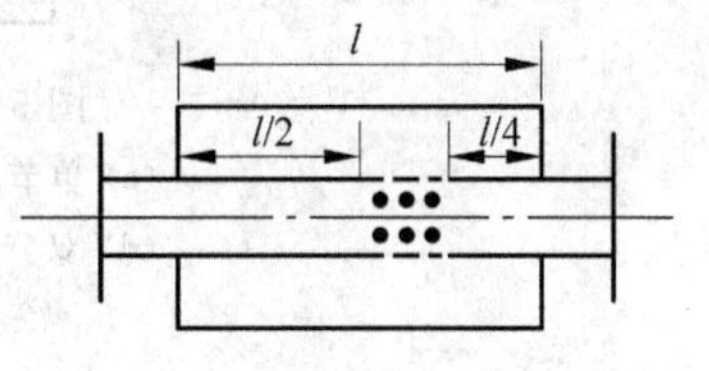

图 5-12 用穿孔管把内插管连接起来

4) 上下截止频率

(1) 上限截止频率 $f_{上}$

当扩张室直径 D 大到一定程度后，高频声波以窄束形式从扩张室中央穿过，阻抗失配程度大大减小，使 TL 急剧下降，此时的声波频率称为扩张室有效消声的上限截止频率 $f_{上}$。

$$f_{上}=1.22c/D \tag{5-18}$$

式中：c 为声速，m/s；D 为扩张室当量直径，m。

(2) 下限截止频率 $f_{下}$

对于低频声波，当波长远大于扩张室或连接管的长度时，消声器的"连接管道—扩张室"组成了一个声振动系统，当外来声波激发这个系统共振时，声音反被放大，其固有频率：

$$f_0=\frac{c}{2\pi}\sqrt{\frac{S_1}{Vl_1}} \tag{5-19}$$

式中：S_1 为接管截面积，m^2；l_1 为接管长度，m；V 为扩张室体积，m^3。

➢ 当声波频率 $f=f_0$ 时，系统产生共振，声音被放大，使 TL 大幅下降。

➢ 当 $f\leqslant\sqrt{2}f_0$ 后，系统就进入了共振区，则其下限截止频率为

$$f_{下}=\sqrt{2}f_0=\frac{c}{\pi}\sqrt{\frac{S_1}{2Vl_1}} \tag{5-20}$$

➢ 改善办法：使进出口轴线互相错开(图 5-13)。

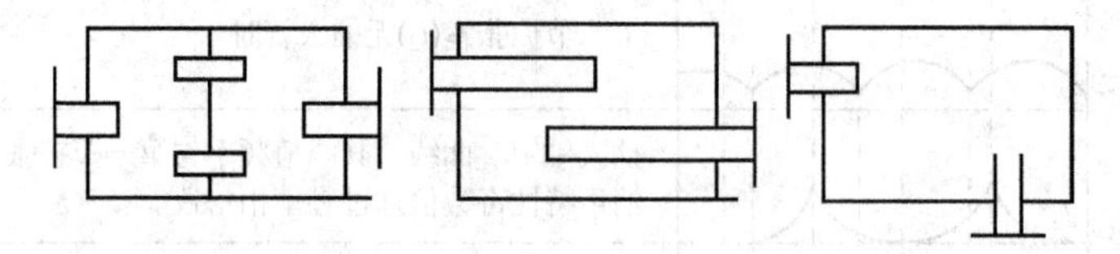

图 5-13 改善扩张式消声器

➢ 作为扩张式消声器性能改善的一个小结，图 5-14 表示了其结构上的演变过程；而图 5-15 示意了一种实际的汽车排气消声器结构。

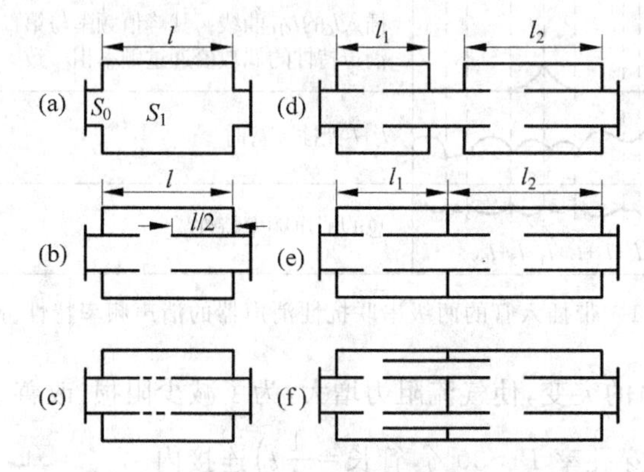

图 5-14 扩张式消声器性能改善结构演变

(a) 单节原型；(b) 带插入管；(c) 带穿孔管；

(d) 双节外接式；(e) 双节内接式；(f) 双节内接迷宫式

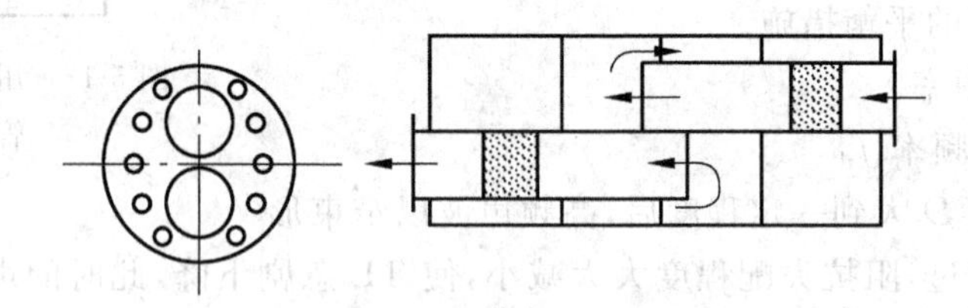

图 5-15 双管迷路抗性汽车排气消声器示意图

5）气流对消声量的影响

气流(流速为 v)对消声器消声量的影响，主要表现为降低了消声器的有效扩张比，从而降低了消声量。

动态消声量计算式：

$$\mathrm{TL}_{动}=10\lg\left[1+\frac{m_e^2}{4}\sin^2 kl\right] \tag{5-21}$$

式中：m_e 为(动态)等效扩张比。

当马赫数 $M=v/c \ll 1$ 时，对扩张管有

$$m_e = \frac{m}{1+mM} \tag{5-22}$$

式中：m 为静态($v=0$)扩张比(实用范围为 9～16)。

3. 扩张式消声器的设计

扩张式消声器设计步骤如下：

(1) 根据需要的消声频率特性，确定最大消声频率；根据需要的消声量，确定扩张比 m。

(2) 由扩张比 m，设计扩张室各部分截面尺寸；由最大消声频率 f_M，设计各节扩张室及其插入管的长度。

(3) 验算所设计的扩张式消声器上下截止频率之间是否包含所需要的消声频率范围，否则应重新修改设计方案。

(4) 验算气流对消声量的影响，检查在给定的气流速度下，消声量是否还能满足要求。如不能，就需重新设计，直到满足为止。

例 5-2 一空压机进气管直径 $D_1=150\text{mm}$，气流速度 $v=5\text{m/s}$，进气噪声在 125Hz 有一明显峰值。要求设计一个进气扩张式消声器，接管长度总计 2m，在 125Hz 上有 14dB 的消声量。

解：(1) 计算扩张室直径为保证消声效果，设计消声量取 15dB；即 $TL_M=15\text{dB}$，根据 $TL_M \approx 20\lg m-6$ 求取所需的扩张比 m，取整后

$$m \approx 12$$

进气管截面积为

$$S_1=\pi D_1^2/4=0.0177\text{m}^2$$

扩张室截面积为

$$S_2=mS_1=0.212\text{m}^2$$

扩张室直径为

$$D_2=\sqrt{\frac{4S_2}{\pi}}=0.519\text{m}\approx 0.52\text{m}$$

(2) 由 $f_M=125\text{Hz}$ 计算扩张室长度 l

由 $f_M=(2N-1)c/4l$(取 $N=0$)，计算得扩张室长度 $l=c/(4f_M)=0.68\text{m}$，内插管长度为

$$l_3=l/2=340\text{mm}$$

$$l_4=l/4=170\text{mm}$$

连接穿孔管($P>30\%$)长度为

$$l_5=l/4=170\text{mm}$$

(3) 验算 $f_上$ 与 $f_下$

$$f_上=1.22c/D=798\text{Hz}$$

扩张室体积 $V=(S_2-S_1)l=0.132\text{m}^3$，$l_1=2\text{m}$，则

$$f_下=\sqrt{2}f_0=\frac{c}{\pi}\sqrt{\frac{S_1}{2Vl_2}}=20\text{Hz}$$

消声频率 $f_M=125\text{Hz}\in(20\sim798\text{Hz})$，消声频率在有效范围之内，符合要求。

(4) 验算有气流时的消声量(即动态消声量)

$$m_e=\frac{m}{1+mM}=10.2$$

$$TL_{动}=10\lg\left[1+\frac{m_e^2}{4}\sin^2 kl\right]=10\lg\left[1+\frac{m_e^2}{4}\right]=14.3\text{dB}>14\text{dB}$$，符合要求。

结论：

设计方案可行，结果如图 5-16 所示。

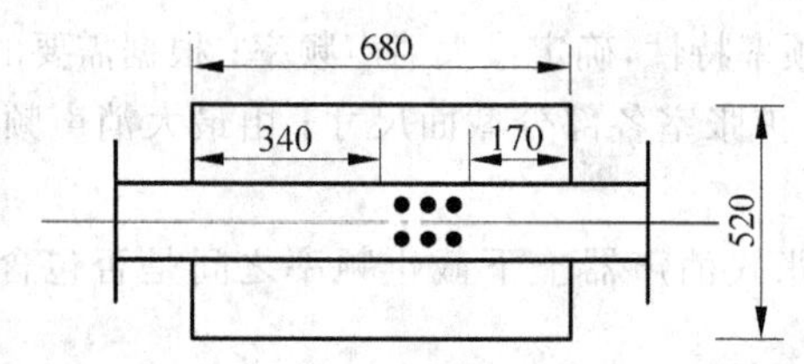

图 5-16 扩张式消声器设计方案

5.4.2 共振(腔)式消声器

1. 共振(腔)式消声器的工作原理

➢ 单腔共振吸声结构——亥姆霍兹共振器(图 5-17)。

由电声类比得其声阻抗：

$$Z_a=R_a+jX_a=R_a=j\left(\omega M_a-\frac{1}{\omega C_a}\right)$$

$$=R_a+j\frac{\rho c}{\sqrt{GV}}\left(\frac{f}{f_r}-\frac{f_r}{f}\right)$$

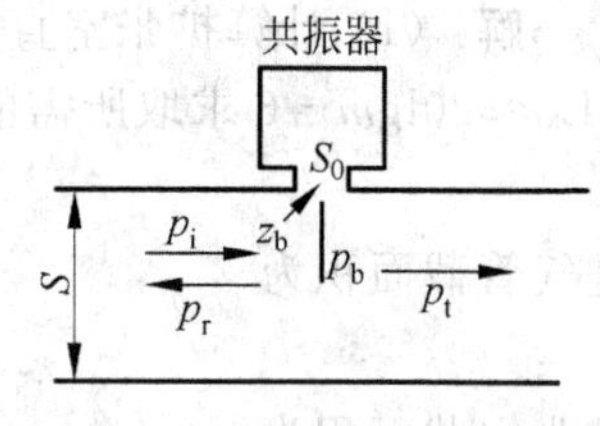

图 5-17 单腔共振式消声器

当 $X_a=0$ 时，发生共振，此时 $f=f_r$(共振器固有频率)和 $\omega=\omega_r$，则有

$$X_a=\omega_r M_a-\frac{1}{\omega_r C_a}=0$$

式中：$\omega_r=2\pi f_r$；声质量 $M_a=\rho l_k/S_0$；声顺 $C_a=V/(\rho c^2)$。解得

$$f_r=\frac{1}{2\pi}\frac{1}{\sqrt{M_a C_a}}=\frac{c}{2\pi}\sqrt{\frac{S_0}{Vl_k}}=\frac{c}{2\pi}\sqrt{\frac{G}{V}} \tag{5-23}$$

其中，颈孔有效长度为

$$l_k=l_0+(\pi/4)d_0=l_0+0.8d_0 \quad (\text{m}) \tag{5-24}$$

式中：l_0 为小孔颈长，m；d_0 为小孔直径，m。

声传导率为

$$G=\frac{S_0}{l_k}=\frac{\pi d_0^2}{4(l_0+0.8d_0)} \quad (\text{m}) \tag{5-25}$$

或

$$G=\left[\frac{2\pi f_r}{c}\right]^2 V \quad (\text{m}) \tag{5-26}$$

➢ G 从几何上与 l_0、$d_0(S_0)$ 或 V 有关，声学上与 f_r 有关。

实用的共振式消声器是多孔多腔的，因而有一个总声传导率 G_T；一般共振式消声器孔后的空腔是连成一体的，当孔心距 $B>5d_0$ 时，各孔的声辐射和孔后的共振空腔彼此不产生干扰，其总声传导率 $G_T=nG$（n 为孔数）。

➢ 工作原理：当外来声波 $f=f_r$ 时，$X_a=0$，Z_a 为极小值，声阻抗在分歧点 b 上发生突变，产生阻抗失配，声波被反射回声源；同时，旁路孔颈 S_0 的吸声作用也最大，共振式消声器的消声量达到最大值。

2. 共振式消声器的消声特性

1）共振式消声器的传声损失

若孔颈处不铺设吸声材料，则可忽略 R_a 的影响。

对波长为 λ 的入射波，当 $\lambda/3>$ 共振器最大尺寸时，对频率为 f 的纯音有

$$\mathrm{TL}=10\lg\left[1+\frac{K^2}{\left(\frac{f}{f_r}-\frac{f_r}{f}\right)^2}\right] \tag{5-27}$$

其中

$$K=\frac{\sqrt{GV}}{2S}$$

式中：K 为共振式消声器的关键参数；S 为气流通道的截面积，m^2；V 为空腔体积，m^3。

讨论：

(1) 由 $K=\frac{\sqrt{GV}}{2S}$ 和 $f_r=\frac{c}{2\pi}\sqrt{\frac{G}{V}}$ 可解得所对应的空腔体积 $V=\frac{cSK}{\pi f_r}$；

(2) K 把声学参数 G 和消声器的几何尺寸联系起来，所以是设计中的关键参数。

2）共振式消声器的消声频率特性

(1) 在共振频率 f_r 上，消声量很大；一旦偏离 f_r，TL 迅速下降(图 5-18)。消声频率选择性强。

(2) K 值越小，消声曲线越尖锐(陡)。

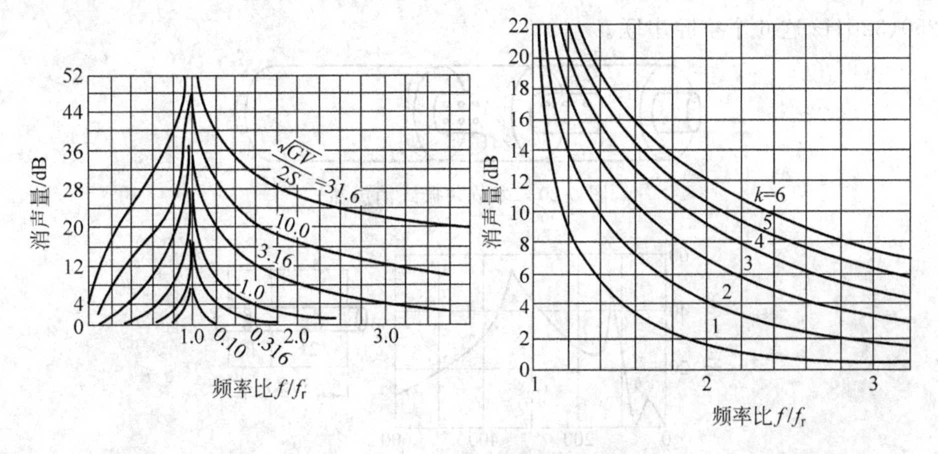

图 5-18　共振式消声器的消声特性

➢ 对于 f_r 所在的倍频程频带消声量：

$$TL = 10\lg(1+2K^2) \tag{5-28}$$

与 f_r 相邻的两个倍频带消声量：

$$TL_{邻} = 10\lg\left(1+\frac{8}{49}K^2\right) \tag{5-29}$$

➢ 对 1/3 倍频带：

$$TL = 10\lg(1+19K^2) \tag{5-30}$$

与其相邻的 4 个 1/3 倍频程的消声量为

$$TL_1 = 10\lg(1+2K^2) \tag{5-31}$$

$$TL_2 = 10\lg(1+0.67K^2) \tag{5-32}$$

$$TL_3 = 10\lg(1+0.31K^2) \tag{5-33}$$

$$TL_4 = 10\lg\left(1+\frac{8}{49}K^2\right) \tag{5-34}$$

3) 共振式消声器消声性能的改善方法

共振式消声器适宜低、中频成分突出的气流噪声消声，但消声频带范围窄，改善其消声性能的方法有：

(1) 在孔颈处衬贴薄而透声的织物(图 5-19(c))或在腔内填充吸声材料(图 5-19(b))，以增加声阻，使有效消声频率范围展宽；

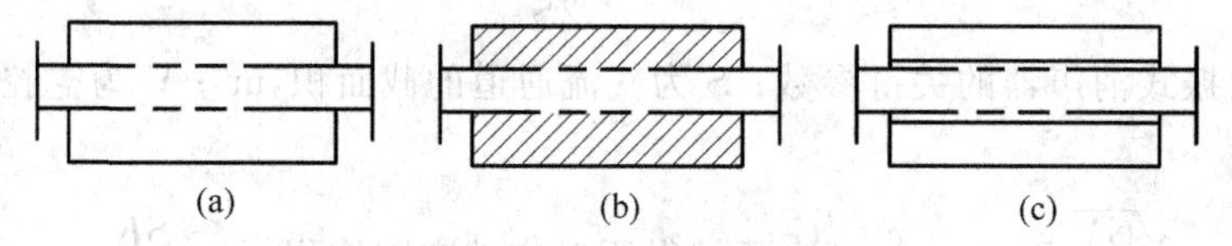

图 5-19 共振腔消声器

(a) 共振腔；(b) 空腔中填吸声材料；(c) 孔板后附透气织物

(2) 选用较大的 K 值：K 值越大，消声量 TL 越高，消声频率范围也越宽；

(3) 多节共振腔串联(图 5-20)：把不同共振频率的几节共振腔消声器串联，这样可使各节的共振频率互相错开，从而拓宽消声频率范围(图 5-21)。

例如，要求 $\Delta f=125\sim250$Hz 两个倍频程有较高的消声量，可取 $f_r=100$、125、160、200、250、320Hz 这 6 个空腔串联。

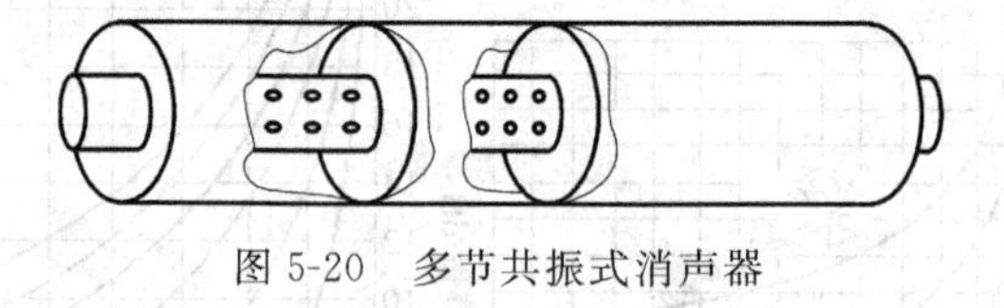

图 5-20 多节共振式消声器

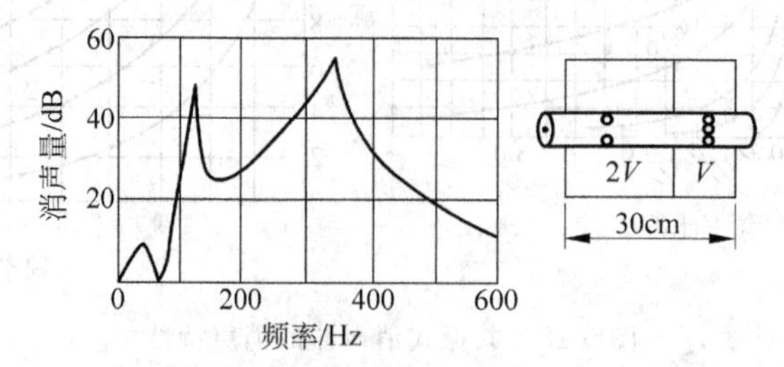

图 5-21 双腔共振式消声器及其消声特性

4) 高频失效频率

共振式消声器也有高频失效问题,当声波频率高于某一频率之后,会成集束状从消声器中部"溜"过去,从而使消声效果下降。其上限截止频率为

$$f_{上} = 1.22C/D \tag{5-35}$$

3. 共振式消声器的设计

共振式消声器的一般设计步骤如下:

(1) 根据要消声的主要频率和消声量,确定相应的 K 值。

(2) 确定 K 值后,由通道截面积 S 和消声主频 f_r,再求出共振腔的体积 V 和声传导率 G。

(3) 设计消声器的几何尺寸。对某一确定的 V 值可以有多种不同的几何形状和尺寸,对某一确定的 G 值也有多种孔径、板厚和穿孔数的组合。在实际设计中,应根据现场条件和所用的板材,首先确定板厚、孔径和腔深等参数,然后再设计其他参数。

(4) 多节(腔)多孔共振式消声器的设计参数范围与前置条件:

① 共振频率时的波长 $\lambda_r > 3$ 倍共振腔最大几何尺寸(长度或直径),通道内径 $D_{内} <$ 250mm,腔深为 100~200mm,$D_{外}/D_{内} \leqslant 5$;

② 穿孔板厚 $l_0 = 1 \sim 5$mm,孔径 $d_0 = 3 \sim 10$mm,穿孔率 $p = 0.5\% \sim 5\%$;

③ 穿孔段长度 $l' \leqslant \lambda_r/12$,开孔集中在内管中段,孔心距 $B \geqslant 5d_0$,均匀分布;

④ 注意各参数之间可作适当调整,统筹兼顾,必要时可改变结构,以满足上述要求。

(5) 注意事项

① 在条件允许的情况下,应尽可能地缩小通道截面积 S,以避免消声器的体积过大。一般地说,对单通道的截面直径不应超过 250mm。如果流量较大时,则需采用多通道,其中每个通道宽度取 100~200mm,并且竖直高度取小于共振波长的 1/3 为宜。

② 共振腔的最大几何尺寸应小于共振频率波长的 1/3,共振频率较高时,此条件不易满足,共振腔应视为分布参数元件,消声器内会出现选择性很高且消声量较大的尖峰。前述计算公式不再适用。

③ 穿孔位置应集中在共振腔中部,穿孔尺寸应小于其共振频率相应波长的1/12。穿孔过密则各孔之间相互干扰,使传导率计算值不准。一般情况下,孔心距应大于孔径的 5 倍。当两个要求相互矛盾时,可将空腔割成几段来分布穿孔的位置,总的消声量可近似视为各腔消声量的总和。

例 5-3 某气流通道的直径($D_{内}$)为 100mm,设计一单腔同轴共振消声器,使其在 125Hz 的倍频带(88~177Hz)上有 15dB 的消声量(TL)。选用钢板厚度 $l_0 = 2$mm,孔径 $d_0 = 6$mm。

解: $f_r = 125$Hz,$l_0 = 2$mm,$d_0 = 6$mm,TL$= 15$dB,$D_{内} = 100$mm。

(1) 由 TL 求取 K

TL$= 10\lg(1 + 2K^2) = 15$,解得

$$K \approx 4$$

(2) 由 f_r、K,计算 V 和 G

$$S = \pi D_{内}^2/4 = 0.00785\text{m}^2$$

$$V = cSK/(\pi f_{r}) = 0.027\text{m}^3$$

$$G = [2\pi f_{r}/c]^2 V = 0.144\text{m}$$

(3) 设计几何尺寸

设共振腔是与管道为同心圆形。内径 $D_{内}=100\text{mm}$，选取外径 $D_{外}=400\text{mm}$（要满足 $l \geqslant \lambda_{r}/12$），则共振腔长度为

$$l = \frac{4V}{\pi(D_{外}^2 - D_{内}^2)} = 0.23\text{m} = 230\text{mm}$$

开孔数为

$$n = \frac{G(l_0 + 0.8d_0)}{S_0} = 35\text{ 个}，\quad \text{若选 } d_0 = 5\text{mm}，\text{则 } n = 44\text{ 个}$$

共振频率波长为

$$\lambda_{r} = c/f_{r} = 340/125 = 2.72(\text{m})$$

中央开孔段长度 $l' \leqslant \lambda_{r}/12 = 2.72/12 = 0.22\text{m} < l = 0.23\text{m}$，可行。孔心距 $B \geqslant 5d_0 = 30\text{mm}$。

(4) 验算共振腔消声器有关声学特性

$$f_{r} = \frac{c}{2\pi}\sqrt{\frac{G}{V}} = 125\text{Hz}$$

$f_{上}=1.22c/D=1037\text{Hz} \gg 177\text{Hz}$，无高频失效。$\lambda_{r}/3=0.91\text{m}=910\text{mm}>$消声器尺寸（400mm 和 230mm），符合要求。

结论：

设计方案可行，设计结果见图 5-22。

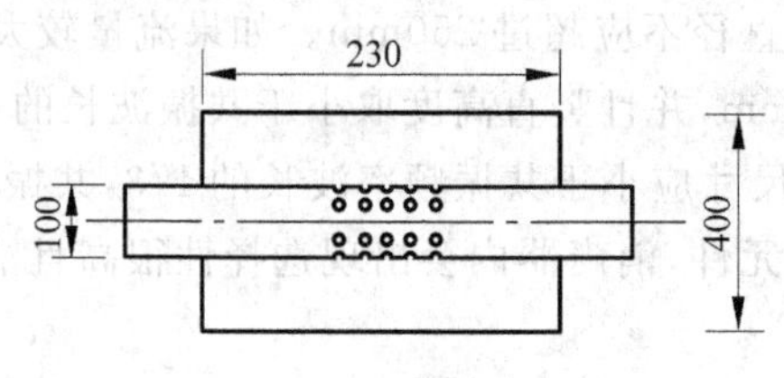

图 5-22 共振腔消声器

注意：在满足声学性能的前提下，一些几何尺寸可在要求范围内作适当调整，使尺寸、结构更趋合理、可行。

5.5 阻抗复合式消声器

➢ 在实际噪声控制工程中，噪声以宽频带居多，通常将阻性和抗性两种结构消声器组合起来使用，以控制高强度的宽频带噪声。

➢ 常用的形式有阻性-扩张室复合式、阻性-共振腔复合式和阻性-扩张室-共振腔复合式等，图 5-23 是常见的几种阻抗复合式消声器。

➢ 阻抗复合式消声器的消声量可以认为是阻性与抗性在同一频带内的消声量相叠加。但由于声波在传播过程中具有反射、绕射、折射和干涉等性能，所以消声值并不是简单的叠

加关系。尤其对于波长较长的声波来说，当消声器以阻性、抗性的形式复合在一起时将有声的耦合作用，因此互相有影响，这种作用往往降低了阻抗失配的程度，所以一般情况下，不考虑末端反射时，阻抗复合式消声器的消声量 $TL_{复合} \leqslant TL_{阻} + TL_{抗}$。实际的 $TL_{复合}$ 应通过实验来确定。

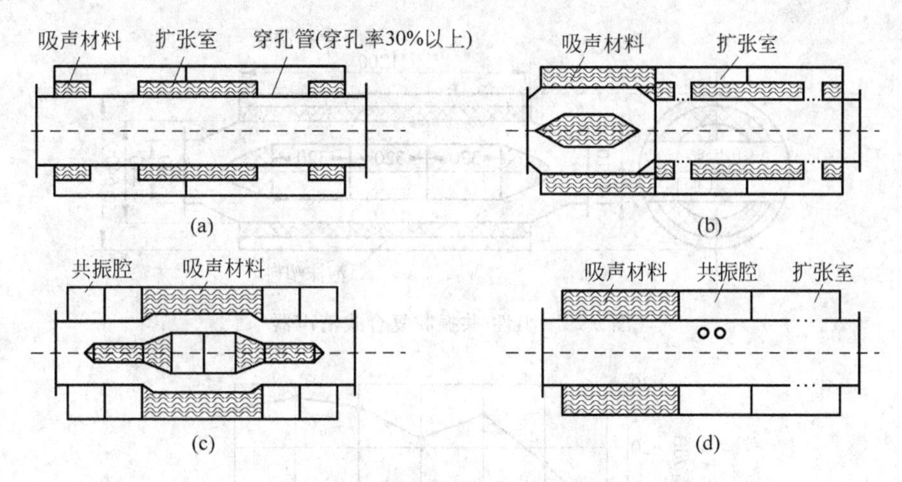

图 5-23 常见的阻抗复合式消声器

(a) 阻性-扩张室复合式消声器；(b) 阻性-扩张室复合式消声器；
(c) 阻性-共振腔复合式消声器；(d) 阻性-共振腔-扩张室复合消声器

5.5.1 阻性-扩张室复合式消声器

在图 5-23(a)所示的扩张室的内壁敷设吸声层就成为最简单的阻性-扩张室复合式消声器。由于声波在两端的反射，这种消声器的消声量比两个单独的消声器的消声量相加要大。敷有吸声层的扩张室，其传声损失可用下式计算：

$$TL = 10\lg\left\{\left[\cosh\frac{\sigma L_e}{8.7} + \frac{1}{2}\left(m + \frac{1}{m}\right)\sinh\frac{\sigma L_e}{8.7}\right]^2 \cos^2 kL_e + \left[\sinh\frac{\sigma L_e}{8.7} + \frac{1}{2}\left(m + \frac{1}{m}\right)\cosh\frac{\sigma L_e}{8.7}\right]^2 \sin^2 kL_e\right\} \tag{5-36}$$

式中：σ 为粗管中吸声材料单位长度的声衰减（这里忽略了端点的反射），dB/m；m 为扩张比，$m=S_2/S_1$（这里忽略了吸声材料所占据的面积，而且吸声材料的厚度远小于通过它的声波之波长）；k 为波数，$k=2nf/c$；L_e 为粗管长度，m；$\cosh x$、$\sinh x$ 为 x 的双曲余弦、双曲正弦函数。

在实际应用中，阻抗复合式消声器的传声损失是通过实验或现场测量确定的。

5.5.2 阻性-共振腔复合式消声器

图 5-24 是 LG 25/16-40/7 型螺杆压缩机上的阻性-共振腔复合式消声器，工作段长度为 120cm，外径为 64cm。

该消声器的阻性部分是以泡沫塑料为吸声材料，粘贴在消声器的通道周壁上，用以消除压缩机噪声的中、高频成分；共振腔部分设置在通道中间，由具有不同消声频率的三对共振腔串联组成，以消除 350Hz 以下的低频成分。在共振腔前后两端各有一个尖劈(由泡沫塑料组成)，既用以改善消声器的空气动力性能，又利用尖劈加强对高频声的吸收作用，进一步提高消声器的消声效果。图 5-25 是安装在螺杆压缩机上，用插入损失法测得的消声性能。消声值为 27dB，在低、中、高频的宽频范围内均有良好的消声性能。

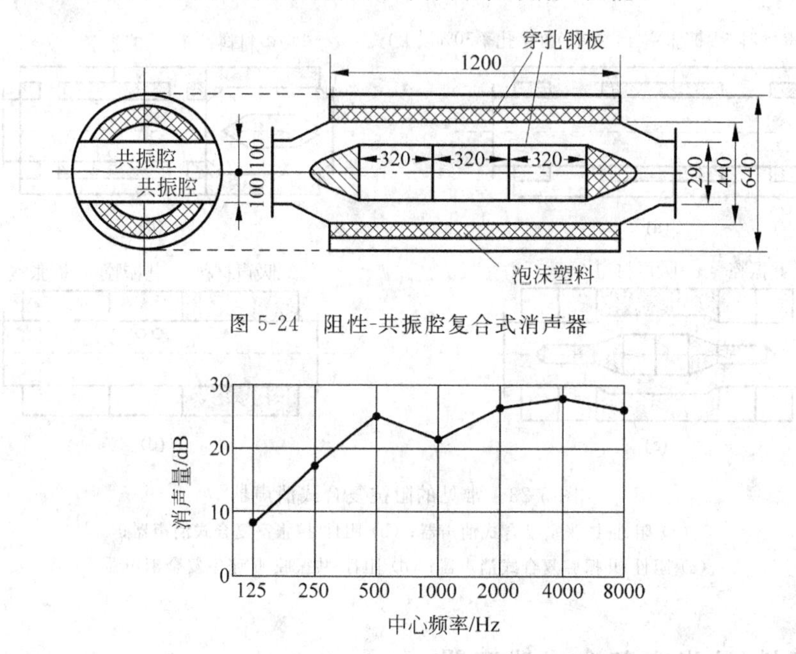

图 5-24　阻性-共振腔复合式消声器

图 5-25　阻性-共振腔复合式消声器的消声性能

5.5.3　微穿孔板消声器

由前面的介绍可以看出，无论阻性消声器还是共振腔消声器都与“孔”密切相关。阻性消声器采用“多孔”吸声材料；而共振腔上则有开孔与管道连通，形成亥姆霍兹共振器，共振时不仅在管道截面上造成声阻抗的突变，而且消声时实际将声能转换成热能耗散掉的还是这些腔颈的小孔。所以如果开孔得当，这些小孔既可产生阻性作用，又可具有抗性作用。这就产生了一种新型的阻抗复合式消声器——微穿孔板消声器。图 5-26 表示了几种微穿孔板消声器。

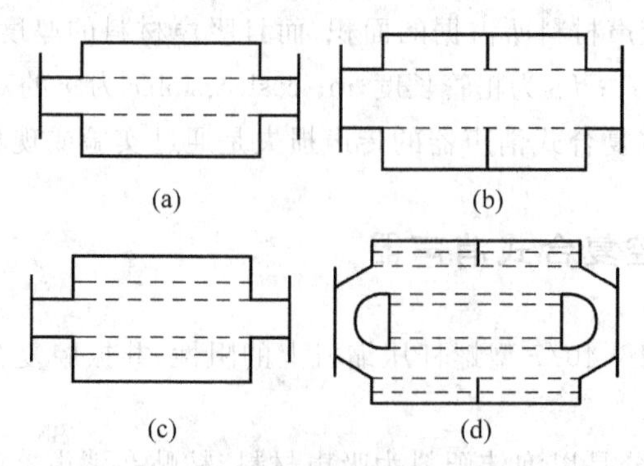

图 5-26　几种微穿孔板消声器

(a) 单层；(b) 单层狭矩形；(c) 双层矩形；(d) 双层环式

1. 微穿孔板消声器的结构特点

微穿孔板消声器是在共振式吸声结构的基础上发展而来，它是由孔径≤1mm 的微穿孔板和孔板背后的空腔所构成。其主要特点就是穿孔板的孔径减小到 1mm 以下，利用自身孔板的声阻，取消了阻性消声器穿孔护面板后的多孔吸声材料，使消声器结构简化，因此微穿孔板消声器兼有抗性与阻性的特点。

微穿孔板消声器消声频带较宽，气流阻力较小，不需用多孔吸声材料，具有适用风速较高、抗潮湿、耐高温、不起尘等许多优点，而且可以设计成管式、片式、声流式、小室式等多种类似于阻性消声器的不同形式，因此在空调系统等很多降噪工程中得到广泛的应用，并取得了满意的效果。

➢ 微穿孔板消声器的结构特征为微孔(直径 0.2～1mm)、薄板(0.5～1mm)、低穿孔率(P=0.5%～3%)和一定的空腔深度(5～20cm)。

➢ 为获得宽频带吸收效果，一般用双层微穿孔板结构。微孔板与风管壁之间以及微孔板与微孔板之间的空腔，按所需吸收的频带不同而异，通常吸收低频空腔大些(150～200mm)，中频小些(80～120mm)，高频更小些(30～50mm)。前后空腔的比不大于 1∶3。前部接近气流的一层微孔板穿孔率可略高于后层。为减小轴向声传播的影响和消声器结构刚度，可每隔 500mm 加一块横向隔板。

微穿孔板一般用铝、钢板、不锈钢板、镀锌钢板、PC 板、胶合板、纸板等制作。

2. 消声原理

微穿孔板消声器是一种高声阻、低声质量的吸声元件。由第 3 章的分析可知，声阻与穿孔板上的孔径成反比。与一般穿孔板相比，由于孔很小，声阻就大得多，而提高了结构的吸声系数。低的穿孔率降低了其声质量，使依赖于声阻与声质量比值的吸声频带宽度得到展宽，同时微穿孔板后面的空腔能够有效地控制共振吸收峰的位置。为了保证在宽频带有较高的吸声系数，可用双层微穿孔板结构。

3. 消声量的计算

微穿孔板消声器的最简单形式是单层管式消声器，这是一种共振式吸声结构。

➢ 对于低频声，当声波波长大于共振腔(空腔)尺寸时，其消声量可以用共振式消声器的计算公式计算其消声量，即

$$TL = 10\lg\left[1 + \frac{a+0.25}{a^2 + b^2(f/f_r - f_r/f)^2}\right] \tag{5-37}$$

式中：$a=rS$，$b=\dfrac{Sc}{2\pi f_r V}$，这里，r 为相对声阻，S 为通道截面积，m^2，V 为板后空腔体积，m^3，c 为空气中声速，m/s；f 为入射声波的频率，Hz；f_r 为微穿孔板的共振频率，Hz。

f_r 可由下式计算：

$$f_r = \frac{c}{2\pi}\sqrt{\frac{P}{l_k D}} \tag{5-38}$$

式中：$l_k = l + 0.8d + PD/3$，m，这里，l 为微穿孔板厚度，m，P 为穿孔率，%，D 为板后空腔

深度，m，d 为穿孔直径，m。

➢ 对于中频噪声，其消声量可以应用阻性消声公式(5-9)进行计算。

➢ 对于高频噪声，其消声量可以用如下经验公式计算：

$$TL = 75 - 34\lg v \tag{5-39}$$

式中：v 为气流速度，m/s，其适用范围为 20～120m/s。

可见，消声量与流速有关，流速增大，消声性能变差。金属微穿孔板消声器可承受较高气流的冲击，当流速为 70m/s 时，仍有 10dB 以上的消声量(表 5-6)。

表 5-6 不同气流速度下相同截面的微穿孔板消声器与玻璃棉阻性消声器的消声量比较

流速/(m/s)	消声量/dB(A)	
	微穿孔板消声器	玻璃棉阻性消声器
10～20	27	27
60	20	12
80～90	14	7
100	12	2
120	5	−8

➢ 微穿孔板消声器往往采用双层微穿孔板串联，这样可以使吸声频带加宽。对于低频噪声，当共振频率降低 $D_1/(D_1+D_2)$ 倍时(D_1、D_2 分别为双层微穿孔板前腔和后腔的深度)，则其吸收频率向低频扩展 3～5 倍。图 5-27 为典型矩形双层微穿孔板消声器结构示意图，表 5-7 为其实测消声性能。图 5-28 为单、双层微穿孔板声流式消声器结构示意图，表 5-8 为其实测消声性能。这些参数和数据可以供设计参考。

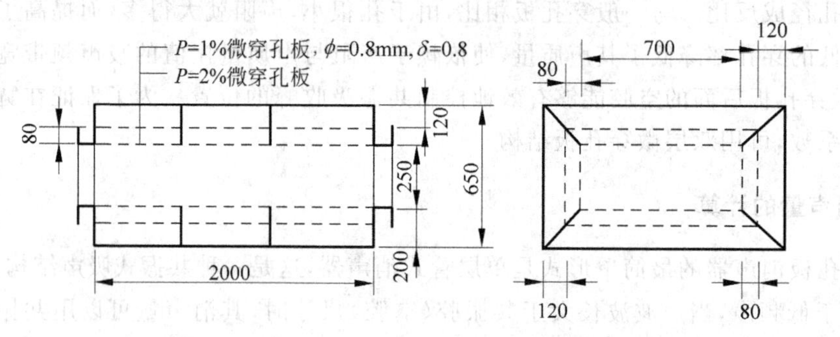

图 5-27 典型矩形双层微穿孔板消声器结构示意

表 5-7 矩形管式微穿孔板消声器实测消声性能(通道 250mm)

风速/(m/s)	各倍频带中心频率的消声量/dB								压力损失/Pa
	63Hz	125Hz	250Hz	500Hz	1000Hz	2000Hz	4000Hz	8000Hz	
7	12	18	26	25	20	22	25	25	0
11	12	17	26	23	20	20	26	24	0
17	11	15	23	22	20	22	23	23	0
20	6	12	22	21	20	21	21	20	7

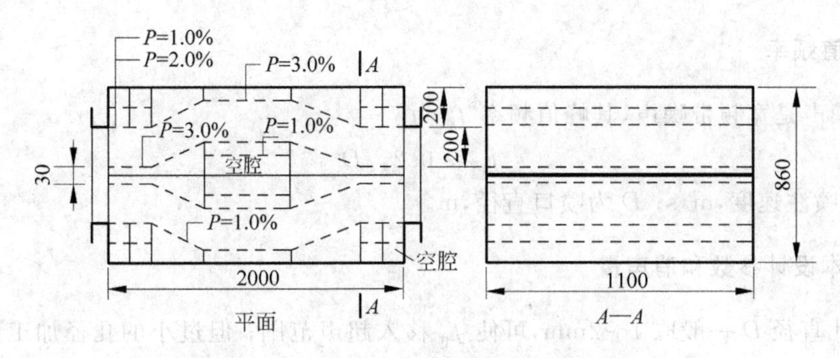

图 5-28　单、双层微穿孔板声流式消声器

表 5-8　声流式微穿孔板消声器实测消声性能

风速/(m/s)	各倍频带中心频率的消声量/dB								压力损失/Pa
	63Hz	125Hz	250Hz	500Hz	1000Hz	2000Hz	4000Hz	8000Hz	
0	18	28	29	33	30	42	51	41	0
7	16	25	29	33	23	32	41	35	8
10	15	23	26	29	22	30	35	33	49
14	17	19	20	24	20	26	34	30	80
22	4	10	12	19	19	27	33	28	320
25	2	3	4	14	16	25	32	24	430

5.6　喷注耗散(扩散)型消声器

高温、高压的气体从管口高速喷射出来，产生强烈的空气动力性噪声称为气流噪声。其特点是声级高、频带宽、传播远、危害大。它是化工、石油、电力和冶金等工业生产中重要的噪声源。采用小孔喷注，扩容降压、降速的原理来降低高压排气放空的空气动力性噪声的消声器称为喷注耗散(扩散)型消声器。因其采用气流扩散的原理来消声，也称为扩散型消声器。又因其常用于高温、高压气体的排气放空上，因此又称为排气放空消声器。

5.6.1　小孔喷注消声器

1. 消声原理

➢ 小孔喷注消声器以许多小喷口代替大截面喷口(图 5-29)，由于喷注噪声峰值频率与喷口直径成反比，因此喷口辐射的声能从低频向高频转移，并移到人耳不敏感的超声范围，从而减小它对人的干扰。

➢ 除了移频作用外，小孔喷射也改变发声机制，消耗气流动能，从而降低干扰声级。

➢ 小孔喷注消声器具有结构简单、消声效果良好、体积小等优点，适用于流速极高的放空排气。

2. 峰值频率

喷注噪声是宽频带噪声，其峰值频率 f_p 为

$$f_p \approx 0.2v/D \tag{5-40}$$

式中：v 为喷注速度，m/s；D 为喷口直径，m。

3. 基本设计参数和消声量

➢ 小孔直径 D 一般取 1～2mm，可使 f_p 移入超声范围；但过小的孔径加工困难，且易堵塞，通常取 1mm 为多数。

➢ 孔间距 B 为

$$B \geqslant D + 6\sqrt{D} \quad (\text{mm})$$

一般 B 取 5～10 倍孔径 D，以保证各小孔的喷注是互相独立的。喷注前驻压越高，孔间距就需越大。

➢ 开孔总面积比原排气口面积大 20%～60%，甚至达到 100%，以保证不影响原设备的排气。

➢ 小孔喷注消声器主要适用于降低压力较低（5～10kg/cm^2）而流速较高的排气放空噪声，如化肥厂排气。

➢ 当 $D \leqslant 1$mm 时，小孔喷注消声器的插入损失可按以下简化式近似估算：

$$\text{IL} \approx 27.5 - 30\lg D \tag{5-41}$$

式中：D 为小孔直径，mm。

由式(5-41)可以看出，在小孔范围内，孔径减半消声量提高 7～9dB。小孔喷注消声器的插入损失也可由图 5-29 中的曲线计算。现场测试表明，在高压气源上采用小孔喷注消声器，单层 ϕ2mm 的小孔消声量为 16～21dB，单层 ϕ1mm 小孔消声量可达 20～28dB。

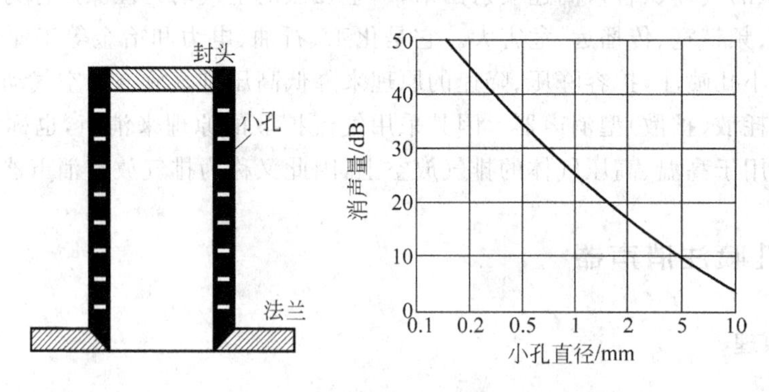

图 5-29 小孔喷注消声器及其插入损失

4. 结构强度设计

这类消声器应选择焊接性能好，对小孔局部应力集中不敏感的金属材料制作。当排气压力较高时，端头应取球面形状；压力较低时，采用拱形端头。消声器可近似看作内部承压的薄壁容器，并考虑小孔应力集中的影响进行强度检验。

在高压气体向上排放的场所，可以给小孔喷注消声器制作一个半封闭圆形防护外罩，气流经小孔进入外罩汇合后由开口端喷出。为使外罩不影响降噪，可以将外罩设计成阻性消声器。

例 5-4 某厂加热炉冷却系统气包压力为 5.88×10^5 Pa，蒸汽自动排放，排气管壁厚 8mm，内径 $D=145$mm，放空噪声为 120dB(A)。试设计小孔喷注消声器。

解：(1) 材料选择

考虑到消声器防腐、不堵塞等具体要求，选用 4mm 厚不锈钢板。

(2) 确定设计参数

取小孔直径 $d=2$mm，小孔总截面面积与排气口截面面积之比取 1.8，则小孔的个数：

$$n=\frac{\frac{\pi}{4}D^2}{\frac{\pi}{4}d^2}\times1.8=\frac{145^2}{2^2}\times1.8=9461(\text{个})$$

孔心距为

$$B=d+6\sqrt{d}=2+6\sqrt{2}=10.48(\text{mm})$$

消声器的高度与直径按 3∶1 确定，取高为 1450mm，内径为 450mm。考虑到充分达到消声器的降噪效果，孔心距实际取 14.5mm。因为压力不太高，消声器顶端采用拱形。

消声器壁上纵向开孔列数为

$$1450/14.5=100(\text{列})$$

横向开孔行数为

$$\pi D/14.5=\pi(450+2\times4)/14.5=99(\text{行})$$

实际钻孔数为

$$100\times99=9900(\text{个})$$

小孔消声器的强度问题，因为排气压力不高，强度足够，验算省略。

(3) 测试降噪效果

在排气口水平面上 1m 处，测试数据为 120dB(A)。安装小孔喷注消声器后，在原位置测量噪声级为 95dB(A)，降噪约 25dB(A)。

5.6.2 多孔扩散消声器

1. 消声原理

高速高压气流通过多层多孔装置后，排放气流被滤成无数个扩散小气流，气流速度与压力逐级下降，辐射的噪声强度就相应地减弱，气流的空气动力性噪声因而得到控制，并且多孔装置还具有阻性材料的吸声作用(图 5-30)，从而达到降噪的效果。

2. 材料

由多孔陶瓷、烧结金属或塑料、多层金属网制成。

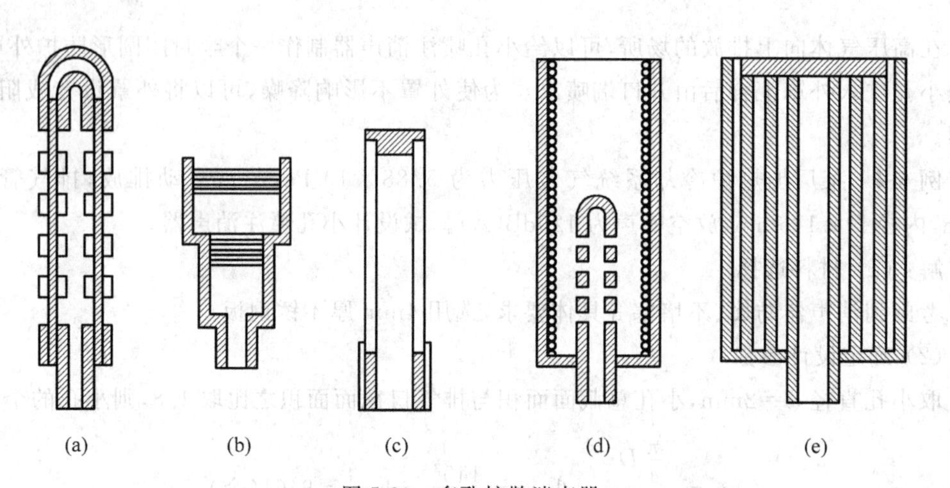

图 5-30 多孔扩散消声器

(a) 小孔纱网结合构造；(b) 二次纱网扩散；(c) 粉末铜柱消声器；(d) 扩散吸收组合；(e) 多次扩散构造

3. 设计

➢ 有效通流面积要大于排气管道的截面积，如果扩散的面积足够大，降噪效果可达30～50dB(图 5-31)。在条件允许的情况下，应尽可能增大扩散面积，以获得较高的降噪量。

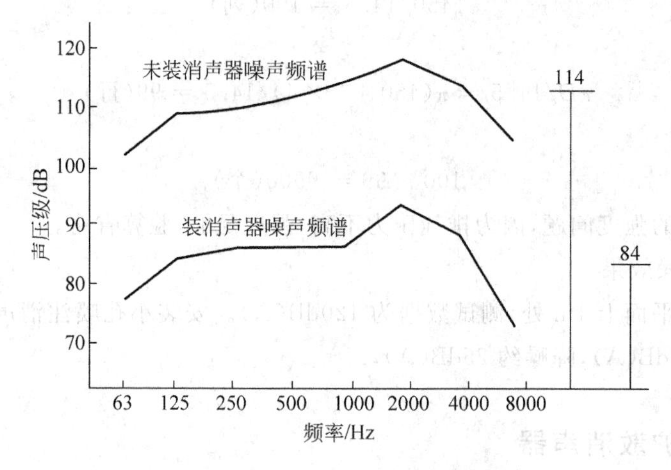

图 5-31 多孔扩散消声器消声性能曲线

➢ 小孔直径一般选 1～2mm，孔心距选 3～5mm；金属网或纱网选 16～20 目；多孔陶瓷微孔直径选 60～100μm。

➢ 为了提高消声效果，也可在多孔扩散消声器后接上一个阻性消声段，成为阻抗复合型扩散消声器，其阻性部分往往可获得 15dB 的消声量(图 5-32)。

➢ 为了进一步获得较大的消声效果，也可在扩散段前再加一节扩张腔，先行一次减压减速，形成扩张-扩散-列管吸声宽频谱阻抗复合消声器(图 5-33)，这种设计适宜于扩张后气流速度降到 60m/s 以下的情况。

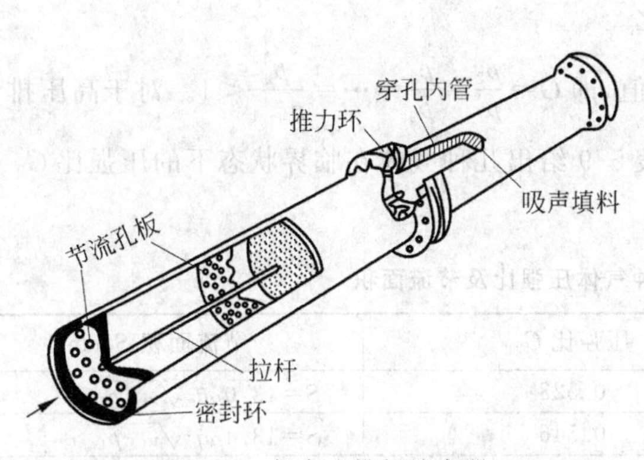

图 5-32 复合式排气消声器

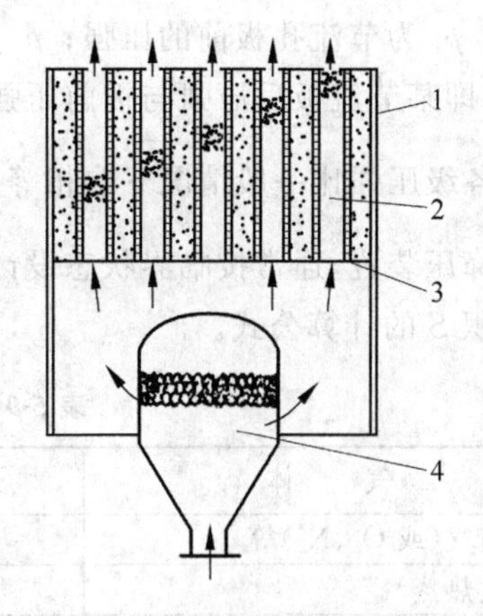

图 5-33 宽频谱阻抗复合消声器

1—吸声材料；2—穿孔管；
3—阻性列管段；4—扩散室

4. 应用

多孔扩散消声器加工简单，适合于降低小口径高压高速气流放空高，如电厂锅炉汽包上安全门放空排气。

在实际应用中，为了防止堵塞气流通道，要适时清洗。

5.6.3 节流减压消声器

1. 消声原理

该类消声器基本原理同多孔扩散消声器，只是用多孔节流串联孔板逐级降压(图 5-34)，因排气噪声功率与压降的高次方成正比，将压力突变排空变为压力渐变排空而取得降噪效果。

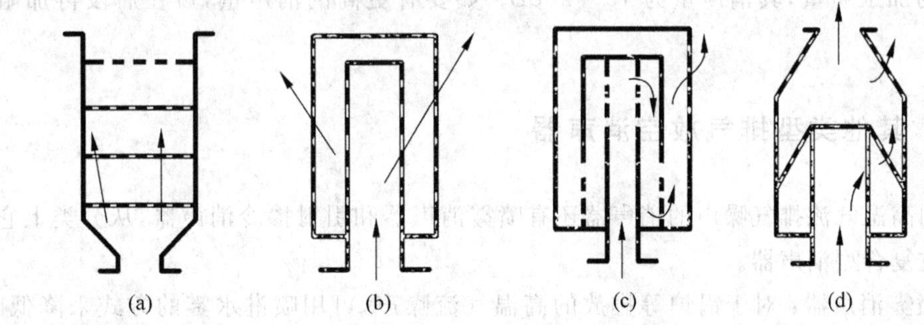

图 5-34 多级节流减压消声器

(a) 四级孔板节流；(b) 二级孔管节流；(c) 三级孔管迷路节流；(d) 三级孔管锥管节流

2. 消声量计算

节流减压消声器的各级压力是按几何级数下降的，即

$$p_n = p_s G^n \quad (\mathrm{Pa}) \tag{5-42}$$

式中：p_s 为节流孔板前的压强；p_n 为第 n 级节流孔板后的压强；n 为节流孔板数；G 为压强比，即某节流板后压强与板前压强之比。

各级压强比一般情况下取相等的数值，即 $G=\frac{p_2}{p_1}=\frac{p_3}{p_2}=\cdots=\frac{p_n}{p_{n-1}}<1$。对于高压排气的节流降压装置，通常按临界状态设计。表 5-9 给出几种气体在临界状态下的压强比 G_0 及节流面积 S 的计算公式。

表 5-9 几种气体压强比及节流面积

气　　体	压强比 G_0	节流面积 S/cm^2
空气(或 O_2、N_2)等	0.528	$S=13.0\mu q_m\sqrt{\nu_1/p_1}$
过热蒸汽	0.546	$S=13.4\mu q_m\sqrt{\nu_1/p_1}$
饱和蒸汽	0.577	$S=14.0\mu q_m\sqrt{\nu_1/p_1}$

注：q_m 为排放气体的质量流量，t/h；ν_1 为节流前气体比容，m^3/kg；p_1 为节流前气体压强，98.07kPa；μ 为保证排气量的截面修正系数，通常取 1.2～2。

在计算出第一级节流孔板通流面积 S_1 后，可按与比容成正比的关系近似确定其他各级通流面积，然后可以确定孔径、孔心距和开孔数等参数。

➢ 按临界降压设计的节流降压消声器，其消声量可用下式估算：

$$\mathrm{IL}=10\alpha\lg\frac{3.7(p_1-p_0)^3}{np_1p_0^2} \tag{5-43}$$

式中：p_1 为消声器入口压强，Pa；p_0 为环境压强，Pa；n 为节流降压层数；α 为修正系数，其实验值为 0.9±0.2(当压强较高时，取偏低的数值，如取 0.7；当压强较低时，取偏高的数值，如取 1.1)。

3. 应用

多级节流降压排气消声器主要用于高温、高压排气情况下，因此必须有足够的强度和优良的加工质量，其消声量为 15～20dB。如要有更高的消声量，可在后段再加阻性消声器。

5.6.4 其他类型排气放空消声器

控制高温气流排气噪声的消声器还有喷雾消声器和引射掺冷消声器，从分类上它们归属于阻抗复合型消声器。

➢ 喷雾消声器：对于锅炉等排放的高温气流噪声，可用喷淋水雾的方式来降低噪声。喷雾改变了介质的声学特性引起反射，气、液两相混合时又可消耗部分声能。

➢ 引射掺冷消声器：对高温气流掺入冷空气后，使消声器通道内形成中间热周边冷的温度梯度，引导声线向微穿孔板吸声结构壁面弯曲，提高了吸声结构的吸声性能。

为了应对不同压力高速放空排气降噪，可以采用多种型式的复合排气消声器，如节流减压-小孔喷注复合、扩散-吸收复合、扩张-列管阻抗复合等型式。降噪量可达 30～50dB，尤其适用于发电站蒸汽锅炉安全阀门放空排气、空气压缩机排气等。

5.6.5 喷注耗散型消声器设计的技术要点

喷注耗散型消声器设计的技术要点如下：

(1) 合理选择排气放空消声器的结构型式：

➢ 如对排气压力不高而排气速度很高的声源，可选择小孔喷注排气消声器。

➢ 对排气口径很小、压力不高的排气噪声，则可采用多孔材料耗散型排气消声器。

➢ 对于高温、高压排气噪声源，应选择节流减压排气放空消声器。

➢ 而大流量、高温、高压排气放空噪声，则可采用节流减压小孔喷注复合消声器。

(2) 单节小孔喷注消声器或用于节流减压后的小孔喷注消声段的小孔直径宜为 1～2mm；孔间距应≥5 倍孔径，至少应为 3 倍孔径；一般小孔的总开孔面积≥1.5～2.0 倍原排气口面积或前级节流孔板的开孔面积。

(3) 小孔喷注消声器的适用排气压力为 40～80kgf/cm^2(1kgf/cm^2≈0.1MPa)，多孔材料耗散型排气消声器的适用排气压力一般为≤50kgf/cm^2，而节流减压排气放空消声器的适用排气压力可在几百甚至 1000kgf/cm^2。

(4) 节流减压排气放空消声器的节流级数可根据排气压力大小设计为 2～6 级。如当排气压力≤150kgf/cm^2 时，级数可取 2～3 级；排气压力为 160～300kgf/cm^2 时，级数可取 4～5 级；当排气压力＞300kgf/cm^2 时，则应取 6 级。设计压强比一般可取 G=0.5～0.7，通常均取等临界比值 G_0，即使各级节流孔板后的压力与节流孔板前的压力比都等于临界压强比(如空气为 0.528，过热蒸汽为 0.546，饱和蒸汽为 0.577)。

(5) 多级节流减压排气消声器的节流孔板的孔径由前至后可取 15～2mm，且前级节流孔径应大于后级节流孔径，后级节流孔板的开孔面积应大于前级节流孔板的面积的 $1/G_0$ 倍，以保证排气放空的通畅性。

(6) 节流减压消声器的各级孔板厚度及整体刚度均应进行结构强度计算后确定，以确保排气放空消声器的安全性。

(7) 消声器上开有各种各样的小孔，它们的功能和作用是不一样的，因而开孔的要求也各不相同，认识到这一点十分重要，表 5-10 总结了各种消声器上开孔参数的情况。

表 5-10 消声器上的开孔参数小结

序号	消声器类型	穿孔率/%	孔径/mm	板厚/mm	孔心距/mm	布孔位置	作用
1	阻性消声器护面板	＞20	5～8	1～3	—	全程均布	透声
2	扩张室消声器连接管	＞30	3～10	1～5	—	内接 $l/4$ 长	扩张减阻损
3	共振腔消声器穿孔管	0.5～5	3～10	1～5	＞5 倍孔径	中段 $\lambda_r/12$ 长	共振
4	微穿孔板消声器穿孔薄板	1～3	0.5～1	0.2～1	—	全程均布	阻抗结合
5	小孔喷注消声器小孔管	孔面积/管面积≥1.5～2.0	1～2		≥5～10 孔径	面上均布	扩散

5.7 消声器的选用与安装

由于产生空气动力性噪声的设备种类多、应用广泛,因而形成了一个规模可观的消声器市场。据统计,至2002年,全国从事噪声、振动控制设备、构件生产的企业有246个,其中80%皆生产消声器。许多生产气动设备的企业也同时生产配套的消声器。由于消声器的单件设计与制作成本很高,因此除了个别特殊要求的消声器外,在可能的情况下人们大多选用市场上的产品。但由于消声器标准化、系列化工作滞缓,目前消声器型号达数百种。同一内容的消声器各厂型号不一,因此选用时必须综合考虑。

安装、调试是减振降噪中的重要环节,消声器安装不当会直接影响降噪效果,同时也影响使用寿命。

5.7.1 各类消声器消声性能比较

消声器在设计、选用与安装之前,必须要对各类消声器的性能有充分的了解和比较,以便针对工程要求选用或设计最适用的消声器类型。图5-35以结构示意和性能曲线的形式对各类消声器消声特性作一比较。

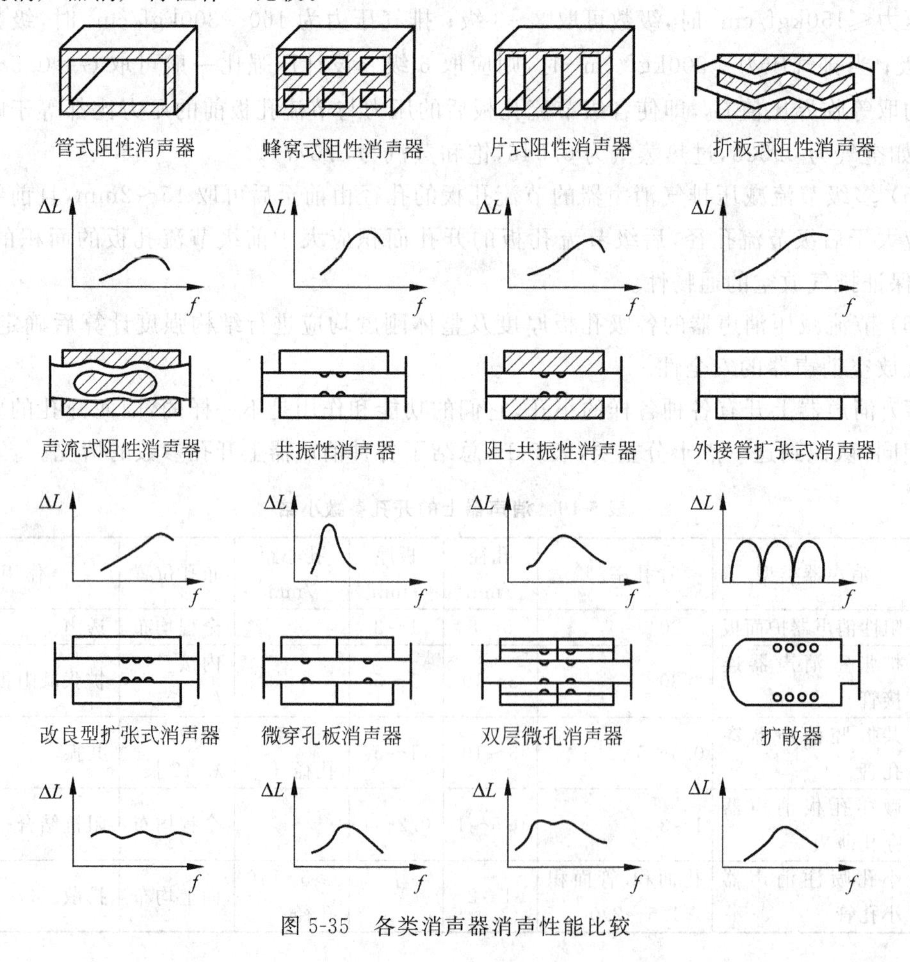

图5-35 各类消声器消声性能比较

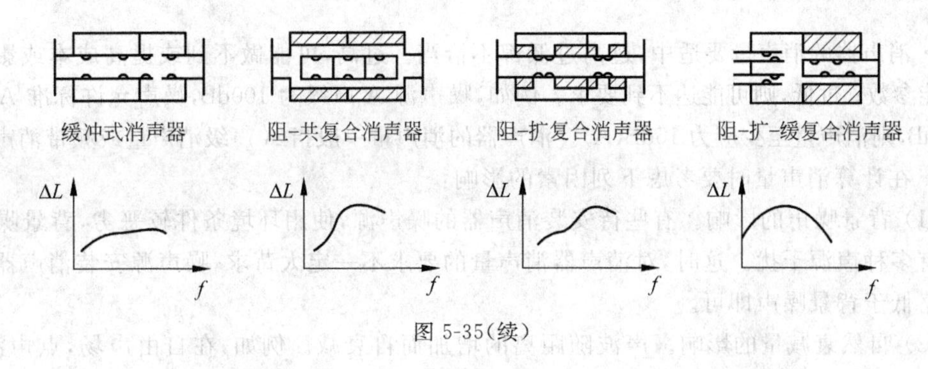

图 5-35(续)

说明:

(1) 共振式消声器适用于低频,特别是单频噪声。但其消声频带较窄,噪声峰值频率稍有偏高,其消声量即骤减。

(2) 干涉型消声器是通过旁通支管造成分支管与直通管会合处两列声波的相位正好相反,因而声振动相互抵消而达到消声之目的。适用于音调非常显著而又不变的噪声,对连续频谱噪声通常是无效的,因而很少应用。

5.7.2 消声器的选用

消声器的选用一般应考虑以下 5 个因素。

1. 噪声源特性调查与分析

➢ 在具体选用消声器时,必须首先弄清楚需要控制的是什么性质的噪声源,是机械噪声、电磁噪声,还是空气动力性噪声。消声器只适用于降低空气动力性噪声,对其他噪声源是不适用的。

➢ 空气动力性设备,按其压力不同,可分为低压、中压和高压;按其流速不同,可分为低速、中速和高速;按其输送气体性质不同,可分为空气、蒸汽和废气等有害气体。应按不同性质、不同类型的噪声源,有针对性地选用不同类型的消声器。

➢ 噪声源的声级高低及频谱特性各不相同,消声器的消声性能也各不相同,在选用消声器前应对噪声源进行测量和分析。一般测量 A 声级、C 声级、倍频程或 1/3 倍频程频谱特性。根据噪声源的频谱特性和消声器的消声特性,使两者相对应,噪声源的峰值频率应与消声器最理想的、消声量最高的频段相对应。这样,安装消声器后,才能得到满意的消声效果。

➢ 另外,对噪声源的安装使用情况、周围的环境条件、有无可能安装消声器、消声器装在什么位置等,事先应有个考虑,以便正确合理地选用消声器。

2. 噪声标准确定

在具体选用消声器时,应按不同对象、不同环境的标准要求,将噪声控制到允许范围之内即可,所以要先明确执行何种标准以及具体指标是多少。

3. 消声量计算

➢ 按噪声源测量结果和噪声允许标准的要求来计算消声器的消声量。

➢ 消声器的消声量要适中，过高过低都不恰当。过高，可能做不到或提高成本或影响其他性能参数；过低，则可能达不到要求。例如，噪声源 A 声级为 100dB，噪声允许标准 A 声级为 85dB，则消声量至少应为 15dB(A)。消声器的消声量一般指 A 声级消声量或频带消声量。

➢ 在计算消声量时要考虑下列因素的影响：

(1) 背景噪声的影响。有些待安装消声器的噪声源，使用环境条件较恶劣，背景噪声很高或有多种声源干扰。这时，对消声器消声量的要求不一定太苛求，噪声源安装消声器后的噪声略低于背景噪声即可。

(2) 自然衰减量的影响。声波随距离的增加而自衰减。例如，在自由声场，点声源、球面声波的衰减规律符合反平方律，即离声源距离加倍，声压级减小 6dB。在计算消声量时，应减去从噪声源至控制区沿途的自然衰减量。

4. 选型与适配

➢ 正确选型是保证获得良好消声效果的关键。如前所述，应按噪声源性质、频谱、使用环境的不同，选择不同类型的消声器。例如，风机类噪声，一般可选用阻性或阻抗复合型消声器；空压机、柴油机等，可选用抗性或以抗性为主的阻抗复合型消声器；锅炉蒸汽放空以及高温、高压、高速排气放空，可选用新型节流减压及小孔喷注消声器；对于风量特别大、流速高或气流通道面积很大的噪声源，例如高速风洞，可以设置消声塔、消声房、消声坑、或以特制消声元件组成的大型消声器。

➢ 微穿孔板消声器在选型时，如果要求阻损小，一般可采用直通式；可以允许有些阻损时，则可采用声流式或多室式；如果风管中气流速度为 50～100m/s，则应在消声器入口端安装上一个变径管接头，以降低入口流速；当流速很低时，可以适当提高进入消声器内气流的流速，从而可以减小消声器的尺寸。

➢ 消声器一定要与噪声源相匹配，例如，风机安装消声器后，既要保证设计要求的消声量，又能满足风量、流速、压力损失等性能要求。一般来说，消声器的额定风量应等于或稍大于风机的实际风量。若消声器不是直接与风机进风管道相接，而是安装于密闭隔声室的进风口，此时消声器设计风量必须大于风机的实际风量，以免密闭隔声室内形成负压。消声器的设计流速应等于或小于风机实际流速，防止产生过高的再生噪声。消声器的阻力应小于或等于设备的允许阻力。

5. 全面考虑、综合治理

安装消声器是降低空气动力性噪声最有效的办法，但不是唯一的措施。如前所述，由于消声器只能降低空气动力设备进排气口或沿管道传播的噪声，而对该设备的机壳、管壁、电动机等辐射的噪声无能为力。因此，在选用和安装消声器时应全面考虑，按噪声源的分布、传播途径、污染程度以及降噪要求等，采取隔声、隔振、吸声、阻尼等综合治理措施，才能取得较理想的效果。

5.7.3 消声器的安装

消声器的安装一般应注意以下几个问题：

(1) 对待装消声器的设备进行必要的维修、清理、调试

对于新安装的设备，应先对设备进行调试，清除异常；对已使用的设备，应停机清除污

垢、正常润滑、加固松动的零部件，确保正常运转后，方能安装消声器。维修、调试过程也是一个减噪过程。

(2) 消声器的接口要牢靠

消声器往往是安装于需要消声的设备上或管道上，消声器与设备或管道的连接一定要牢靠，重量较大的消声器应支撑在专门的承重架上，若附于其他管道上，应注意支承位置的强度和刚度。

(3) 在消声器前后加接变径管

对于风机消声器，为减小机械噪声对消声器的影响，消声器不应与风机接口直接连接，而应加设中间管道，一般情况下，该中间管道长度为风机接口直径的3～4倍。当所选用的消声器的接口形状尺寸与风机接口不同时，可以在消声器前后加接变径管。无论是按要求供应变径管，还是使用单位自行加工，变径管的当量扩张角不得大于20°。消声器接口尺寸应大于或等于风机接口尺寸。

(4) 应防止其他噪声传入消声器的后端

消声设备的机壳或管道辐射的噪声有可能传入消声器后端，致使消声效果下降，必要时可在消声器外壳或部分管道上进行隔声处理。消声器法兰和风机管道法兰连接处应加弹性垫并注意密封，以免漏声、漏气或刚性连接引起固体传声。在通风空调系统中，消声器应尽量安装于靠近使用房间的地方，排气消声器应尽量安装在气流平稳的管段。

(5) 消声器安装场所应采取防护措施

消声器露天使用时应加防雨罩，作为进气消声使用时应加防尘罩，含粉尘的场合应加滤清器。一般通风消声器，通过它的气体含尘量应低于150mg/m^3，不允许含水雾、油雾或腐蚀性气体通过，气体温度应≤150℃；寒冷地区使用时应防止消声器孔板表面结冰。防护装置应与消声器进风口保持一定距离，以不影响风量、风压为原则。

(6) 消声器片间流速应适当

对于风机消声器片间平均流速通常可选为等于风机管道流速。用于民用建筑，消声器片间平均流速常取3～12m/s，用于工业方面，消声器片间平均流速可取12～25m/s，最大不得超过30m/s。流速不同，消声片护面结构也不同。当平行流速＜10m/s时，多孔材料的护面可用布或金属丝网罩起来；当平行流速为10～23m/s时，可采用金属穿孔板护面；当平行流速为23～45m/s时，可采用金属穿孔板和玻璃丝布护面；当平行流速为45～120m/s时，应采用双层金属穿孔板和钢丝棉护面，穿孔率应大于20%。大型消声器的消声片应便于装拆和维修。

例：D型罗茨鼓风机配套消声器系列

罗茨鼓风机又称为容积式鼓风机，它是由一对互相垂直啮合的腰形叶轮或三个互相成120°的螺旋叶轮旋转而压缩和输送气体的。按其冷却方式不同，可分为D型系列(空冷式)和SD系列(水冷式)两大类。罗茨鼓风机输送的气体流量不变，而其压力则可以调节，即风量不随压力的变化而变化。因此，在一些压力需要变化但风量不应减少的设备上，使用这种鼓风机就十分方便。

罗茨鼓风机在各工业部门得到了广泛的应用，在废水处理的各种曝气充氧上应用更为普遍，但其噪声高达110～130dB(A)，危害十分严重，采用加装消声器等措施，可以使其噪声得到有效控制。

D型罗茨鼓风机配套消声器系列已通过技术鉴定，国内很多消声器制造厂均生产该系列消声器。

(1) 型号

D型系列罗茨鼓风机型号由机壳结构形式、叶轮直径、叶轮长度、流量、最大风压5个单元代号依序组成：

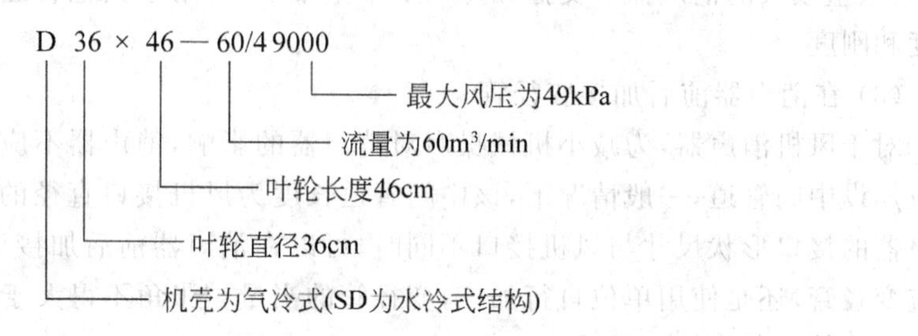

(2) 结构

D型消声器是阻性折板式消声器，采用折线形声通道，利用声波在通道内的多次反射吸收以及吸声层厚度的连续变化，可以在较宽的频带范围内具有较高的消声效果。本系列消声器共有8种规格：D1～D2为单通道式，D3～D5为双通道式，D6～D8为三通道式。每种规格均由两段组成，呈四折式，弯折角度均控制在20°左右。在消声器内设置三道横向隔板，消声器外形呈圆筒状，两端均为方接圆变径管。图5-36为D型罗茨鼓风机消声器系列结构示意图。图5-37为D型罗茨鼓风机消声器外形及法兰尺寸示意图。表5-11为D型罗茨鼓风机消声器系列性能规格表。

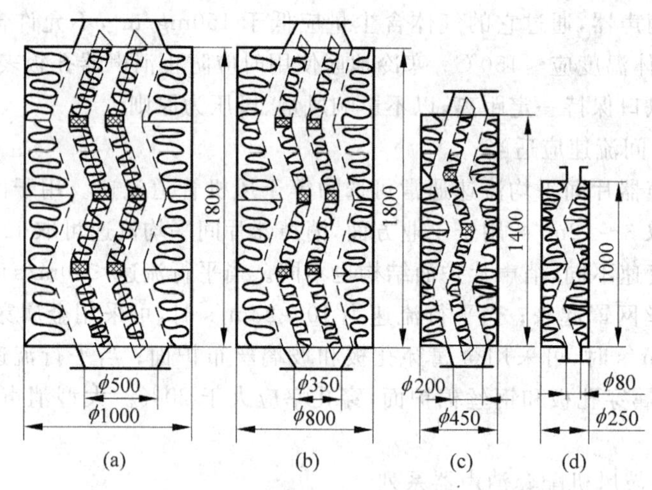

图5-36　D型罗茨鼓风机消声器系列结构示意图

(a) D8型；(b) D6型；(c) D4型；(d) D2型

(3) 适用范围

D型消声器系列主要用于降低罗茨鼓风机进气口辐射的噪声，必要时也可用于降低排气口(或排气管)噪声或其他高压风机的噪声。

(4) 消声量

在额定风速下，实际消声量≥30dB(A)。实测D4、D5、D7型消声器动态和静态消声量如表5-12所示。

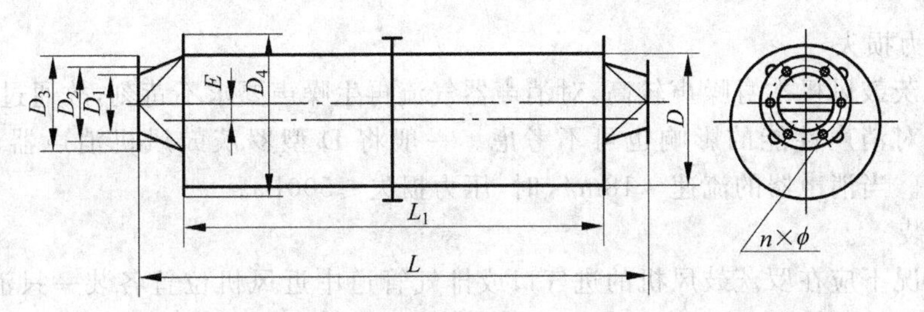

图 5-37 D型罗茨鼓风机消声器外形及法兰尺寸示意图

表 5-11 D型罗茨鼓风机消声器系列性能规格表

型号	适用流量/(m^3/min)	气流速度/(m/s)	通道截面积/m^2	外形尺寸/mm					两端法兰尺寸/mm				重量/kg
				D	D_4	L	L_1	E	D_1	D_2	D_3	$n\times\phi$	
D1	1.25	5.8	0.0036	200	252	1000	800	40	50	105	135	4×ϕ15	22
	2.5	11.6											
D2	5.0	10.4	0.008	250	300	1200	1000	55	80	138	170	4×ϕ19	29
	7.0	14.6											
D3	10.0	7.7	0.0216	400	466	1500	1200	40	150	208	240	4×ϕ19	67
	15.0	11.6											
	20.0	15.5											
D4	30.0	13.0	0.0384	450	514	1700	1400	55	200	269	300	6×ϕ19	82
	40.0	17.4											
D5	60.0	14.7	0.068	600	676	1900	1600	70	300	386	430	8×ϕ24	150
	80.0	9.6											
D6	120	14.8	0.135	800	842	2100	1800	65	350	445	485	10×ϕ24	320
	160	9.8											
D7	200	19.3	0.173	900	986	2100	1800	70	450	550	590	10×ϕ24	380
D8	250	19.2	0.216	1000	1100	2100	1800	90	500	590	650	10×ϕ24	450

表 5-12 D型罗茨鼓风机消声器实测消声性能表

实测条件			测量距离/m	总声级/dB		噪声评价量(NR数)
				A	C	
罗茨鼓风机 40m^3/min	动态	无消声器	1.0	115	119	115
		装 D4 型消声器	1.0	90	120	85
		消声量	—	30	18	
	静态	无消声器	0.3	115	117	112
		装 D4 型消声器	0.3	72	86	72
		消声量	—	43	31	
罗茨鼓风机 80m^3/min	动态	无消声器	1.0	122	126	12
		装 D5 型消声器	1.0	93	103	90
		消声量	—	33	25	
	静态	无消声器	0.3	115	117	112
		装 D5 型消声器	0.3	73	84	74
		消声量	—	42	33	
罗茨鼓风机 200m^3/min	动态	无消声器	1.5	115	127	116
		装 D7 型消声器	1.5	92	111	96
		消声量	—	29	14	

(5) 压力损失

鉴于罗茨鼓风机本身噪声较高,对消声器气流再生噪声要求不苛刻,故通过消声器的气流速度大小对消声性能的影响也可不考虑。一般将D型罗茨鼓风机消声器流量控制在20m/s以下。当消声器的流速≤18m/s时,压力损失≤500Pa。

(6) 安装

一般情况下应在罗茨鼓风机的进气口或排气管道中近风机位置各装一只消声器,为提高消声效果,输气管道应进行隔声隔振处理。图5-38为D型罗茨鼓风机消声器安装示意图。图5-38中(a)方案是消声器与风机直接连接;(b)方案是进风消声器不与风机直接连接,而是安装于机房侧墙或屋顶上,并对机房进行隔声、吸声处理。这样既减少了风机机壳辐射噪声的影响,又可以达到通风降温的目的。

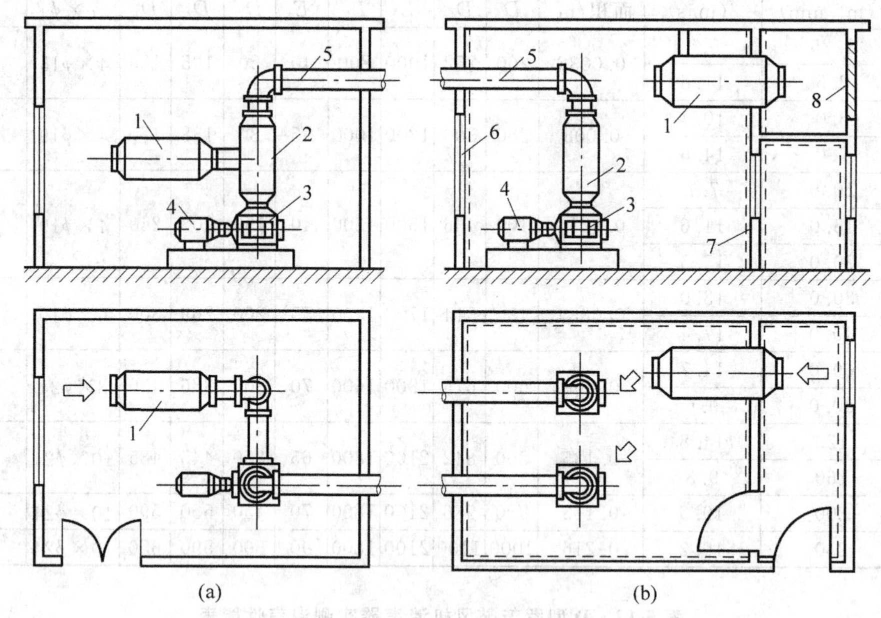

图5-38 D型罗茨鼓风机消声器安装示意图

(a) 消声器与风机直接连接;(b) 消声器不与风机直接连接

1—进风消声器;2—出风消声器;3—罗茨鼓风机;4—电动机;
5—出风管道;6—隔声采光窗;7—墙面吸声处理;8—进风百叶窗

(7) 其他型号的罗茨鼓风机系列

除了D型外,市场上还有G型消声管道、D型消声弯头、ZHZ-55型系列直管式阻性消声器、CG型系列罗茨鼓风机消声器、Z型系列罗茨鼓风机消声器、BHB型系列罗茨鼓风机消声器、YHZ型系列罗茨鼓风机消声器,以及离心风机和罗茨风机两用或多用的L型系列消声器、LF型系列消声器,它们有各自的特点和适宜的应用场合与范围,覆盖的应用面十分广泛,可供选用。具体选用时可查阅相关的手册和样本。

习 题

1. 某钢铁公司高炉气的排气管道直径为0.5m,现需要对其进行消声处理,若设计选用的消声器单位长度消声量为10dB,则其消声系数$\varphi(\alpha_0)$应取多少?

2. 选用同一种吸声材料衬贴的消声管道，管道截面积 $2000cm^2$。当截面形状分别为圆形、正方形和 1∶5、2∶3 的两种矩形时，试问哪种截面形状的声音衰减量最大？哪种最小？两者相差多少？

3. 一个管式消声器的有效通道直径为 200mm，用超细玻璃棉制成吸声衬里，吸声材料在 125Hz 和 1000Hz 处的吸声系数分别为 0.5 和 0.76，消声器长 1m。试求该消声器的消声量。

4. 一直管式消声器，有效通道的直径为 200mm，用超细玻璃棉制成吸声衬里系数如下表所列，消声器长度为 1m。求消声量。

f_0/Hz	63	125	250	500	1000	2000	4000	8000
α_0	0.20	0.33	0.70	0.67	0.76	0.73	0.80	0.78

5. 一长为 1m、外形直径为 380mm 的直管式阻性消声器，内壁吸声层采用厚为 100mm、密度为 $15kg/m^3$ 的超细玻璃棉。试确定频率大于 250Hz 时的消声量。

6. 直管式阻性消声器的尺寸为：长度 1200mm、外径 360mm、内径 160mm，采用密度为 $15kg/m^3$ 的超细玻璃棉作吸声材料。试确定频率大于 250Hz 的消声量。

7. 加插片的直管式阻性消声器外形尺寸见下图。已知采用的吸声材料为矿渣棉，$\delta=5cm$，$\rho=175kg/m^3$。试确定频率等于 250Hz 的消声量 L_A。

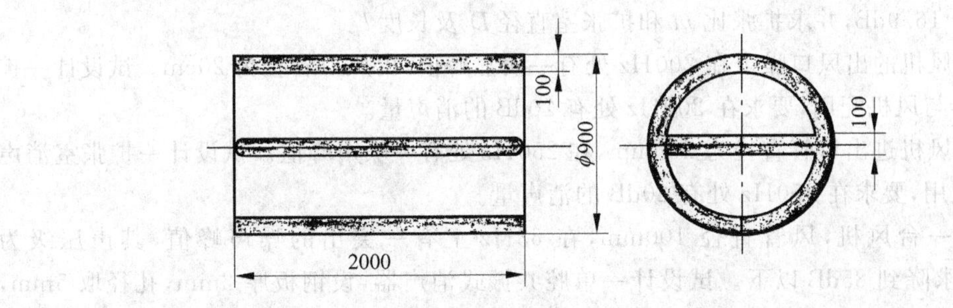

8. 如下图所示在通道中加吸声层或吸声芯的直管式阻性消声器，外径为 500mm 的消声通道，内壁衬贴厚 50mm、吸声系数为 $\alpha_0=0.5$ 的吸声材料。若用厚 100mm 的同种吸声材料作吸声层，将通道等分为两部分或在中心加直径为 100mm 的吸声芯。试求：

(1) 若设计消声量要求达到 25dB，则消声器工作长度分别需多少？

(2) 两者的上限截止频率分别为多少？

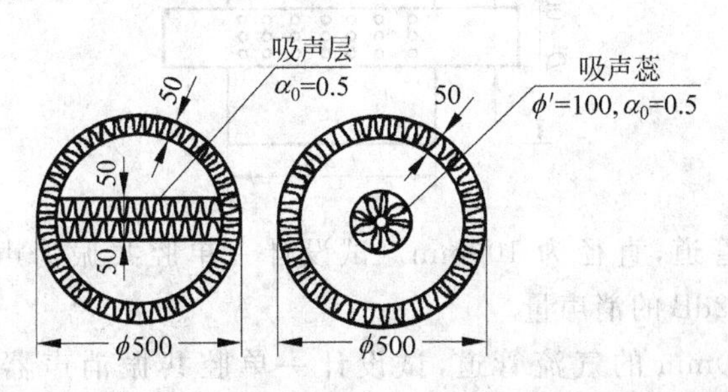

9. 某风机的风量为 $2100m^3/h$，进气口直径为 200mm。风机开动时测得其噪声频谱，从 125Hz～4kHz 中心频率声压级依次为 105、102、101、93、94、85dB。试设计一阻性消声器消除进气流声，使之满足 NR85 标准的要求。

10. 某厂 LGA-40/5000 风机，风量为 0.67m/s，进气管径为 200mm。在进气口 2m 处测得噪声频谱，8 个倍频程中心频率（63Hz～8kHz）的声压级依次为 109、112、104、115、116、108、104、94dB。试设计一个阻性消声器消除风机进气噪声，要求距进气口 2m 处降到噪声评价曲线 NR90。

11. 有一单扩张室消声器如下图所示，试求：

（1）最大消声量 TL_M 为多少？

（2）相应于最大消声量的声波激发频率 f_M 是多少？

（3）当激发频率 $f=340$Hz 时，TL 为多少？

（4）当扩张室长度增加至 600mm 时，可得到最大传声损失的声波频率 f_M 是多少？

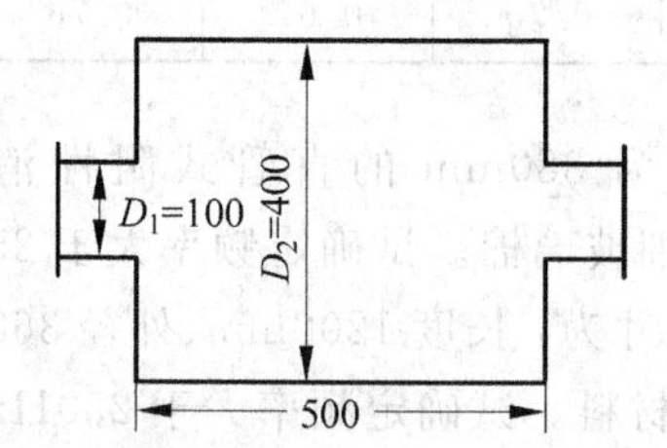

12. 已知柴油机进气气流噪声峰值频率为 100Hz，设进气口的管径为 150mm、长度为 2m。若气流速度的影响可以忽略，试设计一单扩张室消声器，要求在 100Hz 频率附近的消声量不低于 16.9dB，并求扩张比 m 和扩张室直径 D 及长度 l。

13. 某风机的出风口噪声在 200Hz 处有一明显峰值，出风口管径为 20cm。试设计一扩张室消声器与风机配用，要求在 200Hz 处有 20dB 的消声量。

14. 某风机进出口管直径为 200mm，在 250Hz 处有一噪声峰值。试设计一扩张室消声器与风机配用，要求在 250Hz 处有 20dB 的消声量。

15. 有一台风机，风管直径 100mm，在 63Hz 上有一突出的噪声峰值，其声压级为 99dB，现要求降到 85dB 以下。试设计一单腔共振式消声器，设钢板厚 2mm，孔径取 5mm，$D_{外}/D_{内}=4$。并求 $D_{外}$、L 和 n。

16. 如下图所示为一共振式消声器，试计算出消声量最大时的激发频率，并估算频率为 100Hz 处的传声损失。（不考虑各孔的声阻，小孔孔径为 6mm，共 50 孔均布）

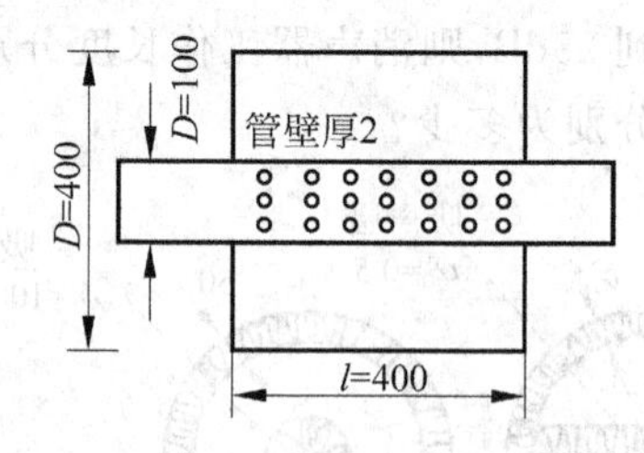

17. 某常温气流管道，直径为 100mm。试设计一单腔共振消声器，要求在中心频率 63Hz 的倍频带上有 12dB 的消声量。

18. 某直径为 150mm 的气流管道，试设计一单腔共振消声器，要使在中心频率为 125Hz 的倍频带上有 15dB 的消声量。

19. 某城市施工工程使用一台 350hp（1hp＝745.6999W）高速柴油发动机作动力，在排气口 45°方向、距排气口 1m 处测得单台柴油机排气噪声级高达 110dB 以上，频谱呈明显低频性(以 63Hz 和 125Hz 为最高,分别达 119.5dB 和 117dB),但在中、高频也达到相当高的声级(84～103dB)。试设计一微穿孔板-扩张式复合消声器,在 63～8000Hz 的频率范围内消声量达 30dB 以上。

20. 某高压氧气放空,排气管内径为 100mm,排气压力为 9.31×10^{6}Pa,流量为 30 000m^3/h,排气放空噪声 135dB(A)。试设计小孔喷注消声器。

21. 有一高压过热水蒸气排气口,排气口直径为 150mm,排放蒸汽压力达 200kPa,气体比容为 2m^3/kg,瞬时排放蒸汽流量为 0.1kg/s。试设计一节流减压消声器,要求消声器的插入损失大于 35dB。

第6章 隔振与阻尼

本章提要

1. 振动不仅辐射空气声、传播固体声，而且振动本身也对人、对物产生危害，污染环境。

2. 振动的传播、评价量和振动控制的原则措施。

3. 表征隔振效果的常用物理量：力传递率 T_f、隔振效率 η 和振动级差 ΔL_f 及被动隔振中的位移传递率 T_y。

4. 单向自由振动系统的特点、固有频率 f_0 和静态压缩量 δ。

5. 单向阻尼振动的特点与阻尼系数 R_m 及临界阻尼系数 R_c。

6. 单向强迫阻尼振动的特点和位移振幅 Y_0、力传递率 T_f 与频率比 f/f_0、阻尼比 ζ 的关系及力传递率 T_f 的频率特性。

7. 隔振系统的参数链及其意义。

8. 隔振元件的分类和性能特点。

9. 圆柱螺旋弹簧隔振器的特点、设计计算和选用方法。

10. 橡胶隔振器的特点、设计和选用。

11. 橡胶隔振垫的主要特性、选用及安装方法。

12. 管道隔振器件的种类、作用和实施方法。

13. 隔振设计的步骤、方法和要点。

14. 阻尼原理与损耗因子，阻尼材料与特性，阻尼结构与效果，阻尼施工与要点。

15. 管道隔声控制的方法和注意点。

6.1 振动及其危害与控制

6.1.1 振动的概念

振动是物体的一个物理量。在观测时间内不停地经过最大值和最小值的变化，物体的这种运动形式，称为振动。如果物体作一种周期性的往复机械运动，又称为机械振动。

➢ 物体产生振动的原因很多。例如，旋转部件不平衡（如风机）、往复运动部件不平衡（如刨床）、磁力不平衡（如电机）、部件间相互碰撞（如齿轮）等。

➢ 在隔振设计中，振动频率范围的划分大致为：小于 6Hz 为低频振动，6～100Hz 为中频振动，大于 100Hz 为高频振动。常用的绝大多数工业机械设备所产生的基频振动都在中频范围内。

➢ 物体的振动除了向周围空间辐射在空气中传播的声音(称空气声)外，还通过与其相连的固体结构传播声波，简称固体声。固体声在传播的过程中不仅会引起其他联接构件的振动(二次振动源)，也会通过固体表面的振动向周围空气辐射噪声(图 6-1)，特别是当引起物体共振时，会辐射很强的噪声。因此，虽然固体声的隔绝与空气声隔绝在技术上是完全不同的，但仍把振动控制列入噪声控制的范畴内，可以看作是一种源头上的噪声控制，是噪声控制技术的重要组成部分。

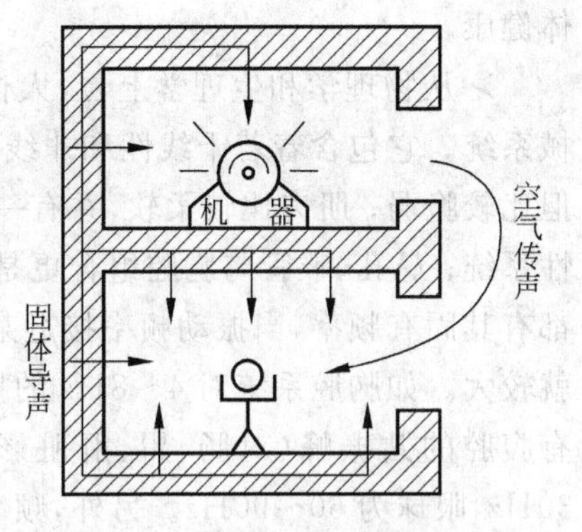

图 6-1　机械振动的传播途径

➢ 常用振动加速度 a 与振动加速度级 VAL(或 L_a)来衡量振动的强度。

振动加速度 a 的单位为 m/s^2。但在评估振动对人的影响时，一般以重力加速度 g 作为单位。当 $a>0.02g$ 时，就会对人产生影响。

振动加速度级 VAL(或 L_a)是按下式定义的：

$$VAL = 20\lg\frac{a}{a_0}\quad(dB) \tag{6-1}$$

式中：a 为振动加速度有效值，m/s^2；a_0 为基准加速度，取 $a_0=10^{-6}m/s^2$。

➢ 应该注意的是，描述单频振动大小的振动幅值：线位移 Y(μm、mm 或 m)、振动线速度 V(mm/s 或 m/s)和振动加速度 a(m/s^2)及振动力 F(kgf)之间都是可以相互换算的。对于稳态振动，常用它们的有效值表达，它们之间的关系为

$$a = V\omega = Y\omega^2\quad(m/s^2) \tag{6-2}$$

$$F = Ma\quad(kgf) \tag{6-3}$$

式中：$\omega=2\pi f$ 为角(圆)频率；M 为振动系统的质量。1kgf=9.80665N。

以它们的有效值为基础的振动级相应地称为位移级 L_y(基准位移 $Y_0=10^{-12}$m)、速度级 L_v(基准速度 $v_0=10^{-9}$m/s)和加速度级 L_a 及力振动级 L_f。

➢ 计权后的振动加速度级称为振动计权加速度级 VL(简称为振动级或振级)：

$$VL = 10\lg\sum 10^{0.1(VAL_i+\alpha_i)}\quad(dB) \tag{6-4}$$

式中：VAL_i 为每个频带的振动加速度级，dB；α_i 为各个频带的计权因子，dB。

➢ 按 ISO 2631/1—1985 规定的全身振动 Z 计权因子修正后得到的振动加速度级则记为 VL_Z(dB)。

6.1.2　振动的危害

振动不仅辐射噪声，振动本身对人和物都产生危害，也污染环境，所以振动本身也是一种物理性污染和公害。

1. 振动对人体的危害

虽然有一些作用于人体某一部位的振动(如按摩器)，使人有一种舒适的感觉，但大部分

振动或振动与噪声相结合都会严重影响人们的生活。降低工作效率，有时会影响到人的身体健康。

➢ 从物理学和生理学上看，人体是一个复杂的系统，它可以近似地看成一个等效的机械系统。它包含着若干线性和非线性的"部件"，且机械性很不稳定。骨骼近似为一般固体，但比较脆弱；肌肉比较柔软，并有一定弹性；其他诸如心、肝、胃等身体器官都可以看成弹性系统；鼻孔、喉管与胸腔组合更是可以看作一个振动系统。研究表明，人体的各部分器官都有其固有频率，当振动频率接近某个器官的固有频率时，就会引起共振，对该器官影响也就较大。如胸腔系统对 4～8Hz 的振动有明显的共振响应(对心肺影响较大)，在 10Hz 附近有腹腔的共振峰(对肠、胃、肝脏影响较大)，对于头、颈、肩部分引起共振的频率为 20～30Hz，眼球为 60～90Hz。另外，频率 100～200Hz 的振动能引起下颚—头盖骨的共振，造成身体的损伤；250Hz 的振动对神经系统影响较大。振动主要通过振动振幅和加速度对人体造成危害，其危害程度与振动频率有关。在高频振动时，振幅的影响是主要的；在低频振动时，加速度在起主要作用。振动频率为 40～100Hz，振幅达到 0.05～1.3mm 后，就会引起末梢血管痉挛；当振动频率较低时如 15～20Hz，随着加速度的增大，会引起前庭装置反应和使内脏、血管位移，造成不同程度的皮肉青肿、骨折、器官破裂和脑震荡等。

➢ 振动按其对人体的影响，可分为全身振动与局部振动。前者是指振动通过支撑面传递到整个人体，主要在运输工具或振源附近发生，表 6-1 给出了全身振动的主观反应；后者振动主要通过作用于人体的某些部位，如使用电动工具、振动通过操作的手柄传递到人的手和手臂系统，往往会引起不舒适，降低工作效率，危及身体健康。

表 6-1 全身振动的主观反应

<table>
<tr><th>主观感觉</th><th>频率/Hz</th><th>振幅/mm</th></tr>
<tr><td rowspan="3">腹痛</td><td>6～12</td><td>0.094～0.163</td></tr>
<tr><td>40</td><td>0.063～0.126</td></tr>
<tr><td>70</td><td>0.032</td></tr>
<tr><td rowspan="2">胸痛</td><td>5～7</td><td>0.6～1.5</td></tr>
<tr><td>6～12</td><td>0.094～0.163</td></tr>
<tr><td rowspan="2">背痛</td><td>40</td><td>0.63</td></tr>
<tr><td>70</td><td>0.32</td></tr>
<tr><td>尿急感</td><td>10～20</td><td>0.024～0.028</td></tr>
<tr><td>粪迫感</td><td>9～20</td><td>0.024～0.12</td></tr>
<tr><td rowspan="3">头部症状</td><td>3～10</td><td>0.4～2.18</td></tr>
<tr><td>40</td><td>0.126</td></tr>
<tr><td>70</td><td>0.32</td></tr>
<tr><td rowspan="2">呼吸困难</td><td>1～3</td><td>1～9.3</td></tr>
<tr><td>4～9</td><td>2.4～19.6</td></tr>
</table>

➢ 研究表明，人受振动的时间越长，危害越大。长时间地从事与振动有关的工作会患振动职业病，主要表现为手麻、无力、关节痛、白指、白手、注意力不集中、头晕、呕吐甚至丧失活动能力。此外，振动还能造成听力损伤，噪声性损伤以高频 3000～4000Hz 段为主，振动性损伤是以低频 125～250Hz 为主。

➢ 归纳起来振动对人体影响的因素有：

(1) 振动频率。振动频率在 2～12Hz 范围内对人体危害最大。人体最敏感的频率范围：垂直方向，4～8Hz；水平方向，1～2Hz；手腕，6～18Hz。

(2) 振动幅度或加速度。

(3) 振动作用时间。

(4) 振动方向。

(5) 人体的体位与姿式。

(6) 人的器官和部位。

2. 振动对机械设备的危害和对环境的污染

在工业生产中，机械设备运转发生的振动大多是有害的。振动使机械设备本身疲劳和磨损，从而缩短机械设备的使用寿命，甚至使机械设备中的构件发生刚度和强度破坏。对于机械加工机床，如振动过大，可使加工精度降低；飞机机翼的颤振、机轮的摆动和发动机异常振动，都有可能造成飞行事故。各种机器设备、运输工具会引起附近地面的振动，并以波动形式传播到周围的建筑物，造成不同程度的环境污染，从而使振动引起的环境公害日益受到人们的关注。具体说来，振动引起的公害主要表现在以下几个方面。

(1) 由振动引起的对机器设备、仪表和建筑物的破坏，主要表现为干扰机器设备、仪表的正常工作，对其工作精度造成影响，并由于对设备、仪表的刚度和强度的损伤造成其使用寿命的降低。振动能够削弱建筑物的结构强度，在较强振源的长期作用下，建筑物会出现墙壁裂缝、基础下沉，甚至发生当振级超过 140dB 而使建筑物倒塌的现象。

(2) 冲锻设备、加工机械、纺织设备(如打桩机、锻锤等)都可引起强烈的支撑面振动，有时地面垂直向振级最高可达 150dB 左右。另外为居民日常服务的如锅炉引风机、水泵等都可以引起 75～130dB 的地面振动振级。调查表明，当振级超过 70dB 时，人便可感觉到振动；超过 75dB 时，便产生烦躁感；85dB 以上，就会严重干扰人们正常的生活和工作，甚至损害人体健康。

(3) 机械设备运行时产生的振动传递到建筑物的基础、楼板或其相邻结构，可以引起它们的振动，这种振动可以以弹性波的形式沿着建筑结构进行传递，使相邻的建筑物空气发生振动，并产生辐射声波，引起所谓的结构噪声。由于固体声衰减缓慢，而可以传递到很远的地方，所以常常造成大面积的结构噪声污染。

(4) 强烈的地面振动源不但可以产生地面振动，还能产生很大的撞击噪声，有时可达 100dB。这种空气噪声可以以声波的形式进行传递，从而引起噪声环境污染，进而影响人们的正常生活。

6.1.3 振动的控制

根据振动的性质及其传播途径，减小及控制振动的措施和技术大致有如下 4 个方面。

1. 改善系统动态性能，减小不平衡激振力的扰动

通过改善系统动态性能，减少不平衡力是防止系统振动最积极的方法。一般可以采取以下措施减少机械不平衡激振力：

(1) 利用各种方法改善系统的动静平衡；

(2) 优化设计结构，如改变转子尺寸、减少曲柄行程、减小不平衡激振力等；

(3) 提高制造质量和安装质量，提高设备静、动平衡性能；

(4) 对设备薄板结构采取必要阻尼措施，如敷设阻尼材料等，以减弱振动对声振动的激励。

2. 防止共振

系统发生共振是引起激烈振动最常见的原因，因为共振会对物体的振动起放大作用，造成的危害也更为严重，要避免该现象发生，可以采取以下措施：

(1) 选择或改变系统振动固有频率，使系统远离外部激振力频率；

(2) 也可以改变外界对系统的振动激振频率，使之远离系统固有频率；

(3) 防止主机的扰动特性和系统振动特性间的不良配合；

(4) 装设辅助的质量弹簧系统，如动力吸振器、扭振减振器等；

(5) 增加阻尼层，以增加能量逸散降低共振振幅。

3. 采用隔振技术

固体声传播的特点是在构件内传播时衰减很小，传播距离远，危害大，通常采用隔振措施来控制振动产生的固体声。隔振原理从本质上讲，就是采取一定措施，造成振动元件间的阻抗不匹配(失配)，从而减少或阻挡振动的传播。

➢ 具体讲，隔振措施就是在物体和地基之间装设弹性支承、采用大型基础或开设防振沟等，来减少和隔离振动的传递，实现减振降噪的目的。

➢ 隔振措施可以施加于振源，称为主动(积极)隔振，目的是减少动力设备产生的干扰力向外传递；也可应用于防振对象(如精密车床和仪器、贵重设备，及录音室、广播室、消声室等)，则称为被动(消极)隔振，以减少外来振动对防振对象的影响(图6-2)。这两种隔振的概念虽然不同，但实施方法却是一样的。但由于两种隔振方式产生的影响不同，与主动隔振以扰动力幅值降低来衡量隔振效果不同，被动隔振多以扰动位移幅值的削减来衡量其效果。

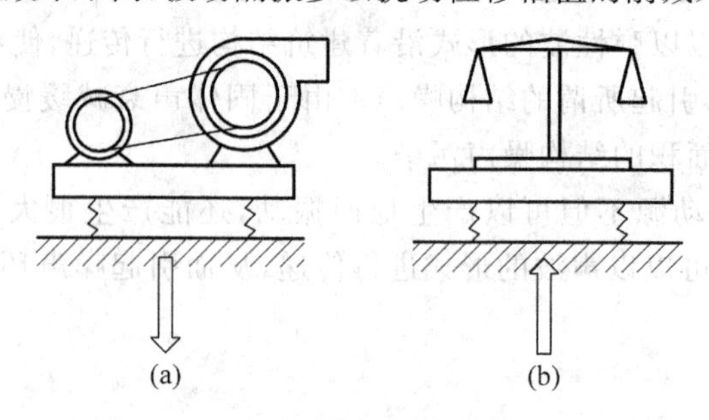

图6-2 隔振措施示意图

(a) 积极隔振；(b) 消极隔振

4. 采取阻尼减振降噪措施

阻尼减振降噪技术充分利用阻尼的耗能机理，从材料和结构设计等多方面发挥阻尼的减振降噪的潜力，提高工程和机械结构系统的抗振性和动态稳定性，降低噪声。

➢ 阻尼技术是通过阻尼结构得以实施的，而阻尼结构又是各种基本阻尼结构与实际工程结构相结合而组成的。振动隔离用的隔振器属于离散型阻尼器件，阻尼是隔振器的重要性能之一。此外，利用阻尼原理制作的阻尼吸振器也属于离散型阻尼器件。附加型阻尼结构是提高机械结构阻尼的主要结构形式，它是在各种形状的结构件表面直接粘附一层阻尼材料，如自由层阻尼结构或约束层阻尼结构，提高抗振性、稳定性和降低噪声辐射。附加阻尼层特别适用于梁、板和壳件的减振降噪，在汽车外壳、飞机舱壁、舰船等结构的抗振保护和噪声控制中得到广泛应用。噪声控制中，阻尼措施主要用于降低板结构的振动和声辐射。

6.2　隔振原理

6.2.1　传振系数（力传递率）T_f

➢ 若将一台设备（包括其基座）直接安装在钢筋混凝土基础（假设基础的质量远大于设备的质量，即其力阻抗较大）上，设备运转时存在一个周期性地作用于机组的合力 F（称为干扰力或振动力，简称扰动力或扰力；也称为外激励（振）力或外策动力，简称激励（振）力或策动力），使设备产生振动。由于设备与基础是刚性体，受力时不变形，因此使设备承受的扰动力或激励力几乎全部作用于基础周围的地层中，即 $F=F_B$，地层也发生振动。如此相互作用，便使振动的能量沿固体连续结构很快地传输出去，如图 6-3(a)所示。

➢ 若在设备与基础之间安置由弹簧或弹性衬垫材料（如橡胶、软木等）组成的弹性支座（减振器），变原来的刚性连接为弹性连接，由于支座受力后可以发生弹性变形，起到缓冲作用（本质是阻抗失配），便减弱了对基础的冲击力（阻挡了振动的传递），使基础产生的振动减弱，即 $F<F_B$，从而使噪声的辐射量降低，这就是隔振降噪的基本原理，如图 6-3(b)所示。

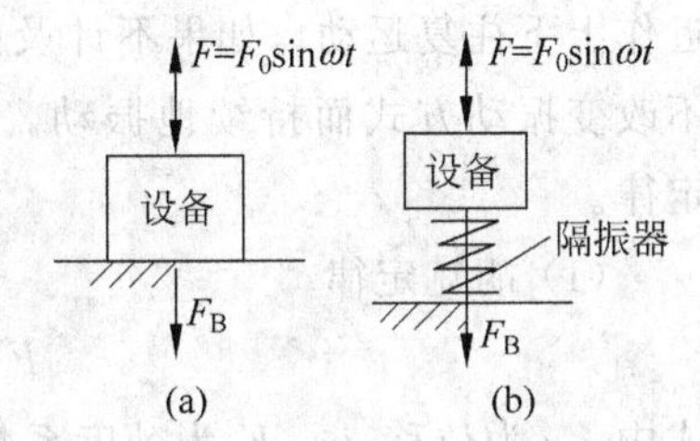

图 6-3　设备的安装与隔振

(a) 刚性连接；(b) 弹性连接

图 6-3 中，$F=F_0\sin\omega t$，为扰动力，是一个外加在系统上的周期性作用力；$F_B=F_{B0}\sin(\omega t+\varphi)$，称为传递力，即通过隔振装置传递到地面基础上的力，φ 为力在传递过程中产生的相位差。

传振系数又称振动系统的**力传递率**，是表征隔振效果的常用物理量，通常记作 T_f。定义为通过隔振元件传递过去的力的幅值 F_{B0} 与总扰动力的幅值 F_0 之比，即

$$T_f=\frac{F_{B0}}{F_0}=\frac{传递力振幅}{扰动力振幅} \tag{6-5}$$

$T_f=0\sim1$，T_f 越小，表示隔振效果越好；如果 $T_f>1$，则表示振动被放大了。

在工程中也常用隔振效率 η 和力振动级差 ΔL_f 来表示隔振效果：

隔振效率

$$\eta=(1-T_f)\times100(\%) \tag{6-6}$$

振动级差

$$\Delta L_f = 20\lg\frac{F_0}{F_{B0}} = 20\lg\frac{1}{T_f} \quad (\text{dB}) \tag{6-7}$$

➢ 在被动隔振中更关注振动幅度，故采用位移传递率：

$$T_y = Y_B/Y_b \tag{6-8}$$

式中：Y_b 为地板的振幅，cm；Y_B 为仪器的振幅，cm。

例 6-1 $T_f=0.2$ 表示传递过去的力为扰动力的 20%，即隔振后机器振动系统扰动力传递到基础上的力的振幅减弱为原来的 1/5。

其隔振效率 $\eta=(1-T_f)\times 100\%=80\%$，表示扰动力被隔离了 80%。

振动级差 $\Delta L_f=20\lg\frac{F_0}{F_{B0}}=20\lg\frac{1}{T_f}=14\text{dB}$，即传递到基础上的力振动级下降了 14dB。

6.2.2 单向自由振动系统的固有频率 f_0

单向（自由度）自由振动系统是最简单的振动系统，但却表达了隔振设计的基本原理和本质。图 6-4 为一单向自由振动系统模型，它由质量为 M、劲度系数（刚度）为 K 的弹簧所组成。当无外力作用时，系统处于静止状态。当质量块受到垂直于地面的外激励力 F 作用时，弹簧将受到压缩。除去外力 F 后，质量块 M 在弹簧的弹性力和质量的惯性力作用下，将在平衡位置附近作上下往复运动。如果不计及弹簧本身和空气对弹簧的阻力，系统将不改变振动方式而持续地振动。其振动规律遵循胡克定律和牛顿第二定律。

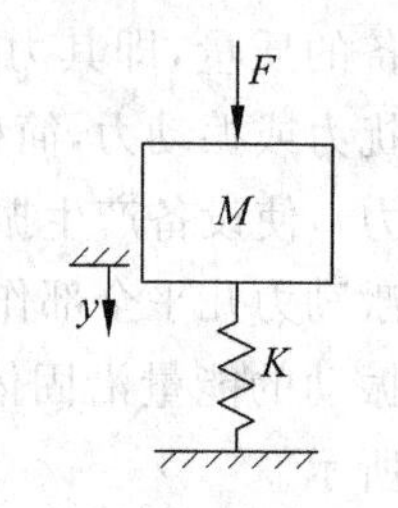

图 6-4 单向自由振动系统

(1) 胡克定律

$$F = -Ky \tag{6-9}$$

式中：y 为位移，m；K 为劲度系数，N/m。

(2) 牛顿第二定律

$$F = Ma \tag{6-10}$$

式中：a 为振动加速度，m/s^2，$a=\frac{d^2y}{dt^2}$；

联立上述两定律可得单向自由振动（简谐振动）的微分方程为

$$\frac{d^2y}{dt^2} + \frac{K}{M}y = 0 \tag{6-11}$$

令 $\omega_0^2=K/M$，则微分方程变为

$$\frac{d^2y}{dt^2} + \omega_0^2 y = 0 \tag{6-12}$$

该简谐振动微分方程的解为

$$y = Y_0\cos(\omega_0 t + \varphi) \tag{6-13}$$

式中：Y_0 为位移幅值；ω_0 为单向自由简谐振动的角（圆）频率，rad/s，$\omega_0 t$ 描述物体在 t 时刻的位置和运动的方向，称为振动的相位（角）；φ 为初始时刻（$t=0$）的初相位，rad。

式(6-13)表示了位移 y 随时间 t 的变化规律。如图 6-5 所示。

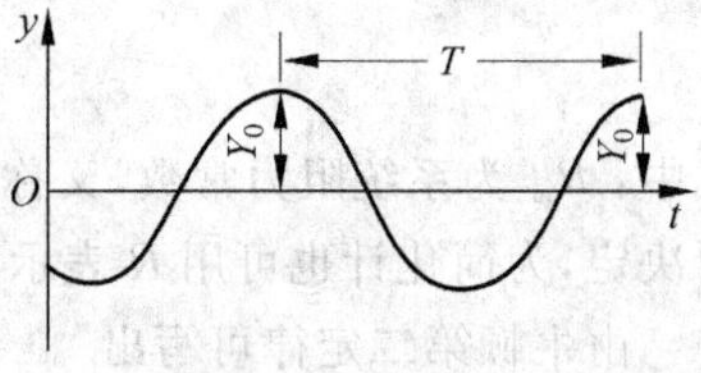

由式(6-13)可见振动的固有频率为 $f_0=\omega_0/(2\pi)$，因此有

$$f_0 = \frac{1}{2\pi}\sqrt{\frac{K}{M}} \quad (\text{Hz}) \tag{6-14}$$

图 6-5 单向自由振动位移 y 随时间 t 的变化规律

式中：K 为劲度系数，kg/s^2；M 为物体质量(机器＋基座)，kg。

➢ 式(6-14)中由于 K 和 M 仅为系统本身的弹簧劲度系数和物体的质量，所以，f_0 与开始附加外激励力的情况及振动的振幅等无关。因此，f_0 称为系统自由振动的固有频率。

胡克定律也可表示为

$$Mg = K\delta \quad 或 \quad \delta = Mg/K \tag{6-15}$$

式中：δ 为静态压缩(拉伸)量，其定义为系统的弹簧在质量块 M 的重力作用下，静态时弹簧将被压缩(或拉伸)，这一压缩量(或拉伸量)叫静态压缩(或拉伸)量，也可用 λ 或 x 表示，cm；g 为重力加速度，$g=980cm/s^2$；K 为弹簧劲度系数，N/cm。

联立解式(6-14)和式(6-15) 得

$$f_0 = \frac{5}{\sqrt{\delta}}\sqrt{d} \tag{6-16}$$

式中：d 为弹性材料动态修正系数，用于对非理想弹性材料的修正，$d=E_d/E_s$，其中，E_d 为材料动态弹性模量，kg/cm^2，E_s 为材料静态弹性模量，kg/cm^2。

例如，弹簧 $d=1.0$，矿渣棉 $d=1.5$，软木 $d=1.8$，玻璃纤维板 $d=1.2\sim2.9$，天然橡胶 $d=1.2\sim1.6$，丁腈橡胶 $d=2.2\sim2.8$。所以，对于丁腈橡胶，其 f_0 要比理想弹性材料高一些。

小结

(1) 单向自由振动的固有频率 f_0 取决于弹性材料的动态修正系数 d 和静态压缩量 δ；而 $\delta=Mg/K$ 说明，δ 是由振动物体(机器＋基座)质量 M 和弹性材料劲度系数 K 所决定的。调节 M、K 和 d，就可以调整 f_0 的大小。

(2) 对于要求的隔振效率 η(或 T_f)，隔振器应有的劲度系数 K 取决于被隔振机组的质量(荷载)M 和静态压缩量 δ 或固有频率 f_0。

6.2.3 单向阻尼振动与阻尼系数 R_m

实际上振动的阻力是不可避免的。振动会受到阻力作用并会不断地转化为其他形式的能量，如果不给以能量的补充，则经过一段时间后振幅就会逐渐减小以至为零，这种振动能量不断被消耗的减幅振动叫阻尼振动，其模型如图 6-6 所示。

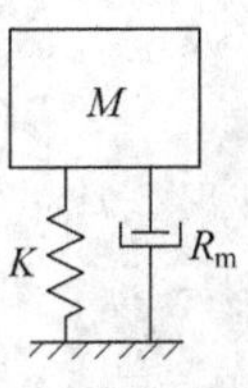

图 6-6 单向阻尼振动系统图

➢ 振动能量的减少通常有两种形式：一种是由于振动体受到摩擦阻尼作用，使振动的机械能转化为热能，这种叫摩擦阻尼；另一种是由于物体振动迫使周围空气也随之振动从而辐射声波的作用，使机械能转化为声能，以波的形式向四周辐射，这种叫辐射阻尼。对于小振幅振动，由两者引起的阻力 F_R 的大小正比于振动的速度 u，因为阻力恒与速度方向相反，所以有

$$F_{\mathrm{R}}=-R_{\mathrm{m}}u=-R_{\mathrm{m}}\frac{\mathrm{d}y}{\mathrm{d}t} \tag{6-17}$$

式中：R_{m} 为系统阻力常数，又称阻尼系数，N·s/m。R_{m} 由物体的大小、形状及媒质的性质所决定，为简化计也可用 R 表示。

由牛顿第二定律可写出

$$M\frac{\mathrm{d}^2y}{\mathrm{d}t^2}=-Ky-R_{\mathrm{m}}\frac{\mathrm{d}y}{\mathrm{d}t} \tag{6-18}$$

即

$$\frac{\mathrm{d}^2y}{\mathrm{d}t^2}+\frac{R_{\mathrm{m}}}{M}\frac{\mathrm{d}y}{\mathrm{d}t}+\frac{K}{M}y=0$$

或

$$\frac{\mathrm{d}^2y}{\mathrm{d}t^2}+2\alpha\frac{\mathrm{d}y}{\mathrm{d}t}+\omega_0^2y=0 \tag{6-19}$$

式中：α 为衰减常数，$\alpha=R_{\mathrm{m}}/(2M)$；$\omega_0$ 为角(圆)频率，$\omega_0=2\pi f_0=\sqrt{\frac{K}{M}}$。

该方程的解为

$$y=Y_0\mathrm{e}^{-\alpha t}\cos(\omega_0't+\varphi) \tag{6-20}$$

$$\omega_0'=\sqrt{\omega_0^2-\alpha^2} \tag{6-21}$$

式中：ω_0' 称为阻尼振动的固有角(圆)频率。

➢ 与无阻尼振动式(6-9)比较，阻尼振动有两个重要的特点：

(1) 阻尼振动的振幅已不再是 Y_0，而成为 $Y_0\mathrm{e}^{-\alpha t}$，随时间以指数规律作衰减，振幅越大减小得也就越快，所以，阻尼振动已不再是一个周期运动。随时间推移一个周期后，振动物体已不能回到原先的状态，如图 6-7 所示，其振动能量越来越少，振动幅值也逐渐减小，已不再是一个简谐振动。

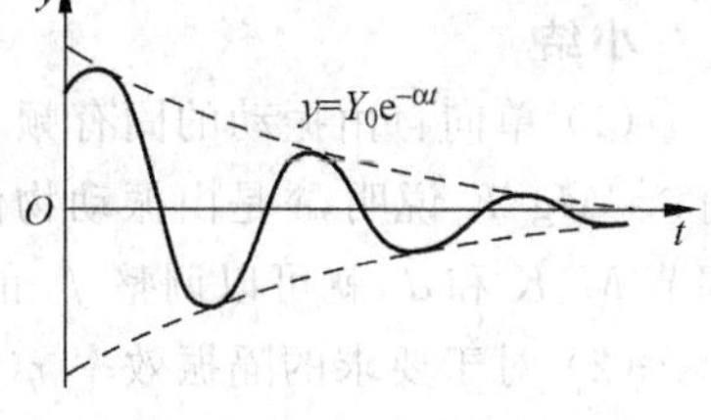

图 6-7 单向阻尼振动位移 y 随时间 t 的变化规律

(2) 阻尼的作用不仅使振动的能量逐渐消耗，振幅逐渐衰减，而且还使振动一次所需的时间较之无阻尼时增加了，即振动角频率或频率减小了。

➢ 由于阻尼的存在，频率已不仅仅与振动系统有关，还与媒质的性质有关。阻尼越大，振幅衰减越大，振动能损耗也越快，同时，振动频率也越低，周期 T 也就越大。当衰减常数大到 $\alpha=\omega_0$ 时，由式(6-21)有 $\omega_0'=0$，此时开始物体将通过非周期运动的方式单方向缓慢地一次返回平衡状态。此时 $\alpha=R_{\mathrm{c}}/(2M)$，$R_{\mathrm{c}}$ 称为临界(粘滞)阻尼系数，可见 $R_{\mathrm{c}}=2M\omega_0$。

6.2.4 单向强迫阻尼振动的位移振幅 Y_0 和力传递率 T_{f}

1. 位移振幅 Y_0

在实际情况中阻尼作用总是存在的，只能减小阻尼而不可能完全消除阻尼，因此，要想使物体持续地保持振动，就必须不断地给振动系统补充能量。

➢ 使物体保持持续振动的最常见的方式是在外加周期性作用力下使之发生振动，这种振动称为强迫振动，如图 6-8 所示。

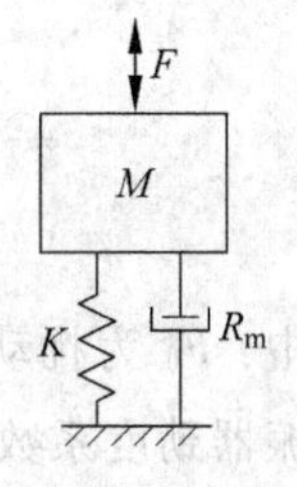

图 6-8 单向强迫振动系统

在强迫振动过程中，振动系统由于外力对系统做功使系统获得振动能量，同时，又因阻尼作用而损耗能量。当外力对系统所做的功恰好补偿阻尼所损耗的能量时，系统的振动状态保持稳定。

设作用在物体上的外部扰动力为 $F=F_0\cos\omega t$，则由牛顿第二定律得到物体的运动方程(惯性力=扰动力+弹性力+阻尼力)：

$$M\frac{d^2y}{dt^2}=F_0\cos\omega t-Ky-R_m\frac{dy}{dt} \tag{6-22}$$

式中：等号左边为惯性力；等号右边三项依次为外部扰动力、弹簧弹性恢复力和粘滞阻尼力。

上式可改写为

$$M\frac{d^2y}{dt^2}+R_m\frac{dy}{dt}+Ky=F_0\cos\omega t \tag{6-23}$$

➢ 式(6-23)的解可写成两个部分：

第一部分为瞬态解，它表明由外力作用而激发起的按系统固有频率而振动的部分，该部分由于阻尼作用很快按指数规律衰减掉，只有在外力作用的开始或停止的初期存在，即仅存在于起始的瞬时。

第二部分是稳态解，是要着重考虑的部分，它是受外力的周期性作用迫使物体随着外力频率进行的振动，振动的圆频率就是外加策动力的圆频率 ω。而且由于外力所供给的能量与阻尼消耗的能量所平衡，故这部分振动为恒定振幅的简谐振动，其稳态解的形式为

$$y=\frac{F_0}{\omega Z_m}\sin(\omega t-\varphi) \tag{6-24}$$

振动速度 u 为

$$u=\frac{F_0}{Z_m}\cos(\omega t-\varphi) \tag{6-25}$$

式中：φ 为振动速度与外力之间的相位差；Z_m 为力阻抗。

$$Z_m=\sqrt{R_m^2+\left(\omega M-\frac{K}{\omega}\right)^2} \tag{6-26}$$

➢ 可见，振动的幅值不仅与外力幅值有关，而且还与强迫(扰动)力的频率和系统的力阻抗有关。

➢ 力阻抗 Z_m 是外力圆频率 ω 的函数，当外力的圆频率(扰动圆频率)等于系统的固有圆频率时，即 $\omega=\omega_0=\sqrt{K/M}$时，$Z_m=R_m$ 为极小值，这时系统的振速达到最大值。若阻尼 R_m 不太大，位移就趋于极大值，此时，系统振动特别强烈，即系统出现共振。反之，当外加扰动力的频率远离系统的固有频率时，振动的振幅就较小，如果阻尼比较大，则共振现象不太明显。

将式(6-26)代入式(6-24)得出稳态解的位移振幅 Y_0：

$$Y_0=\frac{F_0}{\omega Z_m}=\frac{F_0}{[(K-M\omega^2)^2+(R_m\omega)^2]^{1/2}}=\frac{F_0/K}{\sqrt{\left[1-\left(\frac{\omega}{\omega_0}\right)^2\right]^2+\left(2\zeta\frac{\omega}{\omega_0}\right)^2}}\quad(\text{cm}) \tag{6-27}$$

或

$$Y_0 = \frac{F_0}{\omega Z_m} = \frac{F_0}{K\sqrt{\left[1-\left(\frac{f}{f_0}\right)^2\right]^2 + 4\zeta^2\left(\frac{f}{f_0}\right)^2}} \quad (\text{cm}) \tag{6-28}$$

式中：F_0 为扰动力幅值，kgf；Z_m 为力阻抗，$Z_m = F_0/V_0 = F_0/\omega Y_0$；$\omega$ 为角(圆)频率；K 为隔振器劲度系数，kgf/cm；f/f_0 为频率比；f 为扰动(工作)频率，Hz；f_0 为系统的固有频率，Hz；ζ 为阻尼比，$\zeta = R_m/R_c$，R_c 为临界阻尼系数，R_m 为系统的阻尼系数。

➤ 振动速度的幅值 V_0 为

$$V_0 = \omega Y_0 = 2\pi f Y_0 \quad (\text{cm/s}) \tag{6-29}$$

2. 力传递率 T_f

一般情况下，基础的力阻抗比较大，振动位移(或振速)很小，在可以忽略其影响的情况下，通过弹簧和阻尼传递的力为

$$F_B = R_m \frac{dy}{dt} + Ky \tag{6-30}$$

其传递力振幅为

$$F_{B0} = \sqrt{(\omega R_m)^2 + K^2}\, Y_0 = K Y_0 \sqrt{1 + (\zeta\omega/K)^2} \tag{6-31}$$

按力传递率的定义，可得

$$T_f = \frac{F_{B0}}{F_0} = \sqrt{\frac{1 + \left(2\zeta \frac{f}{f_0}\right)^2}{\left[1 - \left(\frac{f}{f_0}\right)^2\right]^2 + \left(2\zeta \frac{f}{f_0}\right)^2}} \tag{6-32}$$

$\zeta = R_m/R_c \leqslant 1$ 表示系统的阻尼(R_m 或 R)达到临界阻尼的程度。

当 $\zeta = 0$ 时，即为单向无阻尼系统，此时式(6-32)可简化为

$$T_f = \frac{1}{\left|1 - \left(\frac{f}{f_0}\right)^2\right|} \tag{6-33}$$

➤ 工程实际中一般认为 $\zeta < 0.1$ 时，即可把系统看作是无阻尼系统来设计。例如，钢弹簧 $\zeta = 0.005 \sim 0.01$。

➤ 在忽略阻尼的情况下，可将式(6-33)绘制成图 6-9，由已知扰动频率 f 与系统固有频率 f_0(或静态压缩量 δ)，直接可从图 6-9 中查得 T_f。

例 6-2 一台转速为 1500r/min 的电动机安装在隔振机座上，其静态压缩量 $\delta = 1\text{cm}$；在图 6-9 中，由相应转速 n 和静态压缩量 δ 的交点上即可查得 $T_f \approx 0.04$。如果 δ 仍保持原有值，而转速 n 提高至 3000r/min，则 $T_f \approx 0.01$，相应的隔振效率分别为 96% 和 99%。说明在同样压缩量的条件下，增大转速可提高频率比，对减振有利。

3. 力传递率 T_f 的频率特性

式(6-31)可绘制成图 6-10，表示 T_f 与频率比 f/f_0 及阻尼比 ζ 之间的关系。

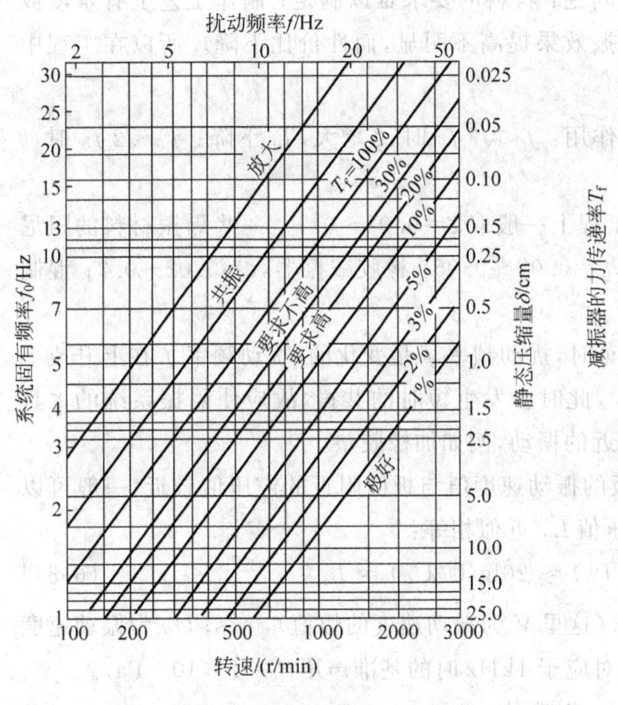

图 6-9 隔振设计图

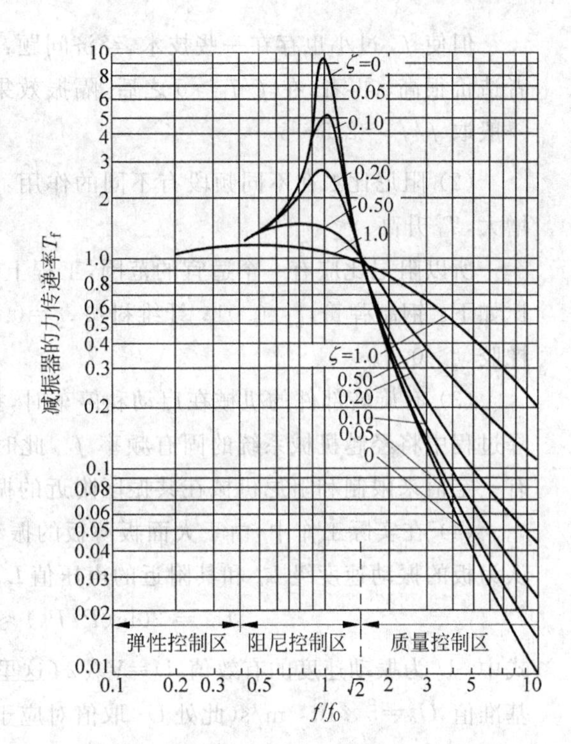

图 6-10 振动传递率曲线

由图 6-10 中的关系曲线可以看出：

(1) 当 $f/f_0 \ll 1$ 时，$T_f \approx 1$。说明外扰动力通过隔振装置全部传给基础，不起隔振作用。此时式(6-28)近似为 $Y_0 = F_0/K$，Y_0 受控于弹性(K)，此段称为弹性控制区。

(2) 当 $0.4 < f/f_0 < \sqrt{2}$ 时，$T_f > 1$。这说明系统进入共振区，隔振装置不仅不起隔振作用，反而放大了振动的干扰；在 $f/f_0 = 1$ 处发生共振，振动达到极大。直到 $f/f_0 = \sqrt{2}$ 时，$T_f = 1$，系统才走出共振区，共振影响消失。

在共振区范围内，阻尼比 ζ 值越大，T_f 值就越小，这说明增大阻尼有利于控制振动，特别是当发生共振时，阻尼的作用就更明显。此时式(6-28)近似为 $Y_0 = F_0/\omega R_m$，Y_0 受控于阻尼(R_m)，此段为阻尼控制区。

(3) 当 $f/f_0 > \sqrt{2}$ 时，$T_f < 1$。系统起到隔振作用，并且 f/f_0 比值越大，隔振效果越明显。在 $f/f_0 \gg \sqrt{2}$ 的范围，这是设计减振器时常常考虑的范围，ζ 值越小，T_f 值就越小，这说明此时阻尼小对控制振动有利。此时式(6-28)近似为 $Y_0 = F_0/M\omega^2$，Y_0 受控于质量(M)，此段为质量控制区。

讨论：

(1) 要获得好的隔振效果(即 T_f 小)，可使 $f_0\left(f_0 = \frac{5}{\sqrt{\delta}}\sqrt{d}\right)$ 尽可能小或使扰动频率 f 尽可能高，从而 $f/f_0 \gg \sqrt{2}$，T_f 就小。

① 要使 f_0 小，可以增大 δ 或减小 d；

② 要使 $\delta(\delta = Mg/K)$ 大，可增大 M 或减小 K。

但使 f_0 过小也存在一些技术、经济问题：材料的要求难以满足；制作工艺上有难度或者造价很高；再者，在 $f/f_0>5$ 之后，隔振效果提高不明显，而性价比下降。所以在工程中一般取 $f/f_0=2.5\sim5$。

(2) 阻尼比 ζ 在不同频段有不同的作用：$f<\sqrt{2}f_0$ 时，ζ 增大，T_f 下降；$f>\sqrt{2}f_0$ 时，ζ 增大，T_f 升高。

所以阻尼比应有一个适宜的范围，工程上一般取 $\zeta=0.02\sim0.1$。一些隔振材料的阻尼比如下：钢制弹簧，$\zeta<0.01$；纤维衬垫，$\zeta=0.02\sim0.05$；橡胶减振器，$\zeta=0.02\sim0.2$；混制橡胶，$\zeta>0.2$。

(3) 有旋转部件的机械在启动和停车时，扰动频率 f 是变化的，扰动频率 f 在上升或下降过程中将经越机械系统的固有频率 f_0，此时会发生短时的共振，故应使隔振系统的 ζ 具有一定值来限制和阻尼机械在共振区附近的振动，例如加橡胶垫。

(4) 在实际工作中，由于大面板薄板的振动速度值与板面附近的声压值较近，一般可以认为板的振动速度级 L_u 和其附近的声压值 L_p 近似相等：

$$L_p = 20\lg(P/P_0) \approx 20\lg(U/U_0) = L_u \tag{6-34}$$

式中：U 为振动速度的有效值，$U=V/\sqrt{2}$（这里 V 为振动速度的幅值），m/s；U_0 为振动速度基准值，$U_0=5\times10^{-8}$ m/s（此处 U_0 取值对应于 1kHz 时的基准声压 $P_0=2\times10^{-5}$ Pa）。

例 6-3 振动速度 U 与振动速度级 L_u 对应值

U/(cm/s)	0.45	0.9	1.2	1.8	2.5	3.5	5
L_u/dB	99	105	108	111	114	117	120

➢ 在混响声场中，薄板振动所辐射的声压平方值正比于它的声功率。因此，隔振前后振动速度的比值也就等于它辐射声压大小的比值，故隔振后的噪声衰减量为

$$\Delta L = 20\lg(P_1/P_2) = 20\lg(U_1/U_2) \tag{6-35}$$

式中：下标 1、2 分别表示为隔振前、后的量。

例 6-4 重为 181.43N 的机器支撑在刚度为 892.91N/cm 的钢制弹簧上。在转速为 3600r/min 时，由于旋转不平衡质量产生 45.36N 的扰动力作用在机器上。假设阻尼比为 0.1，试确定传递到支撑基础上的力。

解：弹簧的 $d=1$，其静态压缩量为

$$\delta = Mg/K = 181.43/892.91 = 0.2032(\text{cm})$$

系统的固有频率：

$$f_0 = 5/\sqrt{\delta} = 5/\sqrt{0.2032} = 11(\text{Hz})$$

由质量不平衡引起的扰动力频率：

$$f = 3600/60 = 60(\text{Hz})$$

频率比：

$$f/f_0 = 60/11 = 5.45$$

由 f/f_0 和 $\zeta=0.1$ 在图 6-10 上可查到 $T_f=0.07$，因此，传递到支撑基础上的力为

$$F_{B0} = 45.36\times0.07 = 3.175(\text{N})$$

小结

式(6-6)、式(6-15)、式(6-16)和式(6-33)组成了隔振系统的**参数链**：

$$\eta=(1-T_f)\times 100\%$$

式中：$T_f=\dfrac{1}{\left|1-\left(\dfrac{f}{f_0}\right)^2\right|}$，$f_0=\dfrac{5}{\sqrt{\delta}}\sqrt{d}$，$\delta=Mg/K$。

其意义在于：

(1) T_f 或 η 取决于频率比 f/f_0，而扰动频率 f 是一个客观量，所以从根本上说 T_f 或 η 取决于如何设计选取系统的固有频率 f_0；

(2) 当隔振材料选定后(即 d 值确定)，固有频率 f_0 取决于隔振元件的静态压缩量 δ；

(3) 而静态压缩量 δ，则由隔振元件的劲度系数 K 和隔振对象的重量 Mg 来决定。

思考题

1. 请用阻抗的观念来理解和剖析隔振的原理和力传递率 T_f 的频率特性。

2. 用阻抗的观点来分析阻尼在隔振各阶段中的作用。

3. 荡秋千是一项民间运动和游戏，试分析如何利用其频率特性来操控秋千的运动。(秋千相当于一个基于简谐振动的单摆，其固有频率 f_0 取决于摆绳长度 l；f_0 与该长度的平方根成反比，其周期 $T\approx 2\sqrt{l}$)

6.3　隔振元件

隔振元件是安装在设备下质量块和基础之间的隔振器或隔振材料(故也称为隔振器材)，使设备和基础之间的刚性联结变成弹性支撑，达到减振隔振目的。

隔振元件应根据隔振要求、安装隔振器的位置和允许空间等进行选择。按材料或结构形式，一般将隔振元件分为隔振器、隔振垫和柔性接管三类(表 6-2)。工程中广泛使用的钢弹簧、橡胶、玻璃棉毡、软木和空气弹簧等的隔振特点见表 6-3。

表 6-2　隔振元件分类

隔振元件类型	各种隔振元件
隔振器	橡胶隔振器 全金属隔振器(螺旋弹簧隔振器、碟簧隔振器、板簧隔振器和钢丝绳隔振器等) 空气弹簧 弹性吊钩(橡胶类、金属弹簧类或复合类)
隔振垫	橡胶隔振垫 玻璃纤维垫 金属丝网隔振垫 软木、毛毡、乳胶海绵等制成的隔振垫
柔性接管	可曲挠橡胶接头 金属波纹管 橡胶、帆布、塑料等柔性接头

表 6-3 各类隔振器和隔振垫层的性能比较

性能项目	金属螺旋弹簧	橡胶隔振器隔振垫	空气弹簧	毛毡	软木	玻璃纤维及矿棉
适用频率范围/Hz	2～10	5～100	0～5	25	25～30	＞10
多方向性	良	优	良	良	良	良
简便性	良	优	中	良	良	良
阻尼性能	差	良	优	中	良	良
高频隔振及隔声	差	良	优	良	良	良
载荷特性的直线性	优	良	良	差	差	差
耐高、低温	优	中	中	良	良	良
耐油性	优	中	中	良	良	良
耐老化	优	中	中	良	良	良
产品质量均匀性	优	中	良	中	中	中
耐松弛	优	良	良	中	良	良
耐热膨胀	优	中	良	良	良	良
价格	中	中	高	便宜	中	中
重量	重	中	重	轻	轻	轻
与计算特性值一致性	优	良	良	差	差	差
设计上的难易程度	优	良	差	良	中	良
安装上的难易程度	中	中	差	优	优	良
寿命	优	中	良	中	良	中

6.3.1 金属弹簧隔振器

金属弹簧隔(减)振器广泛应用于工业振动控制中，其形式多种多样(图 6-11)，最常用的是圆柱螺旋弹簧(图 6-11(c))和板条式弹簧(图 6-11(d))两种。螺旋弹簧隔振器适用范围广，可用于各类风机、球磨机、破碎机、压力机等。只要弹簧设计选用正确，就能取得较好的减振效果。本节主要介绍圆柱螺旋弹簧隔振器。

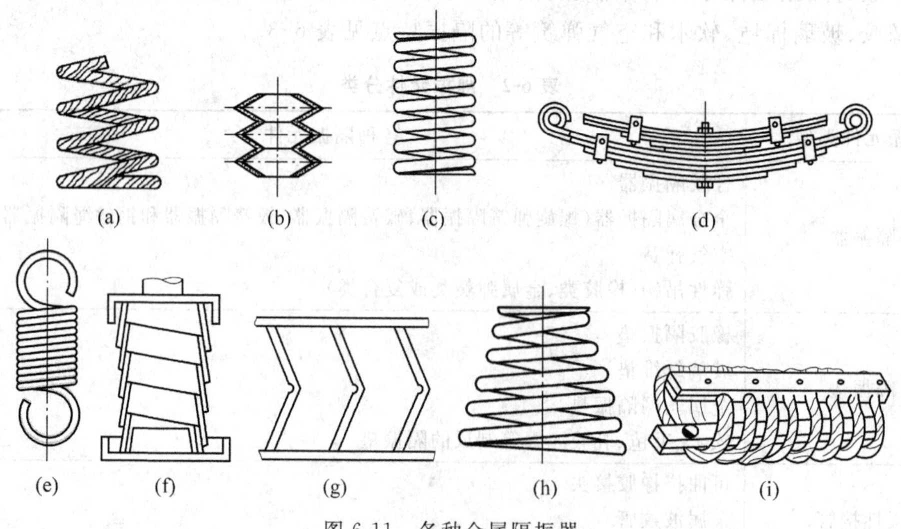

图 6-11 各种金属隔振器

(a) 钢丝绳螺旋弹簧；(b) 碟形弹簧；(c) 螺旋柱簧；(d) 板簧；(e) 拉簧；(f) 螺旋板簧；(g) 折板簧；(h) 螺旋锥簧；(i) 不锈钢钢丝绳弹簧

1. 圆柱螺旋弹簧隔振器性能

➢ 适用范围：

(1) $f=1.5\sim12\text{Hz}$；

(2) $\delta\leqslant5\text{cm}$；

(3) 载荷为十几千克到十几吨。

➢ 优点：

(1) 弹性好、静态压缩量 δ 大($\geqslant2\text{cm}$)、固有频率 f_0 低($\leqslant5\text{Hz}$)、低频隔振性能好；

(2) 能耐油、水和溶剂，温度变化($-40\sim150$℃)不影响其性能；

(3) 不会老化和蠕变；

(4) 大批量生产时，特性变化很小，性能质量稳定。

➢ 缺点：

(1) 自身阻尼小($\zeta=0.01\sim0.005$)，以致在共振时 T_f 激增；

(2) 在高频时，会沿弹簧钢丝传递振动，弹性作用减小；

(3) 容易产生横向摇摆运动，为此常要配上内插杆和弹簧盖等稳定装置。

➢ 在工程实际中，金属弹簧常需加配上外阻尼件(增加 ζ)和惰性(惯性)块(即增加 M)组合使用。如在弹簧钢丝外包敷橡胶，弹簧下铺设橡胶垫、毛毡等。

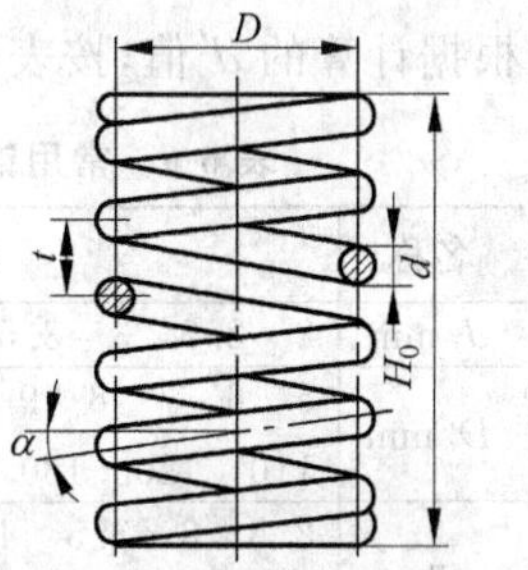

2. 圆柱螺旋弹簧隔振器的设计

圆柱螺旋式弹簧隔振器(图 6-12)有压缩和拉伸两类，是应用最广泛的隔振器。所用弹簧钢的力学性能和使用范围见表 6-4。螺旋式弹簧阻尼比很小，一般为 0.005～0.008。

图 6-12 圆柱螺旋式弹簧

表 6-4 弹簧钢的力学性能和使用范围

材料代号	材料名称	抗拉强度极限 σ		允许剪切应力[τ]				剪切弹性模量 G		使用范围
				受动力荷载		不受动力荷载				
		MPa	kg/mm²	MPa	kg/mm²	MPa	kg/mm²	MPa	kg/mm²	
65Mn	65 锰钢	1176～1568	120～160	294	30	392	40	78 450	8000	用于要求不高的隔振
60Si2Mn	60 硅锰钢	1274	130	441	45	588	60	78 450	8000	用于要求较高的隔振
50CrVA	50 铬钒钢	1274	130	265	27	353	36	78 450	8000	用于强烈冲击的隔振
4Cr13	4 铬 13	1421	145	265	27	353	36	75 460	7700	用于有轻腐蚀性隔振

注：对于受拉弹簧，表中允许剪切应力[τ]应乘以 0.8 的折减系数。

金属圆柱螺旋压缩单弹簧隔振器的设计程序为：

(1) 每个弹簧应承受的荷载 W_i 和所需竖向刚度 K_{zi}

$$W_i = W/i \quad (\text{N}) \tag{6-36}$$

$$K_{zi} = K_z/i \quad (\text{N/cm}) \tag{6-37}$$

式中：W 为振动体系的全载荷(动、静载荷之和)，N；i 为弹簧个数；K_z 为隔振系统总刚度，N/cm，K_z 由被隔振机组的固有频率和预期要求的隔振效率及总载荷所决定。

(2) 选择弹簧的旋绕比 C

弹簧中径 D 与弹簧钢丝直径 d 之比，称为弹簧旋绕比或弹簧指数 C，可按表 6-5 选用。

表 6-5　弹簧旋绕比 C

钢丝直径 d/mm	0.2～0.4	0.5～1.0	1.1～2.2	2.5～6	7～16	18～50
$C=D/d$	7～14	5～12	5～10	4～19	4～8	4～6

注：旋绕比 C 值越小，弹簧圈曲率越大，卷制越困难，工作时材料内侧的切应力越高于平均应力，则弹簧的刚度亦越大；若 C 值大，上述情况则相反。C 值一般取值范围为 4～12。

(3) 曲度系数 k(表征弹簧圈曲线度的大小)

$$k=\frac{4C-1}{4C-4}+\frac{0.615}{C} \tag{6-38}$$

(4) 弹簧钢丝直径 d

$$d'\geqslant 1.6\sqrt{\frac{W_i kC}{[\tau]}}\quad(\mathrm{m}) \tag{6-39}$$

根据计算的 d' 值，按表 6-6 选定弹簧钢丝标准直径 d。

表 6-6　常用钢弹簧的钢丝直径 d、弹簧中径 D、压缩弹簧工作圈数 n_1 系列选用表

名称	系列选用值
d/mm	2　2.5　3　3.5　4　4.5　5　6　8　10　12　16　20　25　30　35　40　40　50
D/mm	5　6　7　8　9　10　12　16　20　25　30　35　40　45　50　55　60　70　80　90　100 110　120　130　140　150　160　180　200　220　240　260　280　300　320　360　400
n_1	2.5　3　3.5　4　4.5　5　5.5　6　6.5　7　7.5　8　8.5　9　9.5　10　10.5　11　11.5 12.5　13.5　14.5　15　16

(5) 弹簧中径 D

$$D'=Cd\quad(\mathrm{m}) \tag{6-40}$$

根据计算的 D'，按表 6-6 取整数为 D；然后由选定的 D、d，计算实际的 C 值。

(6) 弹簧的圈数 n 与工作圈数 n_1

$$n_1=\frac{Gd}{8K_{zi}C^3} \tag{6-41}$$

$$n=n_1+n_2 \tag{6-42}$$

式中：n_2 为弹簧两端的支承圈数，当 $n_1\leqslant 7$ 时，取 $n_2=1.5$，当 $n_1>7$ 时，取 $n_2=2.5$；n_1 为工作圈数，按式(6-41)计算后再按表 6-6 选取标准值。

(7) 弹簧实际刚度 K_{zi}

$$K_{zi}=\frac{Gd}{8n_1C^3}\quad(\mathrm{N/m}) \tag{6-43}$$

(8) 弹簧静态压缩量 δ 和节距 t

$$\delta=W_i/K_{zi}\quad(\mathrm{m}) \tag{6-44}$$

$$t=d+\delta/n_1+\Delta\quad(\mathrm{m}) \tag{6-45}$$

式中：W_i 为弹簧承受的静载荷，N；Δ 为实际荷载下各圈之间的间隙，一般取 $\Delta\geqslant 0.1d$，常取(0.2～0.3)d。

(9) 弹簧自由高度 H_0、工作高度 H_w

$$H_0 = n_1 t + (n_2 - 0.5)d \quad (\text{m}) \tag{6-46}$$

式中：$(n_2-0.5)d$ 为两端并紧并磨平时的弹簧并紧高度。

$$H_w = H_0 - \delta \quad (\text{m}) \tag{6-47}$$

一般要求高径比 $H_0/D<2.6$，以使弹簧工作时稳定。

(10) 弹簧螺旋角 α 和展开长度 L

$$\alpha = \arctan\left(\frac{t}{\pi D}\right) \quad (°) \tag{6-48}$$

$$L = \pi D_n/\cos\alpha \quad (\text{m}) \tag{6-49}$$

一般取 $\alpha=4°\sim9°$。

例 6-5 根据隔振计算，某设备隔振需 12 根相同弹簧支承，每根弹簧应承受的载荷 $W_i=4900\text{N}$，每根弹簧竖向刚度应为 $K_{zi}=1342\text{N/cm}$。请设计此弹簧。

解：(1) 已知 $W_i=4900\text{N}=4.9\text{kN}$；$K_{zi}=1342\text{N/cm}=134.2\text{kN/m}$

(2) 选择旋绕比 $C=6$，由式(6-38)计算曲度系数 $k=1.25$。

(3) 设计采用 60Si2Mn 钢，计算弹簧钢丝截面直径 d。

由表 6-4 取$[\tau]=441\text{MPa}$，再由式(6-39)可得

$$d = 1.6\times\sqrt{\frac{1.25\times6\times4.9\times1000}{441}} = 14.61(\text{mm})$$

取 $d=16\text{mm}$，弹簧中径 $D=Cd=6\times16\text{mm}=96\text{mm}$，按系列规定取 $D=100\text{mm}$，则弹簧的实际旋绕比 $C=100/16=6.25$。

(4) 弹簧的总圈数 n 与工作圈数 n_1

由式(6-41)，可有

$$n_1 = \frac{78\,450\times16}{8\times134.2\times(6.25)^3} = 4.79(\text{圈})$$

按表 6-6 取 $n_1=5$ 圈，则 $n=5+1.5=6.5$ 圈，两端磨平。

(5) 弹簧实际刚度

$$K_{zi} = \frac{78\,450\times16}{8\times5\times(6.25)^3} = 128.5(\text{N/cm})$$

此处实际刚度比设计刚度略小一些。实际设计时，若实际刚度大了要验算是否会影响隔振效率。若影响了隔振效率，则有效工作圈数应选得大一点。

(6) 弹簧静态压缩量 δ 和节距 t

由式(6-44)得

$$\delta = \frac{W_i}{K_{zi}} = \frac{4.9\times1000}{128.5} = 38.1\approx38(\text{mm})$$

由式(6-45)得

$$t = d + \delta/n_1 + 0.2d = 38/5 + 1.2d = 26.8\approx27(\text{mm})$$

(7) 弹簧自由高度 H_0、工作高度 H_w

由式(6-46)得

$$H_0 = n_1 t + (n_2-0.5)d = 5\times27 + (1.5-0.5)\times16 = 151(\text{mm})$$

由式(6-47)得

$$H_w = H_0 - \delta = 151 - 38 = 113(\text{mm})$$

$H_0/D=1.51<2.6$,弹簧工作稳定。

(8) 弹簧螺旋角 α 和展开长度 L 的计算

根据式(6-48)和式(6-49)得

$$\alpha=\arctan\frac{27}{\pi\times 100}=4.9°$$

$$L=\frac{\pi\times 100\times 6.5}{\cos 4.9°}=2047(\text{mm})$$

3. 圆柱螺旋弹簧隔振器的选用

将一定数量的弹簧,以某种形式的外壳,通过预压螺栓组成一个整体,则形成弹簧隔振器。外壳按几何形状可分为圆形和矩形;按构造可分封闭式、半封闭式和外露式等。如图6-13和图6-14所示是一种封闭式弹簧隔振器的结构图。

➢ 有时在弹簧隔振器下部、上部或上下部加一层肖氏硬度为40~60HA的橡胶板,其目的有两个:

(1) 减少弹簧隔振器高频短路和固体传声传递;

(2) 增加安装面摩擦力,阻止水平移动。

将弹簧隔振器和阻尼结构组成一体,则组成阻尼弹簧隔振器。

➢ 除非特殊需要或大批量生产时才自行设计隔振器,一般情况下在设计隔振体系时,应着重于选用国内标准产品或定型产品。国内已广泛应用的圆柱螺旋弹簧隔振器主要产品型号有ZT型、TJ1型、TJ2型、XM2型、ZD型、TJ5型以及ZTG型高阻尼弹簧隔振器等,这些隔振器的结构形式大致相似,主要是阻尼处理方法各有不同。

➢ 隔振器的选用,从技术方面考虑,首先要从隔振对象系统特点出发,满足减振要求和强度(载荷)要求,另外还要考虑其安装和环境适应性要求(表6-3)。本节以常用的TJ1型弹簧隔振器为例,说明其选用方法。

TJ1型系列弹簧隔振器现有14种规格,单个允许载荷为169~9000N,固有频率为2.2~3.5Hz,主要用于空压机、破碎机、大型风机、水泵及锻压机械。图6-13和图6-14是TJ1型弹簧隔振器结构示意图,表6-7为其性能参数。

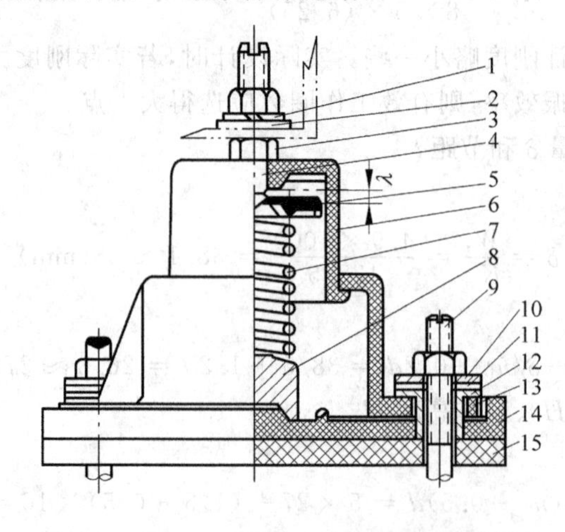

图6-13 TJ1-1~TJ1-10型弹簧隔振器结构图

1—弹簧垫圈;2—斜垫圈;3—螺母;4—螺栓;5—定位板;6—上外罩;7—弹簧;8—垫块;9—地脚螺栓;10—垫圈;11—橡胶垫圈;12—胶木螺丝;13—下外罩;14—底盘;15—橡胶垫板

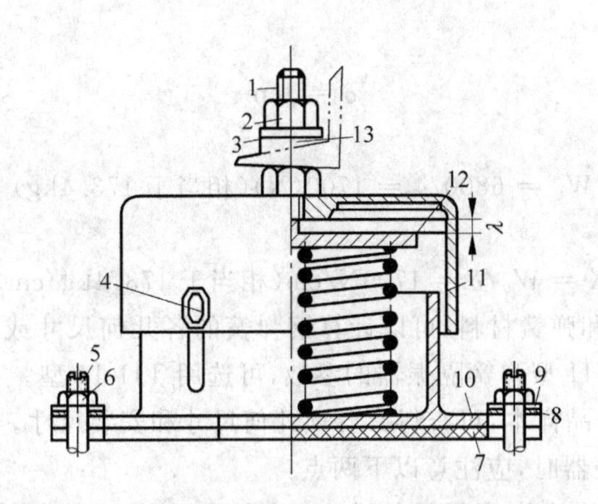

图 6-14　TJ1-11～TJ1-14 型弹簧隔振器结构图

1—螺栓；2—螺母；3—弹簧垫圈；4—螺钉；5—地脚螺栓；
6—螺母；7—橡胶垫板；8—橡胶垫圈；9—垫圈；
10—下外罩；11—上外罩；12—定位板；13—斜垫圈

表 6-7　TJ1 型钢弹簧隔振器性能参数

型号	垂直弹性系数 k /(kg/cm)	静载荷/kg			静态压缩量/mm			垂直最低固有频率 f_0/Hz
		预压 P_1	最大 P_2	极限 P_3	预压 δ_1	最大 δ_2	极限 δ_3	
TJ1-1	8.4	3.4	16.9	28	4	20.1	33.3	3.52
TJ1-2	11.2	5.6	30	47	5	26.8	42	3.05
TJ1-3	15	9	46.7	78	6	31	52	2.83
TJ1-4	19.5	13.7	67.6	113	7	35	58	2.68
TJ1-5	28.2	19.8	97.8	163.5	7	34.7	58	2.58
TJ1-6	38.8	26.7	133.5	221.5	7	34	57	2.7
TJ1-7	48.5	34	167	278	7	34	57	2.7
TJ1-8	54.2	38	185.5	310	7	34	57	2.7
TJ1-9	48.6	44	208.5	347.5	9	42.8	71.5	2.41
TJ1-10	58.3	58	300	490	10	51.5	84	2.2
TJ1-11	116.4	81.7	401	667	7	34	57	2.7
TJ1-12	115.2	109	534	890	7	34	57	2.72
TJ1-13	145.8	131	624	1041	9	42.8	71.5	2.41
TJ1-14	174.9	175	900	1470	10	51.5	84	2.2
TJ1-15	277.5	233.4	1020	1693	8.4	36.6	61	2.6

注：弹簧钢丝材料为 60Si2Mn。

例 6-6　某风机总重量 $W=4500+1300+1000=6800(\mathrm{N})$，采用 4 点支撑，每个弹簧平均荷载为 $W_0=6800/4=1700(\mathrm{N})$。风机激振的基本频率 $f=1000/60=16.7(\mathrm{Hz})$，隔振效率要求为 90%。求隔振参数并选用隔振器。

解：由 $f=16.7\mathrm{Hz}$ 和 $\eta=90\%(T_f=10\%)$，在图 6-9 上查得：

被隔振机组应有的固有频率：

$$f_0 \leqslant 5\mathrm{Hz}$$

钢弹簧的静态压缩量：

$$\delta = 1\text{cm}$$

静载荷：

$$W_0 = 6800/4 = 1700(\text{N})(\text{相当于 } 173.4\text{kg})$$

钢弹簧的劲度系数：

$$K = W_0/\delta = 1700\text{N/cm}(\text{相当于 } 173.4\text{kg/cm})$$

由此，结合荷载量和弹簧材料，可以计算钢弹簧的各几何尺寸或选用合适的定型产品。对照表 6-7 中各型号 TJ1 型弹簧隔振器的参数，可选用 TJ1-14 型。

查阅相关手册或产品样本，可查得其各项几何尺寸和安装尺寸。

➢ 安装钢弹簧隔振器时，应注意以下两点：

(1) 应使各弹簧的自由高度尽量一致，基础底面要平整，使各个弹簧在平面上均匀对称、受压均衡、不产生横向运动；

(2) 机组的重心一定要落在各弹簧的几何中心上，整个振动系统的重心要尽量低，以保证机组运行的稳定性。

4. 两种新型的隔振器

(1) 全金属钢丝绳隔振器

全金属钢丝绳隔振器是以多股不锈钢丝的绞合线，经均匀地按对称或反对称方式，在耐蚀金属夹板上螺旋状缠绕后，用夹板等适当方式固联而成的。其隔振原理如图 6-15 所示，是利用螺旋环状多股钢丝绞合线在负荷作用下所具备的非线性弯曲刚度和多股钢丝间由于相对滑移摩擦而产生的非线性干性阻尼特性，大量吸收和耗散系统运动能量，抑制共振，改善系统运行的动态平稳性，保护设备安全工作。

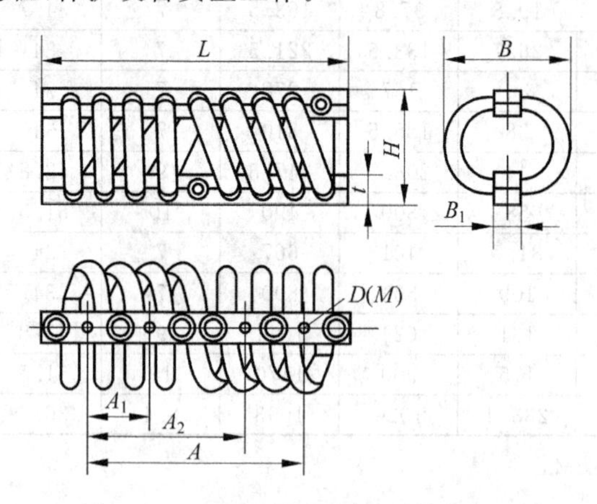

图 6-15　GS 型钢丝绳隔振器结构简图

➢ 全金属钢丝绳隔振器具有变刚度和变阻尼特性。此类隔振器当动载荷增加时，则动刚度随之增加，从而抑制隔振器的振幅，增加隔振设备的稳定性。设备瞬时超载对隔振器影响不大，超载荷能力明显，并且在较宽的载荷范围内能维持基本不变的固有频率，耐冲击力强。由于该种隔振器在高频低振幅时，阻尼小，而低频大振幅时阻尼大，因此无论在共振区还是隔振区都能获得最小的传递率，通常其阻尼比的变化范围为 0.15～0.20，隔振效率达

98%以上。

➤ 全金属钢丝绳隔振器载荷范围宽，结构上圈数可多可少、可长可短，制造安装方便，安装方式多样；另外，还具有性能稳定、寿命长、环境适应性好、高低温时性能不变等特点。国内定型产品有GS型、GG型等系列。

(2) 空气弹簧

空气弹簧也称气垫，它的隔振效率高，固有频率低(在1Hz以下)，而且具有粘性阻尼，因此也能隔绝高频振动。空气弹簧的组成原理如图6-16所示，当载荷振动时，空气在空气室与储气室之间流动，可通过阀门调节压力。

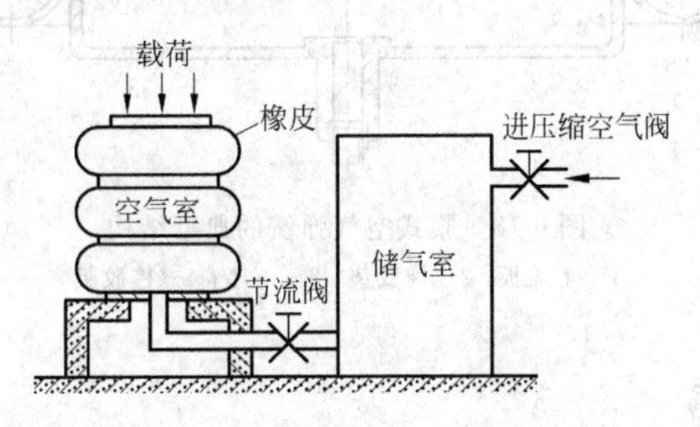

图6-16 空气弹簧的构造示意图

➤ 这种减振器是在橡胶的空腔内压进一定的空气，使其具有一定的弹性，从而达到隔振的目的。当负荷改变时或调节橡胶腔内的气体压力，使之保持恒定的静态压缩量。空气弹簧多用于火车、汽车及航空航天和一些消极隔振的场合。它的缺点是需要有压缩气源及一套繁杂的辅助系统，造价昂贵。目前已有国产的空气弹簧定型产品，如JYKT系列。

➤ 空气弹簧按其结构不同可分为囊式和膜类。图6-17是囊式空气弹簧的典型结构。它用橡胶膜做成葫芦形，有几段鼓起，在鼓起之间嵌入金属环，以承受内压所引起的张力。当弹簧体的内容积相等时，鼓起的段数多，则弹簧常数小，考虑制造的工艺性和使用的稳定性，目前国产空气弹簧为1～3段。囊膜都是由帘线层、内外橡胶层和成型钢丝圈硫化而成的。空气弹簧的承载能力主要是由帘线承担，帘线的质量是空气弹簧强度性能的决定因素。帘线的层数一般为2～4层，层层相交叉。内外橡胶层主要起密封和保护作用。

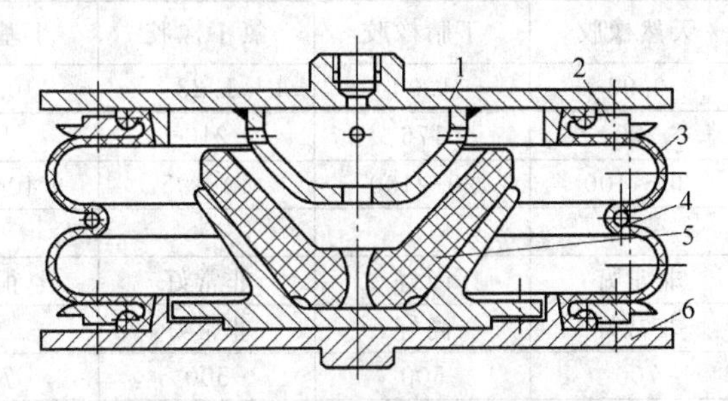

图6-17 囊式空气弹簧的典型结构

1—上盖板；2—压环；3—橡胶囊；4—腰环；5—橡胶垫；6—下盖板

图6-18是膜式空气弹簧的典型结构，在金属内外筒之间设有橡胶隔膜，隔膜保持密封，隔膜的变形将引起整体的伸缩。外筒的内壁和内筒的外壁可做成适当的斜度和曲面，从而，

当伸缩时橡胶隔膜就按壁的形状发生变形，受压面积随着伸缩而变化，这样可以形成非线性的弹簧特性。橡胶隔膜的结构与囊膜相同。

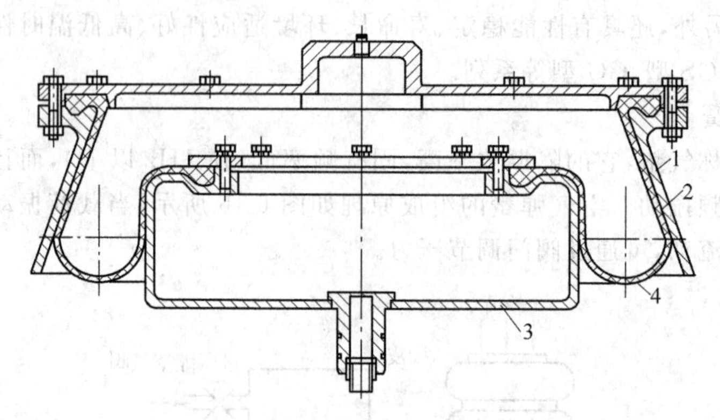

图 6-18 膜式空气弹簧的典型结构

1—上盖板；2—橡胶垫；3—下座；4—橡胶膜

6.3.2 橡胶隔振器

橡胶具有显著的弹性，能经受高达 100%的变形而不致破坏，而且当外力释放后又能够迅速而猛烈地恢复到原来的形状，因此可以把它做成各种形状、尺寸和劲度系数不同的隔振器。由于它的重量较轻，阻尼较大，橡胶与金属表面粘度可大于 300N/cm^2，能和物体密切接触，隔绝高频振动，是一种应用相当广泛的隔振材料。缺点是对环境条件要求较高，如温度、气体、化学药品等对它影响较大。因橡胶易老化，寿命只有 5～8 年，因此需定期检查、按期更换。

橡胶制品分天然和合成橡胶两大类。硫化天然橡胶比合成橡胶更适合用于隔振器，它比较容易获得弹性而不易塑性变形。但天然胶不耐油，必须进行保护，有些合成胶可以弥补天然胶的不足。

➢ 用于隔振器的几种橡胶的物理性能比较见表 6-8。

表 6-8 橡胶的物理性能

橡胶名称	天然橡胶	丁腈橡胶	氯丁橡胶	丁基橡胶	硅酮橡胶
比重	0.93	1.00	1.23	0.92	0.95
抗拉强度/(kg/cm^2)	280	176	210	140	70
肖氏硬度/HA	30～100	20～100	40～95	40～75	20～90
弹性：					
常温下	非常好	尚好	非常好	很差	好
高温下	非常好	尚好	非常好	差	好
最大延伸率/%	700	500	500	700	300
硫化(附有)：					
钢	好	好	好	尚好	好
铝	好	好	好	尚好	好
不锈钢	好	好	好	尚好	好
70/30 黄铜	尚好	差	尚好	差	—

续表

橡胶名称	天然橡胶	丁腈橡胶	氯丁橡胶	丁基橡胶	硅酮橡胶
抗磨和抗撕裂	非常好	尚好	好	好	差一尚好
老化：					
日光下	差	差	非常好	非常好	非常好
氧气作用下	好	尚好	好	好	非常好
抗热性	尚好	非常好	好	好	非常好
抗油性	非常差	一	好	非常好	好
抗汽油性	非常差	差一尚好	差	非常好	差
抗酸性：					
稀酸	好	好	尚好	好	尚好
浓酸	尚好	差	尚好	尚好	差
抗碱性：					
稀碱	好	好	好	非常好	尚好
浓	差	尚好	好	非常好	差

1. 橡胶的特点

与弹簧相比，橡胶本身具有以下特点：

1) 动态刚度和静态刚度不同

橡胶是一种粘弹性材料，在外力作用后，其所受荷载和变形之间有一个滞后的时间差（相位差）。因此，橡胶在受迫振动中它的动态刚度 K_d 比静态刚度 K_s 要大，就是说载荷是交变的，而橡胶又来不及跟着变形，它的刚度就相对地变硬了，在计算橡胶减振系统的固有频率 f_0 时，应按动态刚度 K_d 来考虑。根据国内实验，橡胶材料的动、静刚度（或弹性模量）之比（又称为动态系数）K_d/K_s 常取 1.3～2.8 之间。

随着橡胶硬度的增加（一般用肖氏硬度计测量）强度增高，弹性模量增大，K_d/K_s 值也相应提高，同时橡胶的内部阻尼也随硬度变化，一般柔软的橡胶滞后现象不明显，内部阻尼小，而较硬的橡胶 K_d/K_s 大，阻尼也大（例如肖氏硬度为 80HA 的橡胶阻尼 R/R_c 达 0.15）。

2) 橡胶具有不可压缩性

橡胶的不可压缩性是指它受压后，如果不允许它水平方向胀出，则就不能产生纵向变形。例如拿两个体积相同的橡胶块或橡胶板，使之承受同样的载荷，如图 6-19 所示，“块”的侧面自由面积和受压（上下）面积之比比较大，有横向膨胀的余地；而板的侧面自由面积和受压面积之比则较小，所以前者要比后者软得多。即刚度 K 要小得多，因此用薄橡胶板来减振是难以收效的。由于橡胶板的刚度较高，不利于隔振，因此常常将橡胶做成凹坑、汫槽或其他形状，这样就容许水平变形，加大了静态下沉量，减小了刚度，降低了系统的固有频率。

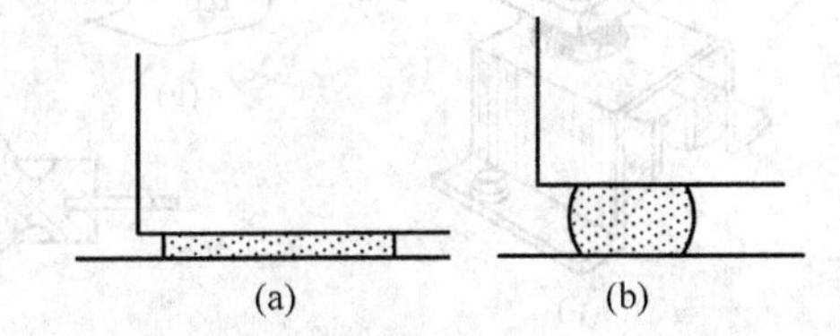

图 6-19　橡胶隔振元件受压变形示意图

(a) 橡胶板自由面积相对小，刚度大；(b) 橡胶块自由面积相对大，刚度小

3）橡胶隔振器的受力形式的变化

橡胶隔振器由橡胶和各种金属骨架结合组成，它们的受力形式可以是压缩型、剪切型和剪切-压缩型等，使用时需要针对振动干扰力的具体情况适当选用。图 6-20 是 3 种不同受力形式隔振器的示意。

（1）压缩型

如图 6-20(a)，主要承受垂直压力，在设计和选用时，除保证有足够的自由面积外，还要防止出现橡胶应力集中的现象。

（2）剪切型

如图 6-20(b)，主要承受剪切力，经常是将橡胶粘在两个金属表面上(用硫化加热加压法)，使用这种减振器可以获得较低的共振频率，且抗疲劳性能较佳，但其荷重小于压缩型，对于重设备需要数量较多。主要用于风机、泵等设备上，隔振效果很好。

（3）剪切-压缩复合型

如图 6-20(c)，这种隔振器是为了承受剪切应力而设计的。它主要应用于两个方向或三个方向上的劲度系数不一致而存在扭转振动的情况，由于橡胶剪切弹性模量是压缩弹性模量的 1/3～1/6，所以在受剪的方向劲度系数通常比较小。

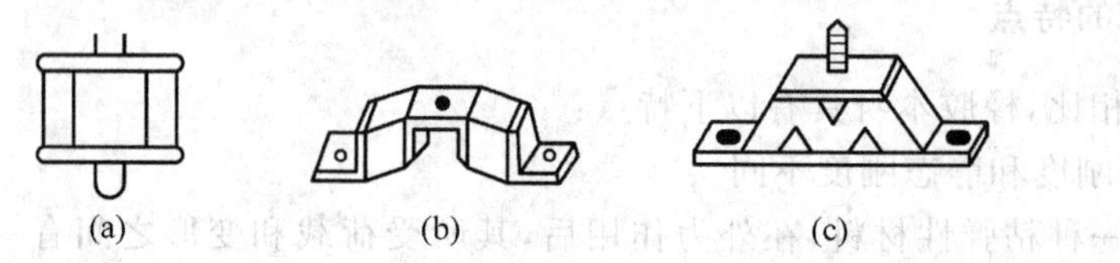

图 6-20　几种橡胶隔振器

（a）压缩型；（b）剪切型；（c）剪切-压缩复合型

思考题

判断图 6-21 中各个橡胶隔振器的类型。

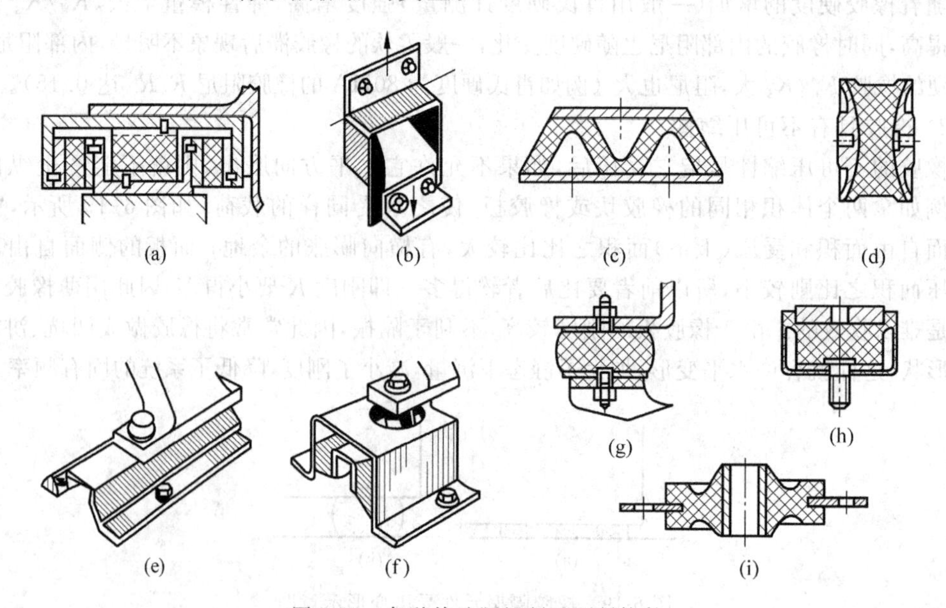

图 6-21　各种橡胶隔振制品预制构件

小结

➢ 适用范围：用于中小型设备和仪器的隔振，可用于受压、受切和切压的情况，其工作参数的范围为

$$f = 4 \sim 15\text{Hz}, \quad \zeta = 0.05 \sim 0.23$$

➢ 优点：

(1) 可做成各种形状和不同刚度；

(2) 内部阻尼大，有利于吸收机械能，对高频振动能量吸收好；

(3) 固有振动频率较低，阻尼特性好，甚至可在共振区附近工作；

(4) 重量轻、体积小、价格低、安装方便、更换容易。

➢ 缺点：

(1) 耐高、低温性能差(工作温度 0～70℃)；

(2) 易老化，在重负载下会有较大蠕变；

(3) 不耐油污，承载力较低。

➢ 主要产品型号：JG 型(剪切型)、JF 型(压缩型)、DJ 型(剪切型)、ZA 型(压剪型)、YZ 型(压缩型)。

➢ 材料：丁腈橡胶、氯丁橡胶、丁基合成橡胶等。

2. 橡胶隔振器的设计

橡胶隔振器一般由约束面与自由面构成，约束面通常和金属相接，自由面则指垂直加载于约束面时产生变形的那一面。在受压缩负荷时，橡胶横向胀大，但与金属的接触面则受约束，因此，只有自由面能发生变形。这样，即使使用同样弹性系数的橡胶，通过改变约束面和自由面的尺寸，制成的隔振器的劲度系数也不同。就是说，橡胶隔振器的隔振参数，不仅与使用的橡胶材料成分有关，也与构成形状、方式等有关。设计橡胶隔振器时，其最终隔振参数需要由实验确定。

橡胶隔振器的设计主要是选用硬度合适的橡胶材料，根据需要确定一定的形状、面积和高度等。设计计算中，就是根据所需要的最大静态压缩量 δ，计算材料厚度和所需压缩或剪切面积。

➢ 材料的厚度为

$$h = \delta E_{\mathrm{d}} / [\sigma] \tag{6-50}$$

式中：h 为材料厚度，m；E_{d} 为橡胶的动态弹性模量，Pa；$[\sigma]$为橡胶的许用载荷，Pa。

➢ 所需面积为

$$S = M / [\sigma] \tag{6-51}$$

式中：S 为橡胶的支承面积，m^2；M 为机组质量，kg。

橡胶的材料常数 E_{d} 和 σ 通常由实验测得，表 6-9 给出几种常用橡胶的有关参数。

表 6-9 常用橡胶的参数

材料名称	许用载荷$[\sigma]$/MPa	动态弹性模量 E_{d}/MPa	E_{d}/σ
软橡胶	0.1～0.2	5	25～50
较硬橡胶	0.3～0.4	20～25	50～83
开槽或有孔橡胶	0.2～0.25	4～5	18～25
海绵状橡胶	0.03	3	100

例 6-7 某机组设备重为 8000N，转速为 $n=2000\mathrm{r/min}$，安装在 $1.5\mathrm{m}\times2.5\mathrm{m}\times0.1\mathrm{m}$ 的钢筋混凝土底座上。试设计设备的隔振装置，并要求振动级降低 20dB。

解：(1) 求要控制的固有频率 f_0

由图 6-9，查得 $n=2000\mathrm{r/min}$ 时，干扰频率为 $f=2000/60=33(\mathrm{Hz})$。

所需振动级降低量 20dB 时，由 $\Delta L=20\lg(1/T)$，得 $T=0.1$，查得固有频率 f_0 可控制在 10Hz 附近。

(2) 确定隔振材料，计算所需的静态压缩量 δ

选用带圆孔的丁腈橡胶板作隔振垫块，由式(6-16)计算所需的静态压缩量 δ，并取 $E_d/E_s=2.25$，则有

$$\delta=\frac{5^2}{f_0^2}\frac{E_d}{E_s}=\frac{25}{10^2}\times2.25\approx0.56(\mathrm{cm})$$

(3) 计算垫层的总厚度 h

由表 6-9，取 $E_d/[\sigma]=20$，由式(6-50)有

$$h=\delta\frac{E_d}{[\sigma]}=0.56\times20=11.2(\mathrm{cm})$$

(4) 确定所需面积 S

由式(5-51)计算所需面积。总载荷为机组重量与混凝土底座重量的和，混凝土底座重量为

$$P_2=20\,000\times(1.5\times2.5\times0.1)=7500(\mathrm{N})$$

机组重：

$$P_1=8000(\mathrm{N})$$

总载荷：

$$P=P_1+P_2=15\,500(\mathrm{N})$$

根据 $[\sigma]=2\times10^5\mathrm{Pa}$，则所需面积 S 为

$$S=\frac{P}{[\sigma]}=0.0775(\mathrm{m}^2)=775(\mathrm{cm}^2)$$

根据构造要求，宜分成 6 个垫块，每个垫块面积为

$$S_1=S/6=775/6\approx129.2(\mathrm{cm}^2)$$

根据上述计算，橡胶隔振垫层的选取厚度为 11cm、面积为 11.5cm×11.5cm 的正方形或选取厚 11cm、直径为 13cm 的圆柱体。

3. 橡胶隔振器的选用

根据工程实际需要，目前国内已有系列化的隔振器产品。在各类橡胶隔振器中，国产 JG 型隔振器(图 6-22)是目前应用较广泛而且效果较好的一种。这种隔振器是采用丁腈合成橡胶，在一定温度和压力下硫化，并牢固粘结于金属附件上压制而成的，它具有较高的承载能力、较低的刚度、较大的阻尼和较低的固有频率(可达 5Hz)，是较理想的隔振元件，表 6-10 给出了它的主要技术参数。此外，这种隔振器安装方便，稳定性较好。如用在通风机、水泵、冷

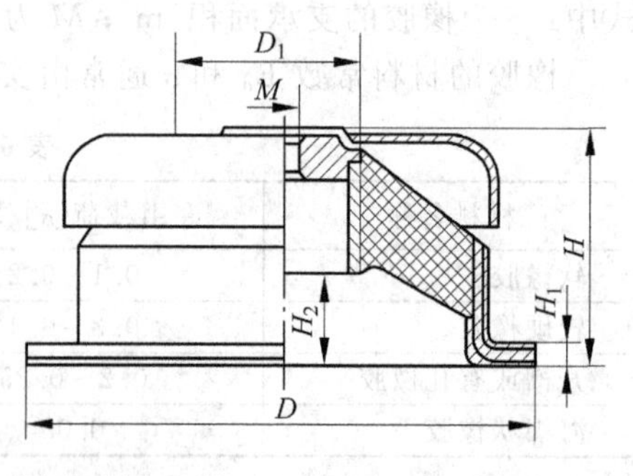

图 6-22 JG 型橡胶隔振器

冻机、空压机等动力机械设备上，具有良好的隔振效果。现以JG型橡胶隔振器为例，说明其选用方法。

表6-10　JG型橡胶隔振器技术参数选用表

型号	最大设计静载荷 $P/9.8\text{N}$		对应静态压缩 δ/mm		对应竖向最低频率 f_0/Hz		极限压缩量/mm	阻尼比 ζ	重量 W/kg	高度 H/mm	外径 D/mm	安装孔 M/mm
	积极隔振	消极隔振	积极隔振	消极隔振	积极隔振	消极隔振						
JG1-1	19	24										
JG1-2	27	32										
JG1-3	37	46										
JG1-4	48	59	4.8	6.0	11.7	10.3	12.0	0.07～0.20	0.35	43	100	12
JG1-5	58	70										
JG1-6	70	86										
JG1-7	84	103										
JG2-1	23	28										
JG2-2	32	40										
JG2-3	40	49										
JG2-4	48	60	8.0	10.0	9.3	8.4	20.0	0.07～0.20	0.4	46	120	12
JG2-5	58	72										
JG2-6	68	83										
JG2-7	77	95										
JG3-1	100	120										
JG3-2	140	175										
JG3-3	200	250										
JG3-4	270	335	11.2	14.0	7.2	6.4	28.0	0.07～0.20	2.2	87	200	16
JG3-5	330	410										
JG3-6	405	500										
JG3-7	483	600										
JG4-1	300	370										
JG4-2	420	510										
JG4-3	580	710										
JG4-4	720	900	20.0	25.0	5.4	4.9	50.0	0.07～0.20	6.0	133	290	20
JG4-5	920	1130										
JG4-6	1080	1320										
JG4-7	1260	1540										

➤ 选择设计的一般步骤如下：

(1) 根据隔振系统机组和底座的总重量 P，确定每个橡胶隔振器所承受的载荷，确定JG型。

(2) 先求干扰频率 f；再由表6-10查得JG型类别隔振器的最低固有频率 f_0，则频率比 f/f_0 一般取2.5～5之间较合适。f/f_0 比值不宜过大，否则会因静态压缩量过大，使隔振器稳定性变差。

例6-8　一机组设备和底座重为1000kg，主轴转速为1500r/min，用四个垂直支点来支撑(对称布置)，试选择JG型橡胶隔振器来隔振，要求隔振效率达到90%以上。

解：(1) 确定隔振器类型

由题意知，有四个支撑点，每只承重为 $P/4=1000/4=250(\text{kg})$，由表6-10选用JG3-4

型隔振器。

(2) 确定 f/f_0

n=1500r/min,干扰频率 $f=n/60=1500/60=25(\mathrm{Hz})$;由表 6-10 查得 JG3 型隔振器竖向最低固有频率 $f_0=7.2\mathrm{Hz}$,因此得

$$f/f_0 = 25/7.2 \approx 3.5 > \sqrt{2}$$

即选用合适。

(3) 校核 T_f 和隔振效率 η

$$T_f = \frac{1}{\left|1-\left(\frac{f}{f_0}\right)^2\right|} = 0.089$$

$$\eta = (1 - T_f) \times 100\% = 91\%$$

即满足要求。

➢ 如需进行较精确的选择设计,可利用图 6-23 的 JG3 型橡胶隔振器性能曲线图进行设计。如例 6-8,每只隔振器承重 250kg,选 JG3-4 型隔振器;查图 6-23,由 250kg 沿水平方向向右与隔振器 JG3-4 斜线相交,由交点垂直向下求得隔振器的静态压缩量 $\lambda=10.25\mathrm{mm}$,再由 $\lambda=10.25$ 值引垂线向上与固有频率曲线(虚线)f_0 相交,由此点引水平线向右,查得系统固有频率 $f_0=7.4\mathrm{Hz}$。频率比 $f/f_0=25/7.4=3.38$,则传递系数:

$$T_f = \left|\frac{1}{1-3.38^2}\right| = 0.096$$

隔振效率

$$\eta = (1 - T_f) \times 100\% = (1 - 0.096) \times 100\% = 90.4\%$$

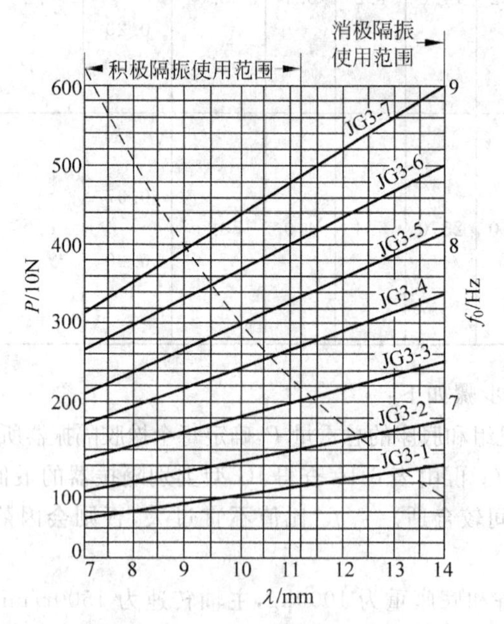

图 6-23 JG3 型橡胶隔振器性能曲线图

6.3.3 隔振垫

隔振垫是指把具有一定弹性的软材料，如橡胶、软木、毛毡、海绵、泡沫塑料等，制成各种垫形的隔振材料。其中使用最普遍的是橡胶隔振垫，尤其适用于中小型机器设备的隔振。

1. 橡胶隔振垫的主要特性

➢ 优点：

(1) 持久的高弹性，隔振、隔冲和隔声性能良好；

(2) 造型和压制方便，能满足刚度和强度的要求；

(3) 有一定的阻尼性能，$\zeta=0.06\sim0.1$，可以吸收机械能量，尤其是高频时；

(4) 能与金属表面粘接，易于制作安装，可多层叠加使用以减小刚度和改变其频率范围：

$$f_0(\text{多层}) = f_0 / \sqrt{N} \tag{6-52}$$

式中：N 为层数。

➢ 缺点：

(1) f_0 较高，一般在 10～20Hz；

(2) 易受温度、油质、臭氧、日光及化学溶剂的侵蚀；

(3) 易变性、老化与松弛，寿命一般为 5～8 年。

➢ 主要产品型号：

橡胶隔振垫型号的主要特征是垫面的结构不同，主要有平板垫、肋形垫、三角槽垫、圆筒垫及凸台垫等(图 6-24)。

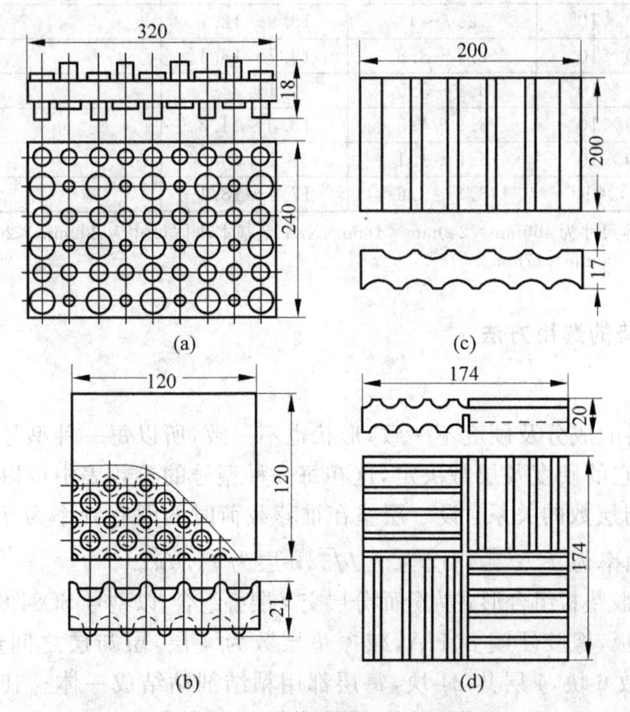

图 6-24　几种橡胶隔振垫的形状

(a) 圆凸台，两面交叉排列——WJ 型、TG 型、GD 型；(b) 半球形板状块体——JD1 型；(c) 圆弧形肋条双面配置——XD-2 型；(d) 肋条方块交叉配置——SD 型。

➢ 常用的橡胶垫：

WJ 型橡胶垫是一种常用的新型橡胶垫，它在橡胶垫的两面有 4 个不同直径和不同高度的圆台，分别交叉配置。当 WJ 型隔振垫在载荷作用下，较高的凸圆台受压变形，较低的圆台尚未受压时，其中间部分受载而弯成波浪形，振动能量通过交叉突台和中间弯曲波来传递，它能较好地分散并吸收任意方向的振动。由于圆凸面斜向地被压缩，这便起到制动作用。在使用中无须紧固措施，即可防止机器滑动，承载越大，越不易滑移。

橡胶隔振垫的刚度是由橡胶的弹性模量和几何形状决定的。由于表面是凸台及肋状等形状，故能增加隔振垫的压缩量，使固有频率降低。突台(或其他形体)的松疏直接影响隔振垫的技术性能。

国产 WJ 型和 XD 型橡胶隔振垫，有 40～90HA 四种硬度，一般可在 −10～+40℃ 的温度环境下使用，其主要性能参数见表 6-11。

表 6-11 WJ 型和 XD 型橡胶隔振垫的主要技术参数

型号	额定载荷/Pa	额定载荷下的压缩量/mm	垂直固有频率/Hz	阻尼比(R/R_c)	极限载荷/Pa
WJ-40	$(2\sim4)\times10^5$	4.2±0.5	14.3	0.066～0.081	3×10^6
WJ-60	$(4\sim6)\times10^5$	4.2±0.5	13.8～14.3	0.077～0.079	5×10^6
WJ-85	$(6\sim8)\times10^5$	3.5±0.5	17.6	0.069～0.078	7×10^6
WJ-90	$(8\sim10)\times10^5$	3.5±0.5	17.2～18.1	0.068～0.073	9×10^6
XD1-40	$(1\sim2)\times10^5$	2～4	15～11.6		
XD1-60	$(2\sim5)\times10^5$	1.8～4.4	15～11.5		
XD1-85	$(6\sim10)\times10^5$	2.2～3.7	20.4～15.8		
XD2-40	$(0.5\sim1.5)\times10^5$	1.5～4	17.2～12.6		
XD2-60	$(2\sim3)\times10^5$	2.7～4	13.9～12.7		
XD2-85	$(5\sim7)\times10^5$	2.7～3.8	19.7～18.1		
XD3-40	$(2\sim4)\times10^5$	3.2～5.0	14.3		
XD3-60	$(4\sim6)\times10^5$	3.9～4.9	13.8～14.3		
XD3-85	$(6\sim8)\times10^5$	3.5～4.1	17.6		
XD3-90	$(8\sim10)\times10^5$	3.3～3.6	17.2～18.1		

注：WJ 型基本块体尺寸为 460mm×240mm×18mm，XD1 型基本块体尺寸为 200mm×200mm×20mm，XD2 型基本块体尺寸为 200mm×200mm×17mm。

2. 橡胶隔振垫的选用方法

(1) 固有频率

由于橡胶材料的成分及硬度不一致，形状也不一致，所以每一种型号隔振垫的使用固有频率也不一致，由它的硬度及层数决定，这在每一种型号的参数表中可以查出。

➢ 固有频率与层数的关系：设一层垫在推荐载荷时的固有频率为 f_0，那么在相同载荷下两层垫的固有频率为 $f_0/\sqrt{2}$，三层为 $f_0/\sqrt{3}$，n 层为 $f_0/\sqrt{n}$。

例如，SD 型橡胶垫板组合形式为分面分层交叉层叠组合，以型号 SD84-6 橡胶隔振垫为例。

SD 型减振垫板，橡胶硬度 80HA，减振垫层数为 4 层，层与层之间垫 3mm 厚钢板，计 3 块，每层基本块数 6 块，4 层共 24 块，每层都用粘结剂粘结成一体。其技术参数为：竖向许用载荷 $P=13.3\sim35.5$kN，竖向变形 $\delta=6\sim14$mm，竖向固有频率 $f_0=12\sim7$Hz。

SD 型组合垫能有效地隔离冲击振动，很好地吸收和缓慢地释放振动能量。主要应用于冲击力较大的设备基础隔振，如冲床、锻锤、空压机、冷气机组等。

（2）压应力

一般尽量采用生产厂说明书中的压应力推荐值，但不能超过最大允许压应力，应使每块隔振垫的压缩变形一致。根据设计的质量和工作情况决定隔振垫面积，在标准垫块上裁切，且满足：

隔振垫面积＝设计重量/所选用的隔振垫额定载荷

➢ 对有冲击声和加重的设备，还要考虑过重系数。

例 6-9　某设备重 3500kg，支点形状为 $\phi12$ 的 6 个圆板，因为设计水平度要求较高，选用 WJ-85，考虑到设备工作时的振动和加重，计算时通常增加设备质量的 30％左右为安全余量。试计算隔振垫面积。

解：承重面积＝3500×1.3/7＝650(cm^2)

单个支承面积＝650/6＝108(cm^2)

减振垫垫在支承下面要露出 1cm 余量，所以垫块裁成 12cm×12cm。

WJ 型可有效地隔离设备振动传导，应用于印刷机、球磨机、剪板机、冲床、机床、空压机、空调机、发电机及仪器仪表等设备的隔离振动传导。

3. 隔振垫的安装

橡胶隔振垫一般放在基座下面，不需固定，因为橡胶隔振垫与其接触的表面有相当大的摩擦力；若要固定，可参见图 6-25 所示的方法，固定地脚螺栓与机架时，最好在机壳底部和螺栓下垫橡皮垫，并在螺栓上套橡皮管。对于大型的机械系统，应考虑隔振垫的更换。另外，若机械漏油、渗油严重，应在隔振垫四周设防油沟或防油槽等。

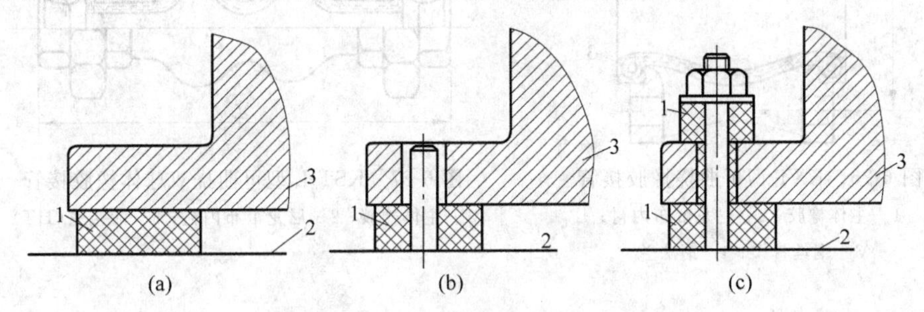

图 6-25　橡胶隔振垫固定示意图

(a) 未固定；(b) 半固定；(c) 固定

1—隔振垫；2—基础面；3—机架

6.3.4　管道隔振

1. 管道隔振的作用与内容

振动机械设备一般通过管道系统与外界相联接，如水管、风管、汽管和油管等。所以设备的振动除通过安装基础传递外，还可通过管道和管内介质、管道固位构件传递与辐射。管道的隔振，通常是通过设备与管道之间的弹性联接得以实现。加接补偿软联接装置不仅可以减少沿管道传递的振动，还可以补偿由于温度变化引起的管道的伸缩，以及安装过程中的误差，从而方便安装。管道隔振，主要是降低毗邻房间的振动与噪声，但比基础隔振难度大。因管道隔振后，管内介质的振动，仍可沿管道继续传播。

2. 管道隔振元件

管道隔振元件需承受一定的内压或真空，减振降噪效果取决于弹性接头的材料、构造、尺寸、管内介质的压力、管道安装布位方式等。常用的管道隔振元件有橡胶柔性接管（避振喉）和不锈钢波纹管（耐高温、高压）。

1）橡胶柔性接管

橡胶柔性连接管又称橡胶软接管和可曲挠橡胶接头等，按结构形式通常分为单球体、双球体和弯球体3种，按联接形式通常分为法兰联接、螺纹联接两种。橡胶软连接管具有耐压高、弹性好、位移变形量大、安装灵活的特点，其适用传输的介质可为水、海水、热水、空气、压缩空气、弱酸和弱碱等。

主要产品型号有 KXT 型可曲挠合成橡胶接头（图 6-26）、KST-L 型或 KST-F 型（L 表示两端的接口是螺纹联接形式，F 表示法兰联接）可曲挠双球橡胶接头（图 6-27）、FPT 型风机盘管橡胶接头、KYT 型可曲挠同心异径橡胶接管、KYP 型可曲挠偏心异径橡胶接管以及 KWT 型可曲挠橡胶弯头等。

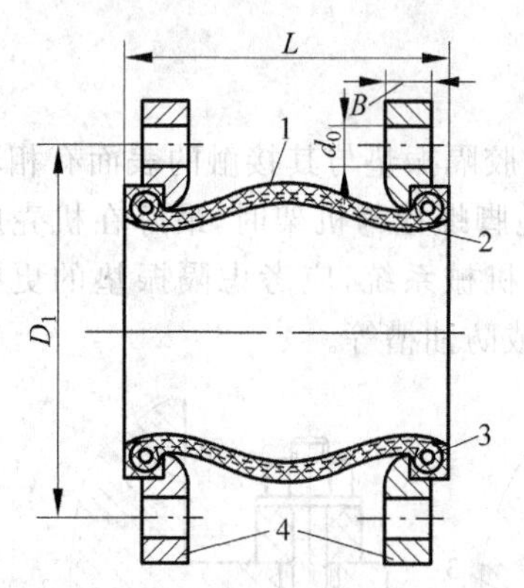

图 6-26　KXT 型可曲挠橡胶接管

1—主体橡胶；2—尼龙帘布内衬；3—钢丝骨架；4—钢法兰

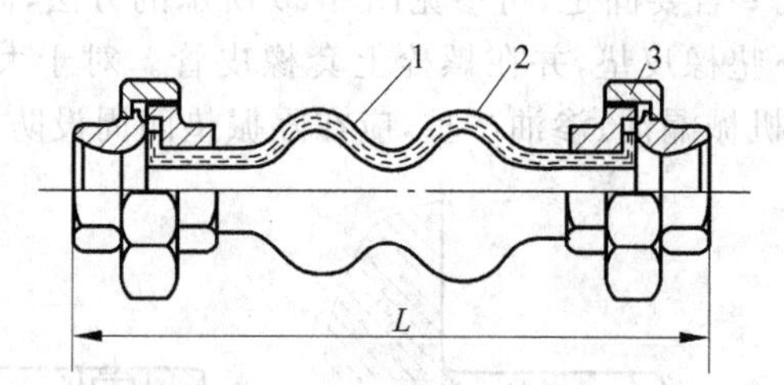

图 6-27　KST-L 型可曲挠双球体橡胶接管

1—主体橡胶；2—尼龙帘布内衬；3—活接头（HT）

图 6-26 是 KXT 型可曲挠合成橡胶接头，系多层球体结构，可承受较高的工作压力。它抗爆破压力大、弹性好、吸振能力强，能在 15°偏转角内调整安装，即使安装基础下沉，也不致引起不良后果。其主体材料为极性橡胶，耐热、耐腐蚀、抗老化。该类橡胶接管又分成Ⅰ、Ⅱ、Ⅲ共3个子型号，其技术指标见表 6-12。

表 6-12　KXT 型可曲挠橡胶接管技术条件及性能

项目＼型号	KXT-(Ⅰ)	KXT-(Ⅱ)	KXT-(Ⅲ)
工作压力/MPa(kgf/cm²)	2.0 (20)	1.2 (12)	0.8 (8)
爆破压力/MPa(kgf/cm²)	6.0 (60)	3.5 (35)	2.4 (24)
真空度/kPa(mmHg)	100 (750)	86.7 (650)	53.3 (400)
适用温度/℃	−20～＋115		
适用介质	空气、压缩空气、水、海水、热水、弱酸等		
接头两端可任意偏转，便于自由调节轴向或横向位移			

注：DN200～300 KXT-(Ⅰ)型工作压力为 1.5MPa(15kgf/cm²)，爆破压力为 4.5MPa。

KST-L 型可曲挠双球体橡胶接管(图 6-27)是一种改进型橡胶接管,由于采用双球体橡胶接管,其可允许轴向、径向及偏转角度都较 KXT 型要大,也就是可曲挠性能更好,隔振效果也更好。表 6-13 是其性能及技术条件。

表 6-13　KST-L 型橡胶接管技术条件及性能

工作压力	1.0MPa	真空度	53.3kPa(400mmHg)
爆破压力	3.0MPa	适用介质	水,海水,热水,空气,压缩空气,弱酸,弱碱等化学物质
适用温度	－20～＋100℃		
偏转角度 $\alpha_1+\alpha_2$	45°		

➢ 这些产品厂家都有规格、尺寸和技术指标选用表,以供客户选用。

2) 金属软连接管

金属软连接管具有能自由弯曲、防振和耐高温等独特性能,主要用于一些特殊的管道系统中,如空气压缩机的排气管、柴油机的排气管以及腐蚀性介质的管道系统中。金属软连接管的结构如图 6-28 所示,其主要由金属波纹管、网套和接头三部分组成。其中作为金属软接管本体的金属波纹管有螺旋形和螺环形两大类,网套由若干根金属丝或金属带(材料为不锈钢丝)按一定顺序编织成网状,套压在波纹管外面,因此也称作不锈钢波纹管或不锈钢膨胀节或不锈钢软管。

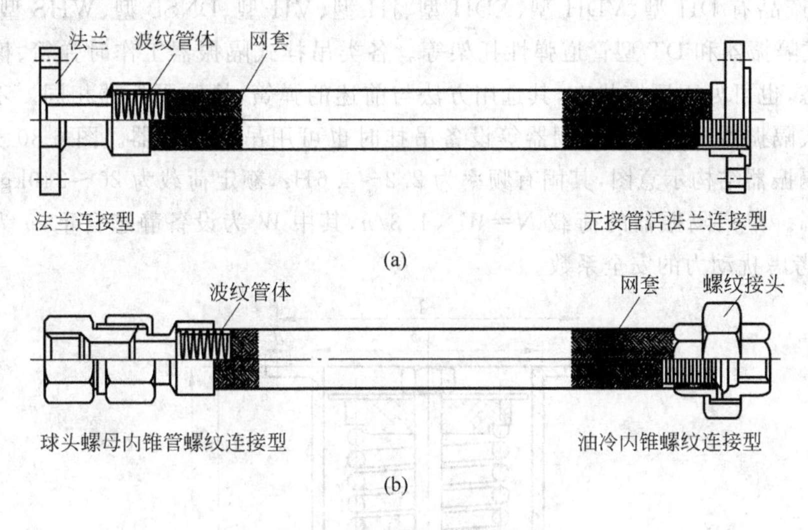

图 6-28　金属软连接管结构

(a) 法兰盘接头金属软连接管；(b) 螺纹接头金属软连接管

➢ 金属软连接管产品主要有 SR 型、BG 型和 GRH 型等,选用时应注意以下几点:

(1) 工作压力:一般说,不锈钢波纹管的直径小,可耐压程度大,也就是工作压力较大(高压 6.4～35MPa、中压 4～10MPa、低压 1～2.5MPa),而直径较大、工作压力又大的不锈钢波纹管制造难度大、价格高。因此应选择工作压力合适的不锈钢波纹管。例如,SR 型金属软管的公称通径范围为 DN32～DN385,对应的最大工作压力则为 250～60N/cm^2。

(2) 材质:不锈钢的材质有 0Cr19Ni9Ti、00Cr19Ni11Ti、00Cr18Ni10Ti 及 1Cr18Ni9Ti 等,材质不同,价格也不同,应按需要选择合适的材质。

(3) 接口：有螺纹接口和法兰接口两种，但口径大(公称通径≥DN40)的不锈钢波纹管都为法兰接口。

(4) 长度：一般说，不锈钢波纹管的长度可根据需要确定，制造厂可以提供任意长度的波纹管，但单根波纹管不宜太长。

3) 管道固定支架与吊挂时的隔振

管道的固定支架与吊挂时也要考虑隔振问题，所用的弹性吊挂和隔振管夹也是一种隔振元件(图 6-29)，可以防止固体声传播。

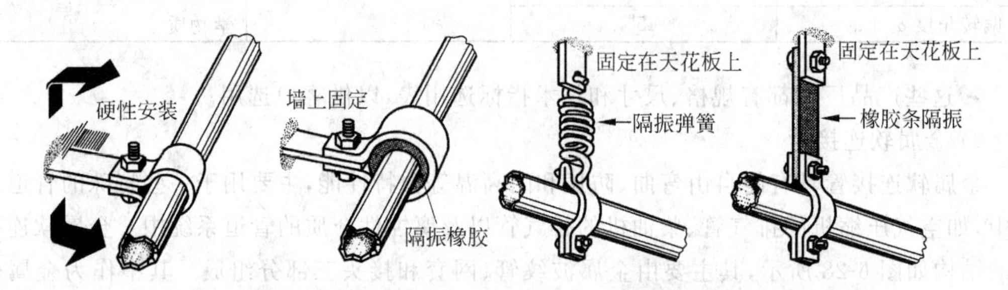

图 6-29 管道固定支架与吊挂时的振动传递与隔振

➢ 管道吊挂时常用吊式减(隔)振器，由隔振弹簧、橡胶或两者组合构成，振动衰减率在90%左右，产品有 DH 型、VDH 型、XDH 型、JH 型、VH 型、DNSB 型、WHS 型、J-XD 型、XM 型吊式隔振器和 DT 型管道弹性托架等。各类吊挂式隔振器工作时弹簧、橡胶可以处于拉伸状态，也可处于压缩状态，其选用方法与前述的弹簧、橡胶隔振器相同。不仅管道吊挂时用吊式隔振器，像风机、空调器等设备吊挂时也可用吊式隔振器。图 6-30 为 VDH 型设备吊装隔振器结构示意图，其固有频率为 2.2～4.6Hz，额定荷载为 20～240kg，隔振效率85%～95%。单只隔振器的荷载 $N=W\times1.3/n$，其中 W 为设备静态自重，n 为隔振器数量，1.3 为考虑扰动力的安全系数。

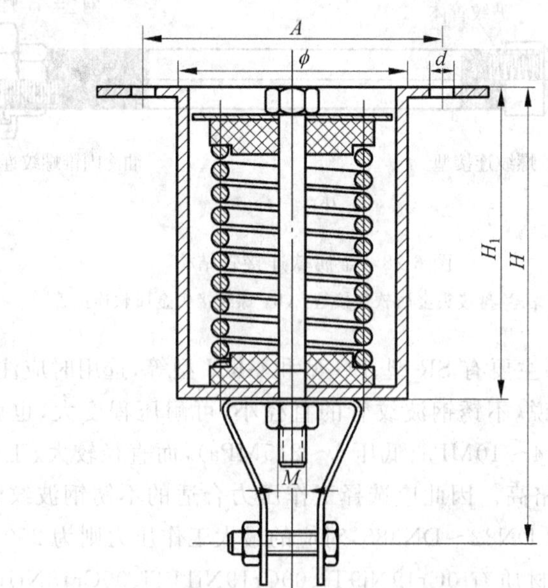

图 6-30 VDH 型设备吊装隔振器

3. 管道包扎

不仅与设备联接的管道可以传递设备振动，而且管道中高速流体的湍动也可引发噪声和振动，并通过管壁向外辐射，为了减弱从风机风管上辐射出来的噪声，可以对管道施行包扎和阻尼措施，隔绝噪声由此传播的途径。图 6-31 表示一种管道的包扎材料和方法。

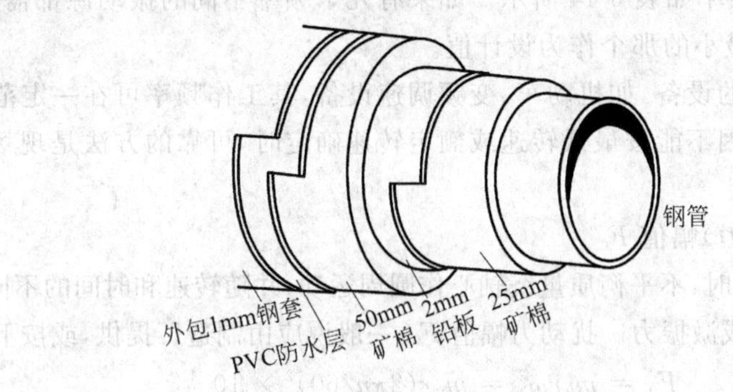

图 6-31 管道包扎方法示意图

6.3.5 隔振设计要点

由于市场上有许多设计合理、应用成熟的大批量生产的定型隔振产品，所以自行设计、单件制作零星隔振元件在技术经济上通常都是不可取的。我们的主要任务是科学合理地选好、用好市场产品，以达到我们设计的减振目标要求。

一般机械设备的隔振支承的设计，可按一个自由度的情况计算，也就是只计算一个方向的振动与传递，而不必像设计重型机械或精密设备那样按 6 个自由度计算。本节扼要介绍机械设备振动隔离的设计要点。

1. 扰动力分析

首先要分清是积极隔振还是消极隔振。如果是积极隔振，则要调查或分析机械设备最强烈的扰动力或力矩的方向、频率及幅值；如果是消极隔振，则要调查所在环境的振动优势频率、基础的振幅及方向。

这里仅介绍旋转机械不平衡力的估算及分析方法，对于往复式机器与冲击机器扰动力的估算，可查阅有关手册。

(1) 扰动频率(激振频率) f

表 6-14 常用设备的主要激振频率

机器类型	激振频率 f	
	主频 f_1/Hz	次频 f_2/Hz
风机、泵	$f_1=n/60$	$f_2=$叶片数$\times n/60$
电机	$f_1=n/60$	$f_2=$电机极数$\times n/60$
齿轮	$f=$齿数$\times n/60$	
轴承	$f=$(滚珠数/2)$\times n/60$	
压缩机	$f=n/60$	
内燃机	$f_1=n/60$	$f_2=$缸数$\times n/60$
变压器	$f=$交流电频率$\times 2$	

注：n 为轴的额定转速，r/min。

* 大多数情况下，$f=6\sim100\text{Hz}$，属于中频振动。

* 激振频率是机器设备的固有特性，是一种客观条件，是选定频率比的重要参数。

* 有些机器设备由于结构上的原因而存在几种激振机制，常把其中较低的激振频率称为主频(通常是由机器运转时垂直方向上的振动产生)，而高于主频的激振频率称为次频。常用设备的主要激振频率如表6-14所示。如果有几个频率不同的振动源都需要隔离，则通常情况下 f 应取其中最小的那个作为设计值。

* 一些可以变速的设备，如机动车、变频调速设备，其工作频率可在一定范围内变动。

* 若由于特殊原因不能按最低转速或额定转速确定时，可靠的方法是现场测定扰动力的频率。

(2) 扰动力(激振力)幅值 F_0

当设备作旋转运动时，不平衡质量绕轴心作圆周运动，并随转速和时间的不同而产生不同的离心力，称为扰动力或激振力。扰动力幅值 F_0，一般说应由制造厂提供，或按下式计算：

$$F_0 = m_0 r\omega^2 = m_0 r(2\pi n/60)^2 \times 10^{-3} \tag{6-53}$$

式中：F_0 为旋转机器的振动力幅值，N；m_0 为设备主要旋转部件的质量(如果没有准确的资料，建议采用：风机 $m_0=(0.3\sim0.4)Q_0$，水泵 $m_0=0.4Q_0$，电动机 $m_0=(0.25\sim0.4)Q_0$，Q_0 为风机(水泵、电动机)机体质量，kg)，kg；r 为旋转部件的重心偏心矩，cm；ω 为角速度(注意：此处 ω 不是角频率)，rad/s；n 为机器的最低转速或额定转速，r/min。

常用风机、泵及电机的转子偏心矩可查表6-15，或者采取保守的方法，令 $r=0.1\text{cm}$。但是对于未作动平衡甚至未作静平衡的质量低劣风机及泵，以上估算方法不适用；也就是说，振动力的幅值 F_0 要大得多。

表6-15 各类风机、泵及电机的偏心矩

机器名称	工作转速 n/(r/min)	偏心矩 r/cm
电机及泵	≥1500	0.01
	1000	0.02
	<1000	0.025～0.05
风机	有磨损介质	0.08～0.1
	无磨损介质	0.05～0.07
送风机		0.05～0.07
引风机及排风机		0.07～0.1

➢ 一般说，扰动力的方向垂直于旋转轴，也就是扰动力是一个旋转矢量，不平衡力旋转的结果是形成垂向与横向两个方向的扰动力。

➢ 对于整体隔振，总扰动力 F_0 应为风机(水泵)产生的扰动力和电动机扰动力之和。

2. 隔振系统的固有频率 f_0 与传递率 T_f(隔振效率 η)

(1) 隔振系统的传递率 T_f(隔振效率 η)

隔振系统的固有频率应根据设计要求，由所需的振动传递率 T_f 或隔振效率 η 来确定，各类机器在不同场合时振动传递率推荐值可参考表6-16。对于消极隔振，可根据设备对振动的具体要求及环境振动的恶劣程度确定消极隔振系数。

表 6-16 机械设备隔振系统振动传递率的推荐值

按机器功率分类

机器功率/kW	振动传递率 T_f/%		
	底层	二层以上(重型结构)	二层以上(轻型结构)
≤7	只考虑隔声	50	10
10～20	50	25	7
27～54	20	10	5
68～136	10	5	2.5
136～400	5	3	1.5

按机器种类分类

机器种类	振动传递率 T_f/%	
	地下室、工厂底层	二层以上
泵	20～30	5～10
往复式冷冻机	20～30	5～15
密封式冷冻设备	30	10
离心式冷冻机	15	5
通风机	30	10
管路系统	30	5～10
引擎发电机	20	10
冷却塔	30	15～20
冷凝器	30	20
换气装置	30	20
空气调节设备	30	20

按建筑物用途分类

场所	示例	振动传递率 T_f/%
只考虑隔声	工厂、地下室、仓库、车库	80
一般场所	办公室、商店、食堂	20～40
须注意的场所	旅馆、医院、学校、教室	5～10
特别注意的场所	播音室、音乐厅、宾馆	<5

注：以上机械转速一般大于 500r/min。

➢ 一般来说，振动传递率 T_f 的确定应同时考虑到隔振效果及机组的稳定性能。对于多自由度系统，因为有多个固有频率，则应取系统的最高固有频率作为设计值。总之，在可能的前提下，隔振系统的固有频率应设计得高一些。

(2) 隔振系统固有频率 f_0 的选择

系统的扰动频率 f 与固有频率 f_0 的比值 f/f_0 必须大于$\sqrt{2}$，以确保隔振系统在质量控制区中工作。从技术和经济角度考虑，一般取 $f/f_0=2.5\sim4.5$。

➢ 激振频率 f 确定后，f/f_0 的选择就取决于 f_0：

当 $f_0=1\sim8$Hz 时，可选用金属弹簧隔振器；

当 $f_0=5\sim12$Hz 时，可选用剪切型橡胶隔振器或 2～5 层橡胶隔振垫；

当 $f_0=10\sim20$Hz 时，可选用一层橡胶隔振垫；

当 $f_0>15$Hz 时，可选用软木或压缩型橡胶隔振器。

3. 机组的允许振动

精密的设备及机器，其允许振动的指标在出厂说明书或技术要求中可以查到，这是保证设备正常运转的必要条件，应在设计支承时给以确保。一般机械隔振后机组的允许振动，推荐用 10mm/s 的振动速度作为控制值；对于小型机器可用 6.3mm/s 的振动速度作为控制值。因为机器隔振之后，其振幅或振速可能要超过没有隔振时的，也就是超过机器直接固定在基础上时的。

➢ 关于振动速度与振幅的关系，如果是单一频率的周期振动，可按下式进行换算：

$$V_0 = Y_0\omega = 2\pi f Y_0 \tag{6-54}$$

式中：V_0 为振动速度幅值，mm/s；Y_0 为振幅(位移)幅值，mm；f 为扰动力频率，Hz。

➢ 如果是两个以上频率的振动，其振幅 V_0 和 Y_0 的关系请参阅有关振动理论方面的专著。

➢ 对于消极隔振，应按设备的振动要求来设计隔振系统，请特别注意分清设备给定的允许振动是用振速还是用振幅表示的，因为两者的处理方法是不一样的。

➢ 对于转速低于 500r/min 并具有较大的水平方向扰动力的机器的隔振，如 L 型空压机，隔振系统的设计要比较谨慎。

4. 附加质量块(配重)和载荷

(1) 配重

配重是为了通过增加振动质量 M 来提高静态压缩量 δ，减小共振频率 f_0，提升频率比 f/f_0，从而提高质量隔振的效果。

一般机械的隔振系统设计往往是将发动机与工作机器共同安装在一个有足够刚度和质量的隔振底座上，隔振底座的质量就称为附加质量块，这个附加质量块的质量一般为机组质量的若干倍。采用附加质量块还有以下好处：

➢ 改善机组平衡性能及重量分布的均匀性，使隔振器受力均匀，控制设备振幅。

➢ 减少因机器设备重心位置的计算误差所产生的不利影响。

➢ 使系统重心位置降低，增加系统的稳定性(图 6-32)。

➢ 提高系统的刚度，减少其他外力引起的设备倾斜。

➢ 防止机器通过共振转速时的振幅过大。

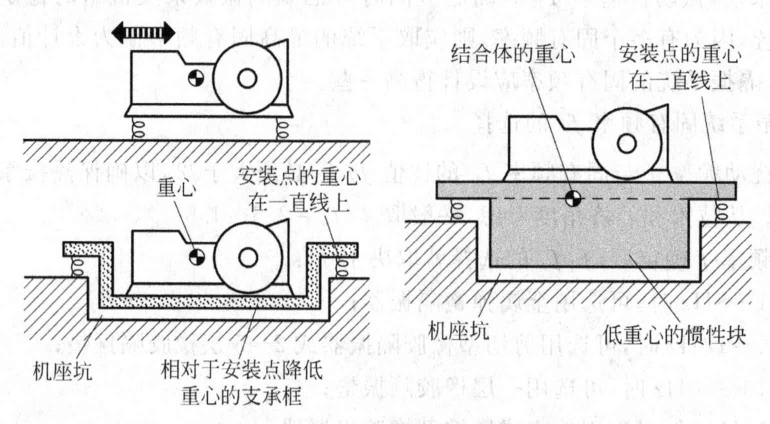

图 6-32 利用附加质量块降低机组重心

➢ 作为一个局部能量吸收器以防止噪声直接传给基础。

对于各种机器隔振系统，附加质量块的质量与机组质量的比值，可采用表6-17的推荐值；对于支承在楼板上的机器，可采用推荐的下限；对于支承在地面上的机器，应尽可能取上限。

附加质量块可采用钢结构、混凝土结构或钢结构与混凝土混合结构，主要考虑的因素：质量、体积、整体强度、局部强度及系统的安装问题。

表6-17 附加质量块质量与机组质量比值推荐范围

机器名称	离心泵	离心风机	往复式空压机	柴油机
比值(质量块：机组)	1：1	2：1～3：1	3：1～6：1	4：1～6：1

(2) 载荷

载荷是选择隔振器强度和隔振性能的重要参数。

静载荷＝机器重＋底座重＋配重(惰性块/惯性块) (kg)

静载荷≤90%的隔振器允许载荷

动载荷＝干扰力

动载荷＋静载荷≤元件最大允许载荷 ＝每个隔振元件的允许载荷×隔振元件数

(3) 隔振底座的型式

根据实际与现场情况，隔振底座可有多种配置型式，常见的几种隔振底座型式见图6-33。图6-33中，图6-33(a)为常用型式；图6-33(b)～(d)有利于降低质心，但需做钢筋混凝土坑，造价高一些；图6-33(e)、(f)只能单方向隔振，若要双向隔振，则要将钢球换成隔振器。

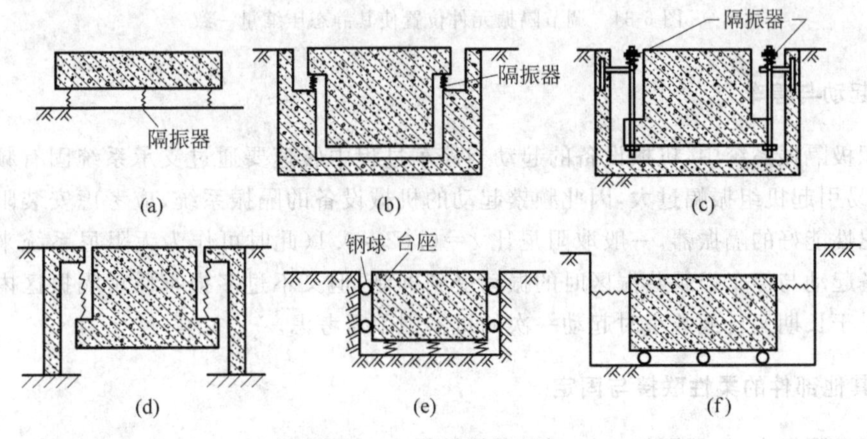

图6-33 积极隔振型式

(a) 常用型式；(b) 高位支撑式；(c)、(d) 悬挂式；(e) 垂直方向隔振；(f) 水平方向隔振

5. 隔振元件的布置

(1) 隔振元件的数量

除非特别需要，一般宜取4～6个。

(2) 隔振元件的布置

在设计隔振元件布置时，应注意以下几点：

➢ 务必使系统的载荷均匀地分配在每一个隔振元件上，静态压缩量基本一致。

➢ 尽可能提高支承面的位置，降低重心，以改善机组的稳定性能。

➢ 同一台机组隔振系统应尽可能采用相同型号的隔振元件。

➢ 在计算隔振元件分布及受力时，应注意利用机组的对称性。

一些专著中较详细地阐述了每个隔振元件的布置位置的计算，但实际上由于机器的重心位置无法知道而使这一计算无法进行，或者提供的重心位置的精确度不够也使这一计算失去意义。建议把隔振元件的安装位置设计成可调节的，也就是说在安装时可以设法使隔振元件的布置位置适当调节即水平方向移动；或用刚性不同的隔振元件，使隔振元件的静态压缩量基本一致，减少机器的摇晃和不稳(图 6-34)，以确保隔振效果和机器的稳定性。

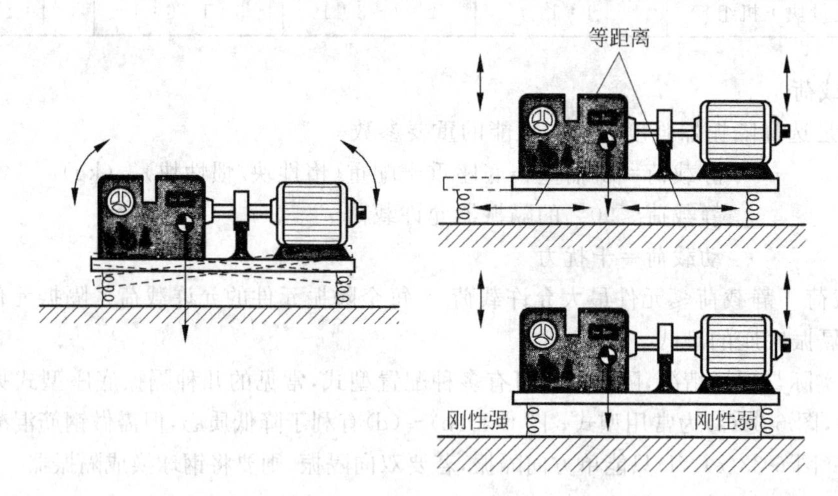

图 6-34 调节隔振元件位置使其静态压缩量一致

6. 起动与停车

在积极隔振系统中，机械设备的起动与停车过程中转速要通过支承系统固有频率的共振区，容易引起机组振幅过大，因此频繁起动的机械设备的隔振系统，应考虑安装阻尼器或选用阻尼性能好的隔振器，一般取阻尼比 $\zeta=0.02\sim0.1$(此时可作为无阻尼系统来设计)，以使设备起动与停车经越共振区时的振动受到抑制，但又不过多损害质量隔振区内的隔振效果。对于长期运行或数小时起动一次的机器则不需考虑。

7. 其他部件的柔性联接与固定

在积极隔振中，机器隔振后机组自身的振幅有所增加，因此机组的所有管道、动力线及仪表导线等在隔振底座上下的联接应是柔性的，以防止损坏。大多数管道的柔性接管由橡胶制成，但在温度较高或有化学腐蚀剂的场合，可采用金属波纹管或聚氟乙烯波纹管；电源动力线可采用 U 形或弹簧形的盘绕；凡在隔振底座上的部件应得到很好的固定。图 6-35 为冷冻机的综合隔振系统示意图。

柔性接管之外的管道应采用弹性支承，不要把管道的重量压在柔性接管上，管道过墙或过楼板应加弹性垫，这不仅是隔振的需要，也是隔声的需要。

➢ 总之，隔振系统的正确设计，不仅需要正确的振动隔离理论，也需要机械方面的综合知识及工程经验。

➢ 以上介绍的隔振处理设计要点有一个重要的前提，就是假定机器是布置在地面基础上的，如果机器布置在楼层或钢平台上，其隔振系统的设计将有较大的不同，主要是系统的固有频率的确定要按照非刚性基础隔振方法中的要求，请参考机械隔振专著的有关内容。

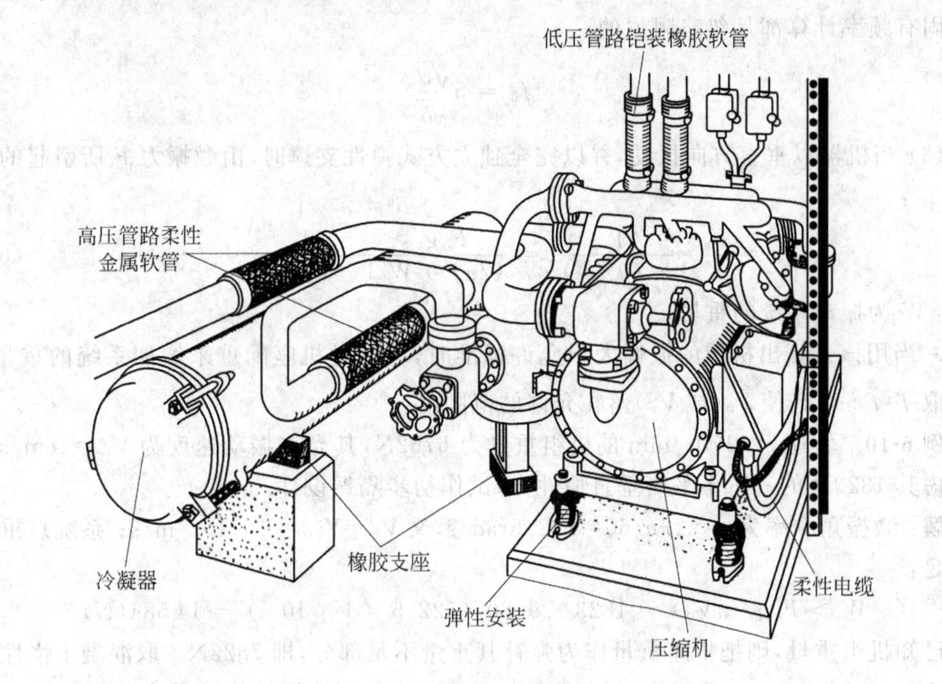

图 6-35 冷冻机综合隔振系统示意图

8. 隔振元件的选择

➢ 隔振元件的选择参数：

(1) 额定负载 W；

(2) 固有频率 f_0 或静态压缩量 δ；

(3) 阻尼比 ζ；

(4) 钢弹簧劲度系数 K。

➢ 选择设计基本步骤：

1) 收集、分析、掌握资料

(1) 收集被隔设备资料，包括型号、规格、尺寸、质量、重心位置、主要部件的固有频率等。

(2) 勘察现场条件，确定设备安装位置和支撑结构及底座形式。

(3) 掌握与设备连接的管道、导线，以及连接方式和位置。

(4) 掌握隔振装置工作的环境条件，如温度、接触介质等。

(5) 根据现场条件，确定要求达到的隔振效率 T_f。在地面上的常用机电设备：$T_f=0.2\sim0.3$，$f/f_0=2.2\sim2.8$；在楼层上的常用机电设备：$T_f=0.05\sim0.15$，$f/f_0=2.8\sim5.5$。

(6) 收集隔振安装需要的图纸资料，包括动力设备和机架(座)的重量和重心位置、设备底座外形尺寸和地脚螺栓的位置等。

(7) 隔振器制造商提供的资料，如产品样品、安装使用说明书及有关的参数、图表与图纸。

2）设计计算

(1) 计算激振(扰动)频率 f。

(2) 选择隔振器固有频率 f_0，使频率比 f/f_0 落在合适的范围内。工程设计中隔振系统的固有频率计算都是忽略阻尼的：

$$f_0 = 5\frac{\sqrt{d}}{\sqrt{\delta}}$$

(3) 当机器以垂直方向振动，并以完全独立方式弹性支撑时，由激振力 F 所引起的机器振幅 Y_0：

$$Y_0 = \frac{F_0}{K}\frac{1}{1-(f/f_0)^2} = \frac{F_0 g}{(2\pi f_0)^2 W}\frac{1}{1-(f/f_0)^2} \quad (\text{cm}) \tag{6-55}$$

式中：W 为振动系统的重量，N。

➤ 当用该式算出机器的振幅大于允许标准时，应通过机座配重来增加系统的重量 W，并选取 $f/f_0 \geqslant \sqrt{2}$，使 Y_0(或 V_0)落在允许的范围内。

例 6-10 转速为 1170r/min 的机组重量为 6762N，其允许振动速度为 $V_0 = 1\text{cm/s}$。现仅考虑其 1823N 的一阶不平衡垂直惯性力，试作初步隔振设计。

解：激振角频率为 $\omega = 2\pi n/60 = 122.5\text{rad/s}$，又 $V_0 = Y_0\omega = 1\times10^{-2}\text{m/s}$；系统总重量需要满足：

$$W > F_0 g/(\omega V_0) = 1823\times9.80/(122.5\times1\times10^{-2}) = 14\,584(\text{N})$$

已知机组重量，则把机座重量作为弥补其重量不足部分，即 7822N。取混凝土惰性块尺寸为 1600mm×900mm×250mm，重度为 24 500N/m³，则该惰性块重量为 8820N。加上惰性块后，系统实际总重量为 15 582N，能够满足上述要求。

取频率比为 3，则有

$$T_f = 1/[(\omega/\omega_0)^2 - 1] = 0.125$$

$$\omega_0 = \omega/3 = 40.8\text{rad/s}$$

要求隔振器的垂直刚度为

$$K = \omega_0^2 W/g = 40.8^2\times15\,582/980 = 26\,468(\text{N/cm})$$

根据上述要求选用或设计隔振器。

(4) 求出机器和机架/座的全部重量和重心位置，惯性主轴的位置以及绕 3 个轴的惯性矩。增减机架/座上重量分布，尽可能使惯性主轴在水平面和垂直面内。

(5) 选定弹性支撑的材料，根据所需的固有频率 f_0 选取弹性支撑的劲度系数 K，并确定所需的静态压缩量 δ。因为静态压缩量 δ 是隔振技术的关键参数。

➤ $\delta = Mg/K$，即 δ 取决于振动质量 M 和隔振器劲度系数 K。

$M\uparrow \to \delta\uparrow$，若在较重的刚性基础上安装机器设备，即为质量隔振。

$K\downarrow \to \delta\uparrow$，若将刚性联接改为弹性联接，即为弹性隔振。

➤ $\delta = 25d/f_0^2$，即 δ 决定了系统共振频率 $f_0 = 5\frac{\sqrt{d}}{\sqrt{\delta}}$。

(6) 确定弹性支撑元件(隔振器)的种类、型号、规格。

3）隔振器布置

原则：尽可能满足非耦合条件，各个元件的挠度(压缩量)应力求相等；防止发生弯曲变形，隔振器布置间距不宜过大。

4）检测

检查隔振后机组的振动幅值，确定是否符合规定的性能指标。

实例1 图6-36为一机房隔振装置的典型实例，示意了各种隔振措施的综合应用情况。

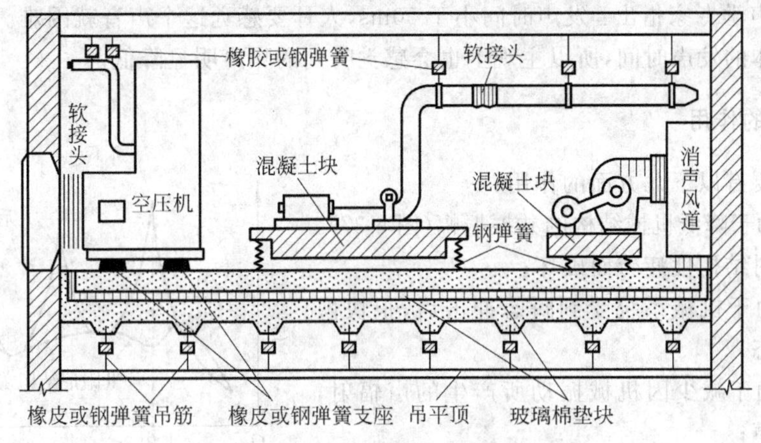

图6-36 机房隔振装置的典型实例

6.4 阻尼减振

很多噪声和振动是由板结构产生的。对于大多数板结构，尤其是金属薄板，其本身所含阻尼很小，而声辐射效率很高。传统上常采用的减振降噪方法有：

(1) 加大板厚，即增加单位面积质量，通过质量控制减小振幅，但很不经济。

(2) 改用网孔板或在钢板上穿孔（穿孔率大于30%），因孔板两侧的压力平衡形成所谓声学短路而大大减少薄板的低频辐射。这一般只适用于安全防护罩，不适宜于自身产生空气声的机器元件防护之用。

(3) 在薄板上加筋，提高其刚性，降低噪声振动。这种方法的实质，并不是增加阻尼，而是改变板件结构本身的固有振动频率。如果实际情况允许，采用此方法是有效的。但是，在大多数情况下，移动某一构件固有的频率是不可行的，或虽可行但又引起另一部分构件的振动加大。

(4) 在振动构件上粘贴或喷涂一层高阻尼的材料，或者把板件设计成夹层结构，这是降低这种噪声振动普遍采用的方法。这种降噪的措施习惯上称作减振阻尼，又常简称阻尼。阻尼技术广泛应用于各类机械设备和交通运输工具的噪声振动控制中，如输气管道、机器的防护壁、车体、飞机外壳、金属池壁等。

当人们用棒搥敲击大锣后，大锣振动发声，如果此时用手掌紧贴大锣中央，大锣就会立即停止发声，其原理就是手掌对锣面振动的阻尼作用。

6.4.1 阻尼的基本原理

1. 阻尼的原理

在金属薄板上粘贴或喷涂内损耗（内摩擦）大的阻尼材料（如沥青、软橡胶等）后，当板壳受激产生振动时，阻尼层也随之振动，一弯一折使得阻尼层时而被压缩、时而被拉伸，阻尼材料内部的分子不断互相错动产生相对位移，由于其内摩擦阻力很大，导致振动能量大大损耗，不断转化为热能散失掉；同时阻尼层的刚度总是力图阻止板面的弯曲振动，从而降低了金属板的噪声辐射。通常辐射噪声可降低10～25dB。

➢ 心理声学专家指出：发声时间小于 50ms，人耳要感觉这个声音就困难。阻尼也大大缩短了振动体的发声时间，所以主观上也会感觉听到的噪声明显降低。

2. 阻尼的作用

阻尼主要有以下几方面的作用：

(1) 有助于降低机械结构的共振振幅(图 6-37)，从而避免材料结构性疲劳而破坏；

(2) 有助于机械系统受到瞬态冲击后，很快恢复到稳定状态；

(3) 有助于减少因机械振动所产生的声辐射，降低机械噪声；

(4) 可以提高各类机床、仪器等的加工精度、测量精度和工作精度；

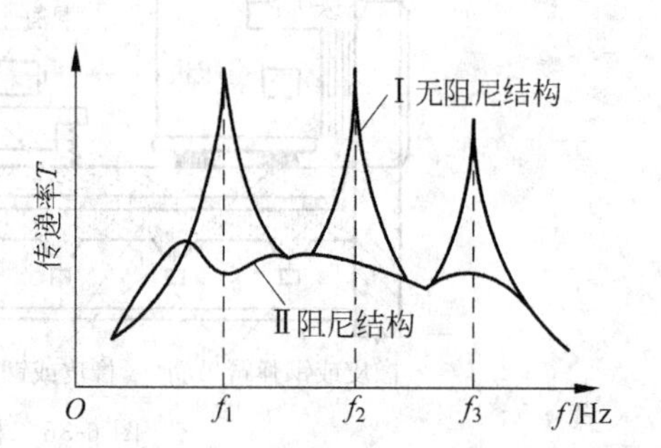

图 6-37 阻尼对降低结构共振的作用

(5) 有助于降低结构传递振动的能力，提高隔振、减振效果。

3. 阻尼的度量

➢ 描述阻尼的大小通常用损耗因子(素) η 表示，它定义为每单位弧度相位变化的时间内，内损耗的能量与系统的最大弹性势能之比。或者在一个周期时间 (2π) 内，薄板平均损耗的能量 $E/2\pi$ 与总的振动能量 E_p(相当于系统最大弹性势能)之比。它表征了板结构共振时，单位时间振动能量转变成热能的大小。η 越大，其阻尼特性越好，例如金属 $\eta=10^{-5}\sim10^{-4}$，木材 $\eta=10^{-2}$，软橡胶 $\eta=10^{-2}\sim10^{-1}$。

$$\eta=\frac{E}{2\pi E_h} \tag{6-56}$$

式中：E 为每个振动周期内损耗的能量，$E=\pi R_m\omega Y_0^2$，R_m 为阻尼系数，ω 为扰动力角频率；E_h 为系统最大振动势能(总的振动能)，$E_h=KY_0^2/2$，Y_0 为振幅，K 为劲度系数。

因为

$$\omega_0=2\pi f_0=\sqrt{\frac{K}{M}} \quad 和 \quad R_c=2M\omega_0=2M\sqrt{\frac{K}{M}}=2\sqrt{MK}$$

即

$$\omega_0 R_c=2K \quad 或 \quad K=\omega_0 R_c/2$$

所以

$$\eta=\frac{E}{2\pi E_h}=\omega R_m/K=\frac{2R_m}{R_c}\frac{\omega}{\omega_0}=2\zeta\frac{f}{f_0} \tag{6-57}$$

➢ 另外也可推导得到

$$\eta=\frac{2.2}{T_{60}f_0} \tag{6-58}$$

式中：T_{60}为试件振动衰减60dB所经过的时间，即混响时间，可用电平记录仪测得，s；f_0为共振频率，Hz。

讨论：

(1) 式(6-57)表明：损耗因子η除与材料的阻尼比ζ成正比外，还和扰动频率f与系统的固有频率f_0之比有关。

(2) 式(6-58)则可用来测定阻尼的损耗因子。

表6-18列出了室温下声频范围内一些常用材料的损耗因子。

表6-18 常用材料的损耗因子

材料	损耗因子η	材料	损耗因子η
钢、铁	$(1\sim6)\times10^{-4}$	木纤维板	$(1\sim3)\times10^{-2}$
有色金属	$(0.1\sim2)\times10^{-3}$	混凝土	$(1.5\sim5)\times10^{-2}$
玻璃	$(0.6\sim2)\times10^{-3}$	砂(干砂)	$(1.2\sim6)\times10^{-1}$
塑料	$(0.5\sim1)\times10^{-2}$	软木	0.13～0.17
有机玻璃	$(2\sim4)\times10^{-2}$	粘弹性材料	0.2～5

6.4.2 阻尼材料

阻尼材料是实施阻尼技术的物质基础，对阻尼材料的基本要求是：η大，粘结性好，不易脱落和老化，耐高温、高湿和油污等。专用的阻尼材料大多已有市场商品供应；如要求不高，也可自己配制。

1. 阻尼材料的分类

不同种类的阻尼材料有不同的性能曲线，并适用于不同的使用环境，现有的阻尼材料可分为以下5类。

1) 粘弹性阻尼材料

粘弹性阻尼材料是目前应用最为广泛的一种阻尼材料，可以在相当大的范围内调整材料的成分及结构，从而满足特定温度及频率的要求，并有足够的阻尼耗损因子。粘弹性阻尼材料主要分橡胶类、沥青类和塑料类，一般以胶片形式生产，使用时可用专用的粘结剂将它贴在需要减振的结构上。施工时要涂刷得薄而均匀，厚度在0.05～0.1mm为佳。

沥青型阻尼材料比橡胶型阻尼材料价格便宜，使用时简单方便，尤其对于大面积的壳体振动和噪声控制具有明显的效果。它的结构损耗因子随厚度的增加而增加(表6-19)。

表6-19 沥青阻尼材料厚度与结构损耗因子关系

阻尼层厚度/mm	1.5	2	2.4	3	4
损耗因子	0.05	0.08	0.11	0.16	0.25

➢ 沥青型阻尼材料的基本配方是以沥青为基材，并配入大量无机填料混合而成，需要时再加入适量的塑料、树脂和橡胶等。沥青本身是一种具有中等阻尼值的材料，支配阻尼材料阻尼性能的另一个因素是填料的种类和数量。目前，沥青类阻尼材料在汽车、拖拉机、纺织机械和航天等行业使用较多，特别是在性能要求较高的车型中使用特别广泛。沥青阻尼

材料大致可分以下 4 种类型。

(1) 熔融型。此种板材熔点低,加热后流动性好,能流遍整个汽车底部等构件,在汽车烘漆加热时一并进行加热。

(2) 热熔型。在板材的表面涂有一层热熔胶,以便在汽车烘漆加热时热熔胶融化粘合,它一般用作汽车底部内衬。

(3) 自粘型。在板材的表面涂上一层自粘性压敏胶,并覆盖隔离纸,一般用在汽车顶部和侧盖板部分。

(4) 磁性型。在板材的配方中填充大量的磁粉,经充磁机充磁后具有磁性,可与金属壳体贴合,一般用在车门部位。

2) 阻尼涂料

阻尼涂料由高分子树脂加入适量的填料以及辅助材料配制而成,是一种可涂敷在各种金属板状结构表面上,具有减振、绝热和一定密封性能的特种涂料,可广泛地用于飞机、船舶、车辆和各种机械的减振。由于涂料可直接喷涂在结构表面上,故施工方便,尤其对结构复杂的表面如舰艇、飞机等,更体现出它的优越性。阻尼涂料一般直接涂敷在金属板表面上,也可与环氧类底漆配合使用。施工时应充分搅匀、多次涂刷,每次不宜过厚,等干透后再涂第二层。

上述两种阻尼材料虽然具有很大的阻尼耗损因子和良好的减振效果,但它们的最大缺点是本身的刚性小,因此,不能作为机器本身的结构件,同时在一些高温场合也不能应用。

3) 阻尼合金

为克服粘弹阻尼材料本身刚性小和不耐高温的缺点,人们研制出大阻尼合金。阻尼合金具有良好的减振性能,既是结构材料又有高阻尼性能。例如,双晶型 Mn-Cu 系合金,具有振动衰减特性好、机械强度高、耐腐蚀、耐高温、导热性好等优点,被用于舰艇、鱼雷等水下设施的构件上。这种材料的缺点是机械性能有所降低,且价格昂贵。

4) 复合型阻尼金属板材

在两块钢板或铝板之间夹有非常薄的粘弹性高分子材料,就构成复合阻尼金属板材,俗称夹心钢板。金属板弯曲振动时,通过高分子材料的剪切变形,发挥其阻尼特性。它不仅损耗因子大,而且在常温或高温下均能保持良好的减振性能。这种结构的强度由各基体金属材料保证,阻尼性能由粘弹性材料和约束层结构加以保证。复合阻尼金属板近几年在国内外已得到迅速发展,并且已广泛应用于汽车、飞机、舰艇、各类电机、内燃机、压缩机、风机及建筑结构等。

➢ 复合型阻尼金属板材的主要优点是:①振动衰减特性好,复合型阻尼钢板损耗因子一般在 0.3 以上;②耐热耐久性能好,阻尼钢板采用特殊的树脂,即便在 140℃空气中连续加热 1000h,各种性能也不劣化;③机械性能好,复合阻尼钢板的屈服点、抗拉强度等机械品质与同厚度普通钢板大致相同;④焊接性能好,焊缝性能与普通钢相同;⑤复合阻尼钢板还具有阻燃性、耐大气腐蚀性、耐水性、耐油性、耐臭氧性、耐寒性、耐冲击性及烤漆时的高温耐久性等优点。

5) 其他阻尼材料

➢ 高温条件下,玻璃状阻尼陶瓷是采用较多的一类阻尼材料,通常被用于燃气轮机的定子、转子叶片的减振等。细粒玻璃也是一种适合于高温工作环境的阻尼材料，其材料性能的峰值温度比玻璃状陶瓷材料高100℃左右。

➢ 还有一种抗冲击隔热阻尼材料，由橡胶型闭孔泡沫阻尼材料复合大阻尼压敏粘和防粘纸组成，具有良好的抗冲击、隔热、隔声等性能，可用于抑制航天、航空、船舶的薄壁结构的振动及液压管道的减振。

➢ 此外，对于有抗静电要求的场合，使用较多的是抗静电阻尼材料。抗静电阻尼材料具有优良的抗静电性能和一定的屏蔽特性，主要用于半导体元器件、集成电路板与电子仪器实验桌台板以及计算机房的地板等场合。该阻尼材料有橡胶型与塑料型两类。橡胶型为黑色阻尼橡胶，具有良好的弹性、耐磨性与抗冲击性能。塑料型可根据要求配色。

2. 阻尼材料的组成

通常阻尼材料主要由基料、填料和溶剂三部分组成。

(1) 基料：是阻尼材料的主要成分，其作用使构成阻尼材料的各种成分进行粘合并粘结金属板。基料性能的好坏对阻尼效果起决定性作用。常用的基料有沥青、橡胶、树脂等。

(2) 填料：其作用是增加阻尼材料的内损耗能力和减少基料的用量，以降低成本。常用的有膨胀珍珠岩粉、石棉绒、石墨、碳酸钙、蛭石等。一般情况下，填料占阻尼材料的30%～60%。

(3) 溶剂：其作用是溶解基料，常见的溶剂有汽油、醋酸乙酯、乙酸乙酯、乙酸丁酯等。

表6-20列出了一些典型阻尼材料及其成分。

表6-20 几种典型阻尼材料及其成分

名　　称	成分和质量百分比/%
厚白漆软木阻尼材料	厚白漆20，光油13，生石膏23，软木粉13，松香水4，水27
沥青阻尼材料	沥青57，胺焦油23.5，熟桐油4，蓖麻油1.5，石棉绒14，汽油适量
橡胶-蛭石阻尼材料	氯丁橡胶42，酚醛树脂15，蛭石粉15，石棉绒1.5，磷酸二苯酯2.5，三硫化钼15，硫酸钙8，混合溶剂适量
沥青-石棉阻尼材料	沥青35，石棉50，桐油、亚麻油15

3. 环境因素对阻尼材料的影响

衡量材料阻尼特性的参数是材料损耗因子。大多数阻尼材料的损耗因子随环境条件变化而变化，特别是温度和频率对损耗因子具有重要影响。这一点对于设计阻尼结构来控制振动和噪声是十分重要的。

(1) 温度的影响

阻尼材料在特定温度范围内有较高的阻尼性能。图6-38是阻尼材料性能（实剪切模量G和耗损因子η）随温度变化的典型曲线。根据性能的显著不同，可划分为3个温度区：温度较低时表现为玻璃态，模量高而损耗因子较小；温度较高时表现为橡胶态，模量较低且损耗因子也不高；在这两个区域中间有一个过渡区，过渡区内材料模量急剧下降，而损耗因子较大。损耗因子最大处称为阻尼峰值，达到阻尼峰值的温度称为玻璃态转变温度。

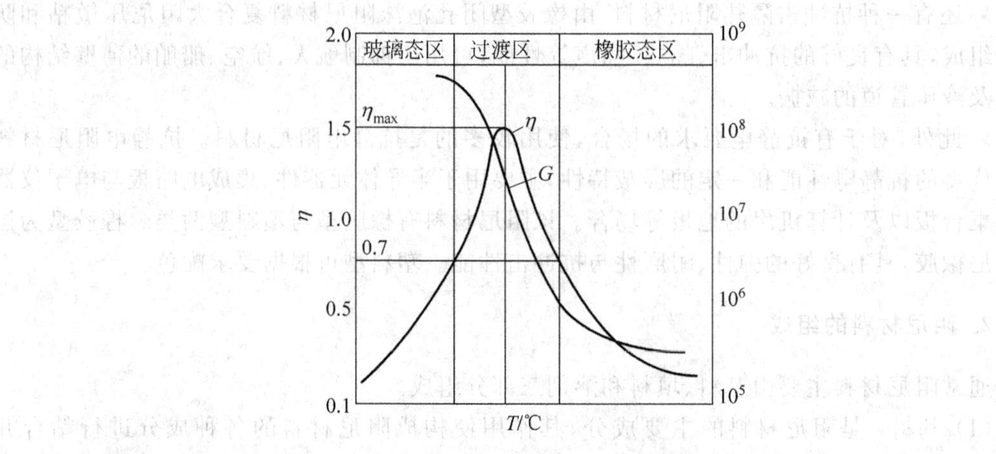

图 6-38 G 和 η 随温度的变化

(2) 频率的影响

频率对阻尼材料性能也有很大影响，其影响取决于材料的使用温度区。在温度一定的条件下，阻尼材料的模量大致随频率的增高而增大。图 6-39 是阻尼材料性能随频率变化的示意图。

➢ 对大多数阻尼材料来说，温度与频率两个参数之间存在着等效关系。对其性能的影响，高温相当于低频，低温相当于高频。这种温度与频率之间的等效关系是十分有用的，可以利用这种关系把这两个参数合成为一个参数，即当量频率 f_{aT}。对于每一种阻尼材料，都可以通过实验测量其温度及频率与阻尼性能的关系曲线，从而求出其温频等效关系，绘制出一张综合反映温度与频率对阻尼性能影响的总曲线图，也叫示性图。图 6-40 就是一张典型的阻尼材料性能总曲线图。图中横坐标为当量频率 f_{aT}，左边纵坐标是实剪切模量 G 和损耗因子 η，右边纵坐标是实际工作频率 f，斜线坐标是测量温度 T。该图使用很方便，例如，欲知频率为 f_0、温度为 T_0 时的实剪切模量 G_0 和损耗因子 η_0 之值，只需要在图上右边频率坐标找出 f_0 点，作水平线与 T_0 斜线相交，然后画交点的垂直线，与 G 和 η 曲线的交点所对应的分别就是所求的 G_0 和 η_0 之值。

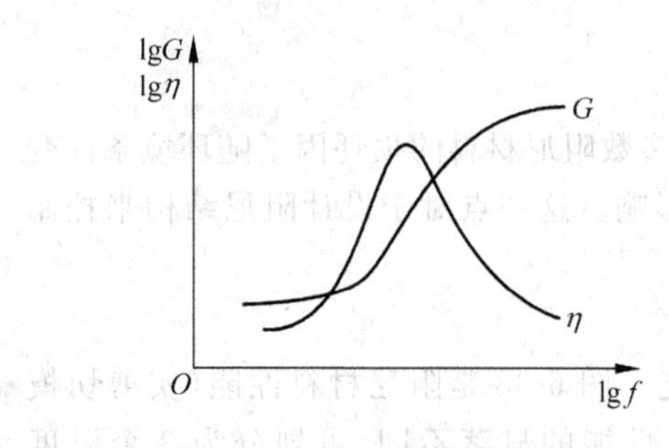

图 6-39 G 和 η 随频率的变化

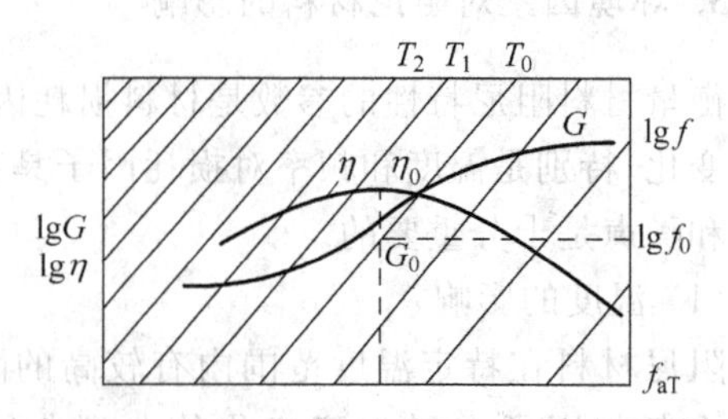

图 6-40 阻尼材料综合耗能总曲线图

6.4.3 阻尼结构

阻尼减振技术是通过阻尼结构得以实施的，而阻尼结构又是各种阻尼基本结构与实际工程结构相结合而组成的。所谓阻尼结构就是利用阻尼材料提高机械结构阻尼的结构形式，又称附加阻尼结构。在振动板件上附加阻尼层的常用方法主要有自由阻尼层结构和约束阻尼层结构两种(图 6-41)。

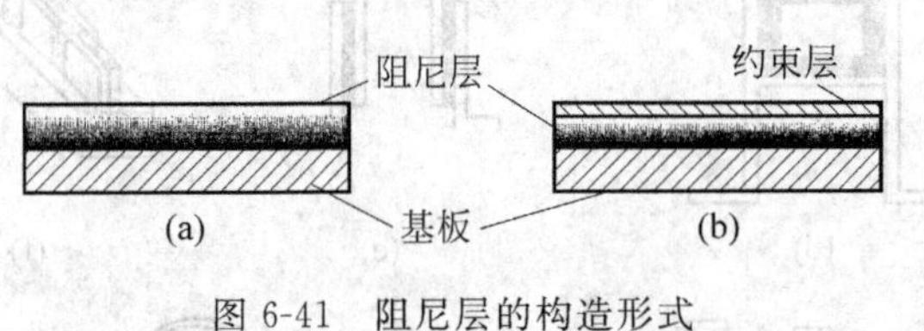

图 6-41 阻尼层的构造形式
(a) 自由阻尼层结构；(b) 约束阻尼层结构

1. 自由阻尼层结构

将一定厚度的阻尼材料粘合或喷涂在金属板的一面或两面形成自由阻尼层结构。当板受振动而弯曲时，板和阻尼层都允许有压缩和延伸的变形。自由阻尼层复合材料的损耗因子与阻尼材料的损耗因子、阻尼材料和基板的弹性模量比、厚度比等有关。当阻尼材料的弹性模量比较小时，自由阻尼复合层的损耗因子 η 可表示为

$$\eta = 14\eta_2 \frac{E_2}{E_1}\left(\frac{h_2}{h_1}\right)^2 \tag{6-59}$$

式中：η_2 为阻尼材料的损耗因子；E_1、E_2 分别为基板和阻尼层的弹性模量，10N/cm^2，一般 $E_2/E_1=10^{-1}\sim10^{-4}$；$h_1$、$h_2$ 分别为基板和阻尼层的厚度，cm。

➢ h_2/h_1 为厚度比，通常取厚度比为 2～3 时，复合自由阻尼层的损耗因子 η 才可达到阻尼材料损耗因子 η_2 的 0.4 倍；这也说明，实际发挥阻尼作用的损耗因子要比阻尼材料的小。因此，为保证自由阻尼层有较好的阻尼特性，就要有较大的厚度，这也是自由阻尼层的缺点。自由阻尼层结构通常适用于自由阻尼结构，多用于管道包扎以及消声器、隔声设备等易振动的护板上。

2. 约束阻尼层结构

约束阻尼层结构是在基板和阻尼材料上再复加一层弹性模量较高的起约束作用的金属板。当板受振动而弯曲变形时，阻尼层受到上、下两个板面的约束而不能有伸缩变形，各层之间因发生剪切作用(只允许有剪切变形)而消耗振动能量。当复合结构剪切参数近似等于 1，h_2 和 h_3 小于 h_1 时(h_3 为约束板厚度)，约束阻尼层复合结构的损耗因子可表示为

$$\eta_{\max} = \frac{3E_3\eta_3}{E_1\eta_1}\eta_2 \tag{6-60}$$

式中：E_3、η_3 分别为约束板的弹性模量和损耗因子。

➢ 在实际使用中，基板和约束层的弹性模量相近，复合板的阻尼大小和阻尼厚度无关。如果使用合理，可以使阻尼复合板的损耗因子 η 接近甚至大于阻尼材料的损耗因子 η_2，取得较好效果。其缺点是施工复杂，造价高。图 6-42 为常用的阻尼结构示意图。

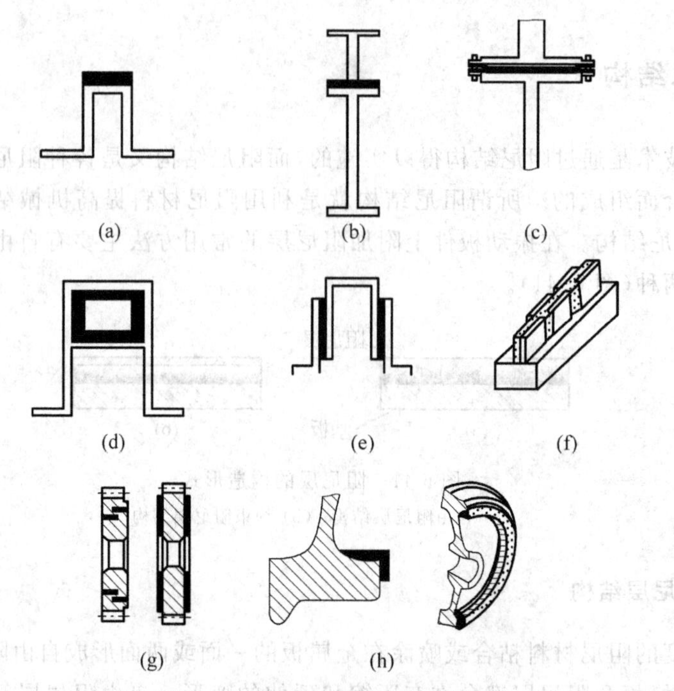

图 6-42 常用的阻尼结构示意图

(a)～(f) 薄板结构的阻尼处理；(g) 齿轮的阻尼结构；(h) 车轮的阻尼结构

6.4.4 阻尼实施要点

除了合理选用阻尼材料和设计合理的阻尼结构外，阻尼的施工方式方法也是取得阻尼减振效果的关键，其实施要点如下：

(1) 阻尼材料选择：η 大、粘结性好，不易破裂、脱离与剥落；适合使用的环境条件，如防燃、防油、耐腐蚀、隔热、保温等。

(2) 阻尼层的厚度：2～4 倍基板厚度。

(3) 阻尼结构应用：一般来说，适合于拉压变形耗能的多采用自由阻尼结构，适合于剪切变形耗能的多采用约束阻尼结构。

(4) 阻尼部位选择：利用累计实验法(即多次在不同振动位置试涂)找出振动面的低频共振区域和振动波腹、波节处，在这些振动大的部位重点涂敷，而不必全面积粘贴阻尼材料，这样既有效又经济。

(5) 阻尼施工中，注意对基板表面的预处理，材料涂覆要均匀，务必紧贴粘牢在基板上，并采用多次涂刷的方式。

阻尼处理在一定程度上需要借助工程师的经验，总结、归纳以往的案例十分重要。

6.4.5 阻尼的应用

阻尼的应用是多方面的，从工程应用、工业应用到人们日常生活中的应用等，到处都可以观察到阻尼应用的例子。归纳起来，大致有以下几个方面：

（1）降低共振频率附近的振幅

如大桥钢索因风力激励产生共振，很易疲劳断裂；大跨度斜拉桥桥面在车辆和风力激励下会产生振动，因此须在斜拉杆结点上安装阻尼动力吸振器（图6-43）。

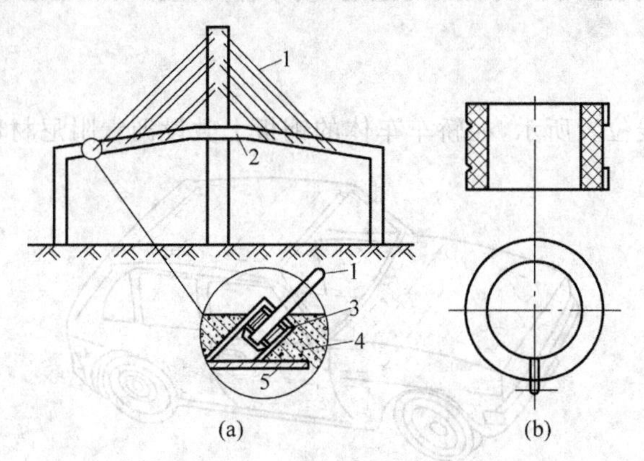

图6-43 斜拉桥

（a）结点示意图；（b）阻尼圈

1—斜拉杆；2—桥面；3—阻尼圈；4—混凝土；5—铁板

洗衣机脱水时起动和停车经越共振频率区，采用涂覆阻尼层减小共振幅度。

（2）减少自由振动或由于冲击产生的振动

如网球拍击球后，拍面因受冲击产生自由振动，影响下次击球的准确性，需要采用阻尼减振材料制拍。

（3）减少振动能量或声能沿结构的传递

如风管、隔振器上及有薄板辐射的阻尼。

（4）减少因机械冲击所产生的声辐射

如图6-44中所示，图6-44(a)在锯钢板过程中，锯的往复运动在工件上产生强烈的振动，大面积钢板辐射出刺耳的高声级噪声。为此，临时夹上一块磁性阻尼板，可将噪声降至可接受的声级。图6-44(b)在砂轮机上磨快圆锯刀刃时，由于共振产生很大的噪声。为此，用硬盘将橡胶减振材料制成的圆片固定在锯片上，这样既增加了锯片的质量又提高了阻尼，从而降低了共振放大。

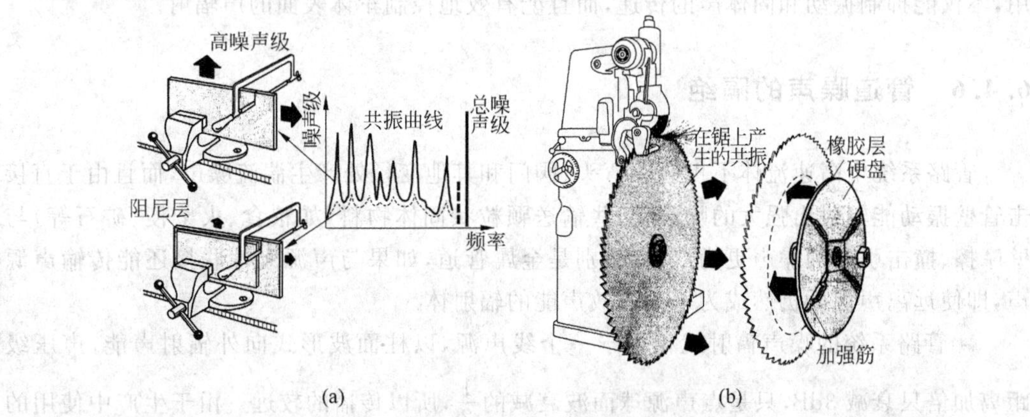

图6-44 阻尼减少因机械冲击所产生的声辐射

（a）用钢锯锯板材；（b）磨快锯盘上的锯齿

实例 2 轿车车体的阻尼处理

(1) 噪声来源

轿车在行驶时受到道路和发动机的激励，使车体产生振动和辐射噪声，形成对驾驶室和车内的噪声污染。

(2) 降噪措施

如图 6-45 中虚线位置所示，在轿车车体的钢板上敷设沥青阻尼材料。

图 6-45 轿车车体敷设沥青阻尼材料(虚线区)

(3) 降噪施工

采用了 4 种沥青型阻尼材料：

第 1 种是自粘型的，复合阻尼损耗因子为 0.16～0.2，用于轿车的顶部、门、侧围、行李箱、车轮罩、踏脚板等部位；

第 2 种是热熔型的，当温度加到 140℃时即能粘合，复合阻尼损耗因子为 0.16～0.2，用于轿车的地板、横板、水箱等部位；

第 3 种是沥青与无纺毡复合，复合阻尼损耗因子为 0.16～0.2，用于风洞和搁脚板等部位；

第 4 种是熔融型的，当加热到 140℃时自动粘合，用于汽车地板组件范围内的全面积，主要用作防腐蚀，对于减振降噪也有作用。

(4) 降噪效果

在采取上述措施后，对于轿车的噪声、乘坐舒适性等均有提高。由于阻尼材料的阻尼作用，不仅能抑制振动和固体声的传递，而且能有效地控制车体表面的声辐射。

6.4.6 管道噪声的隔绝

管路系统中高速流体不仅会在弯头、阀门和其他变径处产生湍流噪声，而且由于直接冲击管壁振动能辐射出强大的噪声，某些输送颗粒状固体物料(如粮食、火柴梗、矿石等)与管壁摩擦、撞击引起的噪声更为严重，特别是金属管道，如果与声源刚性联接还能传输声源噪声，即使远离声源处仍然成为一个有效声能的辐射体。

➢ 管路系统的噪声辐射就相当于一个线声源，以柱面波形式向外辐射声能，声压级随距离加倍只衰减 3dB，只是点声源球面波衰减的$\frac{1}{2}$，所以传播的较远。由于生产中使用的各种输气(料)管道大多由薄金属板等轻型材料做成，有较高的固有频率，本身隔声能力差，一般直径 20cm 以上、厚度在 0.5～1.5mm 之间的金属管道对外界的噪声干扰是相当大的。

1. 管道隔声控制的方法

控制管道噪声，最简便、有效的办法是隔声。首先隔绝开噪声和振动传递的来源，即在声源和管道之间加设软管、以弹性联接代替刚性联接或在声源进出口处安装合适的消声器，以控制噪声沿管道传播和辐射。

其次是降低管道表面的声辐射。通常采用的是管道包扎的方法，即在管道外包扎以阻尼材料、多孔吸声材料，外面再包以不透声的隔声材料组合成复合隔声结构，可以显著降低管道噪声的辐射(图 6-31)。

2. 实际隔声包扎工程中应注意的问题

(1) 使用金属板材作隔声层时，要注意隔声层与管道壁无刚性联接，否则管壁振动就会通过联接件侧向传递，使不透声层受激发而辐射比原先更为强烈的噪声。

(2) 多层包扎应使其共振频率错开，避免吻合，从而提高包扎层的隔声性能。

(3) 隔声阻尼包扎除了降噪作用外，还有隔热、保温作用。

本章小结

(1) 振动的原因与表现形式很多，最为常见的是机械振动。

(2) 振动还传递固体声，这是一种在固体结构中传播的声波。常用振动加速度级来衡量振动的强度。

(3) 振动系统的固有频率 f_0 仅取决于系统本身的劲度系数 K 与振动物体的质量 M 之比值，亦即仅取决于系统的静态压缩量 δ，而与外加的扰动力和振幅无关。扰动频率 f 与固有频率 f_0 的比值称为频率比，f_0 也称为系统的共振频率。

(4) 振动系统的阻力可用阻尼系数 R_m 来衡量，它与临界阻尼系数 R_c 的比值(R_m/R_c)定义为阻尼比 ζ。

(5) 力传递率 T_f 是表征隔振效果最基本的评价量，它取决于系统的频率比 f/f_0 和阻尼比 ζ。在不同的控制区内，频率比和阻尼比对隔振的作用是不同的。控制好合适的频率比和阻尼比是隔振的基本要求。

(6) 隔振的设计计算原理是基于下面的参数链：$\eta—T_f—f_0—\delta—Mg/K$。

(7) 由于隔振元件或材料要承受机组的重量，因此在设计和选用时，除了满足隔振要求外，还须满足强度要求。

(8) 隔振设计的基本要点和程序：

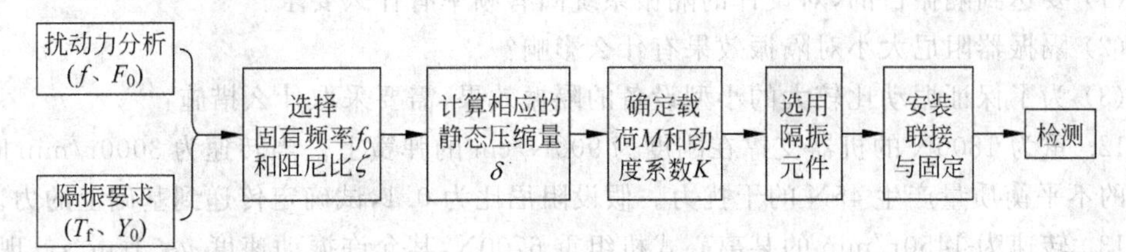

(9) 阻尼是薄板减振降噪的主要措施，度量阻尼的物理量是损耗因子 η，η 与频率比 f/f_0 和阻尼比 ζ 成正比。

阻尼材料与特性、阻尼结构设计是保证阻尼效果的基本因素。

(10) 要重视隔振和阻尼的安装、施工方式与质量，以保证长期的减振降噪效果。

习 题

1. 电动机连同基础的质量 $M=245\text{kg}$，在基础下面与地板之间安装 6 个钢弹簧，每个钢弹簧的 $K_1=400\text{N/cm}$。试求电动机连同基础振动的固有频率 f_0；若电动机工作转速为 3000r/min，又忽略钢弹簧的阻尼，试求传递比 T_f 和隔振效率 η。

2. 一台机器转速为 1800r/min，机器和机台总重量为 960kg，选用 4 只阻尼弹簧隔振器($K=240\text{kg/cm}$，$d=2.25$)隔振。求隔振效率 η。

3. 有一台精密仪器在使用时要避免振动干扰，为此用 4 个弹簧作隔振装置。已知地板振动的频率为 5Hz，振幅 b 为 0.1cm，仪器的质量 $m=784\text{kg}$，仪器的容许振幅 $B=0.01\text{cm}$。问每个弹簧的弹性系数 K 应该是多少？

4. 某精密设备重 600kg，允许振动速度为 0.06mm/s，地面扰动力为两个正弦波，振动频率分别为 $f_1=18\text{Hz}$ 和 $f_2=4\text{Hz}$，振幅分别为 1.0μm 和 1.6μm。由以上条件分析，该设备是否需要采取隔振措施？若需要，应对哪个扰动频率隔振。若采用弹簧隔振器 6 个，则要求每个弹簧的 K 为多少？

5. 一台风机连同机座总重量为 8000N，转速为 1000r/min。试设计一种隔振装置，将风机的振动激励力减弱为原来的 10%。

6. 某机组设备重为 8000N，转速为 2000r/min，安装在 1.5m×2.5m×0.7m 的钢筋混凝土座板上。试设计设备的隔振装置，并要求振动级降低 20dB。

7. 重量为 500kg 的机器支承在刚度 $K=900\text{N/cm}$ 的钢弹簧上，机器转速为 3000r/min。因旋转不平衡产生 100kg 的干扰力，设系统的阻尼比 $\zeta=0$。试求出传递到基础上的力的幅值为多少。

8. 设有一台转速为 1500r/min 的机器，未采取隔振措施前，测得基础上的力振动级为 80dB(指此频率)，现欲使基础的力振动级降低 20dB。试问需要选取静态压缩量 δ 多大的弹簧才能满足这一要求？设阻尼比 $\rho=0$。

9. 一台电机安装在 6 个相同的钢弹簧-橡胶减振器上，已知弹簧-橡胶减振器静态压缩量为 1.2cm，电机转速为 800r/min，系统阻尼为 0.05。试求传递比和传递率。

10. 车辆运行过程中，为什么空载时比满载时振动大？

11. 根据隔振原理和利用有关曲线说明：

(1) 要达到隔振目的，对设计的隔振系统固有频率有什么要求？

(2) 隔振器阻尼大小对隔振效果有什么影响？

(3) 为了保证振动比较大的小型设备的隔振效果，需要采取什么措施？

12. 重为 1800N 的机器支撑在刚度为 900N/cm 的弹簧上。当转速为 3000r/min 时，由叶轮的不平衡质量产生 45N 的干扰力。假设阻尼比为 0.1，试确定传递到基础上的力。

13. 转速为 1450r/min 的某离心式机组重 6700N，其允许振动速度 $u<1\text{cm/s}$。现仅考

虑其 1800N 的一阶不平衡垂直惯性力，试作初步的隔振设计。

14. 一台重 6120N 的电动机，安装在相同的 6 个隔振器上，每个隔振器垂向刚度为 6×10^4 N/m，电动机转速为 800r/min。试求：

(1) 不计阻尼时，系统的传递率。

(2) 阻尼比为 0.0045 时，系统的传递率。

(3) 不计阻尼时，安装 4 个隔振器时系统的传递率。

15. 设水泥立窑楼顶要安装一台风机，连同机座重量为 8000N，试设计一种隔振装置将风机对楼板的振动激振力减少到原来的 10%。如果电动机转速为 1500r/min，风机与电动机用弹性联轴节联接，实测同类型设备不作隔振时基础上力的振级为 80dB(轴频率)。要使基础上的力振动级降低 20dB，问需要静态压缩量多大的弹簧才能满足要求？设阻尼比接近零。

16. 一台风机安装在一厚钢板上，如果在钢板的下面垫 4 个钢弹簧，已知弹簧的静态压缩量为 $\delta=1$cm，风机的转速为 900r/min，弹簧的阻尼很小略去不计。试求隔振比和传递效率。

17. 某化工车间一台鼓风机，其资料如下表所示。试通过查阅有关资料，确定隔振措施，并计算隔振效率。

项　目	规　格	项　目	规　格
风机型号	T4-72-11，10C	电机型号	J02-61-4
风机全重/kg	923	扰动力/N	1120
转速/(r/min)	900		

18. 某隔振系统的质量 1000kg，隔振器为 4 个钢弹簧，要求系统弹簧的垂向总刚度为 3×10^5 N/m。试设计弹簧隔振器。已知钢弹簧材料允许剪切应力为 4.41×10^8 Pa，切变模量为 7.86×10^{10} Pa。

19. 有一台转速为 800r/min 的机器安装在基板上，系统总重量为 2000kg。试设计钢弹簧隔振装置。要求在振动干扰频率附近降低振动级 20dB，设弹簧圈的直径为 4cm，钢的切变模量为 8×10^5 kg/cm^2，允许扭转张力为 4.3×10^3 kg/cm。

20. 一台机械设备转速为 800r/min，安装在钢架上，系统总质量为 8000kg。试设计或选用 4 个钢弹簧对角线布置，要求振动干扰频率附近降低振动级 20dB。

21. 有一台自重 600kg 的机器，转速为 2000r/min，安装在 1m×2m×0.1m 的钢筋混凝土座板上，设钢筋混凝土的密度为 2000kg/m^3，选用 6 块带圆孔的橡胶作隔振垫块。试计算橡胶垫块的厚度和面积。

22. 某机械重 1330N，根据隔振要求，橡胶隔振器的垂直总刚度 $K=55\,700$ N/cm^2，采用 4 个橡胶块隔振，橡胶的肖氏硬度为 62HA，工作温度为 300℃。试设计该橡胶隔振器。

第7章

噪声控制技术应用

本章提要

1. 噪声控制工程的方案设计是实施降噪工程最重要的前期工作，它表明了治理工程的设计思路和实施方法，具有十分重要的意义。

2. 工程设计需要理论指导，也离不开经验的运用。设计规范就是长期工程经验积累和归纳后的技术文件，工程设计也必须遵循相应的设计规范要求，同时也给工程设计带来了便利，因此了解相应的设计规范内容是十分重要的。

3. 以鼓风机和冷却塔的噪声控制为例，说明常见点源噪声控制的原则、措施和具体方法，以取得举一反三的效果。

7.1 噪声控制方案设计

7.1.1 噪声控制方案设计的意义与要求

噪声控制工程的方案设计和其他环境工程的方案设计一样是实施工程项目最重要的前期工作之一，它不仅表达了项目的整体概况、内容与技术经济数据，而且为项目的可行性论证提供最基本的材料与依据。这些可行性论证包括：工程的必要性、工艺的科学性、技术的可行性、经济的合理性、实施的可能性与操作的简易性等，在此基础上提出的最佳可行方案无疑对整个工程项目的实施具有决定性的作用，因此编制好工程项目的方案设计具有十分重要的意义。

通常噪声控制工程的设计方案也作为项目技术评审和工程招投标的主要技术文件，它在市场经济中的作用无疑也是十分重要的。

➢ 方案设计要求设计者依据科学原理和实践成果用工程语言（图纸、表格等）和必要的文字说明把一个拟建项目的内容及可行性分析清楚简明地表达出来，反映了设计者的理论造诣和工程经验及对项目的熟悉程度与相关技术的应用水平。

噪声控制工程方案设计的主要内容列于下节的提纲中，提纲中一些栏目与内容可以根据工程项目的实际情况与特点而作适当的增减取舍或有所重点侧重，务必注意设计方案与项目特点的良好匹配。该提纲也可作为噪声控制工程的一般工作程序。

7.1.2 噪声控制方案设计编写提纲

1. 工程概况

1-1 项目建设单位的名称、类型(加工生产方式)、主要产品与产量、产值与利税等一般情况

1-2 项目建设单位的地理位置、周边环境、声环境保护目标等

1-3 项目建设单位所在地的环境规划概况和所执行的环境噪声标准

1-4 项目建设单位的噪声源情况和声环境污染现状及扰民状况

1-5 本噪声控制工程的性质(新建、以新带老、超标整治、扩建、改建等)

1-6 方案设计的指导思想

1-7 承接方和设计方的资质与背景材料简介

2. 方案设计编制依据(列出名称与标准号)

2-1 国家的法律、法规

2-2 地方法规

2-3 设计规范与标准

例如,《声学 低噪声工作场所设计指南 噪声控制规划》(GB/T 17249.1—1998)、《工业企业噪声控制设计规范》(GBJ 87—1985)、《民用建筑隔声设计规范》(GBJ 118—1988)等。

2-4 执行的噪声与振动限值标准

2-5 有关的文件和材料

例如,建标[2000]86 号文《工程建设标准强制性条文》(房屋建筑部分)2.3 隔声和噪声限制。

2-6 设计委托书

2-7 产品说明书和有关的性能与参数及测量报告

2-8 有关的土建与设备及安装图纸、文件

3. 噪声源调查与分析

3-1 噪声源的名称、属性、类型、尺寸、数量及流动特性

3-2 噪声源的位置、布局及所处的声学环境(附相关图件)

3-3 噪声源的声压级(声功率级)、频谱和指向性调查与测量(附相关图表)

3-4 噪声源的强度特性、频率特性和时间特性的分析

图 7-1 为噪声情况调查与分析工作流程框图。

4. 声环境的保护目标与要求标准及本治理工程的目标值(列出具体限值指标)

4-1 工业企业厂区内、车间内的声环境卫生标准

4-2 室内生活、工作环境噪声允许标准

4-3 厂界、场界和路边噪声限值

4-4 保护目标区域的环境噪声标准

5. 噪声源噪声的传播途径调查与分析

5-1 噪声源的几何类型(点、线、面)与流动性

5-2 噪声源至保护目标的距离和地形、地貌

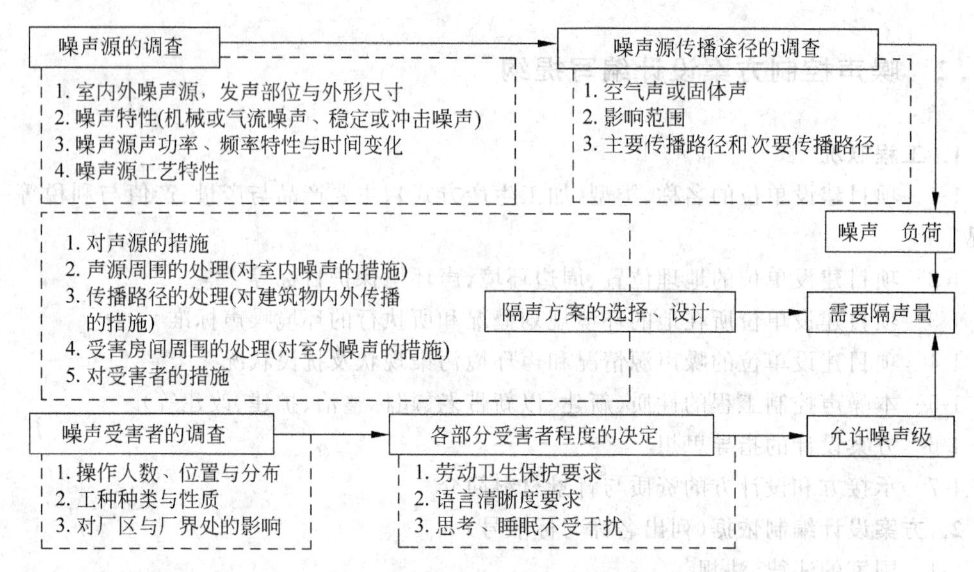

图 7-1 噪声情况调查与分析框图

注：按上述程序对厂内主要噪声源编号制成资料卡片，并按所在位置标注在厂平面图上，就能反映出全厂声分布状况与相互关系。公共建筑若有比较复杂的情况，也应按照这一程序准备资料。

5-3 噪声传播途径上的障碍物、反射体和其类型、形状、尺寸与声学特性

5-4 噪声传播途径上的衰减方式和衰减量

5-5 保护目标接受点上噪声的叠加和结果

6. 噪声受害者的调查和噪声污染的范围、程度及影响的测定与分析

7. 噪声评价量的选用和评价标准的确定

8. 保护目标或室内、车间内声环境需要控制的噪声降低量

9. 需要控制的减振量

10. 控制工程宜采取的降噪减振或防护技术措施

10-1 降低噪声源辐射水平的技术措施和指标

主要有吸声、消声、隔振与阻尼等。

10-2 在传播途径上的技术控制措施和指标

主要有吸声、隔声、隔振与阻尼等(图 7-2)。

11. 降噪、减振工程的设计与计算概要(根据上节的分析和欲采用的措施，进行初步的设计计算)

11-1 噪声源降噪减振改进技术

11-2 吸声技术

11-3 隔声技术

11-4 消声技术

11-5 隔振与阻尼技术

12. 降噪、减振设备与元件及功能材料的选用(名称、型号、规格、材质、数量、价格与用途等)

13. 控制工程对生产工艺、生产设备及操作维修的影响程度和改进措施

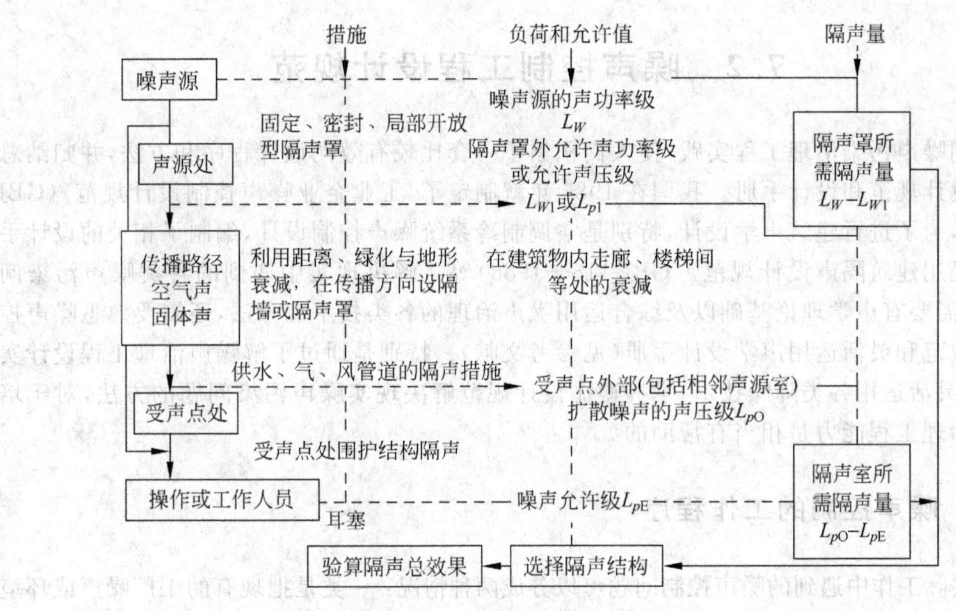

图 7-2　隔声方案的选择框图

注：根据测定的计算分析，确定用何种隔声措施（如声源、接收者、传播途径或几种措施同时采用），必要时需作方案比较。

包括：通风、降/保温、照明、防尘、腐蚀、操作、监控、安装、维修保养等

14. 减振降噪效果的核算

15. 工程总投资估算

土建费、降噪减振设备元件材料费、辅助材料费、安装费、运输费、管理费、设计费、技术服务费、税金等。

16. 维护保养、使用寿命和验收标准

17. 本工程的主要技术经济指标

投资或造价、占地或空间的尺寸、达到的噪声控制标准、噪声降低量、使用寿命等。

18. 其他

18-1　安全环保措施

18-2　施工期与进度安排

18-3　双方分工

18-4　承接方的承诺

18-5　存在问题和解决办法

19. 附件

19-1　噪声源调查报告

19-2　噪声源位置与保护目标及周边环境关系图

19-3　减振降噪技术措施示意图/概化图

19-4　委托书

19-5　承接方有关材料（资质证书、专利证书、获奖证书、类比工程介绍等）

7.2 噪声控制工程设计规范

长期噪声污染治理工程实践，使人们积累了一套比较有效的设计程序和方法，并归纳总结成为设计规范和设计手册。我国在1985年就制定了《工业企业噪声控制设计规范》(GBJ 87—85)，为了进行建筑声学设计，特别是空调制冷系统噪声控制设计，编制了相关的设计手册，如《民用建筑隔声设计规范》(GBJ 118—1988)等。解决现实中遇到的各类噪声污染问题，不仅需要有声学理论基础以及综合运用噪声治理的各类技术和方法，还需要熟悉噪声控制设计规范和灵活运用声学设计手册(见参考文献)。特别是通过了解噪声治理工程设计实例，体会灵活运用各类降噪技术，掌握遵循设计规范解决现实噪声污染问题的方法，对于培养噪声治理工程能力是相当有帮助的。

7.2.1 噪声控制的工作程序

在实际工作中遇到的噪声控制问题可以分成两种情况：一类是把现有的工厂噪声或环境噪声降低到允许的水平；另一类是新建和改扩建工程，在规划和设计阶段考虑降低噪声方案，预先防止出现噪声污染问题。对于现有噪声污染问题，噪声控制的工作程序如图7-3所示。

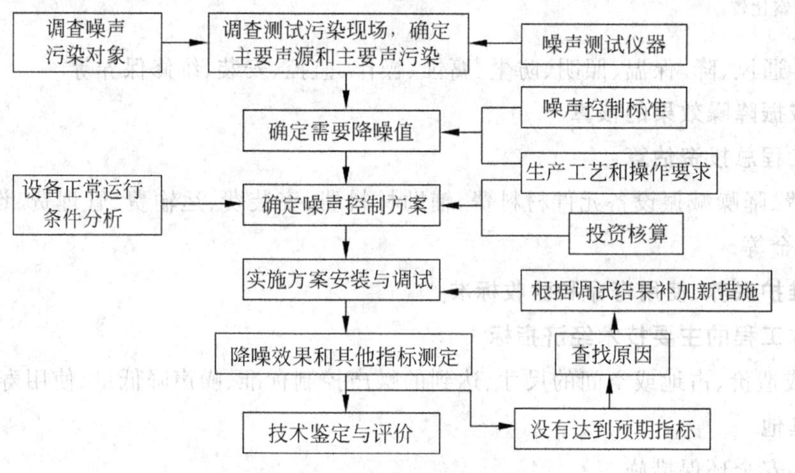

图7-3 噪声控制程序框图

环境噪声标准规定了城市各功能区要达到的噪声限值，工业企业边界要达到的厂界噪声限值，而民用建筑隔声设计规范、工业企业噪声控制设计规范规定了各种建筑物内和车间内允许的噪声水平。通过实际测试的噪声污染或根据噪声源预测的噪声值和这些标准值比较，确定需要控制的主要声源和需要治理的主要噪声污染，确定需要降低噪声的量值，即各倍频带声压级应降低的分贝数。

确定降噪方案前应对机械设备的运行和维护工作情况进行详细了解，以便提出的方案对设备操作和维护不产生无法接受的影响。噪声控制多数是综合措施，可能针对个别主要声源采取措施，也可能针对一定数量声源采取措施。

噪声控制一般从3个方面考虑，即噪声声源控制、传播途径控制和接收者自身保护，表7-1简要归纳了常用控制技术的应用范围和一般效果。

表 7-1 常用控制技术的应用范围和一般效果

降噪措施	应用范围	降噪效果/dB(A)
吸声	车间内噪声设备多且分散，原来房间内吸声状况差，混响声严重	4～10
隔声	车间工人多，噪声源少，或者噪声源多，但操作工人少，可以在一定距离观察控制设备	10～40
消声器	空气动力性噪声、放空排气噪声等	15～40
隔振	撞击声、固体声和设备振动严重等	5～25
阻尼处理	机械设备外壳、管道、轻薄构件振动噪声等	5～15

➢ 对于许多复杂噪声环境和复杂声源，噪声源的诊断和降噪方案的制定都存在一些不确定因素。工程施工后要及时进行测试，和预期结果进行比较，如果出现偏离设计预期情况，要分析原因并采取补救措施。

7.2.2 工业企业噪声控制设计的一般规定

我国 1985 年制定的《工业企业噪声控制设计规范》共分 7 章 3 个附录，主要内容包括工业企业中各地点的噪声控制设计标准，和设计中为达到这些标准所应采取的措施和一般性规定。这些措施包括工厂总体设计需要考虑的噪声控制措施，以及隔声、消声、吸声和隔振设计程序和方法。这些内容是治理工厂噪声要遵循的一些原则。

1. 设计规范规定的噪声控制设计原则

1）工业噪声污染治理总的原则

➢ 对生产过程和设备产生的噪声，应首先从声源上进行控制，如仍达不到要求，则应进行隔声、消声、吸声、隔振以及综合控制的噪声控制措施；工业企业噪声控制设计，应对生产工艺、操作维修、降噪效果进行综合分析，积极采取新技术、新材料、新方法，力求获得最佳经济效益；对少数生产车间及作业场所，采取措施后仍达不到噪声控制设计标准，则应采取个人防护措施。对这类难治理场所的降噪要求应该根据车间实际噪声级和个人防护装置的插入损失值的差值决定。

➢ 关于总体设计阶段需要考虑的降噪措施，包括工厂和交通干线合理选址、总平面合理布置、车间设备合理布置、工艺管线和设备合理设计与选型。在工业项目初步设计阶段就考虑预防噪声污染，可以明显降低降噪难度和降噪成本。

➢ 厂址选择要考虑工厂噪声对环境的影响和环境噪声对企业的影响两个方面。高噪声企业应该远离居民区、文教区和医院等对噪声敏感的区域和单位，而对外部高噪声敏感的企业也应该远离铁路、交通干线和飞机场。在选址过程中要充分利用天然地形、空地屏蔽或减轻高噪声声源对环境和企业的影响，必要时在它们之间保留一定宽度的噪声隔离带。

2）工厂总平面布置原则

（1）满足工艺流程和生产运输要求的前提下，尽可能合理划分功能区。

（2）高噪声厂房和低噪声厂房分开布置。

（3）噪声敏感的区域（办公楼、生活区和其他建筑物）和生产区分开。

（4）主要噪声源相对集中，远离厂内外需要安静的区域。

(5) 将一些对噪声不敏感而又相对高大的建筑物布置在高噪声区或厂房四周,有利于噪声隔离。

(6) 对室内要求安静的建筑物,其朝向布置与高度应有利于隔声。厂区内交通运输线路是主要噪声源之一,对它们的布置原则规范也应作出详细的规定。

3) 选择工艺时需考虑的措施

(1) 减少冲击性工艺;

(2) 避免物料在输送过程中出现大的高差翻落和直接撞击输送溜槽和设施;

(3) 在工艺上尽可能避免高压气体释放;

(4) 实现自动化和远程控制,让工人远离高噪声环境。

4) 进行工艺布置或车间布置时的注意事项

(1) 噪声设备适当集中,以便采取隔声措施。

(2) 发生强烈振动的设备不宜布置在辐射声音效率高的楼板或平台上。

(3) 设备布置要预留设备的噪声控制装置空间。在选择设备时,一定空间内的主要声源设备要尽可能选择低噪声设备,对次要声源则可以根据实际情况决定是否选用低噪声设备。

2. 隔声设计原则

➢ 对声源进行隔声设计,可以采用隔声罩的结构形式,对接收者隔声则采用隔声间的结构形式,对传播途径进行隔离可以采用隔声墙或隔声屏障的结构形式。要根据实际情况灵活选择,必要时也可以采用几种形式的组合。

➢ 在可能条件下,车间在水平或垂直方向分割成几个噪声强度不同的区域,对于高振动设备宜设置在地面层或地下室。组合隔声墙等隔声构件要依据等透声量原则设计,并注意空洞和缝隙的漏声处理。

1) 隔声设计的步骤

(1) 依据声源特性和受声点的声学环境估算受声点的各倍频带声压级。

(2) 确定受声点各倍频带的允许声压级。

(3) 计算各倍频带需要的隔声量。

(4) 选择适当的隔声结构与构件。具体设计计算方法见第4章。

2) 规范规定隔声室设计要符合的要求

(1) 对噪声水平要求高的房间(如中心控制室)或室内有强噪声源的房间(如强噪声设备试车室),宜采用以砖、混凝土等建筑材料为主的高性能隔声室。

(2) 作为工人临时休息的活动隔声间,体积不宜超过14m^3,以便必要时移动。维护结构采用双层轻结构,通风设备采用带简易消声器的排风扇。

3) 规范规定隔声罩设计应符合的要求

(1) 声罩宜采用带有阻尼的薄金属板(0.5~2mm)制作,阻尼层厚度不小于板厚的1~3倍。

(2) 声罩内壁面与机械设备间应留有较大空间,通常应该占设备所占空间的1/3以上,各内壁面与设备距离不得小于100mm。

(3) 罩内应该铺设吸声层和吸声护面层。

(4) 注意缝隙漏声和与地面的隔振。

(5) 设备的控制和计量装置、开关等宜移至罩外,必要时设置观察窗对设备进行监视。

(6) 所有通风、排烟和工艺开口均应该设置消声器,消声量与隔声量相当。

(7) 隔声屏设置宜靠近声源或接收者,在接收者附近做有效的吸声处理。

3. 消声设计原则

1) 消声设计应遵循的原则

消声设计适用于降低空气动力机械辐射的空气动力性噪声,在设计时应遵循以下规则:

(1) 一般应设置在进气或排气敞开一侧。两侧都敞开则在两侧适当位置安装消声器;进排气口都不敞开,但噪声通过管道辐射噪声太强或对噪声环境要求高时也可以安装消声器。

(2) 消声器的消声量应根据消声要求决定,但不宜超过 50dB。

(3) 设计消声器必须考虑空气动力性能,计算相应的阻力损失,控制在设备正常运行允许范围内。

(4) 设计消声器产生的气流再生噪声必须控制在环境允许的范围内。

(5) 要注意消声器和管道中的气流速度,不同情况存在一定限值,不要轻易超过该限值。

(6) 消声器的设计应该保证坚固耐用,体积和占地面积要小,便于安装。

2) 消声器设计步骤

(1) 确定动力机械的噪声级和各倍频带声压级。

(2) 选择消声器的装设位置。

(3) 确定允许噪声级和各倍频带的允许声压级,计算所需消声量。

(4) 确定消声器的类型。

(5) 选用或设计合适的消声器。

4. 吸声设计原则

1) 一般性要求

吸声只适用于室内原有表面吸声量较少、混响声较强的厂房降噪处理,降低以直达声为主的噪声不能采用吸声处理为主要手段。吸声设计要符合以下一般性规定:

(1) 吸声处理 A 声级降噪量为 3~12dB,降噪目标不宜定得过高。

(2) 吸声降噪效果不与吸声面积成正比,进行吸声处理必须合理确定吸声处理面积。

(3) 吸声处理必须满足防火、防潮、防腐和防尘等工艺和安全卫生要求,兼顾通风采光照明及装饰要求,注意埋件设置,做到施工方便、坚固耐用。

2) 吸声设计程序

(1) 确定吸声处理前室内噪声级和各倍频带声压级。

(2) 确定降噪地点的允许噪声级和各倍频带允许声压级,计算所需吸声降噪量。

(3) 计算吸声处理后室内应有的平均吸声系数。

(4) 确定吸声材料的类型、数量和安装方式。

3) 吸声处理方式的选择应该遵循的规定

(1) 需要降噪量较高、房间面积较小的吸声设计,宜对墙壁和天花板都作吸声处理。

(2) 需要降噪量较高、扁平状大房间的吸声设计,一般只作平顶吸声处理。

(3) 声源集中的车间,应在声源所在的区域天花板和墙壁作局部吸声处理,最好同时设置隔声屏障。

(4) 吸声降噪设计,采用空间吸声体方式效果较好,吸声体面积宜取房间平顶面积的40%左右,或室内总面积的15%左右,悬挂高度宜接近声源。

5. 隔振设计原则

隔振降噪设计适用于产生较强振动或冲击,从而引起固体声传播及振动辐射噪声的机器设备的噪声控制,也适用于振动危害控制。

1) 一般性要求

(1) 对隔振要求较高的车间和设备,应远离振动较强的机器设备或其他振动源。

(2) 隔振装置及支撑结构形式,应根据机器设备类型、振动强弱、扰动频率等特点,以及建筑、环境、操作者对噪声振动的要求等因素确定。

(3) 根据规范和标准合理设置隔振设计目标值。

2) 隔振设计的步骤

(1) 确定所需的振动传递比(或隔振效率)。

(2) 确定隔振元件的荷载、型号、大小和数量。

(3) 确定隔振系统的静态压缩量、频率比以及固有频率。

(4) 验算隔振参量,估计隔振设计的降噪效果。

➢ 当隔振效率需要非常高($\eta>97\%$),或者冲击和周期性振动联合产生强迫运动,或者要求多向隔振,需要详细周密的计算与选择。

7.2.3 民用建筑噪声控制设计的一般规定

民用建筑一般对噪声污染比较敏感,一些特殊用途的建筑,如录音室、播音室等对噪声的控制更加严格。进行民用建筑噪声控制工程设计,《建筑声学设计手册》和《空调制冷设备消声与隔振实用设计手册》是非常有用的工具。

在《建筑声学设计手册》中,除了一般性介绍噪声控制技术外,专门设章节介绍建筑隔声设计、建筑设备的隔振和噪声控制以及室内音质设计,并通过举例说明各类高要求声学建筑设计方法。在现代化建筑中,通风空调系统、给水排水系统和电梯设备都可能成为这些建筑的噪声源,对它们的震动和噪声隔离需要认真对待。对于带中央空调的旅馆和其他建筑降噪设计,《空调制冷设备消声与隔振实用设计手册》详细介绍了这类建筑控制噪声的设计原则和设计方法以及可以选用的降噪器材,对设计者会有很大帮助。

7.2.4 噪声治理工程设计中要注意的一些问题

进行噪声污染治理,仅仅了解设计原则,依靠设计手册和教科书上介绍的设计方法是不够的,需要通过实践积累经验,学会灵活运用这些降噪技术,要善于吸取成功的经验和失败的教训,下面总结降噪工程设计要注意的一些问题:

(1) 要认真调查噪声污染现场,掌握引起噪声超标的主要声源。许多降噪工程失败,常常是因为调查不细,没有掌握主要声源和传播途径,遗漏了主要或次主要声源,造成降噪效果不理想。

(2) 要注意合理确定降噪指标或目标。现实条件下总是存在一些制约因素,限制降噪效果。要通过多方案对比选择技术和经济合理可行的方案和降噪指标。由于现场条件的复杂性和计算方法的近似性,理论预计降噪效果和实际取得效果会有一定差距,制定降噪目标值要留有一定余地。施工过程中还要进行必要的测试,以便为原设计作适当的修改和补充提供依据。

(3) 要注意采取综合降噪措施,对各种降噪措施要注意实际施工条件和成本因素,选择材料要适应使用环境,对特殊或恶劣环境,选择材料要慎重。

(4) 要善于运用好有关噪声及其治理方面的手册。例如参考文献[31～40]等,它们不仅介绍了噪声控制的技术和设备,收集了我国噪声与振动控制的有关标准,还附有我国出版的噪声与振动控制书籍目录以及国内噪声与振动控制设备和材料的生产厂家名录等,极大地方便了设计人员。

(5) 要注意在降噪设计过程中多和工艺工程师或其他专业人员交换意见,对降噪设计涉及的非声学问题给予必要关注,如散热问题、系统阻力增加问题、安全问题、工人操作问题等。

7.3　噪声污染治理工程实例

减振和降噪技术几乎在一切有动力的设备和与其连接的附属或辅助设施上都有应用,本节主要介绍环保工程中常用的鼓风机和扰民情况比较普遍的冷却塔噪声治理工程。对于其他的环境噪声污染治理,虽然各有其特点,但它们的控制原则和方法基本上是与此类同的。

7.3.1　鼓风机噪声及其控制

鼓风机是工业生产中广泛使用的一种通用机械,在污水生物处理中的曝气充氧、废气处理中的引风排气、锅炉的鼓风与引风中都要用到鼓风机。它的型号很多,根据其工作原理,大致可归纳为下列两种:

(1) 离心式鼓风机(又称透平式鼓风机)。它是依靠转子叶片与气流相互作用将所加机械能转变为气体的压力和动能的;正压工作时称为鼓风机,负压工作时称为引风机,用于通风换气时称为通风机,也通称为风机。若进出风方向都与转轴轴向一致,又称为轴流风机,轴流风机的特点是叶片圆周速度大、风量大,但全压低。

(2) 容积式鼓风机。它是依靠转子容积的改变,将原动机所加入的机械能转变为气体的压力和动能。与离心式鼓风机相比,容积式鼓风机具有压头高,流量受阻力影响小,供风稳定等优点。根据转子的结构特点,容积式鼓风机又分为罗茨鼓风机和叶氏鼓风机等类型,常用于生产系统中和污水处理的曝气充氧。

1. 鼓风机的噪声

1) 噪声的组成与特点

鼓风机的噪声高达 100～130dB,频谱多呈宽带特性,是工业企业中危害最大的一种噪声设备。鼓风机的噪声包括**空气动力性噪声**和**机械性噪声**,而以空气动力性噪声为主。

(1) **空气动力性噪声**

主要是从进气口和排气口辐射出来的。空气动力性噪声由旋转噪声和涡流噪声组成。

➢ **旋转噪声**：鼓风机的叶轮在旋转时，周期性地挤压气体，导致叶轮周围气体产生压力脉动，这种压力脉动以声波的形式向叶轮辐射，从而产生周期性的进排气噪声，此即为旋转噪声，又称叶片噪声。旋转噪声与风机的叶轮、风量和静压等因素有关。它的强度近似与圆周速度的6次方成正比，圆周速度增大1倍，其声压级或声功率级约增加15～20dB。旋转噪声的频谱具有明显的峰值，其峰值频率为

$$f_i = (nZi)/60, \quad i = 1,2,3,\cdots \tag{7-1}$$

式中：f_i 为峰值频率，Hz；n 为风机转速，r/min；Z 为叶轮的叶片数；i 为谐频序号。

当 $i=1$ 时，f_1 为旋转噪声的基频；当 $i=2,3,\cdots$时，为高次谐频；谐频分量是由于叶片周期性地打击空气质点而产生的。

➢ **涡流噪声**：涡流噪声是高速旋转的叶轮表面形成的气体涡流在叶轮界面上分离时产生气流的压缩与稀疏过程而形成的噪声。涡流噪声主要与叶轮（或叶片）的形状、气体相对于机体的流速及流态有关。它有随机的特性，在频谱中多呈连续的宽带性质。涡流噪声的声功率级 L_W 为

$$L_W = A + 60\lg v \quad (\text{dB}) \tag{7-2}$$

式中：v 为气流流过叶片的相对速度，m/s；A 为修正值，见表7-2。

表7-2 涡流噪声的声功率级的修正值 A

风机类型 \ 频率/Hz	63	125	250	500	1000	2000	4000
离心风机（前弯叶片）	−2	−7	−12	−17	−22	−27	−32
离心风机（后弯叶片）	−7	−8	−7	−12	−17	−22	−27
轴流风机	−5	−5	−6	−7	−8	−10	−13

涡流噪声的频率为

$$f_i = (kvi)/t \quad (\text{Hz}) \tag{7-3}$$

式中：v 为气体与叶片的相对速度（取决于工作轮的圆周速度），m/s；t 为叶片正表面宽度在垂直于速度平面上的投影，m；k 为斯特劳哈尔数，在0.14～0.20之间，一般取0.185；i 为谐频序号，$i=1,2,3,\cdots$。

（2）**机械噪声**

主要是从电动机以及机壳和管壁辐射出来的，通过基础振动还会辐射固体噪声。

2）噪声的估算与测定

通过风机参数来估算风机的噪声或在现场进行风机噪声测定，是对风机进行噪声评价与治理的前提条件和基础。

（1）声功率级的估算

在一般情况下，鼓风机噪声的声功率级 L_W 可由下式估算：

$$L_W = L_{WO} + 10\lg Q + 20\lg H \quad (\text{dB}) \tag{7-4}$$

式中：L_{WO}为比声功率级，dB；Q 为风量，m^3/h；H 为静压（全压），mm H_2O（1mm H_2O=9.8Pa）。

比声功率级 L_{WO}是指同系列的风机在单位风量（$1m^3/h$）、单位静压（1mm H_2O）条件下所产生的声功率级。同一系列风机的比声功率级是相同的，因此，L_{WO}可作为不同系列风机噪声大小的评价标准。风机的比声功率级大小与风机的结构、性能和使用效率有关。实验证明，同一台风机在不同工况下运行，其最高效率点，也是比声功率最小点，与不利工况下相

比，它们的 L_{WO} 可相差 10～20dB 左右。常见风机各频带的比声功率级见表 7-3。

表 7-3　风机的比声功率级

风机类型	各倍频程中心频率的比声功率级 L_{WO}/dB							
	63Hz	125Hz	250Hz	500Hz	1000Hz	2000Hz	4000Hz	8000Hz
离心式（机翼型叶片）	35	35	34	32	31	26	18	10
离心式（后弯式叶片）	35	35	34	32	31	26	18	10
离心式（前弯式叶片）	40	38	38	34	28	24	21	15
离心式（径向叶片）	48	45	43	43	38	33	30	29
离心式（圆筒形）	46	43	43	38	37	32	28	25
轴流式（机翼型叶片）	42	39	41	42	40	37	35	25
轴流式（管式叶片）	44	42	46	44	42	40	37	30
轴流式（螺旋桨式叶片）	51	48	49	47	45	45	43	31

(2) 比 A 声级估算

近年来国内外趋向于用比 A 声级 L_{SA} 表示风机的声学特性，其定义为单位风量($1m^3/min$)、单位全压(mmH_2O)时的 A 声级：

$$L_{SA} = L_A - 10\lg QH^2 \quad (dB(A)) \tag{7-5}$$

式中：L_{SA} 为比 A 声级，dB(A)；L_A 为噪声级（指距风机 1m 或等于该风机叶轮直径处的 A 声级）。

➢ 风机的比 A 声级 L_{SA}，在风机出厂时可以通过实验测量或计算求得。表 7-4 列出几种风机在最佳工况点（即最高效率点）的比 A 声级 L_{SA} 值，表中测点距风机均为 1m。

比 A 声级 L_{SA} 使用方便，测量简单，所以常用来表示风机的噪声特性。

表 7-4　最佳工况点的比 A 声级 L_{SA}　　dB(A)

风机系列型号	最佳工况点风量 Q /(m^3/min)	最佳工况点静压 H /mmH_2O	比 A 声级 L_{SA} /dB(A)
5-48 型 No. 5	61.92	84	21.5
6-48 型 No. 5	74.37	91	19.5
9-119-11 型 No. 6	69.96	897	16.0
9-20-11 型 No. 6	71.63	873	16.7
8-18-11 型 No. 6	57.30	845	22.7
9-27-11 型 No. 6	139.10	927	20.1

(3) 风机噪声的现场测定

在现场可通过声压级的测量来确定鼓风机的声功率级：

$$L_W = \bar{L}_p + 10\lg S\left(\frac{1.019\times10^5}{p}\sqrt{\frac{T}{273}}\right) \tag{7-6}$$

式中：$\bar{L}_p$ 为平均声压级，dB；S 为进(出)口风管横截面积，m^2；p 为大气压，Pa；T 为空气的热力学温度，K。

在常温、常压条件下，测量时可忽略温度和大气压的影响，则式(7-6)可简化为

$$L_W = \bar{L}_p + 10\lg S \tag{7-7}$$

➢ 风机噪声的测量方法应按《风机和罗茨鼓风机噪声测量方法》(GB/T 2888—1991)进行。表 7-5 给出的是几种常见的鼓风机噪声频谱（测点距进排气口1m 处）。

表 7-5 常见鼓风机的噪声频谱

风机型号	风量/(m^3/h)	噪声级		各倍频程中心频率的声压级/dB							
		A	C	63Hz	125Hz	250Hz	500Hz	1000Hz	2000Hz	4000Hz	8000Hz
D36 容积式	4800	120	123	112	116	102	118	116	112	103	94
叶式 9#	6720	110	122	118	119	111	104	96	90	78	63
罗茨 LCB	2400	118	126	126	112	114	115	118	108	104	94
41×37～40/3500											
8-18-101No.8	10 250	122	122	110	118	118	124	116	114	106	98
8-18-101No.6	3800	111	115	90	93	95	98	113	100	93	83
9-27-12No.8	3100	109	115	103	100	108	108	103	100	95	92
4-62-101No.7	10 000	93	96	77	83	80	85	91	84	78	71
G-4-73-11	136 000	110	124	110	123	114	112	104	100	94	89
1-300-11 离心式	18 000	106	108	96	95	104	106	100	98	92	85

2. 鼓风机噪声的控制方法

鼓风机噪声的控制主要是采用消声器和隔声及隔振技术。

(1) 安装消声器

由于在一般情况下，从风机进气口和排气口辐射的空气动力性噪声比从其他部位辐射的噪声 A 声级要高 10～20dB，因此，控制鼓风机噪声时，首先应在进气和排气管道上安装适当的消声器。对于一般风机，消声器可以设计成阻性片式、折板式和蜂窝式以及阻抗复合式；对于大型鼓风机的排气噪声，消声器可以设计成节流降压、小孔以及小孔与阻性复合的结构形式。消声器的设计详见第 5 章。

为使系统在高效低能状态下工作，所设计或选用消声器的阻力损失应尽量小些；其次，要避免消声器的气流消声过大，工业用风机消声器的气流速度应控制在 10～20m/s；消声器宜安装在风机进、出口，即离噪声源较近，以防风机噪声激发管路振动；如消声器装在管路中，则气流是稳定的，消声效果稳定性好；对于降噪要求较高，需要装几个消声器，消声器宜分段安装。另外，还要考虑消声器的使用环境，如防水、防尘、防霉等，否则，会影响消声器的消声性能。

(2) 配置隔声罩

风机进气口和排气口安装消声器以后，如果不采取其他措施，那么不论消声器的性能有多好，整个风机的噪声(A 声级)也只能降低 10～20dB。这时从风机机壳、管道、机座以及电动机等部位辐射出来的噪声就成为最强的噪声，必须设法解决。比较常用的有效方法是采用隔声罩(隔声罩的设计详见第 4 章)，把鼓风机机组封闭在密闭的罩内，并在罩座下加隔振器。

➢ 机组安装隔声罩，大多采用密闭式，这种隔声罩隔声效果好。但采用密闭式隔声罩，就带来机组的散热问题。为了解决罩内通风和电动机散热问题，目前，一般都采用隔声罩内通风冷却的办法，它的冷却方式有下列几种：

1) 自然通风冷却法

该方法是在隔声罩下部开进风口、上部开出风口，并在进、出风口都设计安装消声器。当隔声罩外部的冷空气经消声的进风口进入罩内后，被机组的热量加热为热空气，气体的热压促使热空气从罩顶部出风口排出，此时，冷空气从进风口不断地补充，从而使机组降温冷却，达到散热的目的。为使冷却效果更好，可使进风口正对电机风扇安装，利用该风扇搅动气流，首先冷却电机，控制电机的温升小于60℃左右，直至机组全部被冷却，从上部出风口排出。这种自然通风冷却法(亦称自扇冷却法)适宜于机组发热量不大、工作气温不高的场合。该方法结构简单、不增加专用通风机械设备。但是，电动机的自带风扇风压有限，所以，消声器进风口(进风消声器)的有效通风截面必须设计得足够大，才能满足所需的风量。自然通风冷却见图7-4。

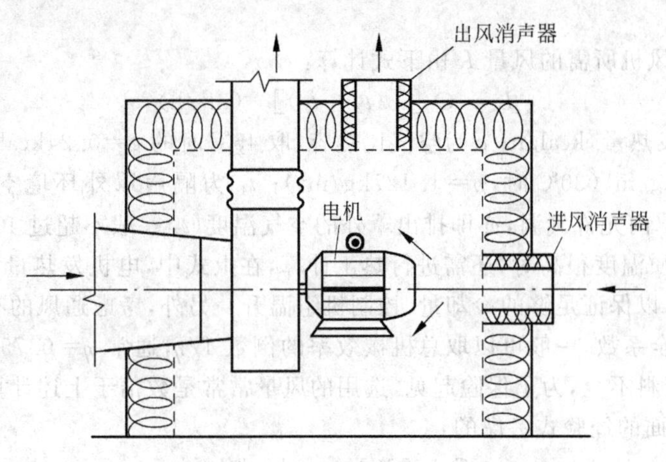

图7-4　自然通风冷却

2) 强制通风冷却法

对于电机和风机转数很高的机组，在单位时间内散发热量较多，工作媒质气温很高，如仍采用上述的自然通风冷却法，很难解决机组的散热问题，这时就必须采用强制通风的办法，控制机组的温升。常用的方法有附加通风机冷却法、罩内负压吸风冷却法和罩内空气循环冷却法，它们适用于不同场合。

(1) 附加通风机冷却法

如图7-5所示，附加通风机冷却法特别适用于输送高温工作媒质的系统。该方法的主要特点是在原有机组隔声罩内附加了一套通风冷却系统。该系统由进风消声器、进风风机及出风消声器组成。进风口安装的风机常为轴流风机(风量大)。为增加罩内空气量并呈紊流状态，增加散热量，风机必须装在进风口侧。

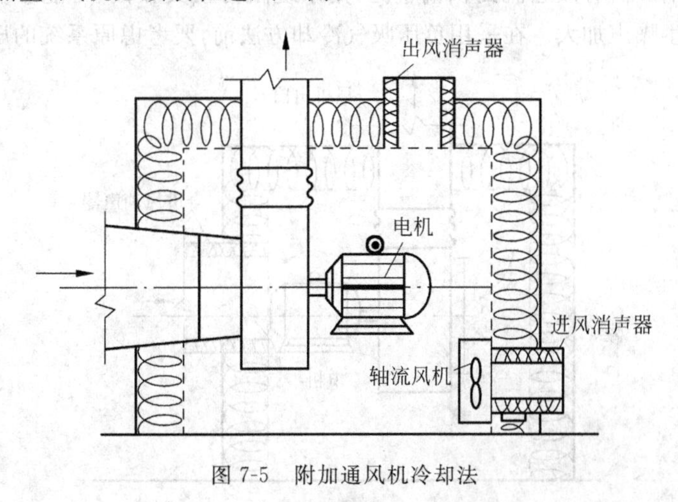

图7-5　附加通风机冷却法

➢ 附加通风机冷却，其风机的风量与机组的发热量有关，机组（包括强制通风风机）的主要发热部件是电机。电机的发热量 Q 可由下式计算：

$$Q = 860N(1-\eta_1\eta_2) \quad (\text{kcal/h}) \tag{7-8}$$

式中：N 为电动机的额定功率，kW；η_1、η_2 分别为电机机械效率及所配减速齿轮的机械效率。

➢ 强制通风风机所需的风量 L 由下式计算：

$$L = Q/[c\rho(t_2-t_1)] \quad (\text{m}^3/\text{h}) \tag{7-9}$$

式中：Q 为电机发热量，kcal/h；c 为空气比热容，取 45℃时的 $c=0.24\text{kcal/(kg}\cdot℃)$；$\rho$ 为罩外空气密度，kg/m^3（30℃时，$\rho=1.127\text{kg/m}^3$）；t_1 为隔声罩外环境空气温度（一般取 30℃），℃；t_2 为罩内允许气温，亦即排出罩外的空气温度（t_2 一般不超过 40℃），℃。

➢ 当工作媒质温度很高时，还需进行热工计算，在上式中，电机发热量 Q 中应附加管道和机壳的散热量，以保证足够的冷却量，控制机组温升。另外，考虑通风的有效性，需要对计算值乘以一个安全系数，一般可以取总机械效率的倒数 $1/\eta$，通常 $\eta=0.75\sim0.85$。实际工程中，往往计算资料不全，为了保险起见，选用的风量常常是数倍于上述计算值，此时电机的发热量 Q 是按下面的经验式考虑的：

$$Q = 860NA \quad (\text{kcal/h}) \tag{7-10}$$

式中：A 为综合散热系数，一般取 0.1～0.5，如果机壳、管道也有散热，则取 0.5～0.8。

➢ 求得所需的换气量 L，并考虑风管口的阻力损失约 4～10mmH_2O，然后从风机产品样本中选择所需配用的风机。

(2) 罩内负压吸风冷却法

如图 7-6 所示，罩内负压吸风冷却法适用于鼓风场合。其特点是在隔声罩上设计进风口消声器，利用风机吸气在罩内形成负压，将罩外的空气吸入罩内，达到散热冷却的目的。为了取得良好冷却效果，隔声罩的设计应注意使通过进风口消声器进入罩内的空气正对主要发热部位的电动机。当风机工作时，罩内立即形成负压，罩外的空气被吸入；吸入空气首先途经电机等发热部件，将热量带走，然后通过风机进风口排走。这种负压吸风冷却法散热效果好，并且仅在隔声罩上设计一个进风口，对降低噪声也有利。但是，气流不是直接进入风机的入口，若隔声罩进风口消声器有效通流面积偏小时，则系统阻力损失较大，可能影响系统正常工作，同时引起气流再生噪声加大。在采用负压吸气冷却方法前，要考虑原系统的压力余量。

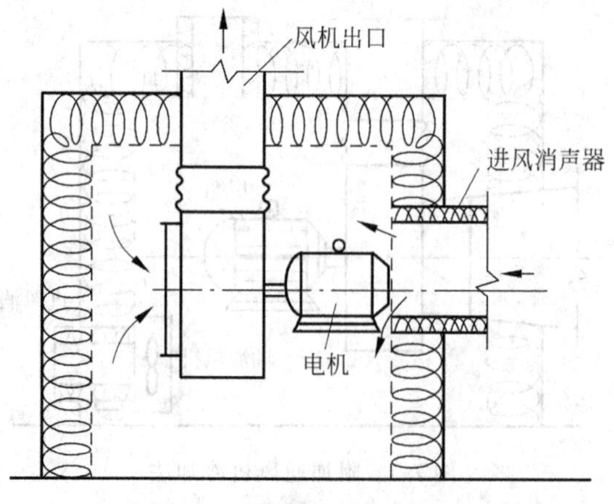

图 7-6 罩内负压吸风冷却

(3) 罩内空气循环冷却法

如图 7-7 所示,罩内空气循环冷却法的主要特点为：在隔声罩内的风机进、出风管段上,分别安装一段支管或开一个风口,并在其上各设一个调节阀门。当风机工作时,若两个阀门都开启时,则入口一侧的阀门开口处产生负压,风机出口一侧阀门处呈正压,这样,利用风机本身的压力,在隔声罩内形成一个循环系统。该气流可将机组热量带走排到罩外。采用这种冷却方式的优点是：隔声罩是全封闭的,不需要单设通风口,结构简单,可获得较高的降噪量。它的不足之处是：在风机进、出口很近的管段上设支管、风口及阀门,会使主管道气流出现很强的紊流漩涡,造成系统阻力损失较大,加大风机的气流噪声。因此在条件允许时,可尽量采用。这种方法不适用于输送热气流的场合。

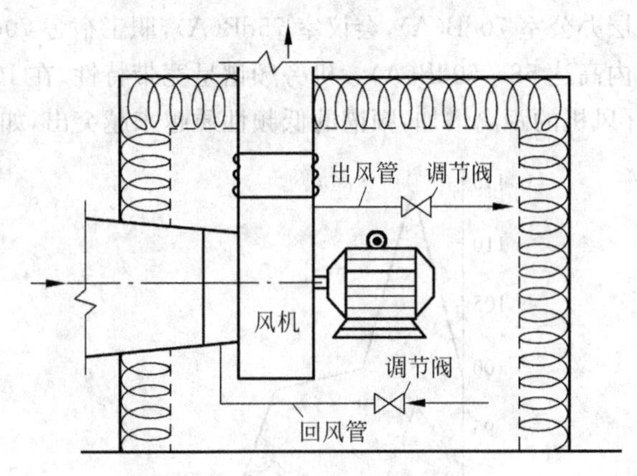

图 7-7　罩内空气循环冷却

3）管道包扎

为了减弱从风机风管上辐射出来的噪声,可以对管道施行包扎,隔绝噪声由此传播的途径。图 7-8 示意了一种管道包扎的方法。

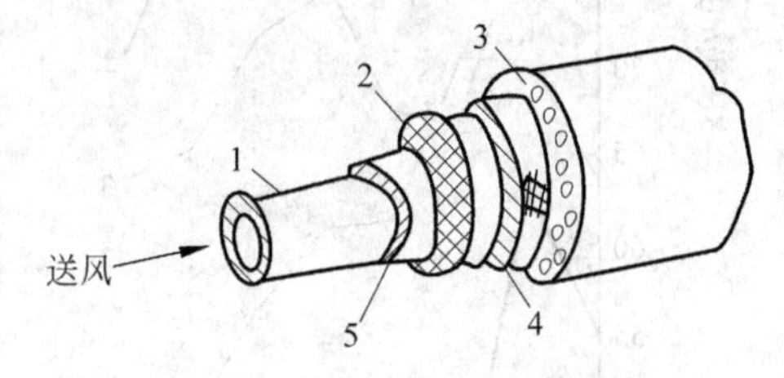

图 7-8　管道包扎方法示意图

1—风管；2—矿渣棉(30mm)；3—水泥石灰砂浆(20mm)；
4—铁丝网(40 目/mm)；5—沥青涂层(厚度大于 3 倍管壁)

4）综合降噪措施

➢ 选用风机时,要选择高效低噪声风机。

➢ 工作运转时,工况位于或接近最佳效率工况点。

➢ 在通风系统设计时,应尽量减少管路长度,适当降低管道风速,不留太多的风机压力余地,选用低转速风机,少设弯接头及阀门等。

➢ 风机进、出口与管道联接处,应安装柔性接管。

➢ 如机组通过基础传递强烈的振动,可考虑弹性基础隔振。

➢ 对于管道或机壳振动强烈,可采用加涂阻尼材料减振。

➢ 对于多台机组工作,如每台都采用隔声罩,投资大,对维修及运行都产生不利影响。若将机房建造成隔声间,即把机组(一台或几台)封闭在隔声间内。建造隔声间,投资少,降噪效果好。同时,也应考虑其他隔振和机壳、管道的阻尼减振,包裹涂贴阻尼材料及吸声材料等。

3. 工程实例

实例 1 回转鼓风机噪声控制

回转鼓风机 HZhB20×30-10/0.50,转速 1450r/min。鼓风机进口噪声高达 104dB(A)。工人操作处 98dB(A),二层办公室 70dB(A),会议室 75dB(A),职工宿舍 70dB(A),在旁边的三轮车社 87dB(A),居民院内高达 58~60dB(A)。机旁频谱呈宽带特性,在 100~2000Hz 的范围内声级都较高。随着离开风机的距离增加,频谱的低频性质越来越突出,如图 7-9 所示。

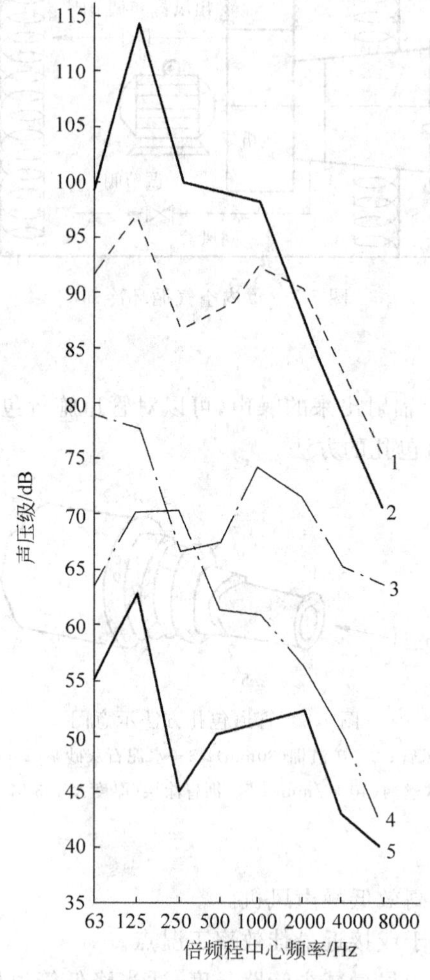

图 7-9 回转鼓风机噪声频谱图

1—工人操作处; 2—鼓风机进风口(距 0.5m);

3—货运北车间内; 4—二层职工宿舍; 5—2 号院进门

1）噪声控制措施

鼓风机噪声通过风管传到需要送风的房间，透过门、窗以及风管骚扰着风机附近的房间，以振动形式沿着房屋结构传播。鼓风机在排气放空时，发出的噪声往往高达120～130dB(A)，污染了周围相当宽广的环境。控制鼓风机噪声，采用了消声器、隔声、吸声等综合措施。

(1) 消声器

鼓风机的进、排气口噪声是最强烈的噪声源。分别设计了微穿孔板进气、排气消声器和排气放空消声器，其安装和结构示意图如图7-10～图7-12。

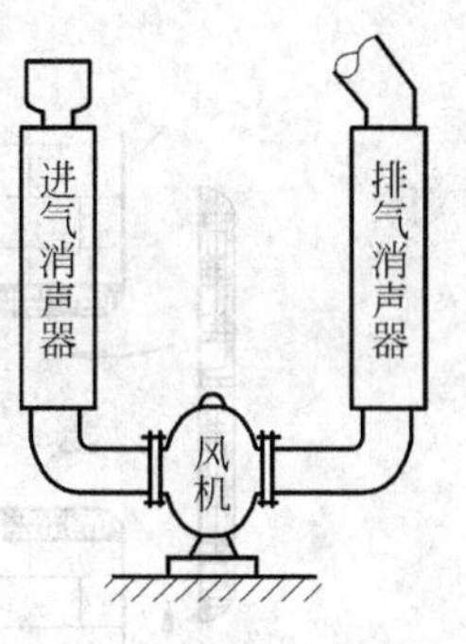

图7-10　进气、排气消声器安装位置

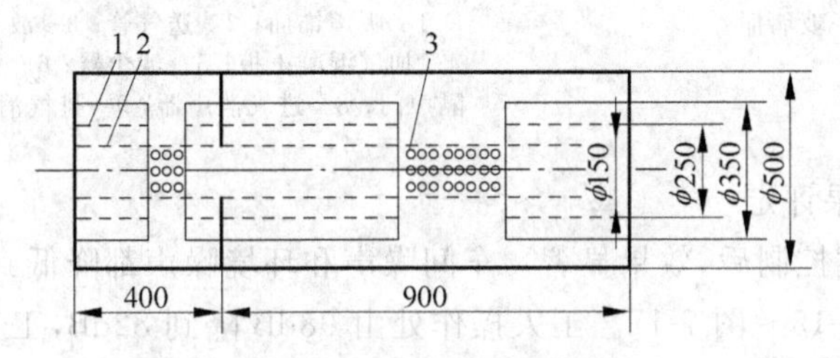

图7-11　回转鼓风机进气消声器示意图

1—微穿孔板 $\phi0.8$mm，$t=0.8$mm(穿孔率 $P=1\%$)

2—微穿孔板 $\phi0.8$mm，$t=0.8$mm($P=2\%$)

3—穿孔板 $\phi8$mm，孔心距11mm，正方形排列

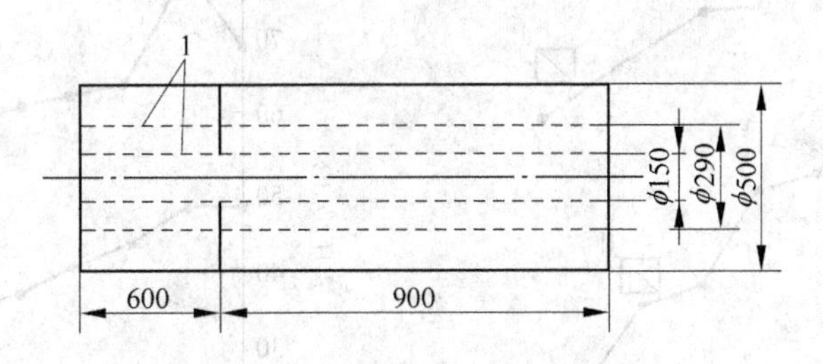

图7-12　回转鼓风机排气消声器示意图

1—微穿孔板 $\phi0.8$mm，$t=0.8$mm，内层 $P=1\%$，外层 $P=2\%$

(2) 吸声隔声

鼓风机噪声的主要矛盾是进、出风口噪声。但这个主要矛盾解决之后，机体辐射噪声就上升为主要矛盾。解决机体辐射噪声采用了隔声间的方法。

隔声间选用一砖厚的墙，其隔声量为50dB。内墙面及顶棚用吸声材料(玻璃棉)饰面以吸收混响声。吸声材料选5cm左右厚的玻璃棉，充填密度为20～25kg/m³，用玻璃布护面，表面用钢板网固定。隔声间的门选用隔声门。隔声间的通风孔应有消声结构，其构造见图7-13与图7-14。

(3) 隔振

为了防止传递固体声，机座下安装隔振器，出风管与风机之间采用软联接，风管穿墙时与墙之间用柔性材料隔开。

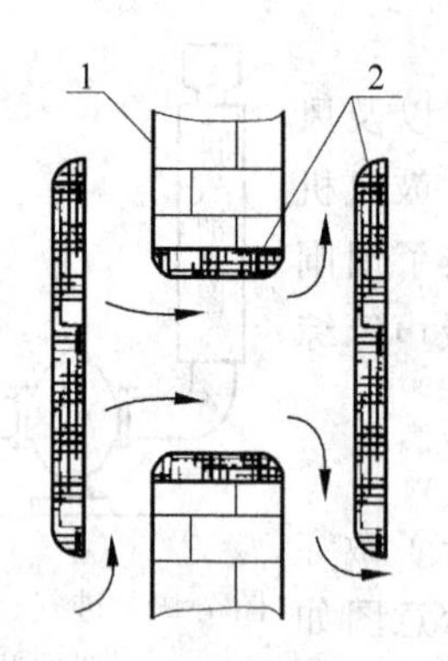

图 7-13 消声通风孔构造示意图

1—墙；2—玻璃棉

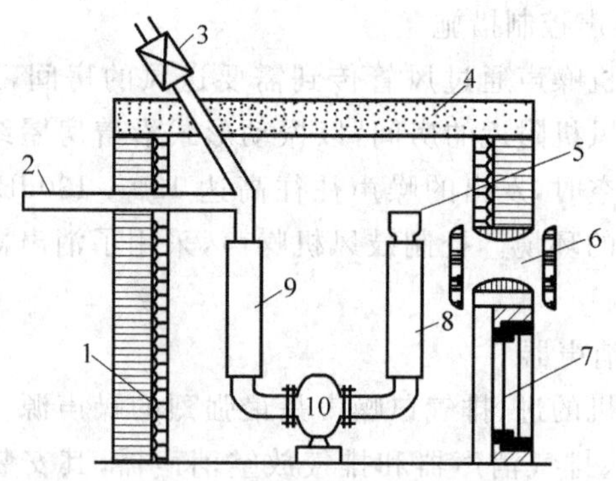

图 7-14 隔声间立面示意图

1—吸声饰面；2—送气管；3—放空消声器；
4—加气混凝土板；5—滤尘器；6—消声通风窗；
7—隔声门；8—进气消声器；9—排气消声器；10—风机

2）噪声控制效果评定

鼓风机噪声经过控制后，效果显著。车间噪声和环境噪声都降低到《工业企业噪声卫生标准》之下，详见图 7-15～图 7-17。工人操作处由 98dB 降到 82dB，工人面对面讲话可以听得见了。办公室由 67～70dB 降到 40～42dB，会议室由 75dB 降到 55dB，办公不受干扰了。职工感到噪声明显下降，附近居民不再为工厂的噪声烦恼了。

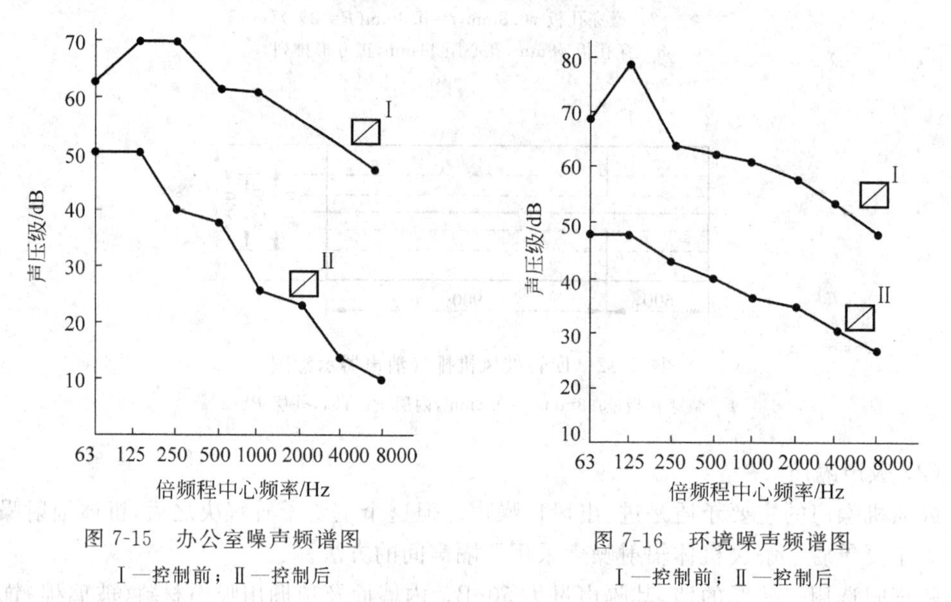

图 7-15 办公室噪声频谱图

Ⅰ—控制前；Ⅱ—控制后

图 7-16 环境噪声频谱图

Ⅰ—控制前；Ⅱ—控制后

实例 2 罗茨鼓风机房的噪声综合治理

1）概述

某厂风机房（8.0m×3.4m×4.0m）内设置两台罗茨鼓风机，其技术规格为：风量为 $7m^3/min$，压力为 $3500mmH_2O$，功率为 13kW。

机房的位置见图 7-18。罗茨鼓风机的进气噪声高达 105～135dB(A)，机房内的噪声达 108dB(A)，即使在机房门口仍有 98dB(A)，甚至在距十数米远处的厂传达室门口仍能明显地

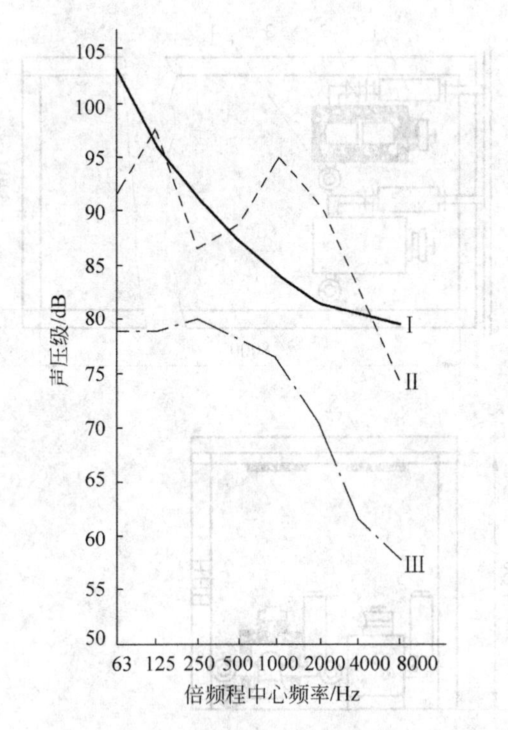

图 7-17　车间噪声频谱图

Ⅰ—国际标准 NR85 曲线；Ⅱ—控制前；Ⅲ—控制后

听到罗茨鼓风机的噪声(80dB(A))，严重地干扰厂区和机房内的生产，也对厂区南侧隔壁的幼儿园有较大的影响，噪声达到 64dB(A)，比标准值 55dB(A)高 9dB(A)，为此需要予以治理。

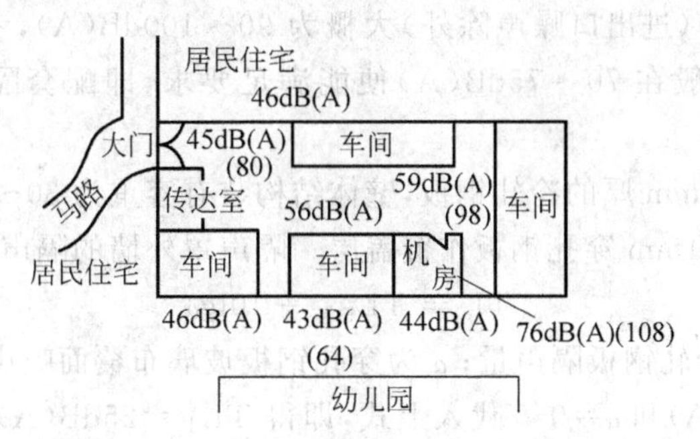

图 7-18　厂区及风机房布置图

注：括号内的数字为治理前该处的 A 声级。

2）风机房的综合治理

为了治理风机房的噪声，采取以下综合措施(图 7-19)：①罗茨鼓风机的进、出风管道各安装圆环式阻性消声器；②采用研制的可拆式隔声罩；③机房内顶部悬挂 $8m^2$ 吸声体。

罗茨鼓风机一般在其进、出口管道安设消声器，其降噪可有 30dB(A)的效果。但这时机壳、齿轮、电机的噪声便显得明显强烈，机房内噪声仍然超过劳保标准，对操作者的危害仍十分严重，且对环境造成污染。为此，研制罗茨鼓风机的配套隔声罩就十分必要，采用可拆式隔声罩可便于维修保养风机。

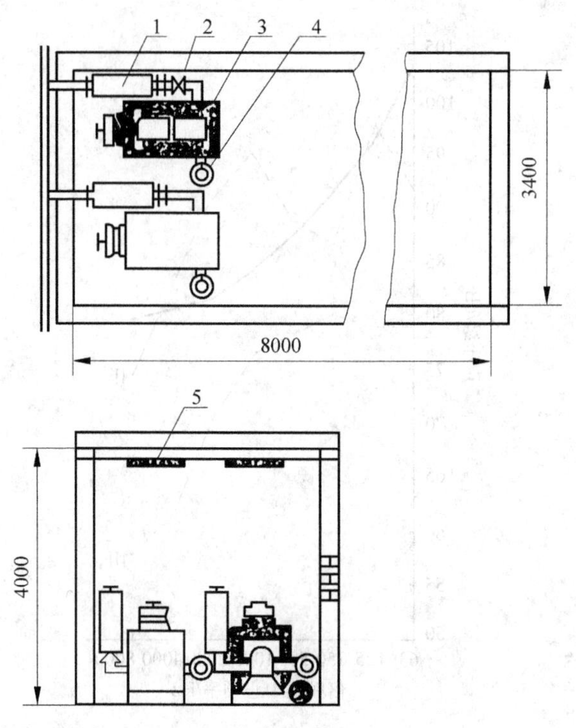

图 7-19 罗茨风机房噪声控制设备安装简图

1—出口消声器；2—调压阀；3—隔声罩；
4—进口消声器；5—吸声体

(1) 隔声罩设计

罗茨风机机组噪声(进出口噪声除外)大概为 90～100dB(A)，考虑到罗茨鼓风机房噪声控制和劳保要求，一般在 70～75dB(A)便能满足要求，即配套隔声罩的隔声量要达到 20dB(A)以上。

隔声罩外壁选用 2mm 厚的冷轧钢板，壁体结构装有容重为 30～35kg/m^3、厚为 100mm 超细棉，再以玻璃布及 1mm 穿孔钢板作覆盖层。隔声罩外墙的隔声量由下式估计：

$$TL = TL_{钢板} + 10\lg\alpha$$

式中：$TL_{钢板}$为 2mm 冷轧钢板隔声量；α 为穿孔钢板玻璃布覆面吸声层最小平均吸声系数。

将 $TL_{钢板}=28$dB(A)和 $\alpha=0.5$ 代入上式，即得 $TL_{实}=25$dB(A)，只要罩壁拼装各个接口处密封好，防止漏声，上述隔声吸声结构就能满足使用要求。

在测量温升同时，按《风机和罗茨鼓风机噪声测量方法》进行噪声测量，得到有隔声罩时，机组噪声降低在 20dB(A)以上，接缝密封进一步严密处理后，隔声性能是能达到设计值的。

(2) 隔声罩的通风散热设计

最初设计是借助设备本身的电动机风扇进风，由隔声罩顶开孔出风，靠隔声罩内外的温差，进行自然通风。为检验通风散热的效果，在 7m^3/min 的罗茨鼓风机组不同部位及罩内空间点，用热电偶布置 14 个测点(见图 7-20)，测量罩内温升情况。表 7-6 列出了机组

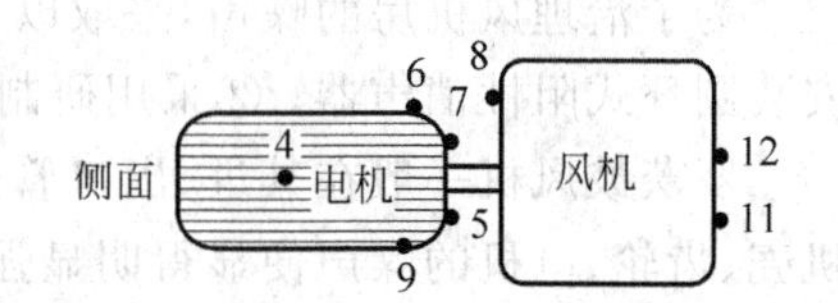

图 7-20 罗茨鼓风机组温升测点布置图

注：空间点未标在图上。

连续运转 12h 的各测点温度，罩内空间各点的平均温度为 42.8℃，而当时环境温度仅 26℃。显然，罩内热气排风不良，有热气停留在罩内。考虑到罗茨鼓风机昼夜连续运转以及夏季环境温度还要高。在这种情况下，罩内靠自然进、排风散热便不能满足要求。

表 7-6　罗茨鼓风机机组温升情况

测点序号	测点位置	温度/℃
1	电机侧面空间点距离 8.5cm	42.7
2	电机上部空间点距离 12.5cm	43.9
3	电机侧面机壳(散热片尾部)	51.8
4	电机散热片上面(电机中部)	51.6
5	电机端部机壳侧面(中部)	55.3
6	和 3 点的对称点	48.3
7	电机端部侧上部	59.8
8	风机前部端壳的上部	53.1
9	风机前端壳的空间点距 10cm	42.7
10	风机上部的空间点距 12.5cm	46.1
11	轴承	71.3
12	风机尾部端壳(中部)	66.9
13	风机尾部端壳空间点距 3cm	49.2
14	室内空间空气温度	26

为改善通风散热条件，由式(7-9)和式(7-10)估算机组所需的冷风量：

$$L = 860NA/[0.24(t_2 - t_1)\rho] \quad (\mathrm{m^3/h})$$

式中：L 为机组散热所需的冷风量，$\mathrm{m^3/h}$；N 为机组的功率，kW；A 为散热系数；t_2 为隔声罩内的空气温度，℃；t_1 为隔声罩外的环境空气温度，℃；ρ 为空气密度，$\mathrm{kg/m^3}$。

本例中，$N=13\mathrm{kW}$，$A=0.5$，$t_2=42.8℃$，$t_1=26℃$，$\rho=1.2\mathrm{kg/m^3}$。代入公式后得

$$L = 860 \times 13 \times 0.5/[0.24(42.8-26) \times 1.2] = 1155.34(\mathrm{m^3/h})$$

➢ 按上述计算的冷风量选取轴流风扇。一般情况下，轴流风扇风量应为(1.1～1.15)L，即通风量为 1271～1329$\mathrm{m^3/h}$。选用一台 IPF 型冷却风扇(风量为 1320$\mathrm{m^3/h}$，功率为 50W，电压为 220V)，加装在罩顶排风口，以强制机械排风把罩内热气排出，解决隔声罩的通风散热。

3) 治理效果

上述噪声控制措施未安装时，测量机房内的噪声，然后分别测量单装 4 台消声器后及再装隔声罩后机房内噪声下降情况，如图 7-21 所示。图中曲线表明，安装隔声罩后噪声降低未能充分反映隔声罩的性能，这主要是由机房现场条件所限。机房较小且调压阀、机组进出口管道均在机房内，当鼓风机压力增大时，阀门产生强烈的高频噪声，管道振动等这次均未作处理。另罗茨鼓风机进、出口虽加了消声器，但消声器的进口也在机房内，上述几个部位的噪声对机房内噪声测量均有影响，如这些部位噪声水平不降低的话，是无法测量出隔声罩的本身性能的。

➢ 机组加上隔声罩后连续运转 4h 后，测量机组温升，发现没有什么变化，与常温未加隔声罩运转机组一样，说明经过加轴流风扇强制排风及自然进风来解决罩内的通风散热是成功的。

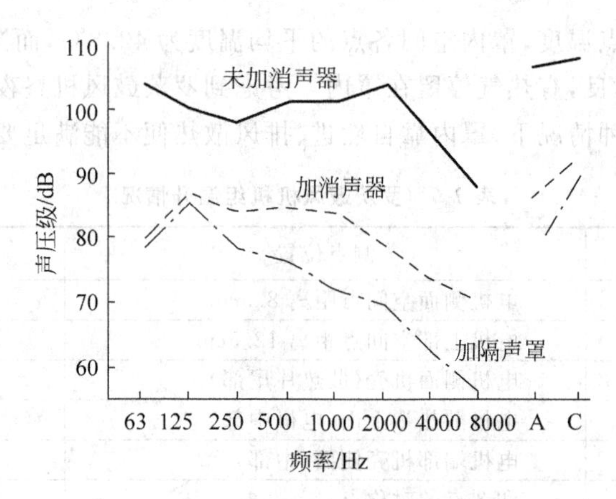

图 7-21 罗茨鼓风机房的噪声

➢ 当机房噪控设施全部安装后，机组正常运行下，对厂区进行环境噪声测量，如图 7-18 所示。机房内由 108dB(A)下降到 76dB(A)，平常谈话声均能听清；机房门由 98dB(A)下降到 59dB(A)；厂大门口由 80dB(A)下降到 45dB(A)，已听不见罗茨鼓风机的噪声。其环境噪声已低于《声环境质量标准》(GB 3096—2008)中一类功能区的标准，达到居民文教区的水平。各有关方面都对罗茨鼓风机机房噪声治理十分满意。

7.3.2 冷却塔噪声的综合控制

冷却塔是工业企业和民用建筑制冷设施循环用水的一种装置，主要靠通风来冷却循环热水。冷却塔工作时，用泵将循环热水送到水分布器喷出，水沿着填料下淋落到水池。由风机将冷空气引入而与下淋的热水接触，进行热交换，将水冷却，再次循环使用。

目前，对冷却塔噪声有两种不同的评价指标：其一为针对冷却塔设计和生产厂家的国家产品标准《玻璃纤维增强塑料冷却塔》(GB/T 7190.1—1997，GB/T 7190.2—1997)，该标准对不同循环水量与型号的产品规定了噪声最高限值；其二为针对环境和产品用户的国家标准《声环境质量标准》，该标准对不同环境区域规定了最高声级。如果企业按照《玻璃纤维增强塑料冷却塔》的最高限值生产冷却塔，所有产品都不能满足《声环境质量标准》对于二类以下地区夜间噪声小于 45～50dB(A)的要求，只有少数几种低吨位超低噪声型号的冷却塔可以满足少部分区域夜间噪声标准的要求。因此，冷却塔周围的居民和政府的环保部门依据《声环境质量标准》，要求冷却塔用户应对冷却塔产生的噪声污染进行治理。

1. 冷却塔的形式

冷却塔由于用途不同而有多种结构形式。

(1) 自然通风冷却塔

自然通风冷却塔的噪声主要由淋水声产生，在离塔 150m 处声压级约 60dB。

(2) 风机辅助通风的自然通风冷却塔

在自然通风冷空气入口处加设风机，增强通风效果，提高冷效。其噪声要比自然通风冷却塔稍高，在距塔 150m 处约为 65～70dB。

(3) 机械通风冷却塔

为了提高冷却塔的效率，减小塔体，采用塔顶部风机强制通风的形式，这种冷却塔目前使用最为广泛。该种冷却塔塔体目前普遍采用玻璃纤维增强塑料制成(图 7-22)，冷却塔的处理水量为 150～1000t/h，普通型冷却塔的噪声级约为 80dB，低噪声塔约为 60～75dB，而超低噪声为 55～60dB。同时，按照热交换过程中冷却风与被冷却水流向的不同，机械通风冷却塔又分为逆流塔和横流塔，通常横流塔噪声比逆流塔噪声低 5dB 以上。

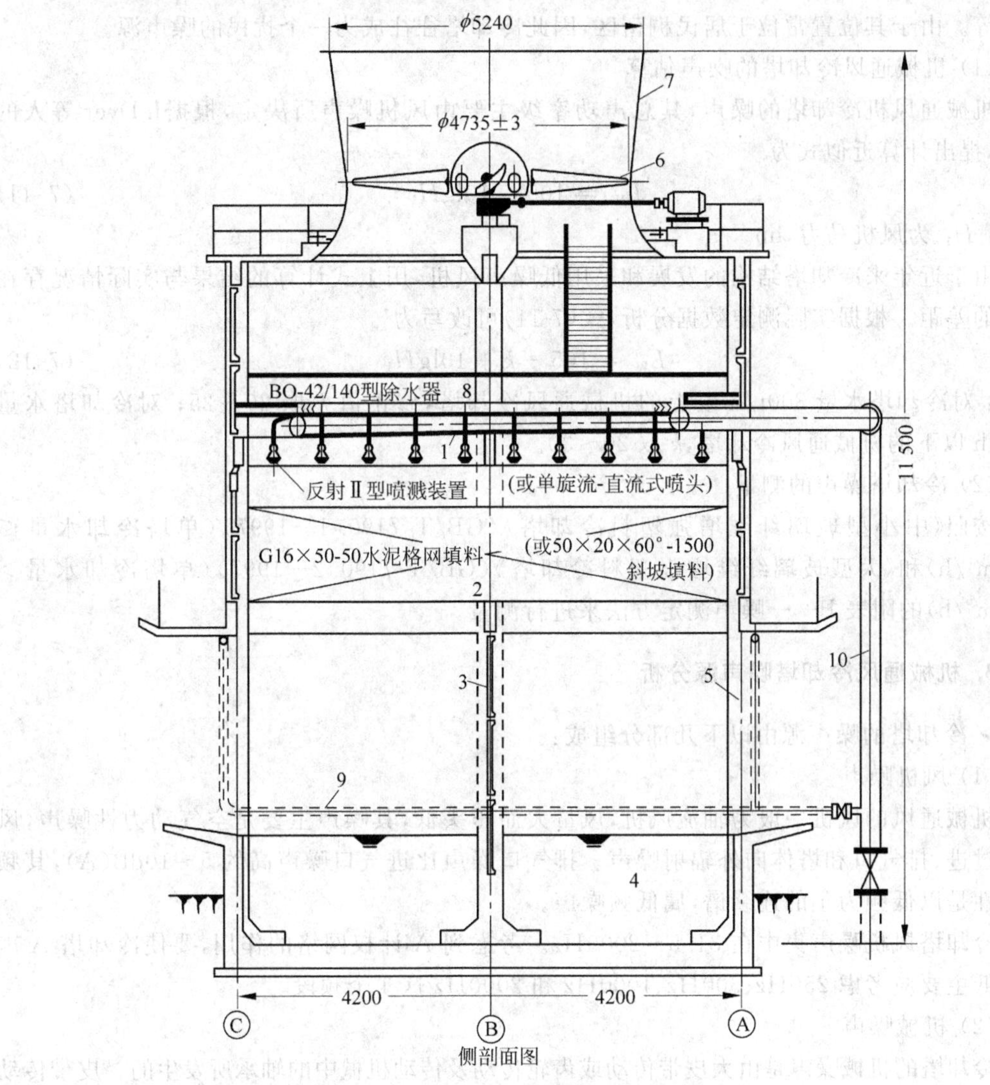

图 7-22　抽风式冷却塔工艺构造图

1—配水管系；2—淋水填料；3—挡风墙；4—集水池；5—进风口；6—风机；
7—风筒；8—除水器；9—化冰管；10—进水管

(4) 湿/干型冷却塔

这是一种为了改善一般冷却塔在排出空气中含有过量水分而设计的形式。这种冷却塔装设有翅片管换热器，它的噪声比机械通风冷却塔要低 4dB 左右。

(5) 喷射型冷却塔

这种形式的冷却塔不需要风机，水在压力作用下喷入文丘里罩子中，由于水喷射进入塔内的同时，将空气带入而进行热交换使循环水达到冷却的目的。这种冷却塔声源是喷射噪声和落水噪声，其声功率级约为 92dB。

2. 冷却塔的噪声

目前广泛使用的机械通风玻璃钢冷却塔，多布置在厂界处，特别是一些科研单位、宾馆、影院等。由于其位置常位于居民稠密区，因此冷却塔往往成为一个扰民的噪声源。

(1) 机械通风冷却塔的噪声估算

机械通风机冷却塔的噪声，其总声功率级主要由风机噪声所决定，根据I. Dyer 等人的研究，提出计算近似式为

$$L_W = 105 + 10\lg H_P \tag{7-11}$$

式中：H_P 为风机马力，hp。

由于近年来冷却塔结构的发展和采用低噪声风机，用上式计算的结果与实际情况存在一定的差距。根据实际测定数据分析，式(7-11)可改写为

$$L_W = 105 - k + 10\lg H_P \tag{7-12}$$

式中：对冷却塔水量 800t/h 以上的机械通风冷却塔，修正值 k 取 20～25；对冷却塔水量 800t/h 以下的机械通风冷却塔，k 取 20～30。

(2) 冷却塔噪声的测量

按照《中小型玻璃纤维增强塑料冷却塔》(GB/T 7190.1—1997)(单塔冷却水量≤$1000m^3/h$)和《大型玻璃纤维增强塑料冷却塔》(GB/T 7190.2—1997)(单塔冷却水量>$1000m^3/h$)的附表 B——噪声测定方法来进行测量。

3. 机械通风冷却塔噪声源分析

➢ 冷却塔的噪声源由以下几部分组成：

(1) 风机噪声

机械通风的风机一般为轴流风机，风量大而压头低，其噪声主要是空气动力性噪声，风机通过进、排气口和塔体向外辐射噪声。排气口噪声比进气口噪声高约 5～10dB(A)，其频谱特性是以低频为主的连续谱，属低频噪声。

冷却塔风机噪声集中在 31.5～2000Hz。考虑到 A 计权网络的作用，要使冷却塔 A 声级降低主要应考虑 250Hz、500Hz、1000Hz 和 2000Hz 这 4 个频段。

(2) 机械噪声

冷却塔的机械噪声是由大皮带传动或齿轮传动及传动机械中的轴承所发生的。皮带传动较多采用三角皮带，目前亦有采用同步齿形皮带传动，但其发生的噪声不大，一般可不予考虑。

由于电机转速较高，冷却塔一般采用直角形减速齿轮组以带动风机。齿轮啮合时，轮齿撞击与摩擦产生振动与噪声。另外，轴承主要是滚动轴承，也会发生较高的噪声，通常属低频声，传播较远而影响较大，应予以特别重视。

(3) 电动机噪声

电动机噪声主要由电磁力引起。电磁力作用在定子与转子之间的气隙中，其力波在气

隙中是旋转的或是脉动的，力的大小与电磁负荷、电机有效部分的某些结构和计算参数有关。大多数类型的电机，电磁力引起的噪声频率都在100～4000Hz范围内。为了降低塔的噪声，应选用低噪声电动机。

(4) 淋水噪声

冷却塔的淋水噪声在冷却塔总噪声级中仅次于风机的噪声。循环热水从淋水装置下落时，与塔底接水盘中的积水撞击产生的淋水声属高频噪声，淋水声的大小与淋水高度和单位时间的水流量有关。图7-23表示一个冷却塔的淋水噪声频谱特性，而其声功率，在600～1000Hz的频率范围内是单位时间的位能(等于单位时间的流量与水落高度的乘积)的函数。另外淋水声还与冷却塔受水池的水深有关，图7-24表示不同水池深度的噪声声功率级。

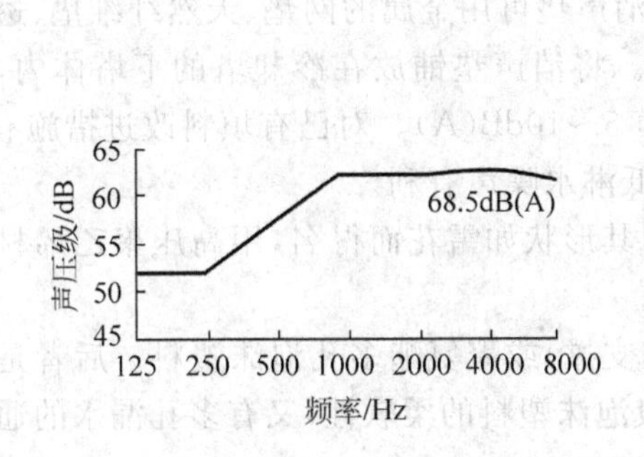

图7-23 冷却塔水落噪声声功率级

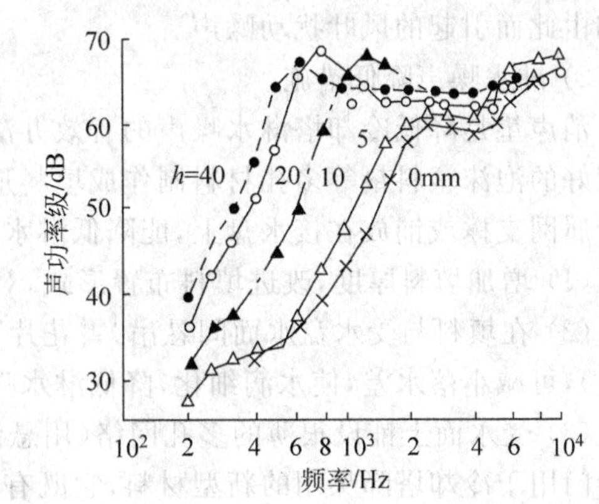

图7-24 水池不同水深 h 时水滴噪声声功率级

淋水噪声还与水滴细化程度有关，显然，倾盆注入的水流要比细如雾状的水珠不仅热交换差而且噪声也高，这就要求有高质量的喷头，水滴细化良好。另外，受水填料种类也影响噪声值，软性材料要比硬性材料噪声低；斜置填料要比直接正面滴入噪声低；填料形状也影响噪声值，有折波式和点波式几种，选用时要适当考虑。

(5) 水泵噪声

循环水泵噪声往往也是很强的噪声源，尤其是水泵本身质量不高、安装不良或年久失修时。一般情况下，尽量把水泵置于专门室内，不但易于保养，对声环境影响也较小。

(6) 冷却塔的配管及阀件噪声

在调节或开启关闭阀件时，由于阀门的节流作用造成刺耳的水击声。这种情况一般很少发生。

➢ 冷却塔的噪声源中，主要是风机运行进、排气噪声和淋水噪声。冷却塔整体噪声为以低频为主的连续谱，没有突出的噪声峰值，一般为31.5～2000Hz，噪声级约为55～85dB(A)。

4. 冷却塔噪声控制要点

1) 冷却塔风机降噪措施

风机是冷却塔的主要噪声源之一，风机的主动降噪措施有：

(1) 增大叶轮直径，降低风机转速，减小圆周速率。

(2) 用大圆弧过渡的阔叶片，其形状近似于带圆角的长方形，适于配合低速驱动，达到高效及降噪要求。

(3) 机翼形叶片要比等厚度板形叶片气流扰动来得小，尤其是大风叶和在较高转速时，具有较高升力系数和较大的冲角，有利于减少周期扰动和尾迹涡流，可实现较大的降噪量，并具有良好的气动性能。

(4) 采用均流收缩段线，最大限度实现了均匀的气流速度场，使风机进口处涡流减为最小，确保轴流风机的正常工作条件。

(5) 风叶外缘与机壳的间隙应该是常数，否则将产生不均匀扰动，出现周期性的脉动噪声，因此要控制外缘径向跳动量。

(6) 风叶端面应在同一平面内，否则将形成湍流噪声。提高整机部件加工和安装精度也可降低风机噪声。提高转子平衡精度，先进行静平衡校准，后进行动平衡校准，以减少振动和由此而引起的风叶扰动噪声。

2) 淋水噪声降低措施

消声垫是降低冷却塔淋水噪声的有效办法。消声垫可用金属的网垫、天然纤维垫、透水性能好的泡沫塑料垫等多孔材料制作成填料形式。将消声垫铺放在冷却塔的下塔体内，并用金属网支撑或铺放在接水盘上，能降低淋水噪声 5～10dB(A)。对已有填料改进措施有：

(1) 增加填料厚度，改进填料布置形式，对降低淋水噪声有利。

(2) 在填料与受水盘水面间悬吊"雪花片"(因其形状如雪花而得名，用高压聚乙烯材料制成)，可减小落水差，使水滴细化，降低淋水噪声。

(3) 受水面上铺设很薄的多孔网络(用悬浮体支撑)或聚氨酯多孔泡沫塑料。后者是一种专门用于冷却塔降噪用的新型材料，它既有一般泡沫塑料的柔软性，又有多孔漏水的通水性，可减小落水撞击噪声。采取该措施效果见表 7-7。

另外，在进风口增设抛物线形状放射式挡声板，进风不受影响，而落水噪声则不会直接向外辐射。

表 7-7 降噪效果

逆流式冷却塔规格	测量条件	测点	计权声级/dB	
			A	C
12t/h	未加透水泡沫	距塔边 1.1m，高 1.5m	66	67
	加透水泡沫		61	64
200t/h	未加透水泡沫	距塔边 1.1m，高 1.5m	70	71
	加透水泡沫		63	66

3) 设置声屏障

在冷却塔噪声控制工程中，设置隔声屏障，将消声通风百叶隔声结构与隔声板组合成适宜的隔声结构是降低冷却塔整体噪声的有效办法。这种隔声结构可以降低冷却塔进气和排气口噪声、淋水噪声、电动机和传动设备的机械噪声。但在冷却塔周围设置声屏障，会带来一系列问题，必须注意下面 3 点：

(1) 一般来说，增加声屏障将影响冷却塔正常进风，影响冷却效果，这就看原来选用的冷却塔是否有富裕容量，否则慎用。

(2) 冷却塔声屏障一般只能设置一个边，至多只能按 ⊔ 形布置。若噪声影响居民面广，设置屏障的效果不尽理想。

(3) 冷却塔声屏障高，则其受风面积一般都很大，而且大都安装在高处，受风压力大，建造时要考虑原建筑是否牢固、有没有安装位置。

声屏障的形式见图 7-25。

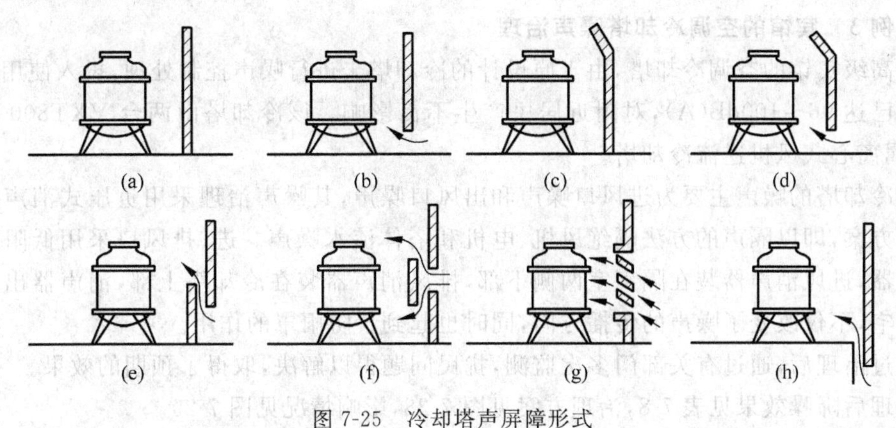

图 7-25　冷却塔声屏障形式

4）增设消声器

控制冷却塔排风扇进、出气口噪声，可用消声器降低其噪声。对进、排气口噪声突出的冷却塔，此方法降噪效果明显。

➢ 冷却塔轴流式排风扇的风压一般在 100Pa(10mmH_2O)左右。消声器设计时，应特别注意消声器的压力损失不能太大，否则会影响冷却塔的散热效果，影响冷却塔循环水的冷却温度。消声器的压力损失应控制在 30Pa(3mmH_2O)之内。消声器的降噪效果应为 5～12dB(A)。

(1) 进气消声器的两种形式见图 7-26。增设进风消声围裙，实际上是一种消声空腔，进风首先通过消声百叶窗，然后进入环状消声腔，使得淋水噪声通过进风口向外辐射时有较大的衰减。

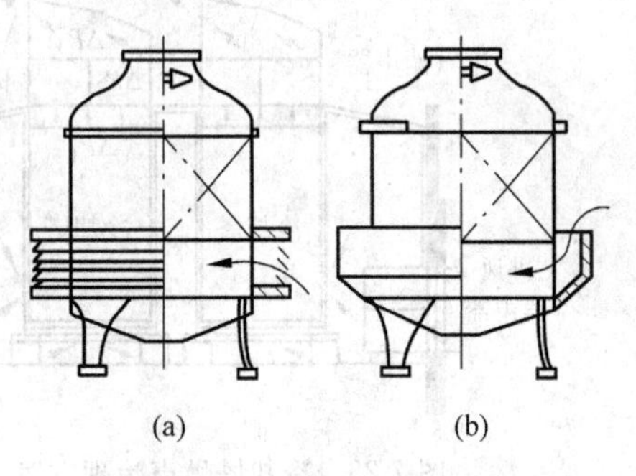

图 7-26　进气消声器

(2) 排气消声器常采用阻性消声器形式，常见形式见图 7-27。由于冷却塔露天放置且自身漂水较多，为保持阻性消声器稳定的消声量，要求做好消声片的防水设计。目前，冷却塔排气较多采用微穿孔板消声器，为降低消声器的阻力损失，消声器形状常采取同心圆锥式。

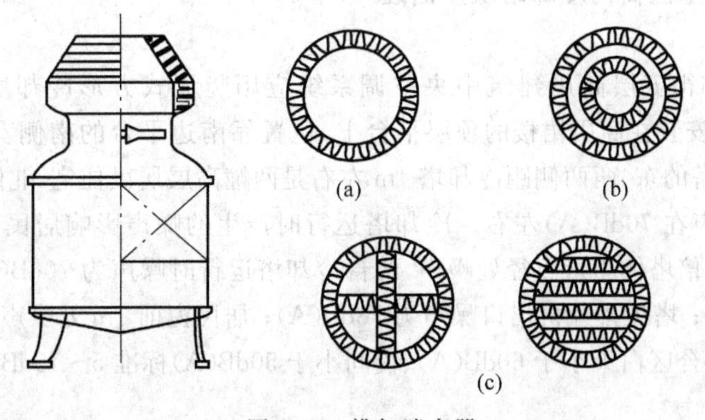

图 7-27　排气消声器

(a) 直圆形；(b) 同心圆形；(c) 分格式

5. 工程实例

实例3 宾馆的空调冷却塔噪声治理

某高级宾馆的空调冷却塔，由于原设计的冷却塔未进行噪声控制处理，投入使用后其直达噪声已达96～100dB(A)，对附近居民产生不良影响。该冷却塔由两台VXT800冷却塔组成，属离心式风机逆流冷却塔。

该冷却塔的噪声主要为进风口噪声和出风口噪声，其噪声治理采用负压式消声器的噪声控制方案，即以隔声的方法隔绝风机、电机和塔体流水噪声。进、排风口采用低阻组合片式消声器，进风消声器装在隔声室两侧下部，排风消声器装在冷却塔上部，消声器出口背向居民住宅，不仅改变了噪声的传播方向，同时也起到了防雨罩的作用。

经过治理后，通过有关部门多次监测，扰民问题得以解决，取得了预期的效果。

治理后降噪效果见表7-8，治理方案见图7-28，影响情况见图7-29。

表7-8 治理后的降噪效果 dB(A)

测量位置	原噪声级	治理后噪声级	减噪量	测量位置	原噪声级	治理后噪声级	减噪量
冷却塔口	86	62	24	南面屋面	86	61	25
西北角墙边	79	60	19	居民区环境	66	49	17

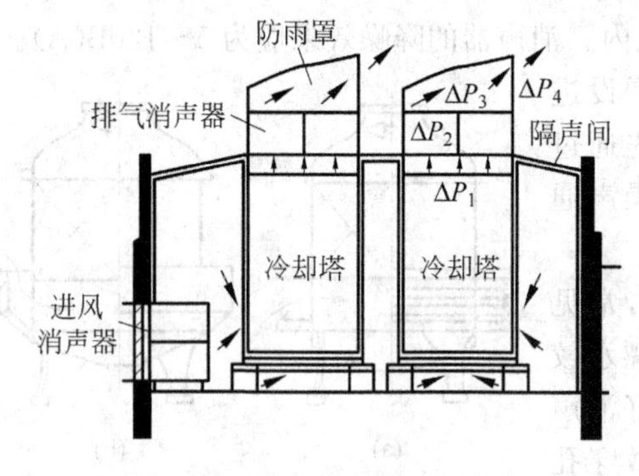

图7-28 冷却塔噪声治理方案

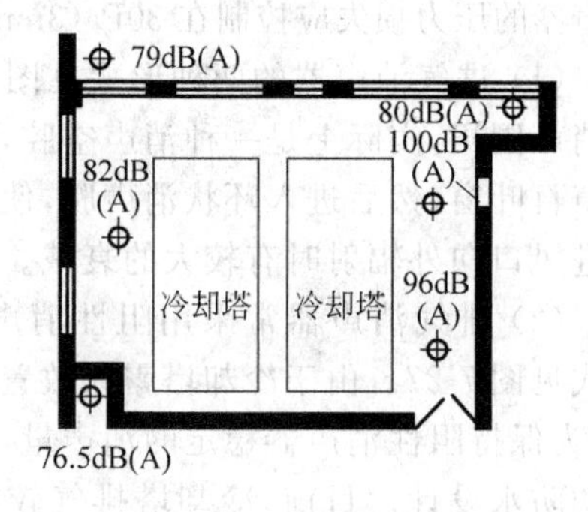

图7-29 冷却塔噪声影响情况

实例4 居民小区商用冷却塔噪声治理

1）概况

某居民小区临街五层商用建筑中央空调系统应用竖流式方形冷却塔4台，每台边长5m×5m。冷却塔安装在商用裙楼的顶层平台上，位置靠南边平台的南侧女儿墙1.5m，面临小区绿地，在冷却塔的东、西两侧距冷却塔4m左右是两幢高层居民住宅，北侧离裙边10余米、临街，昼间背景噪声在70dB(A)左右。冷却塔运行时产生的噪声影响居民休息，居民意见很大。实测冷却塔1倍塔体当量直径处噪声，两台冷却塔运行时噪声为70dB(A)，4台塔同时运行时约为76dB(A)；塔项排风机出口噪声为78dB(A)；居民窗前1m处噪声为65dB(A)，超过环保规定的二类混合区白天小于60dB(A)、夜间小于50dB(A)标准5～15dB(A)。

2）控制措施

(1) 为控制冷却塔对高层住宅的噪声污染，在冷却塔的东、西两侧用CH-P型隔声吸声板设置平板式山墙隔声屏障。

(2) 在冷却塔的北侧进风口处设置IAC-100型消声百叶,形成消声通风的隔声屏障。东、西、北三面隔声屏围绕冷却塔形成⊔形,隔声屏障距离冷却塔1.2～1.5m,以利冷却塔通风散热和维修便利。

(3) 冷却塔的南侧是进风口,面临小区绿地,原则上可不作处理,以利冷却塔通风散热,但由于冷却塔两侧离住宅楼很近,因此作了一个屏障折边处理(图7-30)。

(4) 为了降低冷却塔顶部排风口噪声对高层住宅的影响,在⊔形隔声屏障的顶部由南向北倾斜45°设置一块隔声吸声板,将冷却塔排风口噪声一部分吸收、一部分反射到南边绿地一侧。

(5) 各板块的结缝和孔隙处务必作严格的密封处理。

图7-30 冷却塔噪声治理照片

注:北侧是消声百叶隔声屏,东、西两侧为山墙隔声屏,南侧隔声板折边、中间敞开,塔顶吸声隔声斜板。

3) 实际效果

经采取以上治理措施后,裙顶噪声级从76dB(A)降到53dB(A),两侧居民楼在关闭临塔窗户后,夜间室内噪声在45dB(A)一类功能区标准范围内,保证了居民睡眠与休息。

本章小结

(1) 噪声控制方案设计编写提纲归纳了噪声控制工程项目的内容、治理原则和方法、编写格式等要求,为方案编制的规范化提供了纲领性文件。

(2) 噪声控制工程设计规范从本质上讲是一份在理论指导下依据长期工程经验而总结归纳成规定性条文的技术文件,因而极具权威性、实用性和可操作性,是噪声控制工程设计必须遵循的技术性法规。

(3) 鼓风机的噪声包括空气动力性噪声和机械性噪声,而以空气动力性噪声为主,鼓风机的噪声高达100～130dB,频谱多呈宽带特性。其治理措施为:对于空气动力性噪声,用进、排气消声器;对机械性噪声,配置隔声罩;对于固体声,采用隔振和阻尼。所有措施都不能妨碍风机的正常工作。

(4) 机械通风冷却塔的主导噪声是风机的低频空气动力性噪声和高频的淋水噪声,冷却塔整体噪声为以低频为主的连续谱，没有突出的噪声峰值，一般为31.5～2000Hz，噪声级约为55～85dB(A)。其治理的主要对策是设置消声器和隔声屏障，铺设消声垫也是降低冷却塔淋水噪声的有效办法。

习　题

1. 离心式水泵和风机类似，都是回转式设备，请归纳高层民用住宅地下室供水泵房内离心水泵噪声控制要考虑的问题和需采取的具体措施。

2. 某车间3台离心风机进气口通到车间侧墙外(如下图所示)，对周围环境造成噪声污染。试设计一个简单的控制方案。已知：离心风机为4-68型No.5A，其风量为11 270m^3/h，风压为3110Pa，转速为2900r/min，管径为500mm。电动机为JQ2-52-2型，其功率为13kW。

3. 归纳冷却塔噪声治理中应该注意的问题。

第 8 章

噪声和振动测量

本章提要

1. 测量仪器的组成、原理、功能与性能指标。
2. 常用测量仪器和使用方法。
3. 声学实验室：消声室和混响室。
4. 声源的声功率级和声强的测量方法。
5. 城市声环境和交通噪声测量方法。
6. 工业企业噪声的测量方法。
7. 振动测量的基本方法。

8.1 噪声测量仪器

噪声测量是环境噪声监视、控制以及研究的重要手段。通过噪声测量，了解噪声的污染程度、噪声源的状况和噪声的特征，确定控制噪声的措施，检验与评价噪声控制的效果。环境噪声的测量部分是在现场进行的，条件很复杂，声级变化范围大，因此其所需的测量仪器和测量方法与一般的声学测量有所不同。

➢ 噪声测量仪器大致由以下 3 部分组成：

(1) 信号接收设备：传声器；

(2) 中间处理设备：衰减器、放大器、滤波器、模数转换器(A/D)、数字信号处理器(微处理器 CPU)等；

(3) 读出显示设备：指/显示仪表、声级记录仪、数字打印机等。

常用的噪声测量仪器有：声级计、频谱分析仪、积分声级计(噪声暴露计)、噪声统计分析仪、实时分析仪和数字信号处理器等。

➢ 目前，用于环境噪声和工业噪声测量的声级计基本上都已数字化、智能化和多功能化。在数字声级计中，模拟声级计检波输出的直流信号不输入指示器，而反馈给模数转换器(将模拟信号转换成数字信号)，或传声器前置放大输出的交流信号直接模数转换，将数字信号输给微处理器进行分析和数据处理，结果以数字显示、打印或存储。由于软件可以随要求进行编制，数字声级计显示出了多用性的优点，例如可显示瞬时声级、最大声级、统计声级、等效连续声级、噪声暴露级等。可见，微电子学的发展有力地推动了噪声控制学的进步。

8.1.1 声级计

1. 分类

声级计是根据国际标准和国家标准，按照一定的频率计权和时间计权测量声压级的仪器。它是声学测量中最基本最常用的仪器，适用于室内噪声、环境保护、机器噪声、建筑噪声等各种噪声测量。声级计可按以下情况分类：

➢ 按精度来分：根据最新国家标准 IEC 61672-1:2002 和《声级计检定规程》(JJG 188—2002)，声级计分为 1 级和 2 级两种。在参考条件下，1 级声级计的准确度为±0.7dB，2 级声级计的准确度为±1dB(不考虑测量不确定度)。《声级计电、声性能及测试方法》(GB 3785—83)把声级计分为 4 种类型，见表 8-1。

➢ 按功能可分为：测量指数时间计权声级的常规声级计、测量时间平均声级的积分平均声级计和测量声暴露的积分声级计(噪声暴露计)。另外，有的具有噪声统计分析功能的称为噪声统计分析仪，具有采集功能的称为噪声采集器(记录式声级计)，具有频谱分析功能的称为频谱分析仪。

➢ 按大小可分为：台式、便携式、袖珍式。

➢ 按指示方式可分为：模拟指示(电表、声级灯)、数字指示、屏幕指示。

表 8-1 声级计分类

等 级	1. 精密级		2. 普通级	
类 型	0	Ⅰ	Ⅱ	Ⅲ
精 度/dB	±0.4	±0.7	±1.0	±1.5
用 途	实验室标准仪器	声学研究	现场测量	监测、普查

2. 组成

声级计一般由传声器、放大器、衰减器、计权网络、检波器和指示器等组成。图 8-1 是声级计的典型结构框图。图 8-2 为一种声级计的外形图。

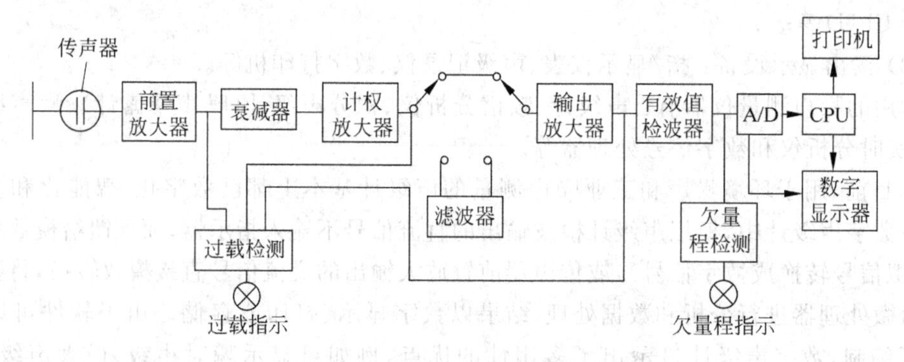

图 8-1 声级计工作原理方框图

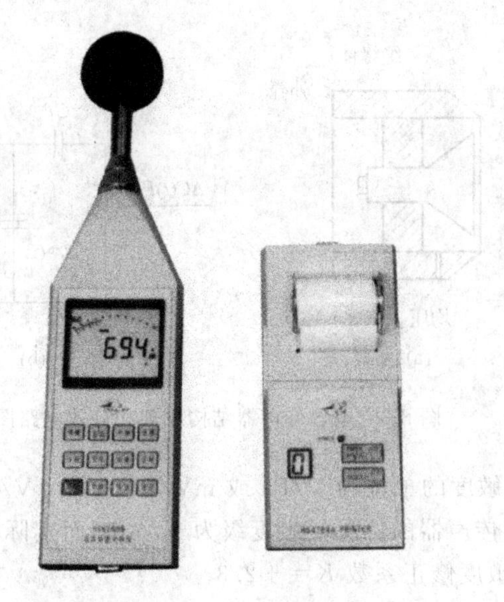

图 8-2 带防风罩的多功能声级计

注：右图为配置的打印机。

1）传声器

传声器俗称话筒或麦克风，是一个用来把声信号成比例地转换成电信号的换能器，可以直接测量声场声压，是直接影响声级计测量精度的关键部件。

➢ 一个理想的声学测量用的传声器应具有如下特性：

(1) 传声器的尺寸与所测的声波波长相比应很小，从而使它在声场中引起的绕射与反射影响可以忽略，并具有全指向性；

(2) 它的膜片应有高的声学阻抗，这样它所吸收声场中的能量可以忽略不计；

(3) 电噪声较低；

(4) 自由场电压灵敏度高，且与声压无关，频率响应特性宽，动态范围大，输出的电信号和声压之间没有相位漂移；

(5) 它的输出应当不受温度、湿度、磁场、大气压和风速的影响，并能长期保持稳定。

➢ 目前声级计中一般均用**电容传声器**，它具有性能稳定、动态范围宽、频响平直、体积小等特点，多用于精密声级计中。其缺点是：内阻高，需要用阻抗变换器与后面的衰减器和放大器匹配，而且要加极化电压才能正常工作；另外，其膜片容易损坏，使用时要小心。

◇ 电容传声器由相互紧靠着的后极板和绷紧的金属膜片所组成（图 8-3），后极板和膜片在电气上互相绝缘，构成以空气为介质的电容器的两个电极。两电极上加有电压（极化电压 200V 或 28V），电容器充电，并储存电荷。当声波作用在膜片上时，膜片发生振动，使膜片与后极板之间距离发生变化，电容也变化，于是就产生一个与声波成比例的交变电压信号，送到后面的前置放大器。现在，预先驻有电荷的驻极体电容传声器已得到广泛应用，它不需要另加极化电压，使设备更加简单，而且防潮性能好。

◇ 电容传声器的灵敏度是用传声器输出端的开路电压与声压之比来表示的，又称为开路灵敏度；有时也用前置放大器的输出电压与声压之比值来表示，则称为负载灵敏度。由于一般前置放大器的增益小于 1，因此负载灵敏度总是小于开路灵敏度。根据所指声压的不同，灵敏度又分为 3 种：自由场灵敏度、声压灵敏度和扩散场灵敏度。

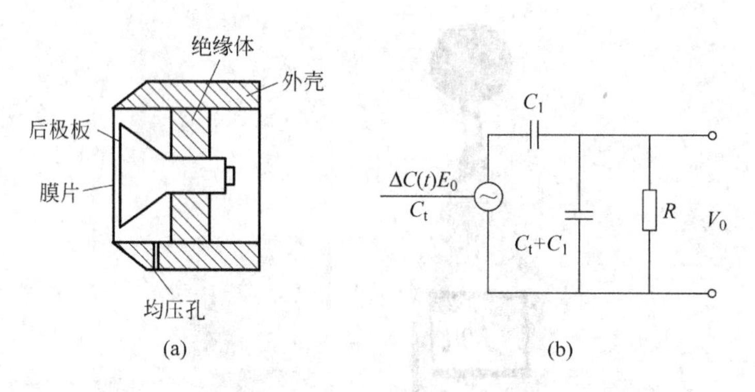

图 8-3 电容传声器结构原理和等效电路图

◇ 电容传声器灵敏度的单位为 V/Pa 或 mV/Pa，并以 1V/Pa 为参考 0dB 得到灵敏度级。如 HS14401 电容传声器的标称灵敏度级为－26dB，而实际灵敏度级为－28.3dB，这两者之间的差值称为灵敏度修正系数 $K=+2.3$。

2）放大器

传声器输出的信号很弱，须先进行放大才能进行信号后处理。声级计的放大器部分，要求具有较高的输入阻抗和较低的输出阻抗的线性失真，要求在音频范围内响应平直，动态范围宽，稳定性高，固有噪声低。精密声级计的声级测量下限一般在 24dB 左右，要求放大器的本底噪声低于 10μV。

放大系统包括前置放大器、输入放大器和输出放大器。前置放大器又叫输入级，它本身不起放大作用，电压增益小于并接近等于 1，它只起阻抗变换作用，故又称为阻抗变换器。声级计中还配备有前置放大器输入，为电容传声器的前置放大器提供电源。输入放大器通常置于计权网络之前，又称为计权放大器。

3）衰减器

衰减器分为输入衰减器和输出衰减器。声级计的量程范围较大，一般为 25～130dB。但检波器和指示器不可能有这么宽的量程范围，这就需要设置衰减器，其功能是将接收到的过强信号衰减到合适的程度再馈入放大器，以免放大器过载；或使在指示器上获得适当的指示，从而扩大量程和提高信噪比。衰减器按规定每档衰减 10dB。

4）滤波器和计权网络

声级计中的滤波器包括 A、B、C、D 计权网络和倍频程或 1/3 倍频程滤波器。多数声级计还有"线性"挡(L)，可以测量声压级。图 8-4 是一个理想带通滤波器的幅值与频率关系图，带宽为 f_2-f_1，滤波器的作用是让在 f_1 和 f_2 间的所有频率通过，且不影响其幅值和相位，而不让 f_1 以下和 f_2 以上的任何频率通过。

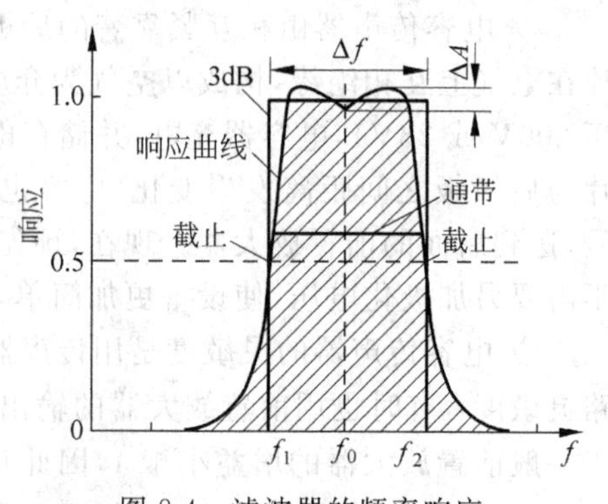

图 8-4 滤波器的频率响应

➢ 滤波器可以是模拟的，也可以是数字的，可以做得接近理想滤波器，但这价格昂贵且很费时，实际上没有这种必要。故大多数滤波器做成具有图 8-4 所示图线的形状。虽然因此滤波器的通带频率与理想值有几个 dB 的差异，但已完全能满足工程需要。频率 f_1 和 f_2 处输出比中心频率 f_0 小 3dB，称之为下限和上限截止频率。中心频率 f_0 与截止频率 f_1、f_2 的关系为 $f_0^2=f_1f_2$。

➢ 滤波器的边缘斜率对其输出影响很大，斜率越陡则越接近理想滤波器。

➢ 一般噪声测量用恒定百分比带宽的分析仪，其滤波器的带宽，是中心频率的一个恒定百分比值，故带宽随中心频率的增加而增大，即高频时的带宽比低频时宽。对于测量无规噪声或振动，这种分析仪特别有用。最常用的有倍频程和 1/3 倍频程频谱仪。倍频程滤波器中，每一带宽通过频程的上限截止频率等于下限截止频率的 $2^{1/1}$ 倍；在 1/3 倍频带分析仪中，上、下限截止频率的比值是 $2^{1/3}$，中心频率是上、下限频率的几何中值。国际电工委员会(IEC)225 号标准和国家标准 GB/T 3241—1998 对滤波器的各种性能都做了规定。

➢ 计权网络就是一个计权滤波器，是一组根据经国际电工委员会标准化后的 A、B、C 及 D 频率计权特性要求进行频率滤波的电子网络，与线性滤波器不同的是它在滤波的同时还进行计权修正。有的声级计还具有“外接滤波器”插孔，用来与其他滤波器连接进行频谱分析。

5) 有效值检波器和指示器

有效值检波器将交流信号检波整流成直流信号，直流信号大小与交流信号有效值成比例，并由显示器以“dB”指示出来。指示器的响应时间或灵敏度可分为 4 种：

(1) “慢”挡(S)：表头时间常数为 1000ms，可以测量不短于 1000ms 的声音信号。一般用于测量稳态噪声，测得的数值为有效值。

(2) “快”挡(F)：表头时间常数为 125ms，快挡可以测量不短于 125ms 的声音信号。一般用于测量波动较大的不稳态噪声和交通噪声等。快挡接近人耳对声音的反应。短于 125ms 的脉冲声，必须用“脉冲”挡(I)测试。

(3) “脉冲或脉冲保持”挡(I)：表针上升时间为 35ms，下降时间常数为 1s。用于测量持续时间较长的脉冲噪声，如冲床、锻锤等，测得的数值为最大有效值。

(4) “峰值保持”挡(P)：表针上升时间为 20ms，用于测量持续时间很短的脉冲噪声，如枪、炮和爆炸声。测得的数值是峰值，即最大值。

➢ 对于无规起伏的连续噪声，如果测量它的平均值，一般都用“慢”挡读数。如果要测量某种噪声变化的最大值，而又没有“最大保持”挡，应该用“快”挡，观察它的最大指示值。如测试机动车辆噪声，声级计放在离车辆驶过时中心的 7.5m 位置上。若要测量车辆驶过时的最大噪声，就应该用“快”挡。

➢ 对于长于 1000ms 以上的稳定声信号，用“慢”、“快”和“脉冲”挡测量，得到的读数应相同。

以往的检波器都是模拟检波器，这种检波器动态范围小、温度稳定性差。现在已普遍采用数字检波器，大大提高了动态范围和稳定性。

模拟声级计中的显示指示器是模拟指示器，用来直接指示被测声级的分贝数。

6) 模数转换器

将模拟信号变换成数字信号，以便进行数字指示或送 CPU 进行计算、处理。

7) CPU

微处理器(单片机)对测量值进行计算、处理。经过处理后的信号可以显示瞬时声级、最大声级、统计声级、等效连续声级、噪声暴露级等各种评价值，使声级计智能化，大大方便了测量和数据处理。

8) 数字指示器

以数字形式直接指示被测声级的分贝数,读数更加直观。数字显示器通常为液晶扩散场响应显示(LCD)或发光数码管显示(LED),前者耗电省,后者亮度高。采用数字指示的声级计又称为数显声级计,如AWA5633D/P数显声级计。

9) 打印机

打印测量结果,通常使用微型打印机。

10) 电源

一般是DC/DC,将供电电源(电池)进行电压变换及稳压后,供给各部分电路工作。

11) 声级计的主要附件

(1) 防风罩

在室外测量时,为避免风噪声对测量结果的影响,在传声器上罩一个用多孔泡沫塑料或尼龙细网做成的圆球形防风罩,通常可降低风噪声10～12dB,而对声音并无衰减。但防风罩的作用是有限的,如果风速超过20km/h,即使采用防风罩,它对不太高的声压级的测量结果仍有影响。显然,所测噪声声压级越高,风速的影响越小。

(2) 配合器

配合器外形如一个异径接管。取下电容传声器,将配合器旋在输入级上,就可以与加速度计电缆连接,用来测量振动加速度。同样亦可由此输入电信号,将仪器作为一放大器或检查仪器的电气性能。

(3) 无规入射校正器

如果被测声音不是来自一个方向,而是来自几个方向时,为了改善传声器的全方向性,可将电容传声器的正常保护栅旋下,而旋上无规入射校正器。

(4) 鼻形锥

鼻形锥是一个子弹头形状的流线型锥体。若要在稳定的高速气流中测量噪声,应在传声器上装配鼻形锥,使流线型锥的尖端朝向来流,减少气流阻力从而降低气流扰动产生的影响,四周的细金属丝网则允许声波透入到传声器的膜片上,同时也大大改善了传声器的全方向特性。

(5) 延伸杆

延伸杆用来插到传声器与输入级之间,使传声器离人体更远,以减小人体对测量的影响。由于延伸杆结构上的特点,分布电容影响可减至最小,从而对电容传声器灵敏度的影响可以忽略不计。

(6) 延伸电缆

在一些对测量结果要求较高的情况下,为避免测量仪器和测量人员对声场的干扰,或在不可能接近测点的情况下,可使用延伸电缆将传声器延伸到测点位置。延伸电缆有两种结构,对于前置放大器不能移出的声级计,采用双层屏蔽延伸电缆,连接在传声器和声级计之间,长度一般不超过3m,大约有不到1dB的附加衰减,通常在0.1～0.3dB,这时应重新进行声学校准。对前置放大器可以移出的声级计,采用多芯延伸电缆,连接的输出阻抗较低,因此可以使用较长的延伸电缆,例如30m。短电缆衰减很小,往往可以忽略不计,但必须注意连接处插头。如果插头与插座接触不良,则会产生较大衰减,所以,接电缆时需要对连接后的整个系统用声校准器校正一次。

(7) 声校准器

声校准器是声学测量中不可缺少的附件。为使测量结果准确可靠,每次测量前后或测量进行中必须对仪器进行校准。声级计的校准器是一个能够发出已知频率和作为标准声压级声音的装置。校准时必须将声校准器紧密地套在传声器上,并将声级计的滤波器频率拨到校正器指定的相应频率范围内,然后比较声级计上的显示数值,如果两者有差异,须将声级计上的灵敏度调节器作适当调节,使声级计上显示的数值与校准值一致。

通常使用(精确)活塞发生器、(简易)声级校准器或其他声压校准仪器对声级计进行校准,具体校正方法应按产品使用说明进行。校准器应定期送计量部门做鉴定。

➢ 声级计的附件还有用于振动测量的积分器以及三角架和携带箱等。

图 8-5 表示了一种 JS-1 型精密声级计及其配件附件连接示意图。

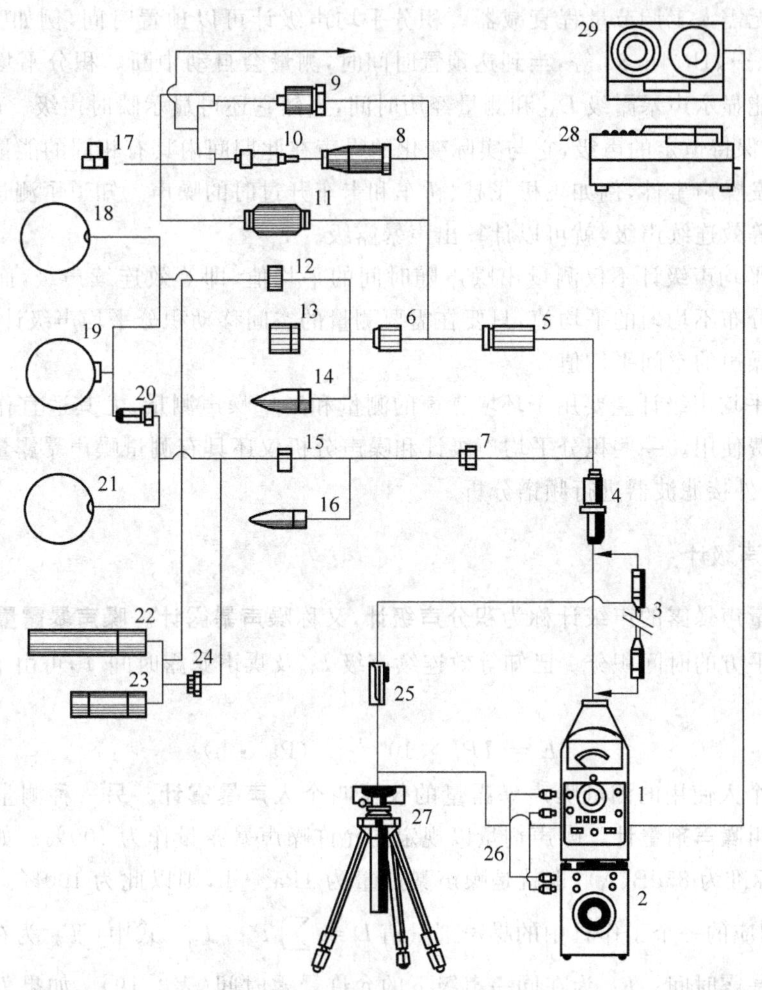

图 8-5 JS-1 型精密声级计及其配件附件连接示意图

1—JS-1 型精密声级计；2—NL-5 型倍频程滤波器；3—JC-07 延伸电缆；4—ZB-1 阻抗变换器；5—JC-04 适配器；6—CH-11 1in 电容传声器；7—CH-13 1/2in 电容传声器；8—JC-01 适配器；9—JC-03 适配器；10—JC-02 适配器；11—JF-1 积分器；12—防护罩；13—SF-01 无规入射修正器；14—SF-02 鼻形锥；15—防护罩；16—SF-05 鼻形锥；17—加速度计；18—SF-04 风罩；19—SF-03 风罩；20—JS-05 适配器；21—风罩；22—HF-1 活塞发声器；23—声级校准器；24—JC-06 适配器；25—支持件；26—JC-08 滤波器电缆；27—三角架；28—电平记录仪；29—磁带记录仪

8.1.2 积分平均声级计和积分声级计(噪声暴露计)

1. 积分平均声级计

积分平均声级计是一种直接显示某一测量时间内被测噪声的时间平均声级即等效连续声级(L_{eq})的仪器,通常由声级计及内置的单片机组成。单片机是一种大规模集成电路,可以按照事先编制的程序对资料进行运算、处理,进一步在显示器上显示。积分平均声级计的性能应符合 IEC 61672-1：2002 标准和《声级计检定规程》的要求。

➢ 积分平均声级计通常具有自动量程衰减器,使量程的动态范围扩大到 80～100dB,在测量过程中无需人工调节量程衰减器。积分平均声级计可以预置时间,例如为 10s、1min、5min、10min、…、1h、4h、8h 等,当到达预置时间时,测量会自动中断。积分平均声级计除显示 L_{eq}外,还能显示声暴露级 L_{AE}和测量经历时间,当然它还可显示瞬时声级。声暴露级 L_{AE}是在 1s 期间保持恒定的声级,它与实际变化的噪声在此期间内具有相同的能量。声暴露级用来评价单发噪声事件,例如飞机飞越、轿车和卡车开过时的噪声。知道了测量经历时间和此时间内的等效连续声级,就可以计算出声暴露级。

➢ 积分平均声级计不仅测量出噪声随时间的平均值,即等效连续声级,而且可以测出噪声在空间分布不均匀的平均值,只要在需要测量的空间移动积分平均声级计,就测量出随地点变动的噪声的空间平均值。

➢ 积分平均声级计主要用于环境噪声的测量和工厂噪声测量,尤其适宜作为环境噪声超标排污收费使用。一些积分平均声级计和噪声分析仪还具有测量噪声暴露量或噪声剂量的功能,并可外接滤波器进行频谱分析。

2. 积分声级计

用于测量声暴露的声级计称为**积分声级计**,又称**噪声暴露计**。**噪声暴露量** E 是噪声 A 计权声压值平方的时间积分。已知等效连续声级 L_{eq}及噪声暴露时间 T,可由下式计算声暴露量 E：

$$E = TP_0^2 \times 10^{0.1L_{eq}} \quad (\mathrm{Pa^2 \cdot h}) \tag{8-1}$$

➢ 作为个人使用的测量噪声暴露量的仪器叫**个人声暴露计**。另一种测量并指示噪声剂量的仪器叫**噪声剂量计**。噪声剂量以规定的允许噪声暴露量作为 100%。如规定每天工作 8h,噪声标准为 85dB(A),也就是噪声暴露量为 $1\mathrm{Pa^2 \cdot h}$,则以此为 100%。对于其他噪声暴露量,相应的一个工作日中的噪声剂量值 $D = \sum T_{实} / T_{允}$。式中：$T_{实}$ 为在某一声级下的实际噪声暴露时间；$T_{允}$ 为在同一声级下的允许暴露时间(表 2-19)。如果 $D>1$,则表明在场的工作人员所接受的噪声剂量超过了安全标准。但是各国的噪声允许标准不同而且还会修改,又例如美国、加拿大等国家暴露时间减半,允许噪声声级增加 5dB,而我国及其他大多数国家仅允许增加 3dB。因此不同的国家、不同时期所指的噪声剂量不能互相比较。个人声暴露计主要用在劳动卫生、职业病防治所和工厂、企业对职工作业场所的噪声进行监测。

8.1.3 噪声统计分析仪

噪声统计分析仪是用来测量噪声级的统计分布，并直接指示累积百分声级 L_N 的一种噪声测量仪器，它还能测量并用数字显示 A 声级、等效连续声级 L_{eq}，以及用数字或百分数显示声级的概率分布和累积分布。它由声级测量及计算处理两大部分构成，计算处理由单片机完成。随着科学技术的进步，尤其是大规模集成电路的发展，噪声统计分析仪的功能越来越强，使用也越来越方便。一些噪声统计分析仪除了可以进行噪声统计分析和 24 小时自动监测外；还可以加入或外接倍频程和 1/3 倍频程滤波器模块进行噪声频谱分析；也可加入噪声采集模块，作为噪声采集器，可以进行机场环境噪声测量。国产的噪声统计分析仪已完全能满足环境噪声自动监测的需要。

8.1.4 频谱分析仪和滤波器

1. 滤波器

噪声是由许多频率成分组成的，为了了解这些频率成分，需要进行频谱分析，通常采用倍频程滤波器或 1/3 倍频程滤波器。这是两种**恒百分比带宽的带通滤波器**，倍频程滤波器的带宽是 100%，1/3 倍频程滤波器是 23%。为了统一起见，IEC 61260—1995 国际标准和《倍频程和分数倍频程滤波器》(GB/T 3241—1998)国家标准对滤波器的中心频率、带宽及衰减特性等作了规定。

➢ 滤波器通常用来配合声级计、积分声级计使用，组成频谱分析仪，进行倍频程、1/3 倍频程谱分析。当与统计分析仪配合使用时，可在 LCD 上列表显示每个频带的声压级或显示频谱分布图，还可通过打印机列表打印或打印频谱分布图。

2. 频谱分析仪

有的仪器将声级计和滤波器装在一个机壳内组成**频谱分析仪**，可有不同硬件和软件模块组合。配置 A 模块可以进行倍频程、1/3 倍频程谱分析和混响时间测量，配置 B 模块可以进行环境噪声测量和 24 小时自动监测，配置 C 模块可以进行数据积分采集和机场噪声测量。仪器本底噪声低，动态范围大；通过点阵式 LCD，既可显示数据，也可显示频谱图表。

8.1.5 实时分析仪和数字信号处理

1. 实时分析仪

在信号频谱分析中，前面介绍的不连续档级滤波器分析方法对稳态信号是完全适用的。但对于瞬态信号的分析，则只能借助于磁带记录器把瞬态信号记录下来，做成磁带环进行反复重放，使瞬态信号变成稳态信号，然后再进行分析。如果用实时分析仪，则只要将信号直接输入分析仪，立刻就可以在荧光屏上显示出频谱变化，并可将分析得到的数据输出并记录下来。有些实时分析仪还能作相关函数、相干函数、传递函数等分析，其功能也就更多。

实时分析仪有模拟的、模拟数字混合的以及采用数字技术的。而现在普遍采用数字技术来进行实时分析。

数字频率分析仪是一种采用数字滤波、检波和平均技术代替模拟滤波器来进行频谱分析的分析仪。数字滤波器是一种数字运算规则，当模拟信号通过采样及 A/D 转换成数字信号后，进入数字计算机进行运算，使输出信号变成经过滤波了的信号，也就是说，这种运算起了滤波器的作用。我们称这种起滤波器作用的数字处理机为数字滤波器。

➢ 快速傅里叶变换(FFT)是一种用以获得离散傅里叶变换(DFT)的快速算法或运算程序。与直接计算方法相比，它大大减少了运算次数。最初，FFT 算法是在大型计算机上用高级语言(如 FORTRAN)实现的。随后，以汇编语言在小型计算机上实现。自从微处理器出现以后，计算机和仪器成为一个整体的小型 FFT 分析仪。

FFT 分析仪现在已有许多种，不仅有单信道的，而且有双信道，甚至多信道的。单信道 FFT 分析仪可用于正反 FFT 变换、功率谱密度、自相关、传递函数等分析。双信道 FFT 分析仪则还可以进行函数、相干函数、互相关功率谱、倒功率谱分析和声强测量。

2. 数字信号处理器

FFT 算法如果用微型计算机来承担运算，其运算速度相对来讲还不够快，无法达到实时分析处理。由此，专门设计了一种用于数字信号处理的超大规模集成电路芯片，叫作**数字信号处理器(DSP)**。它的处理速度比微机有很大提高，如 TI 公司的 TMS320C30 处理器每秒可进行 3300 万次浮点运算，从而在声频范围以至更高的频率范围均可达到实时分析处理。

➢ 国产的 AWA6290A 型多信道噪声振动分析仪是一种基于笔记本计算机或微机进行数字信号处理的实时频谱分析仪，主机作为 16 位信号采集，计算机进行数字信号处理。它是一种任意信道组合的信号测量与分析仪器，它的噪声测量信道用来测量机器的噪声，振动测量信道用来测量机器振动，还可以加入转速信道。该仪器可以进行 FFT 分析，也可以进行 1/3 倍频程谱分析。计算机显示器可同时显示噪声、振动信道的总声级和振动值，以及它们的频谱图或表，也可以显示声级或振动随转速的变化，它还可以根据用户的需要提供不同软件和功能，是一种经济又实用的实时信号分析仪。根据用途不同，可配置用以进行 FFT 分析和 1/3 倍频程谱分析的频谱分析软件包，用于隔声测量、厅堂混响时间测量和混响室法吸声系数测量的建筑声学测量软件包，以及数据采集软件包、环境噪声测量软件包和振动测量软件包。

8.1.6 电平记录仪

在分析机械设备噪声时，经常需要使用电平记录仪把信号的频谱记录下来；若要把现场的测量结果拿到实验室里进一步分析，还可以使用磁带记录仪把现场的机械设备的噪声录制在磁带上，然后在实验室里重放，进行频谱分析和模拟实验。因此，电平记录仪和磁带记录仪是噪声测量中最常用的仪器。电平记录仪不仅可以作声音的频谱分析的记录，而且可以记录随时间变化的噪声，常用来测量混响时间 T_{60}。图 8-6 所示为电平记录仪记录的交通噪声的声级随时间变化而变化的情况。

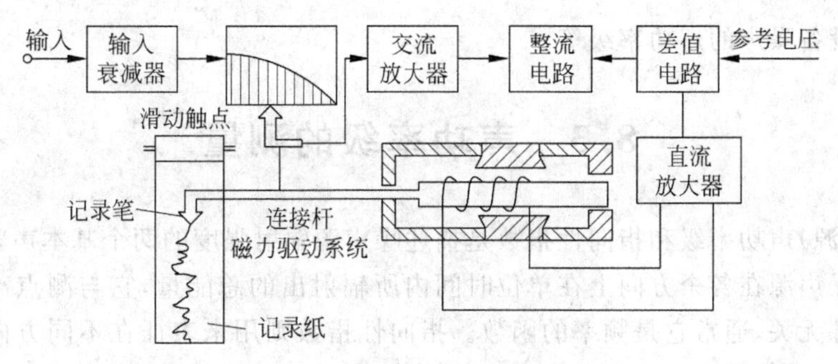

图 8-6　电平记录仪记录声级随时间的变化

8.2　声学实验室

为了分析和研究噪声的特性以及控制方法，人们需要建立一些配有可供实验使用的装置和仪器的声学环境，这种特殊的声学环境就是声学实验室。在噪声测试和控制研究中最常用的声学实验室是消声室(或半消声室)和混响室。

8.2.1　消声室和半消声室

消声室是一种特殊实验室，相当于一个自由声场，声波在这个自由声场中沿着任意方向传播时都接近于无反射的状态。消声室的 6 个内表面全部都铺设了具有高吸声性能的吸声尖劈。吸声尖劈的长度等于所要求吸收的最低频率(即截止频率)波长的 1/4，在截止频率范围内，尖劈的吸声系数在 0.99 以上，室内声音主要是直达声而反射声极小。为了避免方向性，尖劈应该互相交错安装(图 2-15)。半消声室相当于一个半自由声场，它只有 5 个内表面铺设了吸声尖劈，地面是水磨石的反射面。消声室和半消声室主要用于噪声源的声功率级和指向性的测定、传声器和扬声器的自由场标定、灵敏度及频率特性的测试、磁带记录仪的重放分析等。

8.2.2　混响室

混响室相当于一个扩散声场。与消声室完全相反，声波在这个扩散声场中沿着任意方向的传播都接近于全反射状态。混响室的 6 个内表面都用吸声系数很小的材料制成，一般用磁砖和水磨石，也可以用玻璃，在测量的声音频率范围内，壁面的反射系数大于0.98。为了使混响时间尽可能长，声场能够充分扩散，混响室的尺寸是有特殊要求的。通常，设计时取其长、宽、高呈调和级数比，比值在 1/1.3∶1/1.15∶1 到 1/1.5∶1/1.25∶1 之间比较合适。国际标准 ISO R354 规定，混响室的体积应为 $200\pm20\text{m}^3$，但是为了改善低频性能，混响室的体积还可以加大。为了提高混响室的扩散性能，在混响室内还可以设置形状不同的扩散体和扩散板(图 8-7)。混响室主要用来测定材料的吸声和隔声

图 8-7　混响室

性能及机械设备噪声的声功率级等。

8.3 声功率级的测量

设备(声源)声功率级和指向性指数是描述噪声源辐射强度的两个基本声学量。声功率级用来度量噪声源在各个方向上在单位时间内所辐射出的总能量,它与测点离声源的距离以及外界条件无关,通常它是频率的函数。指向性指数则用来表征在不同方向上辐射的差异,它通常是以噪声源为中心的角度位置的函数,同时也是频率的函数。通过声功率级和指向性指数这两个物理量,可以计算噪声源在声学环境中所产生的声压级,还可以对不同噪声源和强度进行比较。

➢ 声功率级的测量方法分为精密级、工程级和普查级。精密级的方法要求在合格的消声室或混响室内进行,测试结果准确程度最高;工程级的方法可在户外自由空间或大房间中进行;普查级的方法(简易法)对环境没有限制。本节针对实验室及现场声功率测量加以介绍,主要有混响室法、消声室或半消声室法、现场法。测量设备声功率级时,使用混响室较为方便,因为只要测量少数测点上的数据即可,但它不能提供指向性信息;而在消声室中测量,虽然较复杂,但能提供较全面的信息。

➢ 国际标准化组织自 1975 年以来陆续颁布了一组关于测量机器设备噪声声功率级的标准(ISO 3740~3748),这些标准已被大多数国家采用。我国自 1983 年以来参照 ISO 标准制定并颁布了一组测定机器和设备声功率级方法的标准,这些标准的编号和名称见表 8-2。

表 8-2 机器设备声功率级测量标准

标准号	标 准 名 称
GB 3767—83	噪声源声功率级的测定——工程法及准工程法
GB 3768—83	噪声源声功率级的测定——简易法
GB 6881—86	噪声源声功率级的测定——混响室精密法和工程法
GB 6882—86	噪声源声功率级的测定——消声室和半消声室精密法
GB/T 4129—1995	噪声源声功率级的测定——标准声源的性能要求与校准
GB/T 3767—1996	声压法测定噪声源声功率级——反射面上方近似自由场的工程法
GB/T 3768—1996	声压法测定噪声源声功率级——反射面上方采用包络测量表面的简易法
GB/T 16404—1996	声强法测定噪声源声功率级——第 1 部分:离散点上的测量
CB/T 16538—1996	声强法测定噪声源声功率级——使用标准声源简易法
GB/T 16539—1996	振速法测定噪声源声功率级——用于封闭机器的测量

8.3.1 混响室法

混响室法是将声源放置在混响室内进行测量的方法。如果噪声源在房间中央,室内离声源 r 处的声压级为

$$L_p = L_W + 10\lg\left[\frac{R_\theta}{4\pi r^2} + \frac{4}{R}\right] \tag{8-2}$$

式中:L_W 为声源的声功率级,dB;R_θ 为声源的指向性因数;R 为房间常数,$R=\dfrac{S\bar{\alpha}}{1-\bar{\alpha}}$,$S$ 为

混响室内各面的总面积，m^2，$\bar{\alpha}$ 为混响室内各面的平均吸声系数。

在混响室内只要离开声源一定的距离，即在混响场内，表征混响声的 $4/R$ 将远大于表征直达声的 $R_0/4\pi r^2$。于是近似有

$$L_p = L_W + 10\lg\frac{4}{R} \tag{8-3}$$

考虑到混响场内各处的实际声压级不是完全相等的，因此必须取几个测点的声压级平均值 $\bar{L}_p$。由此可以得到被测声源的声功率级为

$$L_W = \bar{L}_p - 10\lg\frac{4}{R} \tag{8-4}$$

➢ 也可用移动传声器装置，使用具有足够长的时间常数的记录仪得到声压级平均值 $\bar{L}_p$ 和混响时间 T，再按下式计算被测声源的声功率级：

$$L_W = \bar{L}_p - 10\lg T + 10\lg V - 14 \tag{8-5}$$

式中：T 为混响时间，s；V 为房间的容积，m^3。

➢ 测混响时间（特别是在低频）时，须根据衰变曲线开始 10dB 的斜率计算，否则算出的 L_W 值会低得多。

8.3.2 消声室法

1. 消声室法测声功率级的基本原理

消声室法是将声源放置在消声室或半消声室内进行测量的方法。测量时设想有一包围声源的包络面，根据被测声源的大小和形状有两种包络方式，即半球测量表面和矩形六面体测量表面（图 8-8）。包络面将声源完全封闭其中，并将包络面分为 n 个面元，每个面元的面积为 ΔS_i，测定每个面元上的声压级 L_{pi}，则有

$$L_W = \bar{L}_p + 10\lg\frac{S}{S_0} \tag{8-6}$$

式中：S_0 为基准面积，$S_0 = 1m^2$；包络面总面积为

$$S = \sum_{1}^{n}\Delta S_i \quad (m^2) \tag{8-7}$$

平均声压级：

$$\bar{L}_p = 10\lg\left[\frac{1}{n}\sum_{1}^{n}10^{0.1L_{pi}}\right] \tag{8-8}$$

2. 消声室法测指向性指数

若被测声源置于半自由空间，声辐射是半球面形的，则声源的指向性指数为

$$D_I = L_{p\theta} - \bar{L}_p + 3 \tag{8-9}$$

式中：$L_{p\theta}$ 为半径为 r 的半球面上、角度为 θ 处测量的声压级；$\bar{L}_p$ 为半球面上测得的各 $L_{p\theta}$ 的平均值，计算式同式(8-8)。

3. 包络面的选择

➢ **半球测量表面**(半球包络法)适于测量尺寸较小的安装在基础面上的小型设备。包络面通常取为围绕设备的一个半球,传声器放在半径为 r(面积$S=2\pi r^2$)的包围了机器的假想半球表面上,传声器的位置距任何反射体(地面除外)应不小于0.5m。半球的中心为声源几何中心在反射面(地面)上的垂直投影,尽可能使测试点处于远场,因此半球的半径至少为声源主要尺寸的两倍,即基准箱(假想的底面在反射平面上,正好包住声源的最小矩形六面体表面)最大尺寸的两倍,最好是简单的整数。测点应均匀地布置在半球面上,测量A声级或频带声压级。测点数目要足够多,一般讲,如果在要求的任何频带中测得的最高和最低声压级之差,在数值上小于测点数目一半,则可认为测点数目是足够的。

➢ **矩形六面体测量表面**(矩形六面体包络法)适用于测量尺寸较大的设备,特别是轮廓近似于长方体的声源或体积大的声源。组成矩形体测量面的5个平面应分别与基准箱参照面的5个面平行,从基准箱到测量表面的最小距离,一般为1m,最小不应小于0.25m。对于小体积的声源,至少要选6个测量点,其中5个测点分布于5个测量面的中心,另一个测点置于最大声级位置。对于体积较大的声源(最大线性尺寸大于1m),除在5个测量面中心各布一个测点外,还应在4个角上补充4个测量点。对于特大体积的声源(声源线性尺寸大于5m),除上述测点外,还需要在各测量面中心和相应的角与角之间增加中间测点。对于高大的声源(垂直高度大于2.5m),除顶上测点以外的测点应在两个水平面上选取,水平面高度分别为 $H+d/2$ 和 $H+d$(H、d 为声源的垂直高度和线性尺寸),每个水平面均有5个测点,其中一个点布置在最大声级位置处。

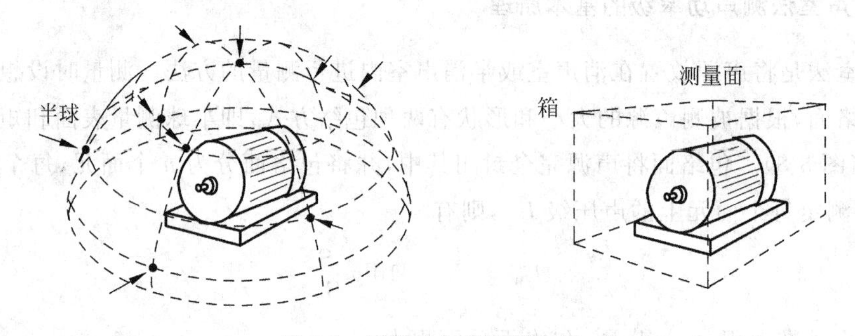

图 8-8 声源的包络面示意图

➢ 另外,还有一种**圆棱角的矩形包络面**,它以 d 为半径的圆柱面和球面分别代替矩形体的棱、角,即是圆棱角矩形体。适用于长度较长的声源。

➢ 在测点包络面上取多少个测点,主要根据声级变化的情况来决定。声级变化大,测点可以取得多;变化小,则可以取得少。

8.3.3 现场测量法

工业设备声功率级的测量要搬运声源到消声室中进行是有困难的,在企业车间中提供一个大的自由空间也不是轻易能办到的,现场测量法是在一般厂房内进行的,分为**直接法**(又称绝对法)与**比较法**(标准声源法)两种。这两种方法测量结果的精度虽然不及实验室测得的结果准确,但简单易行,而且实用性强。

1. 直接法(绝对法)

与消声室法一样,也设想一个包围声源的包络面(因此又称为包络法),然后测量包络面各面元上的声压级。不过在现场测量中声场内存在混响声,因此要对测量结果用修正值 K 进行必要的背景噪声影响修正:

$$L_W = \bar{L}_p + 10\lg S - K \tag{8-10}$$

式中:$\bar{L}_p$ 为平均声压级,dB;S 为包络面总面积,m^2;K 为现场声学环境修正值,dB。

修正值 K 由声源的房间常数 R 确定:

$$K = 10\lg\left(1 + \frac{4S}{R}\right) \quad (\text{dB}) \tag{8-11}$$

由房间的混响时间 T_{60} 也可得到修正值:

$$K = 10\lg\left[1 + \frac{ST_{60}}{0.04V}\right] \quad (\text{dB}) \tag{8-12}$$

式中:V 为房间的体积,m^3。

➢ 可见房间的吸声量越小(T_{60} 长),修正值越大。当测点处的直达声与混响声相等时,$K=3$。K 越大,测量结果的精度越差。为了减小 K 值,可适当缩小包络面 S,即将各测点移近声源;或者临时在房间四周放置一些吸声材料,增加房间的吸声量。

2. 比较法(标准声源法)

标准声源是在一定频带内具有均匀声功率谱的特制声源(一般可用宽频带的高声压级风机,国内外均有定型产品),它的声功率级已经在出厂前就用上述方法精确测定为 L_{Ws}。在现场测量时,首先仍按上述规定的测点布置,测量待测声源的平均声压级 $\bar{L}_p$,然后将标准声源放在待测声源位置或其附近,停止待测声源,在相同测点再次测量标准声源的平均声压级 $\bar{L}_{ps}$。于是,可得待测声源的声功率级 L_W:

$$L_W = L_{Ws} + (\bar{L}_p - \bar{L}_{ps}) \tag{8-13}$$

式中:L_{Ws} 为标准声源的声功率级,dB;$\bar{L}_p$ 为待测声源现场测量的平均声压级,dB;$\bar{L}_{ps}$ 为标准声源现场替代测量的平均声压级,dB。

这种测量方法的特点是可用于各种声场,因而特别适用于现场设备的声功率测量。

➢ 测点的选择和自由场法的相同,是测量半球面(或半圆柱面)上平均分布的若干个点。如果声源的指向性很差,则在这些点中只选择几个点就足够了。

➢ 标准声源的使用方法有下述3种:

(1) 置换法

如果被测声源是可移动的,则可把机器移开,用标准声源代替机器作测量。标准声源的位置最好是在原位机器的声中心,测点相同,这种替代测试准确度较高。

(2) 并摆法

如果被测声源不能从测试位置移开,标准声源要放在被测声源的上边或紧靠被测声源放置,但这样的测量误差较大。

(3) 比较法

机器如不便移动,并摆法可能引起较大误差,此时也可以用相似地比较法。这种方法是将标准声源放在厂房的另一点上，该点周围反射面的位置与机器附近的相似，但是没有了被测机器，进行相似点的测量，并用式(8-13)计算声功率级。

8.4 声强的测量

8.4.1 声强测量的原理

声压是定量描述噪声的一个有用参量，但是用来描述声场的分布特性或声源的辐射特性时，常需要用到声强这个物理量。

第 2 章已介绍了声强的概念，在声场中某点处，与声波传播方向垂直的单位面积上在单位时间内通过的声能称为该点声波传播方向上的瞬时声强。它是一个矢量 $\boldsymbol{I}=p\boldsymbol{u}$。实际应用中，常用的是瞬时声强的时间平均值 I_r：

$$I_r=\frac{1}{T}\int_0^T p(t)u_r(t)\mathrm{d}t \quad (\mathrm{W/m^2}) \tag{8-14}$$

式中：$u_r(t)$为某点的瞬时质点速度在声传播 r 方向上的分量；$p(t)$为该点 t 时刻的瞬时声压；T 取声波周期的整数倍。

声压的测量比较容易，而质点速度的测量就困难了。目前普遍采用的方法是选取两个性能一致的声压传声器 A 和 B，相距 Δr，当 $\Delta r \ll \lambda$(λ 为测试声波的波长)时，将两个声压传声器测得的声压 p_A 和 p_B 的平均值视为传声器连线中点的声压值$\bar{p}(t)$：

$$\bar{p}(t)\approx(p_A+p_B)/2 \tag{8-15}$$

将 p_A 和 p_B 的差分值近似为声压在 r 方向的梯度，即

$$\frac{\partial p}{\partial r}\cong(p_B-p_A)/\Delta r \tag{8-16}$$

在传播方向上，质点速度与声压梯度的积分成正比，即

$$u_r(t)=-\frac{1}{\rho_0}\int_0^T\frac{\partial p}{\partial r}\mathrm{d}t=-\frac{1}{\rho_0}\int_0^T\frac{p_B-p_A}{\Delta r}\mathrm{d}t \tag{8-17}$$

所以，声强在 r 方向的分量为

$$I_r=\bar{P}(t)\int_0^T u_r(t)\mathrm{d}t=-\frac{(p_A+p_B)}{2\rho_0\Delta r}\int_0^T(p_B-p_A)\mathrm{d}t \tag{8-18}$$

式(8-17)表明了声强测量的运算程序：把来自声压传声器的信号 p_A 和 p_B 经减法器相减后送入积分器，得到 u_r；另一方面把 p_A 和 p_B 相加后得到$\bar{p}(t)$，最后把$\bar{p}(t)$和 u_r 送入乘法器。输出信号中的直流成分正比于声强在 r 方向上分量对时间平均的近似值，运算过程中的增益常数由媒质密度 ρ_0 和两个传声器距离 Δr 确定，原理方框图见图 8-9。

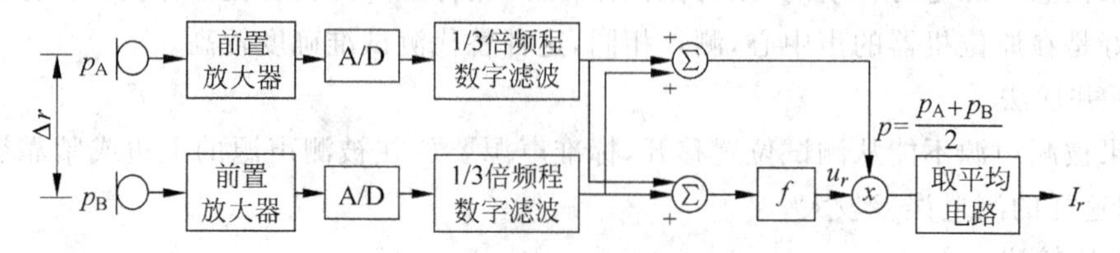

图 8-9 声强测量装置的方框图

➢ 测量声强的用处是很多的。由于声强是一个矢量，因此声强测量可用来鉴别声源和判定它的方位，可以画出声源附近声能流动的路线，可以研究材料吸声系数随入射角度的变化，可以不需要特殊声学环境，甚至在有背景噪声的情况下，只要将包围声源的包络面上的声强矢量作积分，就能求出声源的声功率(图 8-8)。特别是在现场进行测试工作时，可以大大简化解决问题的途径。

8.4.2 声强测量仪器

绝大多数声强测量仪器采用双传声器作为声信号的接收单元。装置方式可以有多种，但两个传声器的间距 Δr 决定了测量的最高频率，一般 Δr 取相应的最短波长值的 1/6～1/10，例如，最高频率为 10kHz，则 Δr 应取 3～5mm。

➢ 目前，大致有以下 3 类声强测量仪：

(1) 小型声强计。其技术基础基本上是模拟式的，它只给出线性的或 A 计权的单值声强或声强级，也能进行倍频程或 1/3 倍频程声强分析，适用于现场声强测量。

(2) 双通道快速傅里叶分析仪。通过互功率谱计算声强，并能进行窄带频谱分析。

(3) 利用数字滤波技术，由两个具有归一化 1/3 倍频程滤波器的双路数字滤波器组获得实时声强的频谱。

➢ 如果只需测总的声强级或 A 计权声强级，可以采用小型声强计；如需进行窄带分析，而在设备和时间上没有什么限制，可以利用 FFT 分析仪。

通常情况下，用声强求声功率时要求较多的测试点，这似乎很困难，但近代电子技术的发展，应用实时分析系统，各种直接测量声强的仪器已有供应。国际标准化委员会已公布了利用声强测量噪声源声功率级的国际标准 ISO 9614-1 和 ISO 9614-2。

➢ 声强仪可以测量任意平面上或曲面上的声强分布，可以测量声源的声功率，还可以通过测量不同频率(频带)的声强分布，判断不同频率声音传播方向，从而找到声源。由于声强测量仪能够有效地解决许多现场声学测量问题，因此成为噪声研究的一种有力工具，也是近代声学研究的重大进展。

8.5 环境噪声测量

环境噪声不论是空间分布还是随时间的变化都很复杂，要求监测和控制的目的也各不相同，因此，应对不同的噪声和要求采取不同的测量方法。噪声的测量结果与测量所采用的方法有关。为了取得可以比较的可靠数据，就要求测量者必须按照规定的测试方法进行测量和仪器标定。除了国际标准化组织对噪声测量颁布了一些标准外，我国已经颁布或试行的一些噪声测量标准见表 8-3。对于我国尚未制定颁布的噪声测量标准，可参照 ISO 的规定执行。

表 8-3 我国的一些噪声测量标准

标准代码	标准内容
GB 3096—2008	声环境噪声测量方法
GB 12348—2008	工业企业厂界噪声测量方法
GB 12524—90	建筑施工场界噪声测量方法
GB 12525—90	铁路边界噪声测量方法
GB/T 3222—94	声学　环境噪声测试方法
GB/T 9661—88	机场周围飞机噪声测量方法
GB 11339—89	城市港口及江河两岸区域环境噪声测量方法
CB/T 1496—79	机动车辆行驶噪声测量方法
GB/T 14365—93	机动车辆定置噪声测量方法
GB/T 4569—96	摩托车和轻便摩托车行驶噪声、定置噪声测量方法
GB/T 5111—95	铁路机车车辆辐射噪声测量
GB/T 3449—94	铁路机车车辆内部噪声测量
GB/T 14893—94	地下铁道电动车组司机室、客室内部噪声测量
GB/T 14228—93	地下铁道车站站台噪声测量
GB/T 4964—85	内河航道及港口内船舶辐射噪声的测量
GB/T 4595—84	船上噪声测量
GB 1859—80	内燃机噪声测量方法
GB 2888—91	风机和罗茨鼓风机噪声测量方法
GB 755	电机噪声测量方法
GB/T 7190.1—97	中小型玻璃纤维增强塑料冷却塔噪声测定方法
GB/T 7190.2—97	大型玻璃纤维增强塑料冷却塔噪声测定方法
JB 952—67	精密机床用电机噪声试验方法
JB 1370—73	立柜式空气调节机组试验方法
JB 1534—75	组合机床通用技术要求(第 13 条)
JB 2281—78	金属切削机床噪声的测量
JB 2747—80	容积式压缩机噪声测量方法
GBJ 122—1988	工业企业噪声测量规范

8.5.1 城市声环境监测

1. 环境噪声监测要求

根据我国《声环境质量标准》(GB 3096—2008),城市和乡村区域的环境噪声监测有如下要求:

1) 测量仪器

测量仪器精度为Ⅱ型及Ⅱ型以上的积分平均声级计或环境噪声自动监测仪器,其性能需符合《声级计的电、声性能及测试方法》(GB 3785—83)和《积分平均声级计》(GB/T 17181—1997)的规定,并定期校验。测量前后使用声校准器校准测量仪器的示值偏差不得大于 0.5dB,否则测量无效。声校准器应满足《声校准器》(GB/T 15173—94)对 1 级或 2 级声校准器的要求,测量时传声器应加防风罩。

2) 测点选择

根据监测对象和目的,可选择以下 3 种测点条件(指传声器所置位置)进行环境噪声的测量:

(1) 一般户外：距离任何反射物(地面除外)至少 3.5m 外测量，距地面高度1.2m 以上，必要时可置于高层建筑上，以扩大监测受声范围。使用监测车辆测量，传声器应固定在车顶部 1.2m 高度处。

(2) 噪声敏感建筑物户外：在噪声敏感建筑物外，距墙壁或窗户 1m 处，距地面高度 1.2m 以上。

(3) 噪声敏感建筑物室内：距离墙面和其他反射面至少 1m，距窗约 1.5m 处，距地面 1.2～1.5m 高。

3) 气象条件

测量应在无雨、无雷电天气，风速 5m/s 以下时进行。

2. 监测类型和方法

环境噪声监测分为声环境功能区监测和噪声敏感建筑物监测两种类型。

(1) 声环境功能区监测

为了掌握城市的噪声污染情况，评价不同声环境功能区昼间、夜间的声环境质量，了解功能区环境噪声时空分布特征，以指导城市噪声控制规划的制定，需要进行城市区域噪声的监测。《声环境质量标准》(GB 3096—2008)中以规范性附录(附录 B 和附录 C)的形式规定了具体的测量方法。对于常规监测，常采用定点测量法；对于噪声普查，应采取网格测量法。具体方法请参见本书的附录 2。

(2) 噪声敏感建筑物监测

噪声敏感建筑物是指医院、学校、机关、科研单位、住宅等需要保持安静的建筑物。这类监测的目的是了解噪声敏感建筑物户外(或室内)的环境噪声水平，评价是否符合所处声环境功能区的环境质量要求。监测点一般设于噪声敏感建筑物户外。不得不在室内监测时，应在门窗全打开状况下进行室内噪声测量。其测量要求和方法可参见本书的附录 2。

8.5.2 城市交通噪声测量

1. 4 类声环境功能区的噪声监测

《声环境质量标准》(GB 3096—2008)将城市交通噪声划归为 4 类声环境功能区，指交通干线两侧一定距离之内，需要防止交通噪声对周围环境产生严重影响的区域，包括 4a 类和 4b 类两种类型。4a 类为高速公路、一级公路、二级公路、城市快速路、城市主干路、城市次干路、城市轨道交通(地面段)、内河航道两侧区域；4b 类为铁路干线两侧区域。该国标在附录 A 中对上述不同类型交通干线作出了定义。

在定点监测中，4 类声环境功能区监测点设于 4 类区内第一排噪声敏感建筑物户外交通噪声空间垂直分布的可能最大值处。

在普查监测中，以自然路段、站场、河段为基础，考虑交通运行特征和两侧噪声敏感建筑物分布情况，划分典型路段(包括河段)。在每个典型路段对应的 4 类区边界上(指 4 类区内无噪声敏感建筑物存在时)或第一排噪声敏感建筑物户外(指 4 类区内有噪声敏感建筑物存在时)选择一个测点进行噪声监测。这些测点应与站、场、码头、岔路口、河流汇入口等相隔一定的距离,避开这些地点的噪声干扰。

➢ 有关测量时段、测量时间、监测评价量及评价方法等具体要求和方法可参见本书附录2中的规范性附录。

2. 道路交通噪声测量

《声学　环境噪声测试方法》(GB/T 3222—94)中第8节“城市道路交通噪声测量方法”适用于单纯的道路交通噪声测量。该推荐性标准中规定测量道路交通噪声的测点应选在市区交通干线一侧的人行道上,距马路沿20cm处,此处距两交叉路口的距离应大于50m(或路段的中间位置)。传声器离地面1.2m以上。交通干线是指机动车辆每小时流量不小于100辆的马路。这样该测点的噪声可用来代表两路口间该段马路的噪声。同时记录不同车种车流量(辆/h)。测量结果可参照有关规定绘制交通噪声污染图,并以全市各交通干线的等效声级和统计声级的算术平均值、最大值和标准偏差来表示全市的交通噪声水平,并用作城市间交通噪声的比较。交通噪声的等效声级和统计声级的平均值应采用加权算术平均声级L来计算:

$$L = \frac{1}{l}\sum_{1}^{n} l_i L_i \quad \text{(dB)} \tag{8-19}$$

式中:l为全市交通干线的总长度,km;l_i为第i段干线的长度,km;L_i为第i段干线测得的等效声级或累计百分数声级,dB。

➢ 交通噪声的声级起伏一般能很好地符合正态分布,这时等效声级可用式(2-70)近似计算。为慎重起见,一般常用作正态概率坐标图的方法来验证声级的起伏是否符合正态分布。

➢ 当需要了解城市环境噪声随时间的变化时,应选择具有代表性的测点进行长期监测。测点的选择应根据可能的条件决定,一般不应少于7个,分别布置在:繁华市区1点、典型居民区1点、交通干线两侧2点、工厂区1点、商住混合区2点。测量时传声器的位置和高度不限,但应高于地面1.2m,也可以放置于高层建筑上以扩大监测的地面范围,但测点位置必须保持常年不变。在每个噪声监测点,最好每月测量一次,至少每季度测量一次,分别在昼间和夜间进行,对同一测点每次测量的时间必须保持一致(例如都是在上午10:00开始)。不同测点的测量时间可以不同。每次测量结果的等效声级表示该测点每月或每季度的噪声水平。一年内测量结果表示该测点的噪声随时间、季度的变化情况。由每年的测量结果,可以观察噪声污染的逐年变化情况。

8.6 工业企业噪声测量

工业企业噪声问题分为两类:一类是工业企业内部的噪声,内部噪声又分为生产环境噪声和机器设备噪声;另一类是工业企业对外界环境的影响。

8.6.1 生产车间的噪声测量

测量生产车间噪声时生产设备必须处于正常工作状态,并维持状态不变。测量点必须是观察对象进行正常工作活动的地点,要能切实反映车间各区域的噪声水平。在按工艺流程设计的厂房、车间内或工种分工明显的生产环境,测点应包括各种操作岗位与操作路线。

对分区不明显的车间，测点应选择典型操作岗位。在需要了解车间其余区域噪声分布时，可在工人观察或管理生产而经常活动的范围，如通道、休息场所等处选择噪声测点。

➤《工业企业噪声控制设计规范》(GBJ 87—85)规定生产车间及作业场所工人每天连续接触噪声 8h 的噪声限制值为 90dB。这个数值是指工作人员在操作岗位上的噪声级。

◇ 测量时，测点上的传声器应置于人耳位置高度；传声器应指向影响较大的声源，若难以判别声源方位，则应将传声器竖直向上。测量时工作人员应从岗位上暂时离开，以避免声波在工作人员头部引起的散射声使测量产生误差。对于流动的工种，应在流动的范围内选择测点，高度与工作人员耳朵的高度相同，求出测量值的平均值。

◇ 对于稳态噪声只需测量 A 声级。若生产环境内各点的噪声声级差别小于 3dB(A)，只需选择 1～3 个测点即可；若车间内的噪声声级分布大于 3dB(A)，则应按声级大小将车间分成若干区域，每个区域内的噪声声级差要小于 3dB(A)，而相邻区域内噪声声级差应大于或等于 3dB(A)，每个区域取 1～3 个测点。这些区域必须包括所有工人观察和管理生产过程而经常工作活动的地点和范围。

◇ 如果是不稳定的连续噪声，则在足够长的时间内取样，计算等效连续 A 声级 L_{eq}。采用噪声剂量仪或积分声级计，则可以直接测定规定时间内的噪声暴露量和等效连续 A 声级 L_{eq}。

◇ 对于间断性的噪声，可测量不同 A 声级下的暴露时间，计算 L_{eq}。将测得的各 L_A 从小到大按顺序排列，并分成数段，每段相差 5dB。以其算术中心表示的各段为 80、85、90、95、100、105、110、115dB，即 80dB 表示 78～82dB，85dB 表示 83～87dB，依此类推。然后将测量的数据按声级的大小及暴露时间进行记录。将记录数据填入表 8-4。此表为一个工作日的测量记录，每个工作日以 8h 为基础，编分段序号，低于 78dB 的不予考虑，则一天的等效连续 A 声级可按式(2-67)计算。

表 8-4 工业企业生产环境噪声测量记录

<table>
<tr><td colspan="2">测量地点</td><td colspan="6"></td></tr>
<tr><td colspan="2">测量时间</td><td colspan="2"></td><td>测量人</td><td colspan="3"></td></tr>
<tr><td colspan="2" rowspan="4">测量仪器</td><td rowspan="2">名称</td><td rowspan="2">型号</td><td colspan="2">声压级标准值/dB</td><td colspan="2" rowspan="2">备注</td></tr>
<tr><td>测量前</td><td>测量后</td></tr>
<tr><td></td><td></td><td></td><td></td><td colspan="2"></td></tr>
<tr><td></td><td></td><td></td><td></td><td colspan="2"></td></tr>
<tr><td colspan="2" rowspan="5">生产设备</td><td>名称</td><td>型号</td><td>功率</td><td colspan="2">运转(及总)台数</td><td>备注</td></tr>
<tr><td></td><td></td><td></td><td colspan="2"></td><td></td></tr>
<tr><td></td><td></td><td></td><td colspan="2"></td><td></td></tr>
<tr><td></td><td></td><td></td><td colspan="2"></td><td></td></tr>
<tr><td></td><td></td><td></td><td colspan="2"></td><td></td></tr>
<tr><td colspan="2">测量点编号</td><td>1</td><td>2</td><td>3</td><td>4</td><td>5</td><td>6</td></tr>
<tr><td colspan="2">测点具体位置</td><td></td><td></td><td></td><td></td><td></td><td></td></tr>
<tr><td rowspan="3">声级</td><td>L_A</td><td></td><td></td><td></td><td></td><td></td><td></td></tr>
<tr><td>L_{eq}</td><td></td><td></td><td></td><td></td><td></td><td></td></tr>
<tr><td>L_C</td><td></td><td></td><td></td><td></td><td></td><td></td></tr>
<tr><td colspan="8">设备分布及测点分布示意图(注明车间尺寸)</td></tr>
<tr><td colspan="8">此处留有空格供填充示意图</td></tr>
</table>

8.6.2 工业企业现场机器噪声测量

测量现场机器噪声的目的，是为了控制机器的噪声源，并根据测量结果近似地比较和确定机器噪声大小等特性。

➢ 机器噪声的现场测量应遵照各有关测试规范进行(包括国家标准、部颁标准和行业规范等)，必须设法避免或减小环境的背景噪声和反射声的影响，为此：

(1) 使测点尽可能接近机器噪声源。

(2) 若有可能则除待测机器外，关闭其他无关的机器设备。

(3) 减少测量环境的反射面，增加吸声面积。

(4) 根据机器外形大小确定测点距离，对于室外或高大车间内的机器噪声，在没有其他声源影响的条件下，测点可选得远一点。

(5) 如果噪声源噪声级比背景噪声高 10dB，则可忽略背景噪声；若两者相差 3～10dB，则按表 8-5 进行修正。

表 8-5 背景噪声修正 dB

声源噪声测量值与背景噪声的差值	3	4～5	6～10	>10
修正值	−3	−2	−1	0

➢ 一般情况可按如下原则选择测点：

(1) 小型机器(外形尺寸小于 0.3m)，测点距表面 0.3m。

(2) 中型机器(外形尺寸为 0.3～1m)，测点距表面 0.5m。

(3) 大型机器(外形尺寸大于 1m)，测点距表面 1m。

(4) 特大型机器或有危险性的设备，可根据具体情况选择较远位置的测点。

(5) 测点数目可视机器的大小和发声部位的多少选取 4、6、8 个等，测点高度以机器的一半高度为准或选择在机器轴水平线的水平面上，传声器对准机器表面。测量 A、C 声级和倍频带声压级，并在相应测点上测量背景噪声。

(6) 测量空气动力性的进、排气噪声时，进气噪声测点应取在吸气口轴线上，距管口平面 0.5m 或 1m(或等于一个管口直径)处；排气噪声测点应取在排气口轴线 45°方向上或管口平面上，距管口中心 0.5m、1m 或 2m 处，见图 8-10。进、排气噪声应测量 A、C 声级和倍频程声压级，必要时测量 1/3 倍频程声压级，同时测量背景噪声。

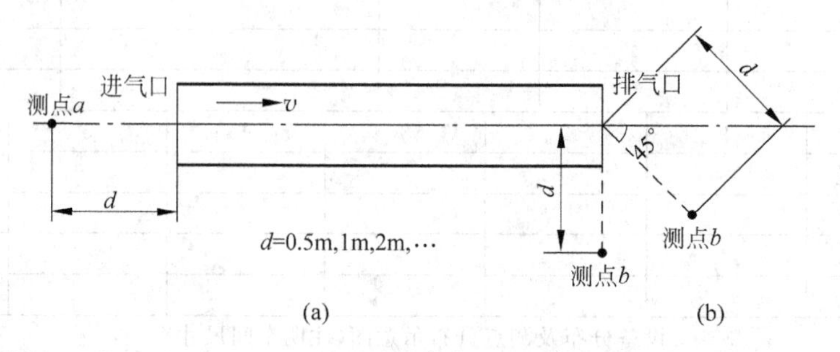

图 8-10 进、排气噪声测量点位置示意图

(a) 进气口噪声测量点；(b) 排气口噪声测量点

➢ 机器设备噪声的测量，由于测点位置的不同，所得结果也不同，为此应注明测点的位置，必要时还应将测量场地的声学环境表示出来。

➢ 现场测定结束后，为了对噪声测量所得数据进行分析比较，需认真记下噪声源的 A、C 声级和各倍频带声压级，还需详细记录测量仪器的名称、型号以及测试对象的名称、型号、功率等主要参数，标明测试位置，注明车间尺寸，画出设备分布和测点分布示意图。

8.6.3　厂界噪声测量

我国《工业企业厂界环境噪声排放标准》(GB 12348—2008)已将工业企业厂界环境噪声排放限值及其测量方法合并在同一标准中。厂界噪声测量方法中有关测量仪器、测量条件、测点位置、测量时段、背景噪声测量、测量记录、测量结果修正等的具体要求和方法请参考附录 3。

8.7　振动测量

各种类型的机器设备，常常由于运动部件之间的间隙、零件间的滚动摩擦或不匹配、回转与往复件的不平衡等产生强烈的机械振动，它作用于易于辐射噪声的物体上，如机壳或金属板面上，会使振动放大成为主要的振动和噪声源。为了了解振源振动和传播的分布，以便采取有效的减振降噪的措施，因此需要进行振动测量。

8.7.1　测振仪

将噪声测量系统中的声音传感器换成振动传感器，再将声音计权网络换成振动计权网络，就成为振动基本测量系统。因此，**凡是可以用于噪声测量的仪器，也都可以用于振动测量**。但是，振动频率往往低于噪声的声频率，这就要求在进行振动测量前，应根据振动的频率特点及测量要求，选择合适的仪器。若只测量声频范围内的振动，可用一般噪声测量设备；若测量引起公害的地面振动，则要求使用截止频率不大于 1Hz 的专用测振仪器。测振常用仪器有加速度计、积分器和公害测振仪(包括振动计权网络)。

1. 加速度计

加速度计是由金属质量块、与外壳连接的基座及夹在金属块与基座之间的压电元件构成的压电式传感器。压电元件一般由两片压电片组成，在压电片的两个表面上镀银层，并在银层上焊接输出引线，或在两个压电片之间夹一片金属，引线就焊接在金属片上，输出端的另一根引线直接与传感器基座相连，在压电片上放置一个质量块，质量块一般采用密度较大的高密度合金，然后用一硬弹簧或螺栓、螺母对质量块预加载荷，整个组件装在一个厚基座的金属壳体中。当使用加速度计时，传感器沿垂直方向振动，金属块的惯性力交变地施加在压电片上，压电片两端便产生电荷输出，其输出电压与它所承受的加速度成正比。所以加速度计实为**振动传感器**，使用时应与振动物体刚性连接，这样基座和外壳便成为振动物体的一部分，金属块是惯性元件，压电材料反映出金属块的惯性值。压电式传感器分为中心压缩式、周边压缩式和剪切式。这种类型传感器具有体积小、重量轻、灵敏度高(电压灵敏度以S_{va}表示,单位为 mV/ms^2)、频率范围宽(0.3～15kHz)、线性动态范围大(从 0.01m/s^2 到 1000m/s^2)、性能稳定等优点。压电式振动传感器结构及其频率特性见图 8-11。

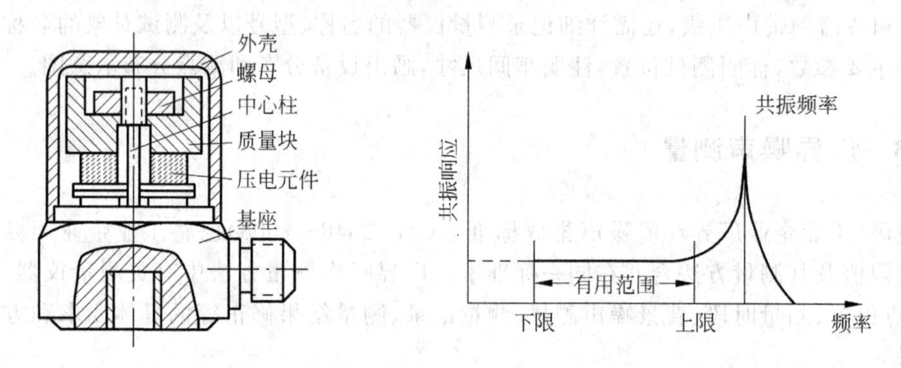

图 8-11 压电式振动传感器及其频率特性

➢ 安装压电传感器(加速度计)时,首先要注意使它的主轴灵敏度与所要测定的方向一致;同时要求传感器的最高使用频率(上限频率)应是谐振频率的 1/5～1/3,一般均可达到 10 000Hz;在低频段,截止频率可低到 1Hz 以下,即频率响应的平直部分长。由于传感器的附着方式会影响可测频率范围,原则上要求传感器和被测物体之间的附着表面平直光滑、机械连接紧密牢固,以使其使用上限频率更高。

2. 公害测振仪

公害振动与机器振动相比,其显著的特点是振动强度小,频率低。测量公害振动的加速度计灵敏度高,加速度可达 $10^{-3}m/s^2$。公害用测振加速度计质量大,底面积大,能很好地将微弱的振动反映出来。

8.7.2 振动测量方法

机器运转以及由此而引起的振动,从噪声测量的角度来考虑,有两项内容需要测量:一是激发噪声的振动,二是形成公害的地面振动。

1. 激发噪声的振动测量

各种机器运转时,由于多种不平衡力的作用,总会产生或大或小的振动。当振动作用于易辐射噪声的物体上时(如机壳或金属板材结构),将激发这些结构产生多种模式的振动,进而辐射噪声。常见的内燃机、通风机、鼓风机、压缩机等的壳体就常因为激发振动而发出强噪声。对于这种振动的测量,要根据实际情况进行。测点应选在机器的外壳表面和振源位置上,以便全面掌握振动发声的情况和振动的根源,从而为降低噪声采取相应的隔振、减振措施提供可靠的依据。

➢ 测量项目有:声频范围内的均方根振动值、31.55～8000Hz 几个倍频带的振动值。一般机械振动的振动值可用位移量表示;与辐射声音直接相关的振动尤其是大面积振动,采用振动速度表示,测后可进一步对振动频率进行分析。对于振源区域,测量的频率必须扩展到 20Hz 以下。一般专用测振设备低频限可至 2Hz,可用来测量振源基座三维正交方向上的振动。

➢ 加速度计应牢靠地附着在振动表面上,与物体一同振动,不同的附着固定方式其频率响应有所不同。图 8-12 所示为 6 种常用的附着固定方法。这 6 种方法是:

(1) 将加速度计直接用钢制螺栓固定在振动表面上;

(2) 将加速度计与振动面通过绝缘螺栓或云母片绝缘相连;

(3) 通过磁铁与具有铁磁性质的振动表面磁性相接;

(4) 用胶粘剂连接;

(5) 用蜡膜粘附;

(6) 手持探棒(针)与振动表面接触。

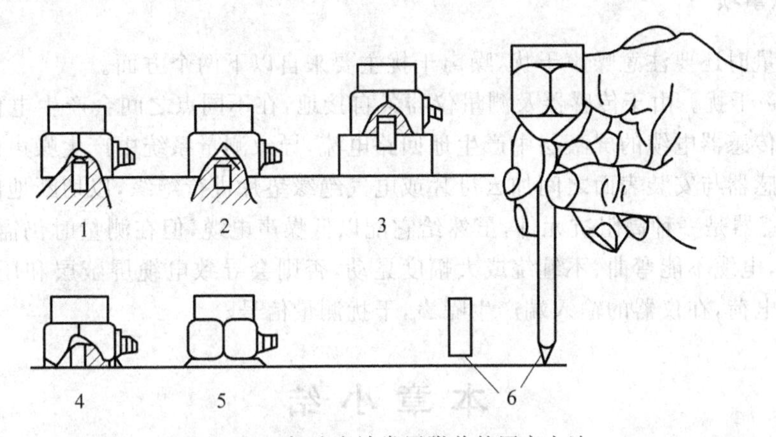

图 8-12　加速度计常用附着的固定方法

1—钢制螺栓;2—绝缘螺栓;3—磁铁;4—胶粘剂;5—蜡膜;6—探针(尖头)/探棒(平头)

上述第(1)种方法是将加速度计与振动表面刚性相接,可测量强振和高频率振动,是固定加速度计较理想的方法,能充分保证加速度计的使用频率范围和温度范围。

第(2)种方法与第(1)种方法相同,只是在需要绝缘的时候使用。但是这两种方法需要在被测物体表面穿孔套扣,较为复杂,有时因条件不允许而常常受到限制。在精度要求不高的振动测量中常使用其他几种方法,但由于加速度计与振动物不是刚性连接,会导致加速度计安装系统的共振频率低于固有振动频率。因此,一般只能测量 10 000Hz 以下的振动。

第(3)种方法是常用的方法,方便可靠,可以方便快速地改变安装位置和方向,但只能测量加速度较小的振动,可用的测量频率上限只有 2000Hz 左右的振动。

用第(4)种方法时,由胶粘剂层的劲度和加速度计的质量所决定的拾振系统共振频率定出可测振动频率的上限。

第(5)种方法与第(4)种方法相同,但可靠性差。

第(6)种方法只适合测量低于 1000Hz 的振动,往往由于手颤的影响,测量误差较大。

2. 公害振动测量(环境振动测量)

振动的机器或运行着的机动车辆,是公害振动的振源。受害区域为居民住宅区时可在该区域内选择 3～5 个测点测量振动值。对于楼房应在各层分别选 3～5 个测点测量振动值。对于作为振源的机器,应当了解其振动特性和影响范围,所以需要在机器基座以上及距基座1、2、4m等位置测量振动值。当受害区域为公路两侧时,可在公路两侧20～40m处,每隔5m或10m处选一个测点测量振动值。

➢ 测量公害振动的项目为:

(1) 中心频率为1～30Hz的1/3倍频带振动加速度值(垂直振动和水平振动);

(2) 振动级可作为振动的单值评价量,使用加速度计权网络测量。

➢ 公害振动加速度计应水平放置在夯实的地面上。若需用小型加速度计,则应选灵敏度高的。加速度计可利用磁性固定在铁块上,要求铁块上下底面平行,可将铁块水平置于坚实的地面上。若测量振源的振动特性时,则必须将加速度计固定在振源基础上。

3. 注意事项

振动测量时还要注意噪声干扰,噪声干扰主要来自以下两个方面。

(1) 电磁干扰。由于传感器及测量仪器各自接地,在不同点之间会产生电位差,这种电位差可能在传感器电缆的屏蔽层中产生地回路电流,导致测量系统中产生噪声讯号,解决的办法是在传感器与安装表面之间加云母片或电气绝缘垫片进行绝缘,以切断地回路电流。

(2) 传感器是一种高阻抗元件,虽然给它配以低噪声电缆,但在测量时仍需注意使连接电缆固定好,电缆不能弯曲、不缠绕或大幅度晃动,否则会导致电缆屏蔽层和压电材料间发生摩擦产生电荷,在仪器的输入端产生噪声,干扰测量信号。

本章小结

(1) 声级计由声电转换、信号处理和显示设备三大部分组成。这个组成序列正反映了声级计的工作原理。其中作为声电转换的传声器无疑是决定声级计品质的关键部件。

(2) 目前声级计及由此拓展的其他噪声测量仪都基本上实现了数字化。通过模数转换器将模拟信号转换成数字信号,然后通过微处理器进行分析和数据处理,从而可以直接将多种监测评价量显示出来,极大地方便了噪声测量工作,也丰富了噪声测量仪的功能和品种,例如,积分平均声级计、统计分析仪、频谱分析仪、实时分析仪和电平记录仪等。

(3) 声功率级是表征声源特性的重要参数,因此其测定方法实质上都是间接计算法;也即先测定声源外围的声压级,再通过计算式求得声功率级。由于测定的环境不同,计算式也不同,通常分为混响室法、消声室法和现场测量法3种。

(4) 需要注意的是,在声功率级的测量中,所测声级如是A声级、频带声压级或总声压级,则计算出的声功率级 L_W 也分别是A声功率级、频带声功率级或总声功率级。当测得值为频带声功率级时,要换算成总声功率级或A(计权)声功率级。

(5) 声强是一个矢量,是一个定量描述噪声的重要参数。由于其是一个具有方向性的量,因此声强计与一般声级计不同,现代的声强计是一个采用双传声器作为声信号接收单元和各种计算单元组成的实时测量仪。

(6) 城乡声环境监测、交通噪声测量和工业企业噪声测量是噪声控制中应用频次最高的测量领域。它们的测量要求和方法都应遵照各有关测试规范进行(包括国家标准、部颁标准和行业规范等)。噪声测量方法中包括有关测量仪器、测量条件、测点位置、测量时段、背景噪声测量、测量记录、测量结果计算与修正等要求和方法。这种标准化的测量方法有力地保证了测量值的准确性和可比性。

(7) 振动测量是噪声控制的组成部分，尤其对声源和固体声传播控制有重要意义。振动测量仪的关键部件是加速度计(振动传感器)，最常用的是压电式振动传感器，其附着固定方式对测量的准确性、可靠性有重要影响。从噪声测量的角度来考虑，机器运转以及由此而引起的振动(激发噪声的振动与形成公害的地面振动)测量，是噪声控制中的重点振动测量项目。振动测量都要按有关的标准进行。

习　题

1. 试述声级计的构造、工作原理及使用方法。

2. (1) 每一个倍频程带包括几个1/3倍频程带？

(2) 如果每一个1/3倍频程带有相同的声能，则一个倍频程带的声压级比一个1/3倍频程带的声压级大多少？

3. 测量置于刚性地面上的某机器的声功率级时，测点取在半球面上，球面半径为4m。测得各倍频带的声压级平均值如下表所示。试求总声压级及机器的总声功率级。

f_0/Hz	63	125	250	500	1000	2000	4000	8000
声压级/dB	90	98	100	95	82	75	60	50

4. 测量置于刚性地面上某机器的声功率级时，测点取在半球面上，球面半径为4m，若将半球面分成面积相等的8个面元，测得各个面元上的A声级如下表所示。试求该机器的声功率级。

面元	1	2	3	4	5	6	7	8
A声级/dB(A)	75	73	77	68	80	78	78	70

5. 在铁路旁某处测得：当蒸汽货车经过时，在2.5min内的平均声级为72dB；当内燃机客车通过时，在1.5min内的平均声级为68dB；无车通过时的环境噪声约为60dB。该处白天12h内共有65列火车通过，其中货车45列，客车20列。计算该地点白天的等效连续A声级。

6. 某测点处测得一台机器的声功率级如下表所示，测点取在包络面面积$S=110\text{m}^2$上，求总声压级和总声功率级为多少？

频带中心频率/Hz	63	125	250	500	1000	2000	4000	8000
声压级平均值/dB	90	98	102	96	91	84	75	62

7. 设测量机器的声功率级的测点取在包络面面积$S=100\text{m}^2$上，分频带测得各倍频程频带的声压级平均值如下表所示。问总声压级为多少分贝？总声功率为多少瓦？

频带中心频率/Hz	63	125	250	500	1000	2000	4000	8000
声压级平均值/dB	90	98	100	95	90	82	75	60

8. 某市列入交通噪声监测的干线5条，总长5160m。2001—2005年监测结果如下表所示。试求各年度的加权平均等效声级，并绘制该交通噪声随年份变化曲线。

道路编号	1	2	3	4	5
道路长/m	1620	820	1100	1210	410
2001年平均等效声级/dB	73.2	69.4	80.7	71.6	67.8
2002年平均等效声级/dB	73.8	70.6	78.3	68.1	70.4
2003年平均等效声级/dB	71.2	69.2	75.4	69.6	69.5
2004年平均等效声级/dB	69.4	70.8	73.1	68.2	65.4
2005年平均等效声级/dB	68.6	70.3	70.3	67.6	66.5

第9章

声环境影响预测

本章提要

1. 声环境影响评价分为现状评价和预测评价两种情况，都是评价噪声源辐射的声波对声环境保护目标或某一关注地点的影响大小和程度。

2. 根据环境状况与预测要求的不同，可采用多种不同的声环境影响预测的方法，大致上有物理声学和几何声学法、实验室缩尺模型法、计算机模拟法、灰色系统法及回归分析法等。本章主要介绍数模计算法，属于物理、几何声学法一类，适用于常见的环境声学状况比较简单的情况。

3.《环境影响评价技术导则　声环境》(HJ 2.4—2009)给出了声环境影响评价的完整工作内容、程序和预测模式；预测是评价的基础，因而预测方法是本章的重点内容，而评价部分内容则由其他专业课程承担。

4. 噪声影响预测的基本思路就是在确定的声源源强基础上，计算出声波传播途径中的各种衰减和对各种影响因素的修正后，预测出到达预测点上的声波强度。这也是建立预测基本模式的基础。

5. 固定声源(工业设备、机械)和流动声源的预测模式是不同的，流动声源中的地面源(汽车、火车)与空中源(飞机)也不相同，不仅在声源特性上有较大差异，而且影响声源特性及传播特性的因素也各异，所以必须根据不同的声源及影响因素做出各种修正后方能获得较为符合实际情况的预测结果。

6. 本章可以看作是第2～4章内容的具体应用，重点是固定声源(工业、企业)噪声预测；流动声源噪声预测情况比较复杂，在此仅作简要介绍。

环境影响评价是我国环境保护工作中的重要制度。《中华人民共和国环境影响评价法》规定“环境影响评价是指对规划和建设项目实施后可能造成的环境影响进行分析、预测和评价，提出预防或者减轻不良环境影响的对策和措施，进行跟踪监测的方法和制度”。声环境影响评价是规划和建设项目环境影响评价的重要组成部分。《中华人民共和国噪声污染防治法》规定，“建设项目可能产生环境噪声污染的，建设前必须提出环境影响报告书，规定环境噪声污染防治措施。”声环境影响评价的基本任务是评价建设项目实施引起的声环境质量的变化和外界噪声对需要安静建设项目的影响程度；提出合理可行的防治措施，把噪声污染降低到允许水平；从声环境影响角度评价建设项目实施的可行性；为项目优化选址、选线、合理布局以及城市规划提供科学依据。

9.1 声环境影响评价分类和工作程序

9.1.1 分类

➢ 声环境影响评价按评价对象划分可分为建设项目声源对外环境的环境影响评价和外环境声源对需要安静建设项目的环境影响评价。

➢ 声环境影响评价按声源种类划分可分为固定声源的环境影响评价和流动声源的环境影响评价。

固定声源：在声源发生时间内声源位置不发生移动的声源，例如工矿企业、事业等单位和机场、铁路、交通、航运等部门所拥有的风机、水泵、压缩机等声源。

流动声源：在声源发生时间内声源位置移动的声源，例如城市道路、公路交通的汽车，铁路的火车，轨道交通的列车，机场的飞机，航运的船舶等声源。

停车场、调车场、施工期施工设备、运行期物料运输、装卸设备等，按照固定、流动声源的定义，分别划分为固定声源或流动声源。

建设项目既拥有固定声源，又拥有流动声源时，应分别进行噪声环境影响评价；同一敏感点既受到固定声源影响，又受到流动声源影响时，应进行叠加环境影响评价。

9.1.2 工作内容和程序

➢ 声环境影响评价的工作内容一般包括：

(1) 在对建设项目周围环境现状调查的基础上，确定建设项目所在区域的声环境功能区类别、保护目标(敏感点)和评价标准；

(2) 对建设项目所在区域环境噪声现状进行调查、监测和评价，说明超标情况，如超标应确定影响当地声环境质量的主要声源、受影响的敏感点和人口数；

(3) 在对规划或工程项目噪声源全面分析的基础上，确定主要噪声源及其位置和声级；

(4) 针对不同声源选取合理的噪声预测模式，预测噪声敏感点的声级或绘制等声级线图，并和标准比较、评价拟建工程噪声的影响范围、人口数和程度；

(5) 针对预测结果的超标情况提出相应的噪声控制措施，以满足相应的国家标准要求。

➢ 声环境影响评价工作程序见图 9-1。

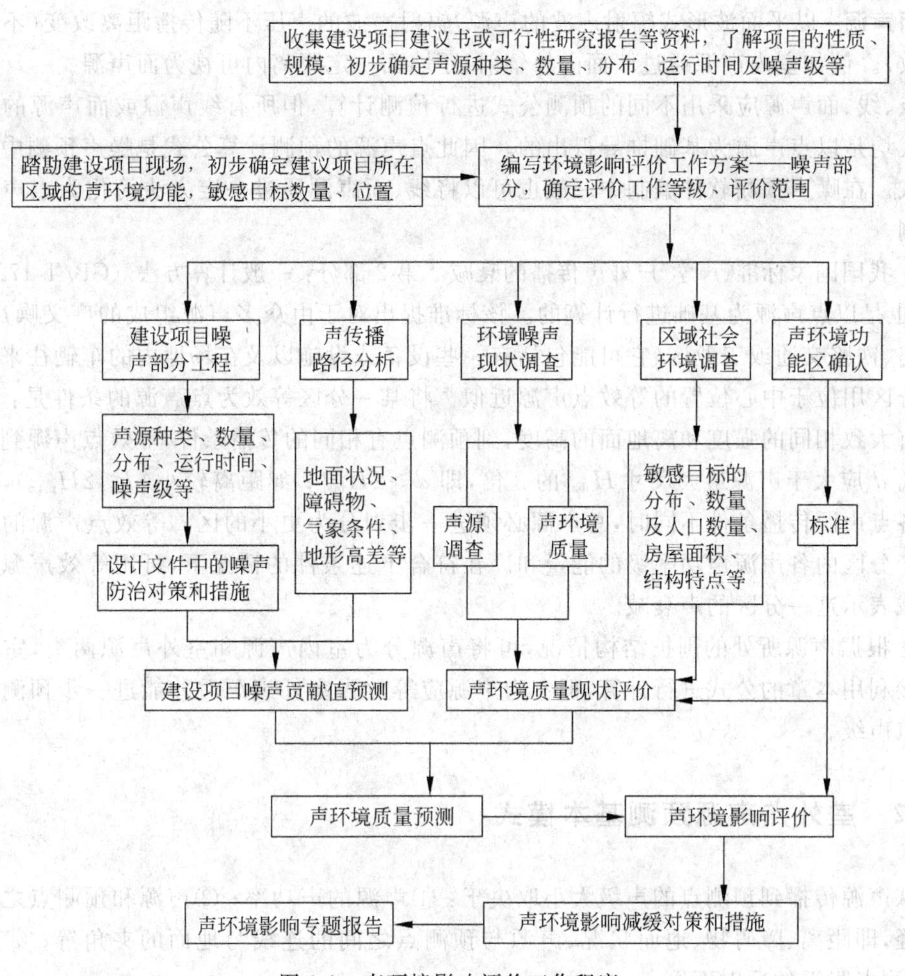

图 9-1 声环境影响评价工作程序

9.2 噪声预测基本模式

9.2.1 声源描述

➢ 第 2 章中根据声源发出声波的波阵面，可以将声源划分为点声源、线声源和面声源，并给出了相应的波动方程及其解。声环境影响评价中遇到的实际声源一般可近似将其划分为点声源、线声源、面声源后进行预测和评价。

点声源：以球面波形式辐射声波的声源，辐射声波的声压幅值与声波传播距离(r)成反比。任何形状的声源，只要声波波长远远大于其几何尺寸时，该声源可视为点声源。在声环境影响评价中，声源到预测点之间的距离超过声源最大尺寸 2 倍时，可将该声源视为点声源。

线声源：以柱面波形式辐射声波的声源，辐射声波的声压幅值与声波传播距离的平方根($\sqrt{r}$)成反比。例如城市道路、高速公路、铁路、轻轨等噪声源在一定距离内可视为线声源。

面声源：以平面波形式辐射声波的声源，辐射声波的声压不随传播距离改变(不考虑空气吸收)。例如室内声源通过墙面向外辐射，距墙面一定距离内可视为面声源。

点、线、面声源应采用不同的预测公式进行预测计算，但所有线声源或面声源的预测计算公式均是以点声源为基础推导得出的。因此点声源的预测计算公式是噪声预测中最基本的公式。在噪声预测软件编制中一般也可以将线、面声源通过一定方法简化为点声源后进行预测。

➢ 我国国家标准《声学 户外声传播的衰减 第2部分：一般计算方法》(GB/T 17247.2—1998)也是以点声源为基础进行计算的。该标准提出对于由众多声源组成的广义噪声源，例如道路、铁路交通或工业区(它可能包括有一些设备或设施以及在场地内的车辆往来等)，可通过分区用位于中心位置的等效点声源近似。将某一分区等效为点声源的条件是：分区内声源有大致相同的强度和离地面的高度，到预测点有相同的传播条件，等效点声源到预测点的距离 d 应大于声源最大尺寸 H_{max} 的2倍，即 $d>2H_{max}$；如距离较小($d\leqslant 2H_{max}$)，或分区内的各点声源传播条件不同时，总声源必须进一步划分为更小的区。等效点声源的声功率级等于分区内各声源声功率级的能量和。在符合上述条件的情况下，可用等效声源计算的声衰减表示这一分区的声衰减。

➢ 根据声源所处的围护结构情况，可将声源分为室内声源和室外声源两类，室外声源可直接利用本章的公式进行计算，但室内声源应等效为室外声源后才能进一步预测计算其他地点声级。

9.2.2 室外点声源预测基本模式

从声源传播到预测点的声级大小取决于：①声源的声功率；②声源和预测点之间的传播路径，即距离、障碍物、地面状况、声源与预测点之间的连线与地面的夹角等；③气象条件、预测点附近的反射面等。

1. 已知声源声功率级(L_{octW})的计算模式

如已知声源倍频带(oct)声功率级(中心频率为63Hz～8kHz的8个倍频带)，预测点位置的等效连续顺风倍频带(中等逆温条件下的平均传播也适用，例如经常发生在晴朗而无风的夜晚)声压级 $L_{oct(r)}$ 可按式(9-1)计算：

$$L_{oct(r)}=L_{octW}+D_c-(A_{div}+A_{atm}+A_{gr}+A_{bar}+A_{misc}) \tag{9-1}$$

式中：L_{octW} 为由点声源产生的倍频带声功率级，dB。

D_c 为指向性校正，dB。它描述距点声源 r 处的声压级与产生声功率级 L_W 的全向(无指向性)点声源在规定方向上级的偏差程度，$D_c=D_I+D_\Omega$。对辐射到自由空间的无指向性的点声源，$D_c=0$dB。

D_I 为点声源的指向性指数(也可用DI表示)；$D_I=10\lg(I_\theta/I)$，无指向性点声源 $D_I=0$dB。

D_Ω 为小于 4π 球面度立体角内的声传播指数，$D_\Omega=10\lg(4\pi/\Omega)$，辐射到自由空间的点声源 $D_\Omega=0$dB，辐射到半自由空间的点声源 $D_\Omega=3$dB等。

Ω 为声源噪声辐射的角度，以弧度表示。辐射到自由空间的点声源 $\Omega=4\pi$，辐射到半自

由空间的点声源 $\Omega=2\pi$ 等。

A_{div} 为声波几何发散引起的倍频带衰减，dB。

A_{atm} 为空气吸收引起的倍频带衰减，dB。

A_{bar} 为屏障引起的倍频带衰减，dB。

A_{gr} 为地面效应引起的倍频带衰减，dB。

A_{misc} 为其他多方面效应（如气象条件等）引起的倍频带衰减，dB；

其中，$A_{gr}+A_{misc}$ 也统称为附加衰减 A_{exc}。

指向性校正 D_c 也可归并到几何发散衰减 A_{div} 中一起计算。

➢ 上述几种衰减，除几何发散引起的衰减和声波频率无关外，其余均和频率有关。因此在预测计算中一般应作倍频带计算，在缺少相应资料时才可利用 A 声功率级作出近似计算。

➢ 由于在不同的气象条件下，声波的折射不同，因此沿传播路径上的气象条件变化，将使固定声源和接收点之间户外声衰减发生起伏变化，在不考虑反射和声屏障衰减时，本章介绍的公式对宽频带噪声的估算准确度约为±(1～3)dB。

2. 已知靠近声源 r_0 处倍频带声压级 $L_{oct(r_0)}$ 的计算模式

如已知靠近声源 r_0 处的倍频带声压级 $L_{oct(r_0)}$ 时，相同方向预测点 r 位置的倍频带声压级 $L_{oct(r)}$ 可按式(9-2)计算：

$$L_{oct(r)}=L_{oct(r_0)}-(A_{div}+A_{atm}+A_{gr}+A_{bar}+A_{misc}) \tag{9-2}$$

预测点的 A 声级 $L_{A(r)}$，可利用 8 个倍频带的声压级按式(9-3)计算：

$$L_{A(r)}=10\lg\left\{\sum_{i=1}^{8}10^{[0.1L_{octi(r)}-\Delta L_i]}\right\} \tag{9-3}$$

式中：$L_{octi(r)}$ 为第 i 倍频带声压级，dB；ΔL_i 为第 i 倍频带 A 计权网络修正值，dB。

3. A 声级的近似计算

在不能取得声源倍频带声功率级或靠近声源 r_0 处的倍频带声压级，只能获得 A 声功率级或靠近声源 r_0 处的 A 声级时，可按式(9-4)、式(9-5)作近似计算：

$$L_{A(r)}=L_{WA}-D_c-\Delta L_A \tag{9-4}$$

或

$$L_{A(r)}=L_{A(r_0)}-\Delta L_A \tag{9-5}$$

$$\Delta L_A=A_{div}+A_{atm}+A_{gr}+A_{bar}+A_{misc}$$

A_{atm}、A_{gr}、A_{bar}、A_{misc} 可选择对 A 声级影响最大的倍频带计算，一般可选用中心频率为 500Hz 或 100Hz 的倍频带。

9.2.3　点声源衰减项计算

1. 几何发散衰减 A_{div}

声源声功率级、声强级和包络面面积(S)之间关系的公式为

$$L_W = L_p + 10\lg S \tag{9-6}$$

位于自由空间的点声源，其包络面是球面，球面面积为 $4\pi r^2$，代入上式可得

$$L_p = L_W - 10\lg 4\pi r^2 = L_W - 20\lg r - 11 \tag{9-7}$$

因此在已知声源倍频带声功率级或A声功率级时，点声源的几何发散衰减（此处将指向性校正 D_c 归并到 A_{div} 一起计算）可用下式计算：

$$A_{div} = 20\lg(r/r_0) + 11 \tag{9-8}$$

式中：r 为由声源到接收点的距离，m；r_0 为参考距离，此处为1m。

由式(9-7)可推导出在已知距声源距离为 r_0 的参考点倍频带声压级或A声级时的几何发散衰减如下：

$$A_{div} = 20\lg(r/r_0) \tag{9-9}$$

式中：r_0 为参考点距声源的距离，m。

➢ 注意：如果点声源处于半自由空间，则声传播指数 D_Ω=3dB，式(9-7)中的常数则为8。

2. 大气吸收衰减 A_{atm}

从声源到受声点声波通过大气传播的距离为 r(m)，由于大气的粘滞性等引起的大气吸收衰减 A_{atm} 可由式(9-10)计算：

$$A_{atm} = \alpha r/1000 \quad 或 \quad A_{atm} = \alpha(r - r_0)/1000 \tag{9-10}$$

式中：α 为大气吸收衰减系数（见表9-1），dB/km。其他大气条件下的 α 值，可参见ISO 9613-1。

➢ 由于大气的 α 值很小，当 r<200m时，一般认为 $A_{atm} \approx 0$。

表9-1 倍频带噪声的大气吸收衰减系数 α

温度/℃	相对湿度/%	各倍频带中心频率的大气吸收衰减系数 α/(dB/km)							
		63Hz	125Hz	250Hz	500Hz	1000Hz	2000Hz	4000Hz	8000Hz
10	70	0.1	0.4	1.0	1.9	3.7	9.7	32.8	117.0
20	70	0.1	0.3	1.1	2.8	5.0	9.0	22.9	76.6
30	70	0.1	0.3	1.0	3.1	7.4	12.7	23.1	59.3
15	20	0.3	0.6	1.2	2.7	8.2	28.2	28.8	202.0
15	50	0.1	0.5	1.2	2.2	4.2	10.8	36.2	129.0
15	80	0.1	0.3	1.1	2.4	4.1	8.3	23.7	82.8

3. 地面效应衰减 A_{gr}

地面效应衰减 A_{gr} 主要是由从声源到接收点之间直达声和地面反射声的干涉引起的，向下弯曲传播的地面效应（顺风）衰减主要由接近于声源和接近接收点的地面决定。声波越过疏松地面（包括被草、树或其他植物覆盖的地面，以及其他适合于植物生长的地面，例如农田等）或大部分为疏松地面的混合地面传播时，在接收点仅计算A声级、声音不是纯音前提下，地面效应衰减可用式(9-11)计算：

$$A_{gr} = 4.8 - (2h_m/d)[17 + (300/d)] \tag{9-11}$$

式中：d 为声源到接收点的距离，m；h_m 为传播路径的平均离地高度，m，$h_m = F/d$，可按图 9-2 进行计算，其中 F 为图 9-2 中阴影部分的面积。

➢ 若 A_{gr} 计算出负值，A_{gr} 可用 0 代替。不同频带的 A_{gr} 计算可参考《声学 户外声传播的衰减 第 2 部分：一般计算方法》。

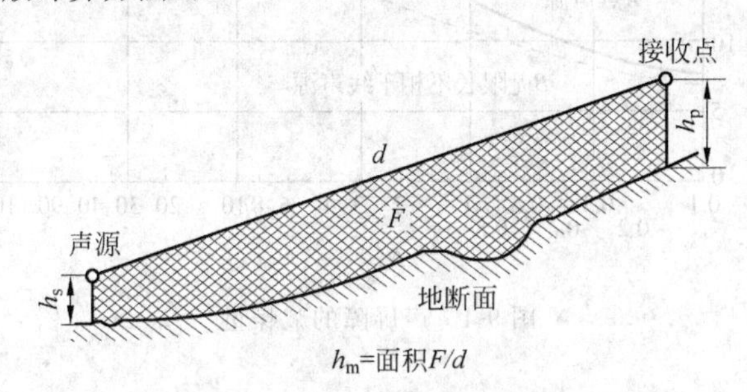

图 9-2 估计平均高度 h_m 的方法

4. 屏障衰减 A_{bar}

如声源和受声点之间有障碍物（如声屏障），声波不能直接传递到接收点，而需通过绕射才能到达接收点，在绕射过程中声波有一定的衰减，点声源（S）和受声点（R）之间的声屏障及其绕射情况见图 9-3。由图可见，在声屏障和地面紧密接触时，声波可以越过屏障上边界和绕过屏障垂直边界（共 3 个方向）绕射传递到接收点。

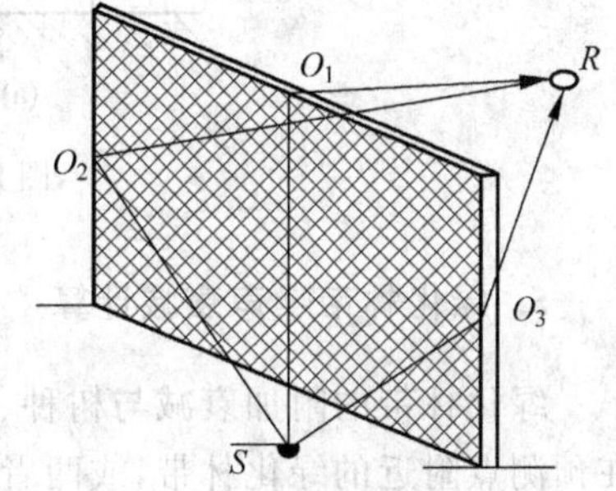

图 9-3 在声源 S 与受声点 R 间屏障的几何图形

➢ 对于有限长薄屏障，应同时计算 3 个方向的绕射衰减，首先要分别计算 3 个方向（图 9-3）的绕射声程差 δ_1、δ_2、δ_3：

$$\delta_i = SO_i + O_iR - SR \tag{9-12}$$

然后按如下公式计算菲涅耳数 N_1、N_2、N_3：

$$N = \frac{2\delta}{\lambda} \tag{9-13}$$

再按式(9-14)近似计算屏障的插入损失 A_{bar}（不考虑地面反射）：

$$A_{bar} = -10\lg\left(\frac{1}{3+20N_1} + \frac{1}{3+20N_2} + \frac{1}{3+20N_3}\right) \tag{9-14}$$

➢ 对于无限长薄屏障，则按越过屏障上边界一个方向的绕射进行计算，可取式(9-12)中一项计算得到，也可利用菲涅耳数 N 按图 9-4 查得 A_{bar}（图中为 ΔL_d）。

➢ 对于图 9-5 所示的利用建筑物、土堤作为厚屏障或双绕射屏障，可由式(9-15)计算得到 δ_i：

$$\delta_i = a + b + c - QP \tag{9-15}$$

式中：a 为声源到第一绕射边的距离，m；b 为（第二）绕射边到接受点的距离，m；c 为在双绕射情况下两个绕射边界之间的距离，m；QP 为声源和接收点之间的距离。然后按式(9-13)和式(9-14)近似计算 A_{bar}。

➢ 实际测试经验表明，在任何频率上，屏障衰减 A_{bar} 在单绕射（即薄屏障）情况下，取值应不大于 20dB，在双绕射（即厚屏障）情况下，取值不大于 25dB。

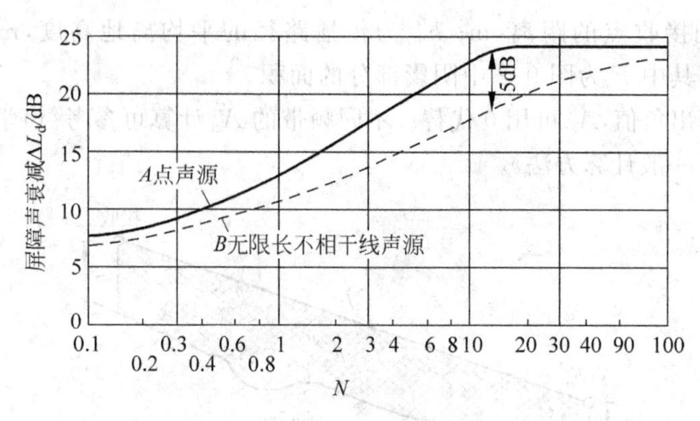

图 9-4 声屏障的减噪量

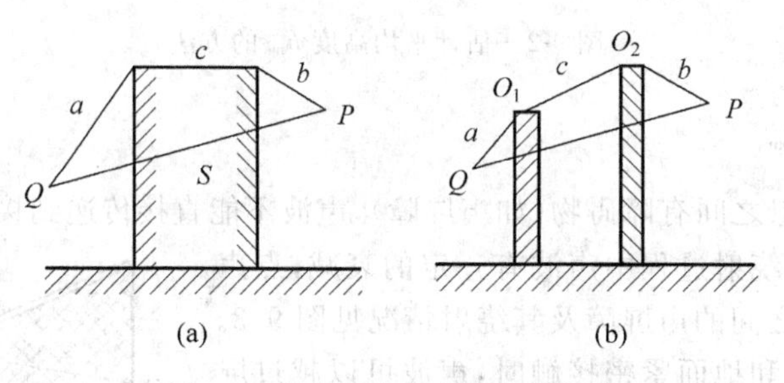

图 9-5 厚的或多行列屏障示意图

5. 绿化林带噪声衰减计算

绿化林带的附加衰减与树种、林带结构和密度等因素有关。在声源附近的绿化林带，或在预测点附近的绿化林带，或两者均有的情况都可以使声波衰减，见图 9-6。

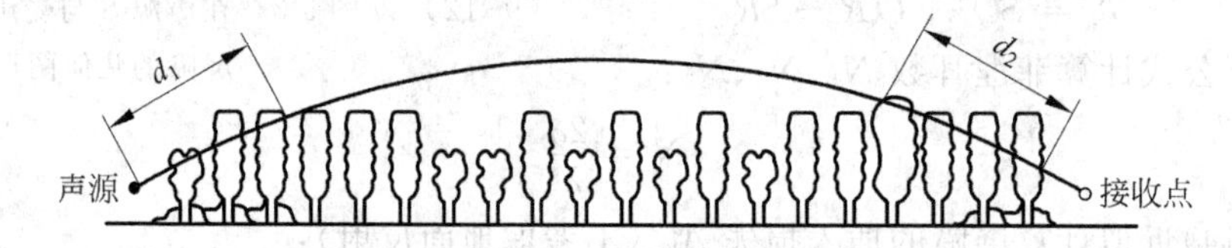

图 9-6 通过树和灌木时噪声衰减示意图

通过树叶传播造成的噪声衰减随通过树叶传播距离 d_f 的增长而增加，其中 $d_f=d_1+d_2$，为了计算 d_1 和 d_2，可假设弯曲路径的半径为 5km。

表 9-2 中的第一行给出了通过总长度为 10m 到 20m 之间的密叶时，由密叶引起的衰减；第二行为通过总长度 20m 到 200m 之间密叶时的衰减系数；当通过密叶的路径长度大于 200m 时，可使用 200m 的衰减值。

表 9-2 倍频带噪声通过密叶传播时产生的衰减

项 目	传播距离 d_f/m	各倍频带中心频率的衰减							
		63Hz	125Hz	250Hz	500Hz	1000Hz	2000Hz	4000Hz	8000Hz
衰减/dB	$10\leqslant d_f<20$	0	0	1	1	1	1	2	3
衰减系数/(dB/m)	$20\leqslant d_f<200$	0.02	0.03	0.04	0.05	0.06	0.08	0.09	0.12

6. 反射体引起的修正

如图 9-7 所示，当点声源和预测点处在反射体同侧附近时，由于反射面的反射，预测点接收的噪声是直达声和反射声叠加的结果，反射声使预测点的声级增大（增量用 ΔL_r 或 A_{rr} 表示）。图中 $SP=r_d$，$IP=r_r$；被 O 点反射到达 P 点的声波相当于从镜像虚声源 I 辐射出的声波，预测点 P 上的声级由此增加了 ΔL_r。

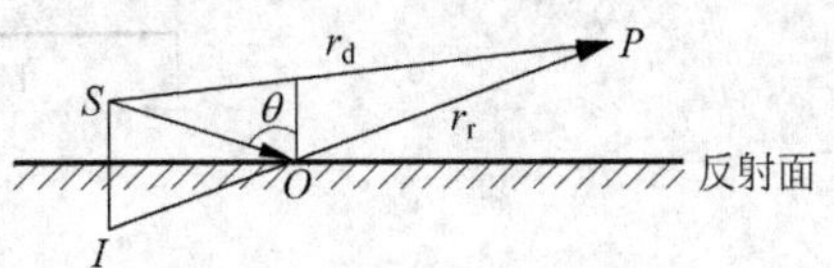

图 9-7　反射面的镜像反射

反射体应满足下列条件：

(1) 反射体表面平整光滑、坚硬，声反射系数大于 0.2；

(2) 反射体尺寸远远大于所有声波波长 λ。

➢ 当入射角 $\theta<85°$，$r_r-r_d\geqslant\lambda$ 时，反射引起的增加量 ΔL_r 与 r_r/r_d 有关，可按表 9-3 计算。

表 9-3　反射体引起的修正

r_r/r_d	ΔL_r/dB
≈1	3
≈1.4	2
≈2	1
>2.5	0

7. 其他多方面原因引起的衰减 A_{misc}

其他衰减包括通过工业场所的衰减；通过房屋群的衰减等。在声环境影响评价中，一般情况下，不考虑自然条件（如风、温度梯度、雾）变化引起的附加修正。

工业场所的衰减、房屋群的衰减等可参照《声学　户外声传播衰减　第 2 部分：一般计算方法》进行计算。

9.2.4　线声源、面声源的衰减计算

预测点与线声源、面声源相距很远时，可以将其视作点声源计算；但预测点与线、面声源相距较近时，不能将声源视作点声源而需进行分区；在不进行分区情况下，也可按如下方法对线声源或面声源衰减作近似计算（没有考虑附加衰减）。

1. 线声源

在环境影响评价中，预测点到声源表面的距离大于声源表面短边尺寸的 $1/\pi$、小于声源表面最大尺寸的 $1/\pi$ 时，该声源可近似为线声源。

➢ 对于无限长线声源：已知距线声源垂直距离 r_1 处的声级 $L_{(r_1)}$ 可按下式求得距线声源垂直距离 r_2 处的声级 $L_{(r_2)}$：

$$L_{(r_2)}=L_{(r_2)}-10\lg\frac{r_0}{r_2} \tag{9-16}$$

➢ 对于如图 9-8 所示的有限长（l_0）线声源，如已知单位长度线声源辐射的声功率级为

L_W，在线声源垂直平分线上距离为 r 处 P 点的声级 $L_{p(r)}$ 可按下式求出：

$$L_{p(r)} = L_W + 10\lg\left[\frac{1}{r}\arctan\left(\frac{l_0}{2r}\right)\right] - 8 \tag{9-17}$$

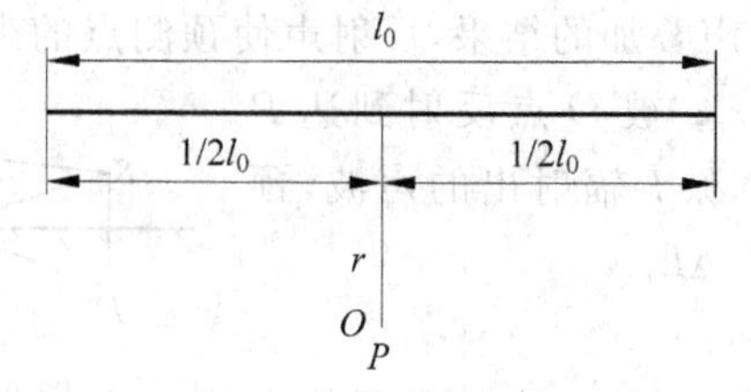

图 9-8 有限长线声源

如已知距线声源 r_0 处的声级 $L_{p(r_0)}$，则 $L_{p(r)}$ 可按下式计算：

$$L_{p(r)} = L_{p(r_0)} + 10\lg\left[\frac{\frac{1}{r}\arctan\left(\frac{l_0}{2r}\right)}{\frac{1}{r_0}\arctan\left(\frac{l_0}{2r_0}\right)}\right] \tag{9-18}$$

或用下列简化式计算：

$$L_{p(r)} = L_{p(r_0)} - 20\lg(r/r_0),\quad r > l_0, r_0 > l_0 \tag{9-19a}$$

$$L_{p(r)} = L_{p(r_0)} - 10\lg(r/r_0),\quad r < l_0/\pi, r_0 < l_0/\pi \tag{9-19b}$$

$$L_{p(r)} = L_{p(r_0)} - 15\lg(r/r_0),\quad l_0/\pi < r < 1, l_0/\pi < r_0 < l_0 \tag{9-19c}$$

2. 面声源

在环境影响评价中，预测点到声源表面的距离小于声源短边尺寸的 $1/\pi$ 时，该声源可近似为面声源，例如通过大型车间的墙面辐射噪声。

面声源可看作由无数点声源连续分布组合而成，其合成声级可按能量叠加法求出。

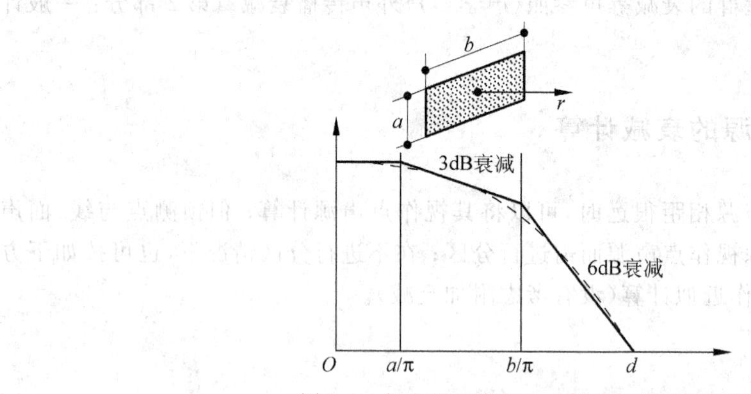

图 9-9 长方形面声源中心轴线上的衰减特性

图 9-9 给出了长方形面声源中心轴线上的声衰减曲线，图中虚线为实际衰减量。假定实际声源的辐射面为 $a\times b$ 且 $a<b$，当预测点和面声源中心距离 r 处于以下条件时，可按下述方法近似计算：

➢ 在 $r<a/\pi, r_0<a/\pi$ 的范围内可视作面声源，在面声源中心垂线上的声级如下式：

$$L_{p(r)} = L_{p(r_0)} \quad \text{即} \quad A_{\text{div}} = 0 \tag{9-20}$$

➢ 当 $a/\pi \leqslant r < b/\pi, a/\pi \leqslant r_0 < b/\pi$ 时，距离加倍衰减 3dB 左右，类似线声源衰减特性：

$$A_{div} = 10\lg(r/r_0) \tag{9-21a}$$

➢ 当 $r > b/\pi, r_0 > b/\pi$ 时，距离加倍衰减趋近于 6dB，类似点声源衰减特性

$$A_{div} = 20\lg(r/r_0) \tag{9-21b}$$

9.3 固定声源(工业、企业)噪声预测

1. 声源分析

(1) 依据工程可行性研究报告分析工程使用的设备型号、数量，并结合设备类型及其和工程边界、敏感点的相对位置确定工程的主要声源。

(2) 依据平面布置图及其工程资料，标明主要声源的位置。在确定坐标原点的基础上分析和确定主要噪声源的三维坐标。

(3) 将主要噪声源划分为室内声源和室外声源两类。室内声源应在分析围护结构的尺寸及其使用的建筑材料的基础上通过计算得到等效室外声源；为简化计算，室外声源也可进行分区得到等效声源。

(4) 确定主要声源(等效声源)的倍频带声功率级、A 声功率级或某一距离处的声压级、A 声级和运行时间。

(5) 列表给出主要声源的名称、型号、数量、声功率级或某一距离处的声压级、A 声级；主要声源和主要预测(敏感)点的坐标位置或相互间的距离，说明声源和预测(敏感)点之间的传播路径(地面状况、障壁)。

2. 声源强度的确定

(1) 声源强度的表达方法

倍频带声功率级或 A 声功率级，某一距离处倍频带声压级或 A 声级。

(2) 声源强度数据的来源

声源强度可通过设备生产厂家提供、类比调查、公式计算和资料查询获得。由于国内明确标注声源强度的设备较少，因此声源强度多数应依据类比调查获得。特别是改扩建工程更应注重同类型设备的类比监测。主要声源利用公式计算或通过资料查询获得时，必须指明使用的计算公式和资料的出处。

3. 声波传播路径分析

传播路径分析中应包括声源和预测点之间的障碍物(建筑物、围墙、树林)、地形高差、地面覆盖物等。

4. 气象条件

固定声源预测一般可不考虑气象条件修正，特殊需要时可采用工程建设地区的平均气温、平均湿度、顺风和逆温的气象条件。

5. 预测内容

(1) 厂界(或场界、边界)噪声预测：预测厂界噪声，给出厂界噪声的最大值及位置。

(2) 敏感目标噪声预测：预测敏感目标的贡献值、预测值、预测值与现状噪声值的差值，敏感目标所处声环境功能区的声环境质量变化，敏感目标所受噪声影响的程度，确定噪声影响的范围，并说明受影响人口分布情况。

当敏感目标高于(含)三层建筑时，还应预测有代表性的不同楼层所受的噪声影响。

(3) 绘制等声级线图：绘制等声级线图，说明噪声超标的范围和程度。

(4) 根据厂界(场界、边界)和敏感目标受影响的状况，明确影响厂界(场界、边界)和周围声环境功能区声环境质量的主要声源，分析厂界和敏感目标的超标原因。

6. 预测点等效声级 L_{eq} 的计算

(1) 确定预测计算的时间段 T 和各声源持续发声的时间 T_i。

(2) 计算预测时间内各声源单独作用时的等效连续 A 声级 L_{eqi}：

$$L_{eqi} = 10\lg\left(\frac{T_i}{T} \cdot 10^{0.1L_{Ai}}\right) \tag{9-22}$$

式中：L_{Ai} 为各声源单独作用时在预测点产生的 A 声级。固定声源为室外声源时可按 9.2.2 节公式计算，室内声源计算见下一小节。

(3) 预测点上各声源等效声级贡献值的计算。

在分别计算出各声源在预测点的 L_{eqi} 后，可用式(9-23)计算出预测点上各声源产生的等效连续 A 声级贡献值 L_{eqG}：

$$L_{eqG} = 10\lg\sum_{L=1}^{n} 10^{0.1L_{eqi}} \tag{9-23}$$

(4) 预测点等效声级计算。

可利用式(9-24)计算预测点上等效声级 L_{eq}：

$$L_{eq} = 10\lg(10^{0.1L_{eqG}} + 10^{0.1L_{eqB}}) \tag{9-24}$$

式中：L_{eqB} 为预测点处的背景声级。

(5) 声级等值线图绘制。

在评价范围可按网格设预测点，计算出各网格预测点上的噪声级(如 L_{eq}，WECPNL)后，然后采用数学方法(如双三次拟合法、按距离加权平均法、按距离加权最小二乘法)计算并绘制出等声级线。

等声级线的间隔不大于 5dB。对于 L_{eq}，最低可画到 35dB，最高可画到 75dB 的等声级线；对于 WECPNL，一般应有 70、75、80、85、90dB 的等值线。

等声级图直观地表明了项目的噪声级分布，为分析功能区噪声超标状况提供了方便，同时为城市规划、城市环境噪声管理提供了依据。

➤ 环境影响评价中厂界(场界、边界)用等效声级贡献值评价；敏感点用预测点的等效声级评价；等声级线一般用等效声级贡献值绘制。

7. 室内声源计算

(1) 按式(9-25)计算某一室内声源靠近围护结构处产生的倍频带声压级 L_{oct1}：

$$L_{oct1} = L_{octW} + 10\lg\left(\frac{\Omega}{4\pi r^2} + \frac{4}{R}\right) \tag{9-25}$$

(2) 按式(9-26)计算出所有室内声源在围护结构处产生的总倍频带声压级 $L_{oct1(T)}$：

$$L_{oct1(T)} = 10\lg\left(\sum_{i=1}^{N} 10^{0.1L_{oct1}}\right) \tag{9-26}$$

(3) 按式(9-27)计算出靠近室外围护结构处的声压级 $L_{oct2(T)}$：

$$L_{oct2(T)} = L_{oct1(T)} - (TL_{oct} + 6) \tag{9-27}$$

(4) 按式(9-28)用室外围护结构处的声压级和透声面积计算出中心位置位于透声面积处等效室外声源的倍频带声功率级 L_{octW}。

$$L_{octW} = L_{oct2(T)} + 10\lg S \tag{9-28}$$

(5) 按室外声源预测方法计算预测点处声级 L_{octi}。

例 9-1 一个建设工地在土石方开挖期内有多台施工设备**同时**运作(其位置及名称见例 9-1 图和例 9-1 表)，其中两台空气压缩机置于机房内，第 4 点即是该机房的窗口，窗口朝向民居，室内两台空气压缩机离窗户的距离均为 2m，窗户的面积为 $4m^2$，房间常数为 $50m^2$，窗户的隔声量为 20dB。场地四周为居住、商业、工业混杂区，该区域的背景噪声值为 45dB(A)。试确定场界上敏感点 A 处的声级dB(A)，并说明该建筑工地排放的噪声是否超标(《建筑施工场界噪声限值》(GB 12523—90)，土石方施工阶段：昼间 75dB(A)，夜间 55dB(A))；如果超标，应采取哪些措施？

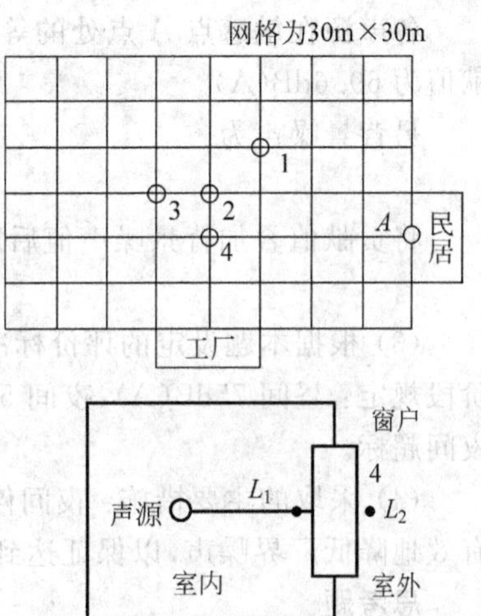

例 9-1 图 设备位置和机房平面示意图

例 9-1 表

图中编号	设备名称	数量/台	离设备 10m 处的声级/dB(A)
1	翻铲挖土机	1	85
2	推土机	1	85
3	风镐	1	90
4	空气压缩机(室内)	2	声功率级 L_W=90dB(A)

解：(1) 室内声源的计算

一台空气压缩机在室内窗口处产生的等效声压级(此处在无法取得倍频带声压级的情况下可用 A 声功率级替代)，根据式(9-25)，得

$$L_{eq1} = 95 + 10\lg\left(\frac{2}{4\times 3.14\times 2^2} + \frac{4}{50}\right) = 85.8(\text{dB(A)})$$

则两台空气压缩机在室内窗口处产生的等效声压级，根据式(9-26)，得

$$L_{eq1(T)} = 10\lg(10^{0.1\times 85.8} + 10^{0.1\times 85.8}) = 88.8(\text{dB(A)})$$

两台空气压缩机在室外窗口处产生的等效声压级，根据式(9-27)，得

$$L_{eq2(T)} = L_{eq1(T)} - (TL + 6) = 88.8 - (20 + 6) = 62.8(dB(A))$$

则两台空气压缩机在室外窗口处等效声源的声功率级，根据式(9-28)，得

$$L_W = 62.8 + 10\lg 4 = 68.8(dB(A))$$

(2) 各声源 i 到敏感点 A 的距离由 $r_i = \sqrt{a_i^2 + b_i^2}$ 计算，分别为

$$r_1 = 108.2m, r_2 = 123.7m, r_3 = 153m, r_4 = 120m$$

根据式(9-2)和式(9-9)(此处为半自由空间)，各声源在敏感点 A 处的等效声压级，分别为

$$L_{A1} = 85 - 20\lg\frac{108.2}{10} = 64.3(dB(A))$$

$$L_{A2} = 85 - 20\lg\frac{123.7}{10} = 63.2(dB(A))$$

$$L_{A3} = 90 - 20\lg\frac{153}{10} = 66.3(dB(A))$$

$$L_{A4} = 68.8 - 20\lg 120 - 8 = 19.2(dB(A))$$

各声源在敏感点 A 点处的等效声级贡献值进行叠加，得出 A 点的叠加后的等效声级贡献值为 69.6dB(A)。

另背景噪声为

$$L_B = 45dB(A)$$

将贡献值叠加背景噪声值后所得敏感点 A 处的等效声级仍为 69.6dB(A)，即

$$L_{eq(A)} = 69.6dB(A)$$

(3) 根据本题设定的评价标准《建筑施工场界噪声限值》(GB 12523—90)中土石方施工阶段规定：昼间 75dB(A)，夜间 55dB(A)，该建筑施工场界环境噪声在昼间是达标的，但在夜间超标。

(4) 采取的主要措施：夜间停止施工；或者在施工厂界噪声敏感点设置隔声屏障，从而有效地降低厂界噪声，以保证达到相应的标准。

思考题

1. 如果本题中没有机房，两台空气压缩机仍置于原地，则结果如何？
2. 如果本题中网格为 15m×15m，则结果如何？

9.4 公路交通噪声预测

公路交通噪声的大小取决于公路的车流量、车型比、车速、公路的纵向坡度、路面的材料、敏感点和公路之间的距离、地面状况、地形高差、障物等。一般公路的结构见图 9-9。目前公路噪声预测主要有两种方法：一种是以单位长度声功率级为基础的预测方法，另一种是以不同类型车辆在一定距离处的最大 A 声级为基础的预测方法。前一种方法是欧盟较多采用的，后一种是由美国联邦公路管理局(FHWA)推荐的方法。根据我国环境评价的实际情况，本节介绍第二种预测方法(《公路建设项目环境影响评价规范》(JTGB 03—2006))。该方法预测结果的正确与否，首先取决于各类型车一定距离处的声级计算结果是否正确，其次是预测模式的选取是否合适。国外在公路噪声预测中已考虑了风向、风速对预测结果的影响，由于国内尚未对此进行研究，因此本节不作介绍。

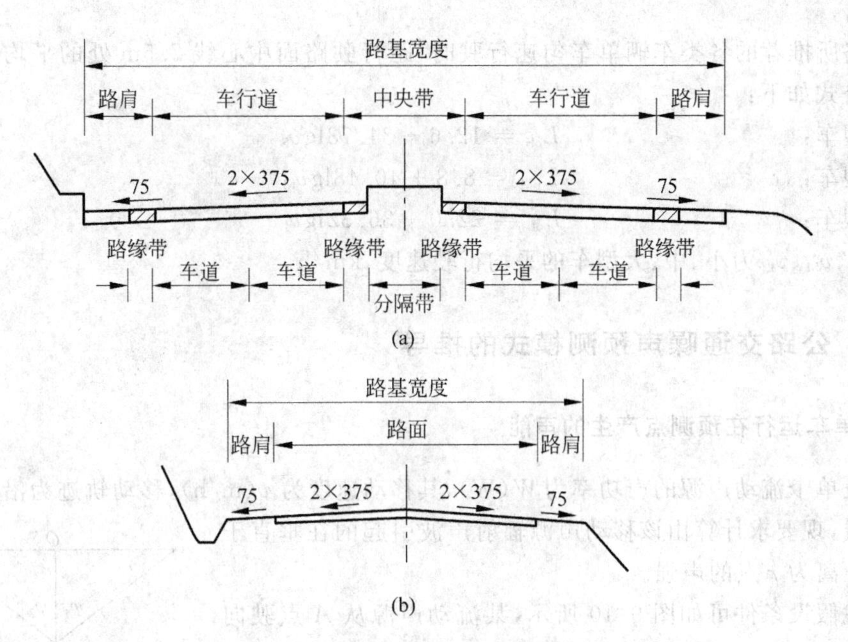

图 9-9　公路的结构和参数的表达

(a) 高速公路和一级公路；(b) 二、三、四级公路

9.4.1　不同类型车辆行驶声级计算

1. 车型分类

道路上行驶的汽车按照车种可分为大、中、小型车。目前的分类方法见表 9-4。

表 9-4　车型分类标准

车　型	汽车总质量
小型车(S)	3.5t 以下
中型车(M)	3.5～12t
大型车(L)	12t 以上

注：大型车一般包括集装箱车、拖挂车、工程车、大客车、大货车等；小型车一般包括小货、轿车、小面包、农用三轮、四轮等；中型车一般包括中货、中客等上述除大型车和小型车以外的车辆。

➢ 一般可研报告给出的车流量为标准车流量，因此评价单位通过类似道路的调查或通过对可研单位的咨询得到大、中、小型车的比例后，将标准车流量换算为大、中、小型车流量。可按如下公式反向换算：

$$Q_{St} = \alpha_S \eta_S Q_T + \alpha_M \eta_M Q_T + \alpha_L \eta_L Q_T \tag{9-29}$$

式中：Q_{St}为全天标准车流量，辆/天；α_L、α_M、α_S 为大、中、小型车和标准车的换算系数；η_L、η_M、η_S 为大、中、小型车的比例；Q_T 为实际的车流量，辆/天。

求出 Q_T后，根据大、中、小型车的比例即可求得大、中、小型车的流量。

➢ 为预测昼间和夜间的噪声，有必要求得昼间和夜间的车流量。

2. 单车匀速行驶声级的基本计算公式

车辆噪声的大小和车辆种类、车速、行驶道路的坡度、路面材料有关。通过实际监测，交通部公路所推荐的各类车辆单车匀速行驶时，距行驶路面中心线 7.5m 处的平均辐射声级 L_o 计算公式如下：

小型车：
$$L_{oS} = 12.6 + 34.73\lg v_S \tag{9-30a}$$

中型车：
$$L_{oM} = 8.8 + 40.48\lg v_M \tag{9-30b}$$

大型车：
$$L_{oL} = 22.0 + 36.32\lg v_L \tag{9-30c}$$

式中：v_S、v_M、v_L 为小、中、大型车的平均行驶速度，km/h。

9.4.2 公路交通噪声预测模式的推导

1. 单车运行在预测点产生的声能

假设单个流动声源的声功率为 W(W)，其移动速度为 v(m/h)，移动轨迹为沿着地面的某一直线，现要求计算由该移动声源辐射声波引起的在垂直于该直线距离为 r 点的声强。

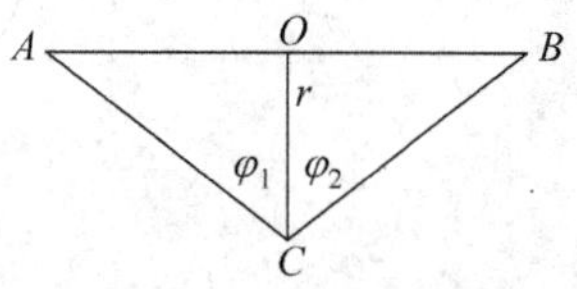

上述假设条件可如图 9-10 所示，某流动声源从 A 点驶向 B 点，测点 C 向 AB 直线作垂线，并相交于 O 点，OC 距离为 r，假定流动声源驶过 O 点的时刻为 0，流动声源由 A 点驶向 O 点的时间为负值，由 O 点驶向 B 点的时间为正值。

图 9-10 假设条件的示意图

某时刻 t，流动声源所在位置和 O 点的距离为 vt，和 C 点的距离为 $\sqrt{r^2+(vt)^2}$。依据声功率和声强的关系式，则 C 点的声强可按(9-32)式求得：

$$I = W/2\pi[r^2 + (vt)2] \tag{9-32}$$

C 点在 dt 时间内，单位面积上接收到的声能为 Idt，移动声源从 T_1 时间开始由 A 点驶向 B 点，在 T_2 时间到达 B 点，C 点单位面积上接收到的总声能 E 可按式(9-33)求得：

$$E = \int_{T_1}^{T_2} I\mathrm{d}t = \int_{T_1}^{T_2} \frac{W}{2\pi(r^2+v^2t^2)}\mathrm{d}t = \frac{W}{2\pi rv}\arctan\frac{vt}{r}\bigg|_{T_1}^{T_2} = \frac{W}{2\pi rv}(\varphi_2+\varphi_1) \tag{9-33}$$

式中：$\varphi_2 = \arctan\dfrac{vT_2}{r}$；$\varphi_1 = -\left(\arctan\dfrac{vT_1}{r}\right)$。

➢ 由推导可知，φ_2 和 φ_1 实际是流动声源起始点(A)、终点(B)和预测点(C)的连线和垂线的夹角，单位为 rad。

2. 等效声级的计算

在 T 时段内具有相同声功率的 n 个流动声源，以相同的速度通过路段 AB，则 C 点接收到的平均声强可按如下公式求出：

$$\bar{I} = \frac{nE}{T} = \frac{nW}{T}\left(\frac{\varphi_2+\varphi_1}{2\pi rv}\right) \tag{9-34}$$

依据等效连续 A 声级的定义，并假设 $L_p \approx L_I$，则

$$L_{eq} = 10\lg\frac{\bar{I}}{I_0} = 10\lg\frac{nW}{W_0T}\left(\frac{\varphi_1+\varphi_2}{2\pi rv}\right) \tag{9-35}$$

如取时间 T 为 1h，则 n/T 为小时车流量 N，从而可得

$$L_{eq} = L_{WA} + 10\lg \frac{N(\varphi_2 + \varphi_1)}{2\pi r v} \tag{9-36}$$

式中：L_{WA}为声功率级，dB(A)。

将上式中的L_{WA}转化为某距离(r_0)处的A声级，并将速度由m/h转化为km/h，则上式可变为

$$L_{eq} = L_{(r_0)} + 10\lg \frac{\pi r_0 N}{v} + 10\lg \frac{r_0}{r} + 10\lg \frac{\varphi_1 + \varphi_2}{\pi} - 30 \tag{9-37}$$

➢ 在不考虑地面衰减情况下，上式和美国联邦公路管理局提出的公式是一致的。取$r_0 = 7.5$m时，上式变为

$$L_{eq} = L_{(r_0)} + 10\lg \frac{N}{v} + 10\lg \frac{r_0}{r} + 10\lg \frac{\varphi_1 + \varphi_2}{\pi} - 16.3 \tag{9-38}$$

➢ 由上述推导可知，在平直面上的移动声源(自由流状态)所引起的等效声级随距离的衰减，不管其流量大小，均以线声源衰减。

9.4.3 公路交通噪声预测基本模式

公路交通噪声预测的基本模式如下：

$$L_{eqi(h)} = \overline{L}_{i(7.5)} + 10\lg\left(\frac{N_i}{v_i}\right) + 10\lg\left(\frac{7.5}{r}\right) + 10\lg\left(\frac{\varphi_2 + \varphi_2}{\pi}\right) - A - 16.3 \tag{9-39}$$

式中：$L_{eqi(h)}$为第i类车的小时等效声级，dB(A)；$i=1$为大型车，$i=2$为中型车，$i=3$为小型车；$\overline{L}_{i(7.5)}$为第i类车车速为v_i、离车道中心线水平距离为7.5m处的能量平均A声级，dB(A)；N_i为昼间、夜间通过某预测点的第i类车的平均小时车流量，辆/h；r为从车道中心线到预测点的距离，m；v_i为第i类车的平均车速，km/h；φ为代表有限长路段的修正函数，其中φ_1、φ_2为预测点到有限长路段两端的张角(图9-9)，rad；A为由其他因素引起的衰减量，其值为

$$A = A_1 - A_2 + A_3 \tag{9-40}$$

其中：$A_1 = A_{坡度} + A_{路面}$；$A_2 = A_{gr} + A_{bar} + A_{arm} + A_{misc}$；$A_3 = A_{rr}$。

➢ 混合车流模式的等效声级是将各类车的等效声级叠加求得。如果将车流分为大、中、小3类车，那么总车流等效声级为

$$L_{eq(T)} = 10\lg(10^{0.1L_{eq1(h)}} + 10^{0.1L_{eq2(h)}} + 10^{0.1L_{eq3(h)}}) \tag{9-41}$$

➢ 考虑背景噪声的影响需将预测结果和背景噪声进行叠加。

➢ 如某个预测点受多条线路交通噪声影响(如高架桥周边预测点受桥上和桥下多条车道的影响，路边高层建筑预测点受地面多条车道的影响)，应分别计算每条车道对该预测点的声级后，经叠加后得到贡献值。

9.4.4 修正量计算

1. 线路引起的修正量

结合拟建道路的实际情况对车辆噪声进行修正，修正量的计算公式如下：

(1) 纵坡修正($A_{坡度}$)

当汽车在坡道上行驶时,由于发动机负荷增加,汽车噪声明显增大,需进行坡度修正。

公路纵坡的修正($A_{坡度}$)可按下面公式计算:

$$大型车:A_{坡度}=98\beta \quad (dB) \tag{9-31a}$$

$$中型车:A_{坡度}=73\beta \quad (dB) \tag{9-31b}$$

$$小型车:A_{坡度}=50\beta \quad (dB) \tag{9-31c}$$

式中:β为公路纵坡坡度,%。

(2) 路面修正($A_{路面}$)

由于给出的车辆噪声计算公式是在沥青混凝土路面上测得的,因此对不同的路面应进行修正。水泥混凝土路面的噪声修正值($A_{路面}$)见表9-4。现在新开发的疏水、吸声路面可比沥青混凝土路面低2～3dB。

表9-4 常见路面噪声修正值 dB

路面类型	不同行驶速度修正值		
	30km/h	40km/h	≥50km/h
沥青混凝土	0	0	0
水泥混凝土	1.0	1.5	2.0

2. 声传播途径中引起的衰减

地面吸收修正(A_{gr})、大气吸收修正(A_{atm})按9.2节的公式计算。由于影响道路交通噪声A声级的频率主要是中心频率为500Hz的倍频带,因此可按500Hz倍频带声级计算。

线声源的声屏障衰减量(A_{bar})可按如下方法进行计算。

➢ 无限长声屏障按下式计算:

$$A_{bar}=\begin{cases}10\lg\left[\dfrac{3\pi\sqrt{(1-t^2)}}{4\arctan\sqrt{\dfrac{(1-t)}{(1+t)}}}\right], & t=\dfrac{40f\delta}{3c}\leqslant 1\\[2ex] 10\lg\left[\dfrac{3\pi\sqrt{(t^2-1)}}{2\ln(t+\sqrt{t^2-1})}\right], & t=\dfrac{40f\delta}{3c}>1\end{cases} \tag{9-32}$$

式中:f为声波频率,Hz;δ为声程差,m;c为声速,m/s。

➢ 有限长声屏障计算:

A_{bar}仍由公式(9-32)计算,然后根据图9-11进行修正。修正后的A_{bar}取决于掩蔽角β/θ。图9-11(a)中虚线表示:无限长屏障衰减为8.5dB,若有限长声屏障对应的掩蔽角百分率为92%,则有限长声屏障的声衰减为6.6dB。

3. 反射修正A_{rr}

考虑地貌以及声源两侧建筑物反射影响因素的修正,当道路两侧建筑物间距小于总计算高度30%时,由于反射作用明显提高了噪声级。

➢ 两侧建筑物是反射面时:

$$A_{rr}=4H_b/w\leqslant 3.2dB \tag{9-42a}$$

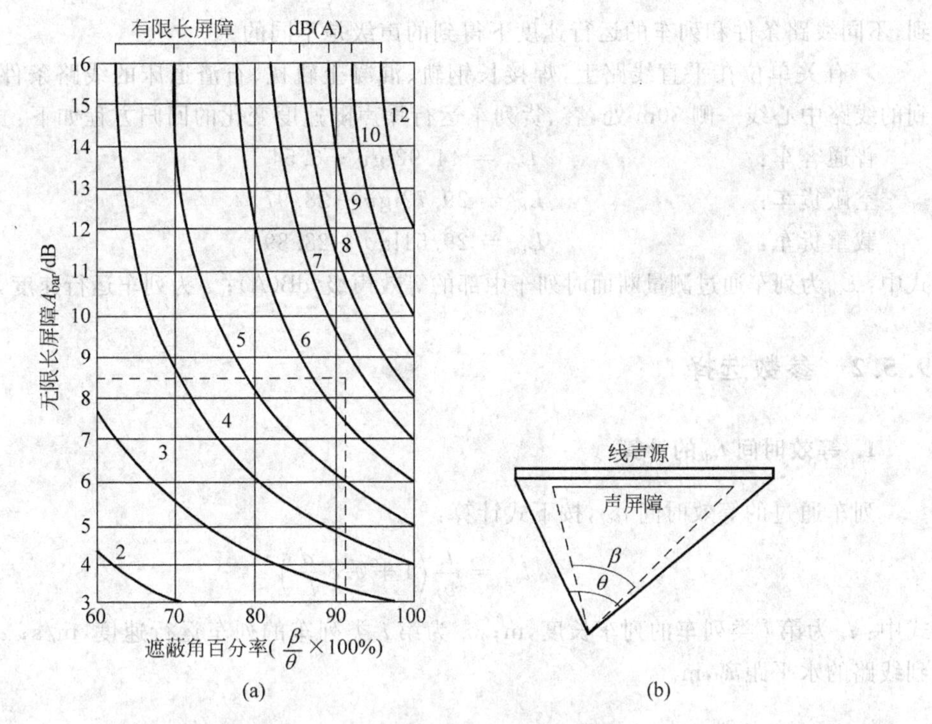

图 9-11 有限长度的声屏障及线声源的修正图

(a) 修正图；(b) 遮蔽角

式中：w 为道路两侧建筑物反射面的间距，m；H_b 为构筑物的平均高度(取道路两侧较低一侧高度平均值)，m。

➢ 两侧建筑物是一般吸收性表面时：

$$A_{rr}=2H_b/w\leqslant1.6\text{dB}\tag{9-42b}$$

➢ 两侧建筑物为全吸收性表面时：

$$A_{rr}\approx0\tag{9-42c}$$

9.5 铁路噪声预测

铁路噪声无论是普速、提速以至 200kg/h 以内的铁路列车运行稳态噪声主要包括机车牵引噪声、列车轮轨噪声、车体振动噪声和集电系统噪声。

9.5.1 基本计算公式

预测点铁路列车运行引起的等效声级 L_{Aeq} 的预测计算模式为

$$L_{Aeq}=10\lg\left[\frac{1}{T}\sum_i n_i t_{eqi}10^{0.1(L_{p0i}+C_i)}\right]\tag{9-43}$$

式中：T 为规定的评价时间，s；n_i 为 T 时间内通过的第 i 类列车列数；t_{eqi} 为第 i 类列车通过的等效时间，s；C_i 为第 i 类列车的 A 计权声压级的修正项，dB；L_{p0i} 为第 i 类列车最大垂向指向性方向上的噪声辐射源强，列车中部通过时的声级，dB，该源强应通过实际监测得到，不同线路条件和列车的运行速度下得到的声级是不同的。

➢ 有关单位在平直线路上，焊接长钢轨、混凝土轨枕、石渣道床的线路条件下，统计得到的线路中心线一侧 30m 处，客、货列车运行噪声随速度变化的回归方程如下：

普通客车： $$L_{eq}=44.92\lg v-6.54 \tag{9-44a}$$

空敞货车： $$L_{eq}=29.72\lg v+28.97 \tag{9-44b}$$

载重货车： $$L_{eq}=29.51\lg v+28.89 \tag{9-44c}$$

式中：L_{eq}为列车通过测量断面时列车中部的等效声级，dB(A)；v为列车运行速度，km/h。

9.5.2 参数选择

1. 等效时间 t_{eqi}的计算

列车通过的等效时间 t_{eqi}，按下式计算：

$$t_{eqi}=\frac{l_i}{v_i}\left(1+0.8\frac{d}{l_i}\right) \tag{9-45}$$

式中：l_i 为第 i 类列车的列车长度，m；v_i 为第 i 类列车的列车运行速度，m/s；d 为预测点到线路的水平距离，m。

2. 列车噪声修正值的计算

列车噪声修正项 C_i按下式计算：

$$C_i=C_{vi}+C_t+C_{di}+C_{ai}+C_{gi}+C_{bi}+C_\theta+C_w \tag{9-46}$$

式中：C_{vi}为 i 类车的速度修正，可按类比实验数据、相关资料或标准方法计算，dB；C_t 为线路和轨道结构的修正，可按类比试验数据、相关资料或标准方法计算，dB；C_{di}为 i 类车的几何发散损失，dB；C_{ai}、C_{gi}、C_{bi}分别为 i 类车的空气声吸收、地面吸收、屏障插入损失，可按 9.2 节的相关公式计算，dB；C_θ 为垂向指向性修正，dB；C_w 为频率计权修正，dB。

3. 几何发散损失 C_{di}的计算

由于列车一般较长，其可以看作有限长线声源。经推导，列车辐射噪声的几何发散损失 C_{di}可按式(9-47)计算：

$$C_{di}=10\lg\frac{d_0\,\text{arcatn}\left(\dfrac{l}{2d}+\dfrac{2l^2}{4d^2+l^2}\right)}{d\arctan\left(\dfrac{l}{2d_0}+\dfrac{2l^2}{4d_0^2+l^2}\right)} \tag{9-47}$$

式中：d_0 为源强的参考距离，m；d 为预测点到线路的水平距离，m；l 为列车长度，m。

4. 垂向指向性修正量 C_θ 的计算

列车噪声辐射的垂向指向性修正量 C_θ，可按下式计算：

$$C_\theta=-0.012(24-\theta)^{1.5},\quad -100\leqslant\theta<240 \tag{9-48a}$$

$$C_\theta=-0.075(\theta-24)^{1.5},\quad 240\leqslant\theta<500 \tag{9-48b}$$

式中：θ 为声源到预测点方向与水平面的夹角，(°)。

注：式(9-48)是根据国际铁路联盟(UIC)所属研究所(ORE)的研究资料建立的数学模型。

5. 线路和轨道结构的修正量 C_t

线路和轨道结构修正可参考相关标准、资料或表 9-5，确定线路结构变化引起的声级修正量 C_t。

表 9-5 轨道噪声的主要影响参数与 C_t

序号	参数名称	最小声级的参数值	最大声级的参数值	声级差/dB
1	钢轨类型	UIC 54 E	UIC 60	0.7
2	垫板静态刚度	5×10^9 N/m	1×10^8 N/m	5.9
3	垫板损失因数	0.5	0.1	2.6
4	轨枕类型	Bi-Block	木枕	3.1
5	轨枕间距	0.4 m	0.8 m	1.2
6	碎石道床刚度	1×10^8 N/m	3×10^7 N/m	0.2
7	碎石道床损失因数	2.0	0.5	0.2
8	车轮偏移	0m	0.01m	0.2
9	轨道偏移	0m	0.01m	1.3
10	车轮表面粗糙度	最光滑	最粗糙	8.5
11	轨道粗糙度	最光滑	最粗糙	0.7～3.9
12	列车速度	80km/h	160km/h	9.4
13	轮重	1 2500kg	5000kg	1.1
14	空气温度	10℃	30℃	0.2

注：本表引自 ISO/DIS 3381：2001 Railway applications-Acoustics-Measurement of noise inside railbound vehicles 和 ISO/DIS 3095.2：2001 Railway applications-Acoustics-Measurement of noise emitted by railbound vehicles。

9.6 机场飞机噪声预测

机场飞机噪声是我国居民对噪声反应最大的声源之一，国内已有多个机场附近的居民反映飞机噪声的影响。在环境影响评价中通过预测绘制的飞机噪声等值线图，可作为机场附近土地利用规划的依据，避免城市规划和机场的发展产生进一步冲突。

9.6.1 飞机噪声预测需要的资料

机场飞机噪声预测一般需要以下资料：

1. 气象资料

机场所在地的平均气象资料，主要为温度、湿度、风速和风向，其中风速为飞机起飞或降落时迎面风向的平均风速。

2. 跑道

机场跑道的方位、长度、数量和坡度。

3. 地形

机场海拔高度及评价范围内的等高线。

4. 飞行动态

(1) 机场使用的飞机型号、种类、发动机型号、起飞重量及其比例。
(2) 不同型号、种类飞机的功率-噪声-距离特性曲线。
(3) 机场年、日平均不同航线、不同跑道的飞机起降架次。
(4) 机场飞机起降架次在不同时间段的比例。

5. 飞行程序

起飞和降落的地面航迹、飞行剖面等飞行程序。

6. 敏感目标

主要敏感目标的地理坐标及其海拔高度。

9.6.2 飞机噪声预测的评价量

飞机噪声评价量国际上并不统一,例如美国采用昼夜等效声级,而欧盟采用昼间、晚上、夜间等效声级。由于我国《机场周围飞机噪声环境标准》(GB 9660—88)采用的评价量是一日计权等效(有效)连续感觉噪声级(L_{WECPN}或 WECPNL),因此在机场噪声预测中应采用该评价量,其计算公式如下:

$$L_{WECPN} = \overline{L}_{EPN} + 10\lg(N_1 + 3N_2 + 10N_3) - 39.4 \quad (dB) \tag{9-49}$$

式中:N_1 为 07:00—19:00 对某预测点产生噪声影响的飞行架次,其计权系数为 1;N_2 为 19:00—22:00 对某预测点产生噪声影响的飞行架次,其计权系数为 3;N_3 为 22:00—07:00 对某预测点产生噪声影响的飞行架次,其计权系数为 10。每天的总飞行架次 $N=N_1+N_2+N_3$。$\overline{L}_{EPN}$ 为 N 飞行架次的有效感觉噪声级的平均值,按下式计算:

$$\overline{L}_{EPN} = 10\lg\left[\frac{1}{N_1+N_2+N_3}\sum_{i=1}^{N}10^{0.1L_{EPNi}}\right] \quad (dB) \tag{9-50}$$

式中:L_{EPNi} 为第 i 架次飞机对某预测点引起的有效感觉噪声级,dB。

9.6.3 单架飞机噪声及其修正

《国际民用航空公约》附件 16(第Ⅰ卷)和《中国民用航空规章》第 36 部均规定了飞机适航合格审定噪声标准。根据 ICAO circular 116-AN/86(1974)和 205-AN/86(1988),飞机噪声一般可用噪声距离特性曲线或噪声-功率-距离数据表达,该数据一般应利用国际民航组织或其他有关组织,飞机生产厂提供的数据。

➢ 鉴于提供的资料是在一定条件下获取的,实际预测情况和资料获取时的条件不一致,在应用时应作必要修正,如推力修正、速度修正和温、湿度修正等。

9.6.4 单个飞行事件引起的地面噪声的计算

在飞机噪声特性确定后，计算各预测点的噪声需按如下步骤进行：

(1) 飞行剖面的确定

在进行噪声预测时，首先应确定单架飞机的飞行剖面。典型的飞行剖面示于图 9-12；图中，以飞机起飞或降落点为原点，跑道中心线为 x 轴，垂直地面为 z 轴，垂直于跑道中心线为 y 轴。设预测点的坐标为(x,y,z)，飞机起飞、爬升、降落时与地面所成角度为 θ，则飞机与预测点之间的斜距为 R。

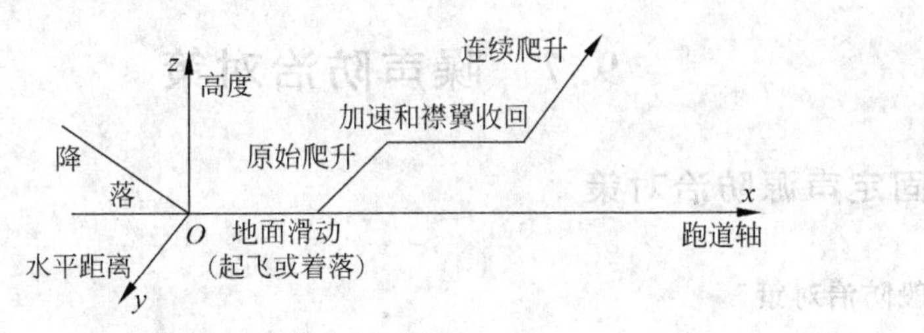

图 9-12 单架飞机的飞行剖面

(2) 斜距确定

如图 9-13 所示，从网格预测点 O 到飞行航线的垂直距离(斜距 R)可由下式计算：

$$R = \sqrt{l^2 + (h\cos\theta)^2} \tag{9-55}$$

式中：R 为预测点 O 到飞行航线的垂直距离，即斜距，m；l 为预测点 O 到地面航迹的水平垂直距离，m；h 为飞行高度，m；θ 为飞机的爬升角。

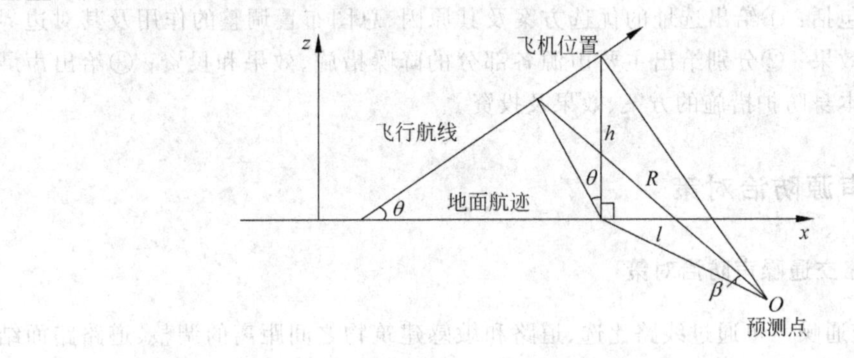

图 9-13 斜距计算图

➢ 在进行噪声预测时，还应计算飞机在起飞或降落的过程中，由地面所引起的侧向衰减，以及飞机起跑点后的指向性修正(由于飞机发动机具有指向性，因此在飞机起跑点后面的观测点应给出指向性修正，其修正值和预测点、跑道之间的夹角有关)。

9.6.5 飞机噪声等值线图的绘制

(1) 水平发散的计算

由于飞机在起飞时不能完全按照规定的航迹起飞，因此等值线图仅按规定的航迹计算，就可能产生较大误差。在无实际测量数据时，可参考 ICAO circular 205/86(1988)的规定进行水平发散的计算。

(2) 网格设定

进行计算机计算时，网格间距的设置一般可以为 300m；对于接近跑道的区域，网格间距还可更小，以保证偏差不大于 0.5dB。

(3) 等值线图绘制

把网格点上计算出的 WECPNL 值，按 5dB 的间隔，将噪声级相同的点连接成线。在 1∶50 000 包括机场区域在内的土地规划图上，画出 70、75、80、85、90dB 的等值线图。

9.7 噪声防治对策

9.7.1 固定声源防治对策

1. 一般防治对策

固定声源防治对策可以从工程选址，总图布置，设备选型，操作工艺变更，主要声源采用消声、吸声、隔声、隔振和阻尼措施，声屏障、敏感建筑物采取噪声防护等措施降低和减轻噪声对周围环境和居民的影响。

2. 固定声源噪声防治对策编写要求

固定声源防治对策应从选址、总图布置、声源措施、声屏障及敏感点建筑物噪声防治措施等分别给出。包括：①给出选址的优选方案及其原因、总图布置调整的作用及其对边界和敏感点的降噪效果；②分别给出主要声源各部分的降噪措施、效果和投资；③给出声屏障和敏感建筑物本身防护措施的方案、效果及投资。

9.7.2 流动声源防治对策

1. 公路、道路交通噪声防治对策

公路、道路交通噪声可通过线路比选、道路和敏感建筑物之间距离的调整、道路路面结构和路面材料的改变、道路和敏感建筑物之间的土地利用规划、道路车辆的行驶规定、临街建筑物使用功能的变更、声屏障和敏感建筑物本身的防护或拆迁安置等措施来减轻公路、道路交通噪声对周围环境和居民的影响。

2. 铁路、城市轨道噪声防治对策

铁路、城市轨道噪声可通过线路比选、道轨和机车选择、列车运行方式、运行速度、道轨和敏感建筑物之间距离的调整、道轨和建筑物之间土地利用方式的变化、鸣笛方式变更、沿线建筑物使用功能变更、声屏障及敏感建筑物本身的噪声防护及拆迁等措施来减轻对周围环境和居民的影响。

3. 机场噪声防治对策

机场噪声可通过机场位置选择，跑道方位和位置的调整，飞行程序的变更，机型选择，昼间、晚上、夜间飞行架次比例的变化，起降程序的优化，敏感建筑物本身的噪声防护或使用功能更改、拆迁，噪声影响范围内土地利用规划或土地使用功能的变更等措施来减少飞机噪声对周围环境和居民的影响。

4. 流动声源噪声防治对策编写要求

流动声源噪声防治应从选址、声源措施、声屏障及建筑物噪声防治等方面分别给出，包括：

(1) 通过流动声源不同声级下影响人群的数量，提出优化的选址和选线及跑道方位的方案，并说明优化的理由。

(2) 给出道路车辆行驶规定或列车运行方式或飞行程序变化等对不同声级下影响人群的数量及敏感点声级的变化，详细说明各项措施的具体内容。

(3) 给出声屏障或建筑物本身防护措施等的方案，其中应包括投资及具体的降噪效果，并进行不同降噪措施的技术、经济可行性比较。

(4) 其他管理技术措施的具体建议及可能带来的优越性说明。

本章小结

(1) 在遵循《环境影响评价技术导则　声环境》(HJ/T 2.4)的框架下，根据环境声学情况与预测要求，也可以采用国内外最新的并获得广泛认可的评价模式、方法和成果。

(2) 点声源预测的基本模式可表示为：预测点上的声级＝声源的声功率级＋对不同特性声源的修正—传播途径中的各种衰减。

(3) 如果已知声源与预测点之间某处(测量点)的声压级 $L_{(r_0)}$，则其预测模式可简化为：预测点上的声级＝$L_{(r_0)}$—传播途径中的各种衰减。

(4) 对于线声源和面声源来讲，预测模式要复杂些，通常是对离声源中心一定距离上的预测点给出不同距离范围内的简化公式，从而方便了计算。

(5) 工业噪声源基本上是固定的点声源，或可简化为一个点声源；它可能在室外，也可能置于室内。而预测点通常位于厂界或厂界外的声敏感点上，因此工业噪声预测是一个点(或多点)到点的计算模式。要注意的是各声源在厂界上的预测结果为贡献值，不叠加背景噪声；敏感点的预测值应为贡献值和背景值的能量叠加。

(6) 室内声源的计算是根据室内声场特性和参数，计算出各个声源在室内围护结构处的叠加声压级，再按照隔声条件计算出室外围护结构处的声压级，然后根据围护结构面积折算成一个等效的室外声源声功率级，最后按室外声源预测方法计算预测点处声级。

(7) 公路交通噪声虽然可视其为一个线声源来建立预测模式，但其特性和强度显然与汽车的车型、车速、流量和公路的路面状况等有关；因此，在按线声源模式进行的预测中，必然要对上述各个影响因素进行修正。

(8) 铁路列车也是一个线声源，显然对其特性和强度的影响因素有列车的类型、长度、车速、声辐射指向性和线路条件和状况等；对这些因素进行恰当的修正，就成为铁路噪声预测的关键。

(9) 机场飞机噪声是一种飞机在起飞和降落时的空中流动点声源，所以飞机噪声的强度和传播除了与飞机类型、架次、飞行程序、飞行动态有关外，还与机场地理状况、跑道参数及气象条件等有关；其评价量采用一日计权等效连续感觉噪声级 WECPNL，并要考虑对上述各影响因素的修正。预测时，首先要确定飞机与地面预测点之间的斜距，再考虑各种修正和衰减，最后在网格上把各个等值的 WECPNL 点连起来，绘成等值线图，以便对机场飞机噪声的影响作出预测评估。

(10) 工程施工噪声预测的特点：不是以某个声源，而是以不同的工程类型和施工阶段给出施工场地(相当于面源)上的等效声级为计算出发点，最后以场地周围的 L_{eq} 等值廓线来作影响评价。

习　题

1. 噪声源声学性能参数包括哪些？

2. 工厂锅炉房排气口外 2m(r_1)处噪声级 85dB(A)，厂界值要求标准为 60dB(A)。厂界与锅炉房最少距离 r_2 应为多少米？

3. 某高速公路路肩处设置高 3m 的声屏障，屏障距公路中心线 20m。计算声屏障后 40m 处的声屏障的插入损失。

4. 一个建设场地内有多台施工设备同时运作(其位置及名称见下图和下表)，场地四周为居民区。试绘制等声级图和确定敏感点 A、B 处的声级(dB(A))，并对该项目声环境影响作出评价。

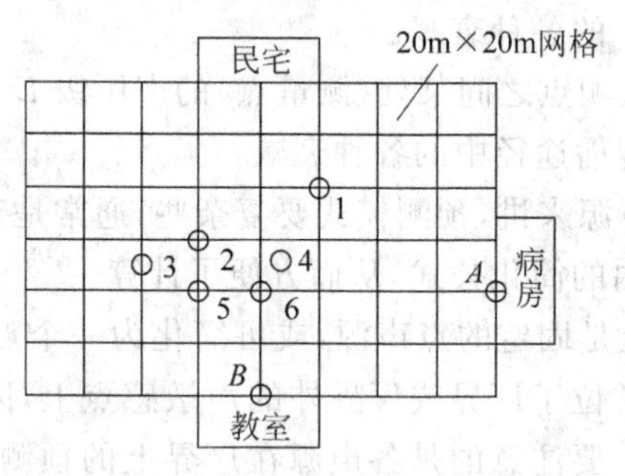

编号	设备名称	离设备 15m 处的声级 /dB(A)	编号	设备名称	离设备 15m 处的声级 /dB(A)
1	混凝土搅拌机	83	4	风镐	95
2	塔吊	88	5	推土机	90
3	翻铲挖土机	90	6	空气压缩机	85

5. 设一无限长单向行驶道路，交通高峰时段(8:00—9:00)车流量为1000辆/h，其中大型车占5%，其余为小型车；大型车辐射声级距离15m为80dB，小型车为70dB；车速均为60km/h；预测点与道路中心线垂直距离为20m(单行道)，其间无遮蔽物，地面为混凝土。试求预测点在该时段的交通噪声等效声级。

6. 某公路宽20m，一民居距公路路边50m；公路日均交通量4000辆，其中30%为卡车(中型)，10%为重型卡车(大型)，其余为小车；平均车速75km/h；公路和民居间为草地且无障碍物。计算车流量为日均交通量的10%时的峰值小时等效声级。

7. 用第6题的数据计算民居处昼间和夜间的等效声级。假设白天的车流量是平均日交通量的90%。

8. 一个拟建的住宅小区，计划施工进度为：场地清理50天，土方开挖45天，基础工程80天，上层建筑300天，工程收尾25天；在上层建筑施工和工程收尾阶段，只有少数必需设备在现场；设施工场地为150m×150m的范围。

(1) 试画出场地四周L_{eq}的廓线；

(2) 算出在离场地50m处的民宅噪声是否超标。

第10章

噪声控制实践

本章提要

1. 校园是学校的公共环境,如何以校园环境为对象进行噪声监测和评价,这是一个贴近身边的噪声控制实践活动。

2. 道路交通噪声是一种非稳态噪声,也是对环境噪声贡献率很大的一类噪声,了解和掌握这类噪声的特征及其测量与评价方法有重要意义。

3. 风机是一种常用的工业设备和废水、废气处理附属设备,在学校的锅炉房中也是必备的设备之一,其进、出风口噪声属于空气动力性噪声,其机壳则辐射机械噪声。掌握风机噪声的测量和因地制宜的控制方法,对提高学生的实践能力有重要作用。

10.1 噪声测量的准备工作

噪声测量的准备工作是噪声测量能否顺利、正确、有效进行的前提条件,准备工作主要有以下几个方面:

1. 查阅相应的测量方法标准和控制、评价标准

2. 确定测量工作量

对于不同的测试对象,有不同的评价量。测量前必须确定选择哪一评价量;然后按照欲求得的评价量,确定测试量有哪些。

常用的评价量有计权声级、统计声级、噪声暴露量、环境评价量、声功率级等。

3. 使用仪器的选择与校准

➢ 根据确定的测试量,确定使用的仪器及其级别。仪器在使用前先要进行检查与校准,以保证各种仪器完整无损、电池充足、读数可靠。应配齐必要的附件。

➢ 选定仪器时,要仔细阅读说明书,熟悉使用方法,应注意仪器的量程范围。若所测噪声可能超出量程范围,要事先采取补救措施。

➢ 目前,测量噪声用的声级计,表头响应按灵敏度可分为4种。

(1)"慢":表头时间常数为1000ms。一般用于测量稳态噪声,测得的数值为有效值。

(2)"快":表头时间常数为125ms。一般用于测量波动较大的不稳态噪声和交通噪声

等。"快"挡接近人耳对声音的反应。

(3)"脉冲或脉冲保持":表针上升时间为35ms。用于测量持续时间较长的脉冲噪声,如冲床、锻锤等。测得的数值为最大有效值。

(4)"峰值保持":表针上升时间为20ms。用于测量持续时间很短的脉冲噪声,如枪、炮和爆炸声。测得的数值是峰值,即最大值。

➢ 声级计可以接滤波器和记录仪,对噪声作频谱分析。在进行频谱分析时,一般不能用计权网络,以免使某些频率的噪声衰减,从而影响对噪声源分析的准确性。

➢ 积分声级计主要用于测量一段时间内不稳态噪声的等效声级 L_{eq}。如果测量时间小于8h,等效声级就直接与噪声剂量计有关。

➢ 噪声剂量计也是一种积分式声级计,主要用来测量噪声暴露量。

➢ 噪声统计分析仪是用来测量噪声级的统计分布,并直接指示 L_N 的一种声级计。

4. 资料准备

测量工厂的车间噪声与厂区、厂界噪声或学校校园噪声,最好准备车间平面图及厂区平面图或校园平面图等;若测量设备噪声,最好请熟悉现场的人带路,以免因对现场不熟,发生不必要的意外。

5. 选择噪声控制实践的类型和地点

在我国,大专院校的校园就是一个城市小社会,在校园内几乎可以找到各种类型的噪声源。例如,锅炉房风机,生产实习基地(工业生产噪声),道路上的车辆(交通运输噪声),教学设施建设工地(建筑施工噪声),宿舍、食堂、商店及文体活动场所(社会生活噪声)等。所以噪声控制实践活动完全可以选择在校园内进行,这样也更方便、更安全、更经济,而且实践活动的结果对校园的声环境控制和建设有积极意义。

6. 测量记录表格

应事先准备好各种测量用的记录表格。测量记录大致包括以下事项:

(1) 日期、时间、地点及测定人员;

(2) 使用仪器型号、编号及校准记录;

(3) 测定时间内的气象条件(风向、风速、雨雪等天气状况);

(4) 测量项目及测定结果;

(5) 测量依据的标准;

(6) 测点示意图;

(7) 声源及运行工况说明(如交通噪声测量的交通流量等);

(8) 其他应记录的事项。

10.2 校园噪声现状监测与评价

本项实践活动是把校园视作一个城市小社会,模拟城市0~3类声环境功能区普查监测与评价。所以从本质上讲它就是一个区域环境噪声现状测量与评价问题,原则上应遵循《声环境质量标准》(GB 3096—2008)和噪声测量方法；其中，教学楼和宿舍楼可认定为噪声敏感建筑物。在噪声监测和评价方法上，也应根据校园的特点而作适当的调整，以使监测与评价结果更具特色、更有实用性。

1. 实践目的

(1) 熟悉《声环境质量标准》(GB 3096—2008)；

(2) 掌握功能区环境噪声监测的基本方法和步骤；

(3) 学习声环境评价的基本方法；

(4) 全面评价校园各声环境功能区昼间、夜间的声环境质量，了解功能区环境噪声时空分布特征，为学校的建设规划和声环境控制管理提供依据和建议。

2. 测量仪器

精度为Ⅱ型及Ⅱ型以上积分声级计(积分平均声级计)。由于工作量巨大，最好采用具有自动采样与数据处理功能的数字化智能噪声测量仪，这可以大大方便测量工作。

3. 测量条件

(1) 气象条件：一般应选在无雨雪、无雷电、风速在5m/s以下的时间测量；要求加风罩，以免风噪声的干扰；同时使传声器膜片保持清洁。

(2) 仪器设置方式：测量仪器可以手持或固定在测量三角架上，传声器距离任何反射物(地面除外)至少3.5m外，距离地面高度1.2m以上。

4. 测量步骤与方法

(1) 划分校园内声环境功能区

在校园的平面图上，按照《声环境质量标准》要求，将校园划分成0、1、2、3类环境功能区。

(2) 测量点的选择

将每个功能区划分为数目不少于100个等大的正方形测量网格，网格要完全覆盖整个功能区，测量点选在每个网格的中心。若中心点的位置不宜测量(如有房顶、水沟、禁区等)，可移到距中心最近的可测量位置上进行测量。

(3) 测量时间

测量时间分为昼间(7:00—22:00)和夜间(22:00—7:00)两部分。夜间实际监测时间视情况也可控制在22:00—24:00，以节省工作时间、减少工作量。根据地区、季节的不同，时间可稍作调整。监测应避开节假日和非正常工作日。

(4) 读数方法

在前述测量时间内，每次每个测点测量10min的等效声级 L_{eq}。白天测量的结果代表昼间的分布，夜间测量的结果代表夜间的分布。读数的同时，要判断测点附近的主要噪声来源(如交通噪声、工厂噪声、施工噪声、居民噪声或其他声源等)，记录周围声学环境状况。

(5) 数据处理方法

将全部网络中心测点测得的10min的等效声级 L_{eq} 作算术平均运算，所得的算术平均

值代表该声环境功能区的总体环境噪声水平，并计算标准偏差。标准偏差为

$$\sigma=\sqrt{\frac{1}{n-1}\sum(L_i-\bar{L})^2} \tag{10-1}$$

式中：L_i 为测得的第 i 个声级，dB(A)；$\bar{L}$ 为测得声级的算术平均值，dB(A)；n 为测得声级的总个数。

(6) 功能区和全校园的噪声分布图

测量最终结果可以用功能区噪声分布图来表示。为了便于制图，一般以 5dB 为一等级。由于一般环境噪声标准多以 L_{eq} 来表示，因此，为便于与标准比较，常以其作为环境噪声评价量来绘制分布图。

如果白天和夜间都分别做了测量，分布图可以分别绘制，或者以每一个网点的昼夜等效声级来表示。昼夜等效声级为

$$L_{dn}=10\lg\left[\frac{15\times10^{0.1L_d}+9\times10^{0.1(L_n+10)}}{24}\right]\ (\text{dB(A)}) \tag{10-2}$$

式中：L_d 为昼间的等效 A 声级，dB(A)；L_n 为夜间的等效 A 声级，dB(A)。

➢ 将各功能区的噪声分布图合并起来，即得到全校园的噪声分布图。

5. 测量结果与评价

(1) 作表列出各功能区网点的 L_{eq} 及标准偏差 σ 或 L_{dn}。

(2) 绘制全校园的噪声分布图，噪声分布图的表示方法见表 10-1。

表 10-1　表示网格点声级的颜色或点线

网格声级/dB(A)	$L<35$	$35\leqslant L<40$	$40\leqslant L<45$	$45\leqslant L<50$	$50\leqslant L<55$
颜色	浅绿	绿	深绿	黄	褚
阴影点线	小点 低密集度	中等大的点 中等密集度	大点 高密集度	垂直线 低密集度	垂直线 中等密集度

网格声级/dB(A)	$55\leqslant L<60$	$60\leqslant L<65$	$65\leqslant L<70$	$70\leqslant L<75$	$75\leqslant L<80$	$L\geqslant80$
颜色	橙	朱红	胭脂红	淡紫	蓝	深蓝
阴影点线	垂直线 高密集度	并驻线 低密集度	交叉线 中密集度	交叉线 高密集度	垂直宽条	全黑

(3) 根据各功能区每个网格中心的噪声值及对应的网格面积，统计不同噪声影响水平下的面积百分比以及昼间、夜间的达标面积比例。

(4) 根据《声环境质量标准》对校园进行环境噪声评价，提出解决噪声超标问题的治理方案。

6. 实施说明

对校园整体进行功能区噪声监测和评价的工作量相当大，为此，在有条件时，可以进入第二课堂建立多个实践小组一起协作完成；也可作为学生毕业设计课题，由几名学生合作完成。

➢ 也可以对校园内不同的声环境功能区分别进行监测与评价，工作量可相应减少。

➢ 也可仅以一个或几个教学楼和宿舍楼等噪声敏感建筑物作为监测评价对象，按国标《声环境质量标准》中规范性附录C进行监测与评价，这样工作量可大大减少。

10.3 校园道路交通噪声的测量与评价

校园内道路的行驶车辆虽然不如城市道路的密集，但由于小汽车日益普及和校园的物质运输供应量不断增加，所以在一些校园的主干道上车流量也十分可观，由此引起的道路交通噪声的影响应该受到关注，以便制定切实可行的控制措施，保障校园声环境的质量。

目前道路交通噪声的测量有两个标准。一是《声环境质量标准》中规范性附录B的关于4类声环境功能区普查监测方法；4类声环境功能区指交通干线两侧一定距离之内，需要防止交通噪声对周围环境产生严重影响的区域。二是《声学　环境噪声测量方法》(GB/T 3222—94)中第8节关于城市道路交通噪声测量方法。根据国家环保局《城市环境综合整治定量考核指标实施细则》(环控[1997] 531号)，城市道路交通噪声定义为城市交通干线噪声平均值；交通干线即城市规划部门确定的城市主、次干线为城市交通干线道路。虽然前者是强制性标准，但校园内道路更贴近于后者的情况，所以本项活动测量方法选为后者。何况这两个监测标准原则上差别不大；而后者则规定较详细，易于操作。

1. 实践目的

(1) 熟悉《声学　环境噪声测量方法》中关于城市道路交通噪声测量方法；

(2) 加深对交通噪声特征的了解；

(3) 掌握等效连续声级及累积百分声级的概念和测量方法；

(4) 为校园内的道路交通噪声控制(重点在规划、管理措施)提供依据。

2. 测量仪器

测量仪器采用Ⅱ型或Ⅱ型以上的统计声级计(噪声统计分析仪)，是用来测量噪声级的统计分布，并直接指示L_N的一种声级计。它还具有测量并数字显示A声级、L_{eq}及均方偏差等功能；还能进行24小时环境噪声监测，每小时测量一次，然后显示或打印出来，最适合进行环境噪声自动监测。在测量前后使用声级校准器进行校准，要求测量前后校准偏差不大于2dB。

3. 测量条件

(1) 气象条件：一般应选在无雨雪、无雷电、风速在5m/s以下的时间测量；要求加风罩，以免风噪声的干扰；同时使传声器膜片保持清洁。

(2) 仪器设置方式：测量仪器可以手持或固定在测量三角架上，传声器距离任何反射物(地面除外)至少3.5m外，距离地面高度1.2m以上。

4. 测量步骤与方法

1) 测点选择

(1) 根据校园情况，划定要监测的自然路段。

(2) 每个自然路段布置一个测点，测点应选在两路口之间、道路边人行道上或离车行道的路沿20cm处，此处离路口应大于50m；长度不足100m的路段，测点设于路段的中间，这样该测点的噪声可以代表两路口间的该段道路交通噪声。

2) 测量时间

测量时间分为：昼间和夜间两部分。具体时间，可依地区和季节不同按当地习惯划定。

一般采用短时间的取样方法来测量。白天选在工作时间范围内(如8:00—12:00和14:00—18:00)；关注上下班及上课时段内的交通噪声情况。夜间选在睡眠时间范围内(如23:00—5:00)。

3) 测量方法

在规定的测量时间内，各测点(路段)每次取样测量20min的等效A声级L_{eq}及统计声级L_N，同时记录车流量(辆/h)。

4) 评价值

由各自然路段测得的等效声级L_{eq}及L_N按路段长度加权的算术平均值，就是校园道路交通噪声的评价值。计算公式为

$$\overline{L}_{eq}=\frac{\sum_{i=1}^{n}L_{eqi}l_i}{\sum_{i=1}^{n}l_i}\quad(\text{dB(A)})\tag{10-3}$$

式中：$\overline{L}_{eq}$为校园道路交通噪声平均值，dB(A)；L_{eqi}为第i条路段的等效声级，dB(A)；l_i为第i条路段的长度，m；n为测量路段总数。

5. 测量结果与评价

(1) 简单描述测试路段、环境简图、测试时段、车流量以及车流特征(大车、小车出现情况及其他干扰情况)。

(2) 测试数据列表并标出L_{eq}和L_{10}、L_{50}、L_{90}的值，以及计算得到的$\overline{L}_{eq}$值，并与测试路段所处功能区环境噪声标准比较。

(3) 判断噪声达标情况，提出整治方案。

6. 实施说明

具体实施时，应根据校园的特点对测量和评价方法作适当调整，以使结果更符合校园情况和声环境要求。

10.4 风机噪声的测量与控制

学校的食堂、洗浴室或空调供热大多由自备锅炉提供，锅炉房中的离心(鼓或引)风机是一个典型的工业噪声源，锅炉房则可视为一个生产车间。它们的噪声测量和评价应遵循《风机和罗茨鼓风机噪声测量方法》(GB/T 2888—1991)及工业企业噪声检测规范。

有条件时，也可到校内、外污水处理厂的罗茨鼓风机房去进行实地测量。

1. 实践目的

(1) 熟悉离心风机和罗茨鼓风机噪声的测量方法;

(2) 学习工业企业噪声的基本评价方法;

(3) 提出风机和风机房噪声的控制方案。

2. 测量仪器

精密声级计、噪声频谱分析仪、离心风机或罗茨鼓风机。

3. 测量内容与测量项目

风机噪声测量应遵循《风机和罗茨鼓风机噪声测量方法》。

(1) 通风机进风口或出风口噪声

测量通风机进风口或出风口的噪声时,需测量其A声级dB(A)和中心频率为63、125、250、500、1000、2000、4000、8000Hz的倍频带声压级(dB(A))。

(2) 风机和罗茨鼓风机机壳噪声

测量风机和罗茨鼓风机机壳的噪声时,需测量其A声级dB(A)和主要测点中心频率为63、125、250、500、1000、2000、4000、8000Hz的倍频带声压级(dB(A))。

➢ 测量罗茨鼓风机进风口或出风口的A声级dB(A)和倍频带声压级(dB(A))时,也可参照以下方法进行。

4. 测量条件

(1) 测量应在半自由声场或自由声场进行,如消声室、露天空旷场地、空间较大的车间或进行吸声处理的房间,以避免反射声的影响。

➢ 反射声的影响可采用以下方法进行检验:

在距离声源1倍和2倍标准长度①上分别测量设备运转时的A声级,它们的A声级之差等于或大于5dB(A),则基本没有反射声的影响;反之,则应另选测量地点或增加测量环境的吸声量(如打开门、窗和铺设吸声材料),直至满足测量要求。

(2) 测量地点环境应避免背景噪声影响。若背景噪声级和倍频带声压级与被测机器噪声级的差值大于10dB,则背景噪声不会影响测量结果。若差值小于3dB,则背景噪声对测量影响很大,不可能进行精确测量,其测量结果没有意义。这时应设法降低背景噪声或将传声器移近被测声源,以提高被测噪声与背景噪声之间的差值。当两者差值在4~10dB时,应按表10-2修正。

表10-2 噪声级修正表 dB

声源噪声测量值与背景噪声的差值	3	4~5	6~10	>10
修正值	−3	−2	−1	0

① **标准长度**是指测点到声源的距离,用L表示。测量风机进出口噪声时,当叶轮直径小于或等于1m时,取标准长度为1m;当叶轮直径大于1m时,取标准长度等于叶轮直径。测量机壳噪声时,标准长度取1m。

(3) 运转条件：测量噪声时一般应在额定转速及流量条件下进行；当与用户协商同意，也可在其他条件下测量，但应明确记录具体运转条件。对额定转速及流量的误差允许在额定值的±5%范围内。

5. 测量步骤与方法

1) 测点位置

(1) 通风机进风口噪声测量：测点是在进风口中心轴线上，距进风口中心的距离等于标准长度 L。测点用 S 表示，如图 10-1 所示。

(2) 通风机出风口噪声测量：测点选在与出风口轴线 45°方向，距出风口中心的距离为标准长度 L。测点用 D 表示，如图 10-2 所示。

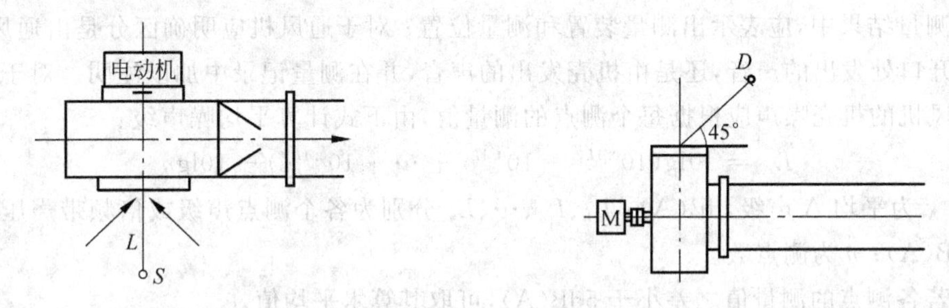

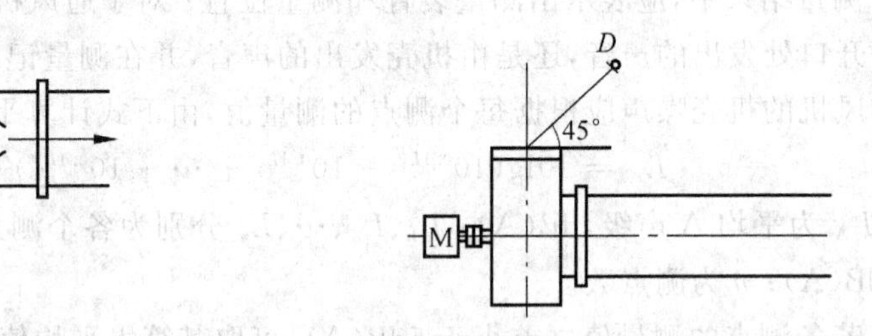

图 10-1 通风机进风口噪声测点位置　　图 10-2 通风机出风口噪声测点位置

(3) 风机机壳噪声测量：风机的进、排风口都接管道，测量机壳的辐射噪声时，测点位置在通风机主轴水平面内经过叶轮几何中心的直线上，且距机壳表面 1m 处。见图 10-3，图中电动机一侧的测点以 M_1、M_2、…来表示，其测量值一般作为参考。

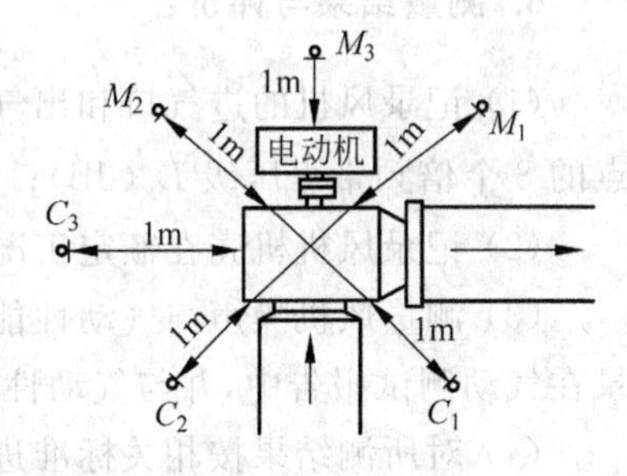

图 10-3 风机机壳噪声测点分布

(4) 罗茨鼓风机噪声测量：测点在设备主轴水平面内，一般在风机和罗茨鼓风机周围表面 3 个方向上指向风机叶轮几何中心，距机壳 1m 处测量。

各类风机主机长度大于 2m 而小于或等于 4m 时，在同一方向取两点；大于 4m 而小于 6m 时取 3 个点；依此类推。

机器设备噪声的测量，由于测点位置的不同所得结果也不同，则应注明测点的位置，必要时还应将测量场地的声学环境表示出来。

2) 测量高度

测量高度为距地面 1m。如果通风机进风口、出风口的中心或机壳表面的中心高度从地面计算不足 1m 时，应提高到 1m 处测量。

3) 测量步骤

(1) 声级计的计权网络使用 A 计权。

(2) 首先测量测点的背景噪声和声场衰减规律。

(3) 声级计的传声器应指向声源，测量者应侧向声源。

(4) 声级计的最小读数取 0.5dB。指示值变动时取指针摆动的平均值；但指示值变动大于±4dB 时，测量应停止。

(5) 声级计在测量前、后均需进行校正。当误差超过声级计的精度时，应重新测量。

4) 测量记录与数据处理

测量记录应包括以下内容：

(1) 测量仪器名称、型号、校正方式；

(2) 环境和气候条件；

(3) 测点相对于声源和周围环境的相对位置；

(4) 被测设备相应各测点的背景噪声；

(5) 测量读数值；

(6) 经过背景噪声修正的测量值。

➢ 测量结果中，应表示出测量装置和测量位置；对于通风机应明确区分是由通风机进、出口等开口处发出的声音，还是由机壳发出的声音，并在测量记录中加以注明。对于风机和罗茨鼓风机的机壳噪声应根据每个测点的测量值，由下式计算平均噪声级：

$$L_A = 10\lg(10^{0.1L_1} + 10^{0.1L_2} + \cdots + 10^{0.1L_n}) - 10\lg n \tag{10-4}$$

式中：L_A 为平均 A 声级，dB(A)；L_1、L_2、…、L_n 分别为各个测点声级或倍频带声压级的测量值，dB(A)；n 为测点数。

➢ 若各测点的测量值之差小于 5dB(A)，可取其算术平均值。

6. 测量结果与评价：

(1) 记录风机的进气口和出气口在额定工况和运转工况下的 A 声级 L_A(dB(A))和该点的 8 个倍频带声压级 L_p(dB)；

(2) 记录风机机壳在额定工况下的平均 A 声级 L_A(dB(A))；

(3) 测量风机噪声与气动性能同时进行时，噪声测量值与相应气动性能测量值一起记录在气动测试报告中，并与气动性能曲线绘制在同一曲线图上；

(4) 对所测结果按相关标准进行评价。

7. 实施说明

有条件时，可对风机房(生产车间)的噪声进行监测和评价。若评价结果是超标的，应根据设备和现场情况制定出噪声治理方案。

本章小结

(1) 噪声的**监测**、**评价**、**治理**是互相联系、密切相关的。

(2) 噪声测量规范大致由下列项目组成：适用范围与监测目的、测量内容与评价值、测量仪器、测量条件、测点位置与布点原则、测量时间(段)、测量方法与步骤、背景噪声测量、测量记录、测量结果修正、测量报告与评价。

(3) 在校园内开展噪声控制实践活动，原则上应遵照相关的标准与规范进行，但也要考虑校园的实际情况，以使活动的结果更具实用性。

习　题

1. 以一个或几个教学楼和宿舍楼等噪声敏感建筑物作为监测评价对象，按《声环境质量标准》附录C的要求，以保障休息睡眠和课堂教学为目标，编制一个校园内噪声敏感建筑物环境噪声监测与评价实施方案。

2. 校园内边界的声环境一般受到校外噪声源（道路交通噪声、社会生活噪声甚至工业生产噪声与建筑施工噪声）的影响，参照《工业企业厂界环境噪声排放标准》中规定的测量方法，编制一个校园内边界环境噪声监测与评价实施方案。

3. 归纳总结各种噪声测量方法中，测点设置与布点原则的一般性规定和特殊性规定；并说明这些规定对噪声测量结果的影响（准确性、代表性、可比性）。

4. 若背景噪声级和倍频带声压级与被测机器噪声级的差值小于3dB，则背景噪声对测量影响很大，不可能进行精确测量，其测量结果没有意义。问在此情况下，为了保障测量工作可以有效进行下去，应采取哪些措施？

附录1　噪声标准目录

序号	国家标准号	标准名称	对应等同或等效国际标准号	对应测量方法标准号
（一）环境噪声限值标准				
1	GB 3096—1993	城市区域环境噪声标准		GB/T 14623—1993
2	GB 12348—1990	工业企业厂界环境噪声排放标准		GB/T 12349—1990
3	GB 12523—1990	建筑施工场界噪声限值		GB/T 12524—1990
（二）交通运输噪声限值标准				
4	GB 9660—1988	机场周围飞机噪声环境标准		GB/T 9661—1988
5	GB 12525—1990	铁路边界噪声限值及其测量方法		GB/T 12525—1990
6	GB/T 3450—1994	铁路机车司机室允许噪声值		GB/T 3449—1994
7	GB/T 12816—1991	铁道客车噪声的评定		
8	GB 13669—1992	铁道机车辐射噪声限值		GB/T 5111—1995
9	GB 14892—1994	地下铁道电动车组司机室、客室噪声限值		GB/T 14893—1994
10	GB 14227—1993	地下铁道车站站台噪声限值		GB/T 14228—1993
11	GB 1495—1979	机动车辆允许噪声标准		GB/T 149—1995
12	GB 16170—1996	汽车定置噪声限值		GB/T 14365—1993
13	GB 16169—1996	摩托车和轻便摩托车噪声限值		GB/T 4569—1996
14	GB 6376—1995	拖拉机噪声限值		GB/T 3871—1993 GB/T 6229—1995
15	GB 11339—1989	城市港口及江河两岸区域环境噪声标准		GB 3222—1994
16	GB 5979—1986	海洋船舶噪声级规定		GB/T 4595—1984
17	GB 5980—1986	内河船舶噪声级规定		GB/T 4595—1984
18	GB 11871—1989	船用柴油机辐射的空气噪声限值		GB/T 9911—1988
（三）通用机械设备噪声限值标准				
19	GB 14097—1999	中小功率柴油机噪声限值		GB/T 1859—1989
20	GB 15739—1995	小型汽油机噪声限值		
21	GBn 264—1986	通用小型汽油机噪声限值		
22	GB 16710.1—1996	工程机械噪声限值和测定		
23	GB 10069.3—1988	旋转电机噪声限值		
24	GB 13326—1991	组合式空气处理机组噪声限值		GB/T 9068—1988
25	GB 7786—1987	动力用空气压缩机和隔膜压缩机噪声声功率级限值		
26	GB 12071—1989	皮革机械噪声声功率级限值		
（四）家用电器噪声限值标准				
27	GB/T 8059.2—1995 (5.5.7.1)	家用制冷器具　冷藏冷冻箱噪声声功率级限值		GB/T 8059.2—1995 (6.5.7.1)

续表

序号	国家标准号	标准名称	对应等同或等效国际标准号	对应测量方法标准号
28	GB/T 4288—1992(2.7)	家用电动洗衣机噪声限值		
29	GB/T 7725—1996 (5.2.15)	房间空气调节器噪声限值		GB/T 7725—1996 (6.3.15)
30	GBn 158—1982	电风扇技术条件 电风扇允许最大噪声限值		
(五) 噪声控制限值标准				
31	GB/T 17249.1—1998	声学 低噪声工作场所设计指南 噪声控制规划	ISO 11690—1：1996	
32	GBJ 87—1985	工业企业噪声控制设计规范		
33	GBJ 118—1988	民用建筑隔声设计规范		
34	GBJ 11—1982	住宅隔声标准		
35	GBJ 121—1988	建筑隔声评价标准		
36	GBJ 619	保温隔声门		
37	GBJ 649	隔声门		
38	GB 11980—1989	吸声用穿孔石膏板		
39	GB/T 13156—1991	电影院观众厅建筑声学的技术要求		
(六) 环境振动限值标准				
40	GB 10070—1988	城市区域环境振动标准		GB/T 10071—1988
(七) 人体振动限值标准				
41	GB/T 13442—1992	人体全身振动暴露的舒适性降低界限和评价准则		GB/T 13441—1992
42	GB/T 14790—1993	人体手传振动的测量与评价方法		
(八) 交通运输振动限值标准				
43	GB/T 7183—1987	铁路干线电力机车车内设备机械振动烈度评定方法		
44	GB/T 5913—1986	柴油机车车内设备机械振动烈度评定方法		
45	GB/T 7452.1—1996	商船振动综合评价基准		
46	GB/T 7452.2—1996	船长小于100m商船振动综合评价基准		
47	GB/T 16301—1996	船舶机舱辅机振动烈度评价		
48	GB/T 8419—1987	土方机械司机座椅振动试验方法和限值		
49	GB/T 8421—1987	农业轮式拖拉机驾驶座传递振动的评价指标		
(九) 通用机械振动限值标准				
50	GB/T 10397—1989	中小功率柴油机振动评定		
51	GB/T 10399—1989	小型汽油机振动评定		
52	GB/T 11347—1989	大型旋转机械振动烈度现场测量与评定		
53	GB/T 11348.1—1989	旋转机械转轴径向振动的测量和评定 第一部分：总则		

续表

序号	国家标准号	标准名称	对应等同或等效国际标准号	对应测量方法标准号
54	GB 10068.2—1988	旋转电机振动测量方法及限值　振动限值		
55	GB/T 15371—1994	曲轴轴系扭转振动的测量与评定方法		
56	GB/T 12779—1991	往复式机器整机振动测量与评定方法		
57	GB/T 7777—1987	往复活塞压缩机机械振动测量与评价		
58	GB 10889—1989	泵的振动测量与评定方法		
59	GB/T 6075.1—1999	有非旋转部件上测量和评价机器的机械振动　第1部分：总则		
（十）家用电器振动限值标准				
60	GB/T 8059.2—1995 (5.5.7.2)	家用制冷器具　冷藏冷冻箱振动限值标准		GB/T 8059.2—1995 (6.5.7.2)
（十一）振动控制限值标准				
61	GB/T 14124—1993	振动与冲击对建筑物振动影响的测量和评价基本方法及使用导则		
62	GB/T 8540—1987	振动与冲击隔离器确定特性要求导则		
63	GB 10867—1989	弹簧减振器		
64	GB/T 14527—1993	复合阻尼隔振器与复合阻尼器		
65	GB/T 14654—1993	弹性阻尼簧片减振器		
66	GB/T 16305—1996	扭转振动减振器		
67	GB/T 13437—1992	扭转振动减振器特性描述		
68	GB 11227—1989	弹性联轴器用户和制造厂提供的技术资料		
69	GB/T 12522—1996	不锈钢波形膨胀节		
70	GB/T 12777—1999	金属波纹管膨胀节通用技术条件		
71	GB/T 16693—1996	软管快速接头		
（十二）2000年后颁布的噪声标准				
1	GB 18083—2000	以噪声污染为主的工业企业卫生防护距离标准		
2	GB 5980—2000	内河船舶噪声级规定		
3	GB 18321—2001	农用运输车噪声限值		
4	GB 1495—2002	汽车加速行驶车外噪声限值及测量方法		GB 1495—2002
5	GB 19606—2004	家用和类似用途电器噪声限值		
6	GB 19575—2005	三轮汽车和低速货车加速行驶车外噪声限值及测量方法(中国Ⅰ、Ⅱ阶段)		GB 19575—2005
7	GB 4569—2005	摩托车和轻便摩托车定置噪声排放限值及测量方法		GB 4569—2005
8	GB 16160—2005	摩托车和轻便摩托车加速行驶噪声限值及测量方法		GB 16160—2005
9	GB 3096—2008	声环境质量标准		GB 3096—2008
10	GB 12348—2008	工业企业厂界环境噪声排放标准		GB 12348—2008
11	GB 22337—2008	社会生活环境噪声排放标准		GB 22337—2008

附录 2 《声环境质量标准》(GB 3096—2008)(摘录)

本标准是对《城市区域环境噪声标准》(GB 3096—93)和《城市区域环境噪声测量方法》(GB/T 14623—93)的修订。

1 适用范围

本标准规定了五类声环境功能区的环境噪声限值及测量方法。

本标准适用于声环境质量评价与管理。

机场周围区域受飞机通过(起飞、降落、低空飞越)噪声的影响,不适用于本标准。

2 规范性引用文件(略)

3 术语和定义(摘录)

3.4 昼间 day-time、夜间 night-time

根据《中华人民共和国环境噪声污染防治法》,“昼间”是指 6:00—22:00 之间的时段;“夜间”是指 22:00 至次日 6:00 之间的时段。

县级以上人民政府为环境噪声污染防治的需要(如考虑时差、作息习惯差异等)而对昼间、夜间的划分另有规定的,应按其规定执行。

3.5 最大声级 maximum sound level

在规定的测量时间段内或对某一独立噪声事件,测得的 A 声级最大值,用 L_{max}表示,单位为 dB(A)。

3.7 城市 city、城市规划区 urban planning area

城市是指国家按行政建制设立的直辖市、市和镇。

由城市市区、近郊区以及城市行政区域内其他因城市建设和发展需要实行规划控制的区域,为城市规划区。

3.8 乡村 rural area

乡村是指除城市规划区以外的其他地区,如村庄、集镇等。

村庄是指农村村民居住和从事各种生产的聚居点。

集镇是指乡、民族乡人民政府所在地和经县级人民政府确认由集市发展而成的作为农村一定区域经济、文化和生活服务中心的非建制镇。

3.9 交通干线 traffic artery

指铁路(铁路专用线除外)、高速公路、一级公路、二级公路、城市快速路、城市主干路、城市次干路、城市轨道交通线路(地面段)、内河航道。应根据铁路、交通、城市等规划确定。以上交通干线类型的定义参见附录 A。

3.10 噪声敏感建筑物 noise-sensitive buildings

指医院、学校、机关、科研单位、住宅等需要保持安静的建筑物。

3.11 突发噪声 burst noise

指突然发生,持续时间较短,强度较高的噪声。如锅炉排气、工程爆破等产生的较高噪声。

4 声环境功能区分类

按区域的使用功能特点和环境质量要求，声环境功能区分为以下五种类型：

0 类声环境功能区：指康复疗养区等特别需要安静的区域。

1 类声环境功能区：指以居民住宅、医疗卫生、文化教育、科研设计、行政办公为主要功能，需要保持安静的区域。

2 类声环境功能区：指以商业金融、集市贸易为主要功能，或者居住、商业、工业混杂，需要维护住宅安静的区域。

3 类声环境功能区：指以工业生产、仓储物流为主要功能，需要防止工业噪声对周围环境产生严重影响的区域。

4 类声环境功能区：指交通干线两侧一定距离之内，需要防止交通噪声对周围环境产生严重影响的区域，包括 4a 类和 4b 类两种类型。4a 类为高速公路、一级公路、二级公路、城市快速路、城市主干路、城市次干路、城市轨道交通（地面段）、内河航道两侧区域；4b 类为铁路干线两侧区域。

5 环境噪声限值

5.1 各类声环境功能区适用表 1 规定的环境噪声等效声级限值。

表 1 环境噪声限值 dB(A)

声环境功能区类别		时段	
		昼间	夜间
0 类		50	40
1 类		55	45
2 类		60	50
3 类		65	55
4 类	4a 类	70	55
	4b 类	70	60

5.2 表 1 中 4b 类声环境功能区环境噪声限值，适用于 2011 年 1 月 1 日起环境影响评价文件通过审批的新建铁路（含新开廊道的增建铁路）干线建设项目两侧区域。

5.3 在下列情况下，铁路干线两侧区域不通过列车时的环境背景噪声限值，按昼间 70dB(A)、夜间 55dB(A)执行：

a) 穿越城区的既有铁路干线；

b) 对穿越城区的既有铁路干线进行改建、扩建的铁路建设项目。

既有铁路是指 2010 年 12 月 31 日前已建成运营的铁路或环境影响评价文件已通过审批的铁路建设项目。

5.4 各类声环境功能区夜间突发噪声，其最大声级超过环境噪声限值的幅度不得高于 15dB(A)。

6 环境噪声监测要求

6.1 测量仪器

测量仪器精度为 2 型及 2 型以上的积分平均声级计或环境噪声自动监测仪器，其性能需符合 GB 3785 和 GB/T 17181 的规定，并定期校验。测量前后使用声校准器校准测量仪器的示值偏差不得大于 0.5dB，否则测量无效。声校准器应满足 GB/T 15173 对 1 级或 2 级声校准器的要求。测量时传声器应加防风罩。

6.2 测点选择

根据监测对象和目的，可选择以下三种测点条件(指传声器所置位置)进行环境噪声的测量：

a) 一般户外

距离任何反射物(地面除外)至少3.5m外测量，距地面高度1.2m以上。必要时可置于高层建筑上，以扩大监测受声范围。使用监测车辆测量，传声器应固定在车顶部1.2m高度处。

b) 噪声敏感建筑物户外

在噪声敏感建筑物外，距墙壁或窗户1m处，距地面高度1.2m以上。

c) 噪声敏感建筑物室内

距离墙面和其他反射面至少1m，距窗约1.5m处，距地面1.2～1.5m高。

6.3 气象条件

测量应在无雨雪、无雷电天气，风速5m/s以下时进行。

6.4 监测类型与方法

根据监测对象和目的，环境噪声监测分为声环境功能区监测和噪声敏感建筑物监测两种类型，分别采用附录B和附录C规定的监测方法。

6.5 测量记录

测量记录应包括以下事项：

a) 日期、时间、地点及测定人员；

b) 使用仪器型号、编号及其校准记录；

c) 测定时间内的气象条件(风向、风速、雨雪等天气状况)；

d) 测量项目及测定结果；

e) 测量依据的标准；

f) 测点示意图；

g) 声源及运行工况说明(如交通噪声测量的交通流量等)；

h) 其他应记录的事项。

7 声环境功能区的划分要求

7.1 城市声环境功能区的划分

城市区域应按照GB/T 15190的规定划分声环境功能区，分别执行本标准规定的0、1、2、3、4类声环境功能区环境噪声限值。

7.2 乡村声环境功能的确定

乡村区域一般不划分声环境功能区，根据环境管理的需要，县级以上人民政府环境保护行政主管部门可按以下要求确定乡村区域适用的声环境质量要求：

a) 位于乡村的康复疗养区执行0类声环境功能区要求；

b) 村庄原则上执行1类声环境功能区要求，工业活动较多的村庄以及有交通干线经过的村庄(指执行4类声环境功能区要求以外的地区)可局部或全部执行2类声环境功能区要求；

c) 集镇执行2类声环境功能区要求；

d) 独立于村庄、集镇之外的工业、仓储集中区执行3类声环境功能区要求；

e) 位于交通干线两侧一定距离(参考GB/T 15190第8.3条规定)内的噪声敏感建筑物执行4类声环境功能区要求。

8 标准的实施要求(略)

附录 A
（资料性附录）
不同类型交通干线的定义

A.1 铁路

以动力集中方式或动力分散方式牵引，行驶于固定钢轨线路上的客货运输系统。

A.2 高速公路

根据 JTG B01，定义如下：

专供汽车分向、分车道行驶，并应全部控制出入的多车道公路，其中：

四车道高速公路应能适应将各种汽车折合成小客车的年平均日交通量 25 000～55 000 辆；

六车道高速公路应能适应将各种汽车折合成小客车的年平均日交通量 45 000～80 000 辆；

八车道高速公路应能适应将各种汽车折合成小客车的年平均日交通量 60 000～100 000 辆。

A.3 一级公路

根据 JTG B01，定义如下：

供汽车分向、分车道行驶，并可根据需要控制出入的多车道公路，其中：

四车道一级公路应能适应将各种汽车折合成小客车的年平均日交通量 15 000～30 000 辆；

六车道一级公路应能适应将各种汽车折合成小客车的年平均日交通量 25 000～55 000 辆。

A.4 二级公路

根据 JTG B01，定义如下：

供汽车行驶的双车道公路。

双车道二级公路应能适应将各种汽车折合成小客车的年平均日交通量 5000～15 000 辆。

A.5 城市快速路

根据 GB/T 50280，定义如下：

城市道路中设有中央分隔带，具有四条以上机动车道，全部或部分采用立体交叉与控制出入，供汽车以较高速度行驶的道路，又称汽车专用道。

城市快速路一般在特大城市或大城市中设置，主要起联系城市内各主要地区、沟通对外联系的作用。

A.6 城市主干路

联系城市各主要地区（住宅区、工业区以及港口、机场和车站等客货运中心等），承担城市主要交通任务的交通干道，是城市道路网的骨架。主干路沿线两侧不宜修建过多的车辆和行人出入口。

A.7 城市次干路

城市各区域内部的主要道路，与城市主干路结合成道路网，起集散交通的作用兼有服务功能。

A.8 城市轨道交通

以电能为主要动力，采用钢轮—钢轨为导向的城市公共客运系统。按照运量及运行方式的不同，城市轨道交通分为地铁、轻轨以及有轨电车。

A.9 内河航道

船舶、排筏可以通航的内河水域及其港口。

附录 B
(规范性附录)
声环境功能区监测方法

B.1 监测目的

评价不同声环境功能区昼间、夜间的声环境质量,了解功能区环境噪声时空分布特征。

B.2 定点监测法

B.2.1 监测要求

选择能反映各类功能区声环境质量特征的监测点1至若干个,进行长期定点监测,每次测量的位置、高度应保持不变。

对于0、1、2、3类声环境功能区,该监测点应为户外长期稳定、距地面高度为声场空间垂直分布的可能最大值处,其位置应能避开反射面和附近的固定噪声源;4类声环境功能区监测点设于4类区内第一排噪声敏感建筑物户外交通噪声空间垂直分布的可能最大值处。

声环境功能区监测每次至少进行一昼夜24h的连续监测,得出每小时及昼间、夜间的等效声级 L_{eq}、L_d、L_n 和最大声级 L_{max}。用于噪声分析目的,可适当增加监测项目,如累积百分声级 L_{10}、L_{50}、L_{90} 等。监测应避开节假日和非正常工作日。

B.2.2 监测结果评价

各监测点位测量结果独立评价,以昼间等效声级 L_d 和夜间等效声级 L_n 作为评价各监测点位声环境质量是否达标的基本依据。

一个功能区设有多个测点的,应按点次分别统计昼间、夜间的达标率。

B.2.3 环境噪声自动监测系统

全国重点环保城市以及其他有条件的城市和地区宜设置环境噪声自动监测系统,进行不同声环境功能区监测点的连续自动监测。

环境噪声自动监测系统主要由自动监测子站和中心站及通信系统组成,其中自动监测子站由全天候户外传声器、智能噪声自动监测仪器、数据传输设备等构成。

B.3 普查监测法

B.3.1 0～3类声环境功能区普查监测

B.3.1.1 监测要求

将要普查监测的某一声环境功能区划分成多个等大的正方格,网格要完全覆盖住被普查的区域,且有效网格总数应多于100个。测点应设在每一个网格的中心,测点条件为一般户外条件。

监测分别在昼间工作时间和夜间22:00—24:00(时间不足可顺延)进行。在前述测量时间内,每次每个测点测量10min的等效声级 L_{eq},同时记录噪声主要来源。监测应避开节假日和非正常工作日。

B.3.1.2 监测结果评价

将全部网格中心测点测得的10min的等效声级 L_{eq} 做算术平均运算,所得到的平均值代表某一声环境功能区的总体环境噪声水平，并计算标准偏差。

根据每个网格中心的噪声值及对应的网格面积，统计不同噪声影响水平下的面积百分比，以及昼间、夜间的达标面积比例。有条件可估算受影响人口。

B.3.2 4类声环境功能区普查监测

B.3.2.1 监测要求

以自然路段、站场、河段等为基础，考虑交通运行特征和两侧噪声敏感建筑物分布情况，划分典型路段（包括河段）。在每个典型路段对应的4类区边界上（指4类区内无噪声敏感建筑物存在时）或第一排噪声敏感建筑物户外（指4类区内有噪声敏感建筑物存在时）选择1个测点进行噪声监测。这些测点应与站、场、码头、岔路口、河流汇入口等相隔一定的距离，避开这些地点的噪声干扰。

监测分昼、夜两个时段进行。分别测量如下规定时间内的等效声级 L_{eq} 和交通流量，对铁路、城市轨道交通线路（地面段），应同时测量最大声级 L_{max}，对道路交通噪声应同时测量累积百分声级 L_{10}、L_{50}、L_{90}。

根据交通类型的差异，规定的测量时间为：

铁路、城市轨道交通（地面段）、内河航道两侧：昼、夜各测量不低于平均运行密度的1h值，若城市轨道交通（地面段）的运行车次密集，测量时间可缩短至20min。

高速公路、一级公路、二级公路、城市快速路、城市主干路、城市次干路两侧：昼、夜各测量不低于平均运行密度的20min值。

监测应避开节假日和非正常工作日。

B.3.2.2 监测结果评价

将某条交通干线各典型路段测得的噪声值，按路段长度进行加权算术平均，以此得出某条交通干线两侧4类声环境功能区的环境噪声平均值。

也可对某一区域内的所有铁路、确定为交通干线的道路、城市轨道交通（地面段）、内河航道按前述方法进行长度加权统计，得出针对某一区域某一交通类型的环境噪声平均值。

根据每个典型路段的噪声值及对应的路段长度，统计不同噪声影响水平下的路段百分比，以及昼间、夜间的达标路段比例。有条件可估算受影响人口。

对某条交通干线或某一区域某一交通类型采取抽样测量的，应统计抽样路段比例。

附录C
（规范性附录）
噪声敏感建筑物监测方法

C.1 监测目的

了解噪声敏感建筑物户外（或室内）的环境噪声水平，评价是否符合所处声环境功能区的环境质量要求。

C.2 监测要求

监测点一般设于噪声敏感建筑物户外。不得不在噪声敏感建筑物室内监测时，应在门窗全打开状况下进行室内噪声测量，并采用较该噪声敏感建筑物所在声环境功能区对应环境噪声限值低10dB(A)的值作为评价依据。

对敏感建筑物的环境噪声监测应在周围环境噪声源正常工作条件下测量，视噪声源的运行工况，分昼、夜两个时段连续进行。根据环境噪声源的特征，可优化测量时间：

a) 受固定噪声源的噪声影响

稳态噪声测量 1min 的等效声级 L_{eq}；

非稳态噪声测量整个正常工作时间(或代表性时段)的等效声级 L_{eq}。

b) 受交通噪声源的噪声影响

对于铁路、城市轨道交通(地面段)、内河航道,昼、夜各测量不低于平均运行密度的 1h 等效声级 L_{eq},若城市轨道交通(地面段)的运行车次密集,测量时间可缩短至 20min。

对于道路交通,昼、夜各测量不低于平均运行密度的 20min 等效声级 L_{eq}。

c) 受突发噪声的影响

以上监测对象夜间存在突发噪声的,应同时监测测量时段内的最大声级 L_{max}。

C.3 监测结果评价

以昼间、夜间环境噪声源正常工作时段的 L_{eq} 和夜间突发噪声 L_{max} 作为评价噪声敏感建筑物户外(或室内)环境噪声水平,是否符合所处声环境功能区的环境质量要求的依据。

附录3 《工业企业厂界环境噪声排放标准》(GB 12348—2008)(摘录)

本标准是对《工业企业厂界噪声标准》(GB 12348—90)和《工业企业厂界噪声测量方法》(GB 12349—90)的第一次修订。

1 适用范围

本标准规定了工业企业和固定设备厂界环境噪声排放限值及其测量方法。

本标准适用于工业企业噪声排放的管理、评价及控制。机关、事业单位、团体等对外环境排放噪声的单位也按本标准执行。

2 规范性引用文件(略)

3 术语和定义(摘录,其他参见 GB 3096—2008)

3.1 工业企业厂界环境噪声 industrial enterprises noise

指在工业生产活动中使用固定设备等产生的、在厂界处进行测量和控制的干扰周围生活环境的声音。

3.4 厂界 boundary

由法律文书(如土地使用证、房产证、租赁合同等)中确定的业主所拥有使用权(或所有权)的场所或建筑物边界。各种产生噪声的固定设备的厂界为其实际占地的边界。

3.7 频发噪声 frequent noise

指频繁发生、发生的时间和间隔有一定规律、单次持续时间较短、强度较高的噪声,如排气噪声、货物装卸噪声等。

3.8 偶发噪声 sporadic noise

指偶然发生、发生的时间和间隔无规律、单次持续时间较短、强度较高的噪声,如短促鸣笛声、工程爆破噪声等。

3.9 最大声级 maximum sound level

在规定测量时间内对频发或偶发噪声事件测得的 A 声级最大值,用 L_{max}表示,单位dB(A)。

3.10 倍频带声压级 sound pressure level in octave bands

采用符合 GB/T 3241 规定的倍频程滤波器所测量的频带声压级,其测量带宽和中心频率成正比。本标准采用的室内噪声频谱分析倍频带中心频率为 31.5Hz、63Hz、125Hz、250Hz、500Hz,其覆盖频率范围为 22～707Hz。

3.11 稳态噪声 steady noise

在测量时间内,被测声源的声级起伏不大于 3dB(A)的噪声。

3.12 非稳态噪声 non-steady noise

在测量时间内,被测声源的声级起伏大于 3dB(A)的噪声。

3.13 背景噪声 background noise

被测量噪声源以外的声源发出的环境噪声的总和。

4 环境噪声排放限值

4.1 厂界环境噪声排放限值

4.1.1 工业企业厂界环境噪声不得超过表1规定的排放限值。

表1 工业企业厂界环境噪声排放限值 dB(A)

厂界外声环境功能区类别	时段	
	昼间	夜间
0	50	40
1	55	45
2	60	50
3	65	55
4	70	55

4.1.2 夜间频发噪声的最大声级超过限值的幅度不得高于10dB(A)。

4.1.3 夜间偶发噪声的最大声级超过限值的幅度不得高于15dB(A)。

4.1.4 工业企业若位于未划分声环境功能区的区域,当厂界外有噪声敏感建筑物时,由当地县级以上人民政府参照GB 3096和GB/T 15190的规定确定厂界外区域的声环境质量要求,并执行相应的厂界环境噪声排放限值。

4.1.5 当厂界与噪声敏感建筑物距离小于1m时,厂界环境噪声应在噪声敏感建筑物的室内测量,并将表1中相应的限值减10dB(A)作为评价依据。

4.2 结构传播固定设备室内噪声排放限值

当固定设备排放的噪声通过建筑物结构传播至噪声敏感建筑物室内时,噪声敏感建筑物室内等效声级不得超过表2和表3规定的限值。

表2 结构传播固定设备室内噪声排放限值(等效声级) dB(A)

房间类型 / 时段 / 噪声敏感建筑物所处声环境功能区类别	A类房间		B类房间	
	昼间	夜间	昼间	夜间
0	40	30	40	30
1	40	30	45	35
2、3、4	45	35	50	40

说明:A类房间——指以睡眠为主要目的,需要保证夜间安静的房间,包括住宅卧室、医院病房、宾馆客房等。

B类房间——指主要在昼间使用,需要保证思考与精神集中、正常讲话不被干扰的房间,包括学校教室、会议室、办公室、住宅中卧室以外的其他房间等。

表 3 结构传播固定设备室内噪声排放限值(倍频带声压级) dB

噪声敏感建筑所处声环境功能区类别	时段	房间类型 \ 倍频带中心频度/Hz	室内噪声倍频带声压级限值				
			31.5	63	125	250	500
0	昼间	A、B类房间	76	59	48	39	34
	夜间	A、B类房间	69	51	39	30	24
1	昼间	A类房间	76	59	48	39	34
		B类房间	79	63	52	44	38
	夜间	A类房间	69	51	39	30	24
		B类房间	72	55	43	35	29
2、3、4	昼间	A类房间	79	63	52	44	38
		B类房间	82	67	56	49	43
	夜间	A类房间	72	55	43	35	29
		B类房间	76	59	48	39	34

5 测量方法

5.1 测量仪器

5.1.1 测量仪器为积分平均声级计或环境噪声自动监测仪,其性能应不低于GB 3785和GB/T 17181对2型仪器的要求。测量35dB以下的噪声应使用1型声级计,且测量范围应满足所测量噪声的需要。校准所用仪器应符合GB/T 15173对1级或2级声校准器的要求。当需要进行噪声的频谱分析时,仪器性能应符合GB/T 3241中对滤波器的要求。

5.1.2 测量仪器和校准仪器应定期检定合格,并在有效使用期限内使用;每次测量前、后必须在测量现场进行声学校准,其前、后校准示值偏差不得大于0.5dB,否则测量结果无效。

5.1.3 测量时传声器加防风罩。

5.1.4 测量仪器时间计权特性设为"F"挡,采样时间间隔不大于1s。

5.2 测量条件

5.2.1 气象条件:测量应在无雨雪、无雷电天气,风速为5m/s以下时进行。不得不在特殊气象条件下测量时,应采取必要措施保证测量准确性,同时注明当时所采取的措施及气象情况。

5.2.2 测量工况:测量应在被测声源正常工作时间进行,同时注明当时的工况。

5.3 测点位置

5.3.1 测点布设

根据工业企业声源、周围噪声敏感建筑物的布局以及毗邻的区域类别,在工业企业厂界布设多个测点,其中包括距噪声敏感建筑物较近以及受被测声源影响大的位置。

5.3.2 测点位置一般规定

一般情况下,测点选在工业企业厂界外1m、高度1.2m以上。

5.3.3 测点位置其他规定

5.3.3.1 当厂界有围墙且周围有受影响的噪声敏感建筑物时,测点应选在厂界外1m、高于围墙0.5m以上的位置。

5.3.3.2 当厂界无法测量到声源的实际排放状况时(如声源位于高空、厂界设有声屏障等),应按5.3.2

设置测点,同时在受影响的噪声敏感建筑物户外 1m 处另设测点。

5.3.3.3 室内噪声测量时,室内测量点位设在距任一反射面至少 0.5m 以上、距地面 1.2m 高度处,在受噪声影响方向的窗户开启状态下测量。

5.3.3.4 固定设备结构传声至噪声敏感建筑物室内,在噪声敏感建筑物室内测量时,测点应距任一反射面至少 0.5m 以上、距地面 1.2m、距外窗 1m 以上,窗户关闭状态下测量。被测房间内的其他可能干扰测量的声源(如电视机、空调机、排气扇以及镇流器较响的日光灯、运转时出声的时钟等)应关闭。

5.4 测量时段

5.4.1 分别在昼间、夜间两个时段测量。夜间有频发、偶发噪声影响时同时测量最大声级。

5.4.2 被测声源是稳态噪声,采用 1min 的等效声级。

5.4.3 被测声源是非稳态噪声,测量被测声源有代表性时段的等效声级,必要时测量被测声源整个正常工作时段的等效声级。

5.5 背景噪声测量

5.5.1 测量环境:不受被测声源影响且其他声环境与测量被测声源时保持一致。

5.5.2 测量时段:与被测声源测量的时间长度相同。

5.6 测量记录

噪声测量时需做测量记录。记录内容应主要包括:被测量单位名称、地址、厂界所处声环境功能区类别、测量时气象条件、测量仪器、校准仪器、测点位置、测量时间、测量时段、仪器校准值(测前、测后)、主要声源、测量工况、示意图(厂界、声源、噪声敏感建筑物、测点等位置)、噪声测量值、背景值、测量人员、校对人、审核人等相关信息。

5.7 测量结果修正

5.7.1 噪声测量值与背景噪声值相差大于 10dB(A)时,噪声测量值不做修正。

5.7.2 噪声测量值与背景噪声值相差在 3~10dB(A)之间时,噪声测量值与背景噪声值的差值取整后,按表 4 进行修正。

表 4 测量结果修正表 dB(A)

差 值	3	4~5	6~10
修正值	−3	−2	−1

5.7.3 噪声测量值与背景噪声值相差小于 3dB(A)时,应采取措施降低背景噪声后,视情况按 5.7.1 或 5.7.2 执行;仍无法满足前两款要求的,应按环境噪声监测技术规范的有关规定执行。

6 测量结果评价

6.1 各个测点的测量结果应单独评价。同一测点每天的测量结果按昼间、夜间进行评价。

6.2 最大声级 L_{max} 直接评价。

7 标准实施监督(略)

附录 4 《社会生活环境噪声排放标准》(GB 22337—2008)(摘录)

本标准为首次发布。

1 适用范围

本标准规定了营业性文化娱乐场所和商业经营活动中可能产生环境噪声污染的设备、设施边界噪声排放限值和测量方法。

本标准适用于对营业性文化娱乐场所、商业经营活动中使用的向环境排放噪声的设备、设施的管理、评价与控制。

2 规范性引用文件(略)

3 术语和定义(摘录,其他参见 GB 3096—2008 和 GB 12348—2008)

3.1 社会生活噪声 community noise

指营业性文化娱乐场所和商业经营活动中使用的设备、设施产生的噪声。

4 环境噪声排放限值

4.1 边界噪声排放限值

4.1.1 社会生活噪声排放源边界噪声不得超过表 1 规定的排放限值。

表 1 社会生活噪声排放源边界噪声排放限值 dB(A)

边界外声环境功能区类别	时段	
	昼间	夜间
0	50	40
1	55	45
2	60	50
3	65	55
4	70	55

4.1.2 在社会生活噪声排放源边界处无法进行噪声测量或测量的结果不能如实反映其对噪声敏感建筑物的影响程度的情况下,噪声测量应在可能受影响的敏感建筑物窗外 1m 处进行。

4.1.3 当社会生活噪声排放源边界与噪声敏感建筑物距离小于 1m 时,应在噪声敏感建筑物的室内测量,并将表 1 中相应的限值减 10dB(A)作为评价依据。

4.2 结构传播固定设备室内噪声排放限值(参见 GB 12348—2008)

4.2.1 在社会生活噪声排放源位于噪声敏感建筑物内情况下,噪声通过建筑物结构传播至噪声敏感建筑物室内时,噪声敏感建筑物室内等效声级不得超过表 2 和表 3 规定的限值(参见 GB 12348—2008 中的表 2 和表 3)。

4.2.2 对于在噪声测量期间发生非稳态噪声(如电梯噪声等)的情况,最大声级超过限值的幅度不得高于10dB(A)。

5 测量方法(参见 GB 12348—2008)

5.1 测量仪器(略)

5.2 测量条件(略)

5.3 测点位置

5.3.1 测点布设

根据社会生活噪声排放源、周围噪声敏感建筑物的布局以及毗邻的区域类别,在社会生活噪声排放源边界布设多个测点,其中包括距噪声敏感建筑物较近以及受被测声源影响大的位置。

5.3.2 测点位置一般规定

一般情况下,测点选在社会生活噪声排放源边界外1m、高度1.2m以上、距任一反射面距离不小于1m的位置。

5.3.3 测点位置其他规定

5.3.3.1 当边界有围墙且周围有受影响的噪声敏感建筑物时,测点应选在边界外1m、高于围墙0.5m以上的位置。

5.3.3.2 当边界无法测量到声源的实际排放状况时(如声源位于高空、边界设有声屏障等),应按5.3.2设置测点,同时在受影响的噪声敏感建筑物户外1m处另设测点。

5.3.3.3 室内噪声测量时,室内测量点位设在距任一反射面至少0.5m以上、距地面1.2m高度处,在受噪声影响方向的窗户开启状态下测量。

5.3.3.4 社会生活噪声排放源的固定设备结构传声至噪声敏感建筑物室内,在噪声敏感建筑物室内测量时,测点应距任一反射面至少0.5m以上、距地面1.2m、距外窗1m以上,窗户关闭状态下测量。被测房间内的其他可能干扰测量的声源(如电视机、空调机、排气扇以及镇流器较响的日光灯、运转时出声的时钟等)应关闭。

5.4 测量时段(略)

5.5 背景噪声测量(略)

5.6 测量记录

噪声测量时需做测量记录。记录内容应主要包括:被测量单位名称、地址、边界所处声环境功能区类别、测量时气象条件、测量仪器、校准仪器、测点位置、测量时间、测量时段、仪器校准值(测前、测后)、主要声源、测量工况、示意图(边界、声源、噪声敏感建筑物、测点等位置)、噪声测量值、背景值、测量人员、校对人、审核人等相关信息。

5.7 测量结果修正(略)

6 测量结果评价(参见 GB 12348—2008)

7 标准实施监督(略)

参考文献

[1] 马大猷. 现代声学理论基础. 北京：科学出版社，2004

[2] 中国大百科全书环境科学编辑组. 中国大百科全书（环境科学）. 北京：中国大百科全书出版社，1983

[3] 张辉，刘丽，李星. 环境物理教育. 北京：科学出版社，2005

[4] [英]佩因 H J. 振动与波动物理学. 北京：人民教育出版社，1980

[5] 马大猷. 噪声控制学. 北京：科学出版社，1987

[6] 潘仲麟，翟国庆. 噪声控制技术. 北京：化学工业出版社，2006

[7] 赵松龄. 噪声的降低与隔离（上）. 上海：同济大学出版社，1986

[8] 赵松龄. 噪声的降低与隔离（下）. 上海：同济大学出版社，1989

[9] 洪宗辉，潘仲麟. 环境噪声控制工程. 北京：高等教育出版社，2002

[10] 李耀中，李东升. 噪声控制技术. 第2版. 北京：化学工业出版社，2008

[11] 刘惠玲. 环境噪声控制. 哈尔滨：哈尔滨工业大学出版社，2002

[12] 顾强，王昌田. 噪声控制工程. 北京：煤炭工业出版社，2002

[13] 张沛商，姜亢. 噪声控制工程. 北京：北京经济学院出版社，1992

[14] 盛美萍，王敏庆，孙进才. 噪声与振动控制技术基础. 北京：科学技术出版社，2001

[15] 张林. 噪声及其控制. 哈尔滨：哈尔滨工程大学出版社，2002

[16] 周新祥. 噪声控制及应用实例. 北京：海洋出版社，1999

[17] 任文堂. 工业噪声和振动控制技术. 北京：冶金工业出版社，1989

[18] 方丹群，王文奇，孙家麒. 噪声控制. 北京：北京出版社，1986

[19] 王文奇，江珍泉. 噪声控制技术. 北京：化学工业出版社，1987

[20] 智乃刚，许亚芬. 噪声控制工程的设计与计算. 北京：水利电力出版社，1994

[21] 王文奇. 噪声控制技术及其应用. 沈阳：辽宁科学技术出版社，1985

[22] [美]哈里斯 C M. 噪声控制大全（第一分册）. 吕如榆，等译. 北京：科学出版社，1965

[23] 瑞典劳动者保护基金会. 噪声控制原理和技术. 北京：中国环境科学出版社，1991

[24] 陈秀娟. 实用噪声与振动控制. 第2版. 北京：化学工业出版社，1996

[25] 赵良省. 噪声与振动控制技术. 北京：化学工业出版社，2004

[26] 孙庆鸿，张启军，姚慧珠. 振动与噪声的阻尼控制. 北京：机械工业出版社，1993

[27] 国家环境保护总局环境工程评估中心. 环境影响评价技术方法. 北京：中国环境科学出版社，2005

[28] 国家环境保护局. 工业噪声治理技术. 北京：中国环境科学出版社，1993

[29] 智乃刚，萧滨诗. 风机噪声控制技术. 北京：机械工业出版社，1985

[30] 龚秀芬，孙广荣，吴启学. 噪声测量和控制. 南京：江苏科学技术出版社，1985

[31] 陆雍森. 环境评价. 第2版. 上海：同济大学出版社，1999

[32] 金腊华，邓家泉，吴小明. 环境评价方法与实践. 北京：化学工业出版社，2005

[33] 马大猷，沈嵘. 声学手册. 修订版. 北京：科学出版社，2004

[34] 马大猷，等. 噪声与振动控制工程手册. 北京：机械工业出版社，2002

[35] 吕玉恒，王庭佛. 噪声与振动控制设备及材料选用手册. 第2版. 北京：机械工业出版社，1999

[36] 韩润昌. 隔振降噪产品应用手册. 哈尔滨：哈尔滨工业大学出版社，2003

[37] 郑长聚，等. 环境工程设计手册（环境噪声控制卷）. 北京：高等教育出版社，2000

[38] 魏先勋，等. 环境工程设计手册. 修订版. 长沙：湖南科学技术出版社，2002

[39] [美]福尔克纳 L L. 工业噪声控制手册. 张则陆，译. 北京：科学出版社，1987

[40] 化学工业部环境保护设计技术中心站. 化工环境保护设计手册. 北京：化学工业出版社，1998
[41] 全国声学标准化技术委员会，中国标准出版社第二编辑室. 噪声测量标准汇编(环境噪声). 北京：中国标准出版社，2007
[42] 中国建筑科学研究院建筑物理研究所等. 建筑声学设计手册. 北京：中国建筑工业出版社，1988